ジョン・C・エイビス 著

西田 睦・武藤文人 監訳

生物系統地理学
種の進化を探る

PHYLOGEOGRAPHY
The History and Formation of Species

John C. Avise

東京大学出版会

Phylogeography : The History and Formation of Species
by John C. Avise

Copyright © 2000 by the President and Fellows of Harvard College
Japanese translation rights arranged with
Harvard University Press through Japan UNI Agency, Inc., Tokyo.

Translation supervised by Mutsumi Nishida and Fumihito Muto
University of Tokyo Press, 2008
ISBN 978-4-13-060219-8

まえがき

　新しい言葉やいい回しが，ときとして1つの概念を要約し，ある学問分野を発展させる上で重要な役割を果たすことがある．「生物多様性」はその一例である．この言葉は初め，生物の多様性というものが保護すべき資源であると論じたある生態学書の表題として考え出された（Wilson, 1988）．同様に，勃興しつつある生物学分野を定義付け，推進する上で役立った用語には，他にDNAフィンガープリント法，遺伝子工学，社会生物学，精子競争，島の生物地理学などがある．

　「系統地理学」（phylogeography）という言葉も同じような役割を果たしている．この言葉自体は十数年前に，意図的に，というよりはむしろ必要に迫られて導入された（Avise et al., 1987a）．自然集団のミトコンドリア（mt）DNA系列研究の初期には，単純な観察結果を要約する場合にも，回りくどいいい回しが使われていた．たとえば，遺伝子系統樹が種内や近縁種間で明白な地理的パターンを示す場合などである．しかし，新しく「系統地理学」という用語が作られて，遺伝子の系譜とその地理的分布の間の種々の関係が，簡単に系統地理学上のパターンとして言及できるようになった．さらに，この新しい用語の導入は，新たな進展を促した．すなわち，系統地理的な結果を適切に整理し，それらを個体群統計学（population demography）や合着論（coalecent theory）と関連付け，さらに生物多様性解析のより大きな枠組みの中にこの学問の占める位置を定めることに，努力が集中されるようになったのである．

　急激に増加する系統地理学に関する文献から見て，単なる実用語として芽生えたこの言葉は，近年では生物学，古生物学，および歴史地理学と豊かな結び付きを持つ，活気に満ちた青春期の研究分野へと花開いたといえる．系統地理学的なものの見方は，自然界の小進化過程についての実証的な理解を革新したばかりでなく，概念上の理解をも革新した．この本で私は，学部上級生や大学院生にも理解しやすいようにこの新興分野の内容をまとめたつもりである．読者の対象としては他に，現役の生態学者，遺伝学者，行動学者，分子生物学者，集団生物学者，保全生物学者，そしてこの研究主題について，数理的説明ではなく，簡潔で図式化された説明を求める人たちをも想定している．

　より具体的には，この本では系統地理学のはじまりと発展過程を順を追って述べ，関連文献をある程度詳しく紹介し，この分野の経験的および概念的発見を要約した．さらにこの学問の知的豊かさを記して，系統地理学的なものの見方が生態学や進化学の研究に対してもたらしてきた革新的な精神をとらえようとした．今のところ系統地理学の実証的な取り組みのほとんどが多細胞動物に集中しているので，この本の内容も必然的にその偏向を反映している．しかし，系統地理学の原理は，この本の関連する箇所でも述べたように，植物や微生物に対しても適用されるべきである．

草稿を読んですばらしい意見を述べてくれた Joan Avise, Andrew DeWoody, Anthony Fiumera, Mike Goodisman, Glenn Johns, Adam Jones, Joe Neigel, Bill Nelson, Guillermo Ortí, Svante Pääbo, Devon Pearse, DeEtte Walker そして Kurt Wollenberg に感謝したい．私を励まし助けてくれたこの本の編集者である Michael Fisher と Kate Brick に対しても同様に感謝の意を表したい．また私の研究室を長年にわたって支えてくれた全米科学財団 (National Science Foundation) とジョージア大学にお礼を申し上げる．さらに，最近のピュー奨学基金計画 (Pew Fellowship Program) からの援助により，この本を書き上げることができた．ここに謝意を表する．

日本語版まえがき

　私は，*Phylogeography : The History and Formation of Species* の日本語版が出版されることを，たいへん嬉しくまた光栄に思っている．系統地理学は種内および近縁種における系統の地理的分布に注目するものである．実証的研究においても，また，概念的展開においても，この学問分野は自ずと国際化する志向性を有している．この日本語版（これはオリジナルの英語版から翻訳された最初のものである）が，系統地理学的視点の威力・新規性・魅力を，日本の幅広い学生や生物学研究者に知ってもらうことに役立つことを期待したい．

　1970年代末から1980年代におけるその発端から，系統地理学は集団遺伝学や進化生物学における考え方やアプローチの仕方を様変わりさせてきた．種内の進化は，もはや集団内あるいは集団間の遺伝子頻度の単なる変化の過程と見るだけではおさまらなくなり，集団遺伝現象は今や，時間的および空間的に広がる系統過程として捉えられるようになった．種分化は，もはやそこから先は系統学的見方がおよばないという境界線ではなくなり，種内における進化は，今では系統的合着過程として解釈できるようになった．その結果，生物系統樹は，正確に定義された系統学的用語や概念が適用できる遺伝子系統樹の複合物として認識されるようになった．また，平衡（たとえば，突然変異と自然選択との間の，あるいは自然選択と機会的変動との間の）という考え方は，もはや集団遺伝学のモデルを左右する主要なものではなくなり，種特異的な一回性の歴史的特徴が，一般性のある進化現象と同じく，確実に究明できるようになった．さらに，小進化の研究分野（集団遺伝学や生態学を含む）をもはや大進化の研究分野（系統学や分類学を含む）から切り離しておく必要がなくなった．系統地理学は，伝統的に分離していたこれらの進化研究に関わる諸分野の間をとりもつ強力な実証的・概念的橋渡しを提供するものである．

　Phylogeography をていねいに日本語に翻訳するというたいへんな労をとっていただいた向井貴彦博士，馬渕浩司博士，野原正広博士，武藤文人博士，そして私の親しい友人である西田睦教授に心からお礼を申し上げたい．彼らの仕事が，系統地理学的視座の進化学的重要性について，日本の若い世代の人たちを教育し，魅了するのに貢献することを願っている．

2008年11月13日

カリフォルニア大学アーバイン校
ジョン・C・エイビス

監訳者まえがき

写真：琵琶湖畔にて．右が Avise 氏，左は監訳者の1人西田．2001年10月撮影．

　本書は，ジョン・C・エイビス（John C. Avise, 以下 Avise）氏が 2000 年に著した *Phylogeography : The History and Formation of Species*（以下，原著）の全訳である．
　原著のタイトルである phylogeography（系統地理学）は，Avise 氏が研究室メンバーとともに 1987 年に著した総説で初めて用いた言葉で，彼らがその展開に極めて重要な役割を果たしてきた新しい学問分野を指す．この分野は急速に進展し，今では分類学，生態学，系統学，進化生物学，保全生物学，多様性生物学，さらには遺伝学や分子生物学など幅広い生物学諸分野と関わる学問領域として，たいへん重要な位置を獲得するに至っている．ことに，予想を超えるスピードで進む温暖化や生物多様性の減少などに見られるように，地球の自然環境の急速な変化・荒廃が危惧される現在，この分野はますますその重要性を増している．
　原著は，この phylogeography を提唱し先導してきた Avise 氏が，自らこの分野の意義や成立の背景を解説した上で，研究成果の集約・整理を行い，今後の展望を示したものである．この分野の研究が本格的に始まってほぼ 20 年，系統地理学という学問分野の内容が充分に明確になった段階での出版であり，その確立を宣言するにふさわしいタイミングで世に出たといってよい．この出版により，この分野が確立したことが世界に広く認識されたのである．したがって，本書は系統地理学のバイブルとして，古典となるべき書であるといっても過言ではない．
　ところで，phylogeography を字義どおり日本語にすれば，上で記したように系統地理学となる．しかし，本翻訳書のタイトルではこれを「生物系統地理学」とした．広い範囲の読者の目に，その内容がわかりやすいようにという出版社の意も汲んでのことである．読者諸賢の理解が得られれば幸いである．
　さて，ここで，著者である Avise 氏について，やや詳しく紹介しようと思う．同氏の系統地理学への歩みがどのようなものであったかを理解するのに，多少とも資するのではないかと考えてである．
　Avise 氏は，1948 年 9 月 19 日に米国ミシガン州に生れた．子ども時代，夏休みにはミシガン州のアッパー半島（Upper Peninsula）にある祖母の家で自然に囲まれて過ごし，近くの湖で魚

とりに熱中した．それが自分の研究者としての原点になっていると，彼は自伝（*Captivating Life : A Naturalist in the Age of Genetics*, Smithsonian Institution Press, 2001）で述べている．

こうして培った興味をもとに，Avise 氏は地元の名門州立大学であるミシガン大学の自然資源学部に進み，野生生物学や水産学などを学ぶ．この頃には米国でも人間による自然の汚染が進んでいて，子ども時代には自ら捕獲して食していた淡水魚が食用に適さなくなったことに心を痛めたという．その後，テキサス大学オースチン校の大学院に進み，進化生態学の教科書で有名な Eric Pianka 教授に生態学を学んだ．修士論文のテーマを，同教授のアドバイスにしたがって野外に求めたが，なかなか思わしいテーマが見つからない．そこで，当時，酵素タンパク質の電気泳動分析（アロザイム分析）を用いた集団遺伝学的・進化遺伝学的研究を活発に進めていた Robert Selander 教授に相談した．教授の示してくれたテーマ一覧のなかで，自然集団の遺伝的変異性は生息環境の多様性（異質性）と相関があるか，というテーマが興味深く思えた．とくに，適切な生物を対象にしてアロザイム分析を行なえば，すぐにでも実施可能であるというのが魅力であった．洞穴魚を対象に選びこのテーマで研究を開始した Avise 氏は，こうして野外志向のナチュラリストから分子マーカーを活用する進化遺伝学者へと転身していくことになる．

修士課程修了後，彼は 2 年ばかり Savannah River Ecology Laboratory という実験所でテクニシャンとして研究を続け，いくつもの論文を仕上げた．この経験を基礎に博士課程に進むことを決心した彼は，進学先にふさわしい第一線の進化遺伝学・分子進化学の研究室を探した．その結果，カリフォルニア大学デービス校の Francisco Ayala 教授の研究室と，カリフォルニア大学バークレー校の Allan Wilson 教授の研究室が候補となった．Ayala 研究室は，当時，アロザイム分析法を用いて，ショウジョウバエ類などの進化遺伝学の研究をとてつもない勢いで推進していた．一方，Wilson 研究室は，タンパク質の免疫学的分析法を用いて，ヒトを含む霊長類などの進化について，アイデアに優れた魅力的な研究を展開していた．Avise 氏は後で述べるような理由で前者を選ぶのであるが，この 2 研究室を進学先の候補としたという話を Avise 氏から聞いたときに，私は何ともいえない親近感を覚えたものである．自分の話になって恐縮だが，同じ 1970 年代に，私は日本で分子マーカーを活用した自然史研究の展開を模索していた．このときに注目したのが，Avise 氏を含む Selander 教授のグループであり，さらに Ayala 教授の研究室と Wilson 教授の研究室だったからである．結局，私は後年，客員研究員として Wilson 研究室に加わることになるのだが，それはともかく，Avise 氏の目の付けどころや歩んだ経路に，私は強いシンパシーを感じるのである．

さて，彼は博士課程の進学先について次のように考えた．田舎育ちの自分には，街中にあるバークレー校よりは平原にあるデービス校の方が過ごしやすいだろう，というわけである．デービス校の Ayala 教授の研究室は Avise 氏にとって素晴らしいところであった．その魅力の 1 つは，Ayala 研究室に Theodosius Dobzhansky 教授がいたことである．Dobzhansky 教授は，現代進化学の基礎となる進化の総合説の創始者の一人として極めて著名な研究者である．Ayala 教授が師匠の Dobzhansky 教授をデービスに招いていたのである．Avise 氏は，現代進化学の本流の洗礼を受けつつ，研究者として育ったことがわかる．彼は Ayala 研究室で魚類を対象にした進化遺伝学的研究を完成させて博士号を取得．すぐにジョージア大学助教授（Assistant Professor）の職を得る．1975年のことである．

　ジョージア大学では，当初，それまでの研究の延長上で仕事をしていたが，1979年に新たな展開のきっかけを得た．それは彼が学科のセミナーで話したときのことであった．Avise氏が，これからの進化研究では遺伝子の調節領域の分析が面白いだろうと述べたところ，会場から，制限酵素を使用してその領域の変異を調べてはどうか，とのコメントがあった．さっそく，制限酵素を活用したDNA分析に詳しそうな近くの研究者に聞いて回ったところ，Lansmanという微生物学者が興味を示してくれた．彼はミトコンドリアDNA（mtDNA）を専門にしており，核ゲノムにある調節領域には詳しくなかったので，mtDNAの制限酵素分析を始めたが，これは調節領域の変異分析とは違った面で非常に興味深いことがすぐに明らかになった．こうして，Avise氏を開拓者の一人とする系統地理学という学問分野が始まったのである．この後のことは，本書の前半部分で解説されているので，これ以上述べないが，mtDNAという分析対象を得ることで，系統地理学の肝ともいえる種内の系統という概念が迅速に構築され，また，個体を真の意味で基礎単位とする系統解析が容易に実施できたということである．後から見ると，系統地理学は必然的で自然な展開によって成立してきたように見えるかもしれないが，実際にはさまざまな偶然の要素があったことがわかる．そして，科学の発展には，そうした偶然を許容し，またそれを生かすことのできる環境が必要だということがうかがえる．

　Avise氏はその後，ジョージア大学准教授，教授を経て，2005年7月にカリフォルニア大学アーバイン校の生物科学部に移り，現在そこの生態学・進化生物学科の教授（Distinguished Professor）である．300におよぶ学術論文や10冊を超える著書は，彼の研究および普及活動がいかに活発であるかを物語っている．また，進化学会や米国遺伝学協会などの会長を務めるなど，学会への貢献も大きい．彼が若くして，米国科学アカデミー，米国芸術科学アカデミー，米国科学振興協会などの会員に選ばれていることは，こうした学術への貢献が高く評価されていることを示している．

　最後に，私たち監訳者・訳者が本書に取り組むことになった経緯を述べておきたい．監訳者の1人である西田は，上でも少し述べたように，1970年代前半からAvise氏の精力的な仕事に注目していた．そして論文別刷の交換などをしていたが，2001年秋に日本で国際学会が開催された際，同氏に来日してもらう機会を得た．その折，西田はAvise氏と数日を親しく過ごすことができた．熱心なバードウォッチャーでもある同氏は，日本の鳥をできるだけいろいろな場所で見てみたいということだったので，学会のあと1泊2日で東京から京都および琵琶湖にお連れした（写真）．この道すがら，あるいは鳥を探しながら，本書の主題である系統地理学をはじめ，進化生物学・保全生物学についていろいろと議論したが，その中で，同氏の興味や研究のアイデアの原点がどこにあるのかがよく理解できた．また，得られた科学的知識を社会にどう生かしていくかということについて，同氏が強い思いを持っていることもよくわかった．そして何よりも，前述のように彼の学問的歩みに強く共鳴するところがあった．そこで，彼の記念碑的著書である本書を日本の読者に紹介する役を果たしたいと思うに至ったのである．

　なお，上に述べたAvise氏の系統地理学創出に至るストーリーの骨子は，2001年に同氏から直接聞いたことを基礎にしているが，正確を期すために，先にも述べた彼の自伝で確認をした．したがって，内容には大きな誤りはないものと思う．ただし，ややエモーショナルな記述をして

しまったところがあるかもしれない．そうだとすれば，同じ研究分野を指向した同世代の人間（西田）の過剰な思い入れゆえと，お許しいただきたい．

　原著 *Phylogeography* は，系統地理学の真髄を，その周辺領域をも幅広くおさえて，バランスよく解説した優れた著作である．しかし，一方で，原著の出版以来，系統地理学の研究は世界で活発に推進されている．とくに生物科学・生命科学は，系統地理学が関係する領域でも著しいスピードで進展を続けている．たとえば，原著出版時にはまだ完成していなかったヒトゲノム計画も 2003 年には完了し，その後多くの生物種がゲノム計画の対象とされて全ゲノムシークエンスが続々と決定されている．DNA シーケンス技術自体も第 2 世代・第 3 世代から第 4 世代へと移りつつあり，系統地理学研究に有用な DNA データの大量入手もますます容易になりつつある．DNA データの系統的解析手法も，理論やアルゴリズム，さらにはコンピュータパワーの進歩によって，飛躍的に発展してきている．したがって当然のことながら，本書を読めば，系統地理学に関する個別の情報や研究手法についての知見が，最新のところまですべて学べるというわけにはいかない．日進月歩の分野の宿命である．しかしながら，この分野の真髄は本書で十二分に把握できることはまちがいない．先に本書は「古典となるべき書である」と述べたゆえんである．

　本書作成の経過は，監訳者あとがきに記されている．そこにあるように，本書は多くのメンバーの多大な努力でできあがった．地球の自然，とくに生物的自然が大きく変貌しつつある現在，それを深く理解することが強く求められており，そのために系統地理学の果たす役割はたいへん大きいものがある．本書がこの学問分野に関心を持つ日本の読者の役に立つことを，訳者および監訳者一同，強く願っている．

（西田　睦）

目 次

まえがき　i
日本語版まえがき　iii
監訳者まえがき　iv

第I部　系統地理学の歴史と概念的背景　1

1　系統地理学の歴史と対象範囲　3

1.1　ミトコンドリアDNA研究の源流　8
　1.1.1　系統地理学誕生前夜　10
　1.1.2　系統地理学の先駆的研究　12
　1.1.3　ミトコンドリアに関するその後の発見　15
1.2　細胞内集団としてのミトコンドリア分子　16
　1.2.1　ミトコンドリアDNA分子時計　18
　1.2.2　ミトコンドリアDNAの進化に関する主要な総説　21
1.3　合着理論の概念の源流　21
1.4　その他の最近の発展　23
まとめ　25

2　個体群統計学と系統学の関連　27

2.1　集団内の母系系統　28
　2.1.1　分岐過程と合着理論　29
　2.1.2　近親交配理論からの見方：共通祖先までの世代時間　33
2.2　空間的構造を持つ集団への拡張　43
　2.2.1　隔離集団　43
　2.2.2　変化の中間的状況　52
2.3　核の遺伝子系譜への拡張　62
　2.3.1　核遺伝子系統樹の概念　62
　2.3.2　実際上の困難　67
2.4　母系系列：系統と個体群動態の特別な関連　71

まとめ　73

第 II 部　種内系統地理学の実例　75

3　人類の研究から学ぶ　77
3.1　人口統計学的解釈の精密化　80
3.1.1　過去の集団の大きさ　80
3.1.2　アフリカ起源説に対する疑問　84
3.2　他の遺伝子系譜の研究　87
3.2.1　地域集団　87
3.2.2　ネアンデルタール人　92
まとめ　93

4　ヒト以外の動物—その種内パターン　95
4.1　系統地理学の仮説　96
4.2　カテゴリー I：分岐の深い遺伝子系統樹　97
4.3　カテゴリー II：分岐の深い遺伝子系統樹　97
4.4　カテゴリー III：分岐の浅い遺伝子系統樹　99
4.5　カテゴリー IV：分岐の浅い遺伝子系統樹　100
4.6　カテゴリー V：分岐の浅い遺伝子系統樹　103
4.7　哺乳類　104
4.7.1　小型の陸生動物　104
4.7.2　大型の陸生動物　109
4.7.3　空を飛ぶ哺乳類　112
4.7.4　海生哺乳類　112
4.8　鳥類　115
4.9　爬虫類と両生類　119
4.9.1　陸生および淡水生の爬虫類と両生類　119
4.9.2　単性生殖種　123
4.9.3　ウミガメ類　123
4.10　魚類　125
4.10.1　淡水魚　126
4.10.2　海水魚　132
4.10.3　通し回遊魚　137
4.11　無脊椎動物　138
4.11.1　陸生および飛翔性種　138

    4.11.2 淡水の無脊椎動物　143
    4.11.3 海産無脊椎動物　144
  まとめ　146

第 III 部　系譜の一致：種分化，さらに種分化を超えて　149

5　系譜の一致　151
  5.1　様相 I：ある遺伝子の形質全般にわたっての一致　153
  5.2　様相 II：複数遺伝子の一致　153
  5.3　様相 III：分布域が重なる種間の一致　156
  5.4　様相 IV：他の生物地理的情報との一致　156
  5.5　地域的検討：米国南東部　157
    5.5.1　環境的背景　157
    5.5.2　遺伝的知見　159
  5.6　その他の複数種にわたる地域調査　170
    5.6.1　アマゾン河流域の低地の小型哺乳類　170
    5.6.2　南米のネコ科動物　172
    5.6.3　北米太平洋岸北西部の植物　172
    5.6.4　海産動物：その北極を越えての相互交流　174
    5.6.5　オーストラリアの断片化した多雨林の脊椎動物　177
    5.6.6　パナマ地峡の両側に出現する海産双生種　179
    5.6.7　火山性コンベアー・ベルト上の島：ハワイ　180
    5.6.8　補足的な事例　182
  5.7　系譜の不一致　184
    5.7.1　様相 I：1つの遺伝子内の形質の不一致　184
    5.7.2　様相 II：複数の遺伝子間の不一致　184
    5.7.3　様相 III および様相 IV　186
  5.8　系譜の一致と系統地理学的な深さ　187
    5.8.1　系統地理学的な深さが保全において果たし得る役割　187
    5.8.2　系統群の分岐の絶対年代　192
  まとめ　197

6　種分化過程と拡張された系譜　199
  6.1　系統地理学と種の起源　201
    6.1.1　種分化の系統学　201
    6.1.2　生物学的種概念と系統学的種概念　206

6.1.3　種分化に要する時間　219
　6.2　深い系統地理　225
　　　6.2.1　太古の系統の遺伝子系統樹　225
　　　6.2.2　種レベルを超えた系統地理学　228
　まとめ　234

　概要および系統地理学の未来　236

参考文献　237
監訳者あとがき　291
索　引　293
著者略歴・監訳者略歴・訳者紹介　304

系統地理学の歴史と概念的背景

　ここでは，系統地理学の定義とその対象範囲を紹介し，この学問分野の歴史の実験的研究と理論的研究の両者を説明する．また，この分野から生じた新たな観点を紹介する．とくに，系譜と個体群統計学との密接な関係，そして集団遺伝の非平衡的な性質（つまり歴史的な性質）に焦点を当てる．

1 系統地理学の歴史と対象範囲

　系統地理学では，遺伝子の系列，とくに近縁種間や種内の系列の，地理的分布を決定する原理と過程を研究する．この名称が意味するように，系統地理学は遺伝子系列の空間的分布について，その歴史的，系統的な側面を扱う．つまり，系統地理学では時間と空間をともに考慮すべき座標軸として，(理想的には) その座標軸上に興味の対象となる個々の遺伝子系譜を位置付ける (図1.1)．系列の分布の解析や解釈には，通常，分子遺伝学，集団遺伝学，行動学，個体群統計学，系統生物学，古生物学，地質学，そして歴史地理学から幅広く情報を導入する必要がある．したがって，系統地理学は，小進化や大進化を扱うさまざまな研究分野の重要な交点に位置する統合的な試みである (図1.2)．

　系統地理学は，生物地理学の1分野として，伝統的な生態地理学の考え方にも強い影響を与えている．つまり，生物の形質に見られる空間的分布を決定する要因として，現時点での生態学的な淘汰圧のみでなく，より幅広い時間的な背景を重視する役割をしている．自然界での淘汰に関する研究は，環境勾配がどのように生物の適応のクラインを生み出すかを示したEndler (1977) をはじめとして数多い (Endler, 1986; Bell, 1997)．これらの研究では，ほとんどの淘汰は個々の種に特異的であるが，ときには生態地理学上の法則といえるほど顕著か，またはくり返し観察される傾向を示す (表1.1)．とはいえ，進化の過程では自然淘汰のみで遺伝的形質に地理的パターンが生じるわけではない．集団が分断された歴史が長く，その間にほとんど，またはまったく遺伝子流動がなかった場合は，進化的な分断が，非中立遺伝子はもちろん，中立遺伝子でも，ほぼ不可避的に進行する．

　系統地理学者は，個体群動態の歴史的過程 (長期間の，自然淘汰にかならずしも関係しない過程を含む) が，どの程度，あるいはどういう形で，現在の遺伝的形質の地理的分布に対し，進化の痕跡を残したかを説明しようとする．したがって，系統地理学は生態地理学の考え方を拡張し，バランスをとる働きを持つ (図1.3(a); Thorpe *et al*., 1995)．

地域1　　　　　　　　　　　　地域2

時間

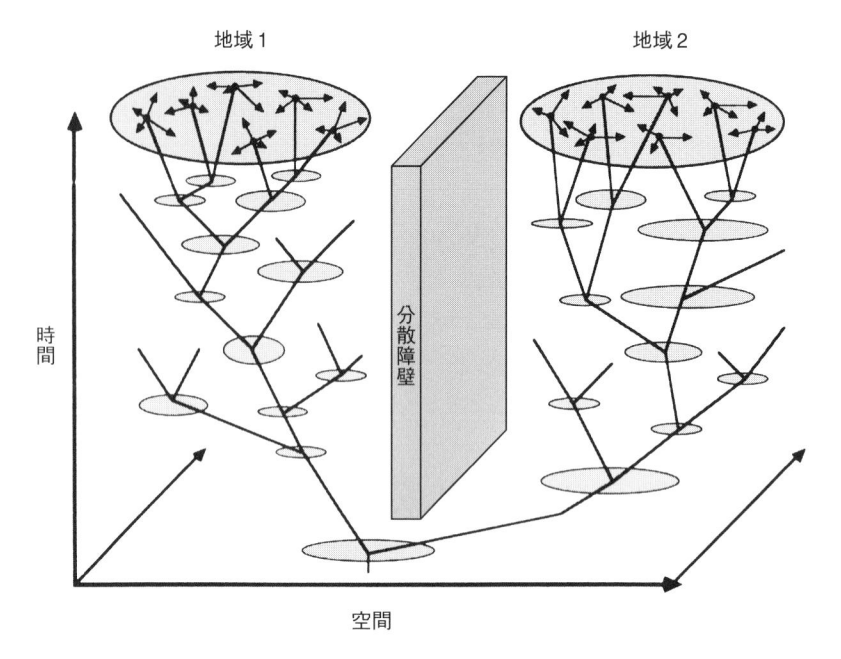

分散障壁

空間

図1.1　種内の2つの地域集団が物理的な障壁で隔てられて，それぞれの内部で遺伝子流動が制限されている場合に推定される遺伝子の系譜（Avise, 1996a）．各々の楕円は，個々の系列の地理的分布域を示す．現存集団（上）内の矢印は，現生の個体が生まれた場所から分散する距離を表す．

小進化を扱う分野
行動学 — 個体群統計学 — 集団遺伝学

系統地理学 ↔ 分子遺伝学

歴史地理学 — 古生物学 — 生物系統学
大進化を扱う分野

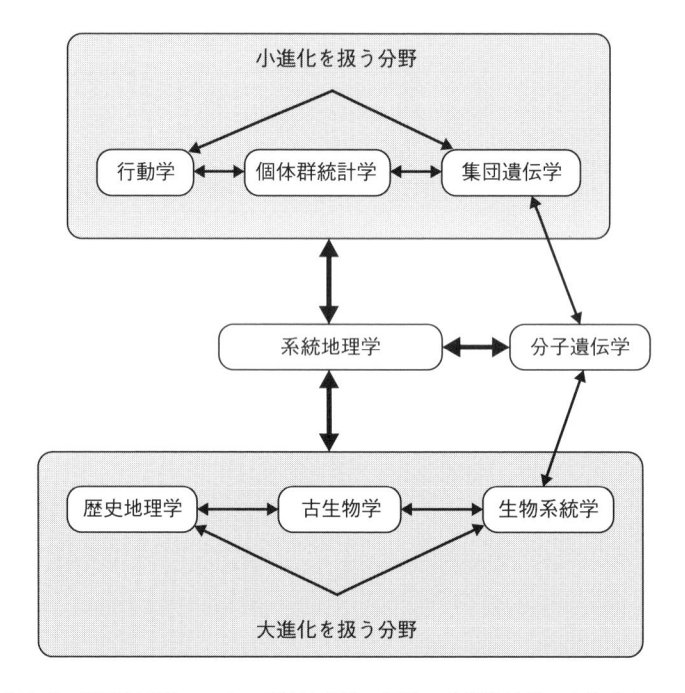

図1.2　学問分野間における系統地理学の位置．系統地理学は充分確立された各分野間の要に位置する．

表 1.1　生態地理学上の法則：淘汰圧の地理的勾配の結果と考えられてきた
種内や種間に認められる傾向[a]

Allen 則	気候の寒冷な地域では恒温動物の付属肢は短くなる． 　考えられている淘汰の性質：体温保持の上での生理的な有利性．
Bergmann 則	気候の寒冷な地域では恒温動物の体は大きくなる（表面積/体積の減少）． 　考えられている淘汰の性質：体温保持の上での生理的な有利性[b]．
Gloger 則	湿度の高い地域では生物の体色は黒化する． 　考えられている淘汰の性質：生息地の背景と似ることで，捕食者，餌生物もしくは競争者に発見されにくくなる．
一腹卵数増加の法則	高緯度地域では，鳥が 1 回に産む卵の数が多くなる． 　考えられている淘汰の性質：昼間の時間が長いので，充分餌を求める時間がある；春季，および夏季の一次生産量が高く，昆虫やその他の餌が爆発的に殖える；熱帯域に比べて捕食者が少ない．

a．ただし，表現型の可塑性によってもたらされている可能性もたいていの例で否定できない．鳥類に関する批判については，Zink & Remsen (1986) を参照のこと．もちろん，広い意味での生態地理学では，自然淘汰がどのようにして遺伝的形質の地理的分布を決めるのかについてのみ関心が持たれ，分類群をまたいだ一般性については考慮しない．
b．この，あるいは他の生態地理学上の法則にも淘汰に関する異なる説明がある．たとえば，McNab (1971) は，Bergmann 則を種間競争への進化的な応答であるとした．

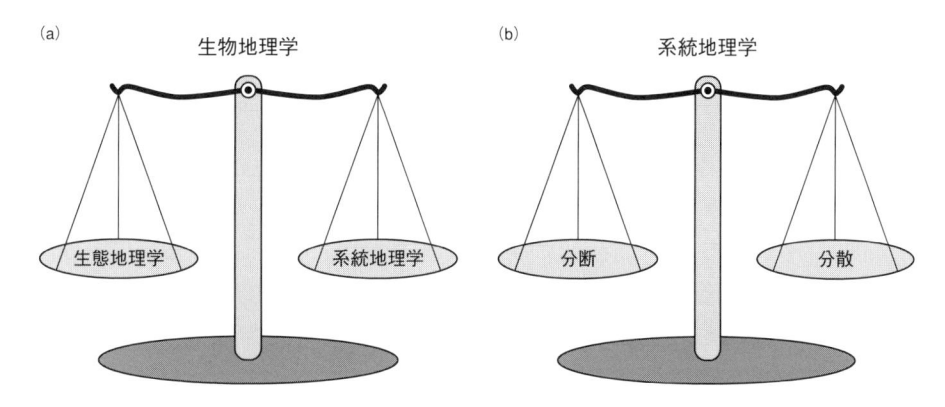

図 1.3　系統地理学の天秤図．(a)より幅広い生物地理学の分野では，系統地理学の観点は，現在の自然淘汰で形成されているパターンを強調する伝統的な生態地理学の観点につり合うものとして働く．(b)系統地理学の内部では，系譜の適切な評価により遺伝形質の地理的な分布を形成する際にはたらく分散と分断の相対的な影響の大きさの差を評価する．

ただし，生態地理学と系統地理学の仮説はたがいに相容れないものではない (Vermeij, 1978; Brooks, 1985)．たとえば 2 つの集団が，何十万年もの間，地理的に隔てられてきたと仮定しよう．系統地理学的解析が適切ならば，調査した遺伝子系列の適応度が中立の場合も，歴史的に分化していたことが明らかになるだろう．長期間隔離された集団は，遺伝的適応に差が出ることが考えられる．というのは，そのような集団間では遺伝子流動による均質化が起こらずに，長期間，潜在的に異なる淘汰圧にさらされてきたはずだからである．実際，生物多様性の評価といった応

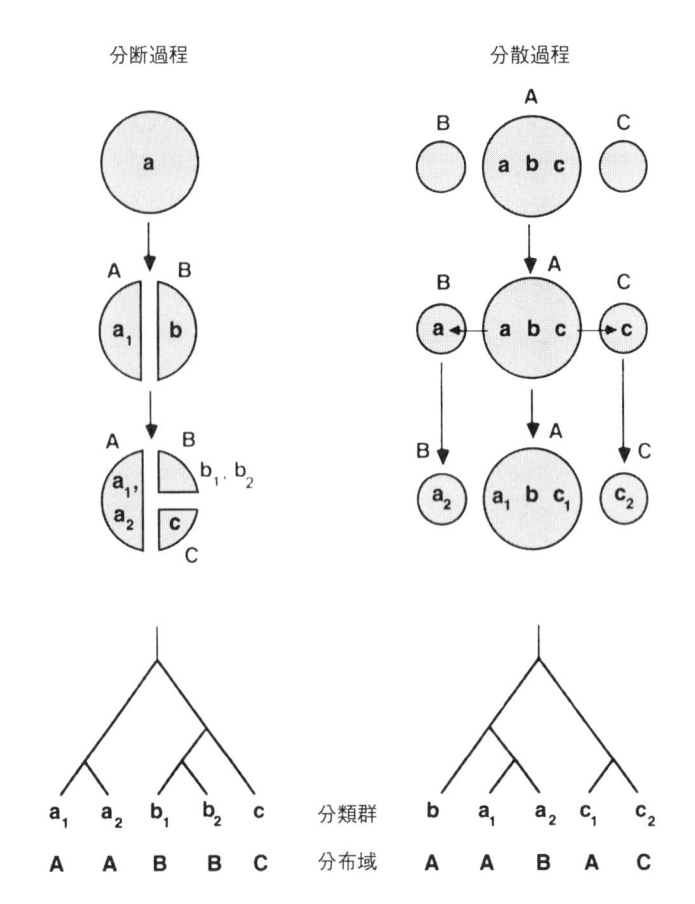

図1.4 分断および分散過程を経験した空間的に不連続に分布する集団または種の系統関係 (Futuyma, 1998). 小文字は分類群, 大文字は地理的な場所を表す. 分断過程で経験した分類群の系統関係は, 生息場所の分断順序を反映しているかもしれない. しかし, 分散過程を経験した分類群とその生息場所は, より多様な歴史的関係を示し得る. ただし, すべての解析結果は, その他の要因, たとえば歴史的な個体群の動態や分断・分散の時期および解析の分解能の影響をうける.

用においては, "中立"であろうと考えられる分子マーカーで認識された系統地理学上の単位はとくに重要である. なぜなら, そのような系統地理学上の単位は, 保全生物学者が保護を望むさまざまな適応の源だからである.

　系統地理学は, 生物やその形質の空間的な分布を説明するとき, 異なる歴史的経緯を説明する概念としても役立つ. たとえば, 分断と分散 (図1.4) は, 空間的に離れて分布する分類群の起源を説明するのに用いられ, この2つの可能性はしばしば競合する (Ronquist, 1997). 分断で解釈すると, 近縁な個体群や分類群が離れて分布するのは, 多少とも連続して分布していたものが環境の変化で切り離されたからである (Croizat *et al.*, 1974; Nelson & Platnick, 1981; Nelson & Rosen, 1981; Humphries & Parenti, 1986; Myers & Giller, 1988). たとえば, 山脈の隆起は低地に生息する分類群を隔て, 大陸の分割は陸生生物の集団を引き裂き, さらに水界の物理的な細分化は水生生物の集団を分割する. 一方, 分散による解釈では, ある分類群に見られる複数の集団の現在の分布域は, 1つまたは複数の起源地から, 能動的もしくは受動的に分散したこ

とによる (Briggs, 1974). 分断も分散も歴史的な現象で，個々の事例でのそれぞれの相対的な役割は，系統地理的解析の尺度の上で評価される（図 1.3(b)）.

　基本的には，系統地理学上の評価では，系統関係が既知または推定可能な対立遺伝子の空間的分布を扱う．しかし，どのような遺伝的形質（形態，行動，分子など）の空間的分布を取り扱っても，系統的な見地から実証的あるいは理論的に扱えば，広い意味での系統地理学と見なすことができる．しかし本書では，系統地理学を，"遺伝子系列の空間的な解析を扱う分野"という狭い意味に限定して話を進める．この分野の中に，近年の科学的発見のうち最も奇抜で想像力に富んだ事実があるからである．

1.1 ミトコンドリア DNA 研究の源流

「系統地理学」を表題や索引用語に用いた出版物の数は，1987年から2年ごとにほぼ倍加した（図1.5）．そして，1999年初頭までには合計で300を超えた．しかしこの数は，氷山の一角に過ぎない．ずっと多くの研究が，系統地理学という用語を用いずにこの分野を扱っている．幸か不幸か（Bermingham & Moritz, 1998），今日までに行われた系統地理学的研究の約70%が，動物のミトコンドリア DNA（mtDNA）を主として，あるいはそれのみを取り扱っている（図1.6）．したがって，系統地理学の発展史を説明するには，どうしてもこの細胞質ゲノムと，それが持つ系統解析上都合のよい属性（母系遺伝をし，種内変異が多く見られ，さらには通常，遺伝的組換えが起こらない）に言及せねばならない．

分子系統学全般の歴史の概要は，すでに他著で述べた（Avise, 1994）．1960年代後半には，Harris (1966) や Lewontin & Hubby (1966) によるタンパク質電気泳動法の導入

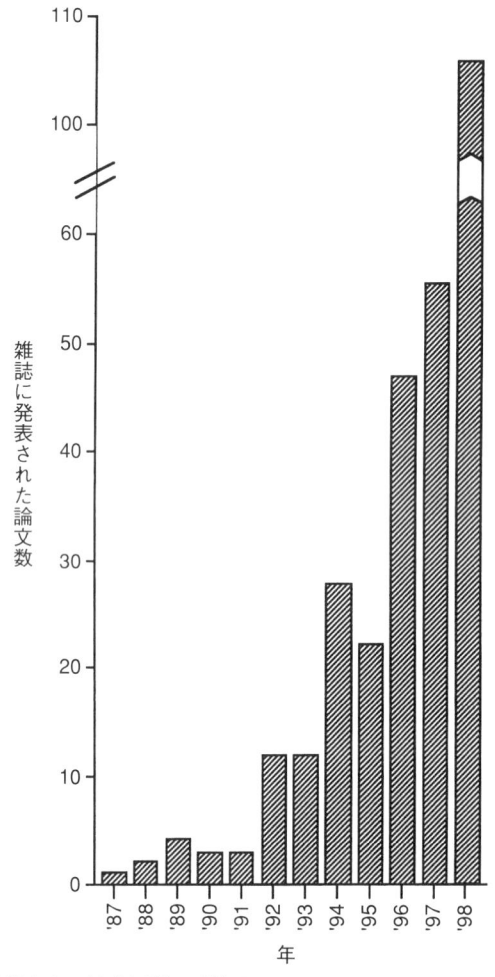

図1.5 表題または検索用語に系統地理学を意味する phylogeography（—ic）を用いた科学論文の発表数．この数は系統地理学上の問題を扱っている論文のうち，わずかな部分のみを表しているに過ぎない．

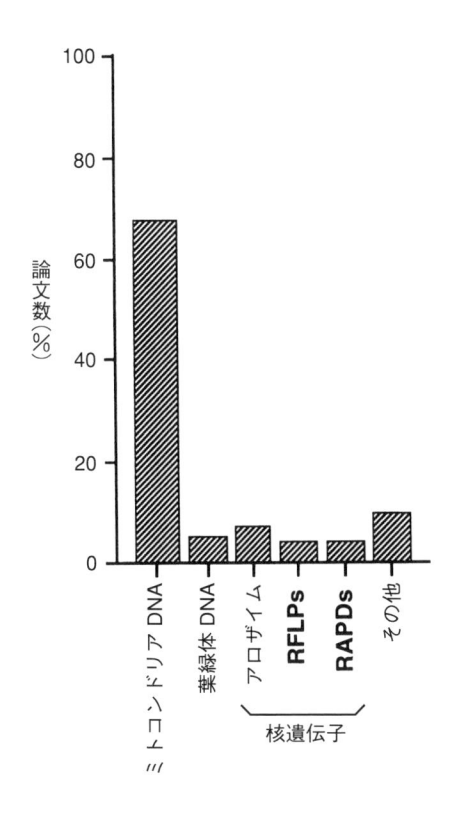

図 1.6　図 1.5 に示された系統地理学に関する論文の内訳．標的とされた分子とその解析法で分類した．

により，集団遺伝学は大きく変化しはじめた．この方法で，はじめてどんな生物からも容易に大量の遺伝子型情報を得られるようになった．タンパク質の総電荷量の違いから，それをコードする対立遺伝子（メンデル遺伝する）の違いを検出するアロザイム解析により，遺伝子型のデータ（たいてい 1 個体当たり 20 以上の核遺伝子座を多くの個体について調べることで得られる）は急速に集積していった．

　アロザイム情報は，とくに集団を距離法で解析するときに体系学的に有益であることがすぐに示されたが（Avise, 1974），対立遺伝子間の歴史的関係がわからないことが，系統学の研究上，宿命的な限界だった．つまり，アロザイム分析で観察されるのはゲル上の泳動像のみで，対立遺伝子間の系統関係はわからない．伝統的な集団遺伝学理論で見られる方程式の多くは（Fisher, 1930; Wright, 1931; Haldene, 1932），突然変異，遺伝子流動，交配様式，遺伝的浮動，そして自然淘汰などの小進化の現象下で，たがいの系統関係が不明な対立遺伝子の頻度が時空間的にどのように変遷するかというパターンを記述するために提唱された．タンパク質電気泳動法によるデータは，伝統的な集団遺伝学で一般的な用語や枠組みで解釈ができた．しかし巨視的な流れで見れば，生物学の他の分野，とくに高次分類群の体系学で顕著な，より厳密な系統学的思考法から考え方をそらせるという結果をもたらした．

　したがって，タンパク質電気泳動法のもたらした革新は，小進化（たとえば集団遺伝学）と，大進化（生物体系学を含む）研究の間につねにある，概念的方向性と研究の実践に関する根本的ギャップを埋めはしなかった（A. C. Wilson *et al.*, 1985; Avise, 1989b）．後の mtDNA の遺伝子系譜学の観点によれば，タンパク質電気泳動法がもたらした主な功績はむしろ，集団生物学の一般的な雰囲気

を変え，以前はまったく別分野だった分子生物学と広い接点を持たせ，両者の融合も促進させたことにある．

1.1.1 系統地理学誕生前夜

mtDNA の系統地理学的研究に直接関係する重要な基礎的技術が，いくつかの先端的分子生物学研究を通じてほぼ同時期に確立した．1970 年代中期から後期までに，染色体外 DNA の遺伝的機能やその起源に関する，それまでの知見の総説が出版された（Kroon & Saccone, 1974; Saccone & Kroon, 1976; Gillham, 1978; Cummings et al., 1979）．1960 年代後半には制限酵素が発見された（Linn & Arber, 1968; Meselson & Yuan, 1968）．制限酵素は，二重鎖 DNA を特定の部位で切断するが，動物の mtDNA の制限酵素断片長多型（RFLP）の検出や，制限サイト地図の作成にすぐに使われた（Brown & Vinograd, 1974 : Uphlt & Dawid, 1977）．

1977 年に Upholt は，制限酵素を用いた分析結果から mtDNA の配列分化率（sequence divergence）を推定する最初の統計的アルゴリズムを報告し，直後にその数学的な拡張を Gotoh et al. (1979), Kaplan & Langley (1979), Nei & Li (1979), Engels (1981), Kaplan & Risko (1981), Li (1981), Nei & Tajima (1981), Hudson (1982) などが行った．いくつかの初期の研究では，今世紀初頭の細胞学と遺伝学の研究で推定されてきた問題，つまり mtDNA は高等動物では母系遺伝をし，そのため子孫は性別に無関係にほぼすべてのミトコンドリアを母親のみから受け継ぐということを，立証するために RFLP マーカーを用いた（Dawid & Blackler, 1972; Hutchinson et al., 1974; Hayashi et al., 1978; Avise et al., 1979a; Francisco et al., 1979; Giles et al., 1980）．

1975 年に Brown と Wright は単為発生をするトカゲに関する短い論文の中で，自然界での mtDNA の変異に関するある重要な知見について初めて発表した．この論文は，多くの単性（unisexual）の脊椎動物の進化的起源とその年代を解明するのに mtDNA 解析が有効であることを明示し，その後 20 年にわたる一連の研究の端緒となった（たとえば Brown & Wright, 1979; Wright et al., 1983; Densmore et al., 1989; Echelle et al., 1989; Moritz, 1991; Moritz & Heidemen, 1993; Avise et al., 1992a 中の総説）．1979 年に Wes Brown とその共同研究者らは後の研究に，重大な影響力を持つ論文を発表した（図 1.7）．この中で彼らは，高等霊長類の種間比較から推定すると，mtDNA 塩基配列の進化速度は予想外に速いことを報告している．この進化速度は，動物の mtDNA の"分子時計"の基準として現在広く用いられており，塩基配列間の差異は 100 万年当たり約 2％（個々の系列では 1％/100 万年）とされた．

動物の mtDNA の進化速度が速いということは，当時まったく驚くべき発見であった．一見，このことは分子進化の根本原則に背くように思われた．その原則とは，機能上の制約は分子の構造を必然的に制限する，というものである．1978 年以前には，ほとんどの分子進化学者は，サイズの小さい mtDNA には遺伝子が隙間なく詰め込まれているので（分子の遺伝的な節約; Attardi, 1985），細胞のすべてのヌクレオチド配列中で最も進化速度の"遅い"ものの 1 つだろうと考えていたのである．

一方，植物の mtDNA は動物と同様に細胞質中に存在し，これも同様にひとそろいの遺伝子をコードしているが，これは驚いたことに動物の mtDNA の進化の法則にはしたがわない．植物の mtDNA では，遺伝子の

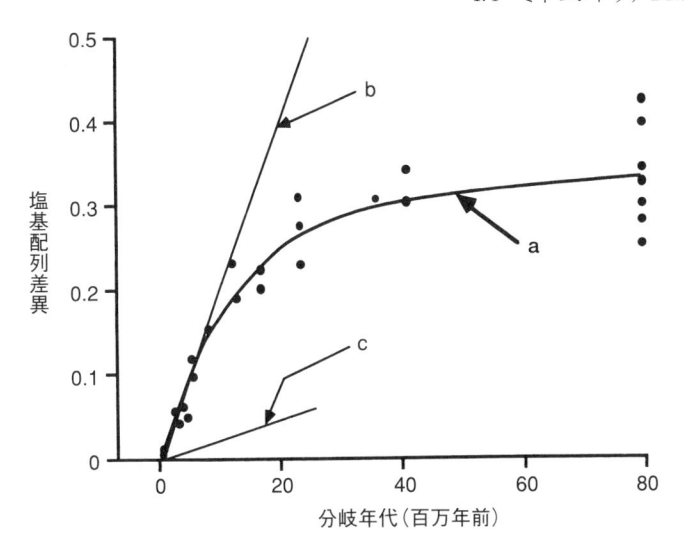

図 1.7 mtDNA の塩基配列差異の進化的変遷（Brown *et al.*, 1979）．図中の黒点は，さまざまな哺乳類についてペアワイズの塩基配列比較により得た配列差異を縦軸に，化石や生物地理上の証拠から推定したペア間の分岐年代を横軸にプロットしたもの．曲線 a はこれらの点を回帰させたもの．2000万年前〜1000万年前を越えた領域では，おそらく分子内の置換可能な部位が飽和に達するため，曲線は漸次プラトーに達する．本書で論じられている例は大部分，過去1500万年前以内には分岐していた系列なので，飽和の効果が重大となるゾーン内には入らない．直線 b は mtDNA 曲線の初期の傾きで，およそ 1%/系列/100万年前の塩基配列進化速度という推定値を与える．直線 c は核ゲノムの多くに特徴的な，より緩やかな進化速度を示す．

配置変動は頻繁に起こるが，塩基配列の進化速度は遅い（Palmer 1985, 1990; Palmer & Herbon, 1988）．植物の mtDNA は，これらの特徴に加えて，分析が技術的に困難なこともあり，種内の系統地理学へはあまり応用されていない（Palmer, 1992 は例外）．一方，植物のもう1つの細胞質ゲノムである葉緑体（cp）DNA（Wolfe *et al.*, 1987）は，進化速度が遅いにもかかわらず，種によっては種内変異が存在し，かつ地理的構造を持つ（Hosaka & Hannemen, 1988; Doyle *et al.*, 1990; Lavin *et al.*, 1992; Soltis *et al.*, 1992a; Dong & Wagner, 1994; McCauley, 1994; Demesure *et al.*, 1996; El Mousadik & Petit, 1996; Dumolin-Lapegue *et al.*, 1997; Fujii, 1997; Vandijk & Bakzschotman, 1997; King & Ferris, 1998）．

動物の mtDNA の速い進化速度の説明には，次のようないくつかの仮説が提出されている（A. C. Wilson *et al.*, 1985; Gillespie, 1986; Richter, 1992; Li, 1997; Nedbal & Flynn, 1998）．まず，(a)機能的制約の緩和（mtDNA は自身の複製や転写に直接関係するタンパク質をコードしておらず，また13種類のポリペプチドしかコードしていないため，ある程度不正確な翻訳でも許容されるだろう），(b)高い突然変異率（DNA 修復機能の効率が悪いこと，酸化的なミトコンドリア内の環境ではフリーラジカルの濃度が高いこと，あるいは細胞系列内で複製による分子の回転が速い回数が多いことに起因する），(c) mtDNA 分子がむき出しであること（核 DNA と異なり，進化的に保存性の高いヒストンタンパク質と複合体を形成していないこと．ヒストンタンパク質は核 DNA の進化速度を低くしているかもしれないと考えられて

いる）．これらの可能性は，たがいに排斥しあうものではない．原因がどうであれ，mtDNA の速い進化速度は，この分子が小進化における系統学的マーカーとして有用であることの前提条件である．

1.1.2 系統地理学の先駆的研究

自然界での mtDNA 多型（今や，これをもとに明確な系統地理学的考察がされるようになった）を活用した最初の論文は，キヌゲネズミ科の *Peromyscus* 属（Avise et al., 1979a; Lansman et al., 1982, 1983a; Avise et al., 1983）とホリネズミ科の *Geomys* 属（Avise et al., 1979b）の個体群調査の研究であったが，後者を詳細に検討することで，今でもなお拡張され，洗練された形で実施されている系統地理学の研究方法をここに紹介できる．

米国南東部のミナミホリネズミ *Geomys pinetis* の分子的調査の時代には，制限酵素の多くがまだ販売されておらず，個々の研究者が実験室で精製し，相互に交換しあっていた．ホリネズミの分布域全体から採集した 87 個体より精製した mtDNA が 6 種の制限酵素で処理された．切断産物はアガロースゲル上の電気泳動で分子量にしたがって分けられ，エチジウムブロマイドで染色され，すべての標本と酵素の組み合わせについて，それぞれの RFLP パターンが調べられた．得られた切断パターンが適切かどうかは，通常，mtDNA が環状であることを利用してチェックされる．切断産物中の断片数は，ミトコンドリアゲノム中の制限部位の数に等しい．したがって，観察された制限断片の長さの合計は，mtDNA 分子の全長に等しいはずである（典型的なものは約 16,500 bp）．

ミナミホリネズミのいくつかの RFLP パターンの間の相違は，ある 1 つの制限部位の獲得または消失で説明できる（図 1.8）．この図の中で，制限酵素 *Bst*EII の処理で得られた泳動パターンの 1 つ N 型は，長さがおよそ 10.0 kb と 1.1 kb の 2 つの mtDNA 断片を含んでいる．この 2 つの制限断片は，同じ酵素の処理で得られたパターン M 型では見られず，かわりに 11.1 kb の長さの制限断片 1 本が見られる．したがって，もし M 型が祖先型なら，N 型は 1 箇所の *Bst*EII 制限部位を（おそらく，たった 1 塩基の置換によって）獲得した派生パターンである．反対にもし N が祖先型ならば，*Bst*EII 制限部位中の 1 箇所で塩基置換が起こり，その結果，*Bst*EII 制限部位が進化の過程で消失して，派生的な M 型パターンが現れたことになる．同様の考え方で，ミナミホリネズミに見られる他の RFLP パターンも（たとえば図 1.8 の M 型と O 型），2 つかときにはそれ以上の制限部位の変化が原因と推論できる．さまざまな制限酵素について泳動パターンが調べられ，そのデータはハプロタイプとしてコード化され，mtDNA 間の配列の違いの定量化に用いられた．データはさらに，ミナミホリネズミの種内の母系系統の推定に利用され，その後の同様の研究の先駆的なものとなった（図 1.9(a)）．

ミナミホリネズミ属の調査では，わずかに 6 種類の制限酵素しか用いなかったにもかかわらず，23 種類もの mtDNA ハプロタイプが発見された．遺伝的情報のみに基づいて厳密に推定したこれらのハプロタイプ間の系統関係を，地図上で標本の採集地点に重ね合わせると，系統地理的な一面が現れてくる（図 1.9(b)）．このような表示方法で，観察されたすべての mtDNA ハプロタイプで著しい地域性が観察され，同時に母系の系統関係の歴史的要素が明らかになった．そのような歴史的要素の 1 つとして，ミナミホリネズミの東

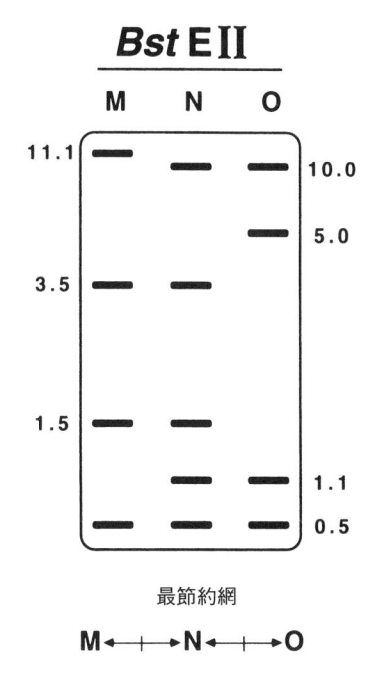

図1.8 米国南東部のミナミホリネズミの mtDNA 制限酵素消化断片の模式図 (Avise et al., 1979b). 酵素は BstEII を用い, 87個体を解析した. 下にこれらの遺伝子型を結ぶ最節約ネットワークも示した. ネットワークの枝を横断する交線は, 推定される1つの制限部位変化を表す.

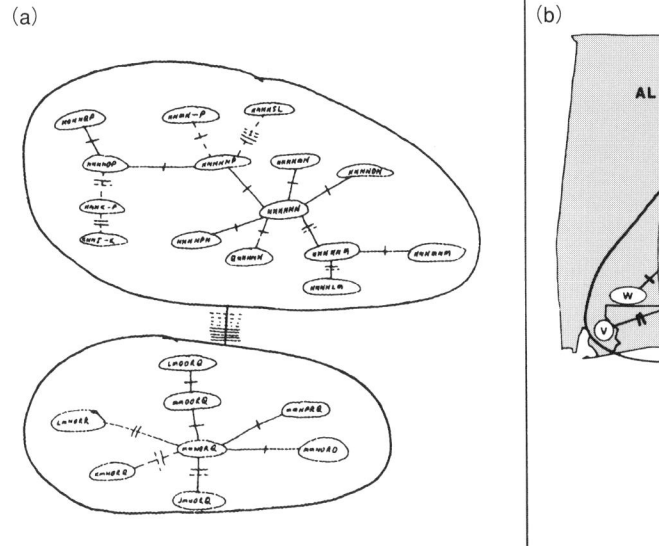

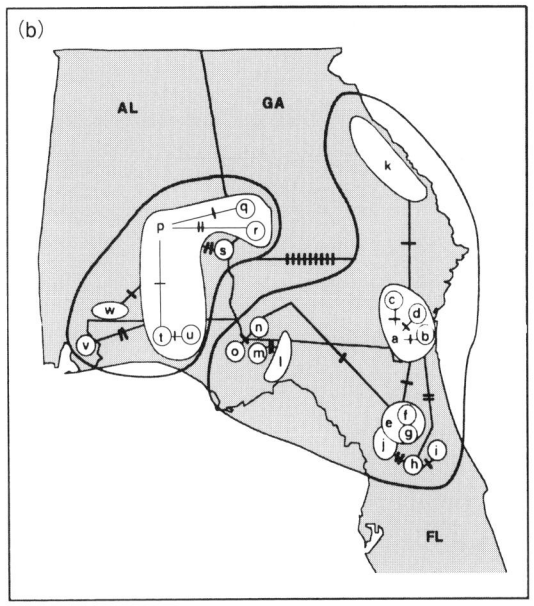

図1.9 (a)ミナミホリネズミの mtDNA ハプロタイプ (23個) を結ぶ手書きの系統網 (後に Avise et al. (1979b) に発表された). 楕円の中の6文字は6種の制限酵素による実験結果を要約したもの. ネットワークの枝上の交線は経路間で推定される最少の突然変異ステップ数を示している. 少なくとも9つの突然変異によって隔てられる, 2つの mtDNA 分岐群は太い線で囲まれている. (b)同じ系統ネットワークをアラバマ州, ジョージア州, およびフロリダ州から採取された標本の捕獲場所の地図に重ねたもの. 小文字 (a～w) で示されているのは23の mtDNA ハプロタイプ, 円や引き伸ばした楕円それぞれのハプロタイプが観察された地理的な分布範囲を囲んでいる.

部個体群と西部個体群の間のかなり深い遺伝的分化（平均塩基配列分化率 $p=0.034$）が認められた．この mtDNA 系譜における東西区分は，2つのアロザイム遺伝子座における核の対立遺伝子頻度の大きな差とも一致する（Avise et al., 1979b; Laerm et al., 1982）．

これらの mtDNA に関する初期の個体群調査は，技術的な方法論そのものよりも，むしろ少なくとも以下の2つの点で革新的であった．まず第1に，集団遺伝学の解析に個体を OTU（操作上の分類単位）として扱うという，それまで一般的でなかった考え方を導入した．この提言は当時としては過激であったが，動物の mtDNA ハプロタイプは，母系の先祖から組換えなしに受け継がれるという事実から論理的に帰結される．

大部分の種内解析（親子関係は除く）がアロザイムに基づいていた初期の研究では，メンデル遺伝の複雑さ，つまり二倍体であることと遺伝子の分離とその独立した組み合わせから，必然的に OTU は個体ではなく個体群とせざるを得なかった．そのため，個体群を核の遺伝子情報で解析する前に，何らかの方法で（通常地理的基準にのっとって）個体群を定義しなければならなかった．しかし，そのように個体群がいったん定義されると，対立遺伝子頻度の比較対照となる個体群同士が何らかの関係を持つように見え，それゆえ，「操作上の個体群」が本当の個体群であるかのように正当化されてしまう．しかし mtDNA による解析の導入後は，この望ましくない循環論的事態は，母系に関する限り個体群の認識の上から取り除くことができた．もはや集団遺伝学の基礎データとなるのは，核の対立遺伝子や遺伝子型の個体群中の頻度のみではない．今や，個体の母系の歴史を推定するときに，個体群をアプリオリに定義することで生じる厄介な循環論を気にする必要はない．さらに，個体レベルの母系の判定は，個体群レベルを論じるときのようなサンプリング誤差を気にせずともよい．サンプリング誤差は，有限な標本数で対立遺伝子頻度や遺伝子型頻度を解析する際に必ず生じる．

初期の mtDNA 解析での第2の革新的な点は，種内進化の研究に明確な系統的概念を導入したことであった．これらの研究より前は（そして分類学の多くの領域では現在もそうであるが，たとえば Goldstein, 1997），系統学は種内レベルでは意味をなさない，という考えが強かった．なぜなら，有性生殖の生物では，同種内の系列は階層的な枝分かれよりむしろ網目状の構造を作るからである．Hennig（1966）は，種分化を個体間の遺伝的関係の領域（ここでは系統学的概念が適用できない）と種間系統関係の領域との間の境界に位置付けた．後の研究者らは，種分化は系統学者が踏み越えてはならない危険ラインであるとした．しかし，mtDNA は無性的に伝達されるので，その遺伝子系統樹は有性生殖をする種内でも階層的に枝分かれし，網目状とはならない．そのため，生物の歴史において少なくとも母系的な部分は，系統学的なアルゴリズムと考え方を用いて調べることが可能である．

したがってこの分野では，mtDNA（または核）遺伝子の系譜を，種内レベルでは系統的意義を持たないとして否定するのではなく，むしろ，より広い個体の系譜を構成する意義ある1要素として適切に解釈すべきである．個体の系譜は，遺伝子が経てきた歴史的な伝達経路である．それゆえ，種内進化の研究に系譜学的および系統学的な物の見方を導入するときの，論理的で確実な出発点となる．

古生物学者 George Gaylord Simpson が半世紀以上前（1945）に述べたように，「遺伝

の流れが系統を形作る．ある意味，それが系統そのものである．完全な遺伝的解析は，この流れの形状を確定する最も貴重な情報をもたらすだろう」．これらの遺伝の流れというものは，もとを正せば世代間をつなぐより小さい流れからなる．この本を通じて明らかにされるように，系統地理学はそのはじまりから，生物系統学と集団遺伝学という相互につながりを持たずにいた分野の間に，概念の橋渡しをする試みと見なされてきた (Avise *et al.*, 1987a; Hey, 1994)．

1.1.3 ミトコンドリアに関するその後の発見

1980年代初期から中期にかけて，ミトコンドリアゲノムの分子進化の特性に関する知識は急増した．多くの無脊椎動物と脊椎動物で，高頻度のmtDNA多型の存在が明らかになり，その研究調査対象には，カブトガニ (Saunders *et al.*, 1986) やショウジョウバエ (Shaw & Langley, 1979; Fauron & Wolstenholme, 1980b) から大型類人猿やヒトにまでおよんだ (Brown & Goodman, 1979; Brown, 1980; Ferris *et al.*, 1981a, b; Brown *et al.*, 1982; Cann *et al.*, 1982, 1984; Greenberg *et al.*, 1983)．mtDNAに見られる変異の大部分は塩基置換であるが，数塩基対から1000塩基，もしくはそれ以上のゲノムサイズの変化も生じていることが明らかになった (Crews *et al.*, 1979; Fauron & Wolstenholme, 1980a; Brown, 1981; Aquadro & Greenberg, 1983)．

その後ほどなく，ハツカネズミ (Bibb *et al.*, 1981), ヒト (Anderson *et al.*, 1981),

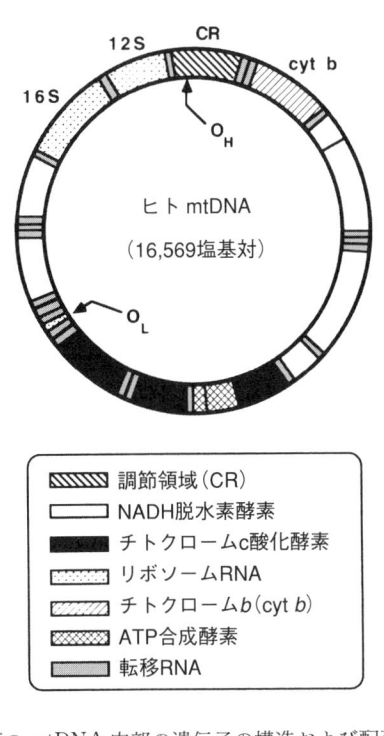

図1.10 哺乳類のmtDNA内部の遺伝子の構造および配列．O_H および O_L はDNA二本鎖それぞれの複製開始点．mtDNAの遺伝子配置は通常，近縁な動物種の間や種内では同じであるが，ときに配置の変動が起こり，系統樹の深い枝を同定するマーカーとして利用できる．(Smith *et al.*, 1993; Boore *et al.*, 1995).

およびウシ（Anderson *et al*., 1982）の mtDNA ゲノムの全塩基配列が公表され，そして近年は，さらに多くの種で mtDNA の全塩基配列が決定されている（Staton *et al*., 1997 を参照）．典型的な mtDNA ゲノムは，37 個の機能的に異なる遺伝子からなり（図 1.10），大きな遺伝子間のスペーサー領域は存在しない（McKnight & Shaffer, 1997 に例外）．これら 37 の遺伝子座は，22 種類のトランスファー RNA と 2 種類のリボソーム RNA，およびミトコンドリア内膜上で電子伝達と酸化的リン酸化に携わるタンパク質のサブユニットを作るための 13 種のメッセンジャー RNA をコードしている．一方，系統学的な見地からすれば，mtDNA ゲノムは，全体で 1 つの遺伝子座を構成している．なぜならば，この分子は無性的に伝えられるため，形質状態は系譜学的に連鎖しているからである（Saville *et al*., 1998 に菌類その他の例外）．

1.2 細胞内集団としてのミトコンドリア分子

1970 年代後半から 1980 年代初頭には，mtDNA 分子の集団はすべての体細胞および生殖細胞の細胞系譜の中に存在することが広く認識されるようになった（図 1.11）．典型的な体細胞には，数百〜何千ものミトコンドリアが含まれ，各ミトコンドリアはそれぞれ数個の mtDNA のコピーを持っている．成熟した卵細胞にはとくに mtDNA が多く，1 個体の子どもに，おそらく 10 万個の mtDNA 分子が伝達される．これらの状況は，2 倍体生物の常染色体上の遺伝子座での状況とは大きく異なる．2 倍体生物の常染色体上の遺伝子座は，体細胞中には 2 つのコピーしかなく，また配偶子は接合体にたった 1 つの対立遺伝子しか伝えない．そのため，この遺伝学上の新しい階層，つまり細胞系譜内の mtDNA 分子の集団に注意が向けられた．この新たな階層は，それまでのメンデル遺伝する遺伝子の研究の中では，先例のないものであった（Birky & Skavaril, 1976; Bogenhagen & Clayton, 1977; Birky, 1978, 1983; Ohta, 1980; Thrailkill *et al*., 1980; Takahata & Maruyama, 1981; Birky *et al*., 1982, 1983; Chapman *et al*., 1982）．この新しい階層の複雑さを理解するためには，この階層に核遺伝子にはあてはまるメンデル遺伝の法則が適用できないことを承知しておく必要がある．核遺伝子には，次世代に受けつがれるときに必ず 1 配偶子あたり 1 分子というボトルネックをうけるので，厳密にメンデルの法則が適用されるが，mtDNA では複数の分子が伝達される．このような直接，系譜に関係する事情の他にも，核ゲノムと細胞質ゲノムとの間の主要な違いは，加齢，有性生殖，および DNA 修復などの現象の進化学的考察にも関連する（Avise, 1993）．

ヘテロプラズミー． 新たな分野「細胞内集団遺伝学」の実証的研究が始まってまもなく，1 個体の中に複数の異なる mtDNA ハプロタイプが共存する例が報告された（Olivo *et al*., 1983; Solignac *et al*., 1983; Hauswirth *et al*., 1984; Monnerot *et al*., 1984; Densmore *et al*., 1985; Harrison *et al*., 1985; Bermingham *et al*., 1986）．これをヘテロプラズミーと呼ぶが，共存するハプロタイプの塩基配列がたがいに極端に異なるという稀な事例も発見されている（Petri *et al*., 1996）．ヘテロプラズミーをもたらす変異ハプロタイプの大部分は，おそらくその個体にとって有利でも不利でもないが，ヒトの場合，体細胞中で特定の変異ハプロタイプの頻度が高くな

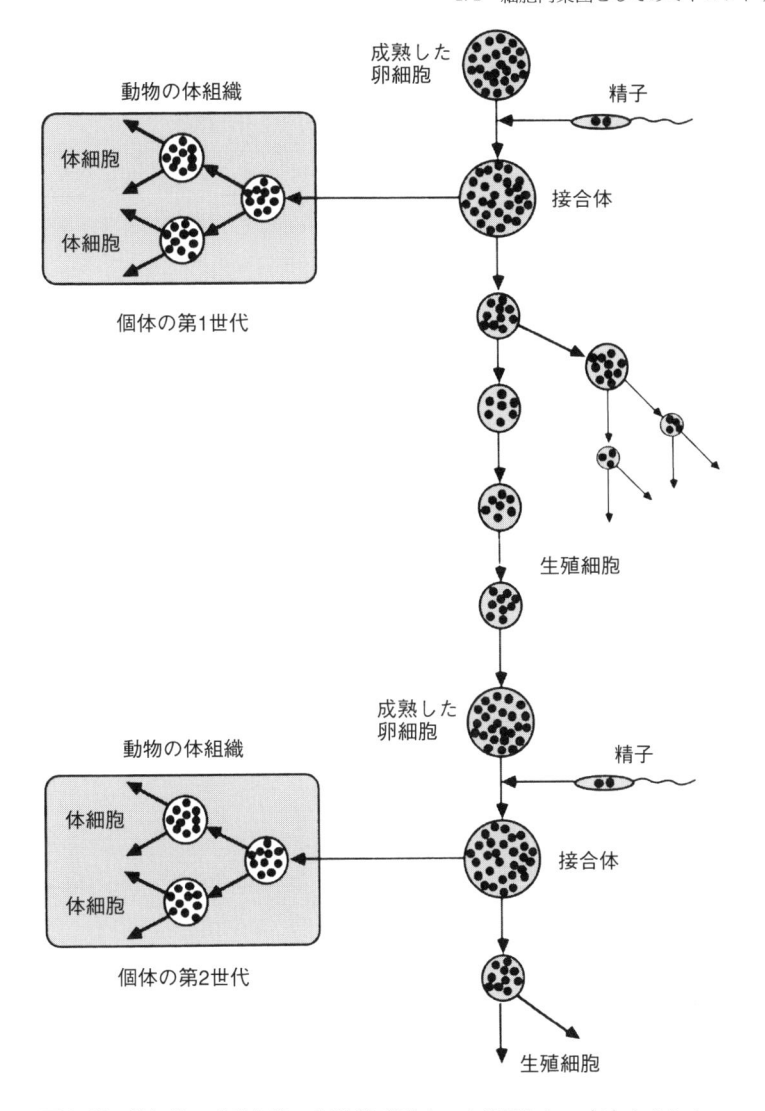

図1.11 体細胞や生殖細胞の細胞質系列内に大集団として存在するミトコンドリア（黒点）．多くの動物では，生物個体の世代間には，およそ20〜50世代の生殖細胞が介在する．

ったときに，健康上深刻な結果をもたらすことも明らかになった（Wallace, 1986, 1992; Lightowlers *et al.*, 1997）．

通常，ヘテロプラズミーを示す個体が保有する複数のハプロタイプは，遺伝的に極めて類似することがわかっている．このことから，ヘテロプラズミーをもたらした変異ハプロタイプは，おそらくは1つの独立した母系内で（もしくはある母系個体の体細胞中で）起こった mtDNA の突然変異に起因しており，接合子の形成時に精子を通じてもたらされたものではない．（これに反する顕著ないくつかの例が，後に二枚貝で見つかった．そのような貝では，父系と母系の明瞭に異なる mtDNA が，1つの個体中に共存している（Hoeh *et al.*, 1991; Zouros *et al.*, 1992, 1994a, b; Skibinski *et al.*, 1994; Liu *et al.*, 1996））．

いくつかの初期の研究では，ヘテロプラズミーを示す動物は，継代飼育でヘテロプラズミー状態が消失してホモプラズミーに至る際の遺伝子型の選別速度を調べるための材料として用いられた（Hauswirth & Laipis, 1982; Solignac et al., 1984; Rand & Harrison, 1986）．そして，通常 mtDNA の遺伝子型の選別速度は速く，数世代から数百世代のうちに起こることが判明した．つまり，生殖細胞系列内の mtDNA 分子集団の有効サイズは，成熟卵細胞中の mtDNA 分子が非常に多いことから推測される値よりも，大幅に小さくなければならない（Dawid & Blackler, 1972; Jenuth et al., 1996）．

なぜ生殖系列内の mtDNA 集団の有効サイズはこれほど小さいのか？細胞系譜内での比較的速い遺伝子型選別には，分子間競争のようなさまざまな自然淘汰が関与しているのだろうか？これらの問題は理論的に混乱しており（Birky et al., 1989），細胞レベルでの理解は未だに不十分である（Howell et al., 1992; de Stordeur, 1997; Lightowlers et al., 1997; Marchington et al., 1997; Turnbull & Lightowlers, 1998; Zouros & Rand, 1999）．さらに，一度達成された mtDNA ハプロタイプの均一な状態は絶対的に安定なものではない．というのは，変異は絶えず生じ続けているが，それは非常に厳密な解析でなければほとんど検出されないからである（Comas et al., 1995）．とはいえ，実際上は，大部分の個体に関して，体細胞中の mtDNA はほぼ同一であると考えてよい．このことは，mtDNA を系統マーカーとして有用にしている幸運な前提条件の1つである．

父親由来の mtDNA．一般に，mtDNA は母系の細胞質系列で遺伝していくが，稀に父方由来のものが紛れこむことがある．この現象を明らかにするため最初に行われた実験は，一方向の戻し交雑をくり返すものである（Lansman et al., 1983b; Gyllensten et al., 1985; Avise & Vrijenhoek, 1987）．これらの研究では，交配によって作出した雌をそれとは異なる mtDNA マーカーを持つ同系列または別種の雄に，代々戻し交配し，生まれてきた子孫に父親由来の mtDNA があるかを継代的に調べた．初期の研究では，精子を通じた子孫への mtDNA の伝達は検出されず，後に鋭敏な PCR 法を用いた研究で，いく種かの生物でそのような現象の存在が最終的に確認された（Satta et al., 1988; Kondo et al., 1990; Gyllensten et al., 1991a; Magoulas & Zouros, 1993）．とはいえ，父方からの mtDNA の伝達は，起きたとしても，通常は程度が小さく，一過性の現象のようである（Meusel & Moritz, 1993; Anderson et al., 1995; Shitara et al., 1998）．その原因の1つに，種によっては父方の mtDNA を分解する能動的なメカニズムが存在することが考えられる（Kaneda et al., 1995）．いずれにせよ，ヘテロプラズミーをもたらすその他の原因（新たな突然変異や，遺伝的に異なる分子間の組換えという稀な例―Lunt & Hyman, 1997）と同様に，父親からの mtDNA の伝達があるとしても，mtDNA は大部分の動物種で母系系統を記録するものとして有効である．

1.2.1 ミトコンドリア DNA 分子時計

さまざまな分類群で mtDNA 分子時計を遺伝子領域ごとに厳密に較正する試みが早くから数多くなされている．Brown ら（1979）は，霊長類の mtDNA の進化速度は非常に速いことを示したが，mtDNA 全体を対象ととする RFLP の一連の研究から，他

の動物でもこれが当てはまることが示唆された．霊長類と同程度の進化速度はウマ (George & Ryder, 1986)，クマ (Shields & Kocher, 1991)，オオカミ (Lehman *et al.*, 1991)，およびガン（鳥類）(Shields & Wilson, 1987) で報告され，また，霊長類より数倍速い進化速度がげっ歯類で (Auffray *et al.*, 1990)，逆に数倍遅い進化速度が数種のカメ (Lamb *et al.*, 1989; Avise *et al.*, 1992c; Bowen *et al.*, 1992, 1993a; Seddon *et al.*, 1998; Walker & Avise, 1998 も参照)，両生類 (Wallis & Arntzen, 1989; Caccone *et al.*, 1997)，サメ (Martin *et al.*, 1992b)，そして数種の硬骨魚類 (Canatore *et al.*, 1994) で報告された．ごく近縁な生物でも，進化速度が非常に異なるときがあるので，塩基配列の違いから分岐年代を推定する場合は，充分な注意が必要である (Zhang & Ryder, 1995)．

一般に，外温動物の塩基置換速度は，内温動物よりも遅いが，Martin & Palumbi (1993) はこの置換速度の違いが代謝速度の違いに起因することを示唆した (Adachi *et al.*, 1993; Rand, 1993, 1994; Martin, 1995; Mindell & Thacker, 1996 も参照)．塩基配列の進化速度に大きな影響をおよぼす生物学的な要因としては他に，世代時間 (Wu & Li, 1985)，DNA 修復の効率 (Britten, 1986)，そして DNA 複製の間隔（ヌクレオチド世代時間）などが挙げられている．しかし通常は，どの仮説が妥当かを評価するのは難しい．なぜなら，類縁関係の遠い分類群間では，多くの場合，上記の複数の要因が同時に働くだろうし，また，いくつかの要因同士には相関がある可能性もある．

ミトコンドリア DNA の塩基置換速度の較正は，たいてい暫定的なものにすぎないことにも留意すべきである．これは塩基置換速度の較正が，対象となる分類群の生物地理や化石記録による分岐年代という不確かな証拠に基づくためである．他にも mtDNA の塩基置換速度の推定に関する同程度以上の不確かさが，無脊椎動物の全般に見られる．たとえば，昆虫の mtDNA の進化速度はシングルコピーの核の DNA (scn) と比べてそれほど速くはないと思われていた．だが，最近の研究では，ショウジョウバエ *Drosophila* の mtDNA は核遺伝子より数倍の速度で同義置換 (silent or synonymous substitutions) を起こしている (Moriyama & Powell, 1997)．

一方，同じ系列内の mtDNA ゲノムの中でも，サイトや遺伝子によって進化速度は大きく異なるということは，かなりの信頼度でもって結論できる．最近分化した分類群では，同義置換（タンパク質をコードしている遺伝子の第1コドンと第3コドン，とくに後者に集中している）はアミノ酸の置換をともなう非同義置換 (replacement or non-synonymous substitutions) より数倍も多く生じている (Irwin *et al.*, 1991)．さらに，非同義置換の速度は，ミトコンドリアのタンパク質をコードする 13 の遺伝子の間でも著しく異なる (Li, 1997)．

小進化のごく短い時間スケール（たとえば，数千年から数万年程度—Ward *et al.*, 1993) に関する系統地理学的な解析では mtDNA の調節領域 (CR; 図 1.12) がとくに有効である．この領域は，例外的に速い塩基置換速度と高いレベルの種内多型を示すことがある（たとえば，McMillan & Palumbi, 1997; Lunt *et al.*, 1998)．また，この領域の分子進化速度は，mtDNA ゲノムの他の領域より 3〜5 倍大きくなることもある (Aquadro & Greenberg, 1983; Cann *et al.*, 1984; Vigilant *et al.*, 1989)．脊椎動物の調節領域のう

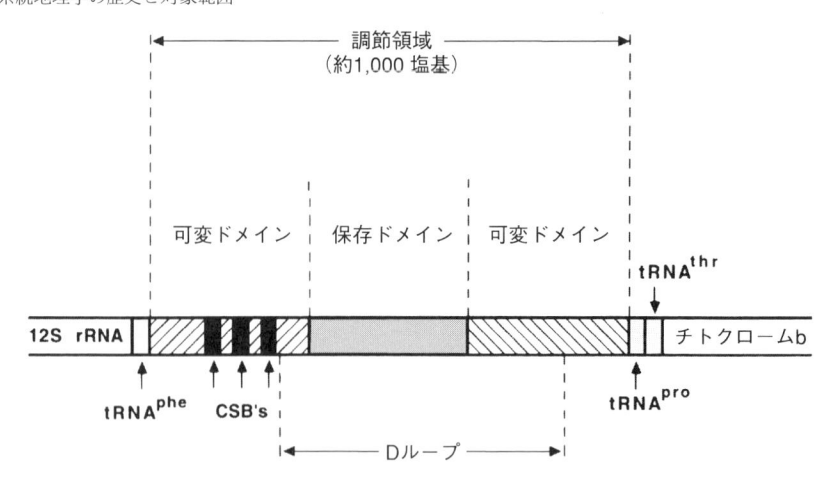

図1.12 哺乳類mtDNA調節領域の主要な3つのドメインの模式図 (Taberlet, 1996). 配列の方向は図1.10と同じ. 保存的な中央部のドメインを挟んで超可変的な2つの領域が示されている. 上流側の超可変的領域の中には通常3つ（ときに2つ）の保存的な塩基配列ブロック（CSB）が存在する. Dループは，複製時に二本鎖DNAの一部に相補的な一本鎖DNAが結合して生じる輪状構造であり，顕微鏡により観察可能な部分としてよく知られている.

表1.2 動物mtDNAについての分子遺伝学と伝達遺伝学：予想外の発見と小進化解析に対する概念的な方向付け

観察事例：
1) 動物のmtDNAは膨大な種内多型を示し，しばしば典型的な核の単一コピーDNAよりも速やかに進化する.
2) 大半のmtDNAの変異はヌクレオチド置換か，またはわずかな長さの変化である；短い進化時間では遺伝子の配置は高度に安定している.
3) mtDNA分子は集団として体細胞および生殖細胞系列中に存在する.
4) 大部分の生物個体のmtDNAはほぼ単一のmtDNA塩基配列からなる（ホモプラズミー）. 異質のmtDNAを含む状態（ヘテロプラズミー）からの遺伝的な選択排除はかなり速やかに起こる.
5) mtDNAの遺伝的伝達は無性的であり，かつ母系的（ほぼ排他的に）である. また通常，分子間の遺伝的組換えはない.
6) 植物のmtDNAは動物のmtDNAに適用される法則にほぼ全面的にしたがわない（本文参照のこと）.

系統地理学に直接関係する結論：
1) 動物個体は系統解析でOTUと見なすことができる.
2) mtDNAの遺伝子型は種内・種間の母系の関係を記録している.

ち超可変的な領域では，これよりも速い速度で進化するらしい（系列あたり，10%/My; Quinn, 1992; Stewart & Baker, 1994; Baker & Marshall, 1997）. しかし一方で，ある種の脊椎動物では調節領域内でも種内変異はほとんどまたはまったく見られないので (A. J. Baker et al., 1994; Walker et al., 1998b)，この領域は例外的に進化速度が速いという仮説は，昆虫の一部で見られるように，成り立たないときもある（Zhang et al.,

1995; Zhang & Hewitt, 1997). mtDNAの分子時計の較正は，依然として不確かで議論の必要な問題である (Gibbons, 1998).

1.2.2 ミトコンドリアDNAの進化に関する主要な総説

mtDNAの多型や進化について，人々に関心を持たせた初期と中期の総説には，Lansmanら (1981), Brown (1981, 1983), Avise & Lansman (1983), Wilsonら (1985), Avise (1986), Aviseら (1987a), Moritzら (1987), そしてHarrison (1989) がある．表1.2に動物のmtDNAに関する主な発見と，小進化レベルの系統学の研究にこの分子が応用される2つの（これまで異端と見なされていた）根拠 (Avise, 1991) を要約しておく．

1.3 合着理論の概念の源流

1970年代後半には，mtDNAに関する発見が次々とあり，多くの興味深い問題が考えられるようになった．たとえば，制限酵素断片長解析では，なぜ1つの個体はスメア状のパターンではなく，バンド状のパターンを示すのだろうか？ 解析する資料中には何億ものmtDNA集団が含まれているはずなのに．すでに述べたように，これは，たいていの個体では，ある1種類の配列が全mtDNA分子の大部分を占めているからだろう．それではなぜ，一般に別個体は異なるRFLPパターンを示すのだろうか？ なぜ集団内のmtDNAの多様性は，個体内ではなく，個体間に存在するのか？ 後付けの説明ではあるが，体細胞を作り出す生殖細胞系列のmtDNA分子の集団中で，突然変異は普通に起こっており，ときおり，そうした突然変異が急速に（個体の世代数としてはごくわずかな間に）固定されるためと考えられる．また，なぜ生物集団内のmtDNAの遺伝子型は（網目状にならずに）おたがいの関係を系統学的に表現できるのだろうか？ それは，すでに述べたことだが，mtDNAは母親のみから遺伝し，分子間の組換えによって遺伝的に混合することがないからである．そのため，母系の塩基配列が進化してきた歴史は比較的そのまま記録されている．Dawkins (1995) が表現したように，「幸いなことにmtDNAは独身主義である．」

もう1つ悩ましい問題があった．「種」の遺伝子プールは，両性の交配と遺伝的組換えで一様に保たれているが，このような伝達様式のないmtDNAでなぜ，集団や種で系統的にまとまるのだろうか？ これに対する答えは，現在では明白である．しかし当時は，一部のmtDNAの研究者にのみ，それもほんのぼんやりとしか理解されていなかった．つまり，種内の遺伝子型間の系統的まとまりは，交配や遺伝子流動による系列間の遺伝的な交換がなくても，親から子への垂直的伝達による合着過程で保たれている．

アロザイム時代に教育を受けた分子生物学者の多くには，種内レベルに系譜学を導入することは，当初，容易ではなかった．mtDNAの系譜学的側面を説明するためには，多くの人間社会に見られる名字の"進化"との類比が広く用いられる (Avise, 1989c). ちょうど息子や娘が父親の名字をそのまま"受け継ぐ"ように（最近ルールが変わった社会もあるが），生物の子孫は母親から組換えのされていないmtDNAを受け継ぐ．さらに，名字にもときどき"突然変異"が生じる（筆者の名字の"Avise"は十九世紀に"Avis"という名を綴り間違えたことに始まる）が，同様にmtDNAにも点突然変異が生じ，その積み重ねで異なるmtDNAハプ

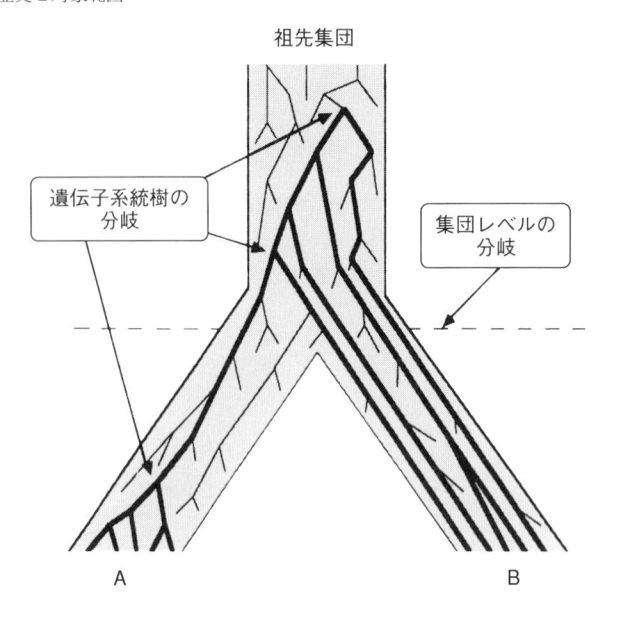

図 1.13 遺伝子系統樹と集団または種の系統樹の間の根本的な相違．現生個体の遺伝子系統樹の内部の分岐は集団レベルの分離より後(A)のことも，集団レベルの分離より前の(B)こともありうる．

ロタイプが分化する．したがって時間をさかのぼると，mtDNA ハプロタイプ（および核遺伝子のハプロタイプも）は共通の祖先に行き着く，つまり"合着（合祖）"する．名字が父系の歴史を記録するのと同様に，mtDNA 分子は母系の歴史を記録する．しかし，名字がわずか数世紀以内の歴史しか持たないのに対して，自然界の母系の記録はときをさかのぼってはるか昔まで続く．

合着過程に関するこれらの推論は，この分野では決して目新しくはない．実際，古典的な集団遺伝学の理論の多くはもともと，漸化式を用いて，突然変異や移住，自然淘汰，そして遺伝的浮動が，どのように対立遺伝子系列の変動のパターンに影響をおよぼすかを表わしてきた．そして，この対立遺伝子の系列は同祖的な状態までさかのぼることができると考えられていた (Crow & Kimura, 1970)．しかし，アロザイム時代にはタンパク質の電気泳動像の位置の異同で暫定的に同定される対立遺伝子（位置だけで判断され，相互の関係は考慮されない）を扱うために，理論が改変されたようだ．そのため，先に述べたように，種内進化の持つ明らかに系譜学的な側面に注意が向かなくなってしまった．

mtDNAから提起された"系列"にさらに関係の深い問題に，今世紀初頭に人口統計学者が試みたヒトの名字の変遷に関する理論的研究がある (Lotka, 1931a, b)．これらの研究では系列の分岐過程に関するモデルを開発しており，mtDNAなどの遺伝子の系列に対して現在でもほとんど修正なしに適用できる (Schaffer, 1970)．これらのモデルを用いて，集団内の (Chapman *et al.*, 1982; Kingman, 1982a, b; Avise *et al.*, 1984a, 1988; Watterson, 1984; Donnelly & Tavaré, 1986, 1995)，そして集団間・種間 (Hudson, 1983; Tajima, 1983; Neigel & Avise, 1986) の系統地理学的パターンと個体群統計学との間の理論的な関係が盛んに研究された．また，これらのモデルを用いて，広範な生物のmtDNAに関して，モデルの予測を実証する研究も活

発に行われた．こうした努力で，遺伝子系統樹と生物系統樹の根本的な相違について，はるかに理解が深まったことを覚えておきたい（Avise, 1989b; Baum & Shaw, 1995; Maddison, 1995, 1996; Doyle, 1997）（図1.13）．

合着理論という名称は，現在では種内と種間の遺伝子系譜に対する数学的・統計学的解析で適用される（Felsenstein, 1971; Griffiths, 1980; Tavaré, 1984; Hudson, 1990, 1998）．Harding（1997）が論じたように，現代の合着理論とは，分岐過程や系列選別を扱うために，集団遺伝学に古くからある概念を焼き直したに過ぎない．系列の分岐や選別などの現象は，人の名字や稀な対立遺伝子の系列上の変遷などに関する研究で，早くから見出されていた（Fisher, 1930）．合着理論も系統体系学も，進化樹の階層的分岐構造に関わるが，両者はそれぞれ，小進化と大進化の解析という別々の歴史的基盤を持つ独立した研究分野で発展した．しかし，本書が明らかにするように，この進化生物学の2つの主要な分野はともに分子系統地理学的な理解の中心となる視点を提供する．

1.4 その他の最近の発展

1980年代後半とその後の10年間の研究成果には，遺伝的な伝達機構や動物のmtDNAの進化にかかわる観察上や概念上の新発見に，表1.2に挙げた事柄に匹敵するようなインパクトはなかった．この期間はむしろ，概念の精緻化や多数の種でのmtDNA分子の変異の様相に関する情報が集積し，そして系統地理学的視点から野生動物集団のmtDNAを研究する事例が急増したことが特徴である．系統地理学で歴史的に重要な業績のいくつかを表1.3にまとめた．その他にも若干の関連分野での進歩や，多くの分子科学的な技術やコンピューターテクノロジーの発展があり，そのような進歩もまた，科学的機運を後押しして系統地理学を開花させた．

実験室での解析効率の向上で，系統地理学の仕事は非常に容易となった（Ferraris & Palumbi, 1996; Hillis *et al*., 1996の総説を参照）．30年以前に開発された塩基配列決定法（Maxam & Gilbert, 1977; Sanger *et al*., 1977）は，効率化・自動化され，現在では多くの系統地理学の研究で制限酵素断片長ではなく，DNA塩基配列を直接解析している．塩基配列の研究は，対象とする問題にあわせて，その解析レベルを変えることができる．たとえば，進化速度の速い調節領域は，小進化上の分岐に関する研究に用いられることが多く，ゆっくり進化するチトクローム *b* 遺伝子は，一般により広範な系統地理学的パターンや種間関係の解析に用いられる．

1980年代中期には，ごく微量の組織からも実験室でDNAを増幅できるポリメラーゼ連鎖反応法（PCR法）が開発された（Mullis *et al*., 1986; Mullis & Faloona, 1987）．PCR法の開発で，分子生物学的解析には，可能性に満ちた新しい世界が広がった（Erlich, 1989）．その他の著しい進歩としては，多様な種についてmtDNAの特定の断片を増幅できる，"ユニバーサル"プライマーが開発されたことがある（Kocher *et al*., 1989）．これらのプライマーが入手できるようになったことで，ある分類レベルを調査するにはミトコンドリアDNAのどの領域（たとえばチトクローム *b*，リボソームRNA遺伝子，または調節領域）を解析対象とするのが適当かが盛んに検討されるようになった（Esposti *et al*., 1993; Meyer, 1994; Simon *et al*., 1994; Taberlet 1996）．

近年では，分子データから歴史的な情報を

表1.3　系統地理学における歴史上重要な進展を示す年表[a]

1974	Brown & Vinograd は動物の mtDNA 制限部位地図の作成法を示した．
1975	Watterson は遺伝子系譜学の基本的な属性を記載し，現代の合着論が始まった． Brown & Wright は単為生殖をする分類群の起源と進化の研究に mtDNA による解析法を導入した．
1977	Upholt は制限酵素処理解析のデータから，mtDNA 塩基配列差異を推定するための，最初の統計的方法を開発した．
1979	Brown, George & Wilson は mtDNA の進化速度が速いことを立証した． Avise, Lansman および共同研究者らは，自然界における mtDNA 系統地理的変異について最初の実態報告を行った．
1980	Brown はヒトの mtDNA 変異に関する最初の報告を行った．
1983	Tajima ならびに Hudson は遺伝子系統樹と集団系統樹との相違を統計的に扱う手法を開発した．
1986	Bermingham & Avise は，分布域が重なる複数種で mtDNA を用いた初の比較系統地理的研究を行った．
1987	Avise と共同研究者らは，phylogeography（系統地理学）という用語を提唱し，その対象範囲を定義付け，さらに，いくつかの系統地理仮説を導入した． Cann と共同研究者らは，ヒト mtDNA の凡世界的な変異を報告した．
1989	Slatkin & Maddison は対立遺伝子の系統から集団間の遺伝子流動を推定する方法を導入した．
1990	Avise & Ball は系統地理査定の要素として系譜上の一致の原理を導入した．
1992	Avise は地域動物相の系統地理パターンに関する広範にわたる知見の初の総説を出版した．この中には，複数の種と遺伝子を用いた解析が含まれる．
1994	Moritz は資源管理のための単位と進化上有意な単位の認識を進めることにより，種内系統の深浅の概念的な相違を強調した（Ryder, 1986; Avise, 1987; Waples, 1991; Dizon et al., 1992; Riddle, 1996 も参照）．
1996	Avise & Hamrick および Smith & Wayne の総説書に，保全生物学において分子系統地理学的解析が果たす多くの役割がまとめられた．
1998	Molecular Ecology 誌が系統地理学に関する特集号を出した．

a．本書の本文には，系統地理学の歴史的な貢献について，さらに多くの情報が記されている．この表は，Avise (1998a) によった．

引き出す系統解析のアルゴリズムも著しく改良された（Page & Holmes, 1998）．Hennig (1966) 以来，最節約法などの質的データを取り扱う系統解析法が改良され，使いやすいコンピューター・プログラムとして利用できるようになった（Maddison & Maddison, 1992; Swofford, 1996）．小進化的なスケールでは，系統地理学の研究では，多くの場合，遺伝子の系譜の解析に上記のような質的データを取り扱う手法が（距離法と同様に）とくに適している．そのような方法ならば，分子の形質状態間の歴史的な相互関係を直接理解し，ときには派生的な特徴を共有する対立遺伝子のクレード（clade）の同定が暫定的に可能となる．ただし分子形質に基づくこのようなクレードの解釈には慎重を要する．たとえば mtDNA は，厳密に個体系列の母系的要素のみを表すことを忘れてはならない．

近年，合着理論もまた精密になり，さまざまな個体数変動の経歴や構造を持つ集団に適用範囲が広がった（Hudson, 1998）．系統地理学的な背景で遺伝子系譜を解析するために，いくつかの統計学や系統学の関連手法も開発された．これらの方法の大部分は，原理的に

は組換えを起こさない核内の塩基配列にもミトコンドリアゲノムと同様に適用できる．現にここ数年は，mtDNAと同様なやり方で核遺伝子（または進化速度の速いイントロン領域：Villablanca *et al*., 1998）から系譜上の情報を得ようとする取り組みが始まっているようだ（Lessa, 1992; Slade *et al*., 1993; Palumbi & Baker, 1994, 1996; Palumbi, 1996a; Friesen *et al*., 1997; Prychitko & Moore, 1997; Hare & Avise, 1998）．

系統地理学は若い学問分野である．ここでは活気に満ちた青年期の学問分野にありがちな，溢れんばかりの豊かさと成長の苦しみが見られる．

まとめ

1 　系統地理学では，系統系列の地理的分布を支配する原理と過程を取り扱う．この分野の始まりは，動物のmtDNAの実証的な研究と大きな関係がある．1970年代と1980年代初期の研究で，mtDNAの主な分子的特性と伝達特性が明らかになった．mtDNAは次のような特性を持つため，小進化の系統マーカーとして特別の価値を持つ．その特性とは，分子間の遺伝的組換えがなく母系遺伝をすること；塩基配列レベルで進化速度が速いこと；種内多型（その大部分は個体の内部にあるのではなく，個体間にある）がかなり見られることである．

2 　動物のmtDNAが持つこれらの特性により，それまでなかった次のような小進化に関する考え方が生じた．まず，mtDNAの解析で種内の母系の歴史を明らかできる；次にmtDNAによる遺伝子系統樹は，個体の系統の階層的・枝分かれ的な要素を表す；その結果，個々の生物個体は，ある場合には，データ解析の"操作的分類単位"として取り扱うことができ；さらには，種内進化の議論の中に系統的見方を取り入れることができる．

3 　生態地理学は，小進化の説明で自然淘汰の役割を重視するが，歴史的な過程は軽視しがちである．一方，系統地理学は後者に焦点をあてるので，これら2つの学問分野の併用でバランスのよい考察が可能となる．歴史生物地理学では，ある遺伝形質の地理的分布の説明で，分断説と分散説が競合することがあるが，系統地理学はこの問題を取り扱う上で，双方の相対的な重要性を判断するのに有益な概念的枠組みを与える．

4 　小進化と大進化は，元来，別の分野で研究されていたが，系統地理学は，これら両分野の重要な結び目となる．そのような2つの分野のうちとくに集団遺伝学と生物系統学の実証的，概念的な橋渡し役となる．

個体の繁殖を過去にさかのぼって数え上げれば，どんな種でもその系列はただ1個体の祖先に行き着く．
—— *Carolus Linnaeus, 1758*

遺伝子の系統を用いたどんな方法も，種内変異に関する見方の変更をうながす．
——*Montgomery Slatkin & Wayne Maddison, 1989*

2

個体群統計学と系統学の関連

　個体群統計学による考察は，高次分類群の系統学を論じる際には，ほとんど必要とされない（本来は必要なはず—第6章参照）．しかし，系統地理パターンとは小進化上のタイムスケールをめぐって深い関連を持つ．なぜなら個体数の変動の歴史は，かならず遺伝子の系譜構造に影響を与えるからで，種内集団の系統を基礎とする系譜は歴史個体群統計学と相互に深い関連を持つ．分岐過程論と合着理論の両分野はこのような系譜と個体群統計学との関係をよくあらわしている．これらの分野は極めて数学的である (Griffiths & Tavaré, 1997; Herbots, 1997; Taib, 1997)．本章の目的は，これらの理論的な枠組みを，種内の遺伝子系列について系統地理学に応用する際に有効な論議を，単純な図式化を主に用いてわかりやすく説明することにある．

2.1 集団内の母系系統

有性生殖集団では階層的な遺伝子系統樹という概念は,生物集団中の母系系列の分岐構造をまず考えることで想像ができる(図2.1).これから述べることの大部分は,遺伝子系統樹の理論的な属性についてであり,実際にmtDNA塩基配列を検討して得られる遺伝子系統樹の不確かな推定についてではない.

もし個々の雌が,各世代で正確に1個体の娘を残すならば,系列の選択は起こらず,母系の階層的分岐も,合着も起きないだろう.しかし,現実の集団では,個々の雌の子孫集団への貢献度には個体差がある.子孫を残すことに成功した個体の系列は繁栄し,そうでない系列は絶滅する.その結果,種内の母系遺伝子の系統樹は成長しながら,自らの枝を切り落としていくかのようにふるまう.母系系列では,繁殖成功度の平均と分散は母親が産んだ娘という単位で測定される.母親が残す娘の数の頻度分布は,系列の選択過程を記述する確率モデルの基盤をなす.

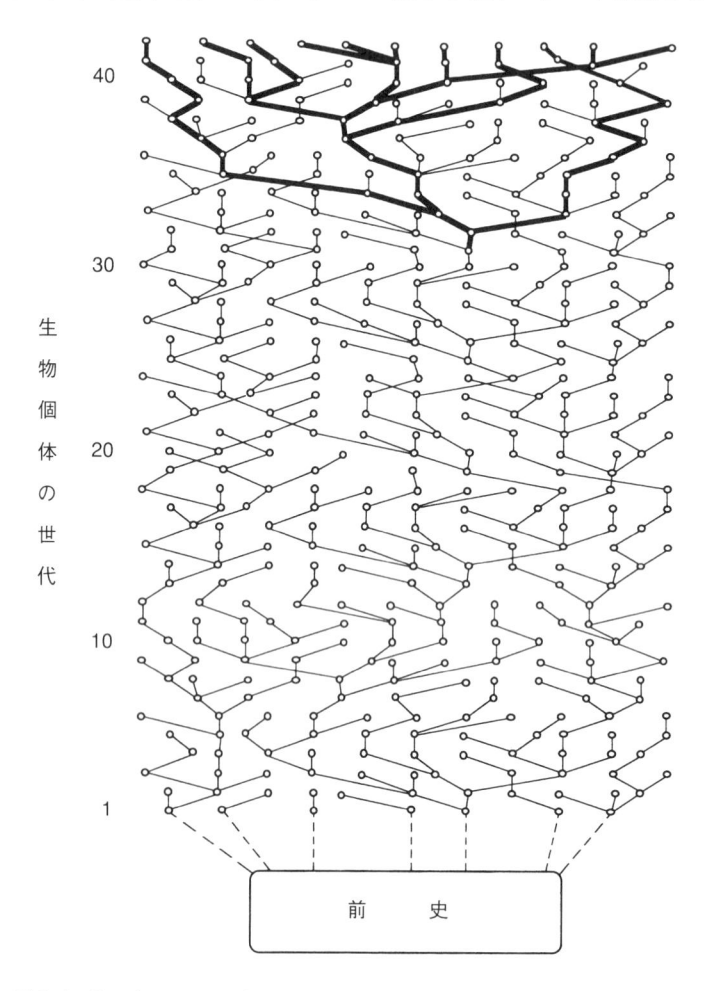

図2.1 集団内における系列選別過程.母と娘を繋ぐ,40世代を越す母系の経路を示した.交叉する線は組換えのような遺伝的な事象を表すものではない.この間に1つを除いて7つの創始系列すべてが絶滅し,すべての現存系列(最上部)は10世代前の共通祖先に由来(合着)することに注意.この現存する母系経路をまとめると,mtDNA分子の遺伝的伝達経路を反映して,分枝・階層的に示される遺伝子系統樹が描かれることにも注意.

2.1.1 分岐過程と合着理論

母親が残す娘の数は，平均値が1.0（したがって偏差も1.0）のポワソン分布にしたがうと仮定しよう．このとき，ある雌が次世代に一個体の娘も残さないという期待値（または，娘を持たない母親の集団内の頻度の期待値）は $e^{-1}=0.368$（e は自然対数の底）であり，n 個体の娘を残す確率は $e^{-1}(1/n!)$（ただし $n>1$）で与えられる．したがって，1，2，3，4，5，および6個体以上の娘を次世代に付け加える確率は，それぞれ0.368，0.184，0.061，0.015，および0.004となる．ポワソン分布では一連の事象（ここでは，1つの母系系列が代々残す娘の数）は独立でランダム，すなわち，正にも負にも相関しないと仮定する．繁殖成功度が，環境上または遺伝上の理由で特定の母親だけ高いとか，逆にすべての雌に関して過度に均一であるというような不自然な状況に比べて，この仮定は理にかなった前提であろう．

これらの確率は単一のどの世代に対しても適用される．複数世代（世代は重複しない）に渡る母系系列の絶滅の確率を帰納的に推定するために，生成関数（generating functions）を用いることができる（Li, 1955; Crow & Kimura, 1970; Spiess, 1977）．この関数は，雌1個体当たりの娘の数に関するいくつかのパラメトリックな頻度分布について利用できる（表2.1）．たとえば，この分布に関してポワソン分布を仮定すると，ある母系系列が絶滅する累積確率は，第1世代から第100世代までに，$p=0.368$ から $p=0.981$ へと漸近的に増加する（表2.2）．表2.2のように，任意の集団サイズに関する分岐過程の統計量が他にもある．たとえば，q（複数の母系系列が G 世代後に生残している累積確率（図2.2））；p^N（すべての母系が絶滅することにより，その集団が絶滅する確率）；そして γ（複数の創始者母系系列が G 世代後に生残している期待値）などである．

最後の統計量は系統学でとくに重要な意味を持つ．もし γ が1.0に近い値であれば，G 世代前に創始された集団は，少なくとも2個体の創始者に由来する系列を保持している可能性が高い．反対に γ の値がゼロに近ければ，すべての系列が G 世代さかのぼるより手前で分岐した可能性が高く，したがって，現存の母系系列の共通祖先は G 世代より後に存在した可能性が高い．そのためそのような系列は，それより後の遺伝子系統樹で単系統的な母系グループつまりクレードを構成す

表2.1 産子数についての様々な確率分布における生成関数の例[a]

産子数の確率分布	平均	分散	生成関数 $[P_G(x)]$
ポワソン分布	μ	μ	$e^{\mu(x-1)}$
二項分布	np	npq	$(q+px)^n$
幾何分布	q/p	q/p^2	$p/(1-qx)$
負の二項分布	rq/p	rq/p^2	$[p/(1-qx)]^r$

a．生成関数は，各世代までに任意の系列が消失する累積的な確率を反復的に算出する．x を前の世代（$G-1$）における任意系列の消失確率とすると，$P_G(x)$ は世代 G までに系列が消失する確率になる．その他のパラメーターは以下のとおりである．n は系列の数；p および q は，それぞれ表2.2におけるように反復的に計算された任意の1系列の絶滅と生存の確率；r は負の二項分布におけるパラメーターで，n 個の無作為な系列に関し，r 個が絶滅するという意味．この表はAviseら（1984a）によった．

表 2.2 子の数（母一個体あたりの）が平均 $\mu=1.0$ のポワソン分布であるとき G 世代後に任意の 1 系列が絶滅 (p) する確率と生き残る (q) 確率[a]

			二項展開（$N=4$ のメスからなる集団）			
G	p	q	p^4	$4p^3q$	その他の項の和 (γ)	$^c\gamma$[b]
1	0.3679	0.6321	0.0183	0.1259	0.8558	0.8718
2	0.5315	0.4685	0.0798	0.2814	0.6338	0.6925
5	0.7319	0.2681	0.2869	0.4205	0.2926	0.4103
10	0.8417	0.1583	0.5019	0.3775	0.1206	0.2421
20	0.9125	0.0875	0.6933	0.2659	0.0408	0.133
100	0.9807	0.0193	0.925	0.0728	0.0022	0.0293
general	$p_G=e^{[p(G-1)-1]}$	$1-p$	p^N	$np^{N-1}q$	$1-p^N-np^{N-1}q$	$1-[(Np^{N-1}q)/(1-p^N)]$
			集団は絶滅	集団は生存		

a. Avise ら (1984a) より．$N=4$ の雌からなる小集団における系列選別について，その他の統計量をも示した．たとえば，二項展開の第一項と第二項はそれぞれ，G 世代を通じて生き残る系列がまったくないか，または，ただ 1 つの系列が生き残る確率である（本文を参照のこと）．
b. その集団が生存しているという条件の下で，複数の系列が生き残っている確率．

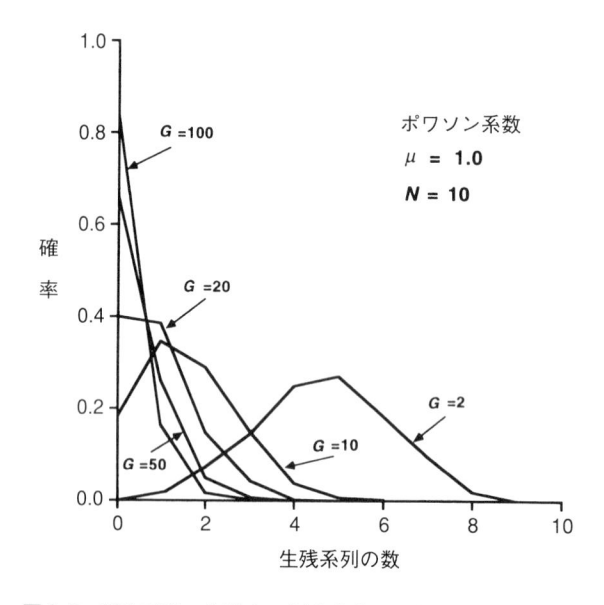

図 2.2 創始系列の生残率の頻度分布．母集団平均値 $\mu=1.0$ のポワソン分布にしたがって娘を産む，たがいに血縁関係のない 10 の系列に属する雌からなる集団が G 世代を経過するとした (Avise et al., 1984a)．この分布は，表 2.2 に示された方法で求めた．

る．また，この期待値は，集団が生き残り（消滅せず），そのため現在でも観察可能である確率とすることもできる（表 2.2）．

現時点からさかのぼったとき，γ や $^c\gamma$ 値が小さい場合，現存の系列はすべてある単一の共通祖先に合着する可能性が高い．合着年代の期待値は集団の大きさに左右される（図 2.3）．たとえば，1 万個体の雌を含む集団で

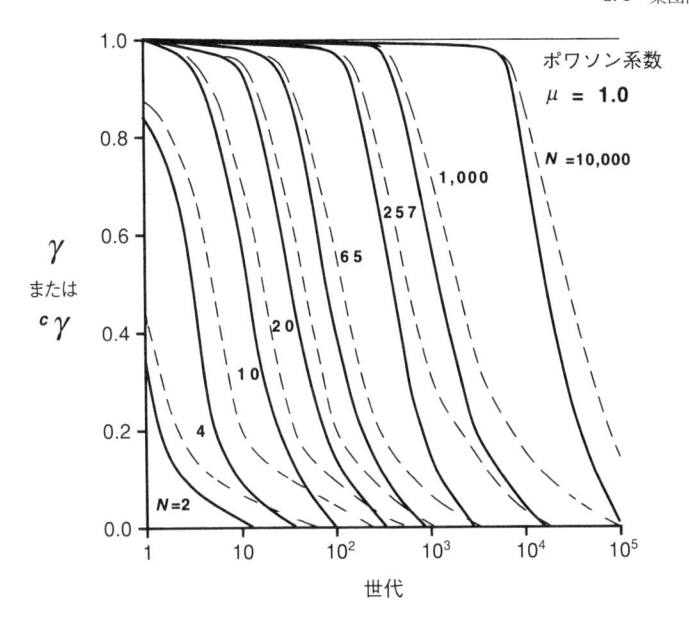

図2.3 2つ以上の創始者系列が生き残る確率．母集団平均値 $\mu=1.0$ のポワソン分布にしたがって娘を産む，$N(2\text{-}10{,}000)$ 個体のたがいに血縁関係のない雌からなる集団が G 世代を経過するものとする（Avise *et al.*, 1984a）．実線は γ，破線は $^c\gamma$（現存していること，したがって観察可能であることを条件とする2つ以上の系列の生残の確率）．

は γ 値は1万世代までは1に近いが，それ以後は速やかに下降し，およそ10万世代までにゼロに近付く．一方，10個体の雌を含む集団の場合，γ 値は10世代までは高いが，100世代以内にほぼ確実に合着が起こる．集団の大きさと合着時間の間に見られる同様の関係は，雌1個体当たりの娘の数に関する他のパラメトリックな分布，たとえば負の二項式などでも見られる（図2.4左）．

上の合着時間に関連する概念は，伝統的な集団遺伝学ではやや異なる術語で表されるときがある．たとえば，新生突然変異の消失や固定の期待時間（Kimura & Ohta, 1969; Burrows & Cockerham, 1974）や，祖先を同じくする対立遺伝子の分岐時間（separation time）（Malecot, 1948）などである．このような伝統的な見方と上述の分岐過程論や合着理論の概念との間に必然的な関連性がある理由は，次のように考えれば理解できる．

つまり新しい突然変異が1つの集団または種に固定されたということは，その遺伝子座のすべての対立遺伝子が，突然変異が生じた単一の対立遺伝子（つまり，祖先の，あるいは合着するところの）までさかのぼれる．

母系の系譜をある単一の祖先までさかのぼれる，つまり合着できるとしても，その祖先の世代にいた雌がたった1個体であったわけではない．ただ単に，その世代の他の雌では母系の子孫が絶えてしまっただけである．さらに，母系の系統樹が合着しても，祖先集団中の他の雌が後の世代に遺伝的に寄与していないことを意味してもいない．核遺伝子では，他の雌に由来する対立遺伝子が，母系遺伝によらないさまざまの伝達路を通じて，子孫に受け継がれていることだろう．

前述の計算では，系列の生残（および消滅）は系列ごとに独立に起こると仮定している．しかし自然界では，この仮定は次のよう

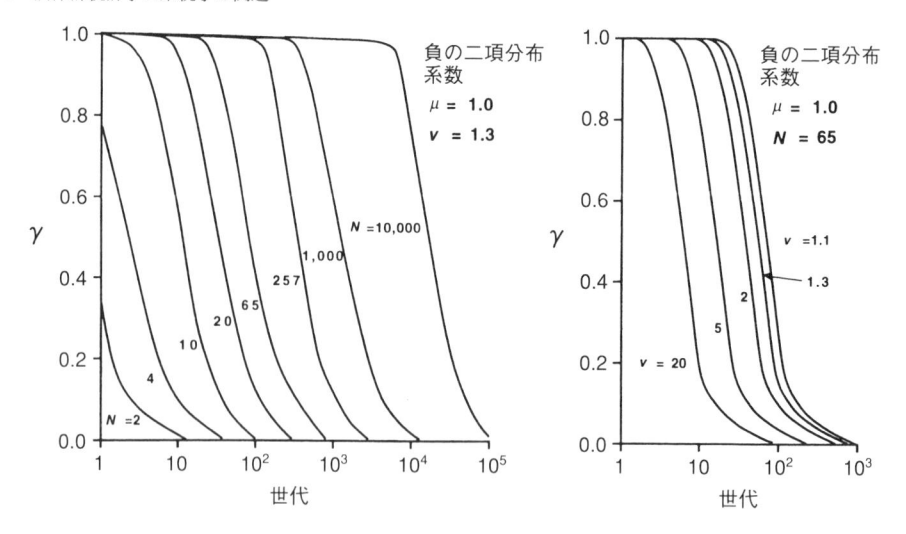

図 2.4 2つ以上の創始者系列の生残率．1 個体の雌あたり平均 1 個体の娘，(μ=1.0) と置いた場合の子の数に関する負の二項分布で特徴付けられる集団内の系列を想定（図 2.3 の説明を参照のこと）．左：創始者雌の数 N は異なるが，雌の間で娘の数の分散 (v=1.3) は等しい集団．右：創始者雌の数は等しい (N=65) が，娘の数の分散 v が異なる集団．

なときには成立しない．たとえば，(a) 気候変動のような環境要因があるときは複数の系列に同時に影響が及ぶので，全体的な集団の大きさは必然的に劇的な増加または，減少をするだろう．また，(b) 密度依存的要因があるときは，個体数を調節するように働くので，このような個体群統計学上の要因はすべて，1 個体当たりの子の数に強く影響し，さらには分岐過程の変動や遺伝子系列の合着に影響を及ぼす．

親あたりの子の数がわずかに変化するだけで，集団の個体数の動向や合着の確率が大きく変化することがある．たとえば図 2.5 の左のグラフは，子の数がポワソン分布に従っていて（雌 1 個体あたりの娘の個体数の母集団平均値 μ=1.1），同時に個体数が増大中の集団での，母系系統の時系列を通じての生残率を示している．集団サイズの拡大は系列の消滅をくい止める作用を持つので，ある期間内での系列の生残率は劇的に増大する（図 2.3 と比較せよ）．逆に，集団のサイズの減少は，系列の先残率を大きく減少させる（図 2.5 の

右のグラフ）．

集団の大きさに変動がない場合でも母系系列の分岐過程に影響を与える要因として，雌間の繁殖成功度のばらつきがある．この要因の影響を検証するには，娘の数が平均値と分散値の影響が別々に検討できるような非ポワソン分布にしたがう場合を考えればよい．たとえば，ある集団で娘の数が負の二項分布をしており，母親あたりの平均娘数が μ=1.1 ならば，娘の数の分散が大きいほど，系列選別は促進される（図 2.4，右）．その他のすべての要因が等しい場合は，娘の数のばらつきが大きいほど，速やかに合着が生じる．これは，生き残る系列は各世代で結果的に少数の親によって受け継がれるからである．

多くの種では，繁殖成功度は家族間で極めて大きなばらつきを示す．海では，たとえばカキのようなばら撒き型の産卵をする生物では，各個体は驚くほど多産である．しかし，配偶子形成，受精，幼生の発生，幼生の固着生活への参入，および成貝集団への加入を成功させるためには，繁殖活動を適切な海況条

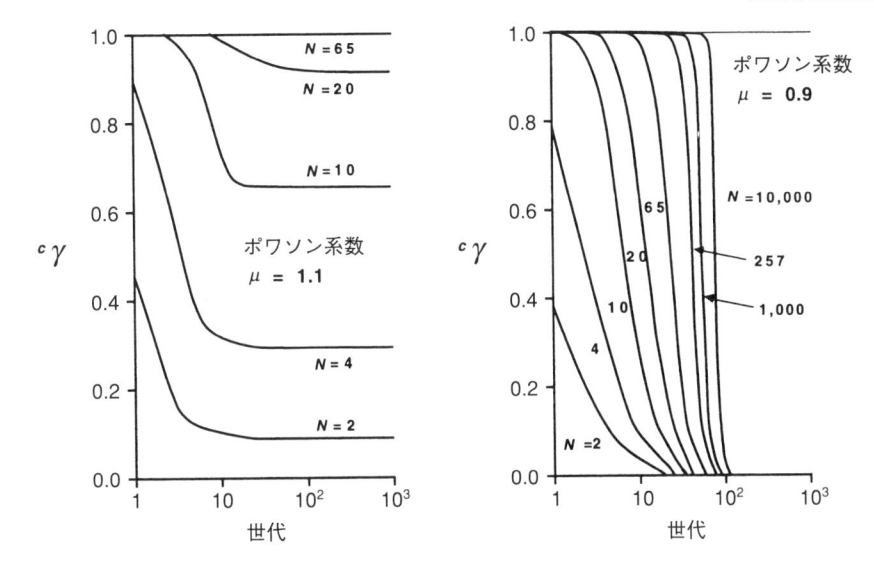

図2.5 異なる集団サイズ N からなる集団内の2つ以上の創始者系列が生き残る条件付確率．左：規模を拡大している集団（雌1個体あたりの娘数の母集団平均 $\mu=1.1$）．右：減少している集団（$\mu=0.9$）．図2.3の説明を参照．

件に適合させるというはなれわざが必要となる．Hedgecock らは繁殖の成功の"投機"的分散は，このような生活史パターンには付き物であると主張した (Hedgecock et al., 1982, 1992; Hedgecock & Sly, 1990; Li & Hedgecock, 1998)．ある種の海産甲殻類には，原因が投機的繁殖であるとしか考えられないような2つの遺伝的痕跡が見られる．1つは(a)混沌としたパッチ状分布（小さな時空間的スケールでの遺伝子型頻度の顕著な確率論的変動）で，もう1つは(b)現在の集団サイズの大きさに比べて著しく低い遺伝的多様性（これは，遺伝子の系譜で合着が最近起きたことを意味する）である．

2.1.2 近親交配理論からの見方：共通祖先までの世代時間

合着理論は，本質的には共通の祖先へと時間をさかのぼる，系列の選別と遺伝的浮動のモデルである (Harding, 1996)．合着過程を考察するもう1つの方法に，近親交配理論 (inbreeding theory) から出発する方法がある．つまり，1つの集団内に現存する母系系統について共通祖先に至る時間の期待される頻度分布を考えるという方法である．次の方程式は，Tajima (1983) が選択的に中立な核遺伝子の系統樹に関して提唱した公式に基づいており，Avise ら (1988) が母系系統の経路に適用できるように改変した．

次のような1つの理想集団を想定してみよう．この集団は大きさが一定しており，かつ世代は重複せず，どの雌も潜在的な子孫プールに対して寄与し，そのプールから N_F 個体の娘が次世代の母親集団を形成するとする．無作為に選び出されたこのような集団では，任意に選ばれた2個体の雌が，同じ母親の娘である確率は $1/N_F$ となる．この確率はまた，任意の2個体が共通祖先にさかのぼるのがちょうど一世代前である確率 ($G=1$) でもある．共通の祖先が2世代前であった確率 ($G=2$) は次のように導かれる．まず，現世代から任意に選ばれた2個体の雌が，異なる母親の娘である確率が $1-1/N_F$ であることに注目しよう．すると，任意の2個体が母親は異なる

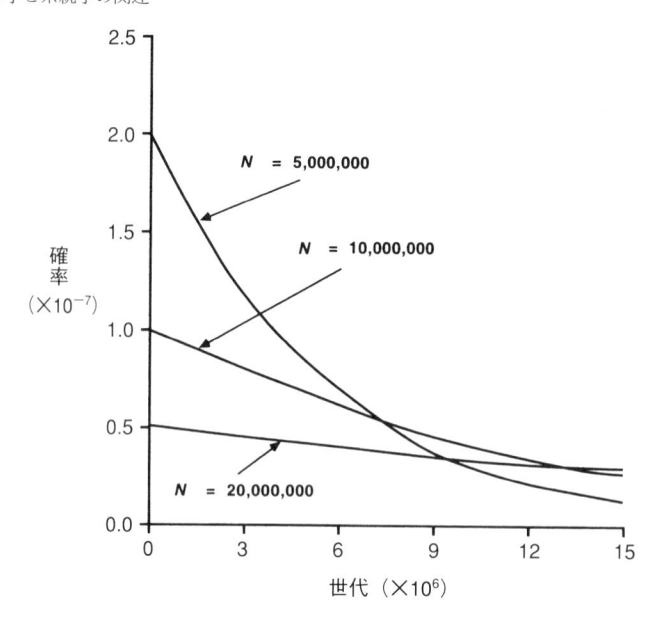

図 2.6 雌の集団が母系の共通母系祖先に至る時間の確率分布（世代に対してプロット）．進化的有効集団サイズは図中に示した (Avise *et al.*, 1988). 曲線は，その下の領域の和が 1.0 であるためたがいに交叉する．

が，祖母は同じである確率は $(1-1/N_F)(1/N_F)$ となる．同様に，現世代の任意に選ばれた2個体の雌が G 世代前に雌の祖先を共有していた確率は，

$$f(G)=(1/N_F)(1-1/N_F)^{G-1}$$
$$\cong (1/N_F)e^{-(G-1)/N_F} \quad (1)$$

と表せる．

この等式は，現存の雌が共通祖先へ至る"世代時間"の確率分布を与える．これらの分布（図 2.6）は幾何級数的であり，平均値は近似的に N_F，分散は $N_F(N_F-1)$ で与えられる．言葉を変えると，集団サイズ N_F が一定である集団から任意の雌個体を抽出した場合，その雌が共通の母系祖先に至るまでの世代時間の期待される平均値 G は N_F で近似できる．ここで，任意の2系列が共通の祖先に至るまでの合着時間の期待される平均値と，集団内のすべての系列が合着するまでの時間についての期待値とを区別することは重要である．系列の数が多い場合，（中立説にしたがえば）前者は後者の約2分の1であり (Nei, 1987; Ayala, 1995a)，また，母系系統の場合，前者はほぼ N_F 世代，後者は $2N_F$ 世代である．

このような期待値には慎重な解釈が必要である．なぜなら，このモデルは理想的な集団，つまり集団サイズが一定で，雌の数は毎世代変わらず，それぞれの雌個体は多くの娘を産むが，そのうちの少数しか次世代の繁殖雌として残らない集団，を仮定しているからである．このような集団で N_F が大きい場合では，母親あたりの娘の数の頻度分布は，平均値（および分散）が 1.0 娘個体/母親であるポワソン分布で近似できる．自然界では，厳密にこのような特徴を示す集団はほとんどない．親あたりの子孫の数は大きくばらつき，時間的に変化するだろう．また，集団の大きさは，時間軸に沿って変動し，世代は重なり合うかもしれない．しかし，このような個体群統計

学的な要因が合着過程に及ぼす影響は，これらの要因が有効集団サイズ N_e に及ぼす影響を通じて見積もることができる (Wright, 1931; Nei, 1987)．つまり，繁殖個体数から，現実の集団で観察されるのと同様な遺伝的な属性（ここでは共通祖先へ至る時間の期待値）を持つと想定される1つの理想集団を構成できる．したがって，もし長期的な有効集団サイズが知られているかまたは仮定できる場合，共通の母系祖先に至るまでの時間についての期待値は，上記の等式の $N_{F(e)}$ を N_F で置換することで近似できる．

これらの予想を現実の種に適用する際に慎重を要する第2の理由は，歴史的系譜が確率論的な性質を持つことによる．この考えは，任意の2個体の雌が共通祖先に到達する時間はたがいに独立であると仮定されるという意味で"包括的"である．しかし，合着理論が導く結果は多くの思考実験上の系統分岐での平均的な期待値であり，実際にはどんな系図でも，母系系統はたがいに歴史的類縁関係を持ち，系譜上たがいに独立であるとはいえない (Ball et al., 1990)．とくに現存する系列に繋がる最初の母系の分岐は，現生の雌の2個体間の分岐時間に大きな影響を及ぼす (Felsenstein, 1992a)．実際，2個体間分岐時間の頻度分布は大きさが一定であったと考えられる集団についてでも，二峰型，さらには（"ぎざぎざの"）多峰型になることがある (Slatkin & Hudson, 1991)．どのような系図でも，その内部で起きた系列分岐の歴史は，2個体間の合着時間に対する相関関係を持ち，このことが実際の集団では正確な予測が困難な原因となる (Hudson, 1990; Slatkin & Hudson, 1991; Kuhner et al., 1995)．以上のような事情があるとはいえ，合着理論の導く値は，実証的なデータとの対比で，次節に述べるように，長期にわたる歴史的な集団サイズの大きさに関して大まかな議論をする上で役立つ．

進化的有効集団サイズ

mtDNAの制限酵素部位や塩基配列の解析で，個体間の遺伝距離が得られ，さらに，進化速度を仮定すれば，この距離から母系の共通祖先までの絶対時間を暫定的に見積もることができる．多くの個体に関しての見積もり値を集計することで，2個体間合着時間の頻度分布（ミスマッチ分布）が得られ，この分布は前節で述べた近親交配論からの期待値と比較できる (Rogers & Harpending, 1992; Felsenstein, 1992a, b; Fu, 1994a, b も見よ)．この解析方法の強みの1つには，急速な集団の膨張が起きた場合などで，遺伝子系統樹内の内部枝が短くてクレード構造に関する情報が得られない場合でも，合着時間の頻度ヒストグラムを描くことで，歴史上の個体数変動について情報を得られるということが挙げられる (Rogers, 1997)．

原則的には，このような比較に用いるデータ・セットとしては，有効サイズ $N_{F(e)}$ の雌を含む隔離された地域集団内の，個体間のmtDNAの遺伝距離が適している．しかし，実際はそのような比較をしてもあまり有益ではないと考えられる理由が少なくとも2つある．まず第1に，地域集団の短期的有効集団サイズは，通常あまりにも小さすぎ（したがって，母系系列の合着年代も非常に新しいので），通常のmtDNA解析で検出することができるほど新規の突然変異をたくさん蓄積するには至らない．第2に，mtDNA多型が小さな地域集団中に高頻度で見出される場合，塩基配列変異のかなりの部分は，たいてい集団の"外部"に由来する（たとえば，祖先系列が，より大きな外部の集団に保持されてきたとか，または最近移住してきた系列がある

とか，もしくは両方）．これらの理由から，個々の小地方集団内の $N_{F(e)}$ を期待される合着年代の頻度分布から実際に見積もろうとしても，まず成功しない．

先に述べた推論法にもっと適したデータセットには，歴史的に分割されたことがなく，遺伝子流動が激しくて個体数の多い種が考えられる．このような種は，長期的には単一集団と見なしうるので，期待される合着年代は，この大きな個体群統計学的な単位における雌の進化的有効個体数に依存する．このような種では，mtDNA多型からおおよその合着年代がわかるので，これを用いて，さまざまな進化的有効集団サイズ $N_{F(e)}$ 値を持つ種で理論的な期待値と意味のある比較ができる．空間的な集団構造による複雑な影響を考慮しなくともすむためには，問題とする種はその内部の集団間で高レベルの遺伝子流動（$N_{F(e)}^f m \gg 1.0$）を歴史的に経験していなければならない．ここで m は，それぞれ有効サイズが $N_{F(e)}^f$ である地理的な集団間の，1世代あたりの雌の移住率を示す（Maruyama & Kimura, 1974; Slatkin, 1985a）．

比較的その条件によくあてはまる例として，アメリカウナギ *Anguilla rostrata* を考えてみよう．この魚は生涯のほとんどを淡水中で過ごすが，産卵は海で行う（降河回遊性の生活環を持つ）．稚魚は，性的に成熟するまで北米の淡水か沿岸域に生息する（雌が温帯域の水系で成熟するのには10年ほどを要する）．成熟したアメリカウナギは海へ移動を開始し，大西洋の中西部熱帯域（サルガッソ海）で産卵する．孵化した幼生はそこから海流に乗って分散し，アメリカ大陸の水系まで戻る．したがって，アメリカ大陸のどの場所で採集されたアメリカウナギも，おそらく同じ繁殖集団に由来する（Williams & Koehn, 1984）．アロザイム（Williams *et al.*, 1973;

Koehn & Williams, 1978）およびmtDNAの遺伝情報（Avise *et al.*, 1986）は，ともにこの筋書きと矛盾しない．つまりメイン州からルイジアナ州までの各地域のウナギの標本で，複数の共通な対立遺伝子が広く分布していたのである．

アメリカウナギについて母系の共通祖先までの年代のミスマッチ分布を知るために，mtDNAの塩基配列差 (p) を等式 $t=(0.5\times 10^8)(p)$ を用いて絶対年代 (t) に変換した．この等式では一般的な分子進化速度である100万年あたり1％の塩基配列進化を仮定した．こうして得られた絶対時間を，アメリカウナギの世代時間を10年として世代数に換算した．分布域全域から無作為に抽出されたアメリカウナギのこのミスマッチ分布は，進化的有効サイズを，$N_{F(e)} \approx 5{,}500$ とした単一集団についての理論的な予想値に，大きさもパターンも，著しく近似している（図2.7）．5,500という値は，成魚の個体数調査から得られた，何百万にもなる繁殖個体数と比べて著しく少ない（Williams & Koehn, 1984）．長期的 $N_{F(e)}$ 値についての同様な推定はこの他にも，これまでおそらく歴史的に分割されたことがないと思われる遺伝子流動の盛んないくつかの種について行われている．たとえば米国南東部の沿岸に生息するナマズの仲間ハードヘッド・キャットフィッシュ *Arius felis*（Avise *et al.*, 1987b）や，北アメリカに生息するハゴロモガラス *Agelaius phoeniceus* や，セジロコゲラ *Picoides pubescens* などである（Ball *et al.*, 1988; Ball & Avise, 1992）．これらの種は，現在何百万もの繁殖個体を擁しており，また，mtDNA調査から広大な分布域にわたって通常あるような地理的集団構造がないことがわかっている．アメリカウナギで行われたのと同じように，mtDNA情報は同種個体間の母

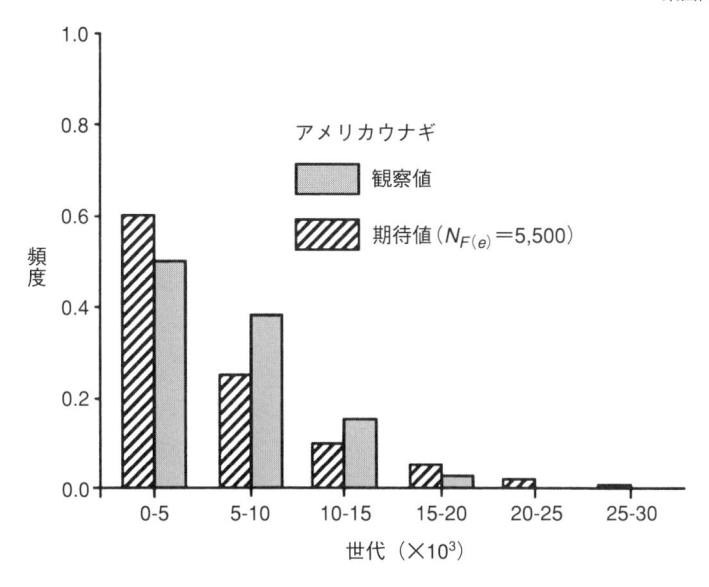

図 2.7 共通母系祖先年代のミスマッチ頻度分布．年代は世代で測り，109 個体のアメリカウナギのペアワイズ比較による（Avise *et al.*, 1986, 1988）．影をつけた棒グラフは種の分布域の主要な場所を通じて集められた個体の mtDNA 制限部位データから得られた推定年代．斜線の棒は，有効集団サイズ 5,500 の雌からなる集団を想定し，系列の選別が中立条件下で起こったと仮定した場合に期待される共通祖先年代である．

系の共通祖先年代を推定するために用いられ，そのミスマッチ分布は，さまざまな $N_{F(e)}$ 値を持つ理想集団についての理論的予想と比較された．どの種についても，mtDNA 系列の分岐年代から計算された進化上の有効集団サイズは，個体数調査から得られた現在の繁殖個体の数を何桁も下回っている（図 2.8）．

同様な結果が，遺伝子流動の著しいその他の種についても見られるが（図 2.9），とくに注目すべきものに，地球上で最も多数の個体を擁する真核生物である海産浮遊性のカイアシ類の *Calanus finmarchicus* と *Nannocalanus minor* の分子的調査がある．集団密度の観測値と世界の海洋でのこれら 2 種の分布面積から，雌の個体数はそれぞれ 10^{15} 個体を超えると推定される．一方，mtDNA 塩基配列情報を前述の合着法で解析した結果，進化的有効集団サイズは，各々の種につき $N_{F(e)} \approx 10^5$ となり，雌の現在の個体数とは 100 億倍も異なる（Bucklin & Wiebe, 1998）．この原因として著者らは，集団の大きさの歴史的な変動が原因となり，遺伝的変異は少なく，膨大な個体数から期待されるよりずっと新しい合着年代となったと推察した．

同様の結論が大西洋のイワシ類（*Sardina, Sardinops*）とカタクチイワシ類（*Engraulis*）でもされている．これらの魚の地域集団の個体数は莫大で，産業的な漁獲量は何千トンにもなる．それにもかかわらず，mtDNA 系統樹の合着深度は著しく浅い（Grant & Bowen, 1998; Grant *et al.*, 1999）．

個体数が非常に多く，かつ遺伝子流動の盛んな種で現在までに行われた解析から，1 つの一般則が引き出せる．つまり，通常，種の内部には多くの mtDNA 変異が存在するが，母系系列の分岐の深さの推定値は，雌の長期的な進化的有効集団サイズがかなり小さいと見なされる場合にのみ，中立的なハプロタイ

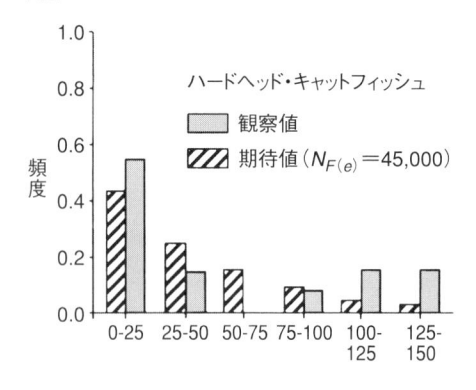

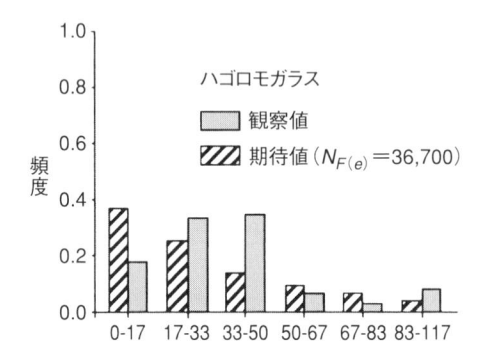

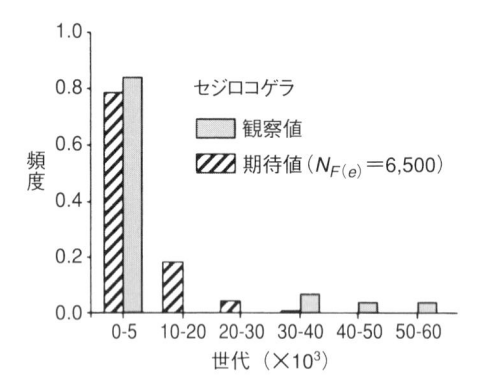

図2.8 共通の母系祖先までの年代のミスマッチ頻度分布. 年代は世代で表した. ここに示す3種（海水魚1種, 鳥2種）は, 個体数が多いにもかかわらずmtDNAの地理的集団構造をほとんど, もしくはまったく示さない (Avise et al., 1988; Ball & Avise, 1992). 影をつけた棒はmtDNA制限部位からの推定年代. 斜線を引いた棒は, 図に示された有効集団サイズの下で, 系列の選別が中立的に起こった場合に期待される共通祖先年代である.

プについての合着理論の予想値と一致する.

小さな $N_{F(e)}$ 値には歴史的な個体群統計学上の要因が考えられる. おそらく, たいていの集団は, 数十年から数千年の時間単位で個体数が劇的に変動し, この変動は, 集団が疾病の勃発 (O'Brien & Evermann, 1988) や,

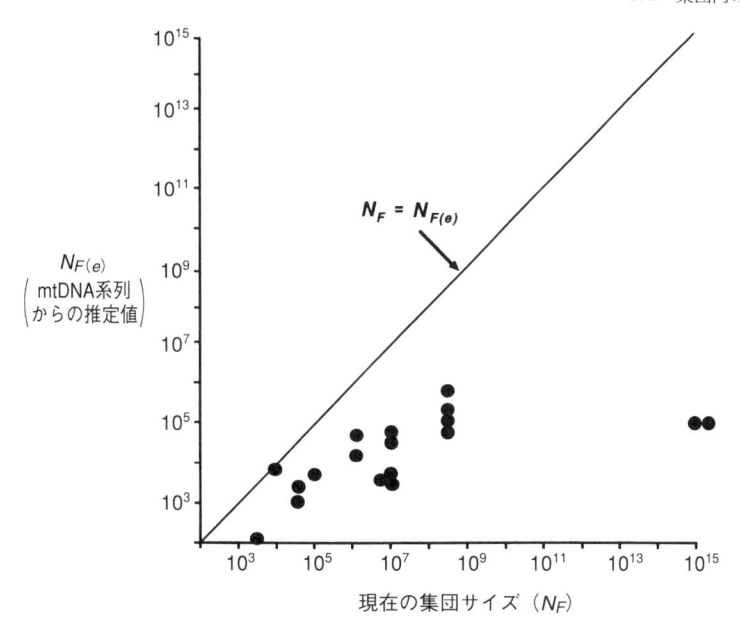

図 2.9 mtDNA データから推定された雌の進化的有効集団サイズ（$N_{F(e)}$）と現在における集団サイズ（N_F）の関係．例としてとり上げたのは数種の海産動物で mtDNA 遺伝子型においてほとんど地理的集団構造を示さないものである（Avise, 1992 より改訂）．MtDNA からの推定値は $N_F = N_{F(e)}$ の直線より大幅に小さいことに注目．

気候の変動，または他の生物的あるいは物理的環境の変動に遭遇して，周期的にボトルネックを経験したことによるのだろう．このような集団サイズの変動は，長期的 $N_{F(e)}$ 値を縮小し，結局ほとんどの時点で，$N_{F(e)}$ 値をそのときの集団の現存量よりはるかに低いレベルにしてしまうだろう（図 2.10）．もしこの変動の周期が野外で観察される通常の時間枠より長い場合は，深刻な集団サイズの減少が観察されないことも多いだろう．しかしこのような場合でも，ゲノムにはその痕跡が残っている．

$N_{F(e)}$ 値が低いもう 1 つの理由として細胞質内の"選択的一掃"が考えられる．選択的に有利な mtDNA の変異（または母系的に伝達される微生物のような，細胞質内をヒッチハイクして歩く因子［Hoffmann et al., 1986; Turelli & Hoffmann, 1991, 1995; Johnstone & Hurst, 1996］）がときどき自然界に生じることがある．こうした場合，正の淘汰により，そのような変異は遺伝子流動の盛んな種の細胞質を席巻し，それ以前に存在したすべての mtDNA 多型を一時的に一掃する．その結果，合着年代は新しく見える．なぜなら生き残った母系系列は，問題のmtDNA の突然変異や微生物変異体が生じた単独の雌を通して伝えられたものだからである．

個々の事例に関する進化上の説明は別にして，種内での $N_{F(e)}$ 値が小さいことに由来する，よく見られる合着時間の短縮は，高位群の系統分類学を行う上で非常に重要である．ミトコンドリア DNA 系列の選別は，多くの場合，遺伝子流動の盛んな種内では比較的速やかに起こるので，しばしば種分化と種分化の間の期間には種内の遺伝子系統樹は単系統になる傾向がある．この傾向を根拠に，種間の系統の研究で，種の代表として少数の標本

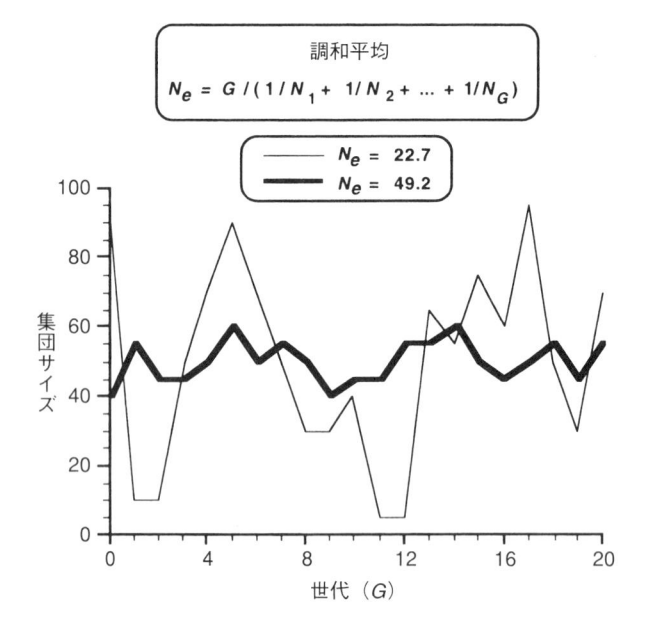

$$調和平均$$
$$N_e = G / (1/N_1 + 1/N_2 + \ldots + 1/N_G)$$

$N_e = 22.7$
$N_e = 49.2$

図 2.10 長期的有効集団サイズ (N_e). 世代を通じての個体数の相加平均は等しいが, 有効集団サイズ (成体数の調和平均) の異なる2集団を示した. 調和平均は一連の個体数のうち数が大きいものよりは小さなものに近い値を示すので, 個体数が大きく変動する集団では N_e が安定している集団よりも低く出る. 集団のボトルネックやそれが遺伝的変異におよぼす影響についての (詳細な) 議論に関しては Nei ら (1975) を参照のこと.

を暫定的な OTUs として用いる, という伝統的なやり方ができる (こういった方法は前述の傾向がなければできない). この傾向はまた, 通常あたりまえと思われているが, よく考えるとたいへん不思議な, 次の現象の説明ともなる. その現象とは, なぜ通常「遺伝子」系統樹から「種」の系統をいくらかの信頼性を持って分岐・階層状のものとして再現できるように見えるのかということである. 種内変異が種間の差よりも小さいということは, 前記のような事情があるとはいえ, 初めから自明として扱うべきではなく, 研究対象とする分類群ごとに, その都度, 検証すべきである (Smouse et al., 1991; Hoelzer, 1997).

集団サイズの変動の歴史

有効集団サイズは, 個体数が変動する種について全般的な系譜の深度についての推測を与える. しかし, 集団の N_e 値が等しい場合でさえ, 個体数変動の歴史が異なれば母系系統樹内の合着事象の分布パターンには異なった痕跡が残される. たとえば, 過去に個体数が急増した場合には系列の絶滅速度が遅くなる傾向があるが, このようなとき, 遺伝子系統樹上では, 深い部分に分岐が集中する. つまり, 現存の系列から推定された遺伝子系統樹の構造は, 集団の膨張した年代と個体群統計学的な前歴, そしてその後の経歴に, 大きく影響される (Tajima, 1989; Harpending et al., 1993; Eller & Harpending, 1996).

多くの種 (ヒトを含む) は過去に, 生態学的に好ましい環境に出会ったとき, または集団がボトルネック状態から回復する間に, おそらく持続的な集団サイズの膨張を経験しただろう. 小さな祖先集団から出発して現在指

数関数的に個体数が増加中の集団の系統樹は，多くの系列の起源が，最初に集団の膨張が起きた時期近辺にまでさかのぼる"星状系統樹"になることが予想される (Slatkin & Hudson, 1991)．共通祖先の年代のミスマッチ分布に関していうと，膨張中の集団の遺伝子系統樹は，典型的には"波型"となり (Rogers & Harpending, 1992)，その波頭はサイズが一定の集団が示す幾何級数曲線のモードの右側に来る．

図 2.8 の中央にハゴロモガラス（北米大陸全域に分布する個体数の多い鳥の一種）の例を示す．mtDNA の遺伝子型を調べるため，大陸中から標本を採集して解析した結果から得られたミスマッチ分布は，明らかな波状のパターンを示した．このパターンは，個体群統計学的に安定した同じ有効集団サイズの種で期待される幾何級数的な分布状態とはかけ離れている．ほぼ確実に，ハゴロモガラスは，その個体数を過去に爆発的に増大させている．この種は，更新世の大半の期間を通じて氷河に閉ざされていた地域にその後分布域を拡大したはずだからである．

上に述べたように，系列の分岐年代のミスマッチ分布のみで，集団の歴史に関する推論を行えない．なぜならば，座標上の各点は，遺伝子系統樹上の初期の分岐に大きな影響を受けるからである．とくに，個体間の比較で不つり合いに大きい数値が見られたとき，それは遺伝子系統樹の根の近くの最初の分岐にまでさかのぼる枝間から生じる．Nee ら (1996a) はこの困難を回避する方法として遺伝子系統樹の構造自体，とくに時間軸上の結節点 (node) の位置（それらはたがいに統計的に独立なはず）に注目すべきであることを示唆した．

この方法の基本的な考え方に，遺伝子系統樹内の系列の数（これはたとえば現在の mtDNA 系列が持つデータから推定される）をその起源から現在まで数え上げ，プロットするということがある．もしこの"系列の時系列"プロット（系列数は対数変換する）が凹型のパターン（図 2.11 の A）であれば，その遺伝子系統樹の分岐の速さは現在に近付くにしたがって増加していることになる．このようなパターンは，その系列が大きさが一定だった集団に由来する可能性を示している．というのは，そのような集団の遺伝子系統樹は，時系列を通じて双曲線状の成長が期待されるからである．反対に系列の時系列プロットが凸型のパターンを示すときは（図 2.11 の B），遺伝子系統樹の分岐速度が最近は遅いことを示している．このような状態は，問題の遺伝子系統樹が得られた集団で，急激な指数関数的成長が起きたことに対応するのだろう．

Nee ら (1996a) は，世界中から集めたザトウクジラの mtDNA のデータに，図 2.11 にある彼らの方法を適用した (Baker et al., 1993)．mtDNA の遺伝子系統樹の構造は，ザトウクジラの集団サイズが合着年代以降ほぼ一定であった，という見方を支持した．しかし，このような時系列プロットによる解析は，まだ開発途上にあるため，この解析だけからザトウクジラの集団の歴史に関する最終的な結論を導くのは危険である．その理由は 2 つある．まず第 1 に，ある集団が実際に指数関数的に膨張できた時間スケールは，現在の mtDNA 解析の分解ではカバーできないかもしれない．第 2 に，このモデルは空間的な集団構造がないということを前提にしているが，どんな形であれ集団構造があれば，系列の絶滅速度は遅延するので，時系列プロット上では，指数関数的に膨張する集団についてのプロットと見分けがつかなくなる．

遺伝子系統樹の情報から，集団の一般的な

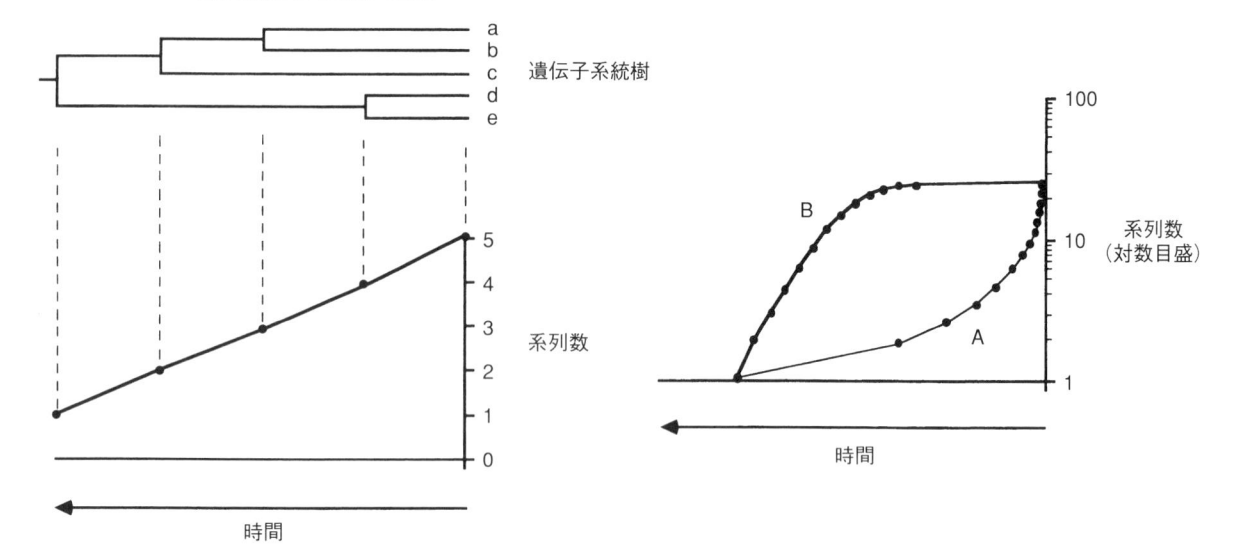

図 2.11 歴史的な集団サイズの変動パターンを検討する一遺伝子系統樹法（one gene-tree approach）（Nee *et al.*, 1996a）．左：構造が推定されている遺伝子系統樹（この場合，a〜eの5つの系列に関して）から，現在まで存在している遺伝子系列の数に関する時系列プロットを行う．矢印の方向は過去を示している．右：合着するまでの年代を通じて定常サイズを保った集団（A），およびその間を通じて幾何級数的に増大した集団（B）で期待されるパターン（本文を参照のこと）．

個体群統計学上の歴史を推定するもう1つの方法として，集団内のハプロタイプの変異量を次の2つの尺度で比較する方法がある．まずハプロタイプ多様度（$h=1-\sum f_i^2$；ただし f_i は i 番目のハプロタイプの出現頻度）は，ある遺伝子座での異なる対立遺伝子の数と頻度に関する情報を含むが，対立遺伝子間の塩基配列の差に関する情報は含まない．一方のヌクレオチド多様度（$p=\sum f_i f_j p_{ij}$；ただし p_{ij} は i 番目と j 番目のハプロタイプの間の配列差）は，ある集団についての，ハプロタイプの頻度で重み付けされた個体間の配列差であって，ハプロタイプの数に関する情報を含まない．直感的には，h と p の値が低い集団は，最近に長期または強度のボトルネック，あるいは淘汰による一掃を経験したのではと考えられる．反対に，h と p の値がともに高い場合は，長期間 N_e 値の大きい状態が続いたか，または，歴史的に分割された複数の集団からの個体が混合された状態であると考えられる．一方，h 値が高く p 値が低い集団は，小さな祖先集団から急速に膨張した集団で，突然変異でハプロタイプの量を回復する時間が充分にあったが，大きな塩基配列間の差が蓄積するほどは時間が経過していないと推測される．反対に，h 値が低く p 値が高い集団は，大きな祖先集団がごく短期間のボトルネックを経験したと考えられる．短期間のボトルネックならば，配列間の差に多きな影響を与えずに，ハプロタイプの数が減少しうるからである（Nei *et al.*, 1975）．しかし，低い h 値と高い p 値の組み合わせは，地理的に分割された複数の小集団が混合した結果を反映していることも考えられる．Grant & Bowen（1998）はこれらの可能性の論理的な根拠を詳しく調べ，海水魚の数種について実際に h 値と p 値の比較を行い，個体数変動の歴史を推定した．

2.2 空間的構造を持つ集団への拡張

普通,種は地理的に構造化された複数の集団からなり,その集団中のあるものは長期間ほとんどまたはまったく他集団と遺伝的交流がなかっただろう.また,ある種では,最近に分布域が拡大したので,集団間の系統的な連携が強いことで特徴付けられるだろう (Ibrahim et al., 1996).歴史的なあるいは現在の個体群変動は,どちらも同種集団の空間構造に影響をおよぼし得るが,それゆえ,さまざまな形で種内の母系の系譜に影響する.mtDNAで系統地理調査を実行していくことは,個々の事例での母系系列の空間的配置の原因である過去や現在の個体群統計学的な要因を解明することである.ここでは,空間的な構造を持つ集団の遺伝子の系譜に関する理論的予測をいくつか紹介する.

2.2.1 隔離集団

前述の合着論の定量的帰結が当てはまるのは,事実上,単一の進化集団からなる種,つまり,集団間の歴史的結び付きが強い種である.このパターンとは対極にあるのが,種が長期間孤立した複数の集団からなる場合である.

祖先系列の保持

複数の集団が長期間隔離されていたとき,系譜上で古くに分岐した母系系列が種内に保持されるのは避けられない.隔離集団が存続し続けると,種内から系列が消滅しにくくなり,そのため,合着年代は全体としては同じ規模の,分割を経験していない単一集団に期待されるよりも,はるかに古くなる (Nei & Takahata, 1993).どの種でも,現存集団が G 世代にわたって完全に隔離された場合,種内遺伝子系統樹の合着が G 世代より短い期間内に起こることはありえない.

過去に分割を経験した集団では,系列の共通祖先へ至る時間を推定したときの頻度分布は,分割を経験していない単一の集団に期待されるような,単峰型の幾何級数的な分布(上で述べたように注意が必要)とは著しく異なる.mtDNA分子を解析すると,通常,長年維持されてきた集団構造の影響が記録されていると思われる系統地理パターンが明らかになる.たとえば,トゲオヒメドリ *Ammodramus caudacutus* (Rising & Avise, 1993) とハマヒメドリ *A. maritimus* (Avise & Nelson, 1989) の種全体の調査では,個体間の mtDNA の遺伝距離の頻度ヒストグラムは,2つの異なる地理的な分布域から捕獲された同種の個体間に認められる大きな塩基配列変異を反映して,2峰型の分布を示した(図 2.12).トゲオヒメドリでは,mtDNAのクレードはカナダと米国におけるこの鳥の分布域の北部および南部の集団にそれぞれ対応する.さらにこれらのクレードは,複数の形態形質や,さえずり (song) や飛翔のディスプレイ (flight displays) からも識別できる2集団(後に別の種として命名された [AOU, 1995])とも一致している (Montagna, 1942; Greenlaw, 1993; Rising & Avise, 1993).米国東南部のハマヒメドリでは,2つの mtDNA のクレードは,伝統的な生物地理上の証拠から歴史的に分割されてきたと推定されている2つの集団単位(大西洋岸の集団とメキシコ湾岸の集団)と一致した (Funderburg & Quay, 1983).

実際,分割された種の母系の合着は,集団が孤立した年代より古い傾向があり,どれだけ時間をさかのぼるかは祖先集団の有効サイズと分割以前に集団内に存在していた系列の構造に影響される.伝統的な集団遺伝学では

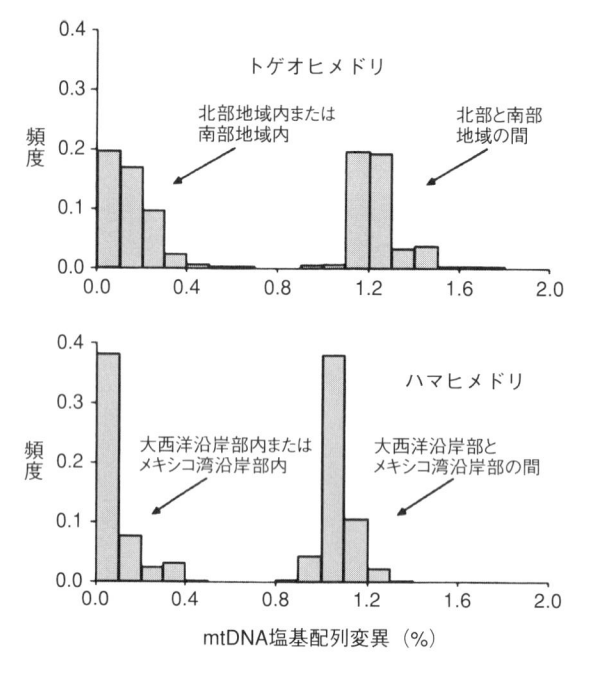

図 2.12 mtDNA 遺伝距離の二峰的なミスマッチ分布. Avise *et al.*, (1992b) および Avise (1996c) による.

2つの現存する集団間の遺伝距離を推定する際に，祖先集団の mtDNA 多型で補正するが，その値は現存する2集団の変異の平均を用いている (Edwards, 1997). つまり，2つの孤立した集団 A と B の間の，補正済みの純遺伝距離は以下のように計算される.

$$p_{net} = p_{AB} - 0.5(p_A + p_B) \quad (2)$$

ここで p_{AB} は集団 A と集団 B からの個体の1対1比較の遺伝距離の平均値であり，p_A と p_B はそれぞれの集団内の個体間の遺伝距離の平均値（塩基多様度）である. この（補正済み）遺伝的分化度 (genetic divergence) と進化時間の関係が判明すれば，補正された距離は集団の分岐年代の情報を含む. たとえばトゲオヒメドリでは，2つの主要な母系分岐群間の純塩基配列分化率は $p_{net} = 0.012$ で，この値に鳥類の mtDNA の一般的な進化速度を当てはめると，集団の分岐年代はおよそ60万年前ということになる.

系譜関係の系統学的カテゴリー分け

別のアプローチはさらに系譜学的であり，系列選別理論 (lineage sorting theory) を共通祖先に由来する2つの娘集団 (A と B) に拡大適用する. 母系の系譜については，3つの系統的なパターンが存在しうる（図 2.13）.

(I) 相互に単系統—この場合，一方の娘集団内に現存するすべての母系系列は系譜上たがいに緊密に関係しており，その緊密さはもう一方の集団のどの母系系列との関係よりも密接である.

(II) 多系統—A 集団に現存する母系系列の内いくつか（全系列ではない）は B 集団の母系系列のいくつか（すべての系列とではない）とともに1つのクレードを形成する.

(III) 側系統—ここでは1つの集団内のすべての母系系列は単系統群をなし，全体としてもう一方の娘集団のより広い

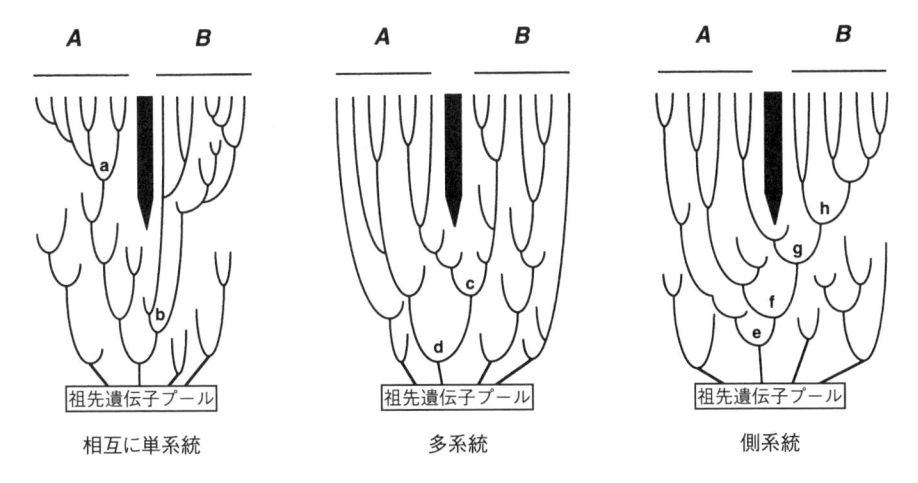

図 2.13 系統関係の3つのカテゴリー．共通祖先の遺伝子プールから派生した2娘集団（A および B）に現存する母系についてありうる3つの可能性（Avise *et al.*, 1983）．黒い棒は遺伝子流動に対する堅固な障壁，小文字 a〜h は系統のカテゴリーを定義付ける上で重要な分岐点（表2.3 および本文参照のこと）．

表 2.3 2つの娘集団がとり得る遺伝子系譜から見た系統的な状態の形式的定義[a]

系統上のカテゴリー	系統的な状態	距離上の関係
I	A と B は単系統	max t_{AA} < min t_{AB} & max t_{BB} < min t_{AB}
II	A と B は多系統	max t_{AA} > min t_{AB} & max t_{BB} > min t_{AB}
IIIa	A は B に関して側系統	max t_{AA} > min t_{AB} & max t_{BB} < min t_{AB}
IIIb	B は A に関して側系統	max t_{AA} < min t_{AB} & max t_{BB} > min t_{AB}

a．Neigel & Avise (1986) より．決定規準はそれぞれの娘集団内におけるすべての系列対の最大共通祖先年代（max t_{AA} もしくは max t_{BB}）と娘集団間の系列対の最小共通祖先年代（min t_{AB}）の大小関係である（図 2.13 および本文を参照）．

母系系列史の中に入れ子状に納まる．

これらのカテゴリーは，形式的には表2.3 に示された不等式で定義される．カテゴリー II と III は，遺伝子系統樹の樹形が，基本的な分岐パターンで，集団の系統樹とどのように異なり得るかを示している．両系統樹間の食違いは，いくつかの遺伝子の分岐は，通常，集団の分離前にすでに起きていることが原因である．

この系統関係の3つのカテゴリーを用いて，同じ集団が分離した後のさまざまな時点での，2つの娘集団を特徴付けることができる．たとえば，図 2.14 に描かれた，延々と続く母系系列を詳しく調べれば，集団 A と集団 B が母系系統樹内で相互に単系統となったのは，最後のほぼ10世代からとわかる．そのすぐ前の世代では，集団 A のある母系系列は A 集団の他の系列よりも B 集団のある母系系列と系譜上より密接な関係にあり，したがって，集団 A は集団 B に対し側系統であった．それ以前は，集団 A と集団 B は母系の祖先に関して，ともに多系統であった．

Neigel & Avise (1986) は娘集団の系統的様相を検討するために，それらを集団創始時の状態，集団の分離後に経過した時間，そして集団サイズの関数としてコンピューター・シミュレーションを行った．もし孤立した娘集団 A と B の創始者が単一の充分混合された祖先の遺伝子プールから無作為に抽出されたのであれば，その後通常，これらの集

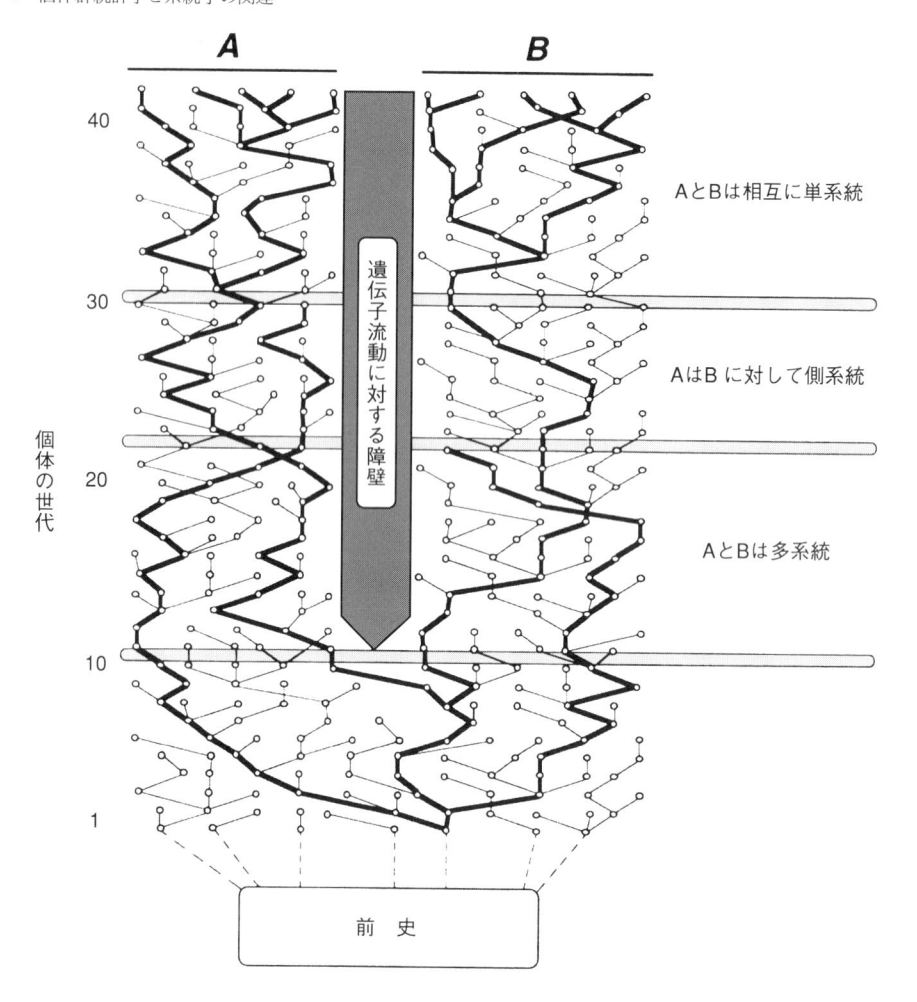

図 2.14 遺伝子流動が長期にわたって堅固な障害で防がれていた 2 つの集団内での母系系列の選別過程．世代 11 で祖先集団が分割された後，系列の選別が進み，隔離された 2 つの娘集団 A と B がまず母系の系譜上において多系統として現れ，次に側系統（B に関して A が），さらに最終的には相互に単系統となった．太い線は系統カテゴリーがわかるように，主要な系列が合着していく経路を示している．

団は順次，遺伝子系統樹上で多系統から側系統へ移行し，最終的に相互に単系統な状態になるだろう．淘汰的に中立な状況下では，これらの移行に費やされる分離後の時間（生物世代 G で測られる）は，娘集団の有効集団サイズの関数である（図 2.15）．$G < N_{F(e)}$ である場合，両集団が系譜上多系統である可能性が高い．一方，$G > 4N_{F(e)}$ であるときは，継続的な系列選別の結果，集団 A と集団 B が相互に単系統となっている可能性が高い．集団分離後の時間が中間的な場合は，娘集団は母系に関して多系統，あるいは一方に対して側系統，または相互に単系統であり得る．

よく混合された祖先集団から無作為に創始者を抽出すれば，上記のような推移が予想される．しかし通常は，祖先の遺伝子プールは系統地理構造を持ち，個々の娘集団の創始者はこの空間的に不均質な遺伝子プールのうちの一部を引き継ぐ特定の小集団であるだろう．創始者集団における個体群統計学的な組み合わせは無限にある．しかし，娘集団の遺伝子系統樹の系統的な状態に関しては，いくつか

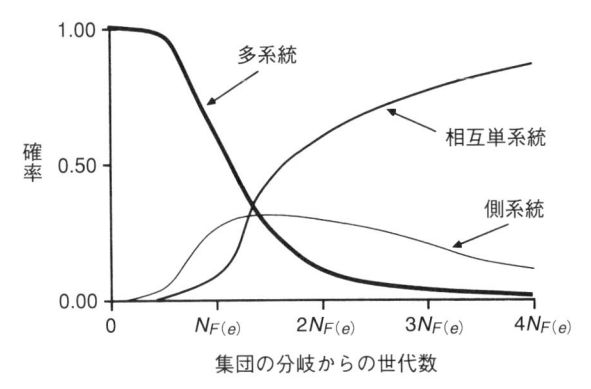

図 2.15 充分混合された祖先遺伝子プールから分離された2つの娘集団が多系統,側系統,相互に単系統となる確率曲線の一般例 (Neigel & Avise, 1986).これらの確率は娘集団の有効集団サイズの関数である.

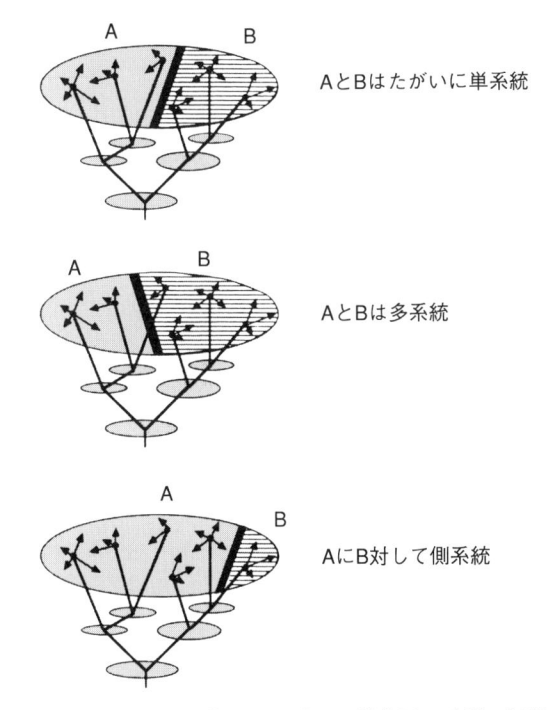

図 2.16 地理的に隔離された2つの娘集団の系譜の初期状態に与える個体群統計学的影響.現生の娘集団を分離する障害(黒い棒)以前の母系の系統史を示した.上:現在の分割が以前の系統地理的な種の下位区分と一致するもの.結果として,娘集団 A と B は相互に単系統である.中:分割が以前の系統地理的下位区分と一致しないもの.A と B は結果的に多系統である.下:分割が種の分布域の周辺部で起こったもの.その結果,A は B に関して側系統である.

の一般的な予測が比較的容易に行える.

たとえば,最近できた分散に対する堅固な障壁は,この種の中に以前からある系譜上の構造にたまたま一致し,そのため,集団 A と集団 B は最初から相互に単系統かもしれない(図 2.16,上).一方で,現在ある分散

に対する障壁はその種の以前からの系譜の歴史とは一致せず，AとBは母系の祖先では初めは多系統的かもしれない（図2.16, 中）．この場合は，集団の系統樹の構造と遺伝子系統樹の構造の間にみられる不一致がその状態で現在まで残ることもあるし，または最終的には側系統，さらに相互的単系統へ移ることもある．どのように推移するかは集団Aと集団Bの中のどの系列がその後生き残るかにかかっている（遺伝子系統樹と種系統樹の間の永遠に一致しないケースについては第6章を参照）．最後のケースとして，分散に対する障壁が分布域の周辺部の集団を隔離した場合，親集団の主要な地理的集団は，隔離された派生集団に関して側系統となるだろう（図2.16, 下）．

この後者の結果は生物学的に考えやすい多くの例がある．たとえば島の集団はしばしば本土の同種集団から隔離されており，その規模が小さい．同様に，分布域の外縁部にある集団は少数の個体によって創始され，遺伝子流動に対する生態学的な障害によって主要な分布域から隔離されたままになることもある．このような状況やそれに類した個体群統計学的な状況のもとでは，遺伝子の系譜が側系統になるのは実際上避けられない（Patton & Smith, 1989; Harrison, 1991）．このような場合，系統的様相の時間的変化によって多系統期が訪れることはない．

2つの娘集団が母系の系譜で多系統か，それとも側系統であるかはまた，2集団間の分離後の（二次的）遺伝子流動に起因することもある．地理的集団間の遺伝子系統樹に多系統や側系統の例が見られた場合，個々の事例についてその原因が系列選別の不完全性によるのか，それとも二次的な遺伝子流動によるのかという競合仮説のうち，どちらが正しいかの判断は難しい．しかし，いくつかの状況下では，系譜上にどちらの仮説が正しいか判別可能な痕跡が残る（図2.17）．もし，長期間，隔離されていた集団間で遺伝子流動が最近に限定されるなら，遺伝子系統樹において多系統か側系統に見えた異質系列群の中に，もう一方の娘集団内に現存する系列と同じか，ほぼ同じ系列があるだろう．反対に，原因が不完全な系列選別のみならば，異質系列群は同質系列群と非常に異なるだろう．なぜならば，両系列群はその集団が分割された年代より過去において合着するはずだからである．要するに，図2.17に示された2つの可能性は，「遺伝子流動が先」か「遺伝子流動が後」かの二者択一の例，つまり大昔の分断に由来する系譜上の足跡か遺伝子流動に対する障壁を越えての最近の分散に由来する系譜上の足跡かの問題であると考えられる．

これらの仮説が実際に当てはまる例が米国東南部のニシン科の魚メンハーデンに見られる．形態的に非常に似ているが区別できる2種（しばしば Brevoortia tyrannus と B. patronus として分類される）が大西洋とメキシコ湾の沿岸部温帯域にそれぞれ分布するが，フロリダ半島がこれらの魚の生育に適さない亜熱帯・熱帯域の水域に突き出しているために，分布の大部分は不連続である．このニシン科魚類の種複合体の解析に分子的手法を用いたところ，mtDNA遺伝子系統樹に2つの主要な枝（αとβ）が現れた（Bowen & Avise, 1990; Avise et al., 1989 も参照）．しかしこの系譜上の区分は，予想していた大西洋とメキシコ湾の地理的集団間の区分と一致しなかった．メキシコ湾の集団はα系列のみであったが，大西洋の集団にはmtDNA系列に関してα系列とβ系列の両者が現れた．したがって，大西洋集団はメキシコ湾集団に対して母系系譜上，側系統的と考えられる（図2.18）．さらに詳しく調べてみると，

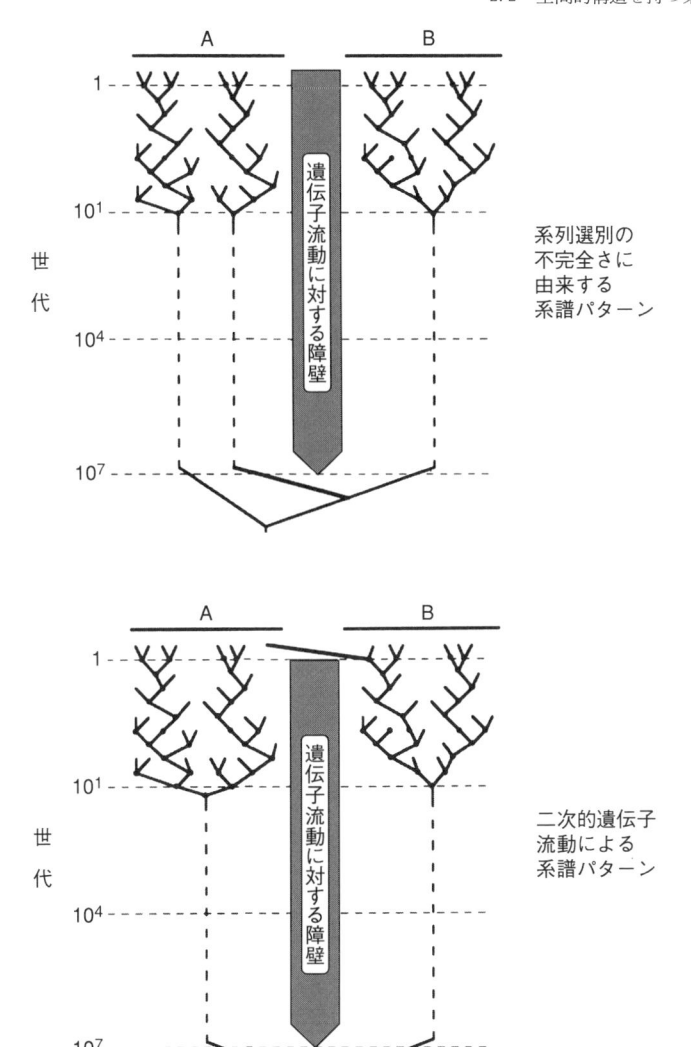

図 2.17　現生集団 A, B が多系統もしくは側系統状態を示す場合の 2 つの考え得るシナリオ．上：相対的に古い年代の共通祖先からの系列多型が充分な選別を受けてこなかったもの．下：集団間の遺伝子流動が最近生じたもの．

大西洋とメキシコ湾の集団で共有されている α 系列のいくつかの mtDNA ハプロタイプは，α および β 両系列の mtDNA ハプロタイプが塩基配列では高度に分化している（平均してほぼ 5％）のに対し，18 の制限部位に関して，ほとんど同じであることが判明した．したがって，大西洋とメキシコ湾の集団は歴史的に見て分割されてきたものの，近年の地域間移動もまた起こっていると想定される（おそらく α 系列の mtDNA ハプロタイプのメキシコ湾側から大西洋側への移動）．

短期間の隔離

長期間分断された集団からなる種の合着年代は，規模がほぼ等しく分離を経験していない集団に期待されるものよりはるかに古い傾向がある．しかし，皮肉なことに歴史的な集団構造の中には，反対の効果を生みだし得る

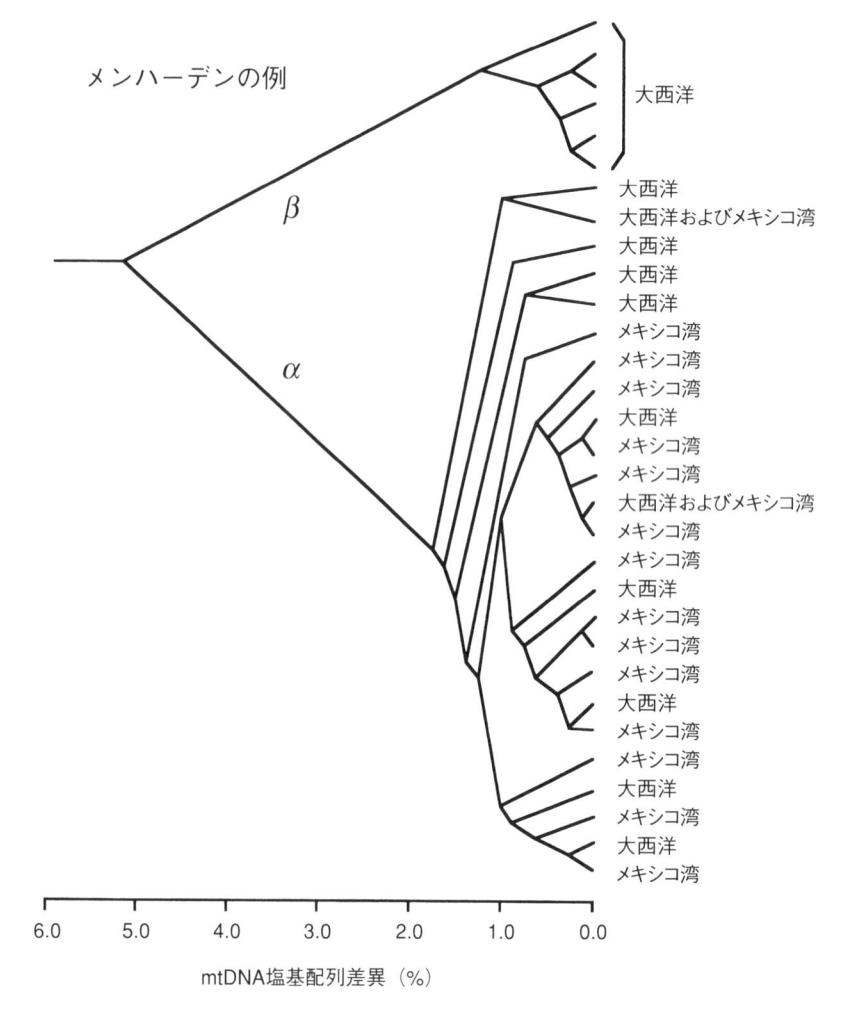

図 2.18 ニシン科の魚メンハーデンの遺伝子系統樹．2 つの主要な系列，α と β 内の 31 の mtDNA ハプロタイプとそれを持っていた魚の捕獲場所を示した (Bowen & Avise, 1990)．

ものがある．絶滅率も再入植率も高い多数の地域集団に分割された種を考えてみよう．このような種では，集団の隔離は実質上短期間であり，分集団間の遺伝子流動は大部分の世代で低調かまったくない場合でも，すべての集団は歴史的な意味合いでは密接に関連付けられているだろう．たとえば，ソース・シンク（蛇口・流し）生態モデル (source-sink ecological model) (Pullium, 1988) を例にすると，ある種は多くの一過性の地域集団（シンク＝流し）からなり，これらの集団はどこか別のところの，1 つか 2 つ以上の安定な集団（ソース＝蛇口）からときどき，再補充される．

短命な地域集団が，相対的に安定な発生中心 (center of origin) から定期的に再補充や再入殖を受けるところでは，これと同じ進化モデルが想定される（図 2.19）．このような場合は，種内の合着過程は主に中心集団の個体数の動静と絶滅・再入殖過程の動向に左右される．ある条件下では，経過した時間の大部分で完全にたがいに孤立していた地域集団も，ある程度遺伝的に同調して進化し得る．したがって，このように分割された種の平均

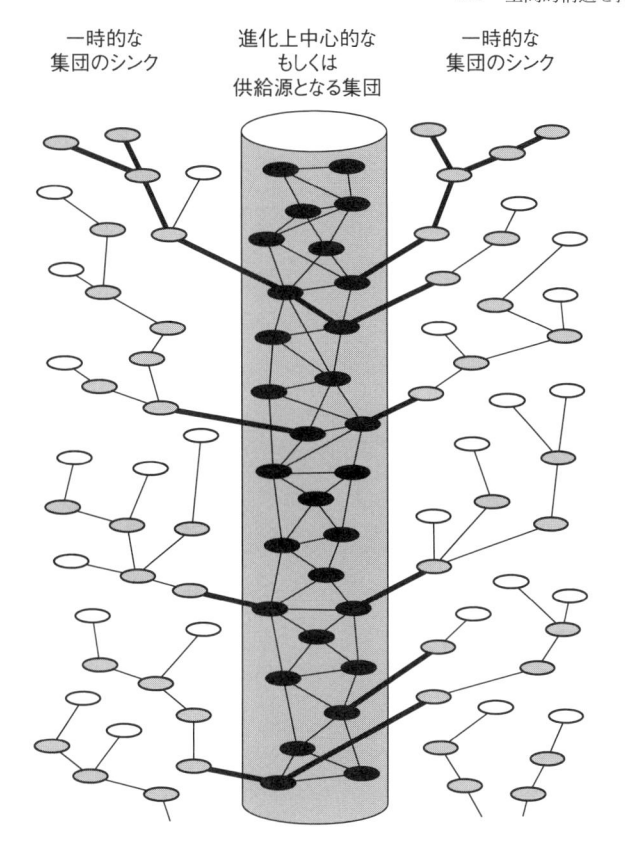

一時的な　　進化上中心的な　　一時的な
集団のシンク　もしくは　　　集団のシンク
　　　　　供給源となる集団

図 2.19 集団の絶滅と再入植に関する進化のソース・シンクシナリオに基づく系列の合着．多くの局所的な集団（小さな楕円）は，周辺部にあって高い確率で絶滅する（白い楕円）傾向にあるが，ソース集団もしくは中心的な集団からの出芽集団（propagules）がそのうち再入植（太線）する．

合着年代は，その種の合計サイズや現時点での地理的な分布域からそのまま査定した値よりもずっと近年となる場合が多い．

集団の絶滅や再入植が遺伝的分化を遅延させる（促進するのではなく）重要な要因は，その過程の個体群統計学的な詳細に関係する (Slatkin, 1977; Wade & McCauley, 1984; Whitlock & McCauley, 1990; McCauley, 1991; Nei & Takahata, 1993; Neuhauser *et al*., 1997; Whitlock & Barton, 1997). そして，Hanski & Gilpin (1997) の提唱したメタ個体群については，Slatkin (1985a, 1987) がすでにさまざまな理論的モデルを示しており，そこから 1 つの一般則が明らかになった．つまり，地域集団の絶滅時間を世代数で数えた平均値が地域の繁殖個体の有効数より少ない場合，絶滅と再入植は遺伝的浮動による地域集団の遺伝的分化を阻害する．Wade & McCauley (1988) は，1 世代当たりに集団間を移動する個体の数と新しい集団に移入する個体の数の比にも依存して結果が変わることを示した．このようなメタ個体群モデルは，地理的集団間の系譜上のつながりは歴史的な系統的関係と現時点での遺伝子流動という 2 つの要素の兼ねあいで決まってくるという現実的な考えを導く．

2.2.2 変化の中間的状況

多くの種は多数の局所的な地理的集団からなり，それらの間の遺伝子流動や集団の結びつきは時間的には散発的であり，場所による差異は大きく，歴史的な細部は個別特異的である．系統地理学的解析の哲学的な強みは，伝統的な集団遺伝学のモデルが引き合いに出すような平衡状態を仮定した予測を，歴史の偶然性を現実的要素として加えることで補強しようという，この分野の方向性にある．これは種の正しい系譜の歴史がすぐに復元できるという意味ではない．この節では集団間の遺伝的交流のレベルの推定に用いる主な伝統的方法を簡単に紹介し，次に系譜学的データからの歴史的情報を活用するいくつかの最近の系統地理学的手法について述べる．

遺伝子流動の伝統的な推定方法

伝統的な集団遺伝学は，遺伝子流動の推定に，アロザイム解析のような系統的関連性を持たない対立遺伝子の空間的頻度を扱うのが特徴である (Felsenstein, 1982; Slatkin, 1985a, 1987; Slatkin & Barton, 1989; Neigel, 1997 の総説を参照)．このような研究の大部分は，中立説の下で集団構造に理論的なモデルを設定し平衡状態の予測値を求めることに基礎を置く．たとえば，島モデル (Wright, 1931) では，ある種が同じ個体数（大きさ）N を持つ集団に分割され，そのすべての集団間で対立遺伝子を交換する確率が等しいと仮定する．一方，飛石モデル (Kimura, 1953) では，遺伝子交換はいつも隣接集団間でのみ起こると仮定する．集団内で観察された対立遺伝子頻度の地理的変異から，典型的には複合変数 Nm が推定される．ここで m は移住率（世代ごとの，ある集団内に移入した対立遺伝子の割合）である．この Nm パラメーターは集団間で交換された移住者数の絶対値の，世代当たりの平均推定値と解釈される．Nm 値が 1-4 より大きい場合，遺伝子流動の均質化効果は遺伝的浮動の多様化効果を上回り，一方 Nm 値が 1 より小さければその逆の場合を示唆する (Birky et al., 1983)．

Nm 値を推定する方法はいくつか知られている．たとえば，Wright (1951) は島モデルで示される集団構造では，遺伝的浮動と遺伝子流動とが平衡状態にあるときの Nm 値は F_{ST} と関係付けられることを示した．この F_{ST} は遺伝的変異の集団間成分（または全集団間の対立遺伝子頻度の標準化された分散）で，

$$Nm \cong (1-F_{ST})/4F_{ST} \quad (3)$$

で表される．この理論的な関係は図 2.20（上段の左）のグラフに示されている．この曲線が $Nm \cong 1 (F_{ST} \cong 0.20)$ の点で変曲していることに注意されたい．この値は伝統的に"遺伝子流動の激しい"種（平衡状態で遺伝子流動の均質化効果が卓越している）と"遺伝子流動の低調な"種（遺伝的浮動の多様化効果が顕著と予想される）の境界点にほぼ一致すると説明されている．F_{ST} 値自体は Weir & Cockerham (1984) や Cockerham & Weir (1993) の方法にしたがえば，対立遺伝子頻度の観測値から計算できる．多くの対立遺伝子が関わる塩基配列データにも適用できるように，類似の統計量が提案されてきた (Takahata & Palumbi, 1985; Lynch & Crease, 1990; Slatkin, 1991)．

Nm を計算する第 2 の方法は，1 つの集団にのみ見出される，特異的対立遺伝子 (private alleles) に注目することである．この方法の論理的な根拠は，ある集団内にその集団に特異的対立遺伝子が高い頻度で存在でき

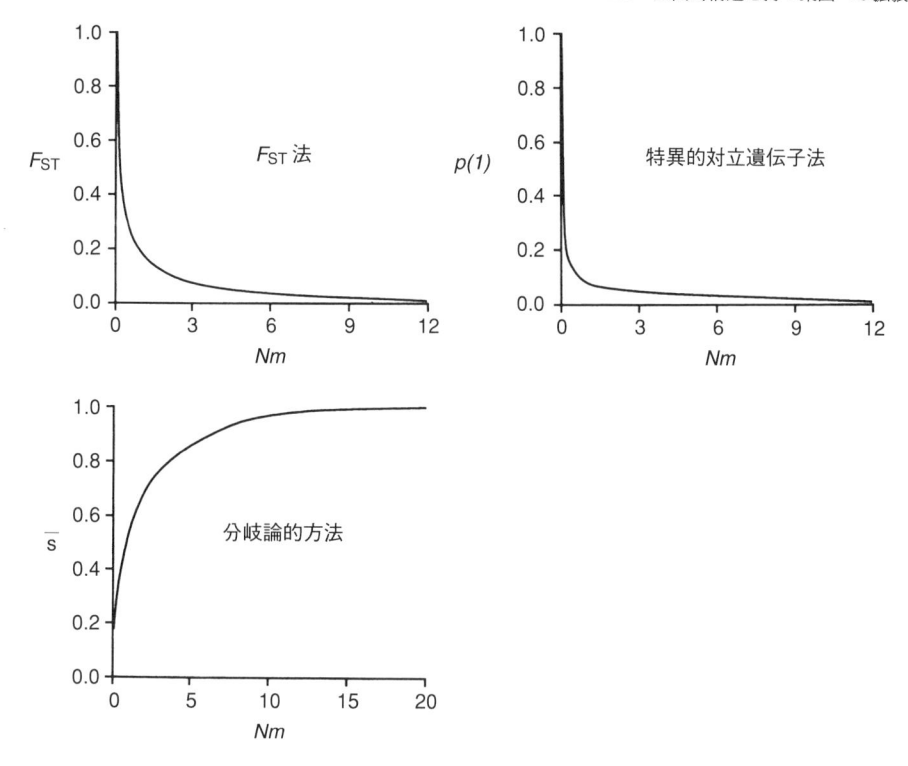

図 2.20 Nm と F_{ST}, $p(1)$, および $\bar{s}$ との理論的関係. F_{ST} は遺伝的変異に関する集団間の要素 (Wright, 1951). $p(1)$ は特異的対立遺伝子の頻度 (Slatkin, 1985b). $\bar{s}$ は対立遺伝子の系統関係と調和させたときの, 過去における移動回数の最小値 (Slatkin & Maddison, 1989). これらの曲線の基礎になるモデルの個々の個体群統計学的な仮定に関しては, 本文および原著論文を参照.

るのは, Nm 値が小さいときのみだろうという点である. Slatkin (1985b) はコンピューター・シミュレーションを用いて, さまざまな理論的集団モデルについて, Nm の自然対数と特異的対立遺伝子の頻度の平均値 $[p(1)]$ とが (4) 式にしたがうことを示した.

$$\ln(Nm) = -(\ln[p(1)] + 2.44)/0.505 \quad (4)$$

この等式は Nm と $p(1)$ の間に予想される曲線関係を示している (図 2.20, 上段右).

Nm 値を計算する第 3 の方法 (Slatkin, 1989; Slatkin & Maddison, 1989) は, 系統地理的なアプローチの真の精神に近い. なぜならこの方法では遺伝子系統樹の枝の地理的分布を考慮しているからである. これはある正しい遺伝子系統樹の樹形がすでに得られているときに, 個々の対立遺伝子でクレードを成す地理的集団に対して, この系統樹に矛盾しないように最節約法の原理を適用し, 歴史上起きたであろう移動の最小数 ($\bar{s}$) を推定する. コンピューター・シミュレーションを用いて, Slatkin & Maddison (1989) は最小移動数 $\bar{s}$ の分布は Nm の関数であることを示した. したがって, Nm はシミュレーションの結果と観察値とを比較すれば推定できる. 1 組の特定の模擬パラメーター値における Nm と $\bar{s}$ の間に見られる理論的な関係の例を, 図 2.20 の下段に示した.

上記および関連の方法での Nm 値の計算は, よく知られて広範に用いられているが, この方法に基づいて分子データから遺伝子流

動の現時点でのレベルを解釈するには，重大な限界がある (Bossart & Prowell, 1998). まず，理論的な期待値は（さまざまな程度に）いろんな因子に拘束され，それはモデルのパラメーターであることもあるし，種内では中立の対立遺伝子に働く遺伝的浮動と集団間の遺伝子流動の間には平衡または擬似平衡に達している (Barton & Slatkin, 1986) という一般的な仮定であることもある．しかし，平衡値 [$G = 1/(2m + 1/(2N_e))$; Crow & Aoki, 1984] に近付くためのおおよその世代数は移動率が小さい場合，有効集団サイズと同じ桁まで大きくなりうる．この問題に関連する Nm 値への懸念の1つに，古典的推定では種に対する平均値を代表しているので，そのまま用いると，特定の集団間に起きた遺伝的接触の程度について潜在的な違いを詳細に分析することができない，というものがあった．しかし，大部分の種では，おそらく独自の歴史とそれからもたらされた固有の遺産を持っていて，そのために種内では，非平衡的状態にあることが避けられないことになっている．

第2に Nm と F_{ST}, $p(1)$，あるいは s の関係は曲線状なので（図2.20），残念ながら，潜在的に重要な集団間の遺伝的交流の量的な差がわかりにくい (Templeton, 1998). たとえば Nm と F_{ST} の理論的な関係について考えてみよう．描かれた曲線の2つの主要部分はほとんど平坦で，一方の変数のわずかな違いがもう一方に大きな変化を生じさせる．したがって，F_{ST} 値が約0.1より小さいときは，いつも遺伝子流動が盛んであることが示唆される．しかしこの場合，世代あたり何千もの個体の移動を示しているのか，それとも数個体の移動のみを表しているのかは見分けられない．反対に，0.2より F_{ST} 値が大きいときはいつも，Nm 値は小さすぎて差が区別できない．$p(1)$ や s との関係を見ても，同じように Nm の差は見わけにくい．こういった困難さは，遺伝子流動論が観察値としての統計量 F_{ST} と Nm の関係ではなく，むしろ変数としての F_{ST} との関係を示していることも要因となっている．観察値としての統計量 F_{ST} は集団間の対立遺伝子頻度の実際の分散に加えて，解析された個体や下位集団の数が有限であることによる標本抽出分散 (sampling variance) を含んでいる (Nei & Chesser, 1983; Weir & Cockerham, 1984).

Nm の一般的な大きさについて正確な知識があっても，多くの場合，実際の目的には不充分だろう．たとえば，$10.0 (F_{ST} \approx 0.025)$ という Nm の推定値は，盛んな遺伝子流動を示していると解釈されるかもしれない．もしこれがそのまま正しくとも，小さな集団と比べて，大きな集団では個体群統計学的な影響は非常に異なる場合がある．つまり，世代当たり $Nm = 10$ の個体を交換する大きな2つの魚類集団は，平衡時には遺伝的にほぼ均質になるにもかかわらず，個体群統計学的な意味ではほとんど完全に独立して見えるだろう．したがって，Nm 値は，たとえば産業規模の漁業での系群判別や漁獲量の割り当てのような，ある種の野生生物管理計画では誤解が生じるおそれがある (Waples, 1998). その方面への応用には，個体の集団間移動に関するもっと直接的な情報に基づく実利的な決定の方が，良い結果をもたらすだろう．

最後に1つ，遺伝子流動の古典的推定法に関してただし書きを付けたい．古典的な方法では，複数集団間の歴史的な繋がりの効果と進行中の遺伝的交流を見分けられない．たとえば大きな Nm 値は，平衡状態にある複数の集団間での現在の盛んな遺伝子流動を意味するかもしれないし，または近年遺伝子流動があったが現時点ではまったく交流がないこ

とを意味しているかもしれない．さらにこれら2つの現象が識別できないほど複雑に入り交じっている可能性もある (Slatkin & Maddison, 1989; Templeton & Georgiadis, 1996)．

他にも集団遺伝学的な立場から統計学的な手法を用いて，分子情報から集団の歴史と地理的構造の影響を検討した例がある．空間的自己相関解析 (spatial autocorrelation analysis) (Sokal et al., 1989a, b; Slatkin & Arter, 1991; Epperson, 1993)，主成分分析 (Cavalli-Sforza et al., 1994; Bertorelle & Barbujani, 1995; Cavalli-Sforza, 1997)，そして多次元尺度構成法 (multidimensional scaling) (Lessa, 1990) を用いた例がその中に含まれる．これらの方法は，典型的には対立遺伝子データ（しばしば複数遺伝子座の）の遺伝的同一度 (genetic identity) や遺伝距離 (genetic distance) への集約に用いられ，とくに対立遺伝子間の系統関係がわからないときに適している．

系統地理統計学

対立遺伝子の頻度の他に，系譜上の関係の推定を可能にする分子的手法（mtDNA解析のような）の出現にともない，より明確な系統学的枠組み内で，過去の遺伝子流動や集団の断片化を考える新しい好機が訪れた．前述の古典的な集団遺伝学の方法は，遺伝子系統樹を作るためのデータには活用できるが，各所に変更を加えなければ，データが保持している歴史的な情報を充分に引き出すことはできない (Excoffier et al., 1992; Excoffier & Smouse, 1994; Barton & Wilson, 1996; Kuhner et al., 1998)．

種内のmtDNA系統樹は網目状にならず，階層的構造をとる．したがって，大進化の研究で種間の系統樹の復元で使用されてきた伝統的な方法を，同種内のハプロタイプの母系系統樹の推定に利用できる．このような手法には，OTU間の遺伝距離に基づく解析の他に，Hennigの分岐論や最節約法あるいは最尤法を含む形質状態法がある．これらは，塩基配列や制限部位のような質的なデータのマトリクスを分析するものである (Swofford et al., 1996)．

最節約法は種内の系統関係の研究に適している．なぜならば，種内系統樹では通常枝の長さが比較的短いので，極端な進化速度による障害の可能性と，高次の系統関係で見られるようなロングブランチ・アトラクション（長枝誘引）に影響されて最節約的な手法が危うくなることがほとんどないからである (DeBry, 1992; Huelsenbeck & Hillis, 1993; Kuhner & Felsenstein, 1994)．同様に，距離に基づく方法にも，これらの種内レベルの解析に利点がある．なぜなら，種内比較のように遺伝距離が比較的小さい場合，多重置換による飽和を考える必要がないからである．一方，このようなあまり大きくない遺伝距離では，種内遺伝子の系統樹上の推定クレードを支持する数値の多くが統計的に有意になりにくくなる (Crandall et al., 1994; Smouse, 1998)．

系統推定に関する多くの原理，最適基準，および計算法は，括弧内の文献に要約されている (Felsenstein, 1988, 1993; Maddison & Maddison, 1992; Hillis et al., 1993; Hillis & Huelsenbeck, 1995; Nei, 1996; Swofford et al., 1996; Weir, 1996)．ここでは最近の統計的方法のいくつかについて，平易な言葉で簡潔に述べることにする．これらの方法は，種内遺伝子系列の空間的変異の解析に個体群統計学的・系統学的な方法を組み込むものである．しかし，ここに示した系統地理統計学とアルゴリズムは，いまだに発展途上で，応用

面ではどちらかといえば準備的な段階にとどまっている (Takahata, 1988, 1991; Takahata & Slatkin, 1990; Kaplan *et al*., 1991; Felsenstein, 1992a; Hudson *et al*., 1992; Barton & Wilson, 1995, 1996; Nee *et al*., 1995, 1996a; Kuhner *et al*., 1997; Hoelzer *et al*., 1998).

〈Neigelの方法〉

動物のmtDNAのような速やかに進化する分子では,個々の系列を特徴付ける突然変異の分散速度は,遺伝的浮動と遺伝子流動の間に平衡状態を達成するほど速やかではないだろう.Neigelの方法 (Neigel *et al*., 1991; Neigel & Avise, 1993) では,距離により隔離されている集団 (Wright, 1943, 1946) をモデルに,遺伝子系列の非平衡的な分布を考察している.この方法では,集団が連続的に分布する種内で遺伝子流動が制限されるとき,系列の空間的な広がりと系列の年齢 (age) の間に正の相関関係が生じるだろう,という予測を基礎としている.いい換えれば,分散が制限されているとき,古い系列はより新しい系列に比べてずっと広い範囲に分布しているだろう.

この意味で,Neigelの方法の基礎理念は,前に述べたSlatkin (1985b) の特異的対立遺伝子法にある程度似ている.だが,Slatkinの方法では,単一の局所的な地域に限定された対立遺伝子は比較的最近生じたと想定し,したがって集団間の遺伝子流動は制限されていると仮定する.しかし,Neigelの方法では,ある1つの対立遺伝子の頻度とその発生年代との間で想定される関係に,アプリオリな仮定を設けず,さらに注意を稀な対立遺伝子のみに限定もしない.そうではなくて,この方法では遺伝子系統樹内のすべての時間深度におけるハプロタイプやクレードの地理的な分布を検討する.

Neigelの方法は,mtDNA系列が複数世代にわたるランダムウォーク過程で広がるような連続した空間を想定する.どの世代でも,母親からの娘の分散距離の絶対値は分散 σ_F^2 をともなう.この平方根は単一世代の標準分散距離 σ_F の1つの尺度として解釈できる.もし,同一系列の2構成個体が G 世代前において合着するならば,二者間の累積空間距離の確率分布は,分散が $\sigma_G^2 = 2G\sigma_F^2$ となる.したがって,空間的配置が知られている適当なmtDNA塩基配列対と,分子時計を適用して得た G の推定値から,単一世代の標準分散距離は $\sigma_F = (\sigma_G^2/2G)^{1/2}$ として計算できる.このような計算は分布域か年齢でまとめられたmtDNAクレードに関して可能である.このモデルのもう1つの魅力的な特徴は,分散距離の絶対値(分散率ではなく)を与えることである.この絶対値を得れば,目下検討中の種で,既知あるいは推定される分散能力との比較ができる.

Neigel法の最初の応用例は,シロアシネズミ(シロアシマウス)*Peromyscus maniculatus* の全大陸規模の調査で得られたmtDNA系列の系統地理的分布の再解析であった.この小さなげっ歯類は程度の差はあるが連続的に北米全域(以前氷河に覆われていた広大な地域を含む)に分布し,そのmtDNA制限部位は変異に富み,著しい地理的集団構造を示す(図2.21).mtDNAの系統地理的データに基づき,Neigelら (1991) は本種の標準的な分散距離をすべての系列の年代で,世代当たり約200 mと推定した(図2.22).野外での標識・再捕獲実験からは,本種の個体は,通例,生まれた場所から250 mほど移動して繁殖することがわかっている (Blair, 1940; Dice & Howard, 1951).したがって,mtDNAのハプロタイプとクレードの長期的な累積分散に基づい

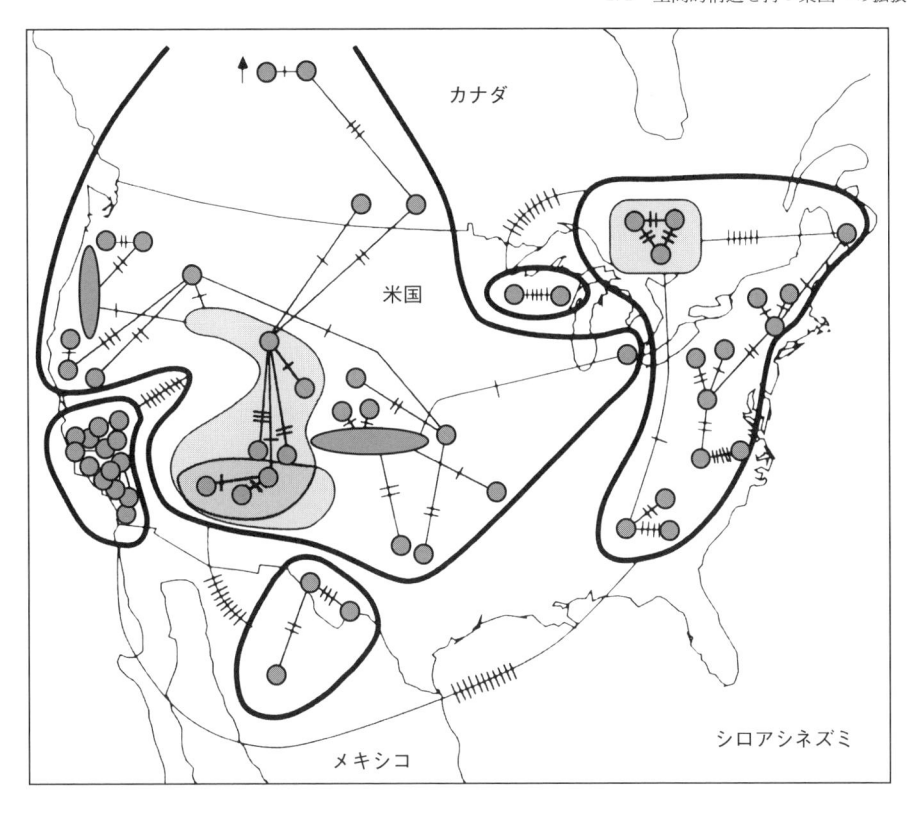

図 2.21 シロアシネズミの mtDNA 制限部位解析において観察された 61 の mtDNA ハプロタイプのネットワークを分布域の地図に重ねたもの（Lansman *et al.*, 1983a）．ネットワークの枝をよぎる交線は推定される制限部位の変化の数．太線は例外的に多くの制限部位変化によって区別される系統地理群（assemblages）を囲っている．スペース的な制約のため，南カリフォルニアの集団内の 14 の遺伝型に関する最節約ネットワークは表示しなかった．

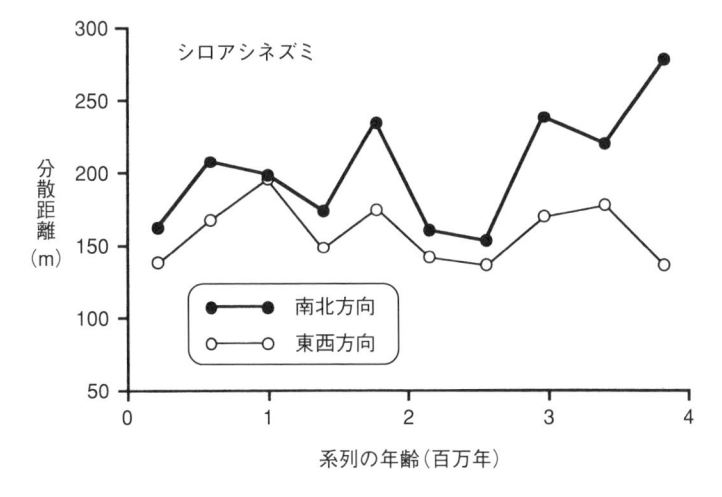

図 2.22 1 世代あたりの標準分散距離（東西および南北両方向）と系列の年齢の関係．シロアシネズミの mtDNA 系列の系統地理分布から推定したもの（Neigel *et al.*, 1991）．計算は哺乳類の mtDNA 標準分子時計と 0.2 年というシロアシネズミの世代時間に基づいた．

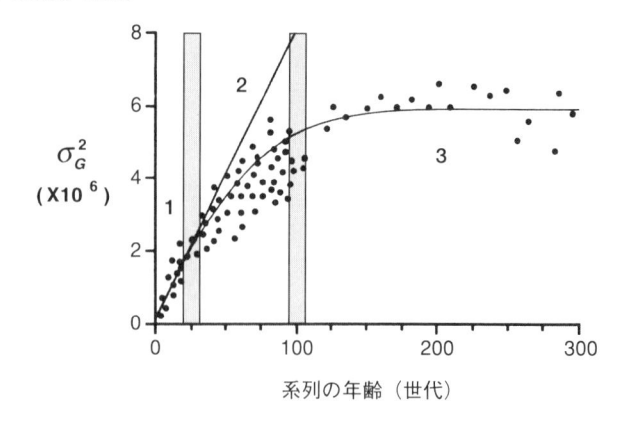

図 2.23 σ_G^2（系列間の空間的距離の分散）と系列の年齢（世代で測った）の一般的な理論上の関係．種の地理的分布域に関する制約をともなう，距離による隔離モデルを条件としたもの．図上の点は Neigel & Avise (1993) が特定した個体群統計学的な条件でのコンピューター・シミュレーションによるもの．古い方の系列においては，生息可能な空間が飽和に達してしまうために分散は頭打ちになることに注意．段階 1, 2, および 3 の境（影をつけた棒）は移行が漸進的に起こるためにいくぶん恣意的なものとなる．

て遺伝的に推定したシロアシネズミの 1 世代あたりの歴史的な分散距離は，野外観察に基づいて直接推定した現代の分散距離とほぼ一致したことになる．

それにもかかわらず，他のさまざまな遺伝子流動や分散を推定する間接的な遺伝学的方法と同様に，現実のデータ・セットに適用するとき，Neigel の方法にもいくつかの注意点がある (Barton & Wilson, 1995)．まず，この理論は成立条件として，たがいに独立した祖先を持つ複数の系列が，地理的な場所に関して無作為に抽出されることが必要である．しかし，同種系列の組み合わせが重なれば祖先に関して独立ではないし，大部分の遺伝学的な調査では，特定の場所にサンプリング努力が集中するので，標本抽出は無作為とはいいがたい．第 2 に，このモデルを完成するためには系列の合着年代に関する情報が必要である．この情報は，例によって，（おそらく疑問の余地のある）分子時計を適用して得られる．第 3 に，解析が個々の年代の系列に対して分散距離の複合的な推定値を与えるので，種内におそらく存在する特定の歴史上の系譜単位を識別できない（少なくとも，はっきりと焦点を当てられない）．第 4 に，このモデルは系列の分散に無制限な機会的浮動を仮定するが，大部分の種では局所集団内に密度調整が見られるし，分散に対する障壁も存在する．分布域に限りがあれば σ_G^2 に上限を設定する可能性があり，それによって地理的距離と系列の年代の間に予想される相関関係を弱めてしまう．

しかし最後の事情は，モデルに基づく予想からの個々の逸脱のパターン自体が，種の集団史に関する情報を与えることに着目すれば，長所に転ずる．Neigel & Avise (1993) のコンピューター・シミュレーションによれば，分布域が生態的，または地理的限界で制約される移動性の乏しい種では，系列の分散には 3 つの歴史的な段階が認められる（図 2.23）．

段階 1—若い系列：まだ地理的な制約に遭遇していない段階．系列の年齢ととも

に σ_G^2 は直線的に増加し，σ_F（単一世代の標準分散距離）は系列の年齢に無関係．

段階 2—中間的な年齢にある系列：分散は継続しているが，地理的障壁に制限されている段階．σ_G^2 は系列の年齢と正ではあるが非直線的な関係にあり，σ_F はより古い系列では減少する．

段階 3—古い系列：遺伝的浮動と生物個体の移動の間に平衡が成立した段階．σ_G^2 は系列の年齢と相関関係を持たず，σ_F は系列の加齢にともなって減少する．

これらの段階に達するまでに費やされる絶対時間は，想定されているランダム・ウォークにおける分散距離の大きさと比較したときのこの種の地理的分布域の大きさに依存する．シロアシネズミでは σ_F が mtDNA 系列の年齢に依存せず（図 2.22），また σ_G^2 が系列の加齢にともなって増加することから，系統地理的な分化の段階の非平衡期（段階 1）にあるように見える．同様の結論が，限られた分散しか示さないもう 2 種のげっ歯類，ミナミホリネズミ *Geomys pinetis* とハイイロシロアシネズミ *Peromyscus polionotus* でも観察された（Neigel & Avise, 1993）．同じ基準から，鳥類 2 種（ハゴロモガラス *Agelaius pheoniceus*，およびオオクロムクドリモドキ *Quiscalus quiscala*）と，2 種の海水魚（アメリカウナギ *Anguilla rostrata*，およびハードヘッド・キャットフィッシュ *Arius felis*）は，系統地理的な分化の第 3 段階の平衡期に属する．この結果は，これらの 2 魚種の分散能力が高いことから予想される．さらに，Neigel 法で推定すると，これらの分散能力が高い海水魚や鳥類の標準分散距離（世代当たり 3〜11 km）は，比較的定住的なげっ歯類に関して得られた値（世代当たり <0.2 km）と比べて，2 桁以上大きい．

〈Templeton の方法〉

この方法では，厳密な統計的枠組み内で推定遺伝子系統樹に生物地理情報を重ね合わせる（Templeton, 1993, 1994, 1998; Crandall & Templeton, 1993）．本手法の枠組みは厳密に設計され，生物地理情報と系統情報の整合性の強さを見積もり，それを説明する進化過程を解明する．この方法は，Templeton ら（1987, 1992），Templeton & Sing（1993），Crandell ら（1994）が詳述する統計的な最節約的手法を用い，(mtDNA ハプロタイプに関する形質状態データから) 無根の分岐図を推定することを作業の手はじめとする．最初に得られる結果は，遺伝子系統樹内の一連の入れ子状クレード（nested clade）で，それぞれの階層は，その階層に内包する下位のクレードよりも古いものとなっている．

次に，地理的分布図をこの入れ子状のクレードに重ね，2 種類の尺度となる距離を計算する（図 2.24）．クレード距離 D_c は，あるクレード内の成員の分布中心と各成員との空間距離の平均，と定義される．次に，入れ子状クレード距離 D_n は，入れ子状クレードの成員全体の分布中心と各成員との平均空間距離である．これらの距離によって空間的分散様式が要約される．対象とする種の生物学的性質によって，空間距離は直線距離でもあり得るし，または，たとえば河川に生息する種ならば河川の流程距離で表される．地理的構造をまったく持たないことを帰無仮説として，この仮説が成り立つかどうか検定するには，無作為化検定（permutation tests）(Templeton & Sing, 1993) を行うとよい．このテストによりどのクレード距離，または入れ子状クレード距離が統計的に小さいか大きいかを確認できる．

同様に，末端クレードと内部クレードに関して，入れ子状クレード距離とクレード距離

分岐図：

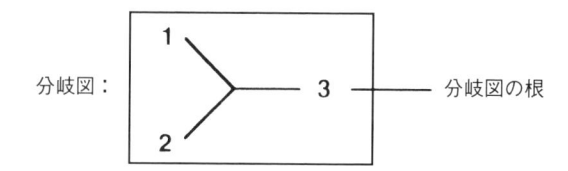

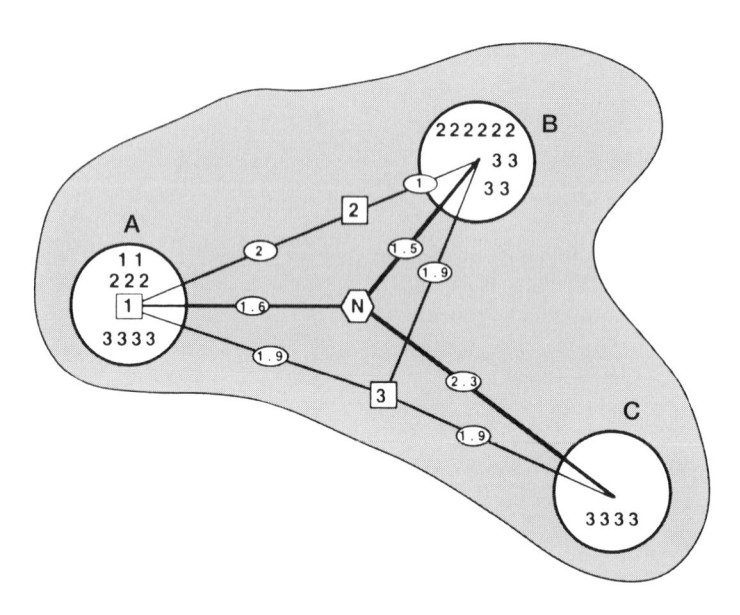

```
    1
     \
      \___3___  分岐図の根
      /
    2
```

図 2.24 テンプルトン法における地理的クレード距離（D_c）と入れ子状クレード距離（D_n）の推定（Templeton & Georgiadis, 1996）．3つの地理的サンプリング地域（A, B, C）のそれぞれで観察された3つのハプロタイプ（1, 2, 3）を用いて，D_c 値，D_n 値を計算し，内部クレード（3）と2つの末端クレード（1と2）に関するそれらの値の差の平均も計算した．それぞれのハプロタイプの地理的中心は，ハプロタイプの番号を内に示した四角で，入れ子状クレード（N）全体の地理的中心は六角形で示した．楕円内の数字は地理的中心とサンプリング地点の間の直線距離を示している．計算は以下のようになる（ただし，interior は"内部"を，tip は"末端"を意味する）．

$D_c(1)=0$, $D_c(2)=(1/3)(2)+(2/3)(1)=1.33$, $D_c(3)=1.9$;
$D_n(1)=1.6$, $D_n(2)=(1/3)(1.6)+(2/3)(1.5)=1.53$, $D_n(3)=(1.6+1.5+2.3)/3=1.8$;
$D_c(\text{interior})-D_c(\text{tip})=1.9-(0+1.33)/2=1.23$; ⎤ 内部クレードと末端
$D_n(\text{interior})-D_n(\text{tip})=1.8-(1.6+1.53)/2=0.23$ ⎦ クレードの差の平均

の差の平均値も計算される（図 2.24）．末端クレードは分岐図の他の部分とたった1本の突然変異経路で繋がり，内部クレードはその定義上，2本以上の突然変異経路で繋がる．この遺伝子系統ネットワークは無根だが，末端クレードは内部クレードに比べて若い傾向にあることがはっきりしている．(Castelloe & Templeton, 1994)．したがって，これらの距離尺度は，若いクレードまたは古いクレードに関する地理的分散パターンをそれぞれ反映する．ここでもまた，無作為化検定が統計的有意性の検定に用いられる．

Templeton 法が採用する統計デザインの長所の1つとして，帰無仮説を厳密に検定することができる．ここでの帰無仮説は，地理的分布と推定された遺伝子系統樹の構造に関

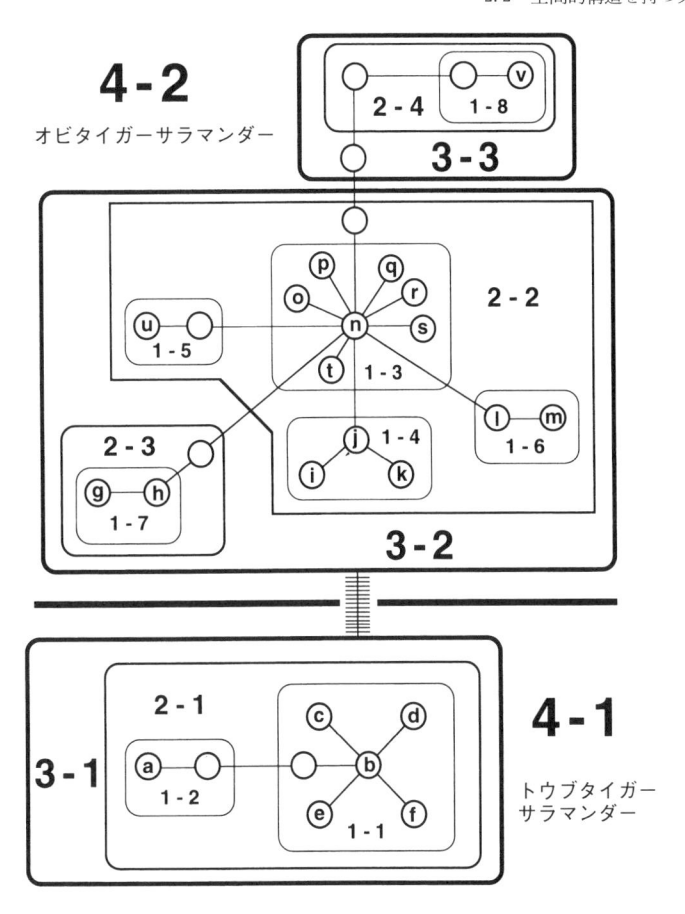

図 2.25 タイガーサラマンダーの mtDNA 系統ネットワークにおける入れ子状クレード (Templeton *et al.*, 1995). 文字を囲んでいる円は, 観察されたハプロタイプを示し, 文字のない円は, 観察されていない仮想上の介在ハプロタイプを示す. ハプロタイプを結ぶ枝は, クレード 4-1 (トウブタイガーサラマンダー) とクレード 4-2 (オビタイガーサラマンダー) を結ぶ最低でも 14 回の突然変異を含む枝を除いては, 単一の突然変異を表す. ハプロタイプ群は順次太くなる線で囲まれ, フォントの大きな数字で示されるより包括的な入れ子状クレードにグループ分けされる.

連がない,というものである.この帰無仮説が棄却されない場合は,生物学的要因(現在の盛んな遺伝子流動,または集団間の最近の歴史的関連)に原因があるか,または標本数が少なくて統計処理が充分力を発揮できないか,それとも分布域内の標本採取箇所の配置が不適切であるかに帰せられる.そして帰無仮説が棄却された場合には,距離統計量の個別の動向から,系統的データと地理的データが関連付ける生物学的原因について,さまざまな情報が得られる (Templeton, 1992, 1994; Templeton *et al.*, 1995).

たとえば一群の地理的集団間で限定された遺伝子流動しかない場合,とくに末端クレードに関して,有意に小さな D_c 値が得られるだろう.一方,最近大規模な分布域拡大が起きた場合は,末端クレードの D_c 値は有意に大きくなる.遺伝子流動の少ない種で,わずかな数の個体のみが遠隔地へ移住した場合,末端クレードの D_c 推定値は不均一なもの,

つまりごく一部の値が有意に大きく，残りは有意に小さい状態になるだろう．遺伝子流動が盛んな種が過去に異所的分断を経ている場合は，以下のようなことが期待されるだろう．すなわち，下位のクレードには有意に大きな D_c 値，上位のクレードには有意に小さな D_c 値，D_n 値は地理的な分岐を起こしたクレードのレベルで突然急増し，地理的に分断されたクレードを分岐図の残りの部分に結び付けるところの突然変異ステップ数は平均と比べて大きくなるだろう．歴史的な個体数変動の関数としてのクレード距離がどのように変化するかの予想は他にもたくさんあり，Templetonら (1995) の表1に示されている．またその論文中には，個体群統計学的な推測をクレード距離から判断するための18ステップからなる検索が掲載されている．

タイガーサラマンダー Ambystoma tigrinum の mtDNA データ・セットに Templeton 法を適用した際に，その基礎となった入れ子状クレードの図を，図2.25に示す．このネットワーク図に基づいて計算したクレード距離値の統計学的解析は，分子データによる次のような推定をうまく支持した．それらの全推定はトラフサンショウウオの分散行動や，おそらく過去において起きた集団の分割についての独立した証拠と一致していた．つまり，(a)クレード1-1と2-2内に含まれる mtDNA ハプロタイプの分布状態は分布域の拡大により説明される，(b)いくつかの入れ子状クレードに見られたハプロタイプの分布は距離による遺伝子流動の制限で，説明可能である，(c)2つの最も高いレベルの分岐群，4-1と4-2間の遺伝的相違は異所的分断で説明できる．なお，mtDNA 遺伝子系統樹中の分岐群4-1と4-2は，形態的にも生活史上も大きく異なる2つの亜種（ミズーリ州のトウブタイガーサラマンダー A. t. tigrinum と，カンザス州，ネブラスカ州，コロラド州のオビタイガーサラマンダー A. t. mavortium，と厳密に対応していた．

Templetonら (1995) が述べるように，mtDNA データの定量的解析で得られたこれらの結論はすべて，単純に mtDNA ネットワーク図を地理的分布に重ねるだけでも到達できただろう．しかし定式的な統計解析の利点（複雑ではあるが）は，進化学上の推論を明快かつ主観に陥らずに構築できることである．この統計的手法を他の種の mtDNA データ・セットに適用した例が，Crandall & Templeton (1996) と，Templeton & Georgiadis (1996) に述べられている．

2.3 核の遺伝子系譜への拡張

これまで系列選別の概念や合着論について紹介してきたが，その対象は，網状進化をしない母系系列（細胞質ゲノムは通常，この系列を通じて伝達される）であった．この節では，同様の系統学的原理が，少なくとも理論的には，核の対立遺伝子（これは代々，両性を通じて伝達される）にも適用できることを示す．ここで導かれる結論では，個々の核の遺伝子について想定される合着過程は，母系の遺伝子系統樹の合着と同様である．二倍体の有性生殖をする生物の常染色体遺伝子を考える場合，主な理論上の相違は，対立遺伝子の有効集団サイズが細胞質ゲノムより大きくなることに対応して4倍の補正を必要とすることである（その他はすべて等しい）．しかし，実際に核遺伝子から系統樹を推定するには，別の困難が生じる．

2.3.1 核遺伝子系統樹の概念

有性生殖する生物の核ゲノムにおける階層

2.3 核の遺伝子系譜への拡張 —— 63

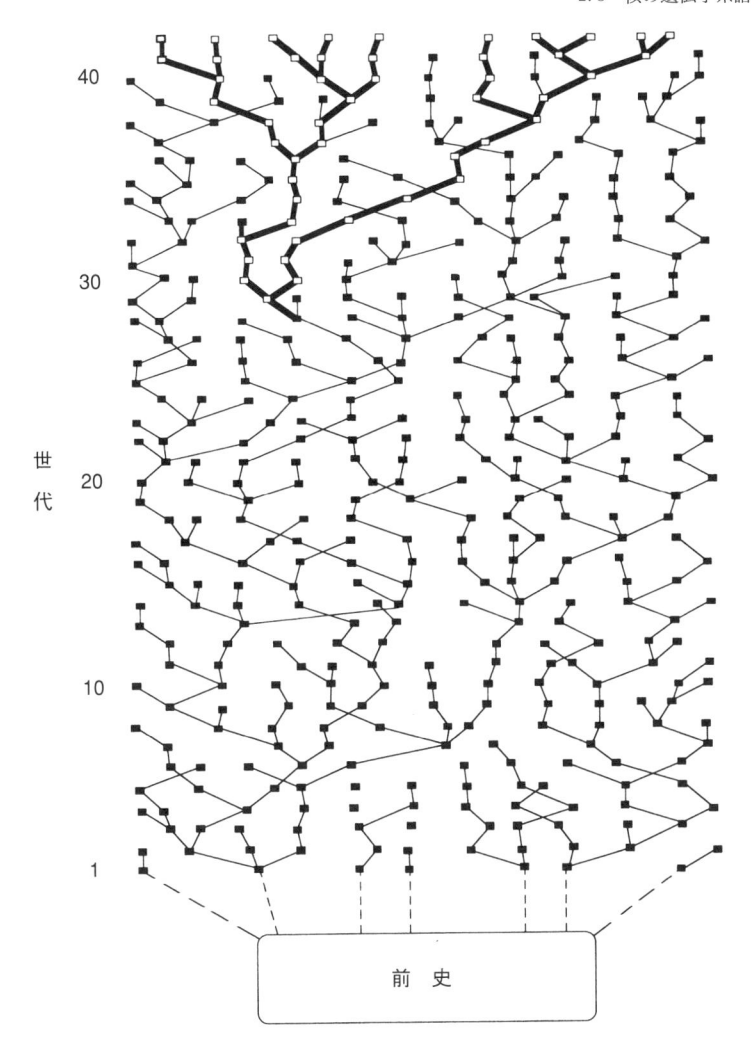

図2.26 集団の父系史．図2.1の母系史とは似ているが異なる．

的で網状でない遺伝子系統樹の概念は，父系系列の枝分かれ構造から導き出せる（図2.26）．幾世代にもわたる父系の系譜（哺乳類のY染色体や，多くの人類社会での名字から世代を越えてたどることができる）は，mtDNAで伝えられる母系の系譜と同様に解釈できる．ただ，伝達する性が雌（F）ではなくて雄（M）であることだけである．したがって，母系の系列で予測された系列選別や合着論について示されていたどの等式でも，単にFをMに（つまりN_FをN_Mに）置き換えるだけで父系に応用できる．

父系と母系の合着に関してそのパターンの違いは，両性の個体群統計学的歴史—それはたがいに大きく異なっているかもしれない—の影響を受ける．たとえば，ある種の繁殖個体の性比は1：1からずれており，両性の有効集団サイズが異なることから，異なった系列選別の結果が生じやすい．多くの種では，一方の性（しばしば雄）の個体の繁殖成功率はもう片方の性と比べてずっと大きな分散を持つが，このとき，集団内の父系の選別は速やかに進み，母系の系列よりは新しい年代で合着する傾向がある．適応度の分散が両性間で違う理由は，ときには配偶システムに関係する．たとえば，一夫多妻制の強い種の雄は，

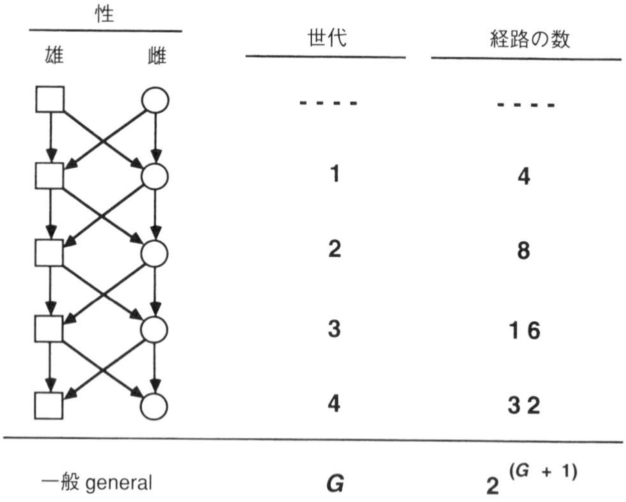

性		世代	経路の数
雄	雌		
		----	----
		1	4
		2	8
		3	16
		4	32
一般 general		G	$2^{(G+1)}$

図 2.27 G 世代の間に常染色体遺伝子座の対立遺伝子が両性を通じて伝わることが可能な経路の総数. (Avise, 1995).

一夫一妻性の種の雄に比べると,子の数が大きくばらつきやすい.また,多くの哺乳類や他の種では(これは鳥類では逆転することがあるが),雄は雌より移動の分散性が高い傾向がある (Greenwood, 1980; Greenwood & Harvey, 1982).両性間の,生まれた場所に対する愛着度がこのように異なる場合,遺伝子が母系を通じて伝わるか父系を通じて伝わるかで,その系統地理パターンが明らかに異なってくる可能性がある (Melnick & Hoelzer, 1992).

生物系譜の母系と父系の成分は,それぞれ F→F→F…→F および M→M→M…→M と記号化できる.どのような種でも,このように祖先から子孫への経路のすべてを集めると,どちらの性についても網状でない樹形が描ける.同じ種の系譜内でも,これらの系統樹は雌と雄の個体数変動の歴史からそれぞれ独自の影響を受けて異なる樹形を示す.もう1つの重要な点として,父系・母系のどちらの遺伝子系統樹でも,その生物の血統の全系譜情報を示すにはまったく不充分であることがあげられる.有性生殖の生物の核の対立遺伝子が利用可能な伝達経路は,全世代では膨大な数にのぼる(図 2.27).

ある常染色体遺伝子座を占める複数の対立遺伝子は,系譜を通じて多様な両性をまたぐ伝達経路で合着するだろう.つまり,他の条件がすべて同じならば,実際の常染色体遺伝子に期待される系列の選別速度は,(mtDNA や Y 染色体で伝達されるような)性に制約された遺伝子の系譜と比べて,4倍遅くなり,平均合着年代は4倍古くなる.

この相違の基準となる4倍の差はいくつかの方法で説明できる.まず,常染色体遺伝子が二倍性であることによる倍化効果が,1つの性を通じてではなく2つの性を通した伝達で相乗効果が生じたと見なせる.第2の方法では,その相違は図 2.27 に図示したように,伝達路のどの世代を参照してもわかる.つまり,ある常染色体遺伝子座にとって,1つの世代を次の世代に結ぶ伝達路は4本あるが,mtDNA や Y 染色体では1つである.第3の方法で4倍の差を図形的に理解するには,ある生物の系譜の母系成分(すなわち図 2.1)と父系成分(図 2.26)をたがいにかみ合

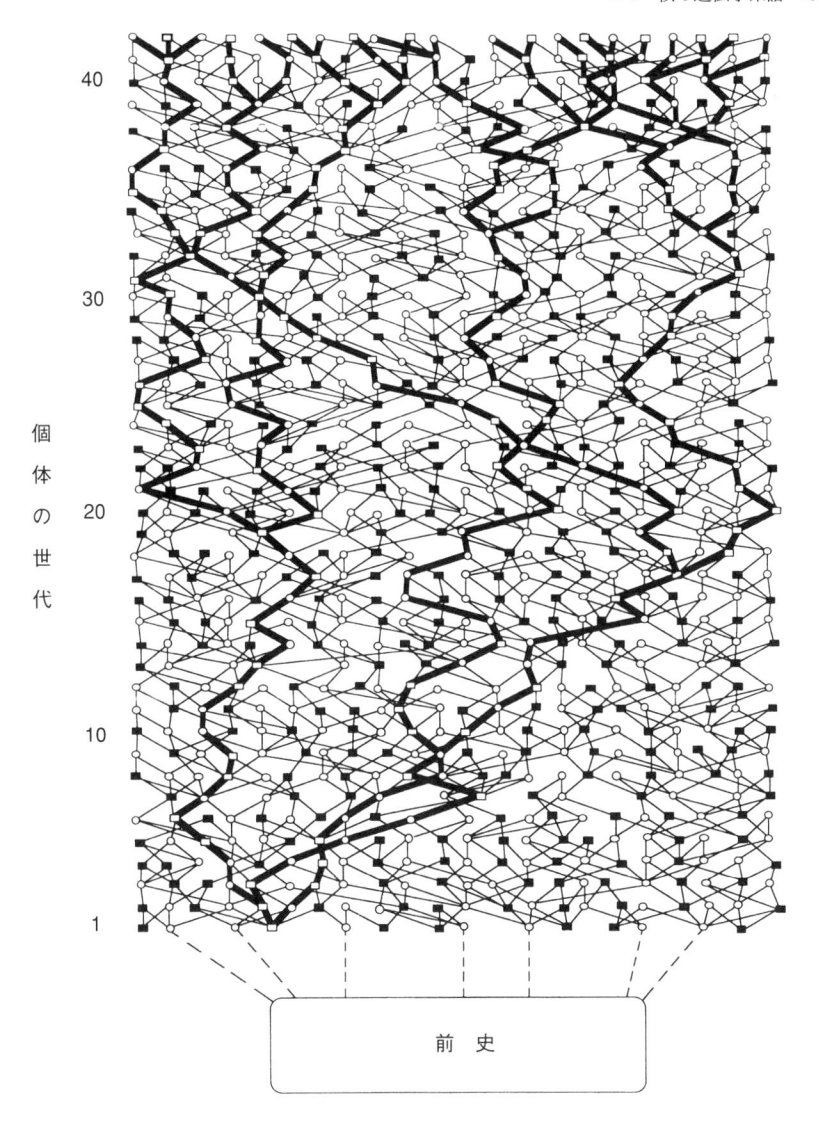

図 2.28 常染色体遺伝子の合着過程（太線）．40世代を越える生物個体の系図を示した．この系図は図2.1と図2.26において別々に呈示した母系と父系の要素を混合し，娘とその父および息子とその母を結ぶ経路を付け加えたものである．

わせ（倍化効果の1つ），次にこれらの，性によって制約された経路を，親のペアとその子に関する完全な歴史をまとめた単一の図に合成すればよい（図2.28）．この完全な系図を（図2.1から）作るためには，各世代にさらに伝達路（もう1つの倍化効果）が描き込まれなければならない．1本は娘と父を繋ぎ，もう1本は息子と母を繋ぐ．

しかし，4倍効果は基本となる予測の1つにすぎない．mtDNAの合着年代は，交配様式，両性間の繁殖成功率の相対的な分散の違い，さらには集団の構造化の度合いに関連した個体群統計学的なパラメーターのいくつかの特殊な組み合わせの下では，実際には核の遺伝子の合着年代を越える場合がある（Birky *et al.*, 1989; Moore, 1995, 1997; Hoelzer, 1997）．

図2.28では，無作為に選択した核の遺伝

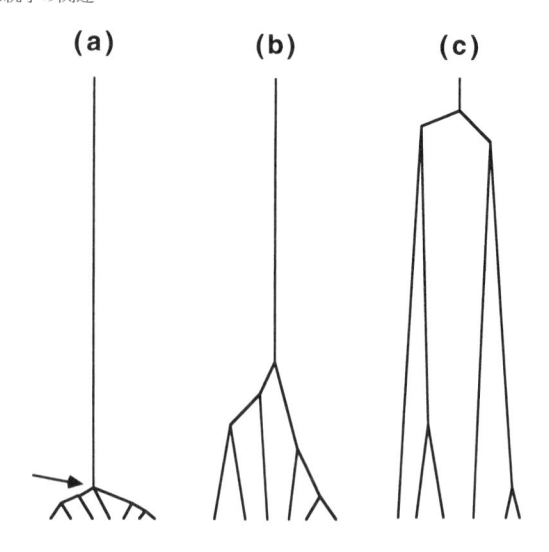

図 2.29 異なる淘汰モデル下において予想されるある集団における遺伝子の系譜（Aguadé & Langley, 1994 に修正を加えたもの）. (a)最近の選択的一掃の下か，または好適な突然変異体に対する正の淘汰による便乗（矢印のところで始まる）した場合における星状系統，(b)中立モデルの下における典型的な系譜，(c)長期の平衡淘汰の下での深く枝分かれした系譜.

子座の対立遺伝子の合着（過程）を強調して示した．母系または父系の系統樹の履歴とは異なり，核遺伝子（座）の 2 つの常染色体対立遺伝子は，祖先の単一の対立遺伝子に最終的に合着するより前に単一の個体を通過することがある．同一の個体内にありながら，合着しないという現象は（これはどのケースにおいても 50％ の確率で起こる），常染色体の 2 倍性とメンデル遺伝下の無作為分離のため生じる．いずれにしても常染色体遺伝子座のすべての対立遺伝子は，最終的には 1 個体の祖先の 1 つの遺伝子に合着し，その祖先個体は，父系または母系の共通祖先より世代数にして 4 倍以前の時期（上記の注意点はあるが）に存在するだろう．図 2.28 で追跡されている常染色体遺伝子では，第 1 世代の左から 4 番目の個体で合着が生じている．これと連鎖しない他の遺伝子座の対立遺伝子はこの系図のどこか他のところで合着するだろう．

ここでは，中立な対立遺伝子について系列の合着に関する量的予測を行った．自然淘汰があれば，さまざまな形でこれらの予想が変化する（Fu & Li, 1993; Golding, 1997）．以前に mtDNA について述べたように，核の対立遺伝子への正の淘汰は選択的一掃を促進し，そのため，その遺伝子とそれに連鎖する隣接配列の合着年代を短縮するかもしれない．また，有害突然変異に対する背景淘汰も同様に，これと連鎖した中立的な変異を除去し，正の淘汰と同様に，当該遺伝子領域に関する有効集団サイズを減少させ，合着年代を短縮する傾向がある（Charlesworth et al., 1993; Hudson & Kaplan, 1996）．

一方，平衡淘汰は，ある遺伝子座とその隣接部位での対立遺伝子の消失を阻害し，生き残った対立遺伝子の合着年代を著しく延長するときがある（図 2.29）．よく研究されている例に，哺乳類の主要組織適合遺伝子複合体（Takahata, 1990; Takahata & Nei, 1990; Nei & Hughes, 1991）や，植物の自家不和

合性遺伝子 (Ioerger *et al.*, 1990; Clark, 1993) がある．どちらの系でも，平衡淘汰はいくつかのハプロタイプの系列を，中立説の下で期待されるよりはるかに長い何千万年もの時間尺度で，何度にもわたる種分化を経ながらも維持してきたように見える (Klein, 1986; Figueroa *et al.*, 1988; Klein *et al.*, 1993; Clark, 1997)．

2.3.2 実際上の困難

メンデル遺伝の原理と個体群統計学の論理的拡張として，理論上，種内の核遺伝子系統樹は存在する．しかし，その実際の復元はとても簡単ではない．いままでのところ，技術上および生物学上の障害から，大部分の生物で核遺伝子の系譜復元が妨げられてきた．

技術上の障害

二倍体生物に関する主な技術上の課題は，特定の核の遺伝子についてハプロタイプを単離しなければならない点である (mtDNAについては，ホモプラスミー状態の個体を生産することによりいつも行なわれていることであるが)．核DNAの伝統的な単離法は通常はこの目的には向いていない．たとえば，PCR法では，通常，異型接合体では両方の対立遺伝子が標的遺伝子座から増幅される．その結果，複数の塩基座で変異があると，ハプロタイプの配列を一意的に決めることができない (図2.30)．もし，ターゲットとなる遺伝子が遺伝子ファミリーに属するものであり，似かよったプライマー認識部位を持つことから1ペアのプライマーによるPCR反応で複数のハプロタイプが増幅されてしまう場

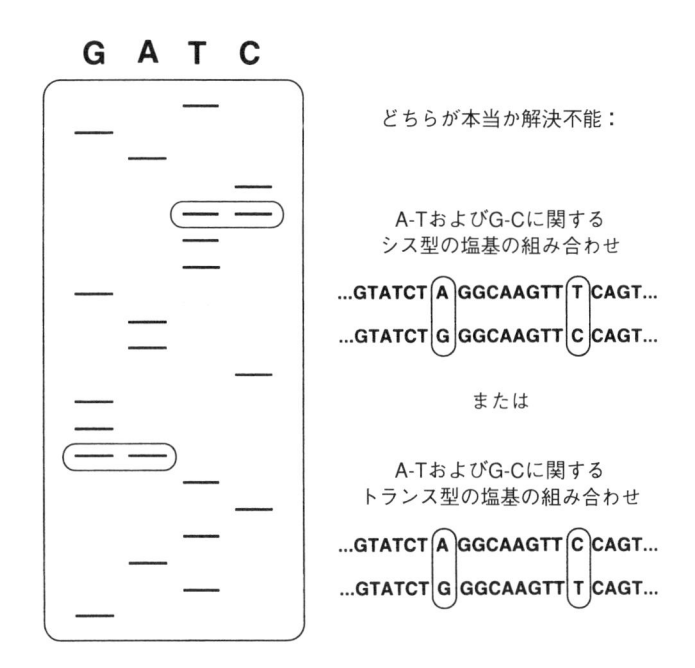

図2.30 ハプロタイプの決定に付きまとう困難．遺伝子内の複数座位においてヘテロ接合である二倍体の生物個体から単離された核DNAを伝統的な手法で解析した場合．左：塩基配列解析ゲルの一部分．二箇所（楕円）でヘテロ接合を示している．右：ハプロタイプ塩基配列の2つの可能性．左図の解析結果からは一義的に一方に決定できない．ハプロタイプ決定におけるこのような困難は多型座位の数が殖えるにしたがって，より大きくなる．

合や，ヘテロ接合の個体について PCR を行なった際，2つの対立遺伝子から組み換え増幅産物ができてしまう（起きうる）ようなときは，事態はさらに複雑になる（Bradley & Hillis, 1997）．

これらの問題を避けるためにさまざまな手法を用いることができる（Avise, 1994）．自然に起きているハプロタイプの純化システムを利用する方法もいくつか提唱された．たとえば性染色体上の単一コピー遺伝子のハプロタイプは，性染色体がヘテロな性の個体から直接単離・同定できるだろう．また，生活史上に顕著な半数体期を持つ生物ではとくに，半数体組織標本のDNAから直接調べることができる．

実験室的手法によるハプロタイプの単離を基礎にしたアプローチもいろいろある．広範な分類群に適用できる方法に，ベクターを使ったPCR産物のクローニングがある（Scharf et al., 1986）．しかし，クローニングは単一の分子を介して行うので，前段階のPCR反応中に Taq ポリメラーゼによる誤ったヌクレオチドの取り込みという懸念が若干残る（Keohavong & Thilly, 1989）．実際上，増幅ミスが起きても系統解析上は無視できるが（Palumbi & Baker, 1994; Vogler & DeSalle, 1994a），（経費も労力もかかるが，安全策として）同一の個体から複数クローンの塩基配列を決定し，それらを比較することにより真の対立遺伝子をPCRエラーによるものから識別することもある（Bernardi et al., 1993）．実験室で繁殖可能な生物では，ハプロタイプの単離にもう1つの方法が使える．ショウジョウバエ Drosophila では，核の遺伝子のハプロタイプを個々の個体から"抽出"するために，ハエを管理交配させることが日常的に行われている（Aquadro et al., 1986; Hey & Klinman, 1993）．

近年，DNAスクリーニングに分子的手法が導入され（Lessa & Applebaum, 1993; Potts, 1996; Zhang & Hewitt, 1996），二倍体の組織から直接，個々のハプロタイプを物理的に単離できる可能性が一般化された（Ortí et al., 1997）．略号で表されるSSCP (single-strand conformational polymorphism, 1本鎖配列多型; Orita et al., 1989a, b; Hongyo et al., 1993) やDGGE (denaturing gradient gel electrophoresis, 変性ゲル勾配電気泳動; Myers et al., 1986, 1989a, b) は上に述べたような方法のうちの2例である．これらの技法は，まず遺伝子特異的PCRプライマーで二本鎖DNAを増幅するが，両技法とも，二倍体の異型接合体から2つの相同DNA分子を適当なゲルを用いて物理的に分離する．このように分離したバンド（ハプロタイプ）をゲルから切り出せば，たとえば塩基配列を決定するために，さらに解析できる．

最近は二倍体核遺伝子から個々のハプロタイプを単離する物理的方法が利用できるようになったが，種内の核遺伝子系統樹の推定をこのような方法からはじめるような研究は，まだほとんどない（Hare & Avise, 1998）．むしろ，こういった方法は突然変異の選別や，異型性の検定に使われていて，この場合分離されたハプロタイプに系譜上の特徴付けがなされることはない．

生物学的な障害

核のハプロタイプを単離する技術的な障害を所定の方法で乗り越えても，生物固有の少なくとも2つの障害から，種内の核遺伝子系統樹の再構築は困難なときがある．第1に，核の遺伝子座は進化速度が遅すぎて，現在抱えている問題に対して系統学的に有用な情報を与えるのに充分な数の変異部位が見られな

いかもしれない．第2に，核のDNA塩基配列は最近遺伝子内組み換えを経験したかもしれない．もしそうならば，突然変異の系統的歴史は，種内遺伝子系統樹内の異なる枝の間の組換えで交換され，歪んでしまっているかもしれない．

分子的あるいは細胞学的要因は，明らかに核遺伝子内の組換え頻度に影響を及ぼす．ショウジョウバエでは，隣接する塩基間の組換え率は染色体の領域が変われば100倍以上も異なる．率の低い例としては，テロメアと動原体の塩基配列や第4染色体全域がある．組換え率の低い領域について調べたところ，それの遺伝子は自然淘汰を受けることが少なく（Klinman & Hey, 1993），塩基配列多様性も減少している傾向にあった（Aquadro & Begun, 1993）．これは，おそらく遺伝的"ヒッチハイキング"が起きているためだろう．偶然起きた淘汰上有利な突然変異が集団や種の中で固定する過程で，隣接する連鎖配列に以前見られた変異は実際上，排除されてしまう．そしてそのような影響は理論上も，明らかに実際上も，組換え率の低い核の領域でより劇的に示される（Aquadro, 1992; Begun & Aquadro, 1992; Aguadé & Langley, 1994; Aquadro et al., 1994）．この発見がもし一般的であれば，核の遺伝子座に関する小進化の評価には，系譜学上，逃れられない矛盾が突きつけられる．すなわち，原理上，遺伝子系統樹はゲノム上の組換え価の低い領域から一番うまく構築されるが，同時にそのような領域は，しばしば，微小な時間スケールでの系統的な解析には不充分な数の多型マーカーしか含んでいない可能性がある．

集団の分集団化もまた，有効組換え率に影響する．たとえば，空間的構造を長期間保ってきた遺伝子流動の少ない種では，遺伝子組換えは分集団間ではなく，各々の分集団の内部でおきる（Baum & Shaw, 1995）．キイロショウジョウバエ *Drosophila melanogaster* では解析した核の遺伝子座（とくにADH，図2.31参照）のうち，確固たる核の遺伝子系統樹の推定に役立つように適度の多型性を持ち，かつ，配列内の変異サイトが連鎖不平衡（配列変異間のランダムではない関連）を示すものはほんのわずかだった（Aquadro, 1993）．しかし，キイロショウジョウバエは最近全世界に分布域拡大をしているし，一般に遺伝子流動が盛んなので，種内レベルで情報に富んだ核の遺伝子系統樹を得ることは一般に悲観的であるということを示すには不適当かもしれない．他の種における核の遺伝子系統樹の推定はほとんど始まってもいないが，強固な分集団構造を持つ種（病原性菌類のコクシジオイデス *Coccidioides immitis*）に関する最近の研究では，いくつかの独立した遺伝子系統樹がうまく構築され，それらの系統樹がこの種複合体の系統地理史にとって大変情報に富むことを示した（Koufopanou *et al.*, 1997）．

ある種内で起きた遺伝子内組換えの歴史的な事例を実証することは，もう1つ別の困難な問題である．対立遺伝子間組換えの個々の事例がハプロタイプデータから特定できるような条件は限られている．典型的な必要条件は，2つか3つ以上のたがいに系統的に異なる一連のハプロタイプがあって，それらを特徴付ける配列形質が強い連鎖不平衡にあることである．そのような場合，たまに出現する組換えが起きたと推定される個体は，これらの特徴的な配列形質が組み合わさっていることで同定される（図2.31）．ただ，そのような特殊な状況は稀だろう．そこで，それらの代わりにいくつかの統計学的，図表的，系統学的な定量的手法が提唱され，それらの手法で核のハプロタイプ塩基配列に関する集団デ

キイロショウジョウバエのADHハプロタイプ系統樹

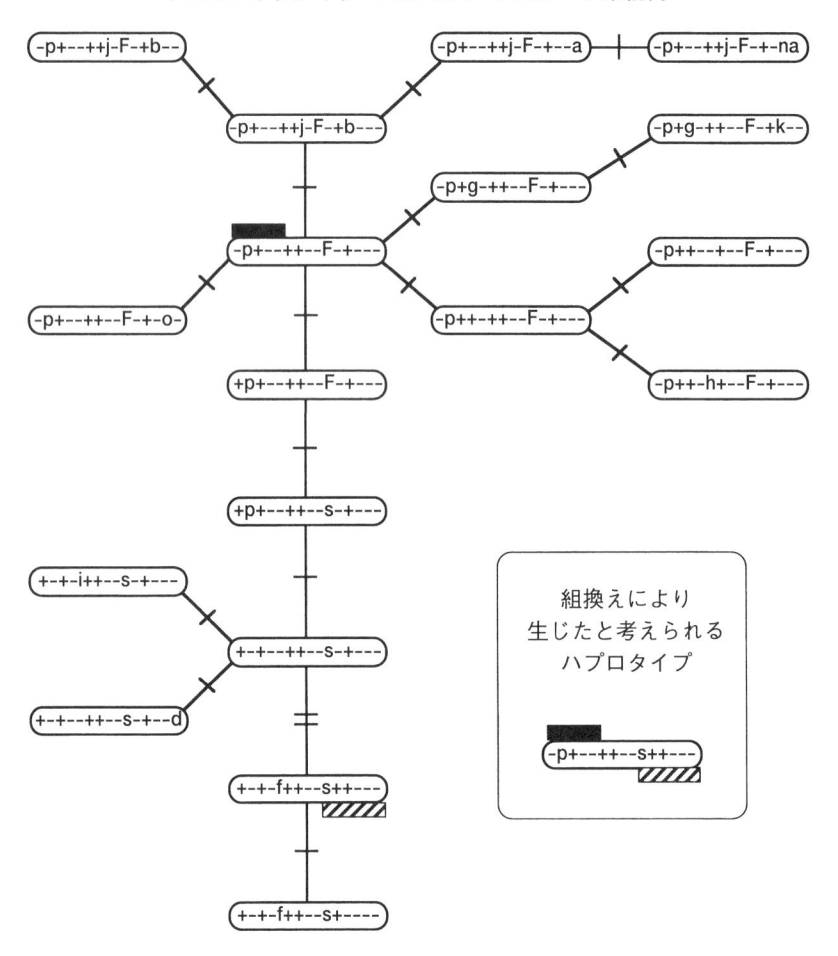

図 2.31 キイロショウジョウバエの ADH 遺伝子の種内遺伝子系統樹．核の遺伝子座における対立遺伝子内組換えが，ときにはハプロタイプデータの系統解析から推定され得ることを示した（Aquadro *et al.*, 1986 のより広範な系譜より）．15 の制限部位および他の DNA 塩基配列（それぞれ長円で囲まれたハプロタイプに関して左から右に 5′→3′ の方向へコードされている）によって同定された 18 のハプロタイプに関する最節約ネットワーク．黒い棒と斜線を引いた棒に注目．仮想的組換えにより生じたと考えられるハプロタイプの 5′ 末端はネットワークのある部位から由来し，3′ 末端は他のところから由来しているように見える．

ータから組換え率が推定されてきた（Stephens, 1985; Hudson, 1987; Sawyer, 1989; Hein, 1990, 1993; Maynard Smith, 1992; Templeton & Sing, 1993; Crandall *et al.*, 1994; McGuire *et al.*, 1997; Maynard Smith & Smith, 1998; Weiller, 1998）．これらの方法の多くは，組換えを遺伝子系統樹中にホモプラシー（すなわち進化上の収斂，平行および逆転現象）の様相をもたらす進化の過程として扱う．たとえば，もし遺伝子系統樹中で 2 つか 3 つ以上の，ホモプラシーに見える現象があり，その現象が 1 回の組換え事象を想定することで説明できるならば，組換え事象が過去に起きたと推論できよう．しかし，統計的手法は大部分，対立遺伝子間組換え頻度に控えめな下限を設定するだけである（Hudson & Kaplan, 1985）．さらに，問題の DNA 塩基配列が歴史的にしばしば組換えを

起こしていれば，ハプロタイプの詳細な系譜を復元しようというすべての試みは厳しい試練にさらされる．実際，種内遺伝子の系譜に関しては，組換えは系統解析の基本的な前提「系統樹の枝は網状構造をとらない」を破る．

2.4 母系系列：系統と個体群動態の特別な関連

　この章の最後に，母系系統と個体群動態の間における特別な理論上の関連について強調したい．いかなる遺伝子系統樹に関しても，mtDNAの伝達史は，ある集団の系譜内における潜在的な遺伝的伝達経路のうち，ほんの一部分を占めるに過ぎない．この認識が，集団レベルの推論をゲノムのうちのごくわずかな部分から導くことが妥当かという懸念をもたらした（Cronin, 1993; Degnan, 1993）．さらに，どの種に関しても，堅固な系統地理上の結論を導く前に，核の複数の遺伝子座から情報を得ることの重要性が強調されてきた（Avise & Ball, 1990）．とはいえ，1つのある重要な意味で（とくに保全と密接に関係して；Milligan *et al*., 1994)，種の母系系統史はそれ自体，集団の個体群動態に関して，これならではの有用な情報に富むものとなりうる（Avise, 1995）．

　なぜmtDNAが，生物の系図の中でその他の遺伝子の系譜以上のものを保持しているのか．その理由には3つの要素がある．第1に，多くの種では分散や遺伝子流動の度合いには大きな性差があり，たいていの場合，雌の方がもとの土地へ強い残留性を示す．第2に，多くの動物では—広域に卵を分散させる海産種などの顕著な例外があるが—雌とその子は，子が独立生活を始めたときも近くで暮しがちである．もし雌の子孫が，能動的な選択か，または分散力に欠けるための受動的な選択で，生まれた場所や群れへの親和性を示し続けるならば，種は不可避的に母系的な空間的構造を持つ．第3に，強固な母系集団構造（mtDNAハプロタイプの地理的変異によって記録されるような）は，各地域集団での個体群統計学的な顕著な自立性を少なくとも短い（生態学的な）タイムスケールでの自立性を暗示している．

　この議論は別の様式で任意交配をする種にもあてはまる．たとえば雌は生まれた場所にとどまるが雄は広く分散しどの地域の雌とも任意に交配するような，広域分布種を仮定しよう．伴性あるいは常染色体上のどちらでも，核の対立遺伝子頻度は分布域を通じて速やかに均質化するだろう．それにもかかわらず，それぞれの地域集団の個体群統計学的な運命はほぼ独立のままだろう．若い個体の加入は雌の繁殖の成功にかかっているので，人または自然の力によって危機に直面したり絶滅した地域集団が，短期間の内に土着ではない雌の加入で個体数を回復したり，集団を再構築したりすることは起こりそうにない．したがって，その種にとって決定的に重要な個体群統計学的な特徴は，核の遺伝子を額面どおりに生物地理的に評価したのでは完全に見逃されてしまうだろう．一方，この同じ種に対して，mtDNA系列の地理的分布は，異なる地域集団の個体群統計学的な自立性を正しく指し示す劇的な空間構造を明らかにするだろう．

　図2.32に個体群動態と集団間の遺伝子流動の理論的な関係をまとめた．集団間の遺伝子流動は性に規定された伝達経路を持つものを含む遺伝子マーカーとの関係に基づいて分類されている．両性が生まれた地を遠く離れて分散し，繁殖する場合は（右下の欄），どのカテゴリーの中立遺伝子マーカーにも，ほとんど集団遺伝学的な構造は見られないだろう．おそらくこの推論は，集団が個体群統計

図 2.32

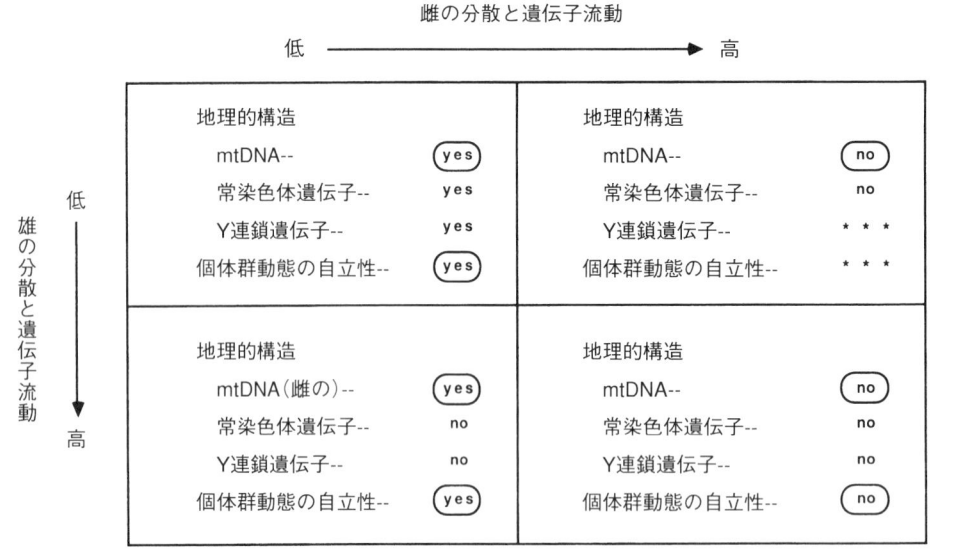

	雌の分散と遺伝子流動 低 → 高	
雄の分散と遺伝子流動 低↓高	地理的構造 mtDNA-- yes 常染色体遺伝子-- yes Y連鎖遺伝子-- yes 個体群動態の自立性-- yes	地理的構造 mtDNA-- no 常染色体遺伝子-- no Y連鎖遺伝子-- *** 個体群動態の自立性-- ***
	地理的構造 mtDNA（雌の）-- yes 常染色体遺伝子-- no Y連鎖遺伝子-- no 個体群動態の自立性-- yes	地理的構造 mtDNA-- no 常染色体遺伝子-- no Y連鎖遺伝子-- no 個体群動態の自立性-- no

図 2.32 集団遺伝学的な構造と，性に特異的な分散や遺伝子流動の間の関係（Avise, 1995）．ここにおける集団間の遺伝子の移動は，性に規定された伝達経路をもつ中立の遺伝マーカーについて分類されている．条件その他詳細は本文を参照．

学的に結び付いているといういい方もできる．反対に，両性が定着性を示す場合は（左上の欄），どの細胞質マーカーに関しても，または核の遺伝子マーカーに関しても，個体群統計学的な意味での著しい自立性を持つことによる強い集団遺伝学的な構造が示されるだろう．

分散が雌で激しく，雄ではわずかな場合は（図 2.32 の右上の欄），雌が接合子と未受精卵のどちらを持って移動するかによって，Y染色体上の遺伝子が強い集団構造を示すかどうかが決まるだろう．集団間を移動する雌が半数性の配偶子のみを持って移動し，それを移動先の地域集団の雄が受精させると仮定しよう．この場合のみ，Y染色体連鎖対立遺伝子頻度に強い地域的差異が期待されるだろう．そしてこれらの集団でも，雄の繁殖に関しては，たがいに個体群統計学的に独立の傾向を示すだろう（つまり，ある地域の雄がすべて死んだならば，加入によって再建されるという選択肢がないのでその集団は消滅するだろう）．これとは違って集団間を移動する雌が接合子（または幼体）を分散させる場合はオスの定着性が強い場合でも地域集団間の個体群統計学的な結び付き（Y染色体連鎖対立遺伝子の交換経路だけではなく）は保持される．

雌の分散が極度に低く，雄の分散が高い場合の個体群統計学と母系系列の構造間の関係は，最も興味が持たれる（図 2.32 の左下の欄）．この場合，集団は，核の遺伝子では顕著な空間構造を持たないときでさえ，個体群統計学的に独立であり得る．この場合，核の遺伝子座にのみ基礎をおいて遺伝子流動を推定すると，個体群統計学的な物の見方を必要とする資源管理上の決定—たとえば集団の現存量（資源量）はどれだけか，捕獲に対する反応はどうか，または残存分布域間の生息地回廊が分断されている集団をどのように結び付けられるかなど—に対して大幅に誤った算定を与えるもとになりかねない．

しかし，雌の分散や母系の遺伝子流動の推

定パターンもまた，個体群統計学に基礎を置く集団管理を誤らせる場合がある．たとえば，強い地理的母系構造が単に雌の移動に対する密度依存性の制約が原因の場合は，乱獲された集団は，雌の分散に対する密度依存性の障壁が緩和されるために地域外から速やかに補充されて回復するだろう．この状況は，多くの海産魚や無脊椎動物のような非常に多産性の種にとくに強い説得力を持って適用されるかもしれない．このような生物では，卵を持ったわずかな数の雌が移住しただけで1つの地域集団は速やかに復元されるだろう．もう1つ別の状況は，大部分の地理的集団が，繁殖に適した地域からの持続的な加入によって持ちこたえているような，個体群統計学的なソース・シンクモデルにしたがう種のときである．母系系列は，地理的な構造をほとんど示さず，表面上は地域集団は速やかに再移入されうることを示しているかもしれない．しかし，肝心の中心集団が全滅すれば，全地域の集団が消える運命にある．

系統地理マーカーとして，mtDNAに全面的に頼ることに対しては，もう何点か注意すべき点がある．分子解析は真の母系集団構造を捕らえることに失敗するかもしれない．研究によって得られたパターンは歴史的な遺伝子流動や遺伝的浮動以外の進化的な力—生息地に特有な自然淘汰のような—によるものかもしれない．または地域間の母系系列頻度が均質化するほど（$N_F m \gg 1$），過去の遺伝子流動が盛んだったが，個体群統計学的な意味で集団が統合されるほど流動の程度は高くなかった（とくにNが大きいとき，真であるように思われる）ことなどがあり得るからである．したがって，現代の集団がほぼ独立した実体と考えてよいほど個体群動態的に自立しているかどうかを調べるには，mtDNAに示された系統地理的な情報の補足として，雌の分散を直接野外で観察したり実験的に調査したりすることが，これからも非常に重要だろう．

まとめ

1 遺伝子系統学と個体群統計学の概念は同種集団や近縁種間の小進化の研究において深い関連性を持つ．合着論は，個体群統計学的パラメーター（子の数の平均や分散，集団間の遺伝子流動の度合いなど）の関数として，遺伝子系列間の歴史的な関係についての数学的，統計学的予測を扱う研究分野である．個体群統計学的な変数は，小進化における遺伝子系統樹の分岐の深さや形，および系統地理的パターンを決める決定因子である．

2 分断されていない大集団や遺伝子流動の激しい種では，中立遺伝子の合着年代は進化的な有効集団サイズとほぼ同じになる．合着の予測について実証的に吟味されたミトコンドリア遺伝子系統樹から1つの一般則が浮かび上がった．それは，長期的な有効集団サイズは，現在個体数の多い大部分の種についても，現時点において直接調査された繁殖集団サイズより何桁も小さいように思われるということである．そのような不一致は，母系列にボトルネックをかけた歴史的な個体群統計学的要因（おそらく，選択的一掃を含む）による．

3 系列選別論は空間的な構造を持つ種にも拡大適用できる．長期にわたって分断されてきた集団は，合計サイズにおいて等しいものの分断されたことのない集団より，遺伝子の系譜においてはるかに深い分岐深度を示し得る．一方，メタ個体群構造の歴史上の個体群統計学的な詳細

は，期待される系統地理的パターンと系統関係のカテゴリーに強く影響する．系統地理学的データ解析のために提案されたいくつかの方法は，個体群動態や遺伝子流動に関して歴史を考慮に入れた見方を提供した．これらの物の見方は平衡集団遺伝学の伝統的な理論で採用されているものとはかけ離れている．

4 わずかな修正を加えるだけで，分岐過程論や系列の合着に関する予測は，核遺伝子へ拡張できる．しかし，実際に常染色体遺伝子座について小進化における対立遺伝子の系譜を復元しようとすると，通常，次のようないくつかの困難な問題が浮かび上がる．(a)小進化を研究するのに適切な速い進化速度を持つ遺伝子座の同定，(b)二倍体組織から1つのハプロタイプを単離するという技術的な問題，(c)遺伝子内で組換えが起こっている可能性，である．最近開発された実験手法（たとえばPCR-SSCPやDGGE）は第2の困難を軽減するうえで見込みがある．残る2つの困難は生物学的なものであり，対立遺伝子間の組換えがほとんど起こっておらず，かつ速やかに進化している遺伝子が標的にされるときのみに回避されうる．

5 いかなる遺伝子系統樹も種の遺伝的歴史（系譜）のごく一部を示しているにすぎない．したがって，わずかな数の遺伝子座についての遺伝子系統樹のデータから集団レベルの結論を引き出すときは注意を要する．一方，遺伝子の系譜は対立遺伝子の頻度のみから引き出せる以上の歴史的な情報を含んでいる．さらに，通常雌のほうが子と近いところで生活するので，種の母系の系図（mtDNAから得られるであろうような）は，しばしば，どの核の遺伝子からも得られないような歴史的集団構造に関して意味のある個体群統計学的な結論をもたらす．

II

種内系統地理学の実例

　遺伝子系列の選別と合着の理論は，種内の系統地理パターンの多様性が，種ごとに異なる個体数変動の歴史によって生じたことを示している．この見解は（主として mtDNA 解析によって）科学的に検証されることで支持されてきている．第II部では現在までに報告されたさまざまな系統地理パターンから，広く話題を拾って説明する．さまざまな分類群にわたって比較した系統地理パターンと，自然史の個々のカテゴリーまたは環境のありようとの関連を知ることができるような一般的な傾向が浮かび上がってくるかどうかを見てみよう．

3

人類の研究から学ぶ

　驚くべきことではないが，遺伝子の系譜の解析において，ヒト *Homo sapiens* ほど多くの注目を集めた生物はなかった（Boyce & Mascie-Taylor, 1996; Tashian & Lasker, 1996; Donnelly & Tavaré, 1997 の総説を参照）．ここでは，ヒトに関する一連の研究について簡単にまとめ，分子系統地理的分析の限界と効力を示す．初期の集団レベルの調査は，ヒトのmtDNAの系譜を調べたものである（たとえば Brown & Goodman, 1979; Crews *et al.*, 1979; Denaro *et al.*, 1981; Aquadro & Greenberg, 1983; Johnson *et al.*, 1983; Cann *et al.*, 1984; Greenberg *et al.*, 1986; Whittam *et al.*, 1986）．これらの中で，2つの研究が歴史的および概念的に強い影響力を持った．

　まず，Brown（1980）の研究では，人種も出身地も異なる21人のmtDNAの制限部位解析を行い，その塩基配列がほとんど違わない（塩基配列変異の平均0.0036）ことを見出した．mtDNAの分子時計（100万年当たり1%から2%の系列間塩基配列変異）を用いてBrownが下した結論は，この程度の塩基配列の違いは「36万〜18万年前に生存していた1組の男女から生じたと思われる」というものであった．このことは，「現代の人類が，ミトコンドリアに関して単型的な小集団から進化してきた可能性を示唆している」．大衆紙はすぐミトコンドリア遺伝子の合着点に位置する女性を"イヴ"と名付け，この人類集団に関するボトルネック仮説を"エデンの園"または"ノアの箱舟"シナリオと呼んだ．

　もう1つの研究では，この解析を147人に広げ，ヒトのmtDNAの塩基配列変異が世界規模でも小さいという事実を確定したことで大きな影響力を持った（Cann *et al.*, 1987）．この研究は，現代の *Homo sapiens* がアフリカに起源を持つ祖先から，最近，おそらくここ20万年以内に地球上に広まったという考えを支持した．このアフリカ起源説は塩基配列変異が比較的小さいことの他に，2種類の証拠に基づいている．1つめはアフリカ以外のヒト集団よりもアフリカ人の中でmtDNAの塩基配列に大きな変異が認められたことである．2つめはmtDNAの遺伝子系統樹がアフリカに根を持つと推定されたことであり，アフリカ人の集団が他の大陸の集団に対して

mtDNAの遺伝子系統樹

● アフリカ先住民のハプロタイプ

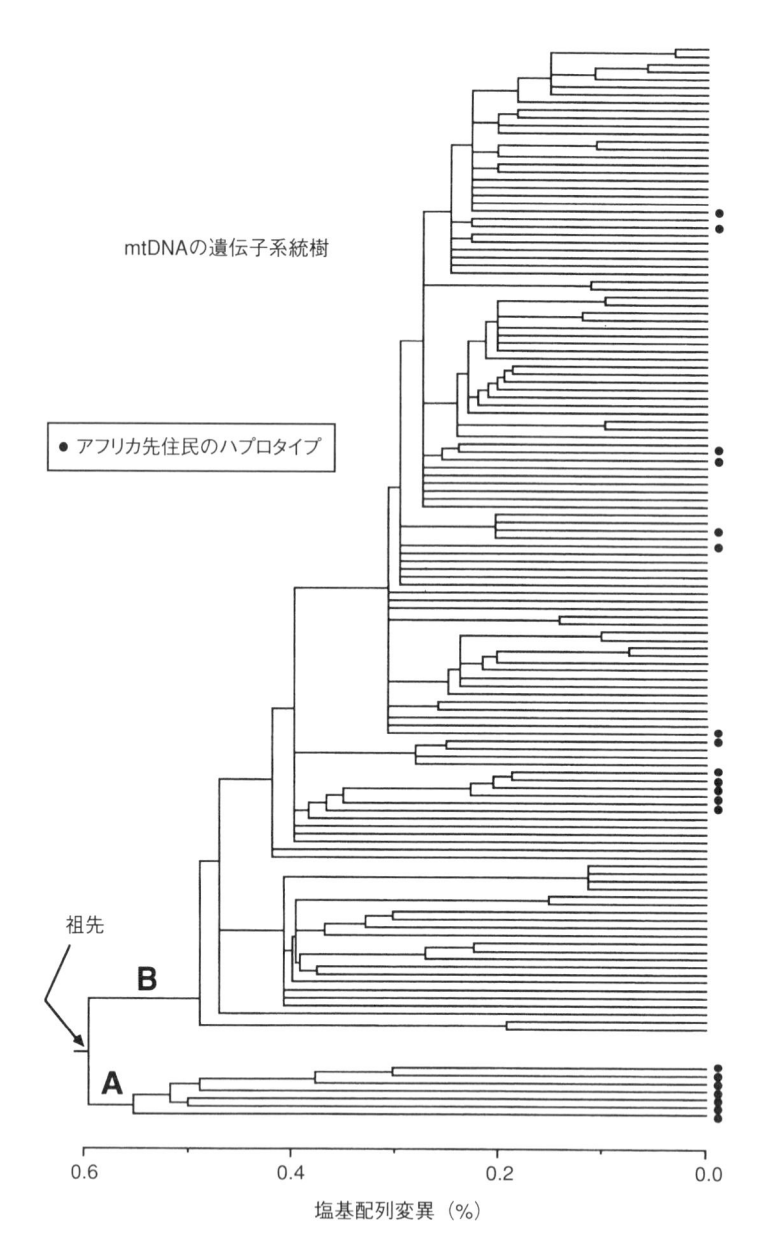

祖先

B

A

0.6　0.4　0.2　0.0
塩基配列変異（％）

図3.1 ヒトmtDNAハプロタイプの最節約ネットワーク．Cannら (1987) の古典的研究の図を描きなおしたもの．黒点はアフリカ先住民に認められるハプロタイプの系譜上の位置を示す．アジア，オーストラリア，ヨーロッパおよびニューギニア先住民のハプロタイプは，遺伝子系統樹の系統枝Bのグループの中に散らばっている．

母系の系譜的に側系統となっている（図3.1）．

　両研究の主な実証的知見，つまり「他の多くの脊椎動物に比べてヒトのmtDNAの種内変異がわずかであること，および限られた地理的構造しか持たないこと」は，それに続く分子調査でも支持された．これらの研究成果は，しばしば特定のミトコンドリア遺伝子の塩基配列を直接解析することで得られている (Horai *et al*., 1987, 1995; Vigilant *et al*., 1989, 1991; Horai &

Hayasaka, 1990; Di Rienzo & Wilson, 1991; Hasegawa & Horai, 1991; Kocher & Wilson, 1991; Merriweather *et al.*, 1991; Pesole *et al.*, 1992; Hasegawa *et al.*, 1993; Ruvolo *et al.*, 1993, 1994).しかし，mtDNA解析（および他の遺伝子解析）から推定された古代のヒト集団の個体数変動については，激しい議論が行われてきた（Rogers & Jorde, 1995; Stoneking, 1997; Harpending *et al.*, 1998; Jorde *et al.*, 1998 の総説を参照）．

3.1 人口統計学的解釈の精密化

3.1.1 過去の集団の大きさ

最初の論争は"エデンの園"における女性の集団の大きさについて起きた．

mtDNA から検討

当初，人類のmtDNA系列の合着点に存在する"人類の母"について，分岐過程モデルを適用した研究は次のことを示した．それは，mtDNAの祖先が血縁関係を持たない女性からなるかなり大きな集団に属しており，ミトコンドリア・イヴ以外の女性達の系列は，ひとえに繁殖時の確率的な消滅のため，現在に残らなかったというものである（Avise et al., 1984a; Latorre et al., 1986）．たとえば，15,000人の女性（$N_F=15,000$）が平均値1.0のポアソン分布にしたがって娘を産んだと仮定しよう．その場合，およそ15,000世代（30万年）以内に，無作為に系列が置き換わり，かなり高い確率で1系列を残して創始者集団に存在していたすべての母系系統が失われる．$N_F=45,000$のたがいに血縁関係を持たないエデンの園の女性達が平均値1.0，分散3.0の負の二項分布にしたがって娘を産んだ場合にも，同じことがいえる（Avise et al., 1984a）．つまり，女性の繁殖成功度に適度な分散があることで系列の選別が速やかに進み，過去数十万年以内にヒトのmtDNA遺伝子系統樹は合着する（系統樹の枝が1つの祖先に到達する）．この結論に達するには，必ずしもどこかの世代で集団の実際の大きさが極端なボトルネックを経なくともよい．

Wilsonら（1985）はmtDNAデータの再解析を行い，女性集団の進化的有効サイズを$N_{F(e)}\approx 6,000$と推定した．Takahata (1993) は過去100万年間の有効集団サイズは$N_{F(e)}\approx 10,000$であり，「一世代たりとも，人口がわずか数人にまでなるような減少を経験したことはない」という証拠をまとめた．Ayala (1995a) は遺伝子系統樹の合着は極端な集団のボトルネックをともなうはずであるという初期の誤解を"イヴの神話"と呼んだ．

合着理論を人類の起源に適用しようというその後の試みにおいて，研究者はデータの人口統計学的解釈を精密化・現実化しようとした（Takahata, 1995）．Di Rienzo & Wilson (1991) は現存するmtDNAハプロタイプ間の遺伝距離に関するミスマッチ分布が，定常的な集団サイズの下で予期される平衡値（equilibrium expectations）から大きくかけ離れていることに気付いた．mtDNAの系統における結節点（node）の多くは（図3.1），狭い範囲の遺伝距離に収まり，おそらく6万年前の急速な集団の膨張を示唆している（Sherry et al., 1994 も参照）．Rogers & Harpending (1992) は合着モデルに非常によく合う実証的なミスマッチ分布（図3.2）を得た．このモデルは更新世後期（およそ12万年前〜6万年前）に急速に集団が膨張し，女性がおよそ1,000人から13万7,000〜27万4,000人に増加した，と仮定している．しかし，ここ数世紀の人類集団の驚くべき成長は，人類の起源に関わるデータの解釈に関して，ほぼ無関係である．なぜなら，この人口膨張は以前から存在するmtDNA系列の大部分が消失しないように"凍結"しているだけだからである．

図3.2のアプローチには潜在的な問題がいくつかある．1つは，充分混合された単一の集団を仮定したモデルは，地理的な構造が存在する場合とは異なる可能性があるという点である（Harpending et al., 1993; Margor-

A

集団サイズ 大／小

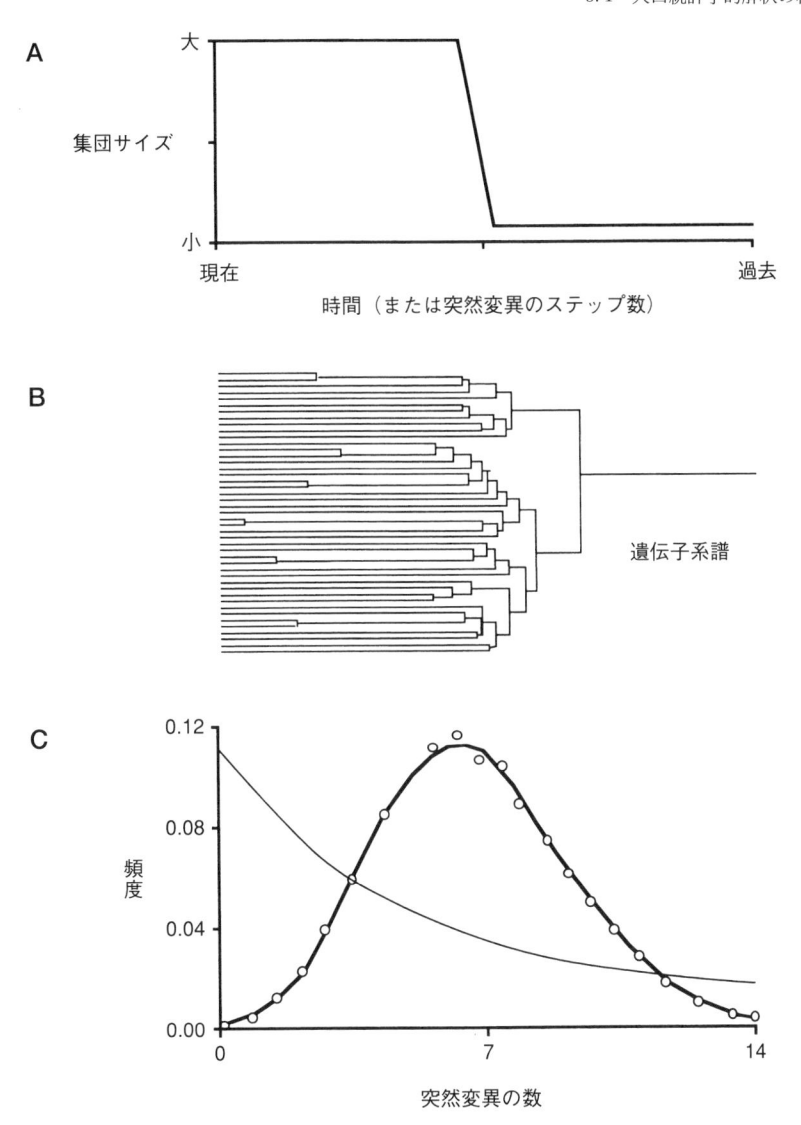

現在 — 時間（または突然変異のステップ数） — 過去

B

遺伝子系譜

C

頻度　0.00–0.12

突然変異の数　0　7　14

図3.2　ヒト集団の膨張が急激であったという, mtDNAに基づく推定の根拠 (Rogers & Harpending, 1992; Rogers, 1997). (A)および(B): mtDNA（または他の）遺伝子の系譜の構造に, 急速な集団の膨張がおよぼすと思われる効果. 集団が拡大した年代付近に結節点が集中する. (C): mtDNA遺伝子系譜を, 現代人の個体間における遺伝距離のミスマッチ分布へ展開したもの. 太線はCannら (1987) のmtDNAの観察値（中抜きの丸）にRogers & Harpending (1992) による理論曲線を当てはめている. このヒストグラムの形は, その論文中に示された更新世後期のヒトの集団に関する個体群統計学的なパラメータと一致する. 細線は同じ平均個体数の定常集団におけるミスマッチ分布のシミュレーションをあらわす.

am & Donnelly, 1994; ただしRogers, 1997も参照). 第2の問題は, これはすべての系譜上の解析に対して適用されるが, いかなる遺伝子系統樹も, 理論的には, 極めて多様な樹形の中から統計的分布に基づいて, 具体化されたたった1つの樹形に過ぎないことである.

後者の概念は, イヴ, つまりヒトの母系系統樹における最も近い共通祖先 (most recent common ancestor; MRCA) の合着

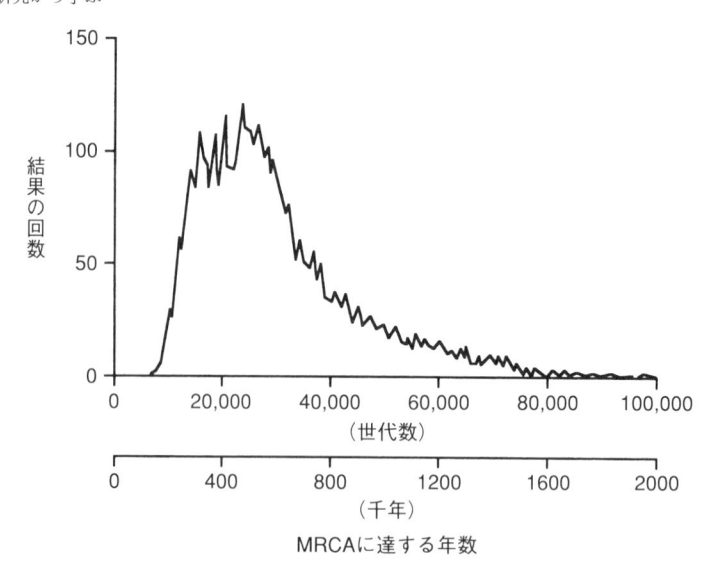

図 3.3 ヒトの mtDNA が，最も近い過去における共通祖先（MRCA）へ到達するまでの時間に関するシミュレーション結果（Marjoram & Donnelly, 1997 による）．この合着モデルは $N = 5 \times 10^8$ の成人女性からなる現在のヒト集団から推定しており，本文中に記した集団のパラメーターを用いている．

年代の推定との関連で，図 3.3 に示されている．Marjoram & Donnelly (1997) は，MRCA の年代推定のために，さまざまな人口統計学上の仮定を置いて合着に関するコンピューター・シミュレーションを行なった．たとえば，5 万年前より前に存在した成人女性（breeding females）13 万人からなる定常サイズの集団が幾何級数的に増加して現在の 5 億人の成人女性の集団になったと仮定すると，MRCA の年代の最頻期待値（modal expectation）はおよそ 40 万年前になる．しかし，理論分布曲線が歪んで長く尾を引くことから見ると，MRCA の年代が放射性炭素年代にして 80 万年以前となる可能性も排除しきれない（Wills, 1995 も参照）．また，Marjoram & Donnelly (1997) は，かつての集団サイズや地理的な構造（これらは人間に関しては極めてあいまいなままである）の影響と比べた場合，集団の膨張に関する人口統計学上の細かなできごとが MRCA の年代推定に果たす役割は小さいとしている．

図 3.2 にまとめた遺伝的パターンに関する 3 番目の問題は，集団の膨張による効果と，mtDNA の有利な突然変異の頻度が急速に増加することで，不利なあるいは中立なハプロタイプを一掃した可能性を識別できないことである（Excoffier, 1990; Rogers, 1997）．淘汰によって集団内の特定のハプロタイプ以外が一掃された場合のパターンは，中立な条件下で小さな創始者集団が速やかに規模を拡大した場合に類似する（Donnelly & Tavare, 1995）．したがって，この方法や，または他の方法で人口統計学上の推論にアプローチする際の問題点は，遺伝子系統樹に含まれる mtDNA が淘汰に対して中立であるか否かということにかかってくる．こうした理由から，過去を知ろうとする人口統計学者と遺伝学者は，mtDNA からの情報を補完するものとして，核の遺伝子座からの情報を求め続けてきた．

核遺伝子からの検討

地理的にも人種的にも多様な起源を持つ38人の男性について，Y染色体上の性決定に影響を与える遺伝子座（ZFY）のイントロン729 bpの塩基配列が解析された（Dorit et al., 1995）．ヒトと大型類人猿では，この遺伝子領域の塩基配列の変異はあまり大きくないが，少しはある．ところが，38人の塩基配列にはまったく変異が検出されなかった．突然変異率と分岐年代に関する仮定を組み込んで合着年代を算定すると，男性のMRCA年代は27万年前（95％信頼限界：0〜80万年 BP）と推定された．この知見を分析したAyala（1995a）は，男性の有効集団サイズを $N_{M(e)} \approx 7,000$（95％信頼限界の上限：$N_{M(e)} \approx 80,000$）とした．

このデータを再解析した結果，計算のもととなる仮定に不確かな部分があることがわかった（Donnelly et al., 1996; Fu & Li, 1993; Rogers et al., 1996; Weiss & von Haeseler, 1996）．それでも，Y染色体から得られた証拠はmtDNAからの証拠と矛盾せず，現生人類の遺伝子系列が分かれた年代，つまり進化的深度（evolutionary depth）がかなり浅いことを示唆している．この結果が $N_{M(e)}$ 値が小さかったことによるのか，それとも解析に用いたY染色体の一部が淘汰によって純化されたことによるのかは判然としない（Dorit et al., 1995; Whitfield et al., 1995; Burrows & Ryder, 1997）．しかし，Y染色体の他の領域の塩基配列変異のパターンは，ヒトのY染色体が淘汰されたという説に対する反証であると解釈された（Hammer, 1995）．このHammerの研究は男性のMRCAの年代を18万8,000年前（95％信頼限界：41万1,000〜5万1,000年前），また長期にわたる有効集団サイズを1万人と見積もっている．

Huangら（1998）はX染色体上のZFX遺伝子の塩基配列を解析した．世界中から抽出された29人の女性のサンプルには多型を示す部位がただ1箇所認められ，この変異はアジア人，ヨーロッパ人，およびアフリカ人の間に同程度の頻度で存在していた．著者らはこの塩基配列から推定されたMRCAの年代として30万6,000年前（信頼限界：95万2,000〜16万2,000年前）を最頻値として得た．興味深いことに，Doritら（1995）の塩基配列情報にHuangらの算定法を適用すると，Y染色体のZFY遺伝子に関するMRCA年代は平均で11万6,000年前（信頼限界：41万6,000〜6万1,000年前）という値が得られる．X連鎖遺伝子の有効集団サイズ（したがって平均合着年代）はY連鎖遺伝子より約3倍大きいと期待されるので，ZFYと比べてZFXから得られた推定年代がいくぶん古くなることは予想通りである．

ヒトの常染色体遺伝子座で，例外的な塩基配列の変異を示すものにDRB 1がある．この遺伝子は，HLA（human leukocyte antigen，ヒト白血球抗原）複合体を作る100ほどの遺伝子のうちの1つである．これらの遺伝子は，マクロファージによって処理された抗原と結合して免疫細胞に提示する細胞表面タンパク質をコードしている．HLA領域のDRB 1（および他の）遺伝子に見られる多数のハプロタイプは，塩基配列変異が大きいことや，それらの遺伝子がしばしば他の類人猿の相同塩基配列と遺伝子系譜のクレードを形成することから，起源が非常に古いと考えられる（Figueroa et al., 1988; Lawlor et al., 1988; Gyllensten et al., 1991b; Ayala et al., 1994; Ayala, 1995a）．明らかに，HLAの遺伝子系列はヘテロ接合体が適応上の有利さを持つことによる平衡淘汰（balancing selection）によって，長期にわたって（い

くつかの例では何千万年もの間）保持されてきたようである．

Ayala (1995a, 1996) は，超優性淘汰 (overdominant selection) の効果 (Takahata, 1990, 1993) を合着年代の計算に取り入れることで，ヒトの *DRB 1* 多型から判断して，人類の世代人口がおよそ4,000人より少なくなるようなボトルネックはなかったと結論した．Erlich ら (1996) (Hickson & Cann, 1997 も参照) は上記および他の HLA 情報を再解析して，ヒトの祖先の進化的に有効な集団サイズは $N_e \approx 10,000$ であると提唱した．同様な推定が HLA 対立遺伝子の個々の系列クラス内の多様なイントロンの塩基配列―エキソン領域に対する平衡淘汰によって，その他の部分まで長期にわたって保存されてきた―の合着年代の推定から得られた (Bergström et al., 1998)．同様に，$N_e \approx 10,000$ という値は核の *β*-グロビン遺伝子ハプロタイプの系譜についての研究 (Harding et al., 1997a)，および他のいくつかの核の DNA 塩基配列の解析 (Takahata et al., 1995) からも明らかになった．したがって，合着論的な方法に基づいた N_e の推定値はすべて，mtDNA および Y 染色体からの情報に基づいて算定されたものに近い．さらにこれらの値はアロザイム遺伝子座におけるヘテロ接合度に基づく初期の推定値と，おおよその年代において一致している (Nei & Graur, 1984; Nei & Roychoudhury, 1982)．

3.1.2 アフリカ起源説に対する疑問

第2に議論すべき問題は，ヒト *Homo sapiens* の祖先がアフリカを出て，世界中に生活圏を広げたと想定される年代についてである．最初に，ヒトの系統的な背景を順番に述べていく（ここでの説明は Ayala, 1995b にしたがった）．

およそ500万年～700万年前，人類の系列はチンパンジーへ至る系列から分岐した．この系統樹はほぼ200万年前まではもっぱらアフリカ大陸内で分岐し，多様な分類学的"型"を生み出した：*Ardipithecus ramidus*（化石で知られる最も古い人類，440万年前），*Australopithecus anamensis*（400万年前），*A. afarensis*, *A. africanus*, *Paranthropus aethiopicus*, *P. boisei*, および *P. robustus*（300万年前～100万年前の間の多様な年代）．これらの化石人類のうち，*A. anamensis* は，おそらく *A. afarensis*, *Homo habilis*, *H. erectus*, および *H. sapiens* へつながる直系の先祖である．200万年前頃，*H. erectus* が現れ，やがてユーラシア，および中東を含む他の地域へ生活圏を広げた．そこでは180万年前の古い化石が発見されている．*H. erectus* から原始的な *H. sapiens* への移行は40万年前頃に起きたが，正確な年代は確定することが困難であるか，または，恣意的なものとなる．これは，おそらく40万年前から10万年前の間の化石に分類学的不確実さが残ることによる．いずれにせよ，解剖学的な意味での現代人は，少なくとも10万年前には出現していた．

この一般的な枠組みの中で，人類学の主な争点 (Bräuer & Smith, 1992) は人類の起源に関する3つの対立する仮説に集中している（図3.4）．枝付燭台説として知られる極端なモデル (Lewin, 1993 の総説にある) は，異なる地域に暮らしていた人類の集団が100万年よりもはるか以前からたがいに完全に隔離されていたと仮定する．この仮説は，太古からの地理的構造が現代人に受け継がれていると予測する．そのため，ミトコンドリアや他の遺伝的データと矛盾なく説明することが困難である (Takahata, 1995)．この枝付燭台

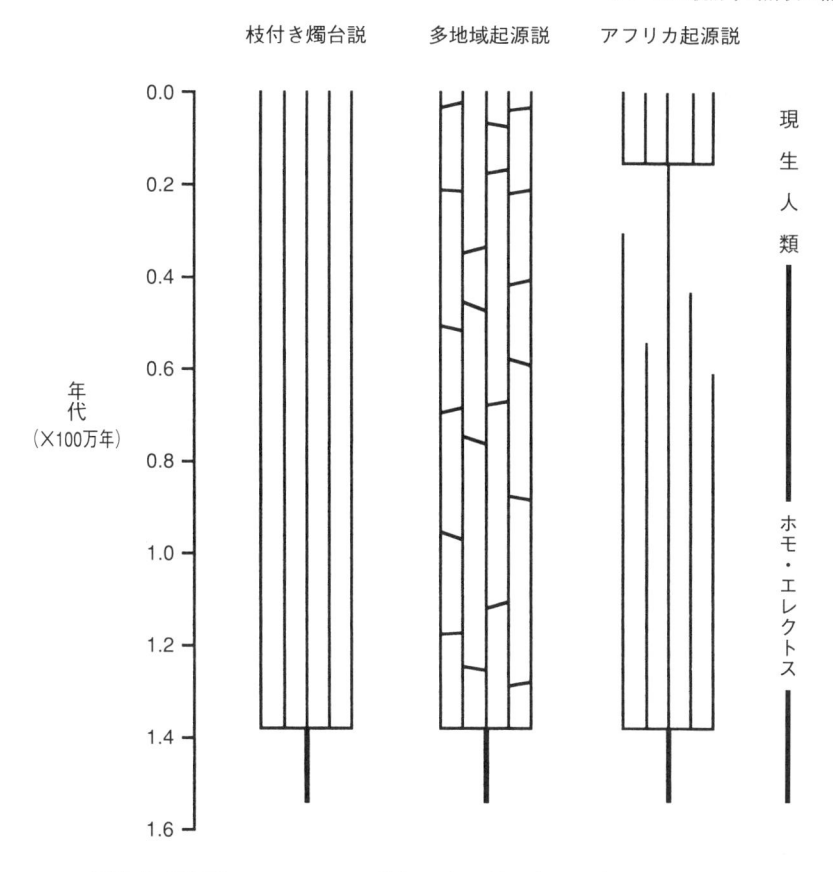

図 3.4 更新世におけるヒトの進化モデル (Ayala *et al*., 1994 による).

説のより穏当な代案に多地域起源説がある (Wolpoff, 1989, 1992). この説では，解剖学的な意味における現代人は，過去 150 万年以上にわたって遺伝子流動によって結ばれた旧世界の複数の人類集団から調和的に生じたとする．最近のアフリカ起源説またはアフリカ人による置換モデル (Stringer & Andrews, 1988) の下では，現代人がアフリカか中東で，おそらく最近 20 万年以内に出現し，それから *H. erectus* もしくは原始的な *H. sapiens* の集団と置き換わる形で旧世界全体に生活圏を広げたとする．多地域起源説とアフリカ起源説は，ヒト属の起源がアフリカとする点が共通しているが，現代の *Homo sapiens* の遺伝的系列がアフリカを出た年代推定が異なっている．

世界規模でのヒトのミトコンドリアの系譜の奥行きが浅いこと，および遺伝子系統樹の根がアフリカにあると推測されたことから，mtDNA のデータは，通常，アフリカ起源説を支持すると思われている (Cann *et al*., 1987). しかし，この分子に基づく結論に対する反論もある．まず，このモデルではいくつかの地域の化石人類集団で示唆される形態的連続性が説明できない (Bräuer & Smith, 1992 を参照). 第2に，そもそも mtDNA のデータに適用された最節約樹を構築するアルゴリズムは，この遺伝子系統樹の根をアフリカに置くことを確実に支持しているとはいいにくい (Maddison, 1991; Hedges *et al*., 1992a; Maddison *et al*., 1992; Templeton, 1992, 1996; これに答えるものとして Penny *et al*., 1995 および Stoneking, 1997 を参照のこと). 第3に，mtDNA の系譜から推定さ

β-グロブリン遺伝子の系統樹

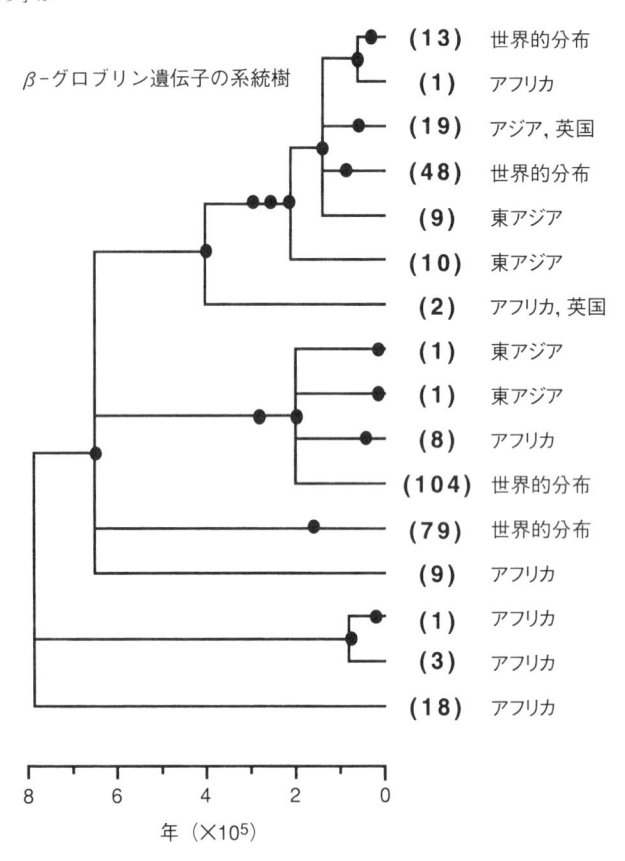

ハプロタイプ人数	地域
(13)	世界的分布
(1)	アフリカ
(19)	アジア, 英国
(48)	世界的分布
(9)	東アジア
(10)	東アジア
(2)	アフリカ, 英国
(1)	東アジア
(1)	東アジア
(8)	アフリカ
(104)	世界的分布
(79)	世界的分布
(9)	アフリカ
(1)	アフリカ
(3)	アフリカ
(18)	アフリカ

年 ($\times 10^5$)

図3.5 世界中のヒト集団から集めた326人のサンプルで観察されたβ-グロビンハプロタイプの合着樹の年代（Harding et al., 1997aによる）．遺伝子系統樹上の点は推定された突然変異の位置．括弧内の数値はそのハプロタイプを持っていた人数である．

れた絶対年代は，分子時計の較正が不確かなため，信頼限界の幅が広い．さらに，以前はモデル化が難しかった，集団の絶滅や復興に関するそれらしいエピソードを組み込むことで，異なるシナリオを描いた説得力のある反論がなされている．第4は，何度も述べているが，mtDNAは系譜を貫く遺伝的な道筋のうち，ほんの一部を記録しているに過ぎず，人類の遺伝学的歴史のすべてを物語ることはできない．

近年，系譜の推定に常染色体上の遺伝子座にβ-グロビン遺伝子座が用いられた（Fullerton et al., 1994）．この研究では，遺伝子特異的なPCRプライマーで世界中のヒト集団から3 kbの領域を増幅し，塩基配列のハプロタイプを調べた（Harding et al., 1997a）．ほどほどの塩基配列の多様性が得られ，解析した326の塩基配列による1つの遺伝子系統樹が遺伝子内組換えによる混乱なしに得られた（図3.5）．他の霊長類から得たβ-グロビンの塩基配列を用いてこの遺伝子系統樹の根と突然変異率を推定し，そこから合着年代を算定した．

Harding et al. (1997a) は，この核の遺伝子座における対立遺伝子のMRCA（最も近い昔の共通祖先）はおよそ80万年前にアフリカに住んでいたと結論した．この年代はミトコンドリア・イヴがおよそ20万年前に

いたという先の推定値と矛盾しないと考えられる．なぜならば，すべての条件が等しければ，常染色体遺伝子の平均合着年代は細胞質遺伝子よりも4倍大きいと期待されるからである．しかし，アジア人のβ-グロビン系列間のいくつかに認められるやや深い分岐（図3.5）は，人類が20万年以前にアジアに分散した証拠であると考えられた．

同様に，他のいくつかの分子マーカー（ミニおよびマイクロサテライト，RFLPsなど）の系統解析の結果は，人類の遺伝的多様性が比較的近い年代にアフリカ生じたとする説と矛盾しないとされた (Hill *et al.*, 1992; Mountain & Cavalli-Sforza, 1994; Nei, 1995; Zischler *et al.*, 1995; Armour *et al.*, 1996; Nei & Takezaki, 1996; Hammer *et al.*, 1997; Reich & Goldstein, 1998)．たとえば，世界中の人類から得た30のマイクロサテライト遺伝子座の多型に基づく遺伝距離から得られた系統樹は，非アフリカ人集団がアフリカ人集団からおよそ15万6,000年前に分かれたことを示した (Goldstein *et al.*, 1995, Bowcock *et al.*, 1994とChu *et al.*, 1998も参照)．以前のアロザイム多型解析では，人種間の最も古い分岐はアフリカとアジアの間で起きたことを示唆していた (Nei & Roychoudhury, 1982)．核の遺伝子頻度によれば，人類の起源はかなり最近で，アフリカ起源モデルと一致する．しかし，これらの情報のみでアジア起源とする対立仮説を否定しきれない．

後者の集団遺伝学的方法は，その大部分が特定の遺伝子座の詳細な系統史よりも，むしろ複数の核の遺伝子の情報を合成，もしくは平均した結果を示す伝統的な手法である．系譜の解析はβ-グロビン遺伝子の他にもいくつかの核の遺伝子座について試みられてきた（すなわち，Rapacz *et al.*, 1991; Xiong *et al.*, 1991; Tishkoff *et al.*, 1996)．しかし，その情報は人類の系譜上の起源に関する問題に対して，いまだ決定的なものではない (Goldman & Barton, 1992; Takahata, 1995)．手に入れられるすべての証拠を考え合わせると，多地域起源説とアフリカ起源説の中間的なシナリオが生き残ることになる．すなわち，遅い時期にアフリカを出た人類（アジア人ということもありうるが）は，世界のどこかで原始的な人類集団と完全に入れ替わるのではなくて，むしろ交配したかもしれないということになる (Li & Sadler, 1992)．もしこの仮説が正しいなら，アフリカ，アジア，その他の地域で，人類の起源地を追跡するには，核の遺伝子系譜のどの部分が，比較的初期の系列の分岐（つまり，20万年より前）を示すのかを明らかにする必要がある (Xiong *et al.*, 1991; Harding *et al.*, 1997a)．

3.2 他の遺伝子系譜の研究

3.2.1 地域集団

地球規模のヒトのmtDNAの系譜は，他の霊長類も含めた多くの生物と比べても極端に浅い（図3.6）．それにもかかわらず，急速に進化する調節領域の塩基配列解析は，ヒトの地域集団の詳細な系統地理解析を可能にしてきた (Stenico *et al.*, 1998)．しかし，問題を複雑にしていることがある．それは，人類のmtDNAに認められる変異の大半（核遺伝子も同様，Lewontin, 1972）が，集団間や人種間の違いとしてではなく，集団内や人種内の多様性として存在しているということである (Di Rienzo & Wilson, 1991; Ward, 1997)．つまり，現存するmtDNAの遺伝子型は，地域的な系統地理クレードのマ

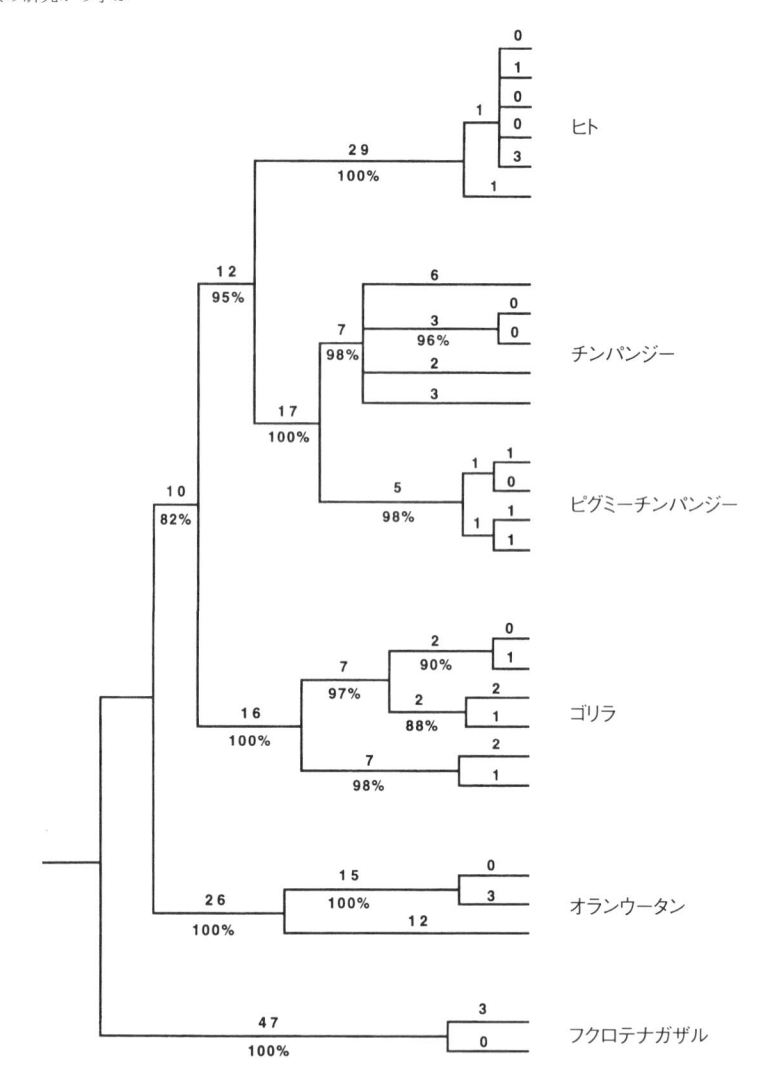

図3.6 種間の系統関係と種内の分岐の深さを示したヒト上科の系統樹（Ruvolo et al., 1994 による）．ここに示したのは，ミトコンドリアの COII 遺伝子の塩基配列から得られた最節約合意樹である．枝の長さは推定される最少の変化数を示す．枝の下にブートストラップ確率（>80%）を示した．

ーカーにはならず，頻繁に移住や生活圏拡大を行ってきた祖先の状態を示しているといえる．実際，推定される移住の回数や地理的起源と，mtDNA ハプロタイプの分布は一致することが多い．そのような例として新世界への移住を挙げることができる（Gibbons, 1996）．

南北アメリカへの移民

ほとんどの研究者は，アメリカ先住民とアジア人が近い関係にあり，アジアから新世界へ，おそらく1万4,000年前～1万2,000年前頃にアラスカとロシアをつないでいたベーリング陸橋を通って移住したと考えている（Hoffecker et al., 1993; Ward, 1997）．目下の論点は，創始者の地理的起源，移住の回数，および現在のアメリカ先住民に見られる非常

に大きな文化的，言語学的な多様性を生み出した創始者集団のサイズにある．

新世界の3つの主要言語集団の存在は，それぞれが異なる時期の移住に対応しているように思われたため，そのことが初期の遺伝的研究を後押しした．3つの主要言語集団とは，エスキモー・アリュート語の話者（北極地方）；ナ・デネ語の話者（中央カナダの北部地域，アラスカ奥地，およびグリーンランド）；アメリカインディアン諸語の話者である（Greenberg et al., 1986）．初期の遺伝的研究では北米内にかなり深く分岐した4つのmtDNA系列，もしくはハプロタイプ群（A～D）が確認された．これらの遺伝子系列は各言語の話者の集団間で大きな頻度差が見られ，Greenbergら（1986）の個別移住モデル（separate-waves-of-migration model）を支持する事例と考えられる（Schurr et al., 1990; Torroni et al., 1992）．しかし，さらにアジア人とアメリカ先住民集団のミトコンドリア解析を行ったところ（Ward et al., 1991, 1993; Sambuughin et al., 1992; Horai et al., 1993; Shields et al., 1993; Torroni et al., 1993a, b, 1994a, b; Santos et al., 1994; Kolman et al., 1995），この個別移住モデルには疑問が生じた（Merriweather et al., 1995; Kolman et al., 1996）．

初期のmtDNA解析で明らかになった，新世界の4つのハプロタイプ群は，ときには集団間で頻度が大きく異なるものの，南北アメリカに広く分布している．祖先が新世界に個別に移住したことで生じたと考えられていた言語話者集団は，ほとんどの場合，単にハプロタイプの頻度が異なるだけであり，Merriweatherら（1995）やKolmanら（1996）は新世界への移住はただ1回で，その後の遺伝的浮動と創始者効果で，現在のmtDNAハプロタイプ分布は充分説明できることを示唆した．この主張は，同じ4つのmtDNAハプロタイプ群がアジアの限られた地域に分布していることでも支持された．これらのハプロタイプ群は現在のモンゴル，チベット，および中国中央部の集団にのみ共通して観察されている．このことからKolmanら（1996）は，中央アジア東部のこの地域が新世界への一度きりの移住集団起源地と考えると，たとえばシベリアなどと比べても，その可能性はずっと高く，それに続く創始者効果と遺伝的浮動によってアメリカ先住民の集団間に見られるmtDNAハプロタイプ頻度の変異が説明できると結論付けた．

この説明で気を付ける点は，アジアの他の地域に起源集団が存在したにもかかわらず，彼らの一部がアメリカへ移住した後，その地に分布していた4つのハプロタイプ群の中のいくつかが失われたことで，起源地候補から外れてしまった可能性である．もう1つ気を付ける点は，近年アメリカ先住民から発見された稀なミトコンドリア系列は，アジア人よりもむしろヨーロッパや中東の人々との歴史的繋がりを示すように見える，ということである（Morell, 1998）．もしこれが正しければ，ヨーロッパや中東に由来する少数の人々も新世界への最初の移住者に含まれていたのかもしれない．

他の地域の歴史

mtDNA（そして例は少ないが核の遺伝子—Harding et al., 1997b）を用いた同じような系譜の推定が，他の人類集団の植民の歴史，たとえばアジア沿岸域，ニュージーランド（Murray-McIntosh et al., 1998），および南太平洋の小さな島々を対象に行われている．とくに分岐学的な系統解析では9 bpの欠失（mtDNAの*COII*と*tRNA^{Lys}*遺伝子の遺伝子間領域にある；Wrischnik et al., 1987）が

アジアで卓越していることが有力なマーカーとなっており，これはおそらく中国中央部に起源がある（Ballinger et al., 1992）．現在の集団中における分布から判断すると，このマーカーは，2つの主要な経路に沿って広がったようである．1つはベーリング陸橋を経て北米へ（Kolman et al., 1996），また1つはアジアの海岸線に沿ってさらに南東に進みインドネシアと太平洋の島々へ伝えられている（Hertzberg et al., 1989）．

しかし，このような理想的とも思える系譜マーカーを用いた時でも，解釈に注意を要する．まず第1に，この欠失は多系統的に生じたかもしれない．たとえば同様の欠失がアフリカでも独立に生じているようである（Redd et al., 1995）．また他のいくつかのmtDNAのサイズにおける変異も，複数回生じたと考えられている（Cann & Wilson, 1983; Ballinger et al., 1992）．第2に，アジアの祖先集団と系譜上つながりを持っていた集団が，創始者効果や遺伝的浮動を通じて，二次的にこの欠失を失うこともありうる．このような事例にパプアニューギニア（PNG）高地人がある．この島の沿岸に住む人々とは異なり，彼らはこの9 bpの欠失を持たない（Hertzberg et al., 1989; Stoneking & Wilson, 1989）．あるいは，PNG高地人はオーストラリア先住民と密接に関係しているのかもしれない．オーストラリア先住民も9 bp欠失がないからである（Hertzberg et al., 1989; Stoneking et al., 1990）．常に言えることだが，系譜についての確実な結論を下すためには複数のマーカーから支持されることが望まれる．

局所的な移住と配偶パターン

興味深い結果が得られ始めた分野として，mtDNAとY染色体マーカーを併用することによる，非常に近い過去におけるヒトの歴史の研究がある．いくつかの事例を挙げて説明しよう．

シナイ半島のアラブ部族の伝統的な風習によれば，女性は他部族へ嫁ぐことができるが男性はできない．もしこの婚姻慣習が長期間守られてきたならば，母系遺伝するmtDNAと父系遺伝をするY染色体は，異なる集団変異のパターンを示すはずである．この期待通りの結果をSalemら（1996）が報告した．その報告によれば，シナイ半島ではY染色体の変異は（たとえば，隣接するナイルデルタの2つの集団に関して）極端に少なかったが，mtDNAの変異は減少していなかった．この結果は，シナイ半島への移住が，女性に偏っていたためと考えられた．そうでなければ，人口統計学上のボトルネックや創始者効果は，おそらくシナイ半島の住民のY染色体同様，mtDNAの変異も減少させたはずだからである．

アメリカインディアン諸語を話す人々（Pena et al., 1995）とフィン人（Salem et al., 1996を参照）にも，ミトコンドリアと核の両マーカーを用いて同様な研究が行われた．この両集団とも，祖先と推定される集団に比べて著しくY染色体の変異が減少していた．しかし一方で，mtDNAの変異もいくぶん減少していた．遺伝学的に見た場合，これらの事例は，男女，双方に影響を与えた過去の集団のボトルネックに原因があると考えられた．

インドにおいては，ヒンズー教のカースト制が，3,000年以上にもわたって人々の結婚の自由を制限してきた．同じカーストの配偶者との結婚が望まれ，稀にこの社会慣習からはずれるときは通常，低いカーストの女性と高いカーストの男性が結婚する．

Bamshadら（1998）は広範な集団を調査し，隣接するカーストの男性はしばしば

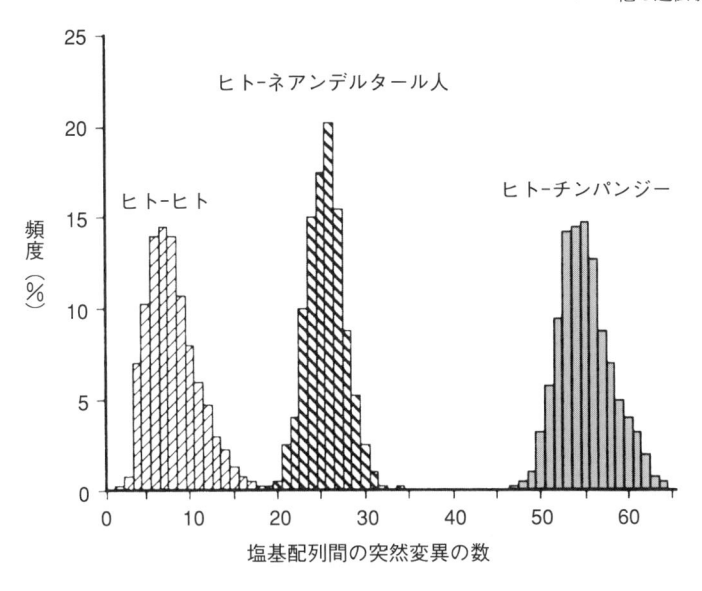

図 3.7 ヒト（複数個体），チンパンジー（複数個体）およびネアンデルタール人（1個体）の mtDNA 調節領域の塩基配列の比較におけるミスマッチ分布．

mtDNA ハプロタイプを共有しているが，Y 染色体に連鎖している多型マーカーにはそのようなカーストの境界を乱す徴候は認められない，と報告した．このような遺伝的パターンから，女性の上の階層へと向かう社会的移動を通じて，母系遺伝する mtDNA がカースト間の境界を越えて伝わり，そして，男性の社会的移動は極めて厳格に宗教上の拘束があるので，父系遺伝するマーカーはカースト内へ封じ込められていると考えられた．

もっと一般的には，最近の遺伝的証拠から，人類集団間の遺伝子流動のうち女性によるものは男性によるものを数倍上まわることが示唆されている (Seielstad et al., 1998)．この結論は，全世界から集められた mtDNA，Y 染色体および常染色体遺伝子座の単一ヌクレオチド多型 (single-nucleotide polymorphisms; SNPs)，および後2者のマイクロサテライト遺伝子座で集められた対立遺伝子頻度の情報に基づいている．ここで注目すべきことに，Y 染色体と常染色体の変異の地理的局在性は，mtDNA に比べて数倍大きい．

この論文の著者らは，歴史的に見て男性よりも女性の方がずっと高い移住率を持つと推測されるのは，おそらく夫方居住性 (patrilocality) つまり，花嫁が両親の家を後にして夫の生家に入る傾向を反映していると結論している．世界の文化の約70%がこの社会的な慣習を守っている．この遺伝学的発見は，男性は常に旅人であり，女性が家を守るという伝統的な見解「マルコ・ポーロ－ジンギス・カーン」説に反する．Stoneking (1998) はこの遺伝学的発見について，「もし私たちが人類の移動について真に理解したいと思うならば，私たちは女性にもっと関心を払わなければならない」と結論している．

ここまでの解説は，個々の遺伝子座に関する明確な系譜解析がもたらしたヒトの遺伝学的研究のトピックを紹介したに過ぎない．他にも，2,000 近い人類集団の，100 を越す核遺伝子の対立遺伝子頻度からなるデータベースも存在する．この情報の詳細に興味をもたれる読者は，Cavalli-Sforza ら (1994) による広範な取り組みを参照されたい．その論文

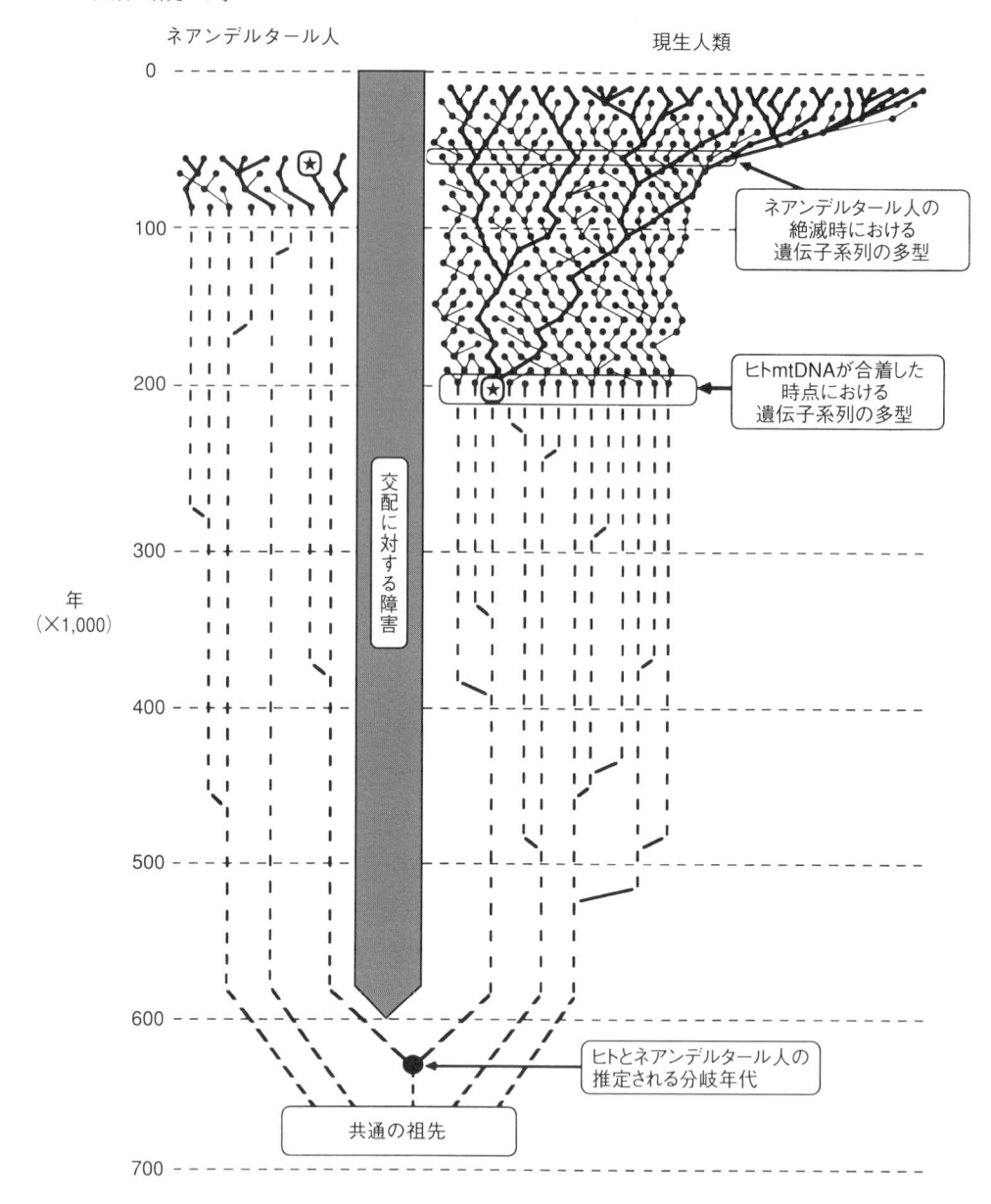

図 3.8 ネアンデルタール人と現生人類の祖先が長期にわたって隔てられていたとする仮説. この仮説は, mtDNA の塩基配列から推定された母系の歴史を反映している. 左側の星印は解析されたネアンデルタール人を示す. 右側の星印は現生の母系（太線）の合着点のミトコンドリア・イヴであり, 過去 20 万年以内に存在する. 囲みは不確実な点と, とくに興味深い点を示した.

では地域的・人種的グループ, 言語学的・文化的結び付き, および歴史的な移動経路が詳細に解説されている.

3.2.2 ネアンデルタール人

人類進化のもう 1 つの謎は, ネアンデルタール人 (*Homo sapiens neanderthalensis*) の進化的位置であった. 形態的にネアンデルタール人とされる人類は, 少なくとも 20 万年前にヨーロッパとアジア西部に出現し, 4 万〜3 万年前頃まで生存していた. したがって, 現生人類 (*Homo sapiens sapiens*) と時

代的に重なっていたことになる．この2つの分類学的な亜種が，どこか特定の場所で現実に共存していたのか，もし共存していたならば，交配していたのか，このことは少なからぬ憶測を呼び，論議の的であった（Ward & Stringer, 1997 と，この論文の引用文献を参照）．最近，この話題について興味深い分子的発見があった．

Krings ら (1997) は，PCR 法を用いて，10万年前〜3万年前の間に生存していたと見られるネアンデルタール人の化石化した骨の標本から 379 bp の mtDNA 断片を単離し，その配列を解析するという技術的偉業を成しとげた．現生人類とチンパンジーの相同塩基配列と比較すると，ネアンデルタール人の塩基配列は，現生人類の mtDNA の変異から明らかに外れることがわかった．ネアンデルタール人と現代人の mtDNA 塩基配列間の遺伝距離は，ヒトとチンパンジーの平均的な遺伝距離のおよそ半分ほどである（図 3.7）．Krings らは，比較に用いた超可変的な調節領域の一部を，ヒトとチンパンジーの間の推定分岐年代（500〜400万年前）で較正し，分子時計として用いた．その結果，現生人類とネアンデルタール人の母系の分岐をおよそ60万年前（現生人類の母系の合着年代についての伝統的推定値より数倍古い年代）と算定した．

これらの分子上の発見はネアンデルタール人が現生人類の mtDNA に寄与することなく絶滅したことを示唆している．さらに，50万年より前に，ネアンデルタール人は現代人へとつながる祖先集団から分かれて独自の進化をしたと考えられた（図 3.8）．しかし，これらの結論は少なくとも2つの理由で暫定的なものでしかない．まず，ネアンデルタール人の（そして現生人類の初期集団の）遺伝的変異の範囲はまだ知られていない．また，太古の標本から mtDNA を抽出しようとする試みは，唯一の成功例を除いて，他の保存状態の悪い標本では実験が失敗していることから（Cooper et al., 1997），この種の遺伝情報はまだ入手が困難と思われる．第2に，ネアンデルタール人と現生人類の祖先の間で交配が行われ，核の遺伝子系列が交換されていた可能性は上記の結果からは否定できず，それに由来する核の遺伝子系列のいくつかは現在も生き残っているかもしれない．

このようにヒトの系統地理学に関する文献を簡単に紹介したが，種内進化を分子的に系譜解析することがいかに有効で，また斬新であったかがわかるだろう．1990年頃まではヒトの系統についての知識が非常にあやふやだったことを考えれば，人類学の残された論点の多くは，かなり些細なものとなった．たとえば，ヒトという種の過去の正確な個体数や，個々の地域集団もしくは人種グループにおける遺伝的歴史のような問題である．こうしたヒトの系統地理に関する全体像もまた，他の動物に関する系譜上の解釈と同様に，もしくはそれ以上に，得られる父系情報が少ないことを気にかけておく必要がある．

まとめ

1　分子系統地理解析に関して，おそらくヒトほど注目を集めた生物はなかった．入手可能なあらゆる証拠から見て，ヒトは，地球全体で見てもごくわずかな系統地理的な集団構造しか示さない．たとえば，ヒトの mtDNA 遺伝子系統樹の枝に見られる進化的な浅さは，他の多くの動物が，はるかに小規模な分布域で示す，ずっと深い系列分岐と対照的である．

2　ヒトのミトコンドリアおよび核の遺伝子系譜から，以下のことが示唆される．

(a)ヒトの進化的有効集団サイズは数千～数万人であった，(b)顕著な集団の膨張はおそらく更新世の後期に起こった，(c)ヒトが全世界に生活圏を拡大したのは驚くほど最近のことであり，その起点はおそらくアフリカである．この生活圏拡大が旧人類を完全に駆逐して入れ替わる結果となったのか，または遺伝的移入もあったのかは，現在の遺伝子系統樹からは明確に決定できない．しかし，ある程度の遺伝的交流と入れ替わりが関与していたことが，予備的に示されている．

3 現生のヒトの分子的な系譜は進化的に見て比較的浅いが，精密な系統地理解析を多くの部族群，文化的な単位，特定の言語を話す集団に行ったところ，人類が世界に分布を拡大したときの，特定の遺伝的系列の起源や分散が理解されてきた．たとえば，新世界への移住の歴史については，とくに注目されてきた．そのような解析における困難な問題として，新しく起きた突然変異，ホモプラシー，および祖先系列の保持を区別して分子遺伝学的な変異の分布パターンを解釈することがある．

4 化石から回収されたmtDNAを解析した研究によって，ネアンデルタール人の遺伝子系列が現生人類から50万年以前に分岐しており，ネアンデルタール人は現生人類の母系系統に寄与することなく絶滅したと考えられた．

動物の分散と分布の研究においては，それを左右する物理的な条件や，多かれ少なかれ見られる動植物相の遷移に着目することが重要である．ちょうど柔らかい物を型にはめるように，その地域の動物相はその生息環境に適応してゆく．その地域の動物のリストを作ることが動物相研究の目的だった時代は過ぎ去った．これからは比較研究だけでなく，遺伝学も必要である．また，動物の生息環境の研究に多くの力を割かねばならない．このことは生息環境を静的で柔軟性を欠くものとしてとらえるのではなく，変動し，または周期性を持つ媒体として考えなければならないことを意味している．
—— *Charles Adams, 1901*

4

ヒト以外の動物—その種内パターン

　他の多くの生物と比較したとき，人類の種内系統樹（第3章）の枝は短く，わずかな地理的構造しか示さない．ヒトのmtDNA系列の変異は地球規模で見ても小さく（最大値 $p \approx 0.006$），たとえば米国南東部のミナミホリネズミの地域集団に見られる塩基配列変異（平均 $p \approx 0.034$）より，はるかに小さい．そして，この章で述べるように，ヒト以外の動物には途方もなく多様な系統地理的パターンが観察されてきた．

4.1 系統地理学の仮説

1987年当時に入手できた分子系統地理学的パターンの比較から，生物の現在の生態や行動と同様に，歴史生物地理学的な要因（historical biogeographic factors）が現生種の遺伝的構造を形成する上で重要な役割を果たしてきたことが示された（Avise *et al.*, 1987a）．この初期の発見から，いくつかの種内系統地理学の仮説が導かれ，これらの仮説は，新たに分子その他の証拠が入手されるにつれて，再評価されるようになった（表4.1）．これらの仮説は，不変の真理を表すものではなく，傾向を示すものであることから，伝統的な生態地理学の法則に似ている（表1.1）．10年以上たった今では，これらの系統

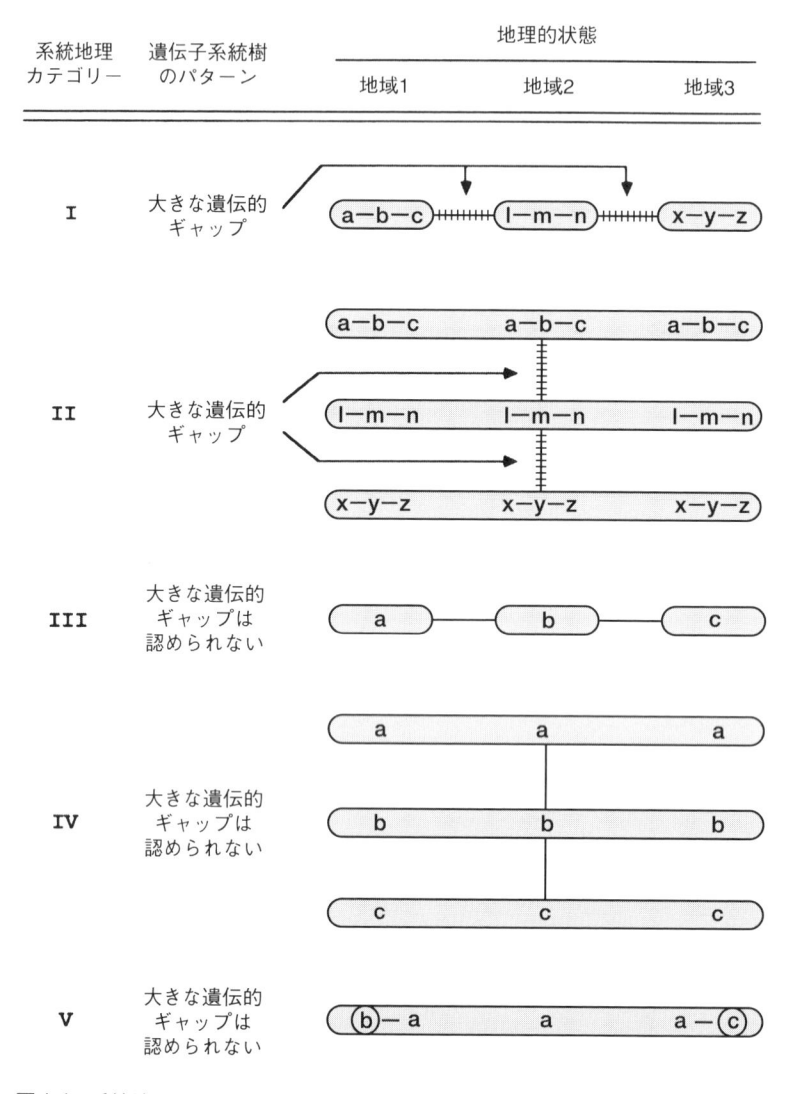

図4.1 系統地理パターンのカテゴリー分け（Avise *et al.*, 1987aによる）．円または長細い円（影のつけてある部分）は，個々のmtDNAハプロタイプ（アルファベットで示したもの）か，あるいは近縁なハプロタイプ群を囲ってある．ハプロタイプの関係は系統的ネットワークとして表され，1本の枝は1回の突然変異を示している（ただし，交線が加えてあるものはその数を突然変異数とする）．遺伝的ギャップは，ハプロタイプ群に大きな遺伝的距離があることによって示される．

表 4.1　Avise ら (1987a) による mtDNA の遺伝子系統樹に関する系統地理学の仮説

I.	大部分の種は地理的集団から構成され，それらを構成する個体は，長く延びた枝によって区別される母系の種内系統を示す．
II.	限られた系統地理的集団構造，もしくは分岐の浅い系統地理的集団構造を持つ種は，分散しやすい生活史を持ち，その分布域には遺伝子流動に対する堅固で長期的な障壁を欠いている．
III.	系譜上の大きなギャップによって識別される種内の単系統群は，通常，遺伝子流動に対する生物地理的な長期にわたる障壁の存在によって生じる[a]．

a．この仮説は，さまざまな種の系譜が一致するという予測をともなっている（第5章）．

地理学的傾向を，系譜に基づいて行われた多くの新たな研究によって再検討できる．

mtDNA などの遺伝子座の系統樹をもとにして，いくつかの特徴的な系統地理的パターンに分類することができる（ただし，理論的には連続的な違いであり，厳密に区切ることはできない）（図 4.1）．これらのカテゴリーについて順次述べようと思う．

4.2　カテゴリー I：
分岐の深い遺伝子系統樹—主要な遺伝子系列は異所的

カテゴリー I の特徴は，ハプロタイプ群が比較的多くの突然変異によって区別され，空間的に隔てられて存在することである．いい換えれば，顕著な遺伝的ギャップによって遺伝子系統樹内の異所的な系列が分けられている．また空間的な下部構造が，地域内のより近縁な系列間に存在することもある．カテゴリー I のパターンは，mtDNA の系統地理学的研究で普通に見られる．ホリネズミやシロアシネズミについての事例はすでに述べたが，この後さらに多くの事例を示すことになる．

大きな系統地理的ギャップについての説明として，しばしば遺伝的交流を長期間妨げる外的障壁の存在が挙げられてきた．時間が経つにつれて，各地域の異所的集団は，種内の遺伝子系統樹の中で識別可能なほど深く分岐した別々の枝を占めるようになる．このような遺伝的差異は，集団が分離した後に生じた新しい突然変異の蓄積と，高度な多型を示す祖先の遺伝子プールからの系列選別の効果の両方，あるいはどちらか一方を反映するだろう．とくに分散力が小さく遺伝子流動の少ない種が広範囲に分布する場合，中間型ハプロタイプの絶滅も，顕著な系統的ギャップの出現に寄与するだろう．

理想的には，集団レベルでの歴史的分断があると断定するには，複数の遺伝子情報で支持されるか，あるいは地史 (historical geology) や比較系統学 (comparative systematics) のような他の生物地理の情報との整合性が求められる．そうでなければ，遺伝子系統樹におけるカテゴリー I のパターンは，そのとき調べた遺伝子座だけが示す特異的なパターンである可能性を払拭できない．

4.3　カテゴリー II：
分岐の深い遺伝子系統樹—主要な遺伝子系列は広範囲で同所的

このパターンの特徴は，遺伝子系統樹のいくつかの枝の間に顕著なギャップが見られるが，主要な系列が広範囲で共存していることである．理論的には，このパターンを生じる可能性がある種では，大きな集団サイズ

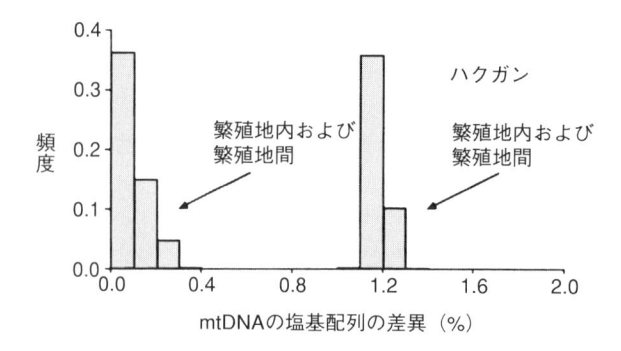

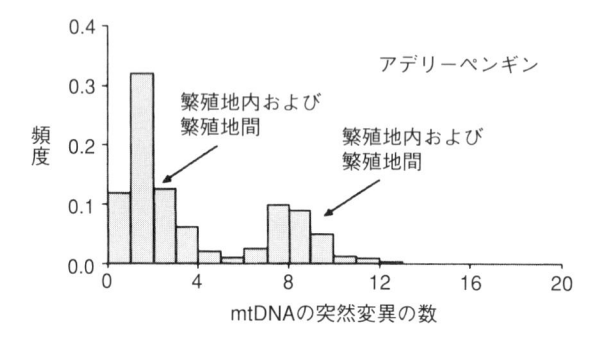

図4.2 系統地理カテゴリーIIを示す2種の鳥類における遺伝的距離の二峰型ミスマッチ分布.上：ハクガンのmtDNA全体の制限部位解析 (Avise et al., 1992bによる).；下：アデリーペンギンのmtDNA調節領域の塩基配列解析 (Baker & Marshall, 1997; Monehan, 1994による).

(N_e) を持つ遺伝子流動の激しい，つまり，古い時代に分離したいくつかの系列が偶然存続し，多くの中間的な遺伝型が長年の間に系列選別によって少しずつ失われた可能性が考えられる．平衡淘汰 (balancing selection) は，ある種のハプロタイプ系列（たとえば，ヒトのHLA抗原）が長期にわたって維持される方向に働き，同様の結果を生じさせると考えられる.

しかし，mtDNAの調査で見出されるカテゴリーIIのパターンの大部分は，おそらく，異所的に進化した集団もしくは種の，二次的接触を意味している（たとえば，Avise et al., 1984b, 1997; Taberlet et al., 1992; Scribner & Avise, 1993; Arctander et al., 1996; Kim et al., 1998). そのような場合，異なるmtDNAの系統群が異所的に分化したことを示唆する別の証拠（地史学，遺伝学，または形態学からの）が存在することが多い．核の遺伝子座同様，これらのmtDNA系列も接触帯で起きる交雑現象を詳細に解析するにあたって有用な遺伝マーカーとなる (Barton & Hewitt, 1985; Harrison, 1990; Avise, 1994; Arnold, 1997).

系統地理カテゴリーIIに属する，進化的関係が明らかではない2つの例を図4.2に示した．コロニーを作って繁殖するハクガン *Chen caerulescens* には，2つの明瞭なmtDNAハプロタイプ群（調節領域の平均塩基配列変異 $p \approx 0.067$; Quinn, 1992) が存在し，カナダの極地帯からロシアにおよぶ繁殖地のうち，調べられた場所それぞれに，両方のmtDNAハプロタイプが見られる (Avise et al., 1992b). さらにどの繁殖地でも，両

mtDNA クレードに属する個体が自由に交雑している．アデリーペンギン *Pygoscelis adeliae* では，南極のロス島にある地理的に隔てられた3つの繁殖地のそれぞれに，2つの特徴的な mtDNA ハプロタイプ群（$p \approx 0.051$）が存在する（Monehan, 1994; Baker & Marshall, 1997）．ハクガンとアデリーペンギンそれぞれの遺伝距離が示した二峰型ミスマッチ分布（bimodal mismatch distributions）（図4.2）は，mtDNA 系列が地理的に分離されていないことを除けば，前に述べたトゲオヒメドリやハマヒメドリにおける種内系統（図2.12）と極めて類似している．

ハクガンやアデリーペンギンの現在の繁殖地は氷に覆われた高緯度地方にあるが，これらの種は1万年～5,000年前頃まではそこに住むことができなかった．したがって，これらの繁殖地には，更新世の間を通じて存続していた他の繁殖地からの移住者が定着したことになる．これらの大型鳥類の有効集団サイズが長期にわたって大きなままであったということはありそうにないので，1つの集団内に異なる中立な遺伝子系列を保ってきたということもありえないだろう．このような理由から，これらの種が示すカテゴリーIIの系統地理パターンは，おそらく異所的に分化した鳥の遺伝子系列が，最近入り混じったことを反映していると考えられる（Quinn, 1992; Baker & Marshall, 1997）．

Hoelzerら（1994）は，スリランカのトクモンキー *Macaca sinica* の同所的集団に2つの大きく異なる mtDNA 系列（塩基配列変異 > 3.0%）があることを見出した．しかし，過去の集団の細分化を含め，どのような説明でも明確な結論を出せなかったため，この論文の著者らは mtDNA の情報のみで推論を行うことに対して，注意を呼びかけている．

4.4 カテゴリーIII：分岐の浅い遺伝子系統樹―遺伝子系列は異所的

カテゴリーIIIでは，すべてか，または大部分のハプロタイプが近縁であるにもかかわらず，それらは地理的に局在して分布している．そこから示されることは，現在の遺伝子流動が集団の大きさに比べて充分小さく，系列選別と遺伝的浮動（あるいは，もしかすると多様化淘汰も）が，最近まで接触を保っていた集団間の遺伝的分化を生じさせたということである．確固たる長期的な障壁によって分けられたことのない同種の集団の場合，過去に起きた遺伝子流動のレベルによっては，カテゴリーIIIからカテゴリーIVやカテゴリーVへと移行する．

実証的な事例はごく普通に認められる．初期の研究（Avise *et al.*, 1979a, 1983）の1つに，ハイイロシロアシネズミ（ハイイロシロアシマウス）*Peromyscus polionotus* に関するものがある．この動物の分布域は，米国南東部の海岸沿いの平野に，ほぼ限定されている．北米の残りの地域には近縁なシロアシネズミ *P. maniculatus* が生息している．制限部位解析により，68匹のハイイロシロアシネズミの間に22の異なる mtDNA ハプロタイプが検出された．しかし，そのすべての遺伝子型は近縁であり，それぞれの分布域がかたよっていた（図4.3）．解析された制限部位の数は現在の基準から見ればわずかである．しかし，当時の基準で同じように比較した場合，シロアシネズミの地域集団は非常に多くの突然変異によって，たがいに異なっていた（図2.21）．さらに，シロアシネズミの母系の系譜は，ハイイロシロアシネズミに対して側系統になると考えられた（Avise *et al.*, 1983）．したがって，ハイイロシロアシネズ

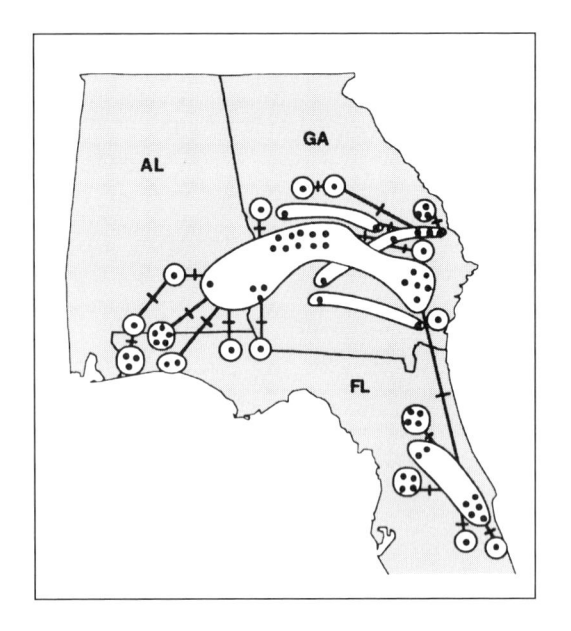

図4.3 ハイイロシロアシネズミのmtDNA最節約ネットワークを，この種の分布域の大半であるアラバマ州，ジョージア州，およびフロリダ州内の捕獲場所に重ねたもの（Avise et al., 1983による）．黒点を含む円や白抜きの囲みは22のハプロタイプそれぞれの地理的な分布域を表している．ネットワークの枝の交線は制限部位の変化を示す．黒点は個々の動物である．2つのハプロタイプと1つのハプロタイプ群は，ネットワーク上の位置が明確でないため，残りのネットワークと結ばずに表現した．

ミはシロアシネズミ種複合体の遺伝子系列全体の多様性の一部に過ぎないことが示された．ハイイロシロアシネズミのmtDNAに見られるパターンは，おそらくこの種が米国南東部への移住によって，祖先集団から比較的最近になって分離したこと，および散在している小さな局所的集団間での，遺伝子流動が顕著に制限されていることを反映している．

また，カテゴリーIIIは，カテゴリーIの系統地理パターンを示す種の地域内でも見ることができる．たとえば，北米中央部および西部のシロアシネズミの集団は近縁なmtDNAハプロタイプによって構成されるが，それぞれのハプロタイプの分布がかたよっている場合が多いようだ（図2.21）．同様に，ホリネズミの東部と西部のmtDNA系統群の内部では（図1.9），どちらの群においても，近縁なmtDNAハプロタイプが明瞭な空間構造を示す．

4.5 カテゴリーIV：
分岐の浅い遺伝子系統樹―遺伝子系列は同所的

このパターンは，その集団が生物地理的な障壁によって長期にわたって分断されたことのない生物で，遺伝子流動が激しく，有効集団サイズが中程度かまたは小さい場合に予想される．アメリカウナギ Anguilla rostrata はそのよい例である．メイン州からルイジアナ州へかけての沿岸で採集されたウナギを比較した場合，地域間で多様なmtDNAハプ

アオカワラヒワ

ハゴロモガラス

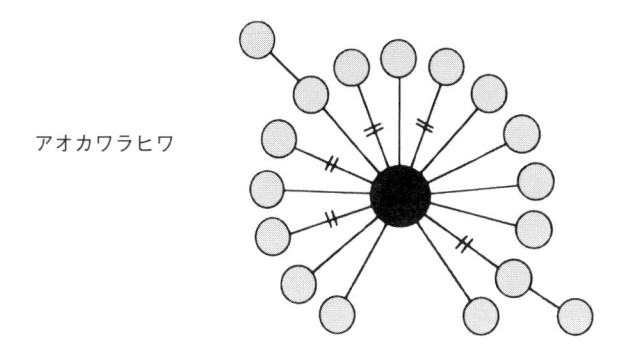

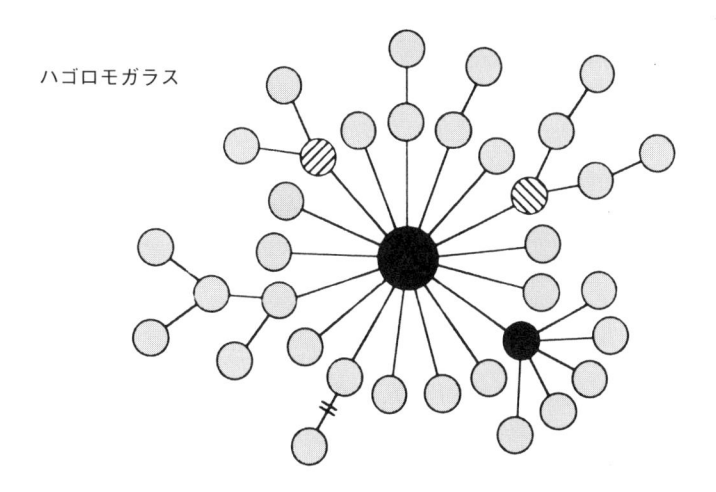

図 4.4 ヨーロッパのアオカワラヒワ（Merilä *et al.*, 1997）と，北米のハゴロモガラス（Ball *et al.*, 1988）における mtDNA 解析による星状系統ネットワーク．最も普通に見られ，かつ広く分布しているハプロタイプは黒で示されている．斜線で示された円は仮想上のものであり，観察されたものではない．他のハプロタイプは稀であり，おそらく解析した個体固有のものである．ネットワークのすべての枝は交線の示されているもの以外は1回の突然変異を表す．交線で印された枝は2つの突然変異が観察されたことを表す．星状の系統地理パターンは，少数もしくは中程度の数の創始者から，比較的最近になって分布域を拡大した個体数の多い種で予想される特徴である．

ロタイプの頻度に統計的有意差が認められず，それらすべてが近縁な関係にあった（Avise *et al.*, 1986）．第2章でふれたように，この結果はおそらくこの降河回遊魚の特異な生活史を反映している．アメリカウナギの産卵集団は，サルガッソ海でほぼ自由交配していると考えられるが，その後，幼生は多かれ少なかれランダムに分散する．そのため，広大な淡水域に生活史を持つ生物としては例外的に，ウナギでは激しい遺伝子流動が起きている．mtDNA 系列の分岐が浅いことから，アメリカウナギの進化的な有効集団サイズが小さいと推定されることを合わせて考えると，複数の近縁なハプロタイプが広範囲で同所的に出現するという系統地理上の結果になるのだろう．

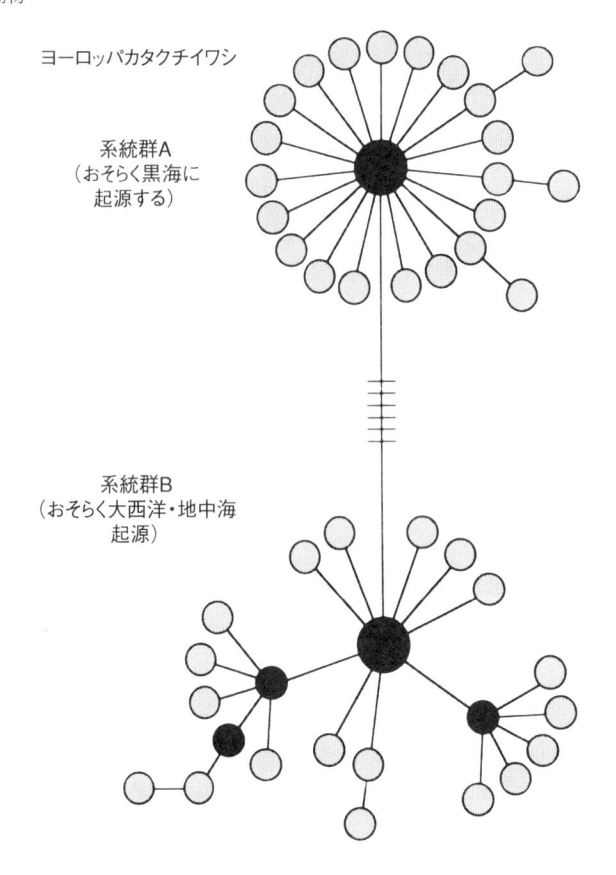

図 4.5 ヨーロッパカタクチイワシ *Engraulis encrasicolus* の mtDNA ネットワークに見られるダンベル型のパターン (Magoulas *et al.*, 1996). 6 つの制限部位の変化を示す長枝を除いては，他のすべての枝は 1 回の変化を示す．普通に広く見られたハプロタイプは黒で示した．系統群 A と B のいく分異なる地理的分布からそれぞれの起源地が推定されている．

これまでに述べた種の中でも，系統地理カテゴリー IV にほぼ該当する生物としてヒトとハゴロモガラスがある．どちらの例も，進化的なスケールで見て最近になって分布域を拡大しながら個体数が爆発的に増加している．このことは mtDNA の遺伝距離を用いたミスマッチ分布から示されるのと同様，歴史的な証拠からも支持される．そうしたプロセスの結果として，短い系統枝を持つ系統樹が得られ，系統枝の多くはその種の現在の分布域に幅広く分散した形になる．

わずかな，もしくはほどほどの数の創始者がかなり最近になって規模を拡大した種で予想されるもう 1 つの系譜上の痕跡は，"星状系統"(star phylogeny) である．典型的なものは共通祖先と考えられるハプロタイプが星の中央に位置し，最近になって派生したハプロタイプは短い枝で個別に祖先型のハプロタイプと結ばれている．図 4.4 に鳥類の例を 2 つ示した．もし，長い間隔離されていた 2 つの集団がそれぞれ最近になって集団サイズの拡大を経験した場合は，このような種は 2 つの星型の系統枝の塊がそれより長い枝で結ばれた"ダンベル型"遺伝子系統樹を示すこ

4.6 カテゴリーV：分岐の浅い遺伝子系統樹—遺伝子系列の分布は変化に富む

このパターンはカテゴリーIIIとIVの中間型であり，多くの個体が共有する系列が広く分布するとともに一部の地域に近縁な系列が局在している．このパターンは，近縁な集団間に，多少の遺伝子流動があることを示唆する．このような種では広域分布する共通のハプロタイプはしばしば祖先的であり，一方，稀なハプロタイプはその地域で生じた派生的なものであると推測される．したがって，複数の個体や集団に共有されている稀なハプロタイプは，遺伝子系統樹の中で派生的なクレードを特定する潜在的なマーカーとなる．

このパターンを示す一例に米国南東部の大西洋岸とフロリダ州の河川に生息するアミア *Amia calva* がある (Bermingham & Avise, 1986)．この例では，以下に示す4つの証拠に基づいて，この地域における祖先型のハプロタイプが特定された．

(1) そのハプロタイプは圧倒的に数が多く，解析された59個体中30個体で観察された．

(2) 分布範囲も広く，この地域で調査された10水系のうち，9水系で観察された．

(3) 星状系統樹の中心に位置しており，その放射状の枝は大西洋地域の他の7つのmtDNA遺伝子型と個別に結ばれていた．

(4) 同じ大西洋側のクレードに属する他のハプロタイプよりも，メキシコ湾に流入する水系の遺伝子系列に対して，突然変異1回分近い位置にある（この種は全体としてはカテゴリーIであり，大西洋岸とメキシコ湾岸の東西に系統群が分かれている）．調査に用いた標本では，東部クレードに属する8つの稀なハプロタイプは，それぞれ単一の水系もしくは隣接した水系にのみ分布していた．

しかし，稀なハプロタイプを遺伝子系統樹の共有派生形質として用いることに関して，カミツキガメ *Chelydra serpentina* のmtDNA調節領域の系統地理を注意すべき事例として挙げることができる (Walker *et al.*, 1998b, Phillips *et al.*, 1996 も参照)．このカメは，米国南東部の全域で，極めてわずかなmtDNAの変異と地理的分化しか示さない．多くの個体が共有するハプロタイプの1つは分布域全体に広く分布しており（9つの州で60個体），2個体の持つ稀な変異型は，1つのトランジション型塩基置換によって共通ハプロタイプから異なっている．それぞれの変異型はサウスカロライナ州と，そこから1,000 kmほども離れたルイジアナ州で発見されており，これらの変異型の分布は，人間によって遠く隔たった地域から移送されたことによって生じた可能性がある．あるいは，それらの個体の塩基配列が等しいのは並行突然変異 (parallel mutations) によるものかもしれない．

したがって，カテゴリーV（またはカテゴリーIIIおよびカテゴリーIV）における稀なハプロタイプを用いた分岐分析の有効性は，系統樹がホモプラシーによって誤った形に推定されてしまう可能性も高いことから，ある程度相殺されてしまう．ただし，系統地理カテゴリーIやIIにおいて遺伝子系統樹

の長い枝によって区別されるような，起源の古いハプロタイプのグループ分けは，ホモプラシーによって混乱することがほとんどないだろう．

限られた分子を調べることで系統地理カテゴリーIII〜Vを明確に分けるのは，ほとんど困難であることも留意すべきであろう．基本的に，解析されたDNAの塩基配列が長ければ長いほど，また，調査された個体数が多ければ多いほど，統計的に有意な遺伝子系列の構造が検出されやすい．したがって，解像度の低い遺伝的解析に基づいて激しい遺伝子流動の証拠を示すとされる種（カテゴリーIV）は，もっと厳密な解析を行うことで遺伝子流動が少ない，もしくは中程度（カテゴリーIIIまたはカテゴリーV）という結果に変わるかもしれない．反対に，限られたサンプリングによって遺伝子流動が少ないという結果を示していた種については，さらにサンプリングを進めることで，中程度もしくは激しい遺伝子流動を示すことになるかもしれない．たとえば，予備的な解析では1個体のみ保有していた対立遺伝子が，その後広範囲で発見されるような場合である．こうした理由から，また，カテゴリーIII〜Vの間の境界はいくぶん恣意的なことから，この後で示す分類群における，系統的な分岐の浅いパターンのカテゴリーは不明瞭なことが多い．

次は，脊椎動物の5つの綱に属する多数の種について，種内系統地理の研究成果を紹介する．また代表的な無脊椎動物における遺伝子系統樹の研究についても紹介したい．

4.7 哺乳類

4.7.1 小型の陸生動物

すでに述べた米国南東部のミナミホリネズミとシロアシネズミの系統地理は，小型，もしくは中型の陸生哺乳類が示す一般的なパターンといえる．ほとんどの場合，mtDNA解析は，広い地理的スケールにおいて系譜が深い分岐によって分けられており（系統地理カテゴリーI），さらにその中で近縁なハプロタイプの分布が局所的な構造を示すことを明らかにした．米国南東部のハイイロシロアシネズミ *Peromyscus polionotus* (Avise et al., 1983)や南アフリカのキイロマングース *Cynictis penicillata* (Van Vuuren & Robinson, 1997)のような，小さいかまたは中程度の地理的分布域を持ついくつかの種では，系統地理カテゴリーIIIまたはVに見られる分岐の浅い系譜の分離のみが示されてきた．

カテゴリーIの系統地理パターンは，ほとんどすべての大陸の小型哺乳類で観察されてきた．南北両アメリカには以下の例がある：カナダのジリス *Spermophilus columbianus* (MacNeil & Strobeck, 1987)，北米西部のセイブホリネズミ *Thomomys bottae* (Smith, 1998)，キタバッタマウス *Onychomys leucogaster* (Riddle & Honeycutt, 1990; Riddle et al., 1993)，サボテンマウス *Peromyscus eremicus* (Walpole et al., 1997)，およびさまざまなポケットネズミ（ポケットマウス）(*Perognathus* 属と *Chaetodipus* 属) (McKnight, 1995; Riddle, 1995; Lee et al., 1996)，米国東部のフロリダウッドラット *Neotoma floridana* の地域集団 (Hayes & Harrison, 1992)，米国中西部および中央アメリカのシロアシネズミ (*Peromyscus aztecus* 種複合体) (Sullivan et al., 1997)，コスタリカのチェリーホリネズミ *Orthogeomys cherriei* (Demastes et al., 1996)，そしてアマゾン流域の多種多様な森林性のげっ歯類や有袋類である (da Silva & Patton, 1993; Patton et al., 1994, 1996; da

Silva & Patton, 1998 の総説)．

　他の大陸におけるカテゴリーⅠの系統地理パターンの例として，イベリア半島のアナウサギ *Oryctolagus cuniculus* (Biju-Duval *et al*., 1991)；スカンジナビアのモリレミング *Myopus schisticolor* (Federov *et al*., 1996)，北ヨーロッパのキタハタネズミ *Microtus agrestis* (Jaarola & Tegelström, 1995, 1996)，中央ヨーロッパのトガリネズミ属 (*Sorex*) (Taberlet *et al*., 1994)，ハリネズミ属 *Erinaceus* のヨーロッパ集団 (Santucci *et al*., 1998)，地中海地域のモリアカネズミ *Apodemus sylvaticus* (Michaux *et al*., 1996)，ユーラシア型のハツカネズミ *Mus musculus* (Boursot *et al*., 1996)，中東のメクラネズミ属 *Spalax* (Suzuki *et al*., 1996)，中央アフリカのハダカデバネズミ *Heterocephalus glaber* (Faulkes *et al*., 1997)，アフリカ南部および東部のトビウサギ *Pedetes capensis* (Matthee & Robinson, 1997)，アフリカ南部のケープハイラックス *Procavia capensis* (Prinsloo & Robinson, 1992)，オーストラリアのシマオイワワラビー *Petrogale xanthopus* (Pope *et al*., 1996) およびヒガシシマバンディクート *Perameles gunnii* (Robinson, 1995)，アジアおよびインドネシアのジャコウネズミ *Suncus murinus* (Yamagata *et al*., 1995)，および日本のヤマネ *Glirulus japonicus* (Suzuki *et al*., 1997) が挙げられる．小型の哺乳類に認められるカテゴリーⅠの系統地理パターンのもう1つの例を図 4.6 に詳述した．

　これらの事例の多くにおいて，mtDNA の主要なギャップの地理的位置は各々独自の証拠によって裏付けられ，それによって長期の集団の隔離や遺伝的分化が説明されている．たとえば，米国南東部のミナミホリネズミが持つ 2 つの主な mtDNA 系列は，異なるアロザイム対立遺伝子が固定している地域と一致している．これは西部のセイブホリネズミにおける mtDNA 系統群の事例も同様である．ポケットネズミにおける主要な mtDNA 系列の場合も，チワワ砂漠とソノラ砂漠の間で，伝統的に認められてきた二型と一致している．この二型は核遺伝子にコードされたタンパク質，核型，および形態においても異なっている．日本のヤマネでは，2 つの主要な mtDNA 系統群は，核のリボソーム遺伝子や Y 染色体上の性決定遺伝子座の塩基配列においても，調べられた範囲ではっきりと異なっている．アフリカのトビネズミでは，核型と形態において異なる南アフリカと東アフリカの集団に 2 つの主要な mtDNA 系列が分布している．

　多くの事例で，mtDNA の系統地理についての解釈は，地理的もしくは分類学的証拠から支持されてきた．ヨーロッパにおけるハタネズミの 2 つの主な mtDNA 系列は，イベリア半島に分布するアナウサギの 2 つの主な mtDNA 系列同様，おそらく更新世の間の氷河からのレフュージア（refugia，退避地）と一致するように思われる．コスタリカのチェリーホリネズミでは，2 つの分岐の深い mtDNA 系列がティララン火山脈によって分断されている．おそらくこの山系が，長期にわたって遺伝的交流に対する障害となってきたのだろう．ヒガシシマバンディクートの大きく分化した 2 つの mtDNA クレードは，タスマニア島の集団をオーストラリア本土の集団から分けている．分布域の重なるハツカネズミのヨーロッパ集団では，2 つの主要な mtDNA クレード (Ferris *et al*., 1983a, b) が分類単位（亜種または種）と，おおよそ合致する．それらは形態的にも核遺伝子でも異なっているが，狭い接触帯で交雑している (Hunt & Selander, 1973)．もっと広い地理

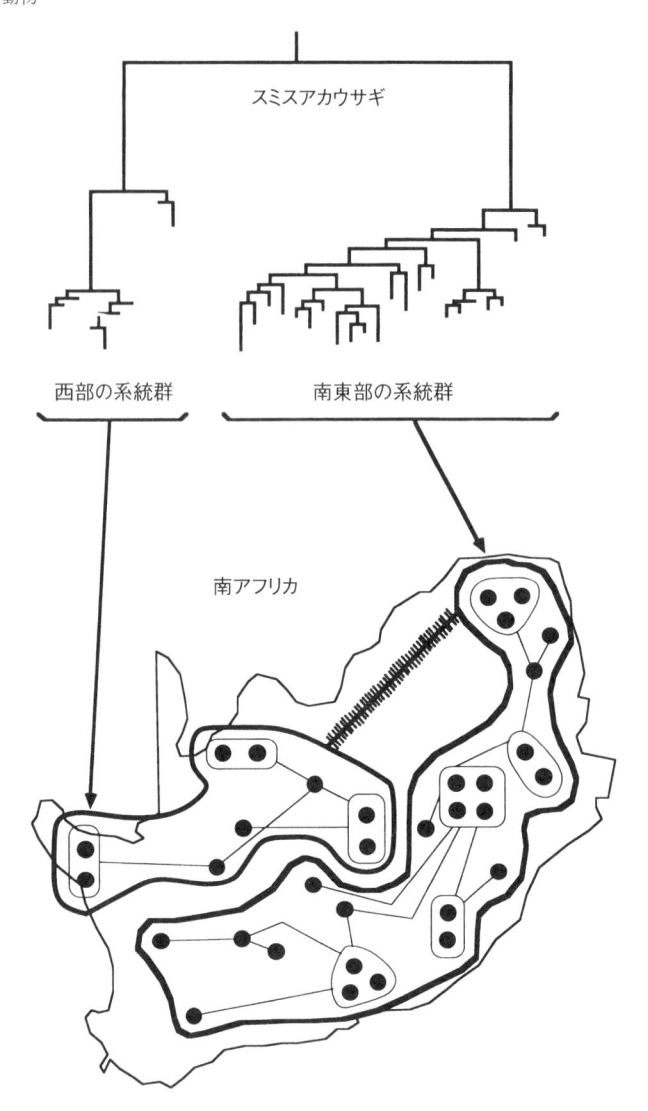

図 4.6　スミスアカウサギ Pronolagus rupestris におけるカテゴリー I の系統地理パターン（Matthee & Robinson, 1996）．上：mtDNA の RFLP 解析に基づく系統．下：南アフリカの地図に重ねた母系統（黒点はそれぞれ異なるハプロタイプを示す）．2つの主要な系統群が非常に多くの突然変異（40 以上）で隔てられている．一方，系統群内では 1〜12 箇所の突然変異が推定されるだけである．

的スケールでは，mtDNA 系列によってハツカネズミの他の地域集団も区別される．そして核遺伝子の情報とともに，インド亜大陸の北部がハツカネズミ類の進化的多様性の起源となった場所であることを示している（Din et al., 1996）．

一方，小型哺乳類のいくつかの種では，深く分岐した mtDNA 系列のパターンが，別の遺伝的形質もしくは他の証拠と，一部の地域で一致しないことが示されてきた（Boissinot & Boursot, 1997）．たとえば，デンマークやスウェーデンの一部では，西ヨーロッパのハツカネズミ Mus musclus domesticus に特徴的な mtDNA の遺伝子型が，遺伝

や形態によって東ヨーロッパの亜種 *Mus m. musclus*（別種とすることもある）と見なされる集団中に固定されている．この不一致のパターンは，おそらく *domesticus* の雌が *musculus* の分布域へ侵入した証拠であると考えられている．そして，侵入に続く遺伝子浸透により，両者の細胞質遺伝子の置換が集団レベルで生じたためと考えられる (Gyllensten & Wilson, 1987; Vanlerberghe et al., 1988)．遺伝子浸透に関する同様なシナリオで，スカンジナビア北部のヤチネズミ類（*Clethrionomys rutilus, C. glareolus*）の地域集団における mtDNA 系列の分布と，分類学的種の境界の不一致が説明されている (Tegelström, 1987)．米国西部の一部地域でのホリネズミ類 *Thomomys* の mtDNA と核遺伝子マーカー，そして分類学的境界の不一致も同様に説明できる (Patton & Smith, 1994; Ruedi et al., 1997)．

細胞質の二次的移入以外の進化的要因による，ミトコンドリアや核の系統地理の不一致の報告例もある．たとえば，トガリネズミ (*Sorex araneus* 群) の主要な mtDNA 系列の地理的分布は，ヨーロッパで本種が経てきた集団の歴史をあらわしている．ところが，染色体の突然変異は何度も独立して（核型データのホモプラシーとして）生じたと推測されている (Taberlet et al., 1994)．あるいはそのような染色体変異は，祖先からの多型の保持によるか，もしくは雄の二次的な地域間伝播の結果と考えることもできる（一般に，縄張りを持つ性質の強い雌よりも，雄のほうが定住性が少ない）．

種の分布域全体で見たときに，深い分岐で系統地理的に分けられる多くの小型哺乳類は，地域内の連続的な空間の中でも遺伝子系列の地理的構造を示す．そのような構造は，一般に，近縁な遺伝子系列によって構成される．

そしてそれは，中もしくは小進化的な時間スケールの中で生じた一時的な地理的分断や，分散が制限されることによって生じる．このような遺伝的集団構造は，主に祖先系列の多型をもとに形成され，稀に新規の突然変異によって形成されると思われる（たとえば，Good et al., 1997)．集団の遺伝子系列の時間的な変動を直接調べた例に Thomas ら (1990) の研究がある．Thomas らは，現性のカンガルーネズミ *Dipodomys panamintinus* 集団と，1900 年代初期に同じ場所で捕獲されて博物館に保存されていた毛皮の mtDNA の塩基配列を比較した．その結果，捕獲場所間でハプロタイプ頻度には差が生じていたが，それぞれの場所では mtDNA の塩基配列に時間的な連続性が認められた．

遺伝子系列の構造は，近縁な血縁個体間に見られる母系系統という，極端に微細な空間スケールの解析にも使えることがある．

コットンラット *Sigmodon hispidus* の場合，さまざまな mtDNA ハプロタイプが 3 ヘクタールの農場の中で局在している (Kessler & Avise, 1985)．また，同じことが 25 ヘクタールの農場に分布するアメリカハタネズミ *Microtus pennsylvanicus* (Plante et al., 1989) の mtDNA や，1 ヘクタールの区画におけるヤチネズミ *Clethrionomys rufocanus* の mtDNA (Ishibashi et al., 1997) についてもいえる．そのような系譜の微細構造は，おそらく，新たな家族が次々と生じ，それらの間にある空間的なつながりが分散によって消え去ってゆくことにより，時間的空間的にめまぐるしい変化を見せるだろう．

多くの種で，個体数変動や生物地理学的な歴史は，深い構造と浅い構造の入り混じった複雑な系譜を生じさせるだろう．たとえば，北米南西部で断片的に連なる山岳地帯の中で

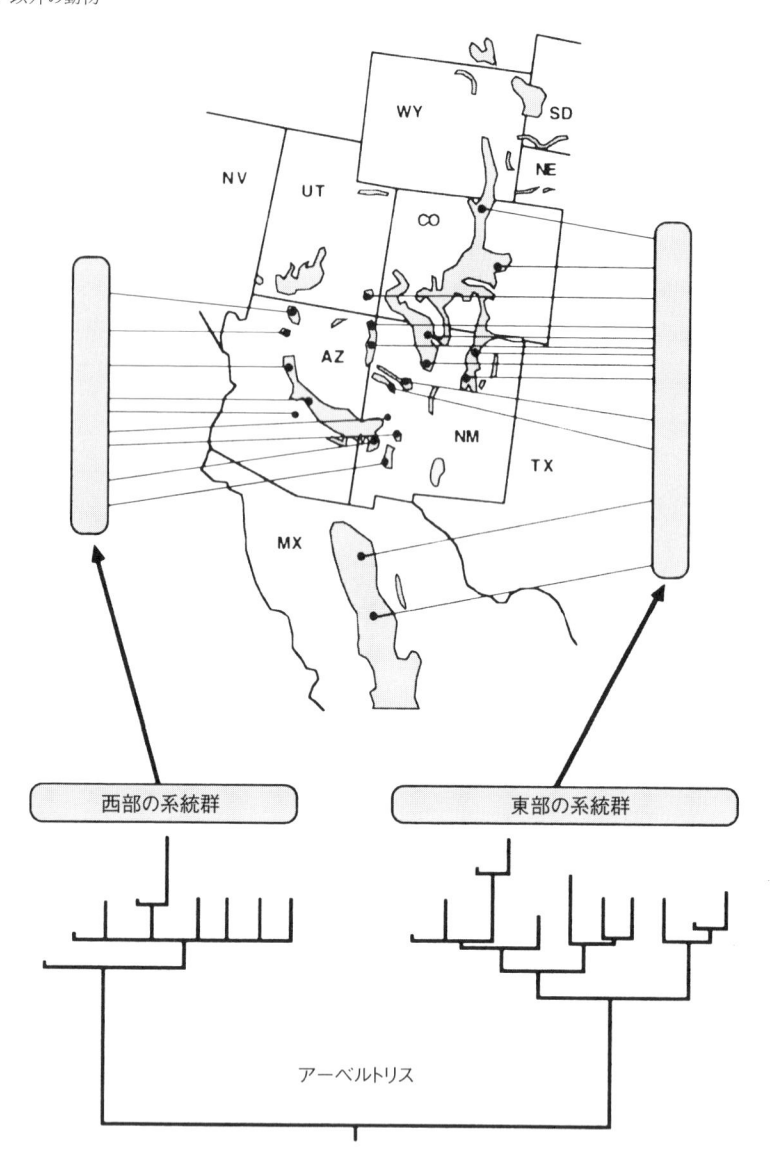

図 4.7 アーベルトリス Sciurus aberti の系統地理パターン (Lamb et al., 1997). 下：mtDNA 解析に基づく母系系統. 上：このリスの生息場所となるポンデローサマツの生える山の分布（影を付けた部分）.

複雑に分布する針葉樹の混合林には，おびただしい哺乳動物が住んでいる．それらの動物の現在の分布は，過去に起きた分断や分散のさまざまな時間的組み合わせで説明されてきた．樹上性リスを例に挙げる．

北米南西部のアーベルトリス Sciurus aberti の不連続な集団構造の起源に関する生物地理学上の仮説は，3 つある．

(1) 更新世の針葉樹林に広く分布していた祖先集団が分断され，遺存的に残った．
(2) 生息に適さない環境を越えて更新世以降に分散した．
(3) 最初に分断が起こり，その後の分散も生じた．

Lamb et al. (1997) は，分子データをもとに，最後の見解と一致することを報告した．

まず，種の全分布域から採集した 22 のリスの集団の中に，21 の異なる mtDNA ハプロタイプが観察された．これらのハプロタイプは，東部および西部の 2 つの系統群に分けられた．これらの系統群は，一方がメキシコからコロラド州およびユタ州に，もう一方がアリゾナ州からニューメキシコ州南西部の山岳地域に分布していた（図 4.7）．これらのことを考慮すれば，現在の空間的な分布および mtDNA 遺伝子系統樹の枝の長さは，更新世初期に起きた集団の分断と，その後の第四紀におけるポンデローサマツの分布の北方への拡大にともなうリスの分散を示すと説明された．

4.7.2 大型の陸生動物

多くの小型の陸生哺乳類は分散能力が限られているので，そのような種が mtDNA の顕著な系統地理的構造を示すのは，驚くほどのことではない．しかし，高い移動能力を持つ大型の陸生哺乳類に関してはどうだろうか．

アフリカのサバンナに同所的に分布する数種のウシ科の動物について，mtDNA の同様な解析方法を用いて調べたところ，推定された系譜は種によって異なっていた（Templeton & Georgiadis, 1996）．Templeton アルゴリズム（第 2 章）を用いれば，アフリカスイギュウ Syncerus caffer の系統地理パターンは，距離による隔離によって遺伝子流動が制限されたと考えれば矛盾なく説明できる（Simonsen et al., 1998 も参照）．しかし，インパラ Aepyceros melampus とオグロヌー Connochaetes taurinus のパターンは限定的な遺伝子流動，集団の断片化，および時折生じる長距離分散がさまざまな割合で混合している．グラントガゼル Gazella granti では，隣り合う集団が顕著な mtDNA 変異によって区別される．それらの集団は，かつて異所的に分断された後，おそらく最近になって接触したのであろう（Arctander et al., 1996）．

アルゼンチンからブラジル中部におけるパンパスジカ Ozotoceros bezoarticus の mtDNA ハプロタイプの分布は，この動物の現在の集団が距離による隔離の影響を受けているが，過去に集団の分断を経験していないことを示唆している（系統地理カテゴリー III）（González et al., 1998）．他の大型哺乳類ではカテゴリー I と III の中間を示す系統地理パターンも認められている．たとえば，ボルネオ島のスマトラサイ Dicerorhinus sumatrensis の集団には，マレー半島やスマトラ島のサイとは異なるハプロタイプが固定しているが，mtDNA の調節領域の塩基配列の分化はそれほど大きくなかった（$p \approx 0.01$）（Morales et al., 1997, Amato et al., 1995 も参照）．

いくつかの大型哺乳類では，かなり大きな系統地理上のギャップ（カテゴリー I）が報告されてきた．こうしたギャップの存在は予期されなかったものであるが，これまでの知見を裏付けるものであった．たとえば，Morin ら（1993, 1994, Goldberg & Ruvolo, 1997 も参照）はチンパンジーに 2 つの大きく分化した mtDNA 系列を見出した．この mtDNA 系列はアフリカ東部の集団（Pan troglodytes troglodytes, P. t. schweinfurthii）と，そこから地理的に分断されている西部の集団（P. t. verus）に対応している．これらの亜種（形態的にはほとんど変わらない）の原記載は異所的分布のみを根拠にしていた．Morin ら（1994）は新たに確認されたチンパンジーの系統地理的グループは学術的に興味深いだけでなく，種の保全に関する問題も含んでいると強調した．

これまで，チンパンジーは遺伝的に均一である，という前提で飼育が行われてきたが，

上記の結果は彼らの示すさまざまな行動学的・生理学的差異についての解釈に影響を与えるだろう．同様のことは，最近アフリカ中央部で発見されたもう1つの異なるチンパンジーの遺伝子系列にも当てはまる（Gonder et al., 1997）．ゴリラ Gorilla gorilla (Garner & Ryder, 1996; Saltonstall et al., 1998)，オランウータン Pongo pygmaeus (Ryder & Chemnick, 1993; Xu & Arnason, 1996; Zhi et al., 1996, ただし Muir et al., 1998 も参照），そしてブタオザル Macaca nemestrina (Rosenblum et al., 1997) といった類人猿にも（図3.6），mtDNA解析の結果，深く分岐した系統地理学的な遺伝子系列が確認されている．

同様に，他のいくつかの大型哺乳類にも，中程度かまたは深い mtDNA の系統地理的分岐が存在する．北米のミュールジカ Odocoileus hemionus とオジロジカ O. virginianus も地理的な構造を持っている (Carr et al., 1986; Cronin et al., 1991a; Cronin, 1992)．たとえば，オジロジカの場合，米国南東部に3つの系統地理的単位が存在しており，それらはフロリダの南端，大西洋岸，およびフロリダ半島より西の大陸地域に分かれている．この分布は，同所的に見られる他の脊椎動物の主要な系統群の分布とほぼ一致しており，また地史とも一致している (Ellsworth et al., 1994a)．

mtDNA の系統地理にはっきりとした構造が認められる大型哺乳類には，以下のような例もある．ヒョウ Panthera pardus の場合，ミトコンドリアと核 DNA の解析結果を組み合わせることで，アフリカ，中央アジア，インド，スリランカ，ジャワ，および東アジアに，遺伝的に異なる，地理的に隔離された6つの集団の存在が示された (Miththapala et al., 1996)．また，アフリカのリカオン Lycaon pictus は，系統学的に見て少なくともアフリカの南部，および東部の2つの異なるグループに分けられる (Girman et al., 1993; Roy et al., 1994a)．キットギツネ/スウィフトギツネ種複合体を構成する2種が北米のロッキー山脈の両側にそれぞれ分布するのも同様である (Mercure et al., 1993)．アジアゾウ Elephas maximus には2つの大きく分化した mtDNA 系列があり，これらの系列には地理的なパターンが見られる．しかし，スリランカおよびアジア本土で従来から認められている2つの亜種とは一致しない (Hartl et al., 1996)．反対に，米国南東部のクビワペッカリー Tayassu tajacu に見られる2つの大きく分化した mtDNA 系列は，以前に分類された亜種とよく一致している (Theimer & Keim, 1994)．

ヒグマ Ursus arctos には，旧世界にも新世界にもいくつかの非常に異なる mtDNA 系列が観察されてきた (Randi, 1993; Randi et al., 1994; Taberlet & Bouvet, 1994; Taberlet et al., 1995; Talbot & Schields, 1996; Waits et al., 1998)．世界的に見ると，最も分岐の深い mtDNA クレードには地理的なパターンがあり，おそらく更新世の気候変動による集団の断片化を反映している．ヒグマに近縁なホラアナグマ Ursus spelaeus はおよそ2万年前に絶滅したが，この種の化石標本の1つから mtDNA の調節領域の一部が PCR 法で増幅され，その塩基配列が現生のヒグマと比較された (Hanni et al., 1994)．その結果，ホラアナグマは，現生のヒグマに残る主要な遺伝子系列のいくつかが分岐し始めたのとほぼ同時期（第四紀の初期）に，そうした枝の一部から分化したことが示唆された．

ときには，カテゴリー III か V の系統地理パターンを示すように見える種が，より詳細

な地理的調査で，カテゴリーⅠのパターンに変わってしまうことがある．わかりやすい例として，アメリカクロクマ Ursus americanus が挙げられる．この動物は，初期の調査では北米のロッキー山脈の東部において最小限の mtDNA の分化しか示さなかったが (Cronin et al., 1991b; Paetkau & Strobeck, 1996)，後にもう1つの主要な系統地理的単位がカナダ西部の沿岸地域で発見された (Byun et al., 1997; Wooding & Ward, 1997)．このことから，アメリカクロクマの集団は，氷河期に北米大陸の太平洋岸北西部地域と東部地域にそれぞれ残った森林地帯で更新世を生き延びたと示唆される (Wooding & Ward, 1997)．

種内の mtDNA 系統樹が深い分岐で分けられる場合，ほぼ例外なく地理的に隔離された地域集団に対応する．そのため深く分岐した系列が同所的な事例は（カテゴリーⅡ），特別な場合に限られる．Wayne ら (1990) は，アフリカ中央部におけるセグロジャッカル Canis mesomelas の集団内に，高度に分化した mtDNA 系列（塩基配列変異 ≈ 8.0%）を見出した．これに対する明快な解釈はないものの，おそらく一度分離した集団が二次的に混合したか，またはこの種が異例に大きな N_e を持つ，遺伝子流動の激しい種であって，長期にわたり異なる遺伝子系列が保持されてきたのではないかと思われる (Wayne et al., 1990)．

大型で移動力のある哺乳類には，分岐の浅い mtDNA の系統地理構造しか示さないか，または mtDNA の系統地理構造を検出できない場合も報告されている．これらの動物の現存集団は，おそらく長期にわたって異所的な分断がなく，しかも解析された範囲内では歴史的な結び付きや遺伝子流動が比較的最近まで中程度から高度に保たれていたのだろう．例としては，東アフリカのクロサイ Diceros bicornis (Ashley et al., 1990)，アフリカ大陸の東部および南部地域のアフリカゾウ Loxodonta africana (Georgiadis et al., 1994)，オーストラリアのアカカンガルー Macropus rufus (Clegg et al., 1998)，ロッキー山脈のオオツノヒツジ Ovis canadensis (Luikart & Sllendorf, 1996) が挙げられる．また，北米の広い地域に分布する数種類の大型草食動物および肉食動物の例として，ヘラジカ Alces alces，アメリカアカシカ Cervus elaphus (Cronin, 1992)，ジャコウウシ Ovibos moschatus (Groves, 1997)，コヨーテ Canis latrans (Lehman & Wayne, 1991; Lehman et al., 1991)，そしてハイイロオオカミ C. lupus (Wayne et al., 1992; Wayne, 1996) がある．

新北区と旧北区のハイイロオオカミの集団から得た mtDNA 調節領域の塩基配列は，家畜化したイヌ C. familiaris 67 品種の配列とも比較された (Vila et al., 1997)．イヌはオオカミと同等の mtDNA 多型を示し，この2種の母系系統は顕著に浅い遺伝子系統樹の中で混在していた．Vila らは，イヌが10万年以前に家畜化されたと結論しているが，こうした場合の年代推定は祖先の多型に関する確かな知見なしにはあまり有益な情報になり得ない．仮に，異なる mtDNA の遺伝子型を持った複数の子オオカミが初期のイヌの遺伝子プールに含まれていたとしよう．その場合，現生のイヌが示す mtDNA の合着年代はイヌが家畜化した時代よりずっと古いものとなるはずである．Barbujani ら (1998) は，面白いたとえ話をした．「明日にでも，ヨーロッパ人が数人，火星に植民するとしよう．もし彼等が定着に成功したならば，彼等の子孫にとって，ミトコンドリアの共通祖先は旧石器時代のものとなるだろう．しかし未

来の集団遺伝学者がそのことから火星の植民が旧石器時代に起きたと推論するのは賢明ではない」．

いずれにしても，調査されたイヌの品種は小さなトイ・プードルから巨大なジャイアント・マスチフにまでわたっており，そこには非常に大きな形態的多様性が認められる．分子系統解析の結果は，形態的分化が多様化選択（この場合人為的なもの）の影響下では速やかに起きるという，よく知られた問題点に光を当てた．この発見もまた，集団の分岐年代が他の情報によって知られているのでなければ，形態のみを用いて種の系譜の深さを知ろうとしてはいけないことを示している．

4.7.3 空を飛ぶ哺乳類

飛翔能力を持つことから，コウモリは広範囲にわたって最小限の系統地理的構造しか示さないと考えるかもしれない．しかし，この予想はかならずしも当たらない．オーストラリア北部のオーストラリアオオコウモリ *Macroderma gigas* には4つの不連続な集団があり，mtDNAの調節領域でたがいに大きく分化したハプロタイプ（4.5%）が固定している（Wilmer *et al.*, 1994）．この結果は，帰巣本能による雌の長期にわたる定住性，あるいは距離による隔離のいずれか，もしくは両方を示唆している．その後の Wilmer らによる生態観察では，雌の定住性が観察されている．

南ババリアのオオホオヒゲコウモリ *Myotis myotis* のコロニーの間にも mtDNA の集団構造が報告された（Petri *et al.*, 1997）．しかしこの集団構造はオーストラリアオオコウモリほど顕著ではなかった．ヨーロッパアブラコウモリ *Pipistrellus pipistrellus* の場合は，しばしば同所的なコロニーを作りながらも交雑することのない2つの隠蔽種（cryptic species）の存在が，非常に異なる2つの mtDNA 系列（cyt *b* 遺伝子における塩基配列変異で >11%）によって示された（Barratt *et al.*, 1997）．このことは，異なる mtDNA 系列のコウモリが，異なる波長の鳴き声をエコロケーション（反響定位）に用いているという観察からも支持された．カリブ海域のジャマイカフルーツコウモリ *Artibeus jamaicensis* にも2つの異なる mtDNA 系列が存在する．しかし，この事例では，ときとして2つの遺伝型が同じコロニー内に共存しており，生殖隔離が起きているという証拠もない．Pumo ら（1988）は，別の島から来た個体との最近の交配により，mtDNA 系列が失われつつあると推測している．

4.7.4 海生哺乳類

海に生息する大部分の哺乳類（主として鰭脚類とクジラ類）は大型で移動性に富んでいる．そのため，広大な海域で採集された海生哺乳類標本に，mtDNA 系列の変異があまり見られないことは驚くにはあたらない．たとえば，北太平洋やベーリング海で，4,000 km 近く離れた海域間のイシイルカ *Phocoenoides dalli* の母系の系譜は浅く，地理的パターンもほとんど認められない（McMillan & Bermingham, 1996）．同様に，太平洋と大西洋のどちらでもネズミイルカ *Phocoena phocoena* の集団間に遺伝的構造がほとんど，またはまったくない（Rosel, 1992; Wang, 1993; Rosel *et al.*, 1995）．Hoelzel（1994）は，ミトコンドリアおよび核遺伝子からの証拠に基づいて，世界的に分布するナガスクジラ *Balaenoptera physalus* やイワシクジラ *B. borealis* などの種内系統には深い分岐が存在しないことを示した．形態的に区別可能なハシナガイルカ *Stenella longirostris* の集団間にも mtDNA の違いはほとんどなかった（Dizon *et al.*, 1991）．

しかし，実際は海生哺乳類の種内系統が顕著な構造を示すことの方が多く見られる．いくつかの種では，分岐の深い構造によって，長期にわたる集団の隔離を強く示唆している（系統地理カテゴリーI）．他の例では，系列の分岐は浅く（カテゴリーIIIまたはV），生態学的な短いタイムスケールで分化した遺伝子系列であることを示している．すなわち，生まれた場所への定住性，社会的グループへの帰属，または距離による隔離がその要因である．西インド諸島のアメリカマナティー*Trichechus manatus* など，多くの種の分子系統地理的研究では分岐の浅い集団構造も深い構造も報告されてきた（Garcia-Rodriguez *et al.*, 1998）．

海生鰭脚類では，系統地理カテゴリーIを示す次の例がある．ゼニガタアザラシ *Phoca vitulina* の大西洋と太平洋の集団間には，mtDNAの調節領域の塩基配列にある程度の純塩基置換数（>3%）が認められている（Stanley *et al.*, 1996）．ロシア，アリューシャン，およびアラスカ湾の繁殖地におけるトド *Eumetopias jubatus* の集団は，アラスカ州南東部やオレゴン州の繁殖地のものとは顕著に異なっており，氷期の間，異なるレフュージアに集団が隔離されていたことが示唆されている（Bickham *et al.*, 1996）．カリフォルニアアシカ *Zalophus californianus* では，南カリフォルニアの太平洋岸とバハカリフォルニアの3つのコロニーが，mtDNA調節領域の塩基配列においてカリフォルニア湾のコロニーと異なっており，このことから，地域ごとの定住性と，長期にわたる遺伝的な隔離が示唆される（Maldonado *et al.*, 1995）．ハイイロアザラシ *Halichoerus grypus* では，北大西洋の西部と東部の集団がmtDNAの塩基配列において異なっており，この違いは両集団が約100万年前に分離したことを示唆している（Boskovic *et al.*, 1996）．

また，数種の小型クジラ類でも，母系系統の空間的構造が知られている．バンドウイルカ *Tursiops truncatus* の大西洋と太平洋の集団は mtDNA が系統的に異なっており，さらに大西洋の多様な集団間に細かな構造が含まれている（Dowling & Brown, 1993; Hoelzel *et al.*, 1998b）．前述したネズミイルカの場合，同じ海洋内ではほとんど遺伝的分化がない一方で，同じ解析によって北大西洋と太平洋東部の集団が，塩基配列の大きく異なる mtDNA 系列（>2.4%）に固定されている．

微細な空間スケールでも，海生哺乳類に浅い系譜の構造が検出されるときがある．おそらく，これらのパターンは定住的な行動を反映するか，または分散の短期的な阻害を反映しており，遺伝子流動に対する長期的な物理的障壁の存在を反映したものではない．たとえば，ニュージーランドの海岸線沿いの連続した水域に住むヘクターイルカ *Cephalorhynchus hectori* の集団は，空間的に3つに区別されており，分岐の浅い mtDNA 遺伝子系統樹の異なる枝を占めている（Pichler *et al.*, 1998）．すでに述べたゴマフアザラシは，大西洋と太平洋の主な系統群内にそれぞれ下位構造が入れ子状に含まれており，それぞれの海洋の，西部と東部の繁殖地が区別される（Stanley *et al.*, 1996）．オーストラリアとニュージーランドのニュージーランドオットセイ *Arctocephalus forsteri* は，分岐の浅い mtDNA の集団構造を示す（Lento *et al.*, 1994）．北太平洋周縁部のいくつかのラッコ *Enhydra lutris* の集団は，mtDNAハプロタイプの頻度に顕著な相違を示すが，これらの各ハプロタイプはたがいに近縁である

(Cronin et al., 1996a; Scribner et al., 1997). これらの結果は，どちらかといえば過去に密接なつながりを持っていた集団間で，現在，遺伝子流動が限られていることを示唆している．

クジラ類の多くは母系社会で，血縁関係にある雌を中心に組織された社会である (Amos et al., 1993; Baker & Palumbi, 1996). したがって，集団遺伝学的な特性として，母系系統には空間的な構造があると考えられる．たとえば，3つの大洋のザトウクジラ Megaptera novaeangliae はそれぞれ異なる mtDNA で分けられる．これは，回遊経路が母親中心に決められるためと思われる (C. S. Baker et al., 1990, 1993, 1994, 1998). おそらく，この回帰性は，母親が毎年行う低緯度海域と高緯度海域間の回遊に子クジラをともなうので発達するのだろう．集団レベルでは，この結果，mtDNA の遺伝子型と回遊経路が結び付くことになる (Palsbøll et al., 1995; Baker & Palumbi, 1996; Larsen et al., 1996).

母親主導の季節的な生息場所への回帰 (maternally directed philopatry) は，新北区のシロイルカ Delpinapterus leucas (Brown Gladden et al., 1997; O'Corry-Crowe et al., 1997)，および大西洋北西部のイッカク Monodon monoceros (Palsbøll et al., 1997) に見られる母系の集団構造の説明に用いられてきた．雌を中心とする社会的グループの形成は，全世界から捕獲されたマッコウクジラ Physeter macrocephalus の浅くはあるが有意な mtDNA 変異の主な原因であるかもしれない (Lyrholm et al., 1996; Lyrholm & Gyllensten, 1998). 一方，北大西洋のナガスクジラの核およびミトコンドリアの対立遺伝子頻度における統計的に有意な不均質性は，夏季の餌場への母親主導の回帰性よりもむしろ，距離による隔離によるものと考えられる (Bérubé et al., 1998).

太平洋北西部のシャチ Orcinus orca には，遺伝的に区別できる同所的な2つの群れがあり，それぞれ摂餌戦略が魚と哺乳類に特化している (Hoelzel & Dover, 1991). シャチの群れの構成員は一定の行動圏を持ち，一生，生まれた群れにとどまる傾向を持っている．このような行動は，社会的に習得された摂餌習慣とあいまって，本来ならば高度な移動力を持つこの動物に，微細な空間的，遺伝的な集団構造を生じさせているらしい (Hoelzel et al., 1998a). マイルカ Delphinus delphis では，2つの（くちばしの長短で）区別できる形態型がしばしば同所的に共存している．カリフォルニア南部のマイルカの調査から，この2つの形態型は，常に母系の系譜において，近縁ではあるが異なる2つの系統を占めていることがわかった (Rosel et al., 1994). Rosel らは，この2つの型がおそらくは交配せず（少なくともこの地域では，より広範な遺伝的調査が必要），したがって種と呼んでも差し支えないことを示唆した．

要約すると，哺乳類の mtDNA に関する系統地理的調査の結果は，個々の生物の行動，自然史，および過去の生息環境の相違などの全体的な結果が広く混じりあった状態を示している．小型で移動性に乏しい陸生哺乳類のほとんどは，顕著な系統地理的な分化を示す．哺乳類一般で，深い系統的分岐に加えて，局所的な系列構造もはっきりとしている．深い系統的分岐は，おそらく更新世かそれ以前の時代に，異所的に分化した祖先集団の地域的な集まりである．多くの大型哺乳類の地域集団もまた，深い系統地理的な分岐を示す．しかし，移動性の強い動物では，地域的な分化は限定的か，広範囲に広がっていると予想される．それにもかかわらず，開けた環境に住

む移動性の高い哺乳類でさえ，少なくとも，中程度の系譜的な集団構造をしばしば示す．これは，行動学的な生息地への回帰性，または集団への帰属などの，その生物自身による分散に対する制限が原因である．

4.8 鳥 類

地理的集団構造と遺伝子流動の程度に関して，鳥には不可解な点がある．まず，鳥類は，その個体（多くの種でとくに雄）が生まれた場所を繁殖地とすることにしばしば強く執着し，そのため遺伝子の移動に厳しい制約がある．また，多くの場合，種内にさえずりかた，体の大きさ，羽毛，または他の表現形質に関する明瞭な地理的変異を示す．その反面，ほとんどの鳥はその飛翔能力と渡りの習性から，分散能力が非常に大きい．アロザイムの対立遺伝子頻度による多数の研究によれば，温帯地方の鳥の集団は，同じ地域で調査されたほとんどの淡水魚，小型哺乳類，爬虫類，そして両生類よりも，遺伝的構造がずっと小さいことが多い（Avise, 1983の総説，Barrowclough, 1983; Ward et al., 1992）．アロザイムのデータを説明する上で厄介なことに，現在の集団間で異なっている対立遺伝子組成は，集団の断片化（場合によっては，種分化）以前に，集団中にすでにあった祖先の多型を反映している場合がある．その場合，集団の歴史を知る上で遺伝子の系譜推定が効果的とはいえない（Zink & Remsen, 1986）．

近年，数種の鳥が系譜学的に再検討され，その結果，多様なmtDNAのパターンが明らかになった（Avise & Ball, 1991の総説，Avise, 1996c; Baker & Marshall, 1997; Zink, 1997）．また，近縁な同属種間でさえも大きく異なるパターンを示すことがあった．たとえば，米国南部のカロライナコガラ *Parus carolinensis* のmtDNAはアラバマ州中央部の東と西の集団間で大きく分化していた．これはおそらく，更新世に発達した氷河によって2つの地域に隔離されたことに由来するのだろう（Gill et al., 1993）．これとは対照的に，アメリカコガラ *P. atricapillus* やカナダガラ *P. hudsonicus* の種内では，ニューヨークからアラスカまで同じmtDNAハプロタイプが分布するのが特徴的である．これらの種はそれぞれ，ウィスコンシン氷河の後退にともなって，ここ1万5,000年以内に，単一の起源集団から全大陸的に分布を拡大したのだろう．

前に述べたように，ハゴロモガラス，セジロコゲラ，ハクガンのような鳥も，北米の多くの地域で，ほとんど，もしくはまったくmtDNAの系統地理的構造を示さない．これもまた，かつて氷河に覆われていた地域への更新世以降の分布拡大が原因だろう．ありふれた（ときに稀な）ハプロタイプが中規模の，または広範な地域に分布している他の例として，ハシボソキツツキ *Colaptes auratus*（Moore et al., 1991），オオクロムクドリモドキ *Quiscalus quiscula*（Zink et al., 1991），ハシブトウミガラス *Uria lomvia*（Birt-Friesen et al., 1992），ウタスズメ *Melospiza melodia*（Zink & Dittmann, 1993a），ヌマウタスズメ *Melospiza georgiana*（Greenberg et al., 1998），チャガシラヒメドリ *Spizella passerina*（Zink & Dittmann, 1993b），ハシボソミズナギドリ *Puffinus tenuirostris*（Austin et al., 1994），コオバシギ *Calidris canutus*（Baker et al., 1994），ソウゲンライチョウ類 *Tympanuchus*（Ellsworth et al., 1994b），アブラヨタカ *Steatornis caripensis*（Gutierrez, 1994），ベニヒワ類 *Carduelis*（Seutin et al., 1995），オナガガモ *Anas acuta*（Cronin et al., 1996b），アオカワラヒ

ワ *Carduelis chloris* (Merilä *et al.*, 1997), オガワコマドリ bluethroat *Luscinia svecica* (Questiau *et al.*, 1998) が知られている．

しかし，他の鳥の仲間はさまざまな空間的スケールで顕著な mtDNA の分化を示す．カロライナコガラや第 2 章で述べた 2 種のヒメドリ類に加えて，そのような変異を示すものにはカナダガン *Branta canadensis* (Shields & Wilson, 1987; Van Wagner & Baker, 1990; Quinn *et al.*, 1991), オーストラリアマルハシ *Pomatostomus temporalis* (Edwards & Wilson, 1990; ただし Edwards 1993a, b も参照), ハイムネメジロ *Zosterops lateralis* (Degnan & Moritz, 1992), ハイエボシガラ *Parus inornatus* (Gill & Slikas, 1992), ノドグロアメリカムシクイ *Dendroica nigrescens* (Bermingham *et al.*, 1992), ダチョウ *Struthio camelus* (Freitag & Robinson, 1993), マミジロコガラ *P. gambeli* (Gill *et al.*, 1993), アンチルムナフイカル *Saltator albicollis* (Seutin *et al.*, 1994), ハマシギ *Calidris alpina* (Wenink *et al.*, 1993, 1996), ゴマフスズメ *Passerella iliaca* (Zink, 1994), マミジロミツドリ *Coereba flaveola* (Seutin *et al.*, 1994), ニシノビタキ *Saxicola torquata* (Wittmann *et al.*, 1995), キイロアメリカムシクイ *Dendroica petechia* (Klein & Brown, 1995), ウミガラス *Uria aalge* (Friesen *et al.*, 1996), ズアオアトリ *Fringilla coelebs* (Baker & Marshall, 1997; Marshall & Baker, 1997), サボテンムジツグミモドキ *Toxostoma lecontei* (Zink *et al.*, 1997), キバラアメリカムシクイ *Dendroica adelaidael* (Lovette *et al.*, 1998) が挙げられる．この中の数種を含む例については Helbig ら (1995) および Avise & Walker (1998) の総説にまとめられている．

ニュージーランドに住むキーウィ *Apteryx australis* は飛翔能力がなく，有益な事例となる．この鳥には明らかな系統地理的構造が見られる．どの集団も固有の mtDNA ハプロタイプを持っており，さらに南島の南端部のキーウィは，mtDNA の塩基配列および他の遺伝的形質において，この島の他の地域のキーウィ集団から，おそらく別種と認められるレベルで大きく異なっている．ただし，形態的には類似している（A. J. Baker *et al.*, 1995）．このどちらかといえば定住性の強い鳥（図 4.8）を特徴付けるカテゴリー I の系統地理パターンは，多くの小型陸生哺乳類と非常によく似ている．

深い分岐の mtDNA の系統地理的構造を持つ鳥では，集団の分かれ方が形態，地理的分布，その他の独立した証拠と一致するので，母系のクレードは生物学的な意味を持つ．たとえば，カナダガンに見られる 2 つの識別可能な mtDNA クレードは，古くから認められている体の大，小の 2 亜種に対応する．そして，北米のこれら 2 亜種の繁殖地は，そのほとんどが地理的に隔たっている．ハマシギの 5 つの主要な mtDNA クレードはこの鳥の地域的な繁殖集団に対応している．すなわち，ヨーロッパ，シベリア東部，シベリア中央部，アラスカ，およびカナダの 5 集団である．また，mtDNA の情報は，異なる繁殖地由来のハマシギが渡来地や越冬地では混じりあっていることも示している（Wenink & Baker, 1996）．トゲオヒメドリの深く分岐した 2 つの mtDNA ハプロタイプ群もこの鳥の行動や形態の違いと一致しており，ハマヒメドリの 2 つの主要な mtDNA ハプロタイプ群は，大西洋とメキシコ湾の海岸地帯に分布する集団がかつて隔離されていた，という別の根拠からも支持される．

同様な例は他にも多く存在し，主要な種内

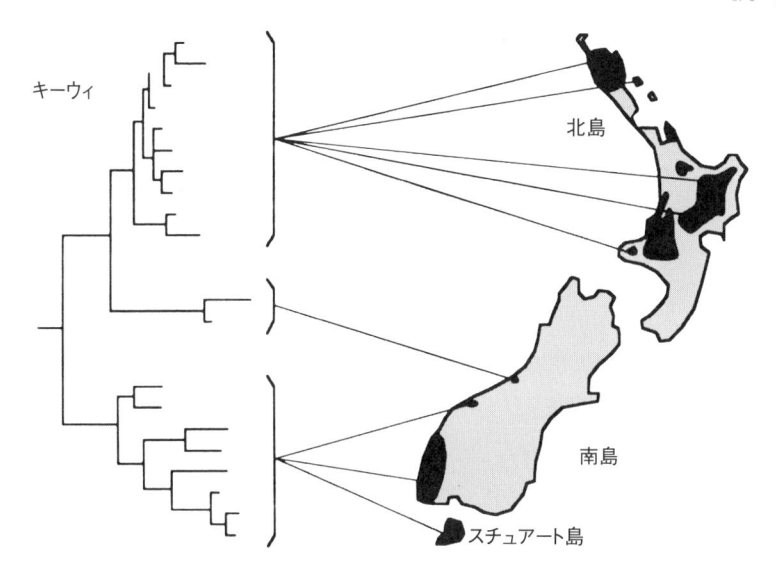

図4.8 キーウィの系統地理パターン (A. J. Baker *et al.*, 1995). 左：ミトコンドリア cyt *b* 遺伝子の塩基配列解析に基づく系統. 右：キーウィの現在の分布域（黒く塗られた地域）を示すニュージーランドの地図. 主要な3つの mtDNA 系統群（>95% の高いブートストラップ値で支持される）の分布を線で示した.

系統群の多くがその種の歴史を mtDNA に保持している. ゴマフスズメでは，4つの母系集団が羽毛の特徴で区別される集団と対応する. ダチョウの主な mtDNA 系列は亜種の分類と一致する. キイロアメリカムシクイでは，北米の渡りをする集団とカリブ諸島の定住性の強い集団の mtDNA ハプロタイプ群がはっきりと分化している. サボテンムジツグミモドキの亜種は，色彩と mtDNA の塩基配列がたがいに大きく異なっていた. ワキアカトウヒチョウ属 (*Pipilo*) では，形態とさえずりが異なるだけでなく，mtDNA も異なる地理的2型があるが (Ball & Avise, 1992)，最近，それら2型は分類学上の種へ昇格した (AOU, 1995). プエルトリコ島，バーブーダ島，そしてセント・ルシア島のそれぞれに隔離分布するキバラアメリカムシクイの集団は，mtDNA 系列では相互に単系統であり，大陸の鳥の種間に相当するほど塩基配列が分化している. mtDNA の解析が行われた13種の全北区の鳥のうち，少なくとも

7種は，アジアと新世界を分けるベーリング海で，大きく分化している (Zink *et al.*, 1995). 米国南西部の乾燥地帯の鳥の，解析されたほぼ50% が顕著な mtDNA 変異を示したが，これはおそらく砂漠的な生息環境が過去に島状の分布をしていたため，集団が隔離されたことを反映しているのだろう (Zink, 1997).

このような知見から，鳥類に見られる深い分岐の mtDNA クレードが，過去の集団レベルの強い隔離に起因することがあると考えられる（ただし，分断の経験がない鳥が昔からの遺伝子系列を保持している場合もある）. したがって，mtDNA に想像もしないような系統地理上の分断が報告されても，その内容が充分吟味されているならば，その解釈を軽々しく退けるべきではない. たとえば，Gill ら (1993) の報告では，連続的に分布し，形態的にも変化の認められないカロライナコガラの mtDNA に，明瞭な2系列が存在する. こうした分化は，これまで想像もされな

系統地理 カテゴリー	種内mtDNA 遺伝子系統樹	地理的分布域 (●, A;　□, B)	実際の例
I		●●●●□□□	カナダガン トゲオヒメドリ ハマヒメドリ ゴマフスズメ ハマシギ カロライナコガラ キーウィ
II		●□ ●□ ●□ ●□ ●□ ●□	ハクガン アデリーペンギン
III, IV または V		●□ ●□ ●□ ●□ ●□ ●□ ●□	ハゴロモガラス セジロコゲラ チャガシラヒメドリ オオクロムクドリモドキ ソウゲンライチョウ類
ごく最近の ボトルネック		● ●□ ●□ ●□	コオバシギ

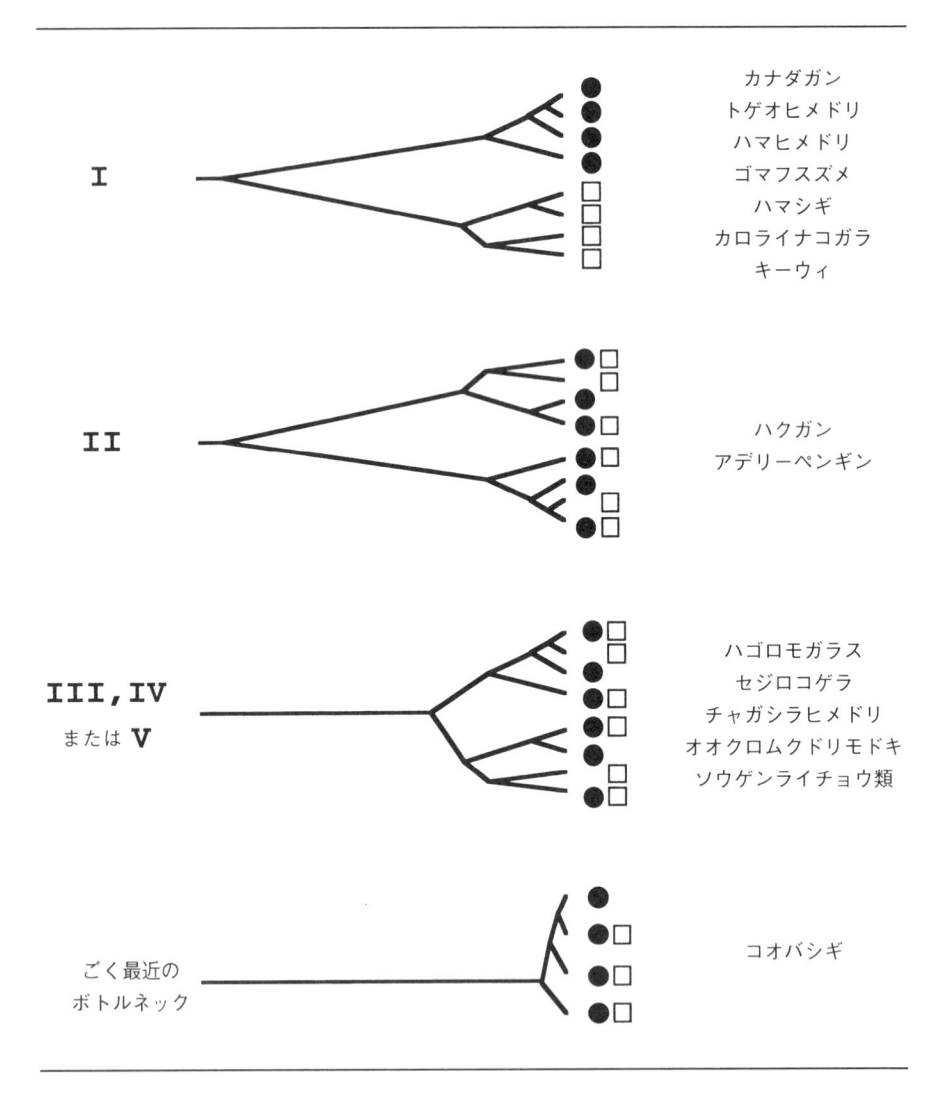

図 4.9 鳥類の mtDNA 系統地理パターンの模式図．系統地理カテゴリーは図 4.1 と本文に記述されているものと同じである．

かったが，Gill らが示唆するように，アラバマ州中央部のどこかで，東部と西部の集団が少なくとも 100 万年以上隔離されていたことを示しているのかもしれない．

同様に，母系統の分裂が充分に見られないという報告も，集団の歴史に関する有益な情報を含んでいない，として捨て去るべきでない．たとえば，北極で繁殖するコオバシギの地理的集団を mtDNA の解析で識別しようという試みは価値あるものであったが，遺伝子系列の変異が乏しいこともあって，完全な失敗に終わった（A. J. Baker et al., 1994）．しかし，この情報から，コオバシギは更新世後期に小集団化によるボトルネックを経験し，この 1 万年ばかりの間に現在の広大な分布域に拡がったことが推測できた

(Baker & Marshall, 1997).

ウタスズメ，ハゴロモガラス，ベニヒワ類のような鳥は，さえずりかた，行動，そして形態などに明確な地理的変異を示す．しかし，これらの変異はmtDNAの大きな系統地理的分化を反映しているわけではない（Brawn *et al*., 1996 も参照）．このような例は，比較的近い過去に（ウルム氷期以降の分布拡大を通じて）集団間の繋がりが生じながらも，おそらく多様化淘汰によって各地域ごとに（中立的ではない）性質が急速に分化したことを反映しているのだろう．しかし，多くの例において除外できない可能性として，育雛条件や生息環境の違いが非遺伝的要素（生態的可塑性）によっていくつかの生物学的属性の変異を生じさせているのかもしれない（James, 1983; Seutin *et al*., 1995）．

要約すると，mtDNAの系統地理解析によって，鳥の集団構造についての大きな概念的革新があった．鳥類はさまざまな進化的時間スケールで多様なパターンの母系の系統構造を保持している（図 4.9）．そして多くの種は顕著な系統地理的構造（カテゴリーI）を示す．このような構造は，系譜的に深く，他の形質の分化と一致しており，さらに長期間の集団の地理的隔離を示唆するような分布を示す場合がある．他の事例では，近縁な母系系統の頻度だけが集団間で有意な差を示す．分岐の浅い系譜の構造（カテゴリーIIIとV）は，ほとんどの鳥が，その分布の広さに比べて限られた移動しか行わないことと一致している．そしてその原因は，長期間の地理的分断による隔離というよりはむしろ，距離による隔離か，または近い年代に生じた集団の断片化によると思われる．数種の鳥では，広範な地域で，母系系統のつながりが緊密である．このような場合は，集団間で行動上，または形態上の変化があったとしても，それらは極めて最近に生じたのだろう．

4.9 爬虫類と両生類

これらの生物の多くは小型であり，どちらかといえば移動性に乏しい．加えて，爬虫類は，しばしば砂漠のようなパッチ状に分布する生息環境に特化している．また，ほぼすべての両生類の分布は繁殖に必要な，はなればなれの淡水域と結び付いている．したがって，これらの種の系統地理パターンは，顕著な構造を示す小型の陸生哺乳類に類似しているだろう．一般的に，この予想が正しいことが実証されてきた．

4.9.1 陸生および淡水生の爬虫類と両生類

米国南西部のサバクゴーファーガメ *Xerobates agassizi* はよい例となる．分布域全体から捕獲されたサバクゴーファーガメの分子解析から，3つの深く分かれた系統地理的単位が明らかになった．これらはたがいにmtDNAの制限サイトが16箇所以上異なっており，さらに局所的なスケールでも近縁なハプロタイプによる集団構造が認められた（Lamb *et al*., 1989）．主要な系統群のうち2つは，コロラド川をはさんで東と西に分布する．コロラド川は，おそらく砂漠に適応した動物にとって長期にわたる分散の障壁となってきた．局所的な集団構造に関しても，もっと広い地域の集団構造に関しても，この砂漠のカメのmtDNAの系統地理パターンは，すでに述べた同じ砂漠地帯におけるポケットネズミに類似している（McKnight, 1995）．

しかし，米国南西部のほとんど，またはすべての砂漠性爬虫類で生物地理的な歴史が共通しているのだろうか？　この疑問は，サバクイグアナ *Dipsosaurus dorsalis* やチャクワ

ラ *Sauromalus obesus* についての研究によって否定された．これらの種では，mtDNA ハプロタイプが地理的な局在性を示すが，それらの種内系統樹は，コロラド川などの他の分断群にとって重要な分断要素とまったく関連性を持たなかった（Lamb et al., 1992）．

この砂漠のカメが示したようなカテゴリー I の系統地理パターンは，近縁な米国南東部産のアナホリゴーファーガメ *Gopherus polyphemus*（Osentoski & Lamb, 1995）や，同じ地域の淡水生のカメであるアカミミガメ *Trachemys scripta*（Avise et al., 1992c），ヒメニオイガメ *Sternotherus minor*（Walker et al., 1995），ミシシッピニオイガメ *S. odoratus*（Walker et al., 1997），トウブドロガメ *Kinostermon subrubrum*，ミスジドロガメ *K. baurii*（Walker et al., 1998a）についても報告されている．これらの種に共通して認められるパターンは第5章でより詳しく議論する．

カテゴリー I のパターンはオーストラリアの熱帯雨林に住むスキンク科の1種 *Gnypetoscincus queenslandiae* でも報告されている．ここでは mtDNA 系統の深い分岐（17箇所のヌクレオチドの違い）が北部の集団と南部の集団を区分している．両集団は，おそらく第三紀後期の気候条件が引き起こした森林の断片化により隔離されたと考えられている（Moritz et al., 1993b; Joseph et al., 1995; Cunningham & Moritz, 1998）．同様に，北米西部におけるツノトカゲ属の1種 *Phrynosoma douglasi* の深い mtDNA の系統地理的構造が報告されている（図 4.10; Zamudio et al., 1997）．同じことが南米の北部・南部地域のボア *Corallus enydris*（Henderson & Hedges, 1995）や，中米・南米のブッシュマスター *Lachesis muta* でも報告されている（Zamudio & Greene, 1997）．

いくつかの爬虫類では，mtDNA の系統地理的構造は浅い．それにもかかわらず，近縁なハプロタイプの分岐関係や頻度差ははっきりとしたパターンを示す（カテゴリー III または V）．たとえば，ウミイグアナ *Amblyrhynchus cristatus* は核遺伝子に関してはガラパゴス諸島全体でほとんど遺伝的分化を示さない．さらに同じことが mtDNA の塩基配列に関しても当てはまる（Rassmann et al., 1997）．にもかかわらず，mtDNA ハプロタイプを（外群を基準として）祖先型から派生型へと配列することで，ほぼ東から西への分布拡大が示されている．しかし，核のマイクロサテライトとミニサテライト遺伝子座からの情報は，距離による効果しか検出できなかった．Brown & Pestano（1998）は同様に mtDNA の塩基配列を用いてカナリー諸島のカラカネトカゲ類 *Chalcides* の定着の歴史を推定した．

カナリー諸島における小進化研究の別の例として，Thorpe ら（1993, 1994）によるカナリアカナヘビ *Gallotia galloti* の研究がある．Thorpe らは，mtDNA の塩基配列と他の遺伝的な証拠を組み合わせることで分布拡大の歴史を調べ，次に形態形質を分子系統樹上にマッピングすることで進化パターンとの関連を推測した（Thorpe, 1996）．たとえば，島ごとに違う背面の模様のパターンは環境条件に関連しており，一方，脚の性差は系統を反映していた．

同じように，系統地理に形質状態のマッピングをするという試みが，バハカリフォルニア地域のハシリトカゲ類 *Cnemidophorus tigris* complex における体サイズの分化と分布拡大の歴史について行われた（Petren & Case, 1997; Radtkey et al., 1997）．mtDNA の系統を基に判断すると，北米大陸のハシリトカゲはカリフォルニア湾の海洋島に少なく

ツノトカゲ属の一種

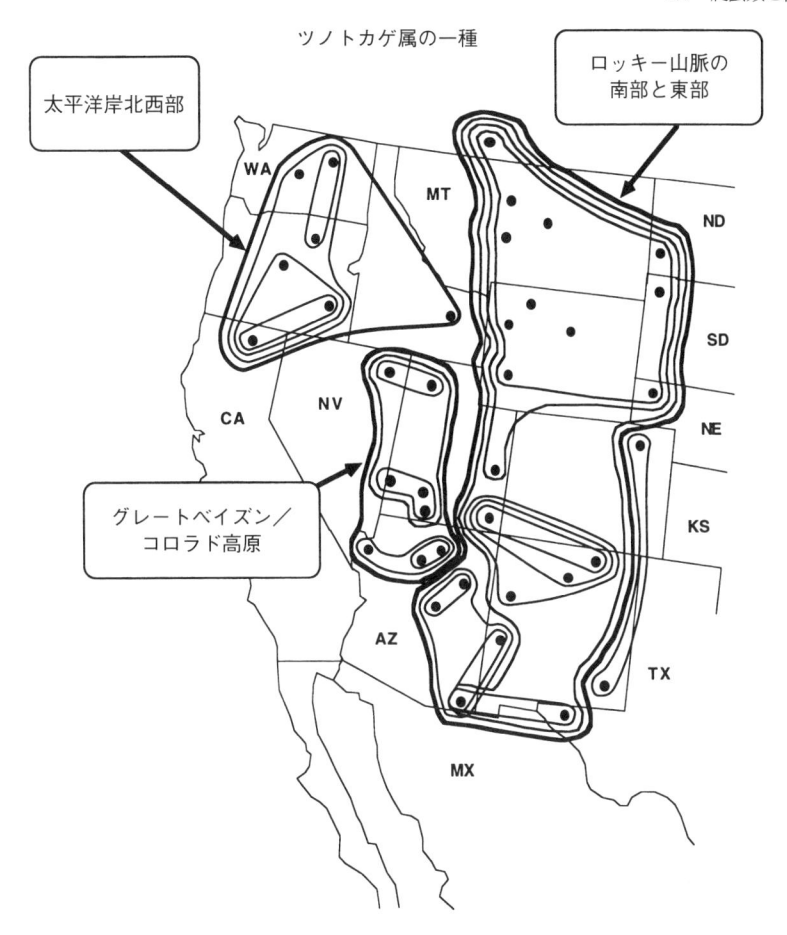

太平洋岸北西部

ロッキー山脈の南部と東部

グレートベイズン／コロラド高原

図4.10 ツノトカゲ属の1種の母系系統地理（Zamudio *et al.*, 1997）．mtDNA遺伝子系統樹内のクレードの地理的分布を，分岐の深さにしたがって同心円で囲ったもの．3つの主要な系統群が認められる．

とも5回，独立に移住した．そして，島ごとに異なる体サイズの集団が分布する現在の状況は，形質解放（character relaxation）と本土にいたときの祖先状態の保持の両方によるものであった（Radtkey *et al.*, 1997）．

両生類でもまた，mtDNAの解析から，次のような系統地理カテゴリーIのパターンが報告されている．従来から知られているカリフォルニアイモリ *Taricha torosa* の2亜種とされる地域集団は，それぞれ母系の遺伝子系統樹で異なる系統枝を占めている（Tan & Wake, 1995）．ケープツメガエル *Xenopus gilli* の集団でも同様の現象が見ら

れる．おそらく新生代後期に南アフリカ沿岸部の生息地で生じた海進によって，このツメガエルの集団は分断された（Evans *et al.*, 1997）．興味深いことに，最近になってその地域に侵入したアフリカツメガエル *X. laevis* は同地域内で系統地理的構造を示さない（Evans *et al.*, 1997）．2倍体のコープハイイロアマガエル *Hyla chrysoscelis* は，北米東部における分布域の東西に，2つの異なるmtDNA系列が分布している（Ptacek *et al.*, 1994）．近縁な4倍体のハイイロアマガエル *H. versicolor* は少なくとも3回，独立して起きた倍数化によってコープハイイロア

マガエル H. chrysoscelis から生じたことが母系系統樹によって示されている (Ptacek et al., 1994).

他の両生類の分断された集団における同様な mtDNA の分化は, 歴史生物地理的な要因の存在を示している. タイワントビアオガエル Rhacophorus taipeianus では, 更新世初期に共通祖先から分岐したと考えられる 2 つの明瞭な mtDNA 系列を保持しており, それぞれ台湾の北部と中央部に分布する (Yang et al., 1994). オーストラリアのアマガエル科の 1 種 Litoria pearsoniana では, 中新世もしくは鮮新世まで起源をさかのぼる 2 つの深いクレードがブリズベン川の峡谷の両岸にあたる山岳地帯にそれぞれ分布している (McGuigan et al., 1998). 北米南西部のアマガエル属の 1 種 Hyla arenicolor では, 2 つの異なる mtDNA 系統群がそれぞれコロラド高原とソノラ砂漠に住んでいる (Barber, 1996). ヨーロッパでは, 染色体も形態もアロザイムも異なるクシイモリ類 (Triturus cristatus 複合種群) の 4 集団の各々が分化した mtDNA を持っており, さらにその中の 2 群 (現在では別種とされている) の mtDNA は, 系統地理的に異なる地域に分布している (Wallis & Arntzen, 1989). イベリア半島のファイアーサラマンダー Salamandra salamandra には, 地域的に異なる 2 つの集団があり, mtDNA および他の遺伝的な証拠から, 河川 (グアダルキビル川) が障壁となって鮮新世に分断されたものと解釈された. この障壁はおそらく他の脊椎動物の種分化にも同様の役割を果たしたと考えられる (García-París et al., 1998, Dopazo et al., 1998 も参照).

オオヒキガエル Bufo marinus では, 2 つの大きく分化した遺伝的集団 (総塩基配列変異にして約 5.5%) が南米北部のアンデス山脈の両側にそれぞれ分布している. おそらくこれは, 270 万年ほど前の東アンデス山系の隆起によって分断されたものと思われる (Slade & Moritz, 1998). この種は 20 世紀になって広く移殖され, いまやオーストラリアやハワイで重大な外来種問題となっている. mtDNA の研究は, この種の導入起源 (南北アメリカの東部系統) を特定し, さらに, 移殖の仮定でボトルネックが生じていることを明らかにした.

米国東部のアメリカオオサンショウウオ Cryptobranchus alleganiensis で見られる数種類の mtDNA 系列の塩基配列の分化はしばしば 3% を越し, ほぼ異所的もしくは側所的に分布している (Routman, 1993; Routman et al., 1994). グループ内の塩基配列の変異が極端に少ない系列の 1 つは, 単一のレフュージアから更新世以降に急速な分布域の拡大をしたことを示しており, ペンシルバニア州からミズーリ州のオザーク山地北部まで広く分布している. 同様に, 米中央部の東部地域に分布するスポッテッドサラマンダー Ambystoma maculatum では, 極めて近縁な mtDNA の系統群がオザーク高地 (Phillips, 1994) や, いくつかの北東部の州から知られており, ここでもこれらの地域全体で, 比較的新しい遺伝子系列が広がっていることが示唆される. この事例では, 第 2 の異なる mtDNA クレードがアラバマ州からミシガン州にかけて, 最初の系統群の分布域と交差するように分布している.

全体的に見て, 有尾類の系統地理パターンの多様性は顕著である. Shaffer & McKnight (1996) は, 北米におけるタイガーサラマンダー Ambystoma tigrinum の mtDNA 調節領域の分析で浅い系列の分岐しか観察できなかった (ただし, 地域的には, さまざまな mtDNA ハプロタイプ群が分布

していた). 別の極端な例として, 米国太平洋岸のエスショルツサンショウウオ *Ensatina eschscholtzii* の集団間の遺伝距離は例外的に大きい. カリフォルニアのいくつかの地理的亜種の間には, 12%を越えるmtDNAの塩基配列の違いがあり (Moritz *et al.*, 1992), このことはアロザイムからの証拠と共に集団の分化が500万年前より古いことを示唆している (Wake, 1997).

4.9.2 単性生殖種

単為生殖などの無性的な方法で繁殖する爬虫類や両生類 (魚類も) は, 少なからず存在する (Dawley & Bogart, 1989). 単性の「生物型 (biotype)」は通常の意味での生物学的な種ではないが, 近縁な (親種となった) 有性生殖種とは遺伝的に隔離されている. 単性の生物型および近縁な有性生殖種についてのmtDNAの解析は, 少なくとも2つの理由から特別な興味が持たれている. それは, (1)mtDNA解析は, 単性種が生じたときの交雑の方向性を示すことができる, (2)単性生殖種は, 有性生殖する種の場合とは異なり, 母系の系統がすべての個体の系図を示すからである.

単性生殖種の系統地理に関しては, いくつかの研究がmtDNA解析の利点を生かして, 地理的, および生物学的な起源を明らかにしてきた. たとえば, ハシリトカゲ属の *Cnemidophorus sexlineatus* 種複合体に見られる9つの単性型のmtDNAハプロタイプは, すべて, 有性の祖先種 *C. inornatus* に属する4亜種のうちの1つ (*C. i. arizonae*) から派生している (Densmore *et al.*, 1989). 単性生殖するヤモリ科の1種 *Heteronotia binoei* には, 主要なmtDNA系列が2つあり, 1つはオーストラリア西部に, もう1つはオーストラリア中央部から西部地域に分布する (Moritz, 1991). 両者のうちより広い分布域を持つ母系クレードに見られるmtDNAの塩基配列変異の乏しさ (同じ分布域の有性生殖種に比べて一桁低い) から見て, このトカゲはおそらくここ数千年間で広大な地域に分布を広げたのだろう. 有性型の同種 (cognate species) のmtDNA系列についての系統推定から, この広域分布する単性のクレードの地理的な起源がオーストラリア西部にあることが確認された.

現在, 太平洋の島嶼に広く分布する単性のオガサワラヤモリ *Lepidodactylus lugubris* やナキヤモリ属の1種 *Hemidactylus garnotii* も, 同様なmtDNAの証拠によって, かなり最近になって分布が拡大したと判断された (Moritz *et al.*, 1993a). おそらく, この浅い系統地理パターンは, これらの生物が, 船に便乗した結果と考えられる. 他の単性の脊椎動物の起源や年代に関する, 分子を用いた研究例については, Aviseら (1992a) の総説で参照可能である.

4.9.3 ウミガメ類

現生の7～8種のウミガメ類の生活史は, 陸上や淡水のカメとは異なり, しばしば個体の生涯に何万kmもの長距離の回遊を行う. 一般に, ウミガメの野外観察は困難であるが, 世代時間は何十年にもわたることや, その間のウミガメの行動や繁殖地への回帰性については有名である. Bowenら (1989) やMeylanら (1990) がはじめたウミガメのmtDNA解析に続いて, 現在では100を越える研究報告があり, これらの種に関する知識の空白を埋めつつある (Bowen, 1996a). これらの研究の分野は, ウミガメの集団遺伝学, 分子進化, そして保全生物学におよんでいる (Bowen & Avise, 1996; Bowen & Witzell, 1996; Bowen & Karl, 1997らの総説を参

照).

ウミガメに関する最初の本格的な mtDNA 解析は，系統地理学における分散と分断の論争に模範的な解答を与えた (Bowen et al., 1989). アオウミガメ Chelonia mydas の主要な繁殖地の1つは，ブラジルとリベリアの中間，大西洋中央海嶺上のアセンション島にある．アセンション島で産卵する雌のアオウミガメは，他の時季には南米沿岸の浅い海域で摂餌している．したがって，繁殖の度に (1 匹の個体は 2 年か 3 年ごとに繁殖期を迎える)，メスはアセンション島へ 5,000 km の回遊を行い，そしてまた南米に戻ってくる．

アセンション島のアオウミガメがどうしてそのように信じがたい回遊経路になったかについて，2つの異なるシナリオがあった．Carr & Coleman (1974) の分断仮説では，アセンション島のアオウミガメの祖先は，アフリカ大陸と南米大陸が分裂して大西洋ができはじめた直後の白亜紀後期に南米近くの島々に営巣していた．その後の 7,000 万年の間に，これらの火山島はプレートテクトニクスによる海洋底拡大によって，1年に約 2 cm ずつ，南米から離れていった．Carr & Coleman はアセンション島への回遊経路は集団固有の生得行動で，生まれ故郷に帰る雌が次第に回遊経路を伸ばしていった，という説を提唱した．このモデルにしたがえば，何千万年もの間，アセンション島の母系系統は本土の繁殖地の母系系統から遺伝的に隔離されていることになる．一方，分散仮説は，大陸からの迷入によって，アセンション島の集団が二次的に形成されたとしている．

Bowen et al. (1989) は，アセンション島の繁殖個体が，南米・中米を繁殖地とする他の集団とは異なる mtDNA の変異を持っていることを示した．しかし，塩基配列変異の程度は小さく ($p < 0.002$)，したがって繁殖地が古代の分断によるとする仮説とは相容れない．分子情報はここ 100 万年以内 (信頼限界の下限値は 0 年前) にアセンション島へアオウミガメが移住したことを示している．

アオウミガメについて mtDNA の調査を世界中で行なった結果，次のことが判明した．
(1) 調査した個体の系統樹は，大西洋-地中海とインド洋-太平洋に 2 分される．
(2) 近縁な mtDNA ハプロタイプが各集団ごとに固定，もしくは固定に近い状態であることによって，各海洋内の繁殖地の間に母系系統の明確な構造が存在することが示された (Bowen et al., 1992; Allard et al., 1994; Encalada, 1996; Encalada et al., 1996).

1つめの結果は，熱帯域に分布が限定されるアオウミガメが，300 万年前頃に生じたパナマ地峡の隆起によって別々の海洋に分断されたとする知見と矛盾するものではない．2つめの結果は，雌の帰巣本能を反映している．もし，個々の雌が，その個体自身が生まれた繁殖地の近くへ帰って産卵するなら，長年のうちに繁殖集団は母系マーカーによって識別できるようになるだろう．

この後者の発見は，第 2 章で強調した母系系統と個体群統計学の繋がりを，明確に示している．最終的には雌が，繁殖地の個体群の遺伝的特徴を左右している．したがって，アオウミガメが繁殖地へと回帰する性質によって，個々の繁殖地は個体群統計学的に独立することになる．この結論は，原理的にはある海洋内の集団が無作為に交配することで (実際には，アオウミガメが無作為に交配することはない—Karl et al., 1992)，核の遺伝子頻度が均質であったとしても，成立する．この mtDNA についての発見は絶滅危惧種でもあるアオウミガメの保全の問題にかかわってくる．繁殖地へ回帰する性質のため，大きく改

変された繁殖地に他の繁殖地の雌を補充しても死亡率を補うことはできない．また人類の活動その他の原因で絶滅した繁殖地を，生態学的なタイムスケールで再生することは困難である．

アカウミガメ Caretta caretta (Bowen et al., 1993b, 1994) およびタイマイ Eretmochelys imbricata (Broderick et al., 1994; Bass et al., 1996; Broderick & Moritz, 1996) の繁殖集団 (rookery) に関しても，同様に顕著な母系系統の構造を持つというmtDNA の証拠が報告されてきた．回遊の途中や，摂餌場所での調査もまた，どの繁殖地に由来するウミガメがさまざまな成長段階でどこに分布するかを明らかにする助けとなっている (Laurent et al., 1993, 1998; Avise & Bowen, 1994; Broderick et al., 1994; Norman et al., 1994; Bowen, 1995, 1996b; Bowen et al., 1995. 1996; Sears et al., 1995; Bass et al., 1996; Norrgard & Graves, 1996; Encalada et al., 1997; FitzSimmons et al., 1997a; Bolten et al., 1998)．これらの研究から見出された一般則として，営巣していないウミガメの個々の群れは，しばしば複数の繁殖地から来たカメで構成されている (Lahanas et al., 1998)．したがって，これらの時期に大量死を招くことがあれば，異なる繁殖地が同時に影響をうけ，保全に関して好ましくない結果を与える．たとえば，アオウミガメの摂餌場所で，この絶滅危惧種の捕獲を許可している国は，たとえその摂餌場所がその国の法に基づく管轄であろうとも，他国の法の下にある複数の繁殖地に負の影響を与える．

ヒメウミガメ種複合体については，複雑な系統地理の問題がある．この種複合体は，メキシコ湾西部の単一の繁殖場所に限定されるケンプヒメウミガメ Lepidochelys kempi と，ほとんど世界中の海に分布しているヒメウミガメ L. olivacea に伝統的に分類されてきた．しかし，これらの分類学的種の形態はほとんど同じであり，またこれらの種の分布には，生物地理学的な意味を見出し難かった．しかし，mtDNA の解析によってヒメウミガメの大西洋と太平洋の集団間の相違は，ケンプヒメウミガメとの相違に比べてかなり小さいことが示された．さらに，これら2種の母系系統の分離は，世界中に分布しているアオウミガメやアカウミガメのどの地域集団間の分岐よりもわずかに大きい (Bowen et al., 1991, 1998)．

また，以前から，mtDNA 解析の結果および伝統的な分類を説明できるかもしれない生物地理学的なシナリオが提唱されていた (Pritchard, 1969)．分布と形態の情報を総合して，Pritchard はヒメウミガメ類の祖先集団はパナマ地峡の隆起にともなって大西洋の祖先型ケンプとインド太平洋の祖先型ヒメウミガメへと分かれ，その後ヒメウミガメは南アフリカの喜望峰を経由して大西洋へ分布を広げたことを示唆した．mtDNA の系統地理パターンと遺伝距離は，この生物地理学的なシナリオに矛盾せず，さらにヒメウミガメの大西洋への進出がこの30万年以内に起きたことを示唆している．

4.10 魚 類

淡水の河川や湖沼は，陸や海で隔てられることによって不連続な構造を持つため，淡水魚が遺伝的集団構造を持つことは当然予想できるだろう．しかし，地形や川の流れは地質年代を通じて変化し，隣接する河川は源流の河川争奪や下流域の統合によって，何度も繰り返し結ばれてきた．その一方で，いくつかの河川は隔離されたまま取り残されてきた可

能性もある．河川の歴史的な連結と分断による全体的な効果によって，淡水に住む魚類の集団は，多少なりとも歴史に対応した系譜の構造を持っている．それに対して，海はほとんど分断されることがなく，移動能力のある種に関しては，淡水域に比べて弱い系統地理的な集団構造を持つことが予測されるだろう．これらの予想は，必ずではないものの，しばしば当たってきた．

4.10.1 淡水魚

淡水魚については，非常に多くのmtDNAの研究が行われてきている（表4.2）．系統樹は，ある場合は浅く，空間的な構造を持たないことも判明している．しかし，通常これらの事例では，調査は単一の水塊内で行われたか，もしくはその種の分布域全体から見てかなり狭い範囲で行われている．たとえば，数種のコイ科魚類は，中国の揚子江の500 kmにわたる流域沿いでは最低限の種内系統地理しか示さなかった（Lu *et al.*, 1997）．アフリカ東部の大きな湖に住むカワスズメ科の数種に関しても同じことがいえる（Bowers *et al.*, 1994; Meyer *et al.*, 1996; Sturmbauer *et al.*, 1997, ただしVerheyen *et al.*, 1996も参照）．*Etheostoma beanii-bifascia*種複合体のダーター類もまた，ほとんどmtDNA変異を示さない（Wiley & Hagen, 1997）．しかし，その分布域はミシシッピ州とアラバマ州の沿岸部の隣接する水系に限られている．

他の魚種ではもっと大きな地理的範囲で調査がされて，もっと深い系統地理的構造が明らかになっている．ウォールアイ*Stizostedion vitreum*の集団は，北米のエリー湖の400 kmの範囲ではmtDNAの弱い構造しか示さなかったが（Faber & Stepien, 1997），米国南部と北部の集団は分布域が離れており，mtDNAの塩基配列も明らかに異なっていた（$p \approx 0.023$）（Billington & Strange, 1995）．

広域に分布する淡水魚を広い範囲で調査した場合，mtDNAに深い系統的分化が認められるのが一般的である．今までに調査された魚種のうち，少なくとも27種（56%）が系統地理カテゴリーIとなる分岐を示し，他の魚種も，より細かな空間スケールにおいて，少なくとも浅い集団構造（カテゴリーIIIまたはV）を示した（表4.2）．わずかな種であるが，深く分岐したmtDNAが広く同所的に存在していた報告もある（カテゴリーII）．

しかし，主要なmtDNA系列が異所的な状態にあるか同所的な状態にあるかは，必ずしも表4.2のまとめから示唆されるほど単純ではない．たとえば，ブルーギル*Lepomis macrochirus*，カダヤシ類（*Gambusia affinis-holbrooki*複合種群），およびオオクチバス*Micropterus salmoides*の集団は米国南東部における東と西の地域の間で明瞭な遺伝子系譜の分岐を示すが，それでも個々の事例においては，二次的な分布重複帯と思われる地域が存在し，そこでは異なる系統群が広範囲で同所的に分布している．ジョージア州，フロリダ半島西部地域（Florida panhandle），およびアラバマ州東部のこのような地域では，遺伝子浸透によって異なる核の遺伝的背景にmtDNA系列が混在してきたように見える（Philipp *et al.*, 1983; Avise *et al.*, 1984b; Scribner & Avise, 1993; Nedbal & Philipp, 1994）．

mtDNAの系統地理パターンは，しばしば第四紀の河川の水系構造をもとに説明されてきた．たとえば，Wilson & Hebert (1996) は，北米の60箇所から集めた900匹近いレイクトラウト*Salvelinus namaycush*を調べて3つの主要なmtDNA系列を確認した．

表 4.2 淡水魚と遡河回遊魚の示す mtDNA の系統地理パターン

種	調査地域, および主な mtDNA 系列	参 考 文 献
系統地理カテゴリー I[a]		
ブルーギル *Lepomis macrochirus*	米国南東部, 東部と西部流域の 2 グループ	Avise *et al.*, 1984b
アミア *Amia calva*	米国南東部, 東部と西部流域の 2 グループ	Bermingham & Avise, 1986
レッドイヤーサンフィッシュ *Lepomis microlophus*	米国南東部, 東部と西部流域の 2 グループ	同 上
スポッテッドサンフィッシュ *Lepomis punctatus*	米国南東部, 東部と西部流域の 2 グループ	同 上
ウォーマウス *Lepomis gulosus*	米国南東部, 東部と西部流域の 2 グループ	同 上
コレゴヌス *Coregonus* species complex	全北区の河川, 4 グループ	Bernatchez & Dodson, 1991, 1994
ブラウントラウト *Salmo trutta*	ヨーロッパ, 5 グループ	Bernatchez *et al.*, 1992
パプフィッシュ *Cyprinodon nevadensis* complex	北米西部, 2 グループ	Echelle & Dowling, 1992
グッピー *Poecilia reticulata*	トリニダード, 2 グループ	Fajen & Breden, 1992
カワマス *Salvelinus fontinalis*	北米東部, 2 グループ	Bernatchez & Danzmann, 1993; Angers & Bernatchez, 1998
カダヤシ類 *Gambusia affinis/holbrooki*	米国南東部, 東部と西部流域の 2 グループ	Scribner & Avise, 1993
オオクチバス *Micropterus salmoides*	米国東部, フロリダ半島と大陸部の 2 亜種	Nedball & Philipp, 1994
イトヨ *Gasterosteus aculeatus*	全北区, 2 グループ	Orti *et al.*, 1994
キュウリウオ *Osmerus* species complex	全北区, 2〜3 グループ	Taylor & Dodson, 1994; Bernatchez, 1997
ベニザケ *Oncorhynchus nerka*	ロシアからブリティッシュ・コロンビア, 2 グループ	Bickham *et al.*, 1995
ウォールアイ *Stizostedion vitreum*	米国東部, 2 グループ	Billington & Strange, 1995
レッドホースミノー *Cyprinella lutrensis*	米国内部, 3 グループ	Richardson & Gold, 1995
カワトゲウオ *Culaea inconstans*	米国五大湖地域, 2 グループ	Gach, 1996
ブラックテールシャイナー *Cyprinella venusta*	米国南部の沿岸州, 4 グループ	Kristmundsdóttir & Gold, 1996
ハナカジカ *Cottus nozawae*	日本北部, 2 グループ	Okumura & Goto, 1996
ログパーチ *Percina caprodes*	米国中央部, オザーク〜オォシタ高原, 3 グループ	Turner *et al.*, 1996
スレンダーヘッドダーター *Percina phoxocephala*	米国中央部, オザーク〜オォシタ高原, 2 グループ	同 上
レイクトラウト *Salvelinus namaycush*	北米東部, 3 グループ	Wilson & Hebert, 1996
ホッキョクイワナ *Salvelinus alpinus*	全北区, 3 グループ	Wilson *et al.*, 1996
ナイルティラピア *Oreochromis niloticus*	アフリカ, 3 グループ	Agnese *et al.*, 1997
ロングフィンデース *Agosia chrysogaster*	米国南西部, 2 グループ	Tibbets & Dowling, 1996
チーブガラクシアス *Galaxias zebratus*	南アフリカ, 4 グループ (おそらく有効種)	Waters & Cambray, 1997

表 4.2　淡水魚と遡河回遊魚の示す mtDNA の系統地理パターン（続き）

種	調査地域、および主な mtDNA 系列	参考文献
系統地理カテゴリーII[a]		
メンハーデン　*Brevoortia tyrannus*	米国大西洋沿岸域	Bowen & Avise, 1990
ギギ科の1種　*Hemibagrus nemurus*	東南アジア、大昔の系列の混合を含む複雑なパターン	Dodson et al., 1995
ハクレン　*Hypophthalmichthys molitrix*	中国、揚子江流域の 500 km	Lu et al., 1997
カワアナゴ科の1種　*Mogurnda adspersa*	オーストラリア、1つの川に異なる3系統群が混在する	Hurwood & Hughes, 1998
系統地理カテゴリーIII, IV, または V[a]		
＊ニジマス　*Salmo gairdneri*（=*Oncorhynchus mykiss*）	北米と北西太平洋	Wilson et al., 1985
アメリカシャッド　*Alosa sapidissima*	大西洋沿岸部、フロリダからケベック	Bentzen et al., 1989; Epifanio et al., 1995
アメリカチョウザメ　*Acipenser oxyrhynchus*	米国南東部、沿岸河川	Bowen & Avise, 1990
シロチョウザメ　*Acipenser transmontanus*	北米西部、2 河川	Brown et al., 1993
サケ　*Oncorhynchus keta*	太平洋北部沿岸	Park et al., 1993
カワスズメ科の1種　*Melanochromis auratus*	東アフリカ、マラウィ湖内の 50 km トランセクト	Bowers et al., 1994
カワスズメ科の1種　*Melanochromis heterochromis*	東アフリカ、マラウィ湖内の 50 km トランセクト	同　上
レッドベリーデース　*Phoxinus eos*	オンタリオ湖中央部	Toline & Baker, 1995
ヘラチョウザメ　*Polyodon spathula*	米国中央部、モンタナ州からアラバマ州	Epifanio et al., 1996
カワスズメ科の1種　*Simochromis babaulti*	東アフリカ、タンガニーカ湖内の 300 km トランセクト	Meyer et al., 1996
カワスズメ科の1種　*Simochromis diagramma*	東アフリカ、タンガニーカ湖内の 300 km トランセクト	同　上
パーチ　*Percina nasuta*	米国中央部、オザーク～オシタ高地	Turner et al., 1996
＊＊＊ソウギョ　*Ctenopharyngodon piceus*	中国、揚子江流域の 500 km	Lu et al., 1997
コクレン　*Aristichthys nobilis*	中国、揚子江流域の 500 km	同　上
アオウオ　*Mylopharyngodon piceus*	中国、揚子江流域の 500 km	同　上
＊＊ニジマス　*Oncorhynchus mykiss*	カリフォルニア州沿岸部および内陸部	Nielsen et al., 1994, 1997
ダーター　*Etheostoma beanii bifascia*	ミシシッピ州およびアラバマ州沿岸河川	Wiley & Hagen, 1997

[a] カテゴリーIとIIIの違いは必ずしも明瞭ではない。同様に、カテゴリーIとIIの違いも常に明瞭というわけではない。たとえば、ニジマスの地理的集団のいくつかは、塩基配列の中程度に分化したmtDNAハプロタイプが集団間で固定している。カテゴリーIとIIの違いも常に明瞭というわけではない。たとえば、カワスズメの2つの主要なmtDNAクレードは異なる分布を示し、地理的に隔離された水河期のレフュージアにおける異所的な分岐を示唆する。しかし、両クレードは、いまや数箇所の地域で同所的に生息しており、その分布はおそらく氷河の後退に続く北米北部への再進入による。＊, ＊＊. ＊＊＊ ニジマスの両集団はかつて別種とされていた。　原著および引用元のLu et al. (1997) では *C. piceus* だが、*C. idella* が正しいと考えられる。

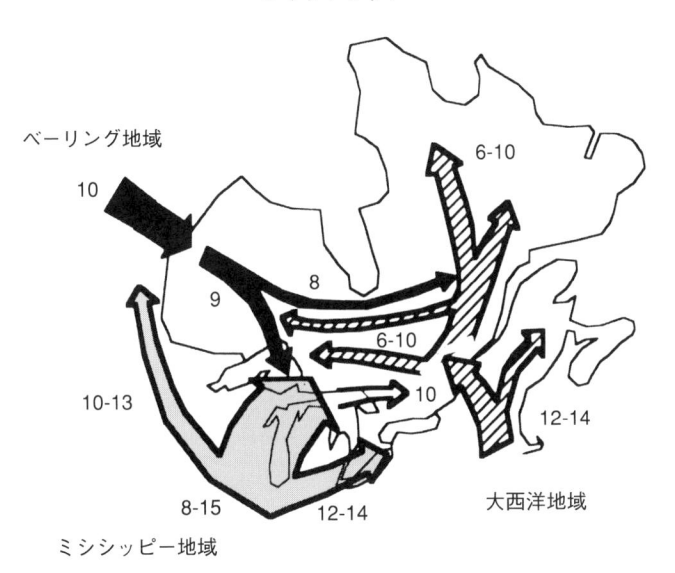

図 4.11 北米東部のレイクトラウトの分布拡大経路．3つの主要な mtDNA 系列から推定される，大西洋，ミシシッピー，およびベーリング地域にあった更新世の氷河期のレフュージアからの分布拡大を示す（Wilson & Hebert, 1996）．数字は更新世後期の河川の連結の推定年代（単位は千年）．

これらの遺伝子系列は，ほぼ異所的な分布を示し，更新世の異なるレフュージア間での分化を示唆している．また，分布の二次的重複帯と思われる地域は，推定される分散経路と一致している（図 4.11）．

ブラウントラウト Salmo trutta は，その本来の分布域であるヨーロッパでは，表現型や生活史の複雑な変異のパターンを示す．このことがブラウントラウト集団の類縁関係や，その分類学的扱いに関して，意見の不一致を招いてきた．mtDNA の分子解析から，ブラウントラウトの5つの主要な系統群が明らかにされ，その地理的分布が示された．たとえば，フランスからスカンジナビア北部に至る大西洋のすべてのサンプルは，1つの母系クレードに含まれていた（Bernatchez et al., 1992）．この明瞭な mtDNA の系統群の地理的分布はアロザイムのパターンと一致しており，かつて異所的に隔離されていたブラウントラウトの歴史を示している（Bernatchez, 1995）．中央ヨーロッパ南部のようないくつかの地域でも，更新世のレフュージアから分布を拡大したと思われる系統群が，分布を重複させている（スポーツ・フィッシングの対象魚として人為的に運ばれることで分布拡大が促進した場合もある）（Giuffra et al., 1994, 1996; Bernatchez & Osinov, 1995; Apostolidis et al., 1997）．これらの「進化的に重要な単位（ESU）」の系統的独自性は，ときに同所的集団内で示される生殖隔離によっても支持される（Bernatchez, 1995）．

さらに，淡水魚の歴史生物地理を再構築するにあたって，分子分析の効果と，得られた結果の複雑性を示すために，全北区における，コレゴヌス Coregonus の mtDNA に関する知見を見てみよう．Bernatchez & Dodson (1991) は北米 41 集団の C. clupeaformis（525 標本）を解析し，いくつかの主要な

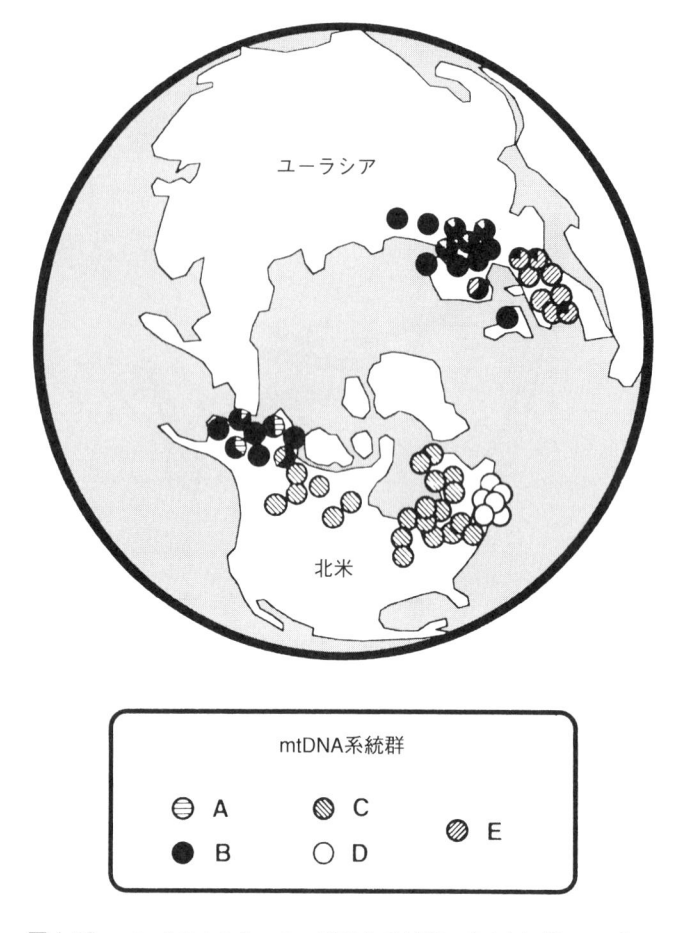

図 4.12 コレゴヌスの5つの mtDNA 系統群の分布図 (Bernatchez & Dodson, 1994).

mtDNA 系列を明らかにした (図 4.12). 図中で mtDNA 系列の A と B は，ユーコン準州とアラスカ州において同所的に分布しており，カナダの大部分の地域には系統的に緊密な集まりである C が分布する．ケベック州南部と米国北東部には D が分布している．C の塩基多様度はとくに小さく，西はマッケンジーデルタから東はラブラドル半島に至る広大な地域に分布する魚が，遺伝子系譜の上で極めて緊密に結びついている．

アラスカ州中央部とユーコン準州を除いて，この魚の現在の分布域は繰り返し更新世の氷河に覆われた．遺伝的に連続性のないこと，および遺伝子系列の分布の明確な地理的パターンは，これら4つの母系群が異なるレフュージアにおいて分化したことを示唆している (Bernatchez & Dodson, 1991). たとえば，系統群 C は，おそらく米国中央部から東部のミシシッピレフュージアに起源をたどることができるだろう．このレフュージアから，多くの淡水魚がここ1〜2万年の間にこの大陸の北部の地域へ再進出したと思われる．

続いて行われた旧北区におけるコレゴヌスの集団調査から，ベーリング地方に存在する，2つの同所的 mtDNA 系列 (A と B) の進化的起源が明らかにされた (Bernatchez & Dodson, 1994). 系統群 B は大部分のユーラシア北部集団に分布しており，アラスカとユ

ーコンが分布東限となっている．したがって，この系統群は，更新世を通じて氷河に覆われることがなかったユーラシア北部地域で生じたと思われる．そのため，現在，この系統群Bが系統群Aと地理的に分布を重複させているのは，おそらく最近，新世界へ進出したことを反映しているのであって，ベーリング地域においてこれらの両系列が長期にわたって保持されてきたのではないだろう．この研究は，もう1つの分化したmtDNA系列（E）が，ヨーロッパの中央高山帯（central alpine lake）の湖に住むコレゴヌスの集団で優占することも明らかにした（図4.12）．

より微細な空間的スケールの研究として，1つの河川内で観察されるコレゴヌスの同所的な形態型（morphotype）の歴史を明らかにするために，mtDNA系列と核の遺伝子の情報が調べられてきた．たとえば，カナダ東部のアレガシュ流域やメイン州北部で同所的に共存する矮小型と標準型は，アロザイムからの証拠にしたがえば，別個の遺伝子プールに属している（Kirkpatrick & Selander, 1979）．これは同所的な種分化の事例であろうか？　もしそうならば，同じ河川の2つの形態型は，おたがいに最も近縁なはずである．しかし，種分化が異所的におこったもので，同所性が二次的に達成されたものであれば，矮小型と通常型のそれぞれにとっての近縁な集団はその地域の外で見つかるに違いない．Bernatchez & Dodson (1990) は，アレガシュ流域の2つの形態型が，異なるmtDNA系列（CおよびD）を持っていることを発見した．このことは，矮小型と標準型の同所性が，異なる更新世のレフュージアで派生した2つの単系統群が二次的に分布を重複させたことを示唆している．

一方，カナダ東部の他の地点に同所的に生息する，ホワイトフィッシュの矮小型と標準型の遺伝解析の結果は，これらの形態型が，異なる系統的クラスターに分けられるわけではないことを示した．このことから狭い地理的範囲内での「同所的な分化と，異所的分化と二次的接触の繰り返し」という複雑な進化が起きた可能性が示唆されている（Pigeon et al., 1997）．ユーコン川の，同所的な沖合性（limnetic）と底性（benthic）コレゴヌスの生態型（ecotype）に対しても同様なmtDNA解析が行われ，これらの生態型もまた母系の多系統的起源を示すことが明らかにされた（Bernatchez et al., 1996）．これらの同所的生態型のいくつかは，異所的に分化した母系系統間の二次的接触によるもの思われる．しかし，他の事例については，その起源が同所的か，異所的かは，あいまいなままである．

北半球の広域分布種についての詳細な分子遺伝学的解析は，ある程度隔離された水環境における近縁な集団の系統地理的歴史を推理する上で，分子的な手法の持つ著しい力を実証した（Bernatchez, 1995; Bernatchez & Wilson, 1998）．明確な系譜を用いて，これらの魚種の形態や生活史の相違を解釈することで，形質進化プロセス（evolutionary shaping processes）の研究における新たな展開と洞察が得られるだろう．

系統地理的な形質状態のマッピングに関するもう1つの例は，北米東部のドウクツギョ（*Amblyopsis-Typhlichthys*種複合体，ドウクツギョ科Amblyopsidae）における洞窟性および表層性の種について行われた（Bergstrom, 1997）．この分類群のいくつかは，洞窟生活にともなって，眼と表皮の色素が著しく退化している．これらの形質をmtDNAの系統樹上にマッピングすることによって，洞窟性の表現型は少なくとも6回，独立に，異なる洞窟で生じたことが示された．同様に，

北米太平洋岸北東部のイトヨ *Gasterosteus aculeatus* には湖沼性および河川性の集団があり，mtDNAからの系統地理的情報に基づいて生態学的および形態学的な分化について解釈した結果，顕著な生態型の分化が最近，少なくとも2度にわたって並行的に生じたことが示唆された（Thompson *et al.*, 1997）．

4.10.2 海水魚

海水魚に関しても，mtDNAの系統地理研究が数多く行われている（表4.3）．いくつかの事例では，現在のところ同種とされている異所的集団に，カテゴリーIの系統地理パターンが認められる．たとえば，ブラックシーバス *Centropristis striata* の集団は，大西洋とメキシコ湾の間で連続しておらず，mtDNAの遺伝子系統樹において異なるグループを占めている．予備的なmtDNAの調査から，クロマグロ *Thunnus thynnus* の大西洋と太平洋の集団は異なっていることが示唆された．マミチョグ（ウミメダカ）*Fundulus heteroclitus* では，北米の大西洋沿岸の中央部でゆるやかな境界を形成する南北の集団がmtDNAの遺伝子系統樹でも分かれており，核の対立遺伝子頻度の違い（Powers *et al.*, 1991; Smith *et al.*, 1998）ともおおむね一致する．また2群は，乳酸脱水素酵素の遺伝子系統樹のクレード（Bernardi *et al.*, 1993）とも一致する．ユキオニハダカ *Cyclothone alba* の場合は，大きく異なる5つのmtDNA系統群がそれぞれ異なる海域で見出された．これらの系統群は形態では区別できない同胞種かもしれない（Miya & Nishida, 1997）．

しかし，淡水魚とは対照的に，現在までに調査された海水魚の大部分（73%）は，mtDNAに関して，せいぜい浅い種内系統地理構造しか示さなかった（表4.3）．とくに印象的なのは，近縁な遺伝子系列が分布する空間的スケールである．たとえば，カリブ海の珊瑚礁に住む8種の魚の場合，それぞれの種内で頻度の高いmtDNAハプロタイプは，カリブ海全体に分布している（Shulman & Beringham, 1995）．これらの種の成魚は底性魚であるが，浮遊性の仔魚期を過ごす．遺伝的データはこの海域全体における少なからぬ遺伝子流動（海流の方向や種の生活史に関わりなく）と，分散に対する生物地理上の長期的な障壁が存在しないことを示した．大部分の海水魚が淡水魚よりも脆弱な遺伝的集団構造しか示さないことは，詳細なアロザイム分析の比較からも得られている（Ward *et al.*, 1994aの総説を参照）．

いくつかの広域分布種（もしくは外洋性のコスモポリタン）の場合，系譜上緊密な関係を保っている生物の空間分布の規模は，さらに大きくなる傾向にある（Graves, 1996, 1998の総説を参照）．太平洋全域を通じて，マカジキ *Tetrapturus audax* の集団は，系統的に見て非常に近縁である．これは，大西洋のニシマカジキ *T. albidus* についても同様である．北太平洋，南太平洋，北大西洋，南大西洋といった全海域のアオザメ *Isurus oxyrinchus* 集団は，一般的な共通ハプロタイプだけでなく，いくつかの稀なハプロタイプでさえ，集団間で共有されている（図4.13）．数種のカツオ・マグロ類（カツオ *Katsuwonus pelamis*；ビンナガ *Thunnus alalunga*；キハダ *T. albacares*）におけるmtDNAの系譜の分化も，それらの種の凡世界的分布から見ると相対的に小さい．

これらの結果と，淡水魚における特徴的な系統地理パターンの相違を強調するために，世界的な規模でのキハダのmtDNAに関する系統地理解析の結果を，米国南東部において隣接する河川水系にすむアミアの場合と比

表 4.3 海水魚と降河回遊魚の示す mtDNA の系統地理パターン

種	調査地域,および主な mtDNA 系列	参 考 文 献
系統地理カテゴリー I[a]		
ブラックシーバス *Centropristis striata*	大西洋とメキシコ湾の 2 グループ	Bowen & Avise, 1990
マミチョグ (ツミメダカ) *Fundulus heteroclitus*	米国大西洋岸, 2 グループ	González-Villaseñor & Powers, 1990
カラフトシシャモ *Mallotus villosus*	北大西洋, 東部と西部地域の 2 グループ	Dodson et al., 1991; Birt et al., 1995
*クロマグロ *Thunnus thynnus*	大西洋と太平洋の 2 グループ	Chow & Inoue, 1993
ボ ラ *Mugil cephalus*	汎世界的, 数個の系統地理グループ	Crosetti et al., 1993
スポッテッドサンドバス *Paralabrax maculatofasciatus*	カリフォルニア湾と湾外の太平洋岸の 2 グループ	Stepien, 1995
オキスズキ (アミキリ) *Pomatomus saltatrix*	汎世界的, 2 グループ (一つはブラジルに限定)	Goodbred & Graves, 1996
マイワシ類 *Sardinops* spp.	汎世界的, 3〜5 グループ	Okazaki et al., 1996; Bowen & Grant, 1997
アルゼンチンオオハタ *Polyprion americanus*	北大西洋全域と南半球の海洋の 2 グループ	Sedberry et al., 1996
ユキオニハダカ *Cyclothone alba*	汎世界的, 5 グループ	Miya & Nishida, 1997
系統地理カテゴリー II[a]		
クロカジキ *Makaira nigricans*	大西洋に 2 グループ	Graves & McDowell, 1995; Finnerty & Block, 1992
バショウカジキ *Istiophorus platypterus*	同 上	Graves & McDowell, 1995
ヨーロッパカタクチイワシ *Engraulis encrasicolus*	地中海と黒海に 2 グループ	Magoulas et al., 1996
系統地理カテゴリー III, IV または V[a]		
カツオ *Katsuwonus pelamis*	大西洋と太平洋	Graves et al., 1984
アメリカウナギ *Anguilla rostrata*	大西洋とメキシコ湾の北米沿岸域	Avise et al., 1986
ハードヘッド・キャットフィッシュ *Arius felis*	メキシコ湾と米国大西洋岸	Avise et al., 1987b
イトヒキハマギギ属の 1 種 *Bagre marinus*	同 上	同 上
ガマアンコウ科の 1 種 *Opsanus beta*	メキシコ湾	同 上
ガマアンコウ科の 1 種 *Opsanus tau*	米国大西洋岸	同 上
ビンナガ *Thunnus alalunga*	大西洋と太平洋	Graves & Dixon, 1989; Chow & Ushiama, 1995
ナガニベ属の 1 種 *Cynoscion regalis*	米国大西洋岸	Graves et al., 1992
クサカリツボダイ *Pseudopentaceros wheeleri*	太平洋中央部および北部	Martin et al., 1992a
スケトウダラ *Theragra chalcogramma*	ベーリング海とアラスカ湾	Mulligan et al., 1992; Shields & Gust, 1995

表 4.3 海水魚と降河回遊魚の示す mtDNA の系統地理パターン（続き）

種	調査地域、および主な mtDNA 系列	参 考 文 献
フエダイ属の1種 *Lutjanus campechanus*	メキシコ湾	Camper *et al.*, 1993
レッドドラム *Sciaenops ocellatus*	メキシコ湾、米国大西洋岸	Gold *et al.*, 1993
ヨーロッパスズキ *Dicentrarchus labrax*	地中海	Patarnello *et al.*, 1993
キハダ *Thunnus albacares*	大西洋および太平洋	Scoles & Graves, 1993; Ward *et al.*, 1994b
オレンジラフィー *Hoplostethus atlanticus*	南半球の海洋を縦断	Smolenski *et al.*, 1993
ツマグロハタ *Epinephelus morio*	メキシコ湾	Gold & Richardson, 1994
ブラックドラム *Pogonius cromis*	同 上	Gold *et al.*, 1994
マカジキ *Tetrapturus audax*	太平洋全海盆	Graves & McDowell, 1994
メカジキ *Xiphias gladius*	汎世界的	Grijalva-Chon *et al.*, 1994; Bremer *et al.*, 1995; Rosel & Block, 1996
ニシマカジキ *Tetrapturus albidus*	大西洋	Graves & McDowell, 1995
メジロザメ *Carcharhinus plumbeus*	メキシコ湾、米国大西洋岸	Heist *et al.*, 1995
クロウラスズメダイの1種 *Stegastes leucostictus*	カリブ海全域	Shulman & Bermingham, 1995
コケギンポ科の1種 *Ophioblennius atlanticus*	同 上	同 上
オヤビッチャ属の1種 *Abudefduf saxatilis*	同 上	同 上
オオモンハゼ属の1種 *Gnatholepis thompsoni*	同 上	同 上
タイセイヨウイサキ属の1種 *Haemulon flavolineatum*	同 上	同 上
キュウセン属の1種 *Halichoeres bivittatus*	同 上	同 上
ノボリエビス *Holocentrus ascensionis*	同 上	同 上
ニシキヘラ *Thalassoma bifasciatum*	同 上	同 上
アラスカオキチジ *Sebastolobus alascanus*	北アメリカ太平洋岸	Stepien, 1995
アメリカナメタガレイ *Microstomus pacificus*	同 上	同 上
タイセイヨウタラ *Gadus morhua*	ノルウェイ全域	Arnason & Pálsson, 1996
ニューファウンドランドヒラガンラ *Rhizoprionodon terraenovae*	メキシコ湾、米国大西洋岸	Heist *et al.*, 1996a
アオザメ *Isurus oxyrinchus*	汎世界的	Heist *et al.*, 1996b
オーストラリアンバス *Macquaria novemaculeata*	オーストラリア東部沿岸	Chenoweth & Hughes, 1997

a. これらの研究のうちいくつかについては、表 4.2 の脚注 a を再度参照。
* 大西洋と太平洋のクロマグロは、現在、2種 *T. thynnus* と *T. orientalis* に分けられている。両者を区分する適当な和名はまだ定着していない。

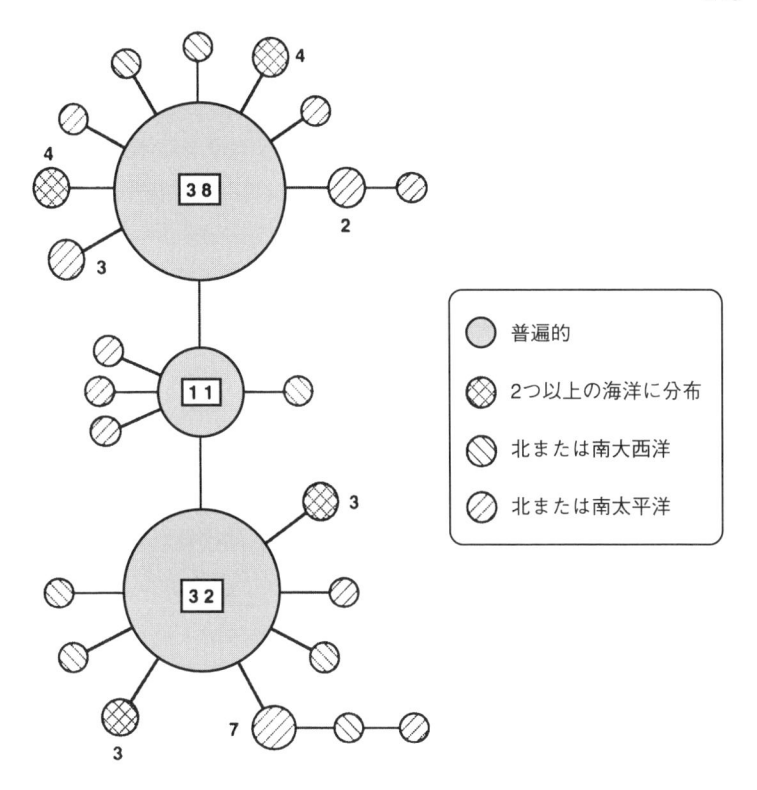

図 4.13 アオザメの mtDNA ハプロタイプネットワーク (Heist et al., 1996b). アオザメのサンプルは全世界から集められた. 枝の長さは1制限部位の変化を表す. 数字はそれぞれのハプロタイプを保持していた個体数. 数字がないものの個体数は1である.

較してみよう (図 4.14). 例としてこれらの魚種を取り上げたのは, 両種が似かよった個体数 (それぞれ 88 匹と 68 匹) について, 類似した数の制限酵素 (12 と 13) を用いて解析されているためである. 結果として, まったく等しい数の共通ハプロタイプ (複数の個体が持つハプロタイプ) も観察されている. アミアの遺伝子系統樹はキハダよりも系譜がいくぶん深かったばかりか (アミアの遺伝子系統樹の深度は, 淡水魚の標準に照らすと浅いほうである), キハダの分布域に比べると極めて狭い空間的スケールで不連続な地理的構造を示していた.

多くの海水魚 (もちろんすべてではない) の系統地理構造が浅いことに関して, さらにいくつかの点を強調しておかなければならない. 1つは, 系譜上の繋がりの緊密さが必ずしも種全体が遺伝的に均質であることを意味しないことである. 遺伝子型の頻度はしばしば場所により異なっている. たとえば, 数種の外洋性のカジキ類に関しては, 近縁な mtDNA ハプロタイプの頻度に統計的な有意差が海洋間で, またときには同じ海洋内でも認められており (たとえば Kotoulas et al., 1995), これらの発見は系群の特定や資源管理にかかわってくる (Graves, 1996). しかし, これらの集団は深く分断されているわけではない.

2つめは, 現在の分類が, 系統地理的な集団構造の解釈に大きく影響することである. たとえば, Shulman & Bermingham (1995) が調査したカリブ海のサンゴ礁性魚種は, 太

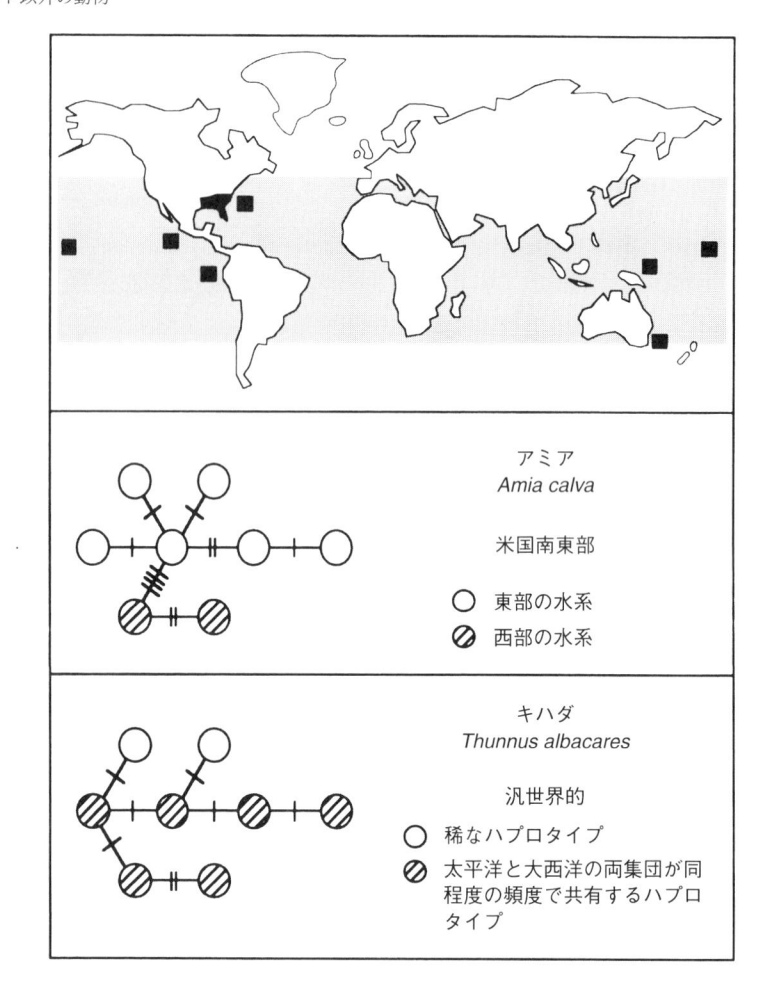

図4.14 淡水魚と海水魚における対照的な mtDNA の系統地理的集団構造 (Avise, 1998b)．上：解析に用いたアミアの分布域（米国南東部の黒く塗られた地域）とキハダの採集地点（黒い四角）．影を付けた海域がキハダのおおよその分布域である．下：mtDNA ハプロタイプの最節約ネットワーク．枝上の交線は制限部位の変化の数．アミアのデータは Bermingham & Avise (1986) より，キハダのデータは Scoles & Graves (1993) より引用．

平洋やその他の海域に近縁な同属種が分布して複合種群を形成し，その分布域全体では mtDNA の系統地理的な分化が大きいときがある (Bermingham et al., 1997). したがって，オヤビッチャ類（*Abudefduf saxatilis* 種複合体）の系統地理的に異なる構成員が伝統的に単一の多型的な種とされていたとすると，全体として見たとき，コレゴヌス *Coregonus clupeaformis* やブラウントラウト *Salmo trutta* のような広域分布する淡水魚の多くとは異なって，カテゴリーⅠの系統地理パターンということになるだろう．

同様な例に，マイワシ類がある．この魚は，6つの明確な地域集団に分かれており，分類学上の位置付けに論争がある．マイワシ類には従来，南アフリカの *Sardinops ocellatus*，オーストラリアの *S. neopilchardus*，チリの *S. sagax*，カリフォルニアの *S. caeruleus*，日本のマイワシ *S. melanostictus*，ヨーロッパの *Sardina pilchardus* が認められている．

世界的に見ると，さまざまなレベルでのmtDNAの分岐が生じていることが明らかになり（Okazaki *et al*., 1996; Grant & Bowen, 1998），太平洋の集団の起源が新しい（＜50万年）ことや，かなり深い分岐が *Sardina* と *Sardinops* の遺伝子系列間に存在することが見出された（Grant & Leslie, 1996 も参照）．そのため，マイワシ類全体として見れば，カテゴリーⅠの系統地理パターンを示すが，個々の「種」内の浅い系列構造は，集団のボトルネックや，集団サイズの劇的な変動に由来し，年代的に新しい（Grant & Bowen, 1998）．

最後に強調すべき点として，ほとんどの海水魚（現在の個体数が豊富な魚種を含む）の地域集団内のmtDNA系列の分岐は，概して浅く，しばしば星状の系譜パターンを示す（Shields & Gust, 1995; Grant & Bowen, 1998）．系統地理カテゴリーⅢ〜Ⅴとして表4.3に列挙した種の他に次のような例がある．タイセイヨウニシン *Clupea harengus* (Kornfield & Bogdanowicz, 1987)，メルルーサ類の *Merluccius capensis* と *M. paradoxus* (Becker *et al*., 1988)，オレンジラフィー *Hoplostethus atlanticus* (Ovenden *et al*., 1989; Baker *et al*., 1995)，ニシン *C. pallasii* (Schweigert & Withler, 1990)，タイセイヨウタラ *Gadus morhua* (Carr & Marshall, 1991)，コダラ *Melanogrammus aeglefinus* (Zwanenburg *et al*., 1992)，およびカンパチ *Seriola dumerili* (Richardson & Gold, 1993)．これらの結果は，海水魚の種内における集団間の歴史的結び付きを強く示すものであり，地域集団の N_e 値が比較的小さい場合は，しばしば大きな個体数変動を経験してきたことを示唆している．

4.10.3 通し回遊魚

生活史の中に淡水と海水で過ごす時期を持つ魚類は多い．アメリカウナギのような降河回遊魚は，海で産卵し，幼生は河川へと回遊する．その逆に遡河回遊魚は多くのサケ科魚類のように産卵は淡水域で行い，幼魚が海へと回遊する．こういった海と川を往復する通し回遊性の魚類では，多くの純淡水魚に比べて，現在の遺伝的集団構造が不明瞭な可能性がある．Gyllensten (1985) はこのことに関する膨大な数のアロザイム分析の論文を検討して，淡水魚の地理的分化は海水魚より有意に大きく，遡河回遊魚のパターンは海水魚に類似する傾向にあると結論した．

前述のように，北米の河川で採集されたウナギにmtDNAの系統地理的な集団構造がほとんど認められないのは，ほぼ確実に，降河回遊性の生活史によって遺伝子系列が分散しているからだろう．しかし，降河回遊魚も，もし産卵集団が複数存在し，仔稚魚の分散が制限されていれば，顕著な集団構造を示し得る．その例として，オーストラリアンバス *Macquaria novemaculeata* が挙げられる．この魚の淡水の集団間に見られる明らかなmtDNAの集団構造は，海洋での産卵集団間の距離による隔離が原因であるとされている（Jerry & Baverstock, 1998）．

同様に，サケのような移動性の強い遡河回遊魚では，回遊行動による新しい地域への移住能力が集団の分化を妨げる傾向にある．そのため，母川回帰による集団構造が，移住の影響によって失われることもあるだろう（Thomas *et al*., 1986; Shedlock *et al*., 1992）．サケ *Oncorhynchus keta* に関する事例では，北太平洋の日本から米国まで拡がる分布域全体から抽出された42の集団において，mtDNAの調節領域1 kbの塩基配列に

相違がほとんど認められなかった（Park et al., 1993）．

もう1つの通し回遊である両側回遊性の生活史では，海での稚魚期を短期間過ごし，その他の期間は淡水に生活し，産卵も淡水で行う．ハワイ諸島に固有な5種の淡水魚（4種のハゼ科と1種のカワアナゴ科）すべてが，この遡河回遊に似た生活史を示す．そしてこれらの両側回遊魚について系統地理学的研究が行われている（Zink et al., 1996; Chubb et al., 1998）．これら5種の種内集団は，5つの主要な島の間で，mtDNAハプロタイプの組成がほとんどまったく同じであり，仔魚期を通じた各島間での活発な遺伝子流動が起きていると考えられた．こうした緊密な結びつきは，ハワイ諸島の陸上生物の多くのグループで見られるような大規模で急速な種分化が，これらの魚に生じることを妨げている（Wagner & Funk, 1995）．

4.11　無脊椎動物

無脊椎動物の生態や生活様式はあまりに多様なので，さまざまな分類群に共通する系統地理パターンを予測することは不可能である．mtDNAの研究は，昆虫（Roderick, 1996）から巻貝（Douris et al., 1998）まで，さまざまな動物に対して行われており，一通りの系統地理的な結果が観察されてきた．このあと，多くの事例にあたって，2つの事実を伝えてみよう．ここで伝えたい事実とは，これまで脊椎動物の種間について述べてきたように，他の多細胞生物でもmtDNAの系譜解析が有用ということ，そして，現在の行動と同様に，歴史的な要因や自然史が現生種の系統地理パターンを作りあげる上で重要であろう，ということである．

4.11.1　陸生および飛翔性種

セイヨウミツバチ Apis mellifera の分子遺伝学的研究は，上記の2つの事実を明らかに示している．セイヨウミツバチはヨーロッパ，アフリカ，および中東では在来種であるが，近年養蜂家によって世界中に運ばれている．このミツバチには20を越える分類学上の亜種が認められているが，生物地理および形態の再検討によって，これらの亜種を，(1)サハラ砂漠以南もしくは熱帯アフリカ，(2)北アフリカおよび地中海沿岸西部，(3)中東およびヨーロッパ南東部の，3つのグループへと分けるべきだとされた（Ruttner, 1988）．このような分布は，セイヨウミツバチの進化的な起源地と考えられている，アフリカ北東部もしくは中東から，これらの種が辿った個々の歴史的な分散経路とその後の長期にわたる隔離を反映していると推測された．

セイヨウミツバチの本来の分布域全体にわたる分子的調査から，3つの主要なmtDNAの系列が形態的な3つのグループと明らかに対応することが示された（Smith & Brown 1990; Cornuet & Garnery, 1991; Hall & Smith, 1991; Garnery et al., 1992）．集団内の塩基配列変異の平均値はおよそ0.3%であった．一方，異なる分類群との間では2%以上異なっていた（Smith, 1991）．系統的なグループの存在を裏付ける結果は核遺伝子の解析からも得られている（McMichael & Hall, 1996およびその引用論文）．Cornuet & Garnery（1991）はこれらのグループが約130万年前から30万年前の間に分かれたことを示唆している．

したがって，広いスケールで見たときに，セイヨウミツバチの系統地理パターンは明らかにカテゴリーIに入る．こうした深い進化的な枠組みが存在する一方で，近年の人間に

よる分散が，主要な遺伝子系列の現在の分布に影響を与えてきた．たとえば，ヨーロッパおよびアフリカのセイヨウミツバチは繰り返しアメリカ大陸へ導入されてきた．いくつかの研究では，導入の地理的な起源を，各地域固有のmtDNAおよび核DNAマーカーを用いて特定し，導入後の定着を明らかにした (Smith, 1991の総説)．

興味をそそる疑問として，アフリカ産に類似したミツバチが1950年代後半にブラジルへ導入された後，アメリカ大陸中に広がったのは，主として雄バチによる遺伝子流動によるものなのか，それとも女王バチによるコロニーの分封行動にもよるのかということがあった．それまでの仮説では，雄バチはかなり遠い距離まで移動し，ヨーロッパ起源のおとなしいミツバチと交配することで，アフリカの母系系統を持ち込むことなく"アフリカ化"したことになっている．しかし，もう1つの可能性である分封の場合，アフリカ化の過程で核とミトコンドリア遺伝子の両方が地理的に広がっただろう．分子解析によって，新熱帯区のアフリカ化されたミツバチの集団は，典型的なアフリカ型のmtDNAを持つことが明らかになり，分封の関与が示された (Hall & Muralidharan, 1989; Smith *et al.*, 1989)．

セイヨウオオマルハナバチ *Bombus terrestris* の核とmtDNAマーカーについて，ヨーロッパ全域とアフリカ西海岸沖のテネリフェ島（カナリー諸島に属する）で調べられた (Estoup *et al.*, 1996)．8つのマイクロサテライト遺伝子座では，大陸の集団間に顕著な相違が認められなかった．しかしテネリフェ島集団のいくつかの遺伝子座では，大陸集団が持つ非常に多様な対立遺伝子の1つに固定していたため，大陸との間に大きな遺伝距離が生じていた．ただし，mtDNAの塩基配列では，テネリフェ島と本土のハチにほとんど違いはなかった．

mtDNAにおける遺伝距離が小さいことは，複数の核遺伝子座を合わせたときの大きな遺伝距離と矛盾するように思われるが，実はそうではない．どちらの情報もテネリフェ島への最近の移入の間に，セイヨウオオマルハナバチの集団がボトルネックを経験したとすれば矛盾なく説明できる．つまり，複数の核遺伝子座における対立遺伝子頻度は遺伝的浮動で急速に変化したが，テネリフェ島とヨーロッパの集団が近縁なことを示す情報は，mtDNAの塩基配列が維持しているのである．このシナリオは，複数の遺伝子座における対立遺伝子頻度をもとにした遺伝距離と，組み換えのない1つの遺伝子座であるmtDNAのような遺伝子の系譜との間に時折生じる重要なくい違いを示している．

一般に，mtDNAハプロタイプの多様性と系譜の両方が，隔離された集団の移入の歴史に関する情報源として優れた力を持っている．ヨーロッパのイベリア半島に侵入したショウジョウバエ属の1種 *Drosophila buzzatii* の集団には，この種が本来生息している南米で最も普通なハプロタイプのみが分布し，移入時期が最近であること，およびおそらく比較的わずかな個体によってその集団が始まったことを示唆している (Rossi *et al.*, 1996)．別のショウジョウバエ属の1種 *Drosophila subobscura* に関しては，対照的な結果が得られた．この種が分布するヨーロッパと中央ロシアの広大な大陸部ではmtDNAハプロタイプの塩基配列は非常に類似していたが，カナリア諸島に隔離された集団との間で，深い系統分岐が観察された (Afonso *et al.*, 1990)．他地域から隔離されたカナリア諸島のクレードの中に多くのハプロタイプが認められること，およびそれらのハプロタイプが

本土のどれとも近い関係にないという事実から，このカナリア諸島の集団が古くから存在することが示唆された．

飛翔性昆虫の多くはどちらかといえば移動力に富む．だから，すぐ前に述べたセイヨウオオマルハナバチやショウジョウバエ類のように，広大な地域にわたって（分散に対する強固な，自然の障壁が存在する場合を除いて）最小限の系統地理的構造しか示さないことが予測される．こうした予測と一致する昆虫に，北米中央部のプレーリーに住む移動性のフキバッタ亜科の1種 Melanoplus sanguinipes がある．このバッタは，爆発的に大増殖し，穀物を食べ尽くすことで伝説的な悪評を得ている．mtDNAの解析から，カナダから米国に広く分布する集団間に，ほとんどあるいはまったく変異が認められなかった（Chapco et al., 1992）．同様なことが，フキバッタ亜科に属する他の移動性バッタ数種にも当てはまる（Chapco et al., 1994; Martel & Chapco, 1995）．

他にも，広い地域にわたってmtDNAの系統地理的変異をほとんど，あるいはまったく示さない昆虫がある．西半球に広大な分布域を持つサバクキアゲハ Papilio polyxenes とアメリカキアゲハ P. zelicaon (Sperling & Harrison, 1994)，北米のコロラドハムシ Leptinotarsa decemlineata (Zehnder et al., 1992)，新世界地域における，旧世界から導入されたショウジョウバエ属の1種 Drosophila subobscura (Rozas et al., 1990)，メキシコとテキサスの，動物の傷口に寄生してハエウジ症を引き起こすアメリカオビキンバエ Cochliomyia hominivorax (Roehrdanz & Johnson, 1988)，北米の渡りをするオオカバマダラ Danaus plexippus (Brower & Boyce, 1991) である．

しかし，他の飛翔性昆虫は，空間的・時間的に多様な広さ・深さの系統地理的な構造を示す（たとえば，Brown et al., 1997）．人の食料にたかるキイロショウジョウバエ Drosophila melanogaster のmtDNAのパターンについては，おそらく長距離と短距離のどちらの移住率も低すぎるため，母系系統が地理的に均質になっていない（Hale & Singh, 1987）．ただし，このハエの移動性の高さは，全世界の遠く隔たった地域に，普遍的なハプロタイプだけでなく，稀なハプロタイプも共通して分布することで立証されている．カミアリ Solenopsis invicta では，南米の集団間のmtDNAのハプロタイプ頻度（アロザイムおよびマイクロサテライト・マーカーも同様）が地域的に相違する原因が，女王アリの分散能力が限られているためであり，遺伝子流動に対する長期にわたる移住の障壁が環境中に存在するからではないと考えられている（Ross et al., 1997）．

こうした事例の，もう一方の極端な例として，長期にわたる分散の障壁による深い系統地理的構造を示す種がいる．たとえば，南米北東部のエラートドクチョウ Heliconius erato は，ほぼ200万年〜150万年前にさかのぼるmtDNAの遺伝子系統樹の分岐によって，アンデス山脈の東と西の集団に分けられる（Brower, 1994）．このミュラー型擬態を示す種複合体には，1ダースより多くの異所的な品種が含まれており，それぞれが捕食者に対して不味さを誇示する派手な色彩の翅を持っている．しかし，2つの地域的な系統群内のどちらにおいても，品種間の塩基配列の分化は小さく，しばしば品種間でmtDNAのハプロタイプが共有されている（図4.15）．分子解析の結果は，大昔に地理的分断が生じ，その後，ミュラー型擬態に対する強力な自然淘汰によって翅の色彩パターンが急速に，またしばしば収斂的に進化したことを

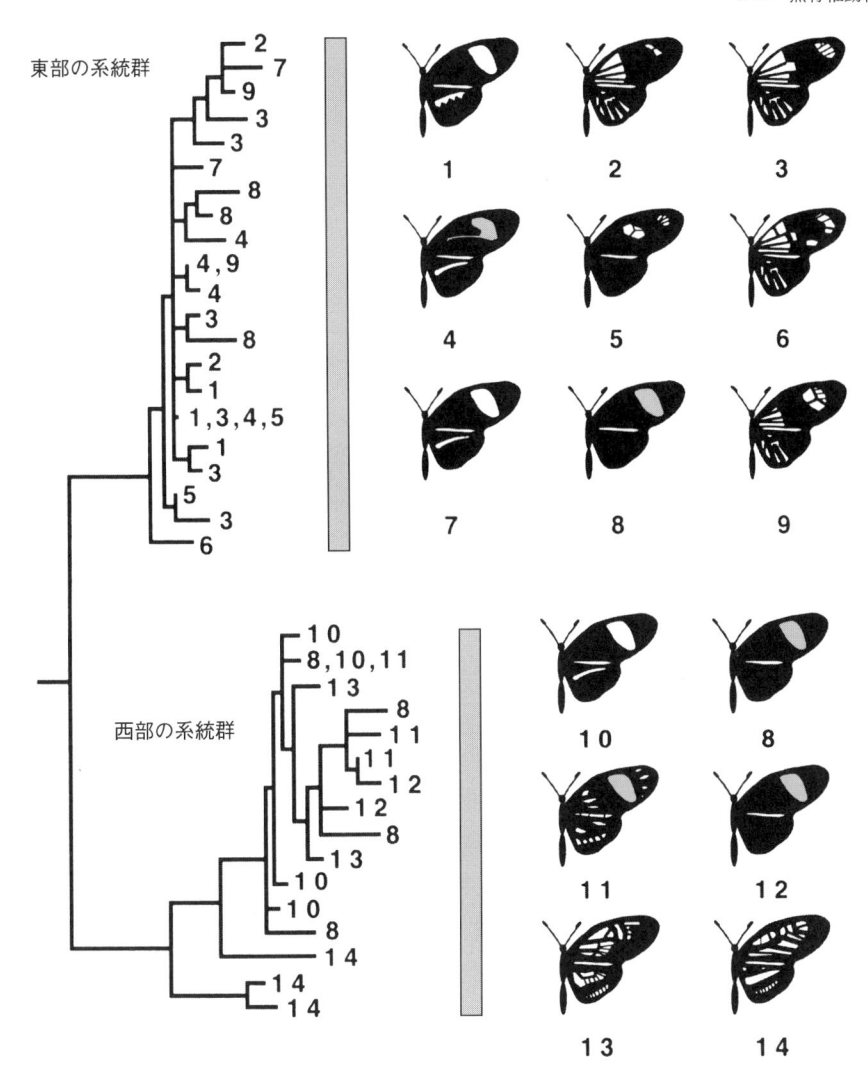

図 4.15 南米・中米の異所的なエラートドクチョウ *Heliconius erato* における翅の模様の違う 14 品種の系統．この系統は mtDNA の塩基配列から推定された（Brower, 1994）．チョウの翅はここに示した模様のパターン以外にも鮮やかな色彩の違いによって見分けられる．

裏付けている（Brower, 1994）．

より移動性の少ない昆虫では，しばしば顕著な系統地理的構造が見られる．ヒナバッタ属の 1 種 *Chorthippus parallelus* は，ヨーロッパからシベリアに至る分布域での地理的変異や交雑帯における遺伝的解析の対象にされてきた（Butlin & Hewitt, 1985; Ritchie *et al*., 1989; Cooper & Hewitt, 1993; Hewitt, 1993; Vasquez *et al*., 1994）．とくに，核の非コード領域におけるハプロタイプの解析は，5 つの主要な系統地理的単位が側所的な地域に分布することを明らかにした．これらのバッタは，イベリア，イタリア，ギリシア，トルコ，および，北ヨーロッパとロシア西部にまたがる広大な地域に分布しており（Cooper *et al*., 1995），そのハプロタイプの分布を用いて，（地形的な証拠から確定されている）氷河時代のレフュージアからの，更新世

以降に起きた分布拡大の経路を追跡した (Hewitt, 1996). たとえば, ロシア西部, 北ヨーロッパ, グレートブリテン島, およびフランスへ広がったバッタは, バルカン半島における更新世のレフュージアにまで起源をたどることができた. また現在スペインに生息するバッタは, イベリア半島南部のレフュージアがその起源地であった. この2つの分類群は, 現在は, ピレネー山脈の狭い交雑帯で接触しており, 他の系統地理的な分類群も, ヨーロッパ大陸のいずれかの地域で同様な交雑帯を形成している.

陸生の無脊椎動物では, 極端な場合, わずかな空間スケールでも深い系統地理的集団構造が認められる. Juan ら (1996, 1997) は, カナリア諸島の小さな島のゴミムシダマシ科の1種 *Pimelia radula* について興味深い例を示している. テネリフェ島には, 2つの古い mtDNA の系統群が共存している. 1つの系統群はこの島の北部沿岸にのみ分布し, 他の系統群は島の中央部と南部に分布している. Juan らは, このゴミムシダマシの祖先が, 2つか3つの独立した島が火山活動によって合体する以前 (200万年～60万年前) の前テネリフェ (Proto-Tenerife) 地域に入り込んだと推測した. したがって, mtDNA と核のリボソーム遺伝子に見られる現在の系統地理上の構造は, 長期にわたって別々の島で集団が分化した遺伝的痕跡であろう. このシナリオを支持する証拠が, テネリフェ島に住む他の陸生動物であるカナヘビ科の1種 *Gallotia galloti* からも得られている (Thorpe et al., 1996). このトカゲもまた, この島の北部と南部の集団間で, mtDNA の遺伝子系統樹に深い分岐 (70万年前までにさかのぼる) が認められる.

無脊椎動物の種内に, 高度に分化した mtDNA 系列が, 広範に同所的な遺伝的多型として分布していること (系統地理的カテゴリー II) はめったにない. しかし, その劇的な例として, 陸生有肺類のモリノオウシュウマイマイ *Cepaea nemoralis* とプチグリ *Helix aspersa* (Thomaz et al., 1996) が挙げられる. これらの貝では, 同じ種に属する局所的な集団がしばしば10%を越える mtDNA ハプロタイプの塩基配列の違いを示す. 前にも述べたが, 10%という値は, 属または科として認められる分類単位間の遺伝距離に匹敵する. この論文の著者らは, 移動性の低い種では, 遺伝子系列が長い期間にわたって存続する, という説明をしている. 部分的に隔離された何百万もの局所的ディームが, 飛び石的な遺伝子流動によってたがいに結ばれている種の進化的に有効な集団サイズは, 例外的に大きいに違いない.

研究の進んでいない無脊椎動物では, 予期せぬ系統地理的な結果の分類学的解釈が問題となる. 現行の分類に当てはまらないような, あるいはまったく予想されなかった mtDNA の系統群が, 極めて頻繁に発見されるからである. しかし, いくつかの事例は遺伝子浸透で説明できるかもしれない. たとえば, キボシゾウムシ類 (*Pissodes* 種複合体) の mtDNA の系統関係は, 形態, アロザイム, および核型に基づく系統と異なっている (Boyce et al., 1994). その解釈として, Boyce らは, 種の境界を越えて mtDNA 系列が移動する遺伝子浸透が起きて, 明らかな遺伝的矛盾が生じた, と推測している. 過去の遺伝子浸透というシナリオは, 大きく分化した異所的な分類群の遺伝マーカー間の不一致が分布の境界域に限定されているときには, より確実なものと考えられる. たとえば, オーストラリアのバッタ科の1種 *Caledia captiva* における, 2つの側所的な異なる核型集団における核型と mtDNA の不一致

(Marchant *et al.*, 1988) や，北米東部における2種類の *Gryllus* 属のコオロギの接触帯に見られる形態およびアロザイムと mtDNA の不一致 (Harrison *et al.*, 1987) がそうした例である．

mtDNA の系列と分類が一致しないのは，もともと，個々の同胞種の分類に失敗していたことに原因があるのかもしれない．キゴキブリ *Cryptocercus punctulatus* のアパラチアの集団と，北米太平洋岸北西部の集団は非常に大きな遺伝距離で分化しており，形態的な隠蔽種が含まれているのだろう (Kambhampati *et al.*, 1996)．ホラヒメグモ属の *Nesticus tennesseensis* 種複合体に含まれるアパラチアの洞窟性クモは，同種と考えられてきた中にまったく別の mtDNA を持つ集団が含まれていた．これが意味することは，「形態で認識される種とは，進化的もしくは系統的単位をいくつも包含したものである」ということである (Hedin, 1997)．中米からアルゼンチンにかけて分布する新熱帯区のカニムシ科の1種は，現在 *Cordylochernes scorpioides* として記載されているが，いくつかの地理的な集団間に大きな mtDNA の塩基配列の違い（2.6〜13％）が存在している (Wilcox *et al.*, 1997)．この事例では，mtDNA のパターンは接合後の不和合性と一致しており，複数の生物学的種を含んでいる．

反対に，分類学的種として認識されている種の間には最小限の mtDNA の分化しか見られないことがある．この例として，ハマキガ科の *Choristoneura orae*, *C. occidentalis* および *C. biennis* がある．これらのガには mtDNA の分化が根本的に存在しないことから，最近進化した地理的もしくは生態的な品種であると判断された (Sperling & Hickey, 1994)．しかし，当然のことながら，いかなるレベルの遺伝的な分化であっても，それだけでは生物学的種の境界を決めることはできない．

系統地理学的発見は，分類学のみならず，疫学や医学でも重要である．北米では，マダニ属の *Ixodes ricinus* 種複合体が，ライム病スピロヘータ *Borrelia burgdorferi* やヒトのバベシア病原虫 *Babesia microti* の媒介生物である．米国東部全域にわたって行われた cyt*b* 遺伝子の塩基配列解析から，mtDNA のクレードが，南部と北部に分かれることが明らかとなり，それらは，かつて別種とされていたマダニ属の二型に対応していた．その二型は *I. scapularis* と *I. dammini* であり，ライム病の動物から人間への伝染は *I. dammini* に媒介される例がほとんどである．*I. dammini* は行動的および形態的に *I. scapularis* とは異なっており，この違いは現在では長期にわたる隔離によるものと解釈されている．20世紀になってからの *I. dammini* の分布域拡大により，おそらく最近のヒトにおける病気の流行が促進したと考えられる．

4.11.2 淡水の無脊椎動物

淡水魚同様，不連続な水塊へ閉じ込められた淡水の無脊椎動物もまた，顕著な系統地理的構造を示すと考えられる．その構造の深度やパターン（ときに，最近の人為的な分散によって混乱させられる）は，大きく見ると，流域間の歴史的な関係を反映するはずである．顕著な系統地理的構造を示す淡水の無脊椎動物の一例に，ザリガニ科の1種 *Austropotamobius pallipes* が挙げられる．このザリガニの場合，ヨーロッパの異なる河川で採集された個体が非常にかけ離れた mtDNA を持つことが報告されており，英国のグレートブリテン島の集団がフランスの集団に近縁なことも遺伝的に裏付けられている (Grandjean et al., 1997).

　現在までに顕著な系統地理上の集団構造が認められた水生無脊椎動物の研究は，主として複数の遺伝子座のアロザイム解析によるものである（たとえば，Bilton, 1994; Jabbour-Zahab et al., 1997）．mtDNAの解析が行われたものはどちらかといえば少ないが，それらの生活史のパターンや系統地理上の結果はいくぶん普通とは異なっている．

　小型甲殻類のミジンコ属 Daphnia に関しては，とくに注目されてきた．得られた結果は，既知の分類群が全北区の極めて広い地域に，最近広がったことを示している（たとえば，Taylor et al., 1996; Weider et al., 1996; Weider & Hobaek, 1997）．ミジンコ類の冬卵は卵殻包（ephippium, 2枚のキチン質からなる殻）で包まれており，水鳥，風，水流などによって広い範囲に運ばれるのだろう．こうした生活史特性が，ユーラシア北部のような広大な地域に，特定のmtDNA系列が普遍的といってよいほど広く分布する原因なのだろう．

4.11.3　海産無脊椎動物

　海産無脊椎動物の大部分は，少なくとも生活史の一部を，分散性の高い配偶子，幼生，または成体として海中で過ごす．したがって，分散に対する生態的もしくは生物地理的に強固な障壁が存在する場合を除いては，中程度から高度な遺伝子流動の機会を持つのが一般的だろう．しかし，驚いたことに，幅広い多様性を持つ系統地理的結果が観察されてきている．

　いくつかの海産無脊椎動物は，広大な海域でほとんどmtDNAの分化を示さない．これらの例にはミナミイセエビ属 Jasus (Ovenden et al., 1992) とイセエビ属 Panulirus (Silberman et al., 1994)，太平洋の深海底にある熱水噴出孔のシンカイヒバリガイ Bathymodiolus thermophilus (Craddock et al., 1995)，およびいくつかの浅海のオーストラリアムラサキウニ属 Heliocidaris とオオバフンウニ属 Strongylocentrotus (Palumbi & Wilson, 1990; Palumbi & Kessing, 1991; McMillan et al., 1992)（ナガウニ属 Echinometra では異なる系統地理上の結果が得られている．Palumbi & Metz (1991) および Palumbi ら (1997) を参照）が含まれている．ガンガゼモドキ Echinothrix diadema では，mtDNAおよびアロザイムの双方について調査が行われた．これらの遺伝的マーカーは，太平洋を横断するような非常に大規模な遺伝子流動の存在を示唆している．この遺伝子流動はおそらくエル・ニーニョ現象を通じて，普段は生息不可能な外洋を越えて周期的に幼生が運ばれることによるものであろう (Lessios et al., 1998)．

　これらの事例は，おそらく自然な分散による最近の遺伝子流動を反映している．しかし，20世紀になってから頻発するようになった生態学的な問題として，小型の海産動物が船舶のバラスト水によって，しばしば世界中に運ばれることがある (Carlton & Geller, 1993; Lodge, 1993)．このような侵入例のいくつかは隠蔽種を含むものであり，形態学的な調査のみでは見過ごされてしまうだろう．分子系統地理的な調査は，侵入の事実と，正確な導入起源を追跡する上で役立つ．たとえば，Gellerら (1997) は，カリフォルニア，日本，タスマニア，および南アフリカの海域におけるミドリガニ属 Carcinus の侵入をmtDNA解析によって追跡し，大西洋のミドリガニ C. maenas とチチュウカイミドリガニ C. aestuarii の2種の集団に由来することを示した．

　いずれの場合においても，魚類と同様に海

産無脊椎動物は，広大な海域でわずかなmtDNAの系統地理的集団構造しか示さないことがある．この構造は，近縁な淡水の分類群がはるかに狭い空間的スケールで示すものよりも小さい．たとえば外洋性のカイアシ類に関していえば，Bucklinら (1998) は，北大西洋全域に分布する浮遊性の Calanus finmarchicus よりも，カナダのケベック州の池に生息する Diaptomis leptopus の集団間の方が高度な遺伝的パッチ状構造を持つことを報告している (Bucklin & Kocher, 1996; Kann & Wishner, 1996 も参照)．しかし，いくつかの動物プランクトンの種内では，広大な海洋環境において，mtDNAハプロタイプの頻度に有意な不均質性が存在することが明らかにされている (Bucklin et al., 1996a, b, 1997)．

海産無脊椎動物では，局所的な空間スケールにおける有意な遺伝的パッチ状構造も普通に観察される (Burton, 1983; Hedgecock, 1986; Palumbi, 1994, 1995, 1996a)．たとえば，アメリカムラサキウニ Strongylocentrotus purpuratus は高い分散能力を持つにもかかわらず，その集団は，mtDNAとアロザイムに関して，カリフォルニアとバハカリフォルニアの海岸に沿って有意な分集団を形成している (Edmands et al., 1996)．この種を含む多くの海産生物に見られる遺伝子型のモザイク分布は，配偶子もしくは幼生の移動を制限する物理的な作用，効果的な分散を制限する行動上の機構，または高度な遺伝子流動のもとにあっても分化を促進するような空間的に多様な淘汰圧によるものだろう．こうしたmtDNAの地域的な不均質性は，近縁なハプロタイプによって構成されている典型的な浅い系統地理的構造である (系統地理カテゴリーIII)．

一方，多くの海産無脊椎動物の集団遺伝学的解析から，深いmtDNAの系統地理的構造 (カテゴリーI) も明らかにされてきている．こうした例には，以下の動物が挙げられる．カリフォルニアの潮間帯のカリフォルニアシオダマリミジンコ, Tigriopus californicus (Burton & Lee, 1994; Burton, 1998)；反熱帯分布をするカメノテ属の1種 Pollicipes elegans のアメリカ大陸北太平洋沿岸と南太平洋沿岸の集団 (Van Syoc, 1994)；体内保育をするキンコ属の1種 Cucumaria pseudocurata の太平洋北東部の北部と南部の集団 (Arndt & Smith, 1998)；アメリカカブトガニ Limulus polyphemus (Saunders et al., 1986) およびアメリカガキ Crassostrea virginica の米国南東部の大西洋岸とメキシコ湾岸の集団 (Reeb & Avise, 1990)；ムラサキイガイ Mytilus galloprovincialis の大西洋と地中海の集団 (Quesada et al., 1995, 1998)；北米太平洋沿岸の無性生殖をするチリハギガイ属 Lasaea (O'Foighil & Smith, 1996)；大西洋およびメキシコ湾のmtDNAクレードとは異なる (同胞種として記載されるべきかもしれない)，地中海のプランクトン性腹毛類 (イタチムシの仲間) の1種 Xenotrichula intermedia (Todaro et al., 1996)；ヤシガニ Birgus latro の太平洋とインド洋の集団 (Lavery et al., 1996)；そして同じく太平洋とインド洋のアオヒトデ Linckia laevigata (Williams & Benzie, 1998) である．

これらのカテゴリーIの系統地理パターンを示す生物で見られる興味深い知見の1つに，それらのmtDNA系統群の分布が，伝統的な海洋動物地理区とよく一致するということがある．海洋で動物地理区を特徴付ける独特な生物相は，分散に対する現在の生態学的な障壁を反映していると考えられてきたが，地域的な集団の分化 (そしてときどき起きる絶

滅）を促進するような過去の要因も関連するのだろう．動物地理区の境界を越えて連続的に分布する種内に認められる系統地理上のギャップは，地域の生物相の遺伝的構造に対して，過去と現在の，双方の要因が重要であることを示している．海洋動物地理区は，種の分布範囲を示して動物相の不連続性を表すのに重要なだけでなく，また，広域分布種の中に存在する深い系統地理上のギャップを説明するためにも重要である（これについては第5章で論議する）．

もう1つ認識され始めたこととして，形態的に同種とされてきた海産無脊椎動物の多くが，隣接した，もしくは同所的な集団の間で顕著な遺伝的分化を示していることがある．Knowlton (1993) は，海綿動物，刺胞動物，紐形動物，軟体動物，節足動物，多毛類，棘皮動物，ホヤ類，苔虫類の事例に言及しながら説得力のある議論を展開し，海洋には生殖的に隔離された同胞種が非常に多く，それらを認識することができなければ，海における生態学や進化プロセスの研究に大きな負の影響を及ぼすと述べている．

まとめ

1 系統地理学的研究の結果は，いくつかのカテゴリーにグループ分けできる．この系統地理学的カテゴリーは，集団の系譜構造が持つ時間スケールのちがいと，空間的パターンを反映する．カテゴリーIは，深く分岐した遺伝子系列が，それぞれ異なる地域に分布する．カテゴリーIVはこのスペクトラムの対極にあり，近年にも進化的なつながりが維持されていたので広い範囲に同所的な系列が分布する．カテゴリーII，III，Vは，両極端にあるカテゴリーの時間的・空間的パターンの，さまざまな組み合わせからなっている．それぞれ，遺伝子系列の分岐は深いが同所的なカテゴリーII，異所的だが進化的な分岐は浅いカテゴリーIII，そして系列の分布状況はさまざまだが，進化上の分岐が浅いカテゴリーVである．

2 分子系統地理解析は，自然界の何百種もの生物を対象に，主にmtDNA解析に基づいて，行われてきた．それらの中には，対象とした種の自然史，分散パターン，そして生物地理学的な歴史の推定に関してしばしば注目すべき事実を示してきた．このような発見は，mtDNA解析が小進化的な時間スケールにおいて，非常に多くの情報を与えてくれることを表している．

3 哺乳類は，非常に多様な系統地理のパターンを示す．小型で比較的移動性の少ない陸生種は，ほぼすべてが種内レベルで深い系統地理的分岐を示す．一方，運動性の高い大型哺乳類では，系統地理上の構造は不明瞭なことが多い．コウモリや海生哺乳類の多くは，高度な移動能力を持つにもかかわらず，生息場所から離れない行動特性や社会的グループに対する忠誠のような，その種自身の性質による分散の制限によって，少なくともある程度の集団構造を示す．

4 mtDNAを用いた系統地理解析は，鳥類の集団構造に関する考え方を大きく変えた．同種集団は，多様な進化的時間スケールで構造化される．構造化の程度は行動，形態，あるいは生物地理上の分布域などの他の証拠と一致する深い分岐から，最近の集団の断片化や現時点での遺伝子流動の制限に起因する浅い分岐まで，さまざまである．後者の事例の中には，

比較的浅い系譜上の分化に一致するような行動上，または形態上の変化が認められる場合もある．

5　爬虫類の多くは小型でどちらかといえば定住性で，生息環境に特化している．またほとんどすべての両生類は，少なくとも生活史のある期間，特定の水場に強く依存している．したがって，両生・爬虫類では種内系統地理の著しい分化が生じていることがmtDNA解析で明らかになり，そのパターンが小型の陸生哺乳類と類似する．無性生殖と有性生殖の生物型（biotypes）の系列分岐の起源と年代も多くの種について決定され，形質状態の分布を種内系統樹上にマッピングする研究も行われてきた．また，ウミガメは高度な移動能力を持つが，それでも系統地理上の浅い構造と深い構造の両方が存在することが明らかになった．そのような構造は，それぞれ産卵場への回帰行動や歴史的な分断，そして世界的規模での分散に起因するのだろう．

6　淡水魚と海水魚の間には，系統地理上の分岐のレベルとパターンに注目すべき違いがある．大部分の淡水魚では，系統地理上の構造が顕著である．このパターンは水系の歴史的な分離と合流に関連付けられることがある．一方，多くの（ただしすべてではない）海水魚は，ときには広大な分布海域で最小限の系統地理的集団構造しか示さない．通し回遊魚の遺伝的パターンは，このような海水魚と非常に類似することがある．一般的に，こういった傾向はすべて，海と淡水の物理的な構造の相違（現在の構造と過去の歴史の両方）に，関係する．

7　無脊椎動物の種内mtDNAパターンの解析からも，同様な系統地理上の知見が得られる．現在の行動や生態と，歴史生物地理学的な要因の両方が，各々の種の遺伝的な構造を作り上げてきた．無脊椎動物の各分類群は，生活様式や分散能力が非常に多様性に富む生物の系統地理学的結果を比較検証する上で，多くの機会を提供してくれた．

8　脊椎動物，無脊椎動物双方に関して，20年以上前に出された系統地理的仮説は，その後の分子遺伝学的な研究で強く支持されている．

III

系譜の一致：
種分化，さらに種分化を超えて

　第II部にまとめた系統地理学に関する業績の多くは，単一種の1遺伝子（多くの場合mtDNA）の系譜の歴史を調べるタイプの分子解析であった．本書の第III部では，そのような手法を複数の遺伝子に，そして同じ分布域に住む複数の種に拡張し，伝統的な生物地理学の情報との比較を行う．このような拡張による比較系統地理学は，地史的な時間での進化学的推論における系譜の一致について，いくつかの異なる相が存在することを示す．系統地理学的な集団構造を種レベルで解釈していくと，しばしば研究対象は種概念や分類学上の課題のような，より幅広い問題へと向かう．したがってこのまとめの部分では，これらの問題により詳細に取り組む．とくに，系統地理学の研究は，個体群統計学，地誌，および種分化過程の継続時間に関して非常に有益な情報を与えることを論じる．

種の系統は統計的分布に似ている．さまざまな樹（遺伝子系統樹）から構成され，その各々が異なる関係を示す．
——*Wayne Maddison, 1995*

5

系譜の一致

　メンデル遺伝に本質的に備わった機会的要素—すなわち，多数の個体の系列に沿った遺伝子のランダムで独立な分離と集合—ということを考えると，種内の個々のDNA部位はそれぞれの固有の系譜学的歴史を刻むはずだということがわかる．また，現生の動物相の過去の個体数変動や遺伝的構造に作用し続けてきた生態学的・進化学的要因が著しく多様であることを考えると，個々の種もそれぞれ固有の系統地理的状態を有すると考えていいだろう．もし個々の系譜がばらつくことが通常の状態（帰無期待状態）だとするなら，この状態からの顕著な逸脱は系統地理学的なシグナルとして特別な重要性を有することになる．このような逸脱は一般に"系譜の一致（genealogil concordance）"と表現される（Avise & Ball, 1990）．

表 5.1　系統地理推定における系譜の一致（4つの様相）

Ⅰ．1つの遺伝子内の塩基配列形質間の一致
　　当面する問題との関連：遺伝子系統樹から推定されたクレードに統計的有意性をもたらす．
Ⅱ．種内の複数の遺伝子間のかなり大きな系譜上の一致
　　当面する問題との関連：遺伝子系統樹が集団もしくは種レベルにおける系統を示すことを確定する．
Ⅲ．分布域をともにする複数の種全般にわたる遺伝子系統樹の地理的配置における一致
　　当面する問題との関連：種内系統を形成する過程での歴史的な生物地理学的要因の共有を暗示する．
Ⅳ．伝統的に認識されている生物地理的な地方（biogeographic provinces）の空間的な境界と遺伝子系統樹の一致
　　当面する問題との関連：種内系統および生物の分布を形成する生物地理の歴史的な要因の共有を暗示する．

Avise (1996b) による．詳細は本文を参照のこと．

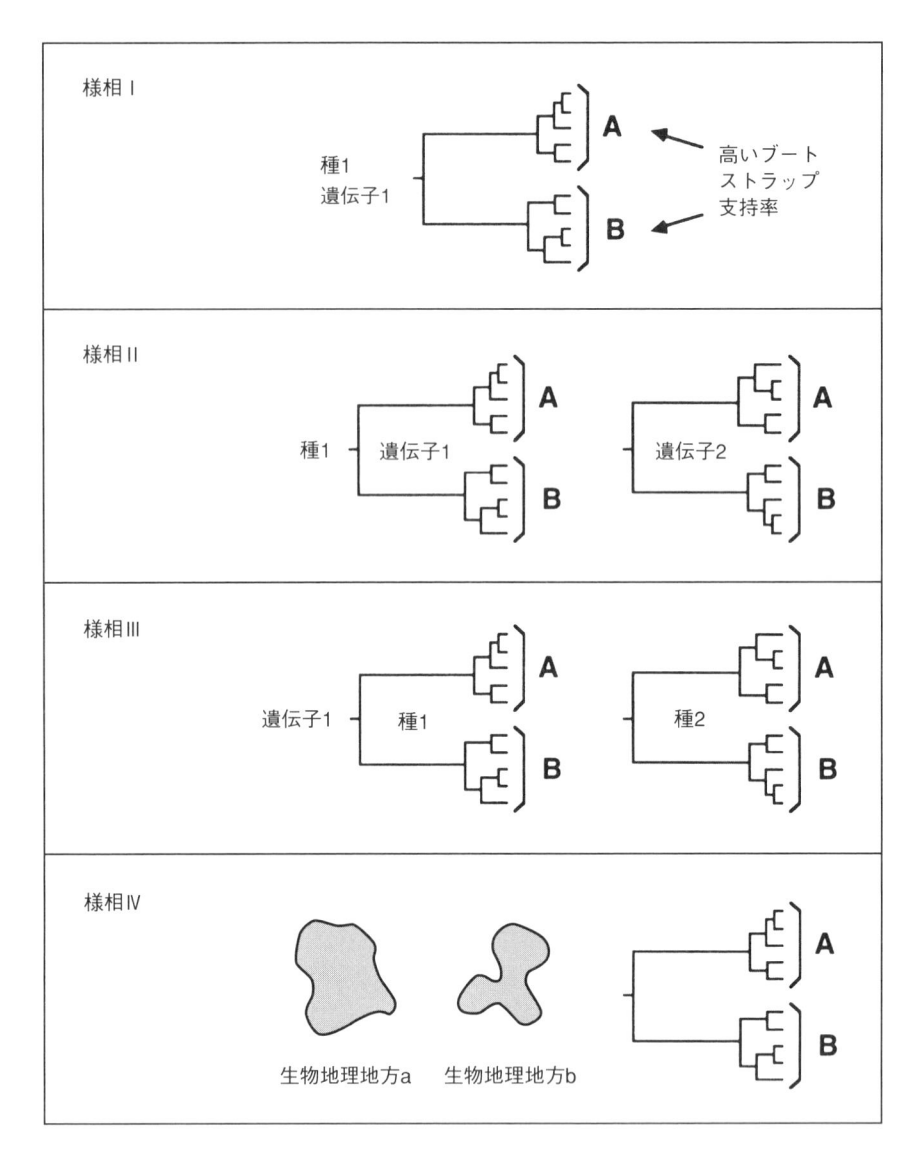

図 5.1 系譜の一致（本文と表 5.1 参照）の 4 つの様相. A および B は遺伝子系統樹内の異なる系統群.

系統地理学の系譜の一致の 4 つの様相は明瞭に異なり，その特徴から区別できる（表 5.1; 図 5.1）．地域の動物相に関するこれまでの実例研究に移る前に，これらの様相について簡単に述べる．

5.1 様相Ⅰ：ある遺伝子の形質全般にわたっての一致

ほぼ自明なことであるが，いかなる種のものであれ，mtDNAの種内系統樹で示される"深い"系統的な分岐は，複数の塩基に共通して記録されているはずである．もしそうでなければ，データ解析からはそのような母系系統の存在は明らかにできないだろうし，また，ブートストラップ法のような判定基準で系統学的に有意な支持も得られないだろう（Felsenstein, 1985a）．典型的な系統推定ではたいがいの場合，得られた遺伝子系統樹のクレードが統計学的に確実に認識されるには，少なくとも3～4個の特徴的な形質（広範な情報の下でもホモプラシーに邪魔されない形質）が必要とされる．

系統地理学的カテゴリーⅠあるいはⅡの例として第4章に挙げた全種では，mtDNA遺伝子系統樹は複数の判別形質（塩基または制限部位）ではっきり区別される主要な枝を有する．これらの遺伝マーカーは，異なる突然変異に由来するという意味でたがいに独立している．もっとも，ある母系系統内に同時にあるとき，それらは1つの連鎖した超遺伝子として一緒に遺伝する．同様なことが，核遺伝子の強く連鎖した塩基配列にも当てはまるだろう．

したがって，この系譜の一致の様相Ⅰは，遺伝子系統樹内における主要な枝，つまり系統群のまとまりと他との違いを単に確定するだけである．さらに，経験的に，種内部の主要なmtDNA系統群は，ほとんど常に地理的に強くまとまる．したがって，遺伝子系統樹内のそのような枝は，生物地理学的な考察を行うに値する歴史性を有した集団を構成する第一の，ただし暫定的な候補となる．

5.2 様相Ⅱ：複数遺伝子の一致

ハプロタイプを単離・解析し，いくつかの連鎖していない核遺伝子座［対象種の遺伝子座で，遺伝子内（対立遺伝子間）に組換えが起きていない］のそれぞれについて遺伝子系統樹を推定したとする．さらに，各々の遺伝子系統樹内で深い分岐が明らかであり（様相Ⅰの一致），これらの主要な枝が同一の地理的集団の組み合わせから成ると仮定しよう．系譜の一致の様相Ⅱは，理想的にはこうした独立遺伝子座全体にわたる系統的一致をいう．様相Ⅱの系譜の一致は，遺伝子系統樹内の特定の枝が，集団または種レベルでの重要な分岐を正確に記録していることを示している．2つ以上の遺伝子座の系統樹のデータ間の一致性を評価するために，いくつかの統計的な手法が考案された（Day, 1983; Page, 1990, 1994; Bull et al., 1993; Farris et al., 1994; Lyons-Weiler & Milinkovitch, 1997）．

核遺伝子の系統樹とミトコンドリア遺伝子の系統樹との対比で様相Ⅱの系譜の一致が検討される場合，理論上，重要な留保条件が付く．進化的に中立という条件下では，2つの隔離集団で，系列選別によって相互に単系統となるために必要な時間は，他の条件が等しい場合，ミトコンドリア系列よりも核系列の方が4倍長い，ということを思い起こそう（この一般則に対する例外としてBirky, 1991およびHoelzer, 1997を参照）．つまり，有効集団サイズが4倍大きいために，理論上の合着過程は，通常，核遺伝子の対立遺伝子はミトコンドリア遺伝子座よりもはるかにゆっくりと進む．

この予測がいわゆる3倍（$3x$）則を生むもととなった．この法則は，核遺伝子座間の

系統学的一致のレベルを，ミトコンドリア遺伝子系統樹の相対的な枝長の関数として予測する (Palumbi & Cipriano, 1998)．理屈は以下の通りだ．2つの隔離された集団の母系の系統樹がある時点 x で相互に単系統な状態にちょうど達したとすれば，典型的な核遺伝子系統樹が系列選別を介して同じ状態に到達するには，平均して約 $3x$ 多く時間が必要だということである．この比較で，x は集団内の mtDNA 多様度，たとえば配列分化率 p から推定できる．なぜならば，p から N_e が推測でき，そしてその系列に固有な合着に必要な時間の推定値が得られるからである．もし集団の分離の実年代が x と $4x$ の間にあれば，両者はミトコンドリア遺伝子の系統樹上では相互に単系統だが，核遺伝子の系統樹上では単系統とならないだろう．したがって，理論上，集団の分岐年代が $3x$ の時間枠外の場合のみ，多くの核遺伝子系統樹の主要なクレードが，ミトコンドリア遺伝子系統樹のそれと一致するだろう（図5.2）．

第2章で検討したように，多くの種では，技術的かつ生物学的要因が重なって，核遺伝子を用いた明確な集団内・集団間の系譜推定を妨げてきた．それらの要因とは，(1)二倍体組織から，1回の作業で核のハプロタイプを単離することが操作上困難なこと，(2)最近の進化にまでわたって有用な系統情報を含むマーカーを提供する充分速い進化をした配列を持つ核遺伝子座の同定が困難なこと，(3)関心ある歴史的時間枠にわたって，おおむねマーカー塩基配列が遺伝子変換 (gene conversion) から免れている必要性があること，などである．本書の執筆時点では，これらの障害を克服できた例は比較的少ない．たとえば，ヒトのY染色体の遺伝子座と常染色体のグロビン遺伝子に関する系譜の研究を思い出してみよう（第3章）．これらの遺伝子座は，

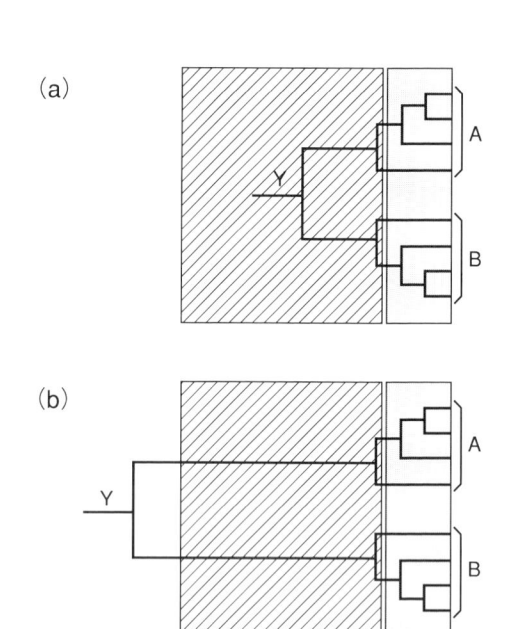

図5.2 $3x$ 則の模式図 (Hare, 1998)．mtDNA 遺伝子系統樹の主要な枝は，結節点 Y から始まる集団 A と B を示している．集団内の系列分岐年代の平均値（集団内 mtDNA 塩基配列変異から推定される）は，x によって示される．(a)は結節点 Y が $3x$ の時間枠内にある場合．(b)は結節点 Y の時点が $3x$ の時間枠外（すなわち，より以前）にある場合．後者の場合のみ，理論上，核遺伝子座の単系統クレードが mtDNA 遺伝子系統樹の単系統クレードとほぼ一致する．

概して mtDNA の研究データを支持し，ヒト *Homo sapiens* の進化上の N_e が小さかったこと，また地球上に広く分布域を拡大したのはかなり最近であることを示唆した．

図5.3に，種内レベルにおけるミトコンドリア系統樹と核遺伝子系統樹間の系統地理学的一致を詳細に調査し発見した2つの研究を要約してある．北米のマミチョグ（ウミメダカ）*Fundulus heteroclitus* では，大西洋沿岸域の南北集団間に顕著な系統的相違が，mtDNA だけでなく，（乳酸脱水素酵素をコードしている）核遺伝子の塩基配列解析でも

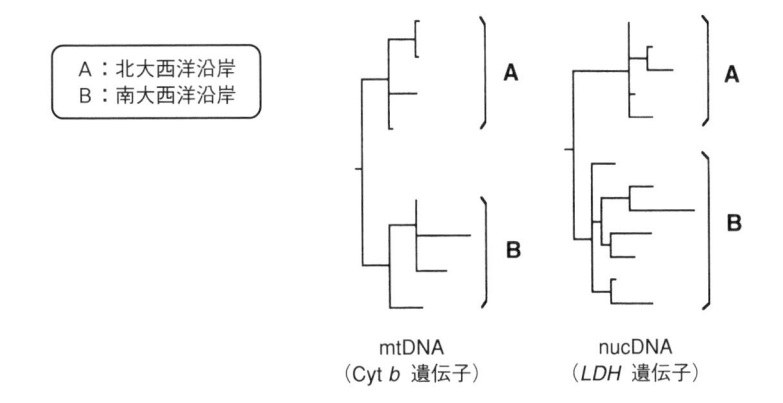

マミチョグ

A：北大西洋沿岸
B：南大西洋沿岸

mtDNA
(Cyt b 遺伝子)

nucDNA
(LDH 遺伝子)

カリフォルニアシオダマリミジンコ

A：北部沿岸域
B：南部沿岸域

mtDNA
(COI 遺伝子)

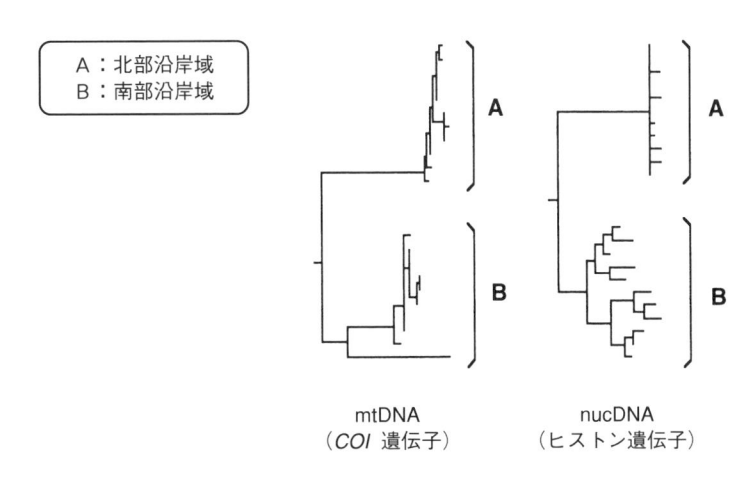

nucDNA
(ヒストン遺伝子)

図5.3 種内の系譜の一致に関する様相IIの実証例．これらの例においてはミトコンドリアと核の遺伝子系統樹の系統地理的な形が全般的に一致している．上：マミチョグ *Funduls heteroclitus* の北部集団対南部集団 (Bernardi *et al.*, 1993)．下：カリフォルニア沿岸のカイアシ類カリフォルニアシオダマリミジンコ *Tigriopus californicus* の北部集団対南部集団 (Burton & Lee, 1994．この種の系統地理構造についてさらに知りたい人は，Burton, 1998 を参照のこと)．

明らかにされた．同様に，カイアシ類のカリフォルニアシオダマリミジンコ *Tigriopus californicus* で，北米太平洋沿岸南部と北部の集団を分ける系統的分岐の存在が，ミトコンドリアと核の両遺伝子系統樹で検知された．これらは，様相IIの系譜の一致—複数の連鎖していない遺伝子座から推定された遺伝子系統樹内に記録された，主要な系統地理学上の単位の全般的な一致—の標準的な事例である．

現在のところ，この条件にかなう事例はほとんどない．mtDNAから得られた系統地理学的な情報と明白な直接比較が可能な核遺伝子の系譜の証拠がないとき，代わりの情報が

採用されることもある．代わりの情報は，伝統的な集団遺伝学的データに基づく系統推定から得られるだろう．たとえば，できる限り多くの核遺伝子座から得た対立遺伝子頻度や遺伝距離などである．また，そのような情報は，生体の表現型—調査中の集団間の遺伝的相違を顕著に示していると思われる形態・行動形質—に関する地理的な推測に基づいて得られることもあろう．第4章で論じたように，種内 mtDNA 遺伝子系統樹に認められる最も深い系統地理学上の区分は，しばしば亜種のような伝統的な分類学的区分と一致している．

5.3 様相 III：分布域が重なる種間の一致

共通の自然史もしくは生息環境についての要求性を有し，かつ分布域を共有するいくつかの種で，それぞれが似た系統地理学的構造を持っていることが明らかになったとしよう．この場合，種内遺伝子系統樹内の枝は，同じ地域に位置するだろう．様相 III の系譜の一致は，おそらく，この地域の動物相内部の種内系統地理構造を形作ってきた進化的・生態的要因の共有を反映しているだろう (Rosen, 1975; Platnick & Nelson, 1978; Cracraft, 1988)．様相 III の一致は，後に論ずるように，いくつかの地域的な生物相で立証されてきた．

5.4 様相 IV：他の生物地理的情報との一致

分子系統地理学でとくに重要な発見は，分子系統学的データが，それとは独立した生物地理学や分類学の情報と結びついた場合に導かれることが多い．たとえば，過去に起きた分断が，現在，不連続分布をする分類学上の亜種間で形態や行動の分化を促進したかもしれない．あるいは，伝統的知見は，地域の生物相を構成する多数種の分布の境界線の成因となった，さまざまな過去の生物地理的な情報と結び付いているかもしれない．

遺伝子系統樹の系統地理学上の主要な枝が，形態的な相違と一致，もしくは過去の明らかな地理的・地質的な分散の障壁と場所的に一致するとき，それは集団レベルの長期にわたる分離を記録している可能性が最も高い．よりあいまいな事例に対しては，分子系統上の分岐パターンと自然地理学的地域との対応を評価するために，適切な系統学的手法を用いることが提案されている (Wiley, 1988; Brooks, 1990; Brooks & McLennen, 1991)．

複数種が示すパターンに関して，生物地理学者は長い間，さまざまな空間規模で，他と異なる生物種の組み合わせ (biotic assemblages) を同定しようとしてきた．動物地理学上の小地域区分である地方 (provinces)，亜地方 (subprovinces) および固有種を擁する地域は，伝統的には動物相リストの解析で記述される．このような動物地理区分から，地球上の生物多様性の分布は画一的なものではなく，主として生物地理学上の歴史的要因によって形成されたことが明らかである．明白な例として，他地域とはっきり異なるオーストラリアの哺乳類相がある (鳥類相も同様．Sibley & Ahlquist, 1986; Sibley, 1991)．これは，第三紀初期もしくは中期に始まったこの大陸の長期間にわたる孤立が記録されたものである．分子系統地理学の研究で明らかになった一般則として，種内レベルで深い分岐で分けられた系統群が，動物相リストで同定される生物地理地方・亜地方とよく一致することが多い，というのがある．このような一致は，様相 IV の系譜の一致のもう1つの要

素であることが明らかになっている．

5.5　地域的検討：米国南東部

　地域的な生物相についての系統地理学的解析では，分布域の重なる複数分類群について，種内系譜の空間的パターンを複合的に考察する．系譜の一致の4つの様相すべてが，現時点で入手可能な系統地理学的研究の事例をもとに示すことができる．

　分子系統地理学で最初に大きな研究の蓄積がなされたのは，米国南東部の動物相についてであった．この地域の多数の種の遺伝的構造が現在の形となるのに，歴史的な生物地理学的要因が重要な役割を果たした．過去数百万年にわたるこの地域の物理的環境を，以下に簡単に紹介する．そして，種の個体数変動と系統地理学的な集団構造に影響をおよぼすと思われる自然地理学的要因を示す．

5.5.1　環境的背景

　淡水界（Freshwater Realm）：米国南東部には，現在，十数本の大河川と無数の小河川が流れている．この地域の東部の河川は大西洋に注ぎ，西部の河川はメキシコ湾に注ぐ（図5.4）．海水準が高かった鮮新世と海水準が中程度の更新世の間氷期では，おそらく，沿岸域の小さな河川は海面下に没し，淡水の動物相は，大河川の上流域やフロリダ半島の湖や河川に隔離されていた（Wright, 1965）．こうした時代には，淡水中でしか生息できない動物の流域間移動は，常に河川争奪を通じて起きたに違いない．更新世の大部分は氷期で海水準が下降しており，隣接する流域が広さの増した沿岸の平野部を蛇行するうちに，ときどき合流しただろう．そのような河川の分離と結合の歴史（その詳細はほとんど知られていない）は，間違いなく水生動物集団の系統的歴史に影響したであろう．たとえば，淡水魚がときどき分断されたレフュージアへ隔離されたならば，そのときどきの地域的なレフュージアと隔離後の分布域拡大は，流路形成の歴史的なパターンに影響を受けたはずである．

　米国南東部の海岸沿いの河川には，およそ250種の淡水魚が生息しており，1水系当たりの魚種は，20種～157種である．Swift ら（1985）はこれらの種の分布域を詳しく調べ，分布パターンが非常に多様であることを明らかにした（動物相全般でもこの多様性は予想される）．それにもかかわらず，Swift らはほぼ9つの動物地理的地方（faunal provinces）を定めることができた．これらの動物地理的地方は，過去および現在における重要な分散の障壁の存在を示唆するものである．ある解析では，何本かの河川を種組成によって1つのグループにまとめることができた．全魚種の生息する・しないという二値化行列（presence-absence matrix）に基づくクラスター表形図の最も根元の分岐で，東の水系（大西洋沿岸部およびフロリダ半島全域）と西部の全水系（ジョージア州西部からルイジアナ州）が分けられた（図5.4）．大部分の魚種の地理的分布を，西部か東部のどちらかの淡水域へと明瞭に分けることができるのである．

　陸上界（Terrestrial Realm）：フロリダ半島（とくにその南端部）は，気候学的にも，自然地理学的にも，また生態学的にも，半島北部と西部に広がる温暖な大陸地域と異なる．したがって，米国東部の熱帯的または亜熱帯的気候条件に適応した多くの分類群は，フロリダ南部および中央部に限定されている．現在よりも海水準が低かった更新世の氷期には，フロリダ半島は現在よりもずっと大きかったので，氷河の前進にともなう気候変化によっ

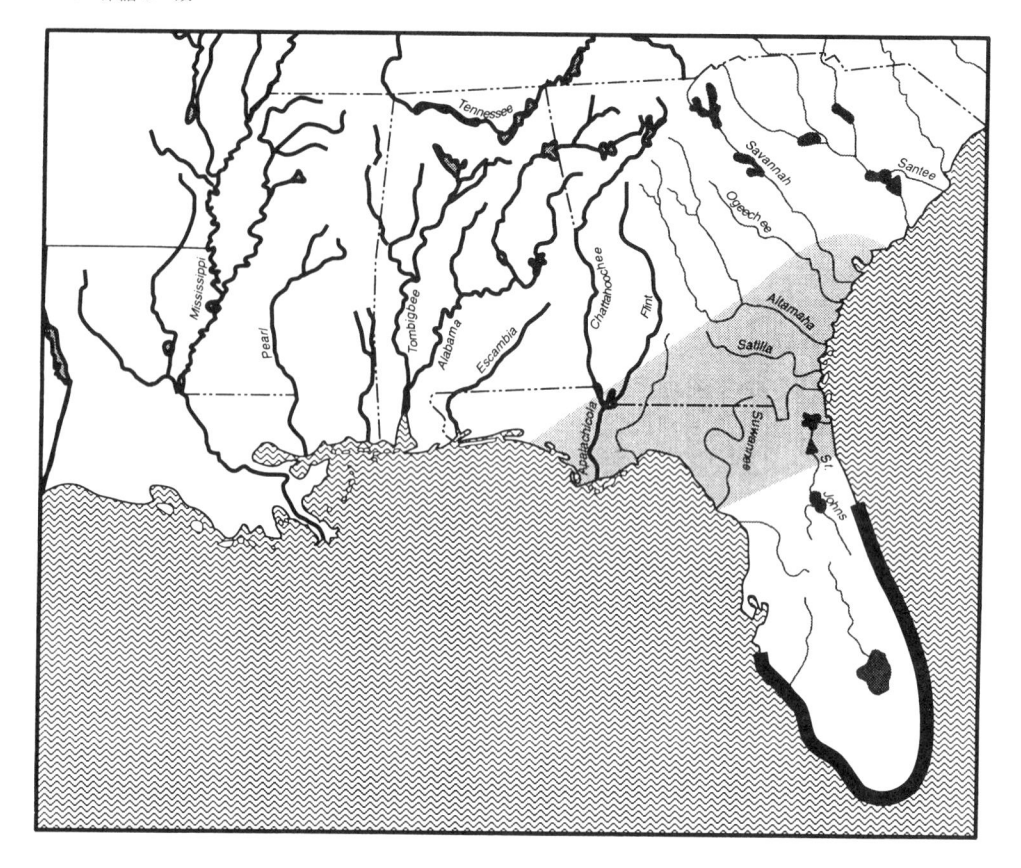

図 5.4 米国南東部の環境地勢図（Avise, 1996b）．地図上の太線で示した河川は，西部の淡水魚に関する動物相の地域，細線で示したものは東部の動物相の地域を示す．両地域は，複数種の分布域を総合することにより決定した（Swift *et al*., 1985）．陸上動物に関しては，影を付けた領域がフロリダ州固有動物の多くと大陸部の類縁種間の推定上の二次的接触帯および交雑帯となっている（Remington, 1968）．沿岸動物に関しては，フロリダ半島を取り巻く濃い太線は北方の冷涼な動物地理帯と対照をなす熱帯性の動物地理地方を示している（Briggs, 1974）．

て，南方に分布域が狭まった温帯性種の重要なレフュージアとして役立っただろう．第三紀初期（漸新世頃），フロリダ中西部の隆起した地域は，現在のフロリダ州北部とジョージア州南部への浅い海進によって本土から切り離され，1もしくは2個以上の大きな島だった（Webb, 1990; Randazzo & Jones, 1997）．

Remington (1968) は，フロリダ半島固有の多様な動植物群が，形態その他で本土の類縁種と異なることを初めて示した．Remington は，地理的には半島と大陸間の縫合帯（suture zone）沿いに非常に多くの生物（彼のリストには50種が挙げられている）で，フロリダ型と本土型の交雑（既知もしくは推測のみのものも含む）が見られる接触帯（contact zone）を観察した（図5.4）．この二次的接触帯は，5つしかないその他の北米の主要な縫合帯と同一の状況を作り出している．つまり，この縫合帯はフロリダ半島部の独特な生物地理区の境界となっている．

沿岸界（Maritime Realm）：現在，フロリダ半島は南方の亜熱帯性の水域に突出し，温帯の動物群の一部を，大西洋沿岸部とメキシコ湾岸部の異所的集団に分断している．氷河の前進と後退が繰り返された更新世において，

気候変化と海水準変動は，おそらくこの沿岸域の生物に多大な影響をおよぼした（Bert, 1986; Felder & Staton, 1994）．氷河拡張期の気候の冷涼化は，温暖な環境を好む生物種を南へ押しやり，フロリダ南部周辺の大西洋とメキシコ湾の集団の接触機会を増大させた（Cronin, 1988）．しかし，氷期には海水準も低くなり（約 $-150\,\mathrm{m}$），フロリダ半島に広大な領域が現れた．この時期のフロリダ半島は現在に比べてずっと乾燥しており，多くの沿岸動物種が好む塩分濃度が中間的である河口や塩沢（salt-marsh）の数は，おそらく半島周縁部には少なかった．したがって，氷河前進期に面積を広げたフロリダ半島は，いく種かの海産動物の大西洋沿岸個体群とメキシコ湾沿岸個体群を物理的に分断したかもしれない．

気候が温暖化する時期には，種の分布に反作用も働いただろう．その時期は海水準が高く，おそらくフロリダ半島はずっと広大な河口と塩沢に囲まれていた．こうした間氷期（現在のような）には，一部の温帯域にしか生息しない生物種は，おそらくフロリダ南部の熱帯的気候条件によって，大西洋とメキシコ湾の不連続な集団に隔離されただろう．反対に，広温性種や河口域に適応した種の一部は，メキシコ湾地域から分布域を拡大し，海進で一段と小さくなったフロリダ半島南端部周辺の大西洋集団と頻繁に接触する機会が回復したかもしれない．総合的にみると，沿岸動物群にとって，これらのどちらの効果が大きかったかは，はっきりしない．現在では，フロリダ南東岸沿いに進むメキシコ湾流の一部がメキシコ湾から流れ出ており，湾内で生まれた漂泳性の配偶子や幼生が大西洋南部へ輸送されているかもしれない．

動物相研究者はこの地域のさまざまな海産動物種の分布記録をまとめてきた（Briggs, 1974 の総説）．最も目を引くパターンは，フロリダ南部（さらにはメキシコ湾）の温暖な地域に住む温帯性・熱帯性の沿岸動物群と，それに対する北方の，とくに大西洋岸の冷涼な地域に住む温帯性動物相との不連続である（図 5.4）．たとえば，フロリダ州の北部 1/3 にまで分布を広げている温帯性の軟体動物群は，南方へ向かうにつれ熱帯に適応した種に移行している．八放サンゴの種構成の移行も，同様に中央フロリダ東部で起きている．多くの魚種でも，この地域に分布の北限や南限がある（Briggs, 1958）．このように，中央フロリダ東部の沿岸域は，沿岸界で大西洋とメキシコ湾の動物地理区の移行する境界となっている．

5.5.2 遺伝的知見

淡水魚：Bermingham & Avise (1986) は，mtDNA の制限部位解析法を用いて，米国南東部全域の主要な河川流域から集めた魚類4種を調べた．この4種はアミア *Amia calva*，および3種のサンフィッシュ科の魚（*Lepomis punctatus*, *L. microlophus*, および *L. gulosus*）である．これら4種には大きな変異と分化が検出された．またこれらの種内母系系統は，明らかにランダムでない分布を示した．とくに，mtDNA 系統上の主要な大きな分断はそれぞれの種内で歴然としており，その系統的分断によって東の流域（大部分が大西洋岸とフロリダ半島沿岸）に生息するほぼすべての個体と西の流域（メキシコ湾沿岸に至る）の個体が識別可能であった．種内の mtDNA 遺伝子系統樹から推測された地域間の遺伝的分離の程度はこれら4種間で著しく異なっていたが（図 5.5），その地域差はいずれも，地域内のハプロタイプ間遺伝距離よりもずっと大きいものであった．図 5.6 にそれぞれの種の主要な2つの mtDNA 系

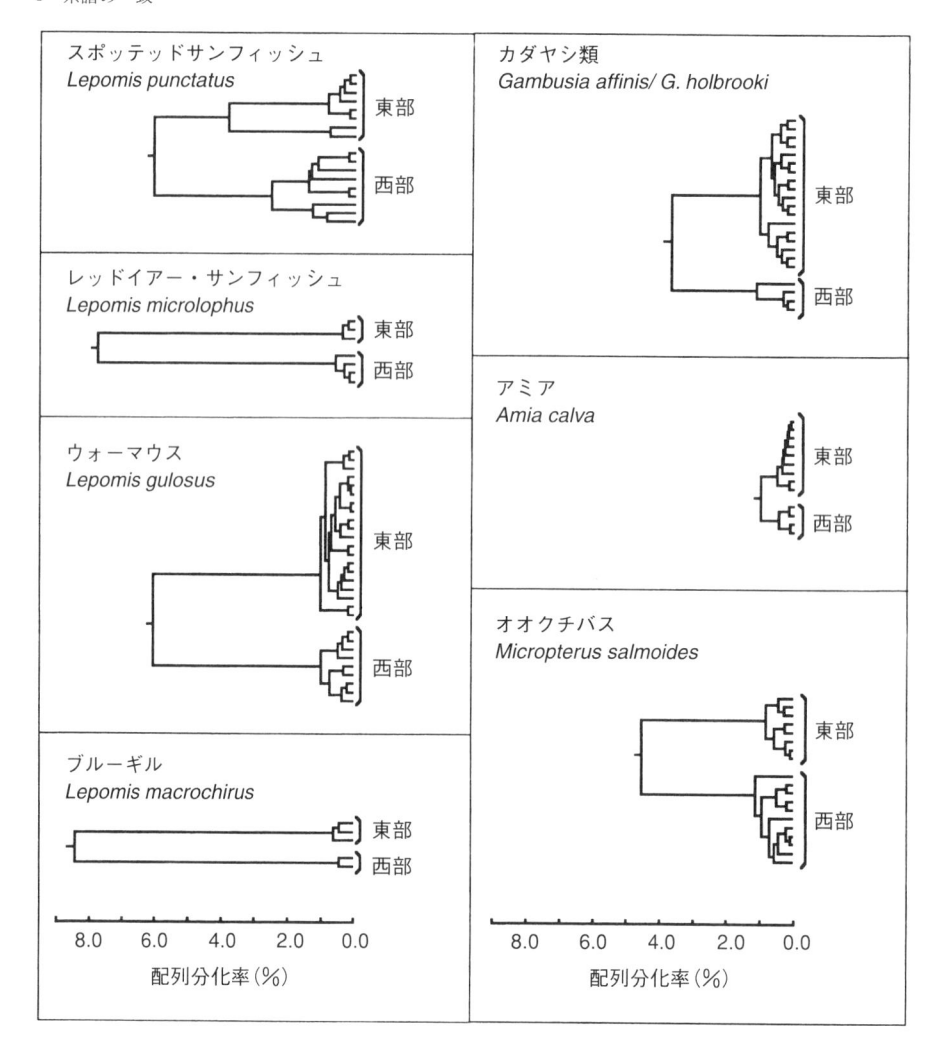

図 5.5 米国南東部の淡水魚 7 種・種群の mtDNA ハプロタイプによる系統的関係．比較のために，すべての図は推定された mtDNA 塩基配列分化率に関して同じスケールで作図してある．「西部」と「東部」はそれぞれの種内に観察される 2 つの主な系統群が生息する一般的な流域の位置（図 5.6 を参照）．

統の地理的分布をまとめた．

　同様な mtDNA 系統地理解析が，サンフィッシュ科のブルーギル Lepomis macrochirus (Avise et al., 1984b)，オオクチバス Micropterus salmoides (Nedbal & Philipp, 1994)，そしてカダヤシ種複合体 Gambusia species complex (Scribner & Avise, 1993) で行われた．それぞれの mtDNA 遺伝子系統樹内の根元部分の分岐から，フロリダ半島や大西洋沿岸の集団とそれより北や西の集団に分けられた（図 5.5）．これら 3 種に関してはアロザイムの情報も蓄積されており (Avise & Smith, 1974; Philipp et al., 1983; Wooten & Lydeard, 1990; Scribner & Avise, 1993)，各々の事例において，いくつかのマーカー遺伝子座でのほぼ固定した差異から，東西 2 つの集団に区分された．この分子情報から，南北両カロライナ州，ジョージア州，アラバマ州，およびフロリダ州大陸部の細長く伸びた部分（Floridian pan-

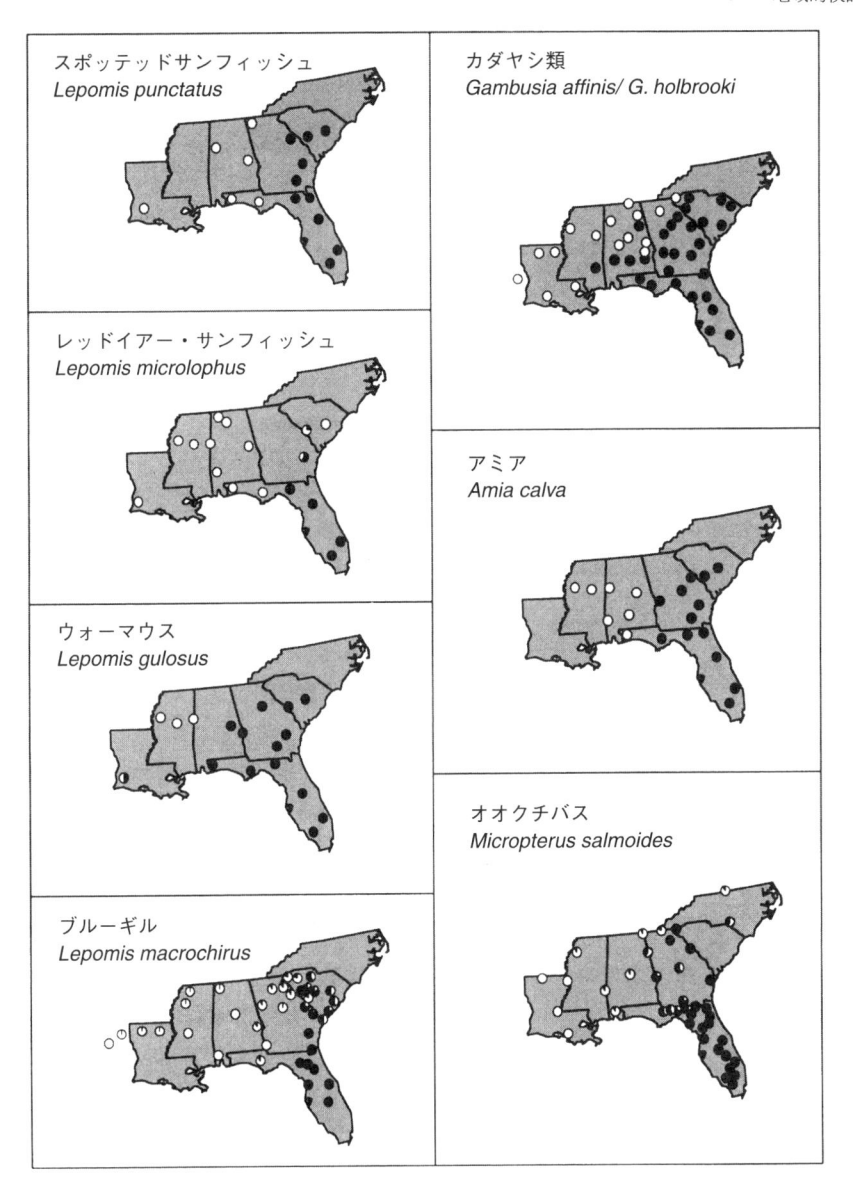

図5.6 米国南東部の淡水魚の主要な2系統群（図5.5）の地理的分布を示す円グラフ．7種のうち5種の図は，特徴的なmtDNAハプロタイプ頻度をあらわし，ブルーギルとオオクチバスの図は特徴的なアロザイム対立遺伝子頻度をあらわしている．

handle) といった一部地域で，これらの系統群に遺伝子浸透のあることが示された．これらの二次的接触のいくらかは，おそらく人為的な放流によって促進されたと思われる (Nedbal & Philipp, 1994)．

総合的には，米国南東部の大西洋岸からメキシコ湾岸までの広い流域で，種と種群を合わせて7つのグループの淡水魚について，遺伝的構成が詳しく解析されている．例外なく，系譜の根元部分の区分が西部と東部の集団を分けていることから（図5.6），歴史生物地理学上，共通の影響を受けていたことが強く示唆された．フロリダ半島は常に東部型の本拠地で，一方，アラバマ州から西のメキシコ

図 5.7

淡水魚類相の類似度
（241魚種）

"大西洋"
流入河川

"メキシコ湾"
流入河川

mtDNAの系譜
スポッテッドサンフィッシュ

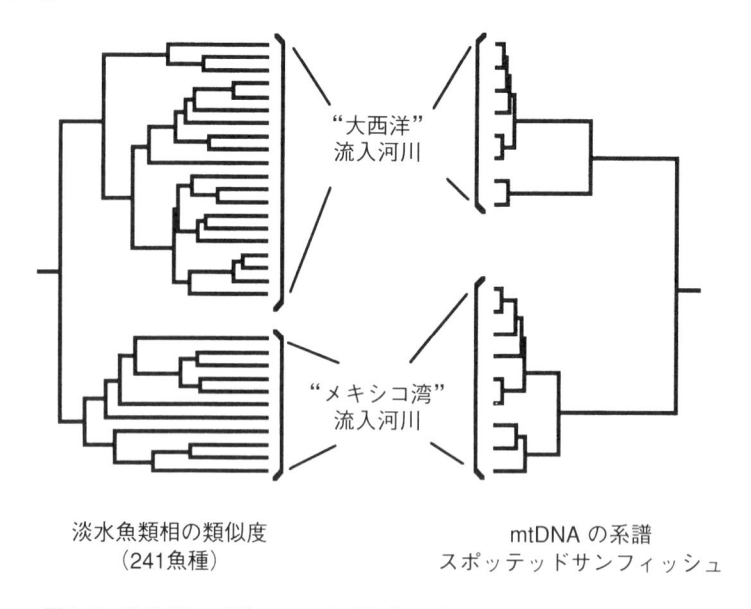

図 5.7　様相 IV の系譜上の一致 (Walker & Avise, 1998). スポッテッドサンフィッシュの mtDNA 遺伝子系統樹内の2つの主な枝の地理的分布が, 米国東南部の2つの主要な淡水魚に関する動物地理地方と完全に一致した (Bermingham & Avise, 1986).

湾岸が西部型の住みかである. ミシシッピー河やアラバマ州のトンビグビー河流域は, 西部系統群の発祥の地なのかもしれない (Mayden, 1988 を参照).

まとめると, これらの淡水魚の豊富な例から, 合計4つの系譜の一致の様相が示される. 様相 I は, 種内 mtDNA 遺伝子系統樹内の主要な枝間の配列分化率の大きさから明らかにされる. 同様にアロザイム変異が調査されている3魚種では, mtDNA 系統群の地理的配置の分岐が深いこと, および核の対立遺伝子頻度が大きく変化し, 系統群の地理的配置が全般的に一致することから, 様相 II が示される. 様相 III の系譜の一致は, 異なる種間で2つの主要な系統群が類似した地理的分布をとることから示される. 様相 IV の一致は, 魚類の地域的分布の大まかな傾向から認められる主要な生物地理地方と, 種内系統群の地理的配置の緊密な一致により示される (図 5.7).

主な種内系統群間の推定配列分化率の大きさは, これらの魚種間で, あまり一致しなかった. この推定値の範囲は, アミアの $p≈0.006$ から, $Lepomis$ 属3種内の $p>0.050$ であった (図 5.5). この不均質性の理由はいくつか考えられる. おそらく, これらの集団は同じ歴史上の事象で分断されたのだが, 種間で mtDNA 進化速度が異なったのだろう. または, 祖先の多型レベルの違いが, 系統群間の差異に転換されたのであろう. 他の条件がすべて等しいなら, 祖先集団が大きいほど, もしくは集団が空間的に強く構造化されているほど, 系統樹内に深い歴史的な分岐を示す遺伝子系列を含む傾向がある. そして, そのような系列のいくつかは, 分断で生じた姉妹集団の存在を反映している (図 5.8).

他の可能性として, 各集団の分離年代が, 実際, 異なっていたということもあり得る. 鮮新世と更新世では気候変動が何回も繰り返されたため, いくつかの種では, 継時的サイクル（集団の絶滅と再移入）によって, 初期の系統地理学的情報が新しい情報に覆い隠さ

祖先集団

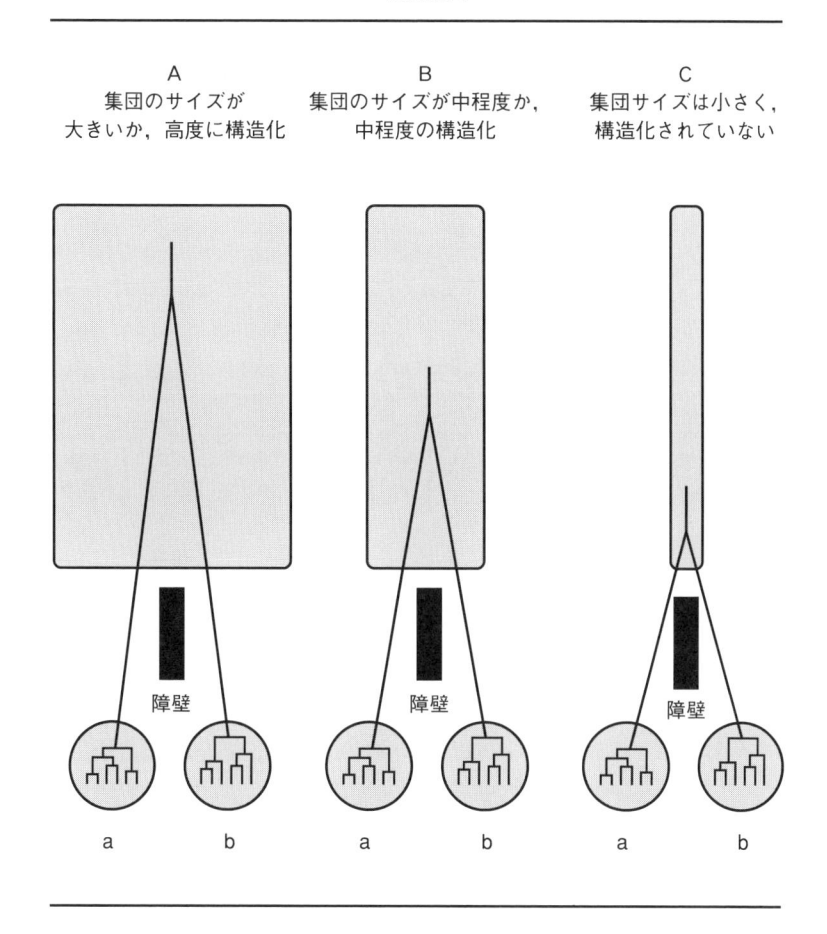

A
集団のサイズが
大きいか，高度に構造化

B
集団のサイズが中程度か，
中程度の構造化

C
集団サイズは小さく，
構造化されていない

障壁　　　　　　障壁　　　　　　障壁

a　　b　　　　a　　b　　　　a　　b

娘集団

図5.8　共分布する種の種内遺伝子系統樹が，類似の地理的パターンを示しながら時間深度において異なりうる理由．他のすべてが等しい場合，遺伝子系統樹内の系列の分岐は，祖先集団の大きさが大きいほど，または空間的に強固に構造化されているほど深くなる傾向にある．

れたか，または消去されたかもしれない（図5.9）．このような分断と地域間分散のサイクルは，分布を空間的に一致させるが，時間的には種ごとにかなり不均質な系統地理学的記録を生じさせるだろう．

図5.8と図5.9に示した分断の成立過程で示しているのは，なぜ，種内系統群の分布が種の分布範囲で定義される生物地方と一致する傾向があるのか（たとえば，図5.7）である．数種の動物で，動物地理学上の境界をは

さんだ2集団の一方が絶滅した後，もう一方からの再入植が起きなかったとしよう．そのとき，これらの各種の現在の分布域は，一方の地域（淡水魚の場合は東部か西部のどちらか）だけになるだろう．このような歴史的な帰結が集積した結果，伝統的な動物地理地方・亜地方間の境界で種が分布しなくなる形の，地方や亜地方内での分布の集中が起きるだろう．

沿岸動物：米国南東部の沿岸動物の分子系

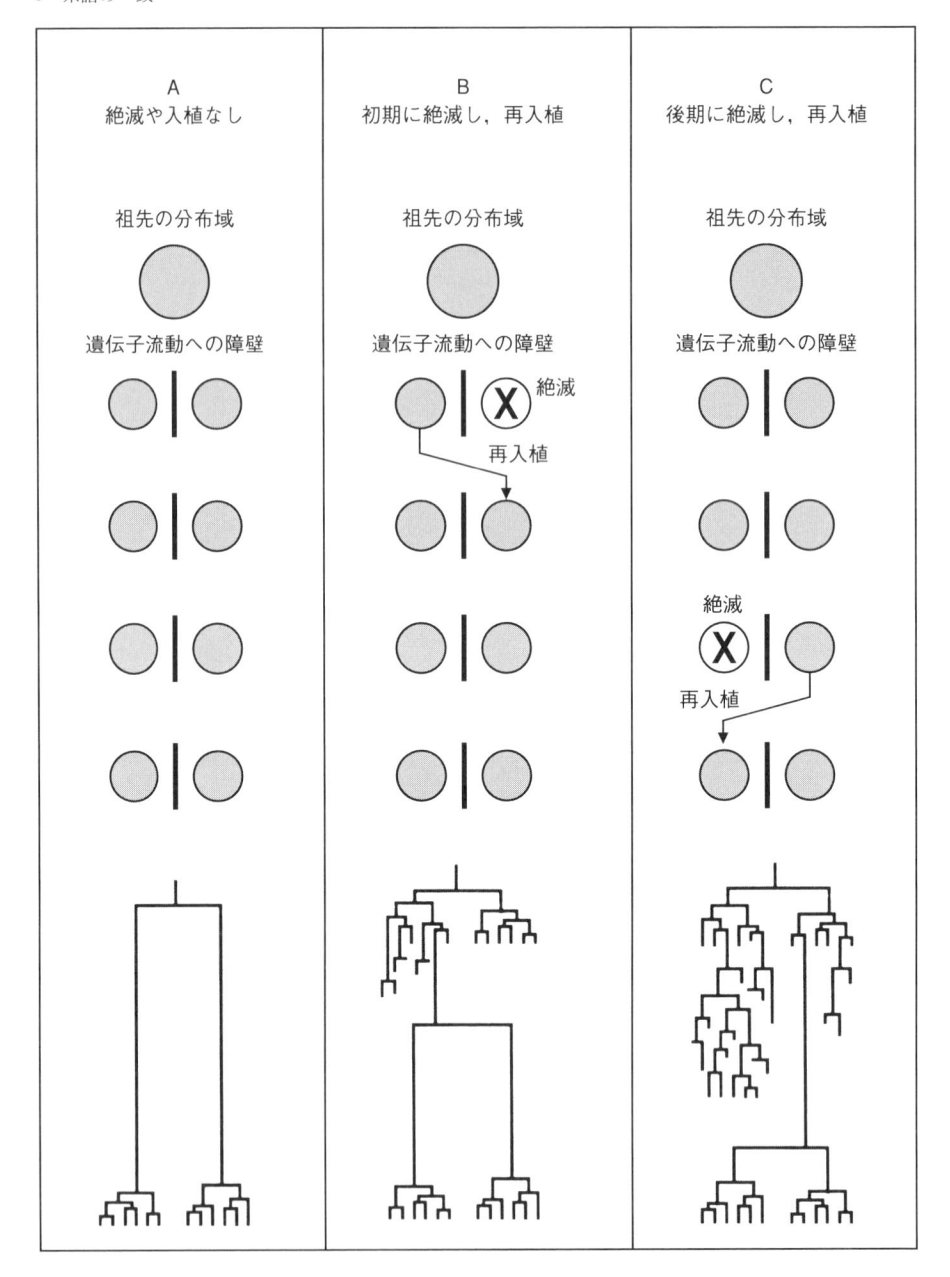

図 5.9 共分布する種の種内遺伝子系統樹が，類似の地理的パターンを示しながら時間深度において異なりうる理由．繰り返し起こった分断と地域集団の絶滅，再入植をともども経験した場合 (Cunningham & Collins, 1998)．

統地理学的調査でも，系譜の一致の4つの様相すべてが示された．図5.10に要約した主な系統地理学的なパターンについて次に述べる．

ハマヒメドリ *Ammodramus maritimus* の7亜種のmtDNA遺伝子型が解析された (Avise & Nelson, 1989)．この解析で最も注目すべきことは，大西洋岸とメキシコ湾岸に沿って採集したすべての標本を隔てる大きな系統地理学的な分断である（純配列分化率で1.0％と推定された）．この系統地理パターンは Funderburg & Quay (1983) が予想し

ており，その根拠はハマヒメドリ集団が大西洋とメキシコ湾に分割された歴史があるという分布情報と他の動物地理学的情報である．現在，この種の地理的分布には明らかな空白域があり，フロリダ南東部にはハマヒメドリ集団は分布しない．

大西洋とメキシコ湾で集団が不連続な動物としては，ブラックシーバス *Centropristis striata* も知られている．本種でも，以前から別亜種とされている大西洋型とメキシコ湾型が，まったく異なる mtDNA 配列を持つことが判明した．両亜種間の純配列分化率は 0.7% と推定されている (Bowen & Avise, 1990)．

mtDNA 系統に大西洋とメキシコ湾の間で不連続性を示す沿岸脊椎動物として，その他に，ガマアンコウ科（バトラコイデス科）の魚（ガマアンコウとも呼ばれるカジカ類に似た魚）*Opsanus* 種複合体 (Avise *et al.*, 1987b) とダイヤモンドガメ *Malaclemys terrapin*（甲羅にひし形の模様がある．背甲長 15 cm 程度）(Lamb & Avise, 1992) の 2 例がある．*Opsanus* 種複合体では，近縁な 2 種（*O. tau* と *O. beta*）の分布は，それぞれ大西洋沿岸とメキシコ湾沿岸にほとんど限定されており，両種間の mtDNA 配列分化率は推定で 9.6% 異なる．ダイヤモンドガメでは，固定した mtDNA 制限部位変異が 1 箇所検出されただけだが，この変異によってメキシコ湾と北フロリダ大西洋岸沿いの標本が識別された．

mtDNA の系統地理学的パターンは，大西洋岸とメキシコ湾岸沿いにほぼ連続的に分布する 3 種の無脊椎動物でも知られている．ハンミョウ属の 1 種 *Cicindela dorsalis* (Vogler & DeSalle, 1993, 1994a)，アメリカカブトガニ *Limulus polyphemus* (Saunders *et al.*, 1986)，およびアメリカガキ *Crassostrea virginica* (Reeb & Avise, 1990) では，大西洋側とメキシコ湾側の集団が遺伝的に大きく異なることが判明している．後の 2 種では，メキシコ湾型の分布域がフロリダ南東部へ拡大していた（図 5.10）．3 種すべてで，大西洋側とメキシコ湾側の集団間の遺伝的分化レベルは，両集団内の遺伝的分化よりもはるかに大きい．アメリカガキでは，その後いくつか行われた遺伝子未特定の核ゲノム領域の制限部位解析で，大西洋・メキシコ湾の集団の違いが再び支持された (Karl & Avise, 1992; Hare & Avise, 1996)．しかしこの差異は，この種の他の核遺伝子座の分子解析では明らかにならなかった (Buroker, 1983; McDonald *et al.*, 1996; Hare & Avise, 1998)．そこで Hare (1998) は，アメリカガキ集団の分離は $3x$ 時間枠（temporal window）内に起きたのだろうと結論した．この時間枠内では，mtDNA 遺伝子系統樹と同様な分岐が見られる核遺伝子は，ごく一部の進化速度が中程度の遺伝子だけしかないと考えられるからである．

アロザイム分析その他の遺伝学的な集団解析から，その他の沿岸性無脊椎動物や脊椎動物についても，大西洋・メキシコ湾間の同様な違いが明らかにされた．イガイ科の 1 種 *Geukensia demissa* (Sarver *et al.*, 1992) やフンデュルス属の魚 *Fundulus majalis* および *F. similis* (Duggins *et al.*, 1995) では，顕著な遺伝的な不連続性が大西洋・メキシコ湾両集団を隔てており，どちらの事例においても筆者らは両集団を独立した種として命名することを提案している．これらの種においては，メキシコ湾型がフロリダ南東部の海岸沿いに分布域を伸ばしており，アメリカガキ，アメリカカブトガニあるいはダイアモンドガメの分布パターンを連想させる（図 5.10）．同様の遺伝的な不連続性が，大西洋・メキシ

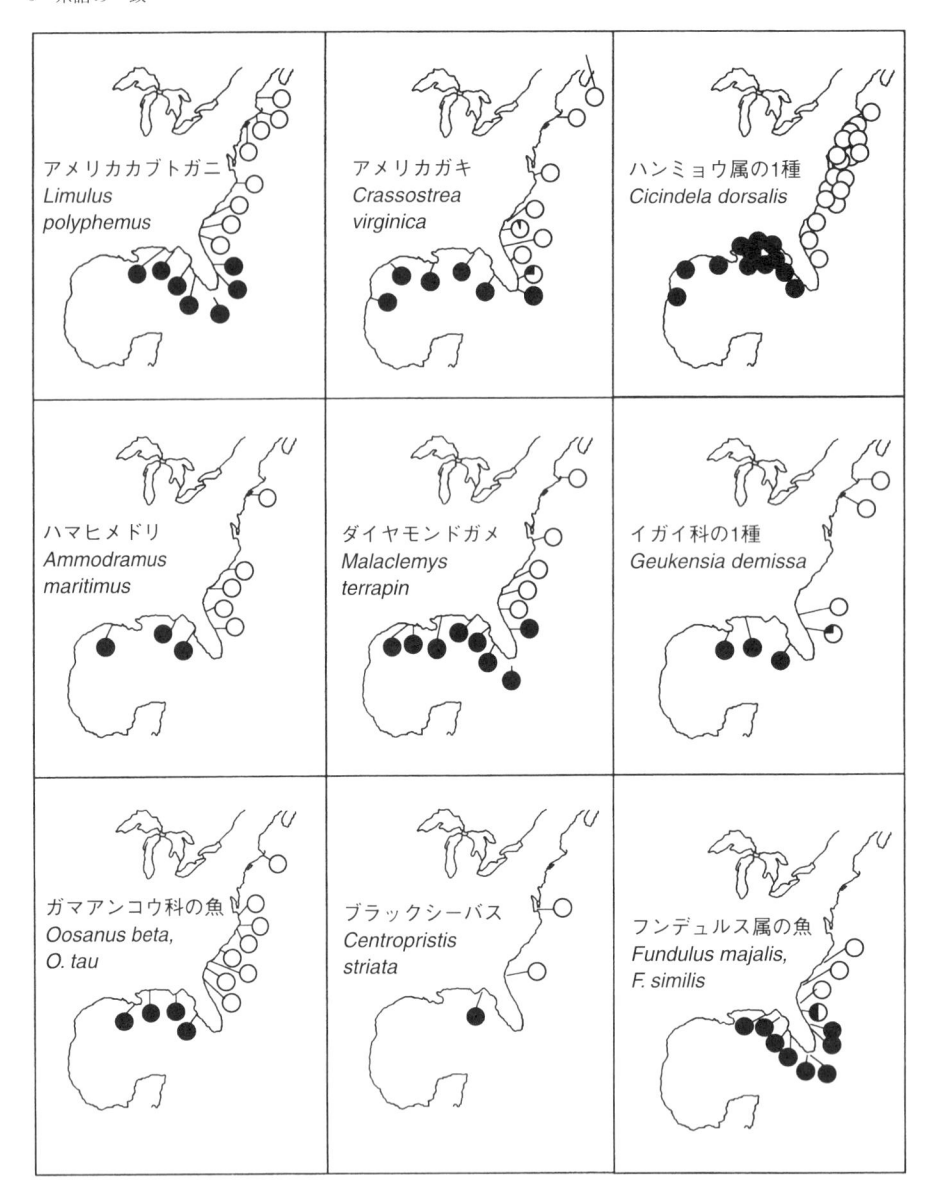

図 5.10 米国南東部の沿岸動物の最も基本的な2つの系統群の地理的分布を示す円グラフ．7種に関しては特徴的な mtDNA 分岐群の頻度（本文参照），*Geukensia demissa* と *Fundulus* 属の2種に関しては特徴的なアロザイム対立遺伝子頻度を示した．右下の図は，1つの種が主としてメキシコ湾沿いからフロリダ半島の南東部沿いに分布し，その姉妹種はさらに北の大西洋岸沿いに分布するという一般的な地理的パターンを示している．

コ湾間で分布域が分断されている数種の沿岸の無脊椎動物，ウミヒドラ属 *Hydractinia*，ホンヤドカリ属 *Pagurus*，イワガニ科の *Sesarma* 属，およびシオマネキ属 *Uca* でも報告されている (Cunningham *et al*., 1991, 1992; Felder & Saton, 1994)．

他方，遺伝的解析が行われた沿岸動物の中に，大西洋とメキシコ湾間の系統的分離に明確な証拠が得られなかった種もある (Gold & Richardson, 1998)．魚の仲間では，レッドドラム *Sciaenops ocellatus* (Bohlmeyer & Gold, 1991)，ハードヘッド・キャットフィ

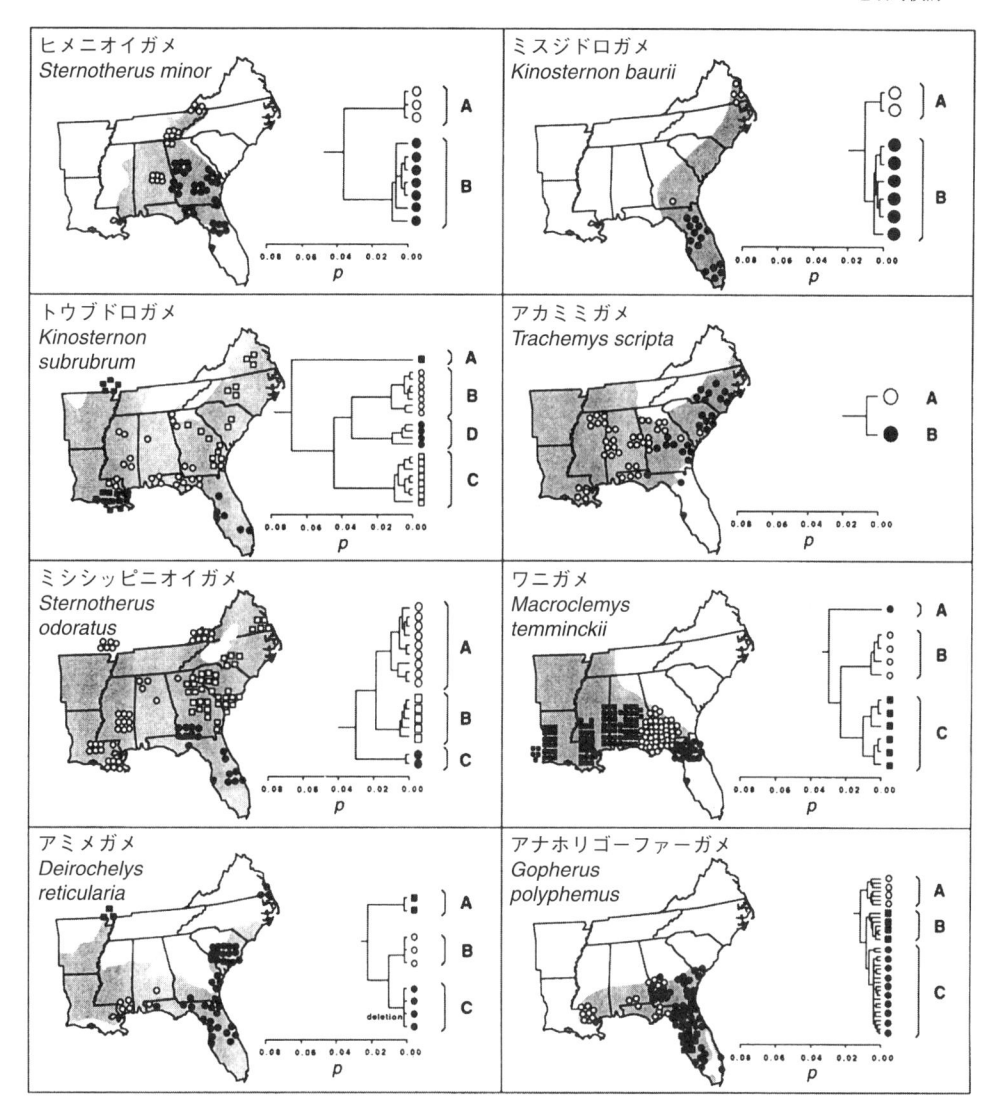

図 5.11 米国南東部の淡水ガメと陸ガメの種内 mtDNA 系統地理パターン (Walker & Avise, 1998). すべての図は, ハプロタイプ間の遺伝距離に関して同じ目盛でプロットしてある. 地図上の丸や四角は生物個体とそれが属する mtDNA 系統群を示す. 種の分布域は影であらわしてある.

ッシュ *Arius felis* (Avise *et al.*, 1987b), メンハーデン種複合体 (*Brevoortia* 属) (Bowen & Avise, 1990), そしてアメリカウナギ *Anguilla rostrata* (Avise *et al.*, 1986) がある. 前述のように, アメリカウナギの mtDNA が地域的分化を示さないのは, おそらく降河回遊性の生活環による. 他の分類群で顕著な地域的分化がないのは, おそらく現在のフロリダ南端部で遺伝子流動が起きてい

るためか, または最近隔離された大西洋集団とメキシコ湾集団内に, 祖先系列の多型が保持されているからだろう.

しかし, 沿岸無脊椎動物から海水魚や塩沢地の四足動物までの多種多様な生物種にわたって, 分子遺伝学的データは系統の根元部分に不連続性があることを明らかにし, 主要系列の地理的分布は相互に非常によく一致した (図 5.10). これらの差異と同等な尺度で見

表 5.2 米国南東部の淡水ガメと陸ガメの mtDNA 系統地理パターンに関係する遺伝的統計量

種	主な系統地理単位	単位間の純配列分化率[a]	参考文献
ヒメニオイガメ	A, B	0.032	Walker et al., 1995
ミシシッピニオイガメ	A, B, C	0.014–0.028	Walker et al., 1997
トウブドロガメ	A, B, C, D	0.027–0.070	Walker et al., 1998a
ミスジドロガメ	A, B	0.010	同　上
アカミミガメ	A, B	0.006	Avise et al., 1992c; Walker & Avise, 1998
チズガメ属（10種）	A, B, C	0.010–0.028	Lamb et al., 1994
アナホリゴーファーガメ	A, B	0.021[b]	Osentowski & Lamb, 1995
カミツキガメ	A	……	Walker et al., 1998b
ワニガメ	A, B, C	0.017–0.028[b]	Roman et al., 1999
アミメガメ	A, (B+C)	0.043[b]	Walker & Avise, 1998

a．系統地理単位内の塩基配列分化率の推定値は，表の値に比べてすべて著しく小さい．
b．この値は mtDNA 調節領域の塩基配列からのものである．この欄に示されたこれ以外の値は，すべて RFLP 解析による．

たとき，大西洋集団内にもメキシコ湾集団内にも，歴史性のある大きい遺伝的分化の徴候は認められない．まとめると，沿岸生物においても，系譜の一致の4つの様相すべてが明白である．すなわち，(1)複数の mtDNA 塩基配列形質にわたる系譜の一致が主要な mtDNA 系統群を特徴付け，(2)いくつかの調査した種の核遺伝子で，一致した支持が得られ，(3)いくつかの分類群で種内系統群の地理的境界線がほぼ一致し，(4)伝統的動物地理地方と分子データから得た系統群の分布域がよく一致した．大西洋とメキシコ湾の不連続性はすべての沿岸生物に見られる現象であるとはいいがたいが，複数の分類群にわたる系統地理的一致のレベルは，遺伝的構造と遺伝子流動に対する歴史的な影響が，沿岸動物相のかなりの部分で共有されていることを強く示している．

この歴史的な影響は，おそらく現在の生態学的状況とともに作用して，現在の遺伝子型分布にも寄与しているだろう．たとえば，いくつかの種の遺伝的不連続性が，フロリダ中東部の海岸線にある．ここは亜熱帯性の水塊と比較的冷たい温帯性の水塊の急な移行帯となっている．この生態学的移行帯は，メキシコ湾から出てフロリダ南東部の沿岸域へ流れ込んでいる温暖なメキシコ湾流によって部分的には弱められている．

この生態学的条件は，おそらく，これらの海産種の遺伝的構造の分布に2つの影響を与えている．まず第1に，生態学的移行によって，フロリダ中東部の南北で淘汰圧が異なってくるだろう．さらにこの淘汰圧は，歴史的に分化したメキシコ湾と大西洋の系統群間の遺伝子流動を阻害するだろう．第2に，アメリカガキやアメリカカブトガニのような移動しやすい幼生を持つ動物種では，メキシコ湾流がメキシコ湾型遺伝子のフロリダ南部大西洋岸へ流出することに寄与したかもしれない．これらの推測は幅広い考察が必要なことを示唆している．現在の生態学的・行動学的状況は，歴史的要因と同様，すべての現生種の遺伝的構造に影響をおよぼす．したがって，ある系列がなぜ，どこで生じたのかを全面的に理解するには，現在と過去の因果関係双方の考察が必要である．

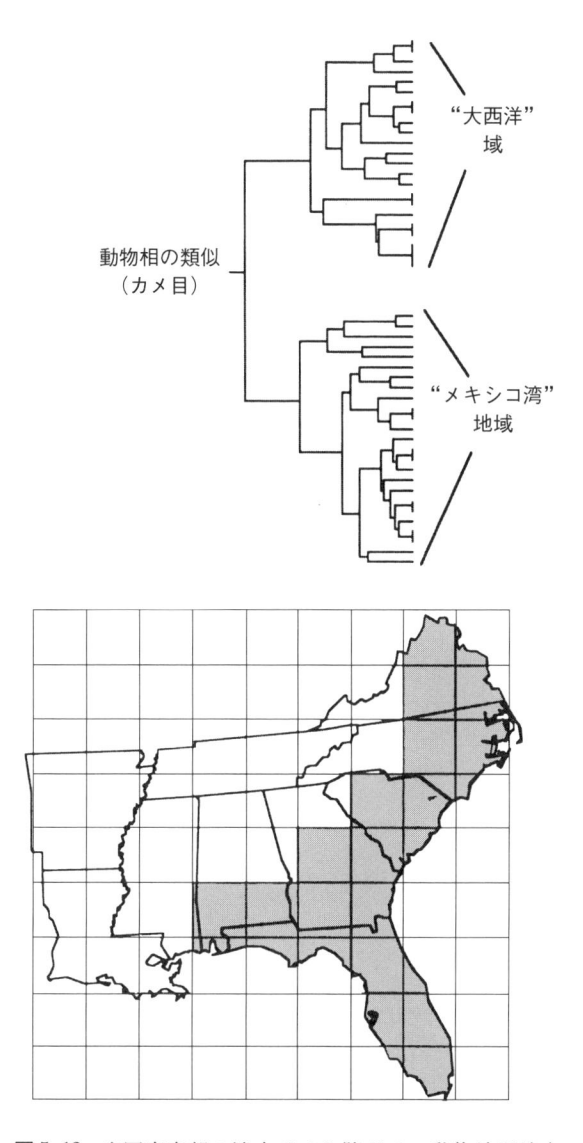

図5.12 米国南東部の淡水ガメと陸ガメの動物地理地方 (Walker & Avise, 1998). カメ目の種分布域調査を総合したもの. 地図は2つの基本的地域（大西洋は影の部分：メキシコ湾はその他の部分）に分けられる. この区分は地図上に重ねた格子によって分割される領域間の動物の類似度係数のクラスター解析から同定された.

淡水ガメと陸ガメ：表4.1の系統地理学的仮説と表5.1に示した系譜の一致の4つの様相は，主として米国南東部の淡水魚と沿岸動物に関する当時の最新知見に基づいて提案した．したがって，これらの系統地理学的概念は，以後の比較可能なデータによる評価を受けるまでの暫定的なものと考えていた．その後，この系統地理学的概念と系統地理学的一致の原理を詳細に検証するために，特定の動物群が解析された．その動物群とは，米国大陸部原産の淡水ガメ・陸ガメ類（カメ目）であった．

米国南東部には，35種のカメが分布する．そのうち約20種が分子系統地理学的に調査

されている（表5.2）．このうち9種は，この地域に広く分布する．また，このうち8種は，系統地理仮説I（表4.1）で定住性動物に期待されるとおり，mtDNAにおいて顕著な系統地理学的集団構造を示した．さらに，これらの種内では，mtDNA遺伝子系統樹に大きく分岐した枝が見い出され，それらは8種すべてで同じ地域的空間スケールで集団を特徴付けていた（図5.11）．

これらのカメにおいて，系統地理仮説III（主要なmtDNA系統群が歴史的な集団分離を反映する）に関する証拠は，系譜の一致の3つの様相からなる．第1に，遺伝子系統樹の分岐が，多数のmtDNA塩基配列形質もしくは制限部位形質を含んでいる（様相Iの一致）．第2に，mtDNA系統群が，しばしば複数種にわたって空間的一致を示す（様相III）．図5.11に描かれたうちの7種に関しては，mtDNA遺伝子系統樹上で，フロリダ半島と大西洋沿岸の集団のどちらか一方，もしくは両方ともが，沿岸平野とピードモンド高原西方地域の同種集団を特徴付ける枝とはっきり異なる枝に属していた．このような系統地理学的パターンは，地域間の系譜の分離が地域内の系譜の分離よりもはるか昔に起きたことを示唆している．

第3に，これらの種内の系統地理学的パターンは，この地域の主要なカメ類の動物地理区に関する伝統的な証拠と非常によく一致している（様相IV）．したがって，大西洋側とメキシコ湾側の種構成に関する基本的な相違（図5.12）は，mtDNAに示された種内系統地理学的な傾向と対応している．さらに，カメ類の動物地理地方は，前述した淡水魚の動物地理地方と非常によく似ている．これらすべての証拠から，米国南東部における水生および半水生動物の集団遺伝学的構造と種の分布に，歴史的な生物地理学的要因が極めて重大な影響をおよぼしたと推察される．

5.6　その他の複数種にわたる地域調査

5.6.1　アマゾン河流域の低地の小型哺乳類

アマゾン河流域の低地の森林地帯は，世界で最も豊かな生物相を擁している．この地域で最近おきた種分化を説明するために，いくつかの仮説が提示されてきた．退避モデル（レフュージモデル，Refuge Model）(Haffer, 1969; Cracraft & Prum, 1988)では，更新世において湿潤な時期と冷涼な乾期が交互におとずれ，その結果起きた森林とサバンナの周期的な拡大・縮小にともなう生息環境の分断によって集団が隔離されたと説明する．生態学モデル（Endler, 1982; Tuomisto et al., 1995）では，この地域の大きな環境的・生態学的な不均質性が原因で，淘汰圧の差がおきて分岐が促進されたと考えている．河川障壁モデル（Riverine Barrier Model）(Wallace, 1849; Ayres & Clutton-Brock, 1992)では，大河で地域間の遺伝子流動が妨げられ，その結果陸上生物の遺伝的分化が促進されたと推測する．これらの仮説はたがいに相容れぬものではなく，実際は複数の要因で説明されるのだろう（M. B. Bush, 1994）．しかし，これらの仮説や関連する可能性は，新熱帯区の生物地理を評価する上で有用である（Simpson & Haffer, 1978; Prance, 1982; Whitmore & Prance, 1987）．

たとえば，アマゾン地方における分岐過程を解析するために，数種の飛行能力を持たない哺乳類のmtDNAパターンが解析されている（Patton & Smith, 1992; da Silva &

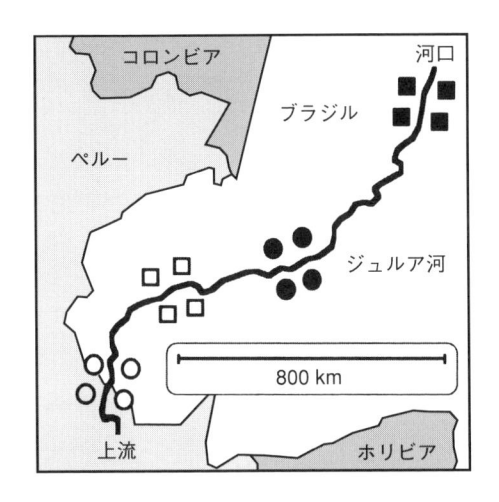

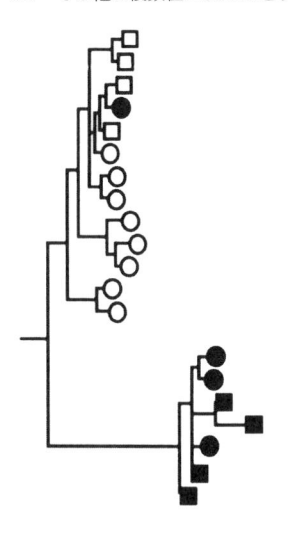

5.6 その他の複数種にわたる地域調査 —— 171

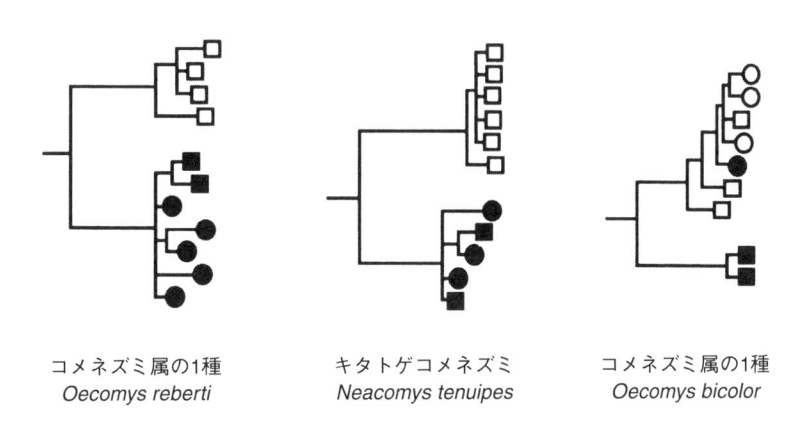

図5.13 アマゾン地方のげっ歯類4種の主要なmtDNA系統群の系統地理的一致 (Patton et al., 1994; da Silva & Patton, 1998; およびPattonの私信). コメネズミ属の仲間は半樹上性, アラゲモリトゲネズミは樹上性, キタトゲコメネズミは地上性である.

Patton, 1993; Patton & da Silva, 1997; Patton et al., 1994, 1996, 1997; Peres et al., 1996). この研究の当面の目的は, 集団の分断に関する河川障壁モデルを検討することで, ブラジル西部を流れるアマゾン河の主な支流の1つ, ジュルア河沿い1,500 kmにわたって10数種以上の有袋類とげっ歯類の同種集団を調査した (da Silva & Patton, 1998). 河川障壁モデルからは, この河川両岸に生息する集団が, 歴史的にも遺伝的にも分離していると予想される. しかし, この期待に添う結果は, 調査したどの種からも得られなかった. その代わりに, 解析した分類群の多くで, 河の上流域と下流域で大きく分岐したmtDNA系統群が見られた (図5.13). これらの種における種内系統群間の配列分化率の推定値は, 4%〜14%であった. 一方, 分岐群内の遺伝距離は大抵は1%未満であった.

サンプル数が少ないので確固たる結論は出せないが，系統群間の遺伝距離が大きいことと系統学的な大きな変化が地理的配置と一致することから，この動物相の起源と歴史には分断に関する共通要素が存在すると考えられた．da Silva & Patton (1998) が提唱した魅力的な仮説の1つでは，アマゾン地方は，歴史的に異なる地質構造上を流れるいくつかの支流域で構成され，各々の流域は第三紀中期から後期のアンデス山脈の隆起に起因する地質学的弧状構造 (geological arches) によって分離された．この弧状構造の主なものの1つが，ジュルア河の中央部を横切っている．この場所は，解析された種のいくつかで見られた現在の系統地理学上の大きな変化と一致しており，おそらくなんらかの関係がある（図5.13）．もしこれらの古い歴史を持つ河川域が，実際に最近起きたアマゾン地方の動物相の多様化の主要な歴史上の中心地であるならば，この地域の他の生物種を系統地理学的に解析したとき，同様な遺伝的パターンが検出されるだろう．

5.6.2　南米のネコ科動物

新熱帯区におけるもう1つの分子系統学的な研究は，いくつかの種を通じて顕著な系統地理学的な一致を示している (Eizirik et al., 1998)．mtDNA 調節領域の解析から，マーゲイ *Leopardus wiedee* とオセロット *L. pardalis* はそれぞれ，地理的配置と極めてよく一致する3〜4の主要な系統単位に細分されることが明らかとなった（図5.14）．たとえば，mtDNA ハプロタイプ集団を見たときに，それぞれの種の中米集団は，南米北部や南部の集団と塩基配列が大きく異なっていた．これらの遺伝的パターンは，歴史生物地理の再構築や，これらのネコ科動物の保全活動に有用である．

5.6.3　北米太平洋岸北西部の植物

植物学関係の文献に種内レベルの分子系統地理解析に関するものが相対的に少ないことを考えると (Schaal et al., 1998)，共分布する分類群の地域的解析の最初期のものの1つに植物が含まれていることは，驚きである．葉緑体 (cp) DNA の制限部位変異に関する研究が，北米太平洋岸のいくつかの在来種に関して行われている (Soltis et al., 1989, 1991, 1992b; Strenge, 1994)．その結果の中で，様相 I，III，および IV の系譜上の一致が見られた．

その研究から，北部と南部の集団間で cpDNA のクレードに差異が存在し，そのパターンは多かれ少なかれ複数種で一致していることが明らかとなった (Soltis et al., 1997)．解析された7種の植物のうち6種—多年生草本のカタグルマ *Tolmiea menziesii*，フサカザリ *Tellima grandiflora*，ズダヤクシュ *Tiarella trifoliata*，灌木のスグリ属 *Ribes bracteosum*，喬木のオレゴンハンノキ *Alnus rubra*，およびイノデ属のシダ *Polystichum munitum*—では，種内 cpDNA 遺伝子系統樹内に深い分岐が認められ，オレゴン州とワシントン州の州境付近で南北2つの系統群に分けられた（図5.15）．これらの種のうちいくつかでは，「南部」の遺伝子型が北部の飛び地でも観察された．南北の遺伝子型の分布パターンは，以前から知られている更新世の氷期における（北西アメリカ太平洋沿岸）地域（内）のレフュージアに起源する集団の分離の歴史を示唆する (Pielou, 1991; Soltis et al., 1997)．この地域の数種の動物（たとえば，イトヨ [O'Reilly et al., 1993; Ortí et al., 1994] とヒグマ [Talbot & Shields, 1996]）に認められる同様な系統地

(a) オセロット　　　　　　　　(b) マーゲイ

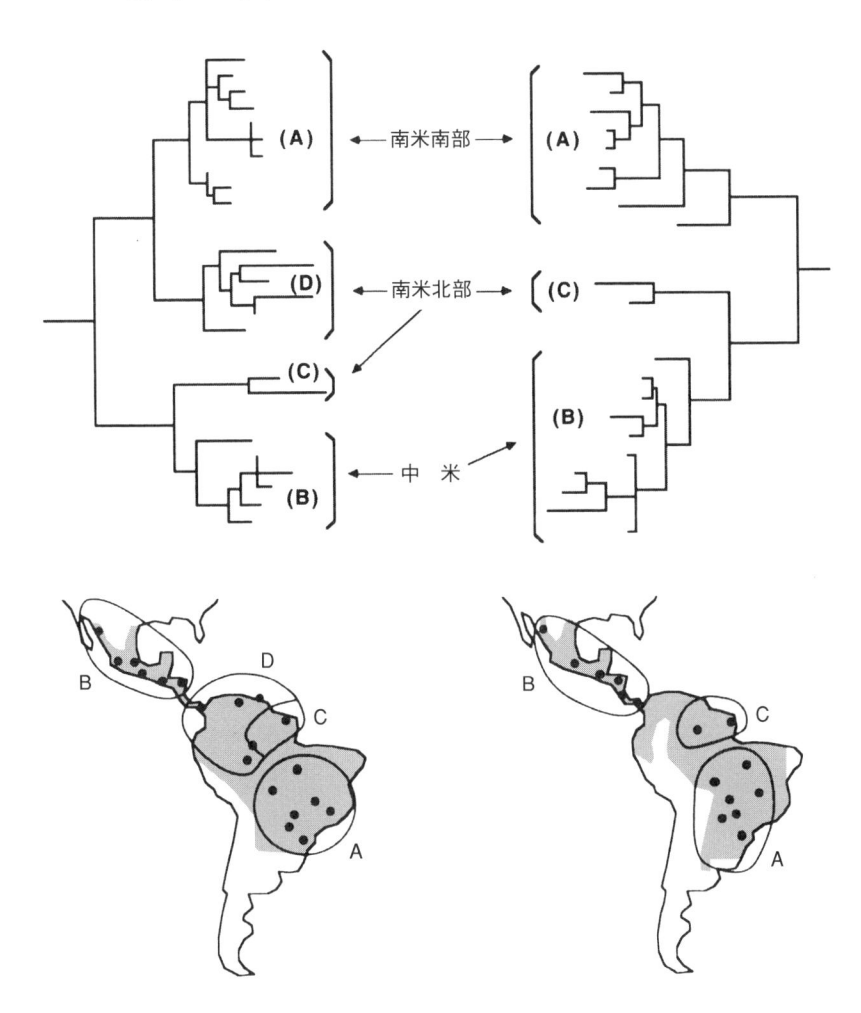

図 5.14　新熱帯区のネコ科動物 2 種の系統地理パターンにおける一致（Eizirik *et al.*, 1998）．影を付けた領域は種の分布域，黒点は捕獲場所である．mtDNA ハプロタイプの系統的関係は最節約樹（上）で示した．

理パターンは，これらの植物と同じレフュージアでの集団分化を記録しているかもしれない（Byun *et al.*, 1997 の総説を参照）．

しかし，核遺伝子（リボソーム DNA および複数のアロザイム）解析は，これら植物のいくつかでは，mtDNA と同様の明確な系統的分離を検出することができなかった（Soltis *et al.*, 1997）．この差異は，細胞質ゲノム解析は変異の検出力がより大きい（他の条件が等しい場合，片親から遺伝する遺伝子の有効集団サイズは両親から遺伝する場合より小さいため）ということか，花粉の移動を通じた核遺伝子の遺伝子流動が，種子を通じた cpDNA 遺伝子のそれよりも容易であるために核遺伝子では分化が生じにくいということかの，いずれかによるものであろう．ともあれ，細胞質ゲノムは，北米太平洋沿岸地域で共分布する多くの植物（と動物）の歴史に起きた生物地理学上の顕著なできごとを記録しているように見える．

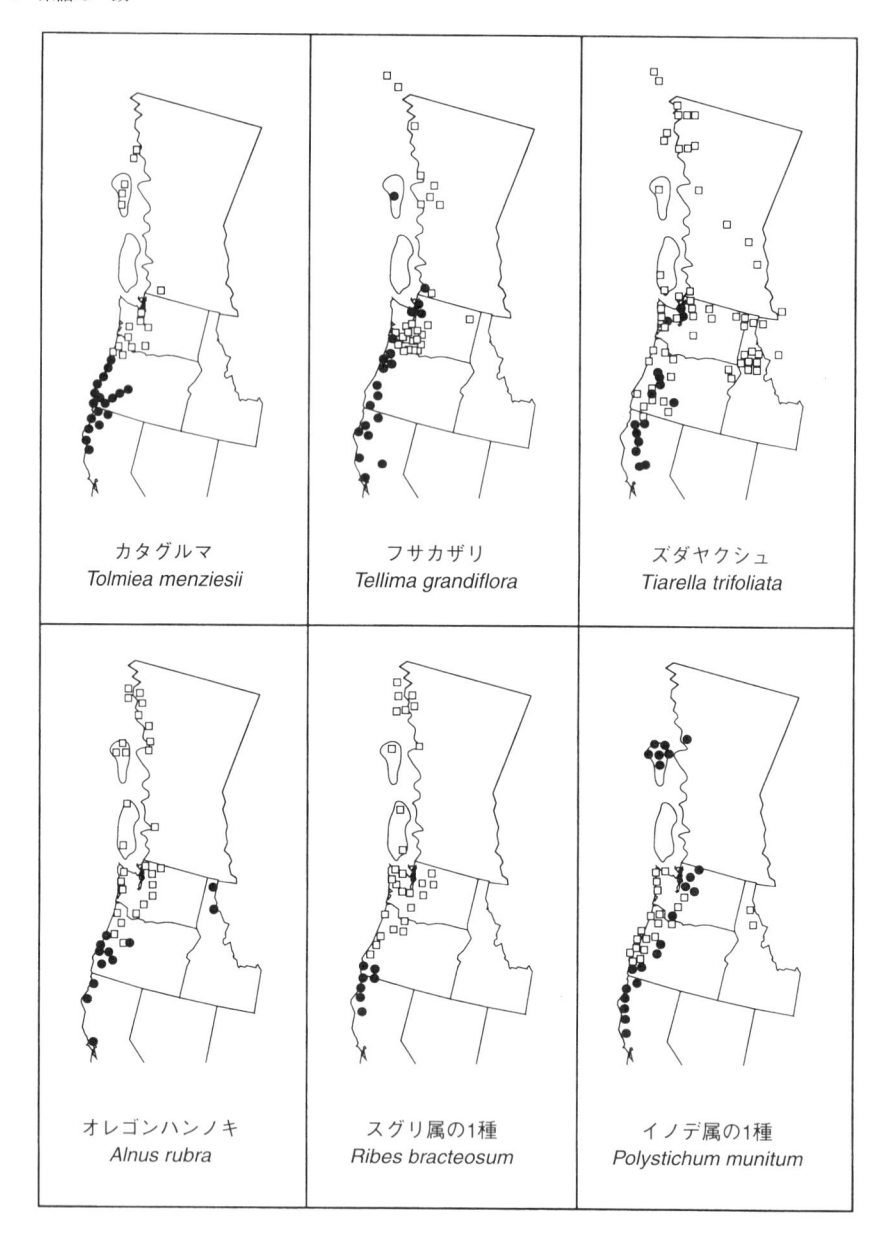

図 5.15 北米太平洋岸の植物6種に認められる主な cpDNA 系統群の系統地理的一致 (Soltis *et al.*, 1997). □と●は種内の2つの主要な cpDNA 分岐群をあらわす.

5.6.4 海産動物：その北極を越えての相互交流

新生代の大部分の期間を通じて，現在のベーリング海峡周辺には北アメリカとアジアを結ぶ陸橋が存在し，この陸橋は，太平洋と大西洋の北部の寒冷な水域に生息する海産動物間の交流を妨げる効果があった．この海産生物の分散に対する障壁は，約 350 万年前の地球の気候温暖化で海峡が開き，突然消失した (図 5.16). 化石の証拠と現在の海産動物の分布は，海峡が開いて動物群の交流が起こったことを示している．この交流は，大部分が太平洋北部の高緯度地域の動物の，大西洋北

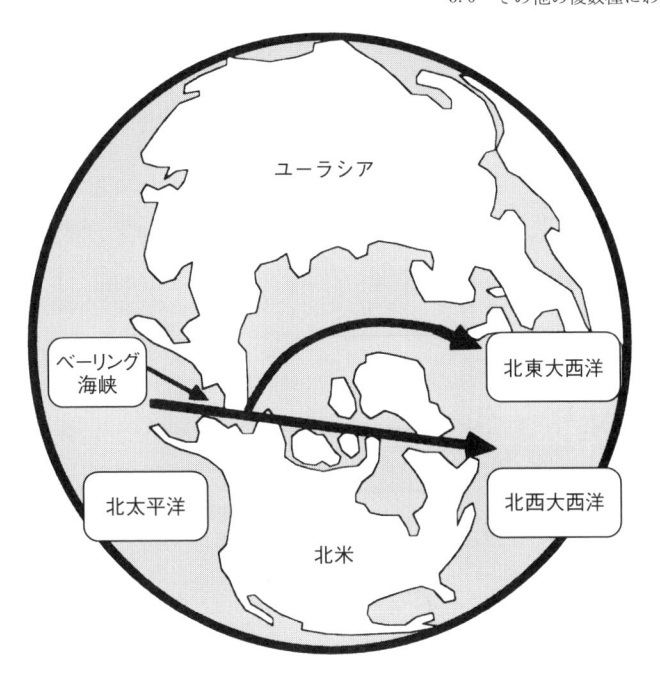

図5.16 約350万年前のベーリング海峡の開通に続く，北太平洋から北大西洋への遺伝子流動のルートと推定上の方向（太い矢印）を示す北極海周辺地図 (Cunningham & Collins, 1998).

部への一方向的な進入が特徴である (Vermeij, 1991a, b)．このベーリング海峡の最初の開通に続いて北半球は氷河に覆われた（300〜200万年前頃から）．この氷河は，おそらく地域的な種の絶滅のパターンと，亜北極区を渡る動物種のさらなる交流の可能性の双方に影響をおよぼした．

これら高緯度地域の数種の海産種に関して分子系統地理学的な解析が行われ，その結果はしばしば上記の進入の筋書きを支持する．たとえば，*Nucella*属のチヂミボラの仲間（岩礁生）で，mtDNA系統樹から，太平洋北部型が大西洋型を含む側系統的なパターンが明らかになった (Collins *et al*. 1996)．つまり，チヂミボラの仲間では大西洋集団は，太平洋の多様な系列の一部の系列しか伝えていない．大西洋北部の種が，太平洋の*Nucella*属巻貝の大きな系統樹の中に限定された1つの位置しか占めていないということ

は，北極を越えた大西洋への侵入が，1度しか成功しなかったという考えと整合性を持っている．同様に，*Littorina*属の巻貝（タマキビガイ科）に関する分子系統も，北極を越えた太平洋から大西洋北部への2度にわたる独立した進入を示す化石記録に基づく仮説を支持している (Zaslavskaya *et al*., 1992; Reid *et al*., 1996)．

高緯度地域の海洋生物についての研究事例が積み重なり，さまざまな系統地理学的な結果が明らかになった．それらは主要な4つのカテゴリーにグループ分けできる（図5.17）．クラスAとBは，ベーリング海峡の最初の開通後すぐに，太平洋と大西洋の間の遺伝子流動が二次的に停止した事例を含み，クラスCとDはこれらの大洋間の最近の遺伝的な結び付きを示す事例を含んでいる．クラスAとCでは北西大西洋と北東大西洋の集団間に最近の遺伝的接触がほとんど，ある

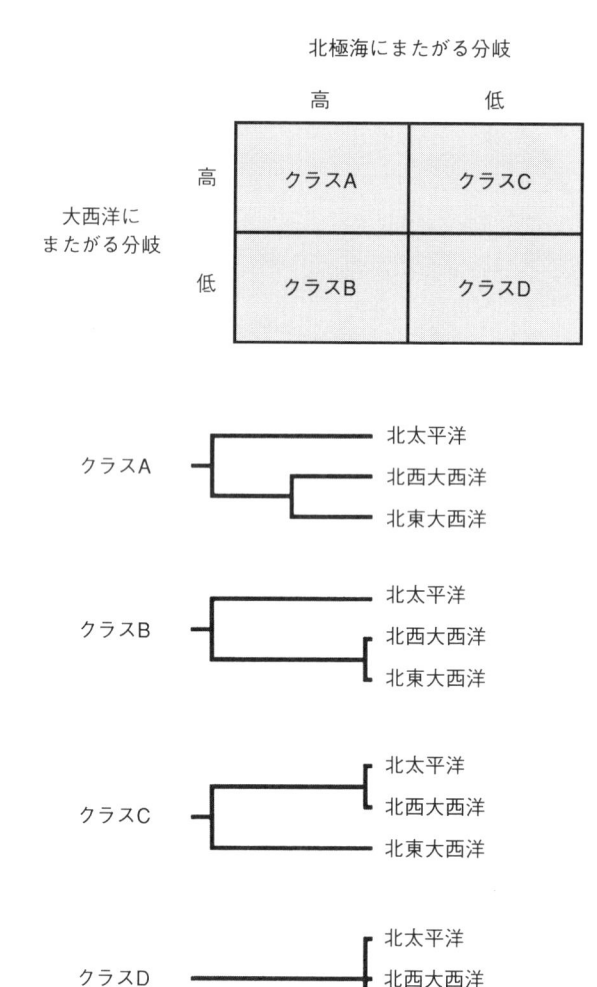

```
                    北極海にまたがる分岐
                    高            低
              ┌──────────┬──────────┐
          高  │  クラスA  │  クラスC  │
大西洋に      ├──────────┼──────────┤
またがる分岐  │          │          │
          低  │  クラスB  │  クラスD  │
              └──────────┴──────────┘
```

```
クラスA ─┬─── 北太平洋
         └─┬─ 北西大西洋
           └─ 北東大西洋

クラスB ─┬─── 北太平洋
         └─┬─ 北西大西洋
           └─ 北東大西洋

クラスC ─┬─┬─ 北太平洋
         │ └─ 北西大西洋
         └─── 北東大西洋

クラスD ──┬─ 北太平洋
          ├─ 北西大西洋
          └─ 北東大西洋
```

図 5.17 北半球の海産種の系統地理史に認められる 4 つのクラス．地域集団間の遺伝的分化の程度によって定義される (Cunningham & Collins, 1998)．表 5.3 および本文参照．

いはまったくなく，一方，クラス B と D は，これら両地域間の最近の遺伝的な結び付きを示す．それぞれの系統地理学的な帰結の実例が，全北区の魚類，軟体動物，甲殻類，および藻類にいたる海洋生物の遺伝学的調査によって示された（表 5.3）．

たとえば，クラス B のパターンは，藻類の *Acrosiphonia arcta* に関するもので，この藻類の北大西洋全域にわたる集団間の浅い系統関係と，太平洋集団との深い分離から示唆される．他方，クラス D に当てはまる歴史は，ムラサキイガイ *Mytilus edulis* 種複合体の 3 海洋区全域の集団間の近縁な系統関係から明らかにされた．Cunningham & Collins (1998) は，複数種の系統地理パターンを詳細に検討し（表 5.3），北極圏をまたいで分布する生物に見られる現在の多様性が，地域的な集団の絶滅，再入植，および分断過程によって形成されてきたと結論付けた．さらに，幼生の分散様式を含む生物の内在的分散能力よりも，歴史的要因が系統地理学的帰結をよく説明することが明らかにされた．

表5.3 北極海と北大西洋間にわたる系統地理史を持つさまざまな海産種

クラスA　ベーリング海峡閉鎖後，直ちに太平洋と大西洋間の遺伝子流動が停止した；大西洋両側の連続する生息地間には，大西洋を越えた最近の遺伝的交流が，ほとんど，もしくはまったくない．
ホンヤドカリ類 *Pagurus acadianus-bernhardus* 種複合体（Cunningham *et al*., 1992）

クラスB　ベーリング海峡閉鎖後，太平洋と大西洋間の遺伝子流動が停止した；大西洋の両側の間には現在の遺伝子流動および/もしくは最近の入植があった．
チヂミボラ類 *Nucella lapillus* 種複合体（Collins *et al*., 1996）；フジツボ類 *Semibalanus balanoides*（Cunningham & Collins, 1998 に引用あり）；藻類 *Acrosiphonia arcta*（van Oppen *et al*., 1994）

クラスC　太平洋と大西洋北西部間に最近の遺伝的交流をともなう，ベーリング海峡が再度開いたとき北極海を越えた再度の進入がある．しかし，大西洋西側の接触はほとんど，もしくはまったくない．
キタムラサキウニ類 *Strongylocentrotus droebachiensis*（Palumbi & Wilson, 1990）；紅藻 *Phycodrys rubens*（van Oppen *et al*., 1995）；シラトリガイ類 *Macoma balthica*（Meehan, 1985; Meehan *et al*., 1989）；キュウリウオ *Osmerus*（Taylor & Dodson, 1994）

クラスD　太平洋と大西洋北西部および北東部間に最近の遺伝的交流がある．
キタムラサキウニ類 *Strongylocentrotus pallidus*（Palumbi & Kessing, 1991）；イトヨ *Gasterosteus aculeatus*（Haglund *et al*., 1992; Ortí *et al*., 1994）；ムラサキイガイ *Mytilus edulis* 種複合体（Varvio *et al*., 1988; McDonald *et al*., 1991; Rawson & Hilbish, 1995）

これは北極海と大西洋北部全域にわたる種の遺伝的変異のパターンから導びかれた（図5.17および本文参照）．

5.6.5 オーストラリアの断片化した多雨林の脊椎動物

中新世を通じて，オーストラリア大陸には湿潤な森林地帯が広がっていた．しかし，それらの森は第三紀の中後期から第四紀の間に大幅に減少した．現在，オーストラリア東部の多雨林は断片的な弧状地帯に限定され，主にクイーンズランドの高地と沿岸の低地部に存在する（図5.18）．これらの断片化した分布を示す森林には，生息環境に対する幅広い選好性を持つ生物とともに，おびただしい数の固有種が生息している．更新世以前からの分断が，多雨林の断片化を通じて，どの程度現在の生物の分布に寄与するかについて，少なからぬ関心が寄せられてきた（Joseph & Moritz, 1994）．とくに，湿潤な森林を好む生物種の生息には不適当な2つの地域（ブラック・マウンテン堡氷とバーデキン峡谷）は，生息域が森林に限定される生物が現在の分布を形成する上で，歴史生物地理学上重要であるとされてきた．

オーストラリア東部の鳥類7種（Joseph *et al*., 1995）と爬虫類6種（Schneider *et al*., 1998）のmtDNAパターンによると，それらの生物に普遍的に見られる系統地理学的パターンは，北部集団と南部集団との間の深い分岐だった．たとえば，多雨林に固有な鳥2種（ハイガシラヤブヒタキ *Poecilodryas albispecularis* とメジロハシリチメドリ *Orthonyx spaldingii*）はともに，まさにブラック・マウンテンの障壁堡氷（BMB）を境にして深い系統地理的分断を示し，これと同様な結果が4種の爬虫類でも見られた（図5.

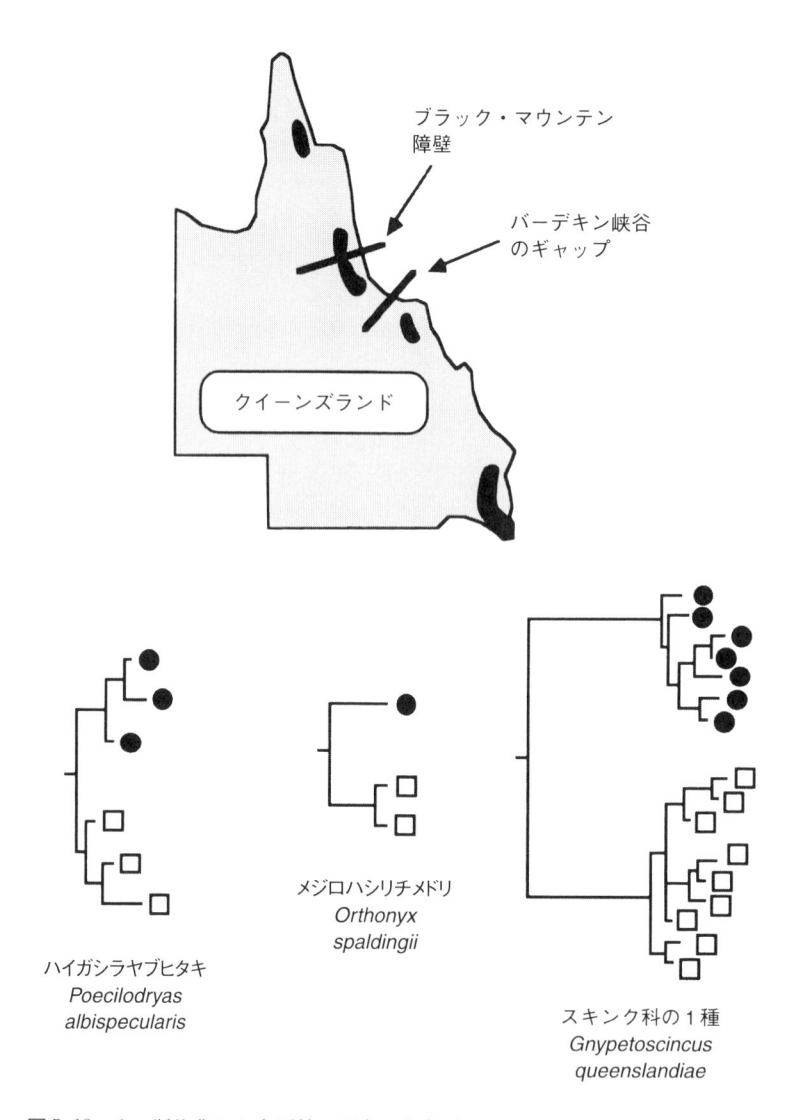

図5.18 上：断片化した多雨林の現在の分布（黒のぬりつぶし）を示したオーストラリア北東部クイーンズランドの地図．2つの生物地理的障壁は，現在の種の分布を形作る上で重要な役割を果たしたと推定される．下：種内mtDNA遺伝子系統樹．ここに示された2種の鳥と1種の爬虫類はブラック・マウンテン障壁の北（●）と南（□）で一致して系統地理上の裂け目を示す（Joseph & Moritz, 1994; Joseph et al., 1995）．

18に例が示されている）．他の森林固有種における南北間の系統的分岐は，BMBとの関連性をそれほどはっきりと示さなかった．多雨林に生息環境が限定されない鳥2種キノドヤブムシクイ Sericornis citreogularis とハシナガヤブムシクイ S. magnirostris では，系統地理学的多様性が主にバーデキン峡谷のどちらか一方に偏っている．他方，森林に生息域が限定されたメグロヤブムシクイ S. keri と生息域の広いマミジロヤブムシクイ S. frontalis 間では，顕著な系統地理学的集団構造は検出されなかった．

つまり，これら多雨林の生物に関する研究結果では，調査した種間の系統地理パターン

の一致が部分的ではあるが観察された（様相IIIの一致）．また同様な傾向は，分子マーカーで確認された系統群と分子以外の伝統的な証拠で示された生物地理地方との間にも見られた（様相IVの一致）．観察された系統地理学的構造の大部分は，更新世に生じた多雨林の分断からの退避によって形成されたというモデルと合致し，これらの種の進化史は，局所集団の絶滅や再入植など種固有な事情によって一段と複雑になっている，というのがこれらの鳥類を調べた研究者たちの結論である．

5.6.6 パナマ地峡の両側に出現する海産双生種

分散を妨げる分断の障壁が極めて確固としており，その成立年代がよく知られているため，その障壁が分子系統パターンを評価する際に厳密な地理学的枠組みを提供する場合がある（分子データが生物地理学的情報を与える，といういつもの話ではない）．この点に関する事例の1つに，約300万年前のパナマ地峡の隆起がある．このできごとは多数の熱帯性の海産生物の集団を分断し，現在はそれぞれが太平洋東部と大西洋西部に見られる双生種（geminates, Jordan, 1980）を生んだ（Rubinoff & Leigh, 1990）．これら対を成す生物種から集められた分子データは多く，エビ類（Knowlton *et al.*, 1993）やウニ類（Lessios, 1979, 1981; Bermingham & Lessios, 1993）から熱帯性海産魚類（Vawter *et al.*, 1980; Grant, 1987; Bermingham *et al.*, 1997）にまでわたる．これらのデータはアロザイムやmtDNAの進化時計の較正に利用されてきた．

現在までに公表されている情報から，2つの一般的な傾向が明らかになった．第1は，予想されるように，適切な遺伝解析によって，これら酷似した分類群の大部分（しかしすべてではない）が，熱帯大西洋産と太平洋産できれいに識別された．第2に，双生種と思われる分類群間で，遺伝距離は非常に不均質だった（図5.19）．このように，（結果がまさに示すように）現生動物群に残された分断による系統地理学的な足跡は，地理的パターンでは動物群間で類似するが，おそらく時間的な深さで異なっている．この結果は，以前議論した米国南東部の動物相の構成種に見られる系統群の分岐傾向と類似する．

かくして，地質学的に理想的なパナマの状況においてさえも，すべての分子進化速度に関する結論に重大な制限が課せられる．まず，双生種と見なされている種のいくつかは姉妹種ではないかもしれず，これをよく認識していないと遺伝距離に偏りが生じ，推定した分子速度はより速くなってしまう（Bermingham *et al.*, 1997）．第2に，真に姉妹種である現生種の組のいくつかでは，分断よりもずっと以前に，別々の遺伝子系列が固定されていて，その後分かれたのかもしれない（図5.8）．この場合もまた，進化速度の推定値は実際よりも速い方向へ偏るだろう（Knowlton *et al.*, 1993）．第3に，分断が生じた後に，いくつかの双生種間に，近年の熱帯域全体にわたる遺伝子流動—おそらくインド洋を通じて—により遺伝的接触（図5.9）が起きている可能性が挙げられる．もしそのような状況を把握していなければ，この二次的な遺伝的接触は，分子進化が実際より遅いという誤った印象を与えるだろう．

Berminghamら（1997）は，現生の双生種の遺伝情報から，接触が分断前後のいずれかを識別する基準を示し，上記のような事例は分子時計を較正する前に除去（または補正）しうることを示唆した．このプロトコールを採用すれば，おそらく較正結果は現実性を増

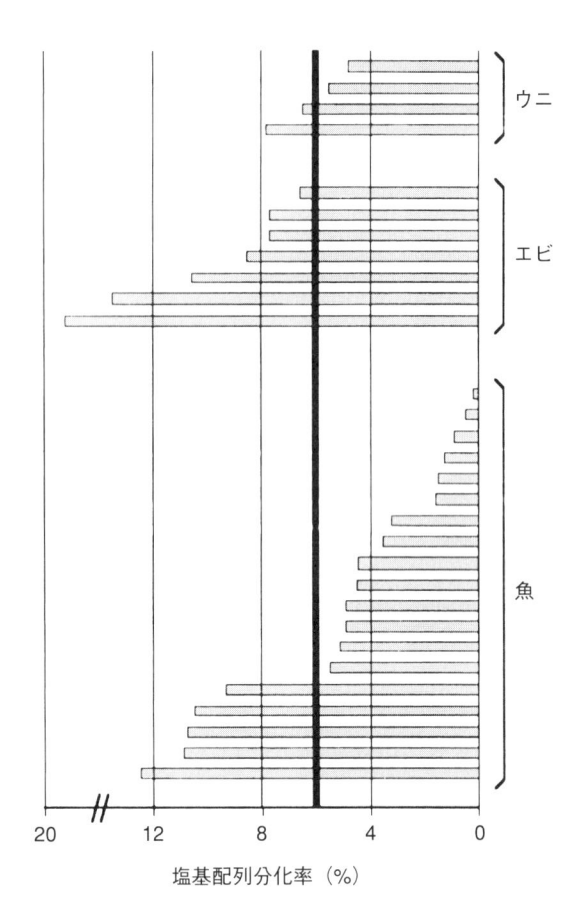

図 5.19 パナマ地峡によって分断された推定上の海産双生種間の mtDNA 塩基配列の差異．ウニ 4 対（Bermingham & Lessios, 1993），エビ 7 対（Knowlton et al., 1993），海生魚 19 対（Bermingham et al., 1997）に関する平均遺伝距離（Kimura, 1980）を示した．太い垂直線は，すべての双生種が 300 万年前に分割された本物の姉妹分類群であると仮定して，2% 塩基配列分化率/100 万年で進む規則正しい分子時計の下で期待される遺伝距離．変化速度推定に関する説明や限定に関しては本文を参照のこと．

すが，推論が循環論に陥る危険性も必然的にともなう．たとえば，もし双生種間に容易に認知できるほどの遺伝的な変異がなかったとして，これが近年の熱帯海域を通じての遺伝子流動が原因であると考えるならば，そのような事例をどれだけ集めても，どのような他の要因が，実際に 300 万年前に起こった分断後に分子進化速度を減速させたかを明らかにすることはできないだろう．Bermingham ら（1997）は，パナマ地峡地域の研究について，「進化速度変異に関する代替仮説を吟味するには情報が不足している」と結論している．

5.6.7 火山性コンベアー・ベルト上の島：ハワイ

ハワイ諸島も系統地理学的パターンを評価するのに適した地質学的な舞台である．ここでは，おびただしい数の分類群内で，最近，進化的多様化が急速に進んできた（Wagner

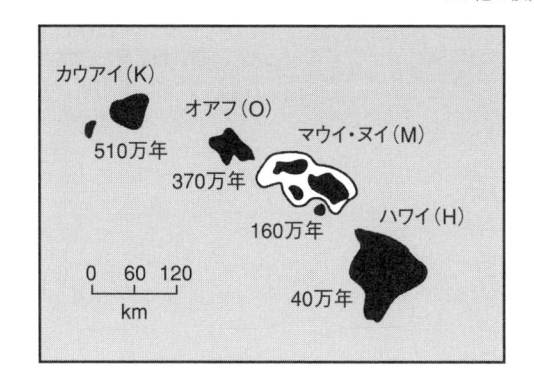

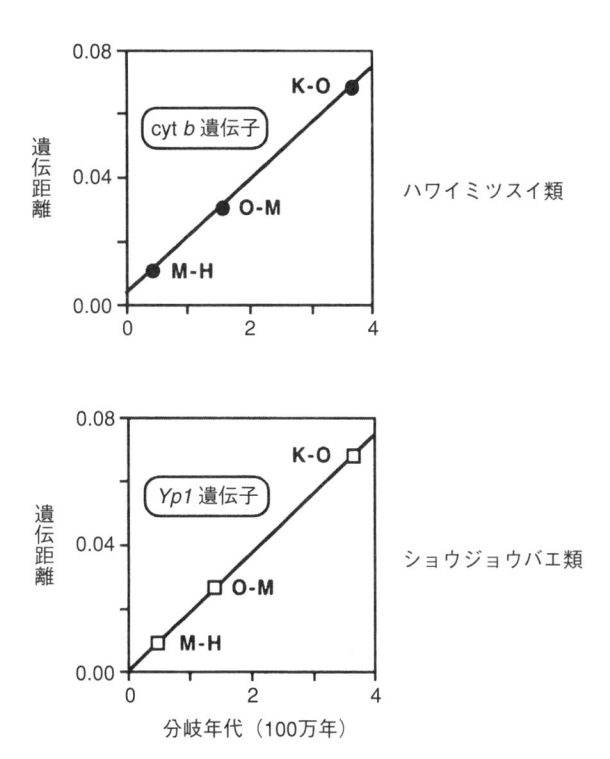

図 5.20 ハワイ諸島の鳥類とショウジョウバエ類の分子時計目盛較正 (Fleisher *et al.*, 1998). 上の図はハワイ諸島の地図で，カリウム・アルゴン法による島嶼形成の地質年代が記されている. ショウジョウバエの分子データは Kambysellis ら (1995) による. グラフ中の速度推定値に関する背景や仮定については本文を参照のこと.

& Funk, 1995). ハワイ諸島は，島嶼形成性 (island-building) のマグマが周期的に噴出するような火山性ホット・スポット（高温物質が地球内部から熱柱状に上昇している箇所）上を太平洋プレートが移動する際に形成された. このように，この諸島は，地殻のコンベアー・ベルト上に生じた. 各島の起源は地質年代測定でよく知られていて，一番最近は南東部のハワイ島の 40 万年前で，主要な島で北西部にあるカウアイ島が最古で 510 万年前である（図 5.20）.

この諸島の鳥類と節足動物の種群の一部に

関する分子系統推定から，"逐次的な地域分岐図"が示された．つまり，調査された分類群における遺伝子系統樹内のクレードの逐次的な順番は，この諸島の一列に並んだ物理的な（ここでは，時系列的な）配置とほぼ対応していた（Rowan & Hunt, 1991; Tarr & Fleischer, 1993; Kambysellis *et al.*, 1995; Wagner & Funk, 1995; Roderick & Gillespie 1998）．このようなパターンは，系列が若い島へ連続的に入植した結果であると説明されてきた．もしこれらの入植が，島が形成された直後に起こったならば，島の古さは，分子進化速度の推定に必要な絶対年代の基準となるはずだ．

Fleischer ら（1998）は，ハワイ諸島の昆虫やハワイミツスイの，いくつかのミトコンドリアおよび核の遺伝子で，進化時計の較正にこの手法を用いた．その結果，いくつかの遺伝子配列の分化速度は過去 400 万年間，ほぼ一定であると考えられた．たとえば，ハワイミツスイのミトコンドリア・チトクローム b 遺伝子（*cyt* b）に関しては，分化速度は 1.6%/100 万年であり，ショウジョウバエ属 *Drosophila* の核遺伝子 *Yp 1* に関しては，1.9%/100 万年だった（図 5.20）．しかし，Fleischer らが強調しているように，これらの時間較正は暫定的なものである．なぜなら，入植は各々の島ができた直後だったということ以外に，さらにいくつかの前提条件が必要だからである．これらの前提条件として，諸島の地質学的な年代が正確なこと，遺伝子系統樹の樹形が本当に諸島への逐次的入植を反映していること，そして現生の集団内に認められる DNA 塩基配列変異のレベル（島嶼間の遺伝距離を算定する際の補正因子として用いられる）が祖先集団のそれと同等であること，などが挙げられる．

5.6.8　補足的な事例

この本の執筆の時点では，生物地理区のレベルでの分子を用いた種内の比較系統地理学的研究は，他にはほとんどなかった．McMillan & Palumbi（1995）は，インド洋から太平洋西部地域にかけてのチョウチョウウオ属 *Chaetodon* の 2 つの単系統な種群で，顕著な系譜の一致を観察した．どちらの事例でも，大きな遺伝的分化（mtDNA 塩基配列で，2.0% ほど）がインド洋の個体と太平洋西部の個体を隔てていた．また，Turner ら（1996）は，米国中南部のオザーク高地とオシタ高地から採集された分布域をともにする 5 種の淡水魚ダーターの集団の mtDNA とアロザイムのパターンを調べた．これらのダーターに種特異的な歴史の痕跡は明らかになったが，種を超えた系統地理学的一致は認められなかった．

集団構造は種特異的だが，種間の系統地理学上の一致を欠く，という同様の結論は，以下の例にも見られた．米国南西部の砂漠生爬虫類数種の解析（Lamb *et al.*, 1992），中米の鳥類数種（Brawn *et al.*, 1996）およびカリブ諸島の鳥類（Bermingham *et al.*, 1996），北米中央部・東部の高地の渓流に住む数種の魚（Strange & Burr, 1997; しかし異なる解釈があるので Bergstrom, 1997 も参照），米国西部海岸の多様な海産無脊椎動物（Burton, 1998 の総説），中米の淡水魚数種（Bermingham & Martin, 1998）である．最後の例では，分子マーカーの示すパターンが詳細に調査された．この研究では，コロンビア北西部の魚種が中米南部に入植したが，入植は，おそらく中新世後期，鮮新世中期（パナマ地峡の隆起にともなう），そして更新世の 3 回にわたる別々の進入によると推測されている．

Zink（1996, 1997）は，北米の広範な地域

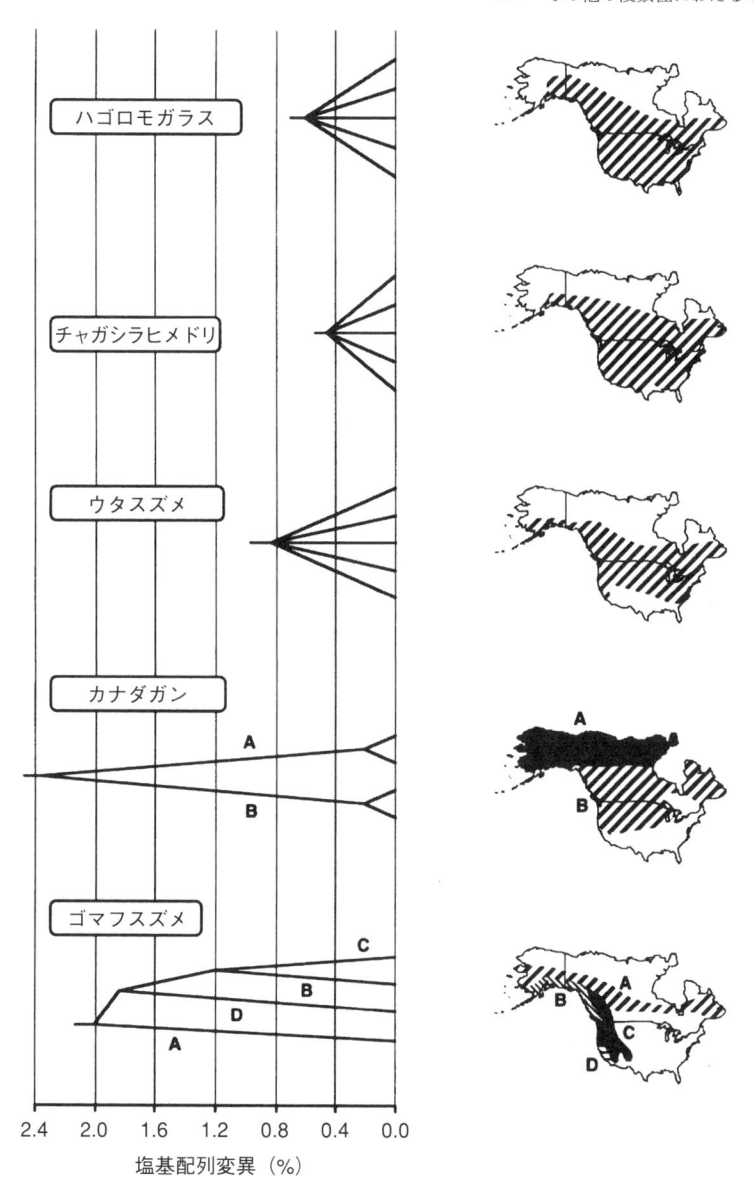

図5.21 北米に広く分布する5種の鳥類の繁殖域およびmtDNA遺伝子系統樹の模式図 (Zink, 1996).

に分布する鳥5種のmtDNA系統地理パターンを要約した（図5.21）．ハゴロモガラス *Agelaius phoeniceus*，チャガシラヒメドリ *Spizella passerina*，およびウタスズメ（ウタヒメドリ）*Melospiza melodia* では，系統地理学的な構造はほとんど，あるいはまったく認められなかった．一方，カナダガン *Branta canadensis* は2つの，ゴマフスズメ *Passerella iliaca* は4つの深いmtDNAクレードを示した．これらのクレードは明瞭な地理的配置を示したが，地理的配置は2種間で一致しなかった．1つの大陸全体にわたる比較・要約の別の例として，Taberlet ら（1998）は，哺乳類，両生類，節足動物，さらに植物までをヨーロッパの生物種10種で比較したが，分子系統地理学的なパターンの

一致はほとんど認められなかった．このように，この章の始めに記述したいくつかの地域生物相に関する結論とは対照的に，広大な大陸規模では，分布域を共にする種の集団が類似した系統地理学的歴史を持つ徴候はほとんど見られなかった．

5.7 系譜の不一致

系統地理学の研究では，複数の遺伝子系統樹間の明らかな不一致や，遺伝子系統樹と伝統的分類形質間の不一致が，実際しばしば報告される．系譜の不一致に関するいくつかの様相は，生物の歴史の再構築の上で，とくに興味深い．

5.7.1 様相I：1つの遺伝子内の形質の不一致

原理的には，強く連鎖した配列形質は，生物の系譜の始めから現在に至るまで，同じ伝達の歴史を経験している．したがって，組換えを起こさない形質間の系譜の相違は，どんなものでも，ある意味で，系統上の"ノイズ"を表しているはずである．

少数の塩基配列形質のみでしか遺伝子系統樹の別個のクレード（分岐群）が特徴付けられないとき（このような場合はしばしばあるが），それらのクレードは，たまたま生じた1回性の突然変異によって認められたに過ぎない，という説明でこと足りる．個々の観察対象の突然変異は，分岐図上ではとくに矛盾することもなく，解明が不充分なままの遺伝子系統樹上の1本の枝をもたらしているだけかもしれない．分子を用いて実際に調査を行ったときに，偶然出現した個々の分岐群は，突然変異の起源の偶然性と，遺伝子サンプリングの有限性の影響を受けて変動するということである．この結果，未解明の枝を持つが，真の遺伝子系統樹とは矛盾しない遺伝子系統樹が推定される．

一方，1つの遺伝子内の異なる塩基配列形質が，矛盾するか，もしくは共通するクレードを示唆することもある．もし調べられた遺伝子座で対立遺伝子同士の組換えが歴史的に生じていなければ（これは普通mtDNAでは常に成り立つ），これを招いた要因は進化上のホモプラシー（収斂，平行現象，または特定の形質状態への回帰）を引き起こすことになる．節約原理に基づく系統の再構築に際して，ホモプラシーの程度は，生データ行列においてハプロタイプを識別するステップとは別に，遺伝子系統樹における余分なステップ数として推定される．

ときおり，ある遺伝子領域の複数箇所の塩基配列が，ハプロタイプの遺伝子系統樹上の位置推定に関して，明らかな不一致を示すことがある．核遺伝子座に関していえば，過去の遺伝子組換え（または遺伝子変換）がその代表例であろう．遺伝子内組み換えで生じた対立遺伝子は，実際に種内で異なる系統学的歴史を持つ塩基配列同士が融合して構成される．組換えが非常に分化した対立遺伝子間で起き，またその組換えが稀にしか起こらないときは，他のものと配列が大きく異なる組換体ハプロタイプが，大きな遺伝子系統樹上で異なる場所に配置される2つの部分で構成されるため，確認が容易である．

5.7.2 様相II：複数の遺伝子間の不一致

メンデル遺伝条件下では，遺伝子系統樹間のある程度の系統学的不一致は避けようがない．また連鎖していない遺伝子座間の系譜を通じた有性生殖による遺伝子系列選別の偶然性もまた，同様に避けることができない．細胞内小器官遺伝子と核遺伝子の比較を行った

一例を，先に $3x$ 則として論議した．この法則は，核とミトコンドリアの系列が，多型的な祖先状態から無作為な系列選別を経て，集団が遺伝的に分化し，相互に単系統になるまでの時間についての期待値の差に基づいている．実際，報告されている系譜の不一致は，核遺伝子よりも細胞内小器官遺伝子によって推測された集団の高度な構造化に関係していることが多い（これには，細胞内小器官では核よりも遺伝子突然変異率が高いということも関係しているかもしれない）．

しかし，細胞内小器官と核の系譜の不一致には他の原因も知られている（Palumbi & Baker, 1996; Rawson & Hilbish, 1998）．雄とその配偶子は雌よりも分散能力が大きい傾向がある．遺伝子流動における性差が歴史を重ねると，核遺伝子座から推測された集団構造と細胞内小器官遺伝子座から推測された集団構造がはっきりと違ってくる．たとえば，マカク属のサル（Melnick & Hoelzer, 1992），アオウミガメ（Karl et al., 1992; FitzSimmons et al., 1997b），ザトウクジラ（Palumbi & Baker, 1994; Baker et al., 1998）のすべてで，核遺伝子ではmtDNAハプロタイプよりも地理的構造が不明瞭である．このことは，少なくとも部分的には，雄の集団間の移動や集団間での交配が，雌よりも多い傾向があるためであろう．多くの植物では，花粉は種子よりはるかに分散能力が大きく，種子を介して分散する細胞内小器官遺伝子よりも核遺伝子のほうが拡散の機会が多いと結論されている（McCauley et al., 1996; Latta & Mitton, 1997）．

いくつかの二次的交雑帯においても，性的非対称が，現在（Lamb & Avise, 1986），あるいは過去（Dowling et al., 1997）の交配様式や遺伝子流動の状況（Arnold, 1993; Mukai et al., 1997）との関連で示されてきた．性的非対称は，しばしば淘汰との相互作用で（Boissinot & Boursot, 1997），細胞質と核の提携（cytonuclear associations）や交雑帯を越えての遺伝子浸透の空間的な広がりに，顕著な影響を与える（Arnold, 1993, 1997; Harrison, 1993）．過去の遺伝子浸透もまた，"過去の雑種の亡霊"（Wioson & Bernatchez, 1998）を生み出す．これはしばしば顕著な遺伝子系統樹間の不一致として認識される（DeSalle & Giddings, 1986; Dowling & Demerais, 1993; Rieseberg et al., 1997; Bagley & Gall, 1998）．

また交雑を生じていない環境においても，さまざまな自然淘汰が原因で，連鎖していない遺伝子座間で明瞭に異なる系統地理パターンが出現するかもしれない．遺伝子座によっては，平衡淘汰（balancing selection）（Mitton, 1997の総説を参照）が対立遺伝子系列の消失を阻害し，そのため隔離されていた歴史のある集団間を見たときに，遺伝子流動が中程度あるいは大きかった，という誤った結論に達するかもしれない．格好の例の1つにシロアシネズミ *Peromyscus maniculatus* のアスパラギン酸アミノトランスフェラーゼ遺伝子がある．この動物の遺伝子流動がかつて顕著に抑えられたことについて，mtDNA，核型，そして形態から強く裏付けられているにもかかわらず，北米の全集団はこの遺伝子座で，電気泳動で識別される2型のタンパク質が同程度の出現頻度で維持されている（Avise et al., 1979c; Aquadro & Avise, 1982）．アメリカガキでも同様に，遺伝子流動が歴史的に制限されていたという証拠が，mtDNAおよび核のRFLPから得られている．しかし，アロザイム対立遺伝子頻度は地理的に均質であったため，タンパク質をコードする遺伝子座に対して，平衡淘汰が作用しているだろうと考えられた（Karl

& Avise, 1992）．一般に，遺伝子座間での集団の対立遺伝子頻度の分散に認められる，強く共有された不均質性は，ある種の淘汰圧を示唆する．なぜなら，中立遺伝子座の対立遺伝子であるなら，似通った集団構造になるはずだからだ（Lewontin & Krakauer, 1973）．おそらく，いくつかの遺伝子では平衡淘汰で対立遺伝子頻度が地理的に均質化し，またある遺伝子座では多様化淘汰で地理的に不均質になったのだろう．

塩基配列レベルでは，動物の単一コピー核DNAは，しばしばmtDNAよりも進化がずっと遅い．そのためもあって，mtDNA解析で検出された顕著な集団構造が，いくつかの核遺伝子の調査ではその痕跡さえも見出せなかったのだろう．哺乳類の毛皮や鳥類の羽毛の色などの形質は伝統的に亜種の分類に用いられるが（Barraclough *et al*., 1998; Magurran, 1998; Price, 1998）このような表現形質のもととなる核遺伝子は，多様化淘汰や性淘汰の下で急速に進化するかもしれない．そしてそれらの形質分化で，強固な集団構造が生じるだろうが，その分化は，中立もしくは淘汰による制約のある分子形質から見れば浅い系列の分岐にしか過ぎないことがありうる（Hillis, 1987; Avise, 1994）．

一般に，分子と生物体の特徴は階層が異なり，淘汰様式も異なる．そのため系統地理学上の結果に差異が生じ得る．アフリカの大地溝帯の湖（とくにビクトリア湖）に生息するシクリッド（カワスズメ科の魚）の壮大な種分化について考えてみよう．ここでは，極端に浅いmtDNAの系譜や他の証拠から判断して（Meyer *et al*., 1990），歴史的な自然環境に応じて形態的に多様な適応をとげた種が，おそらく雌による雄の色彩に対する強力な性淘汰の下で，過去数千年以内に出現したようだ（Seehausen *et al*., 1997; Galis & Metz, 1998）．この進化パターンのほぼ対極にカブトガニが位置する．この生物は，形態的には何千万年間も変化がないが，分子解析から種内・種間双方で非常に深い系統的分岐が見られた（Saunders *et al*., 1986; Avise *et al*., 1994）．

高次分類群においても，遺伝子系統樹はたがいに，あるいは種系統樹と食い違いを示しうる．こういった不一致に関しては，第6章まで議論をとっておこう．

5.7.3　様相IIIおよび様相IV

歴史的要因は長期間，分布域の重なる種の個体数変動に影響を与え続けることがある．そのため，そのような種間において異なる系統地理パターンをもたらす進化の過程（様相IIIの不一致）は，多種多様である．予想外の歴史的事件のために，歴史地理学とは相容れないような系統学的地理パターンとなっているなどの理由で，遺伝子系統樹が生物地理学的情報と矛盾する場合もあるだろう（様相IVの系譜上の不一致）．たとえば，ショウジョウサギ（アマサギ）*Bubulcus ibis*は，南北両アメリカで普通に見かけるサギの仲間だが，おそらくつい最近の1800年代後半に起きた嵐でアフリカの祖先の起源地（ancestral homeland）から，新世界に入植した．このような入植は，多くの"偶発的な"歴史的要因の1つであり，種特異的な予想外の系統地理学的結果をもたらす．

しかし，種特異的な系統地理学的構造の最たるものであっても，当該生物の分類学上の決定，歴史の再構築，そして保全上の取り組みの情報源などとなる．これは，分類群全体で一致する系統地理パターンの有無にかかわらず有効である．また確認された遺伝的系列を伝統的な生物地理区に配置してもしなくても有効である．

5.8 系譜の一致と系統地理学的な深さ

系譜の一致の概念を推し進める主な根拠は，一致に関するさまざまな様相を考慮することが現時点の遺伝的集団構造が浅いか深いかを知る唯一最良の方法だ，というところにある．個体の平均的な分散距離は，ほぼすべての種で分布域の全体よりはるかに狭い．したがって，系譜に空間的構造が存在するのは，ほぼ自明である（遺伝的解析で検出可能か否かにかかわらず）．系譜の一致原理を通じて，研究関心は移行し，単なる集団の遺伝学的な記載から，相対的な集団の遺伝的分化の程度や生物相を明瞭に分割する要因となった歴史的過程に対する深い理解が注目されるようになった．

5.8.1 系統地理学的な深さが保全において果たし得る役割

種内系譜の分離はその深さにかかわらず，保全問題に関する有益な情報源である．さらに，系統地理学的パターンの独自性や一致性が遺伝子間や種間で見られたとき，その生物の特性や調査の設定にもよるものの，その情報は保全対策に有用である．この考えは，第2章で議論した集団サイズの変動と種内系譜との理論的関係から生じたもので，ここで再度実証例によってこれを検討してみよう．

系統学的に浅い分岐：管理上の単位

同種集団間にはっきりとした大きな系統学的相違がないとき，各集団は現在あるいは最近の遺伝子流動により系譜学的に連続しているだろう．しかし，多くの場合，現在の個体の移動分散は地域ディーム間の個体群統計学的な連続性をもたらすにはあまりにも小さすぎるだろう．遺伝学的解析で，"管理上の単位 (management unit: MU)" という概念は以下の論理を基礎とする．すなわち，集団が他集団と移住による交流をほとんどもたず，その集団が，他と遺伝的に明瞭に識別可能ならば，通常は現時点でその集団は個体群統計学的には他集団から独立している．産業規模の漁業に関する文献では，MU は伝統的に "系群 (stock)" を意味し，漁獲割り当てなどの資源管理案は MU に基づいて策定される (Avise, 1987; Ryman & Utter, 1987; Ovenden, 1990)．いかなる種においても，個体群統計学的に独立した集団は別個の MU と見なすべきである．

遺伝子系統樹上の分岐の深さとは関係なく，中立遺伝子座で対立遺伝子頻度に有意な分化が認められれば，暫定的に MU と認めてよいだろう (Moritz, 1994b)．MU を認定するには，ミトコンドリアのハプロタイプはとくに有効である．なぜならば，常染色体の遺伝子座のハプロタイプと比べて，有効集団サイズが4分の1という特徴があり，また集団間の個体群統計上，あるいは繁殖上の特異な関係を有するからである．分岐の浅い母系系統の一部のクレードであっても，保全対策に有用であろう．個体群統計学的に独立した集団は，もし人間よる乱獲などの原因で絶滅した場合，直接の管理ができる生態学的時間枠内では，他集団の雌の自然な加入で集団が回復することは考えにくい (Avise, 1995)．

系統学的に深い分岐：進化的に重要な単位

概念上，"進化的に重要な単位 (evolutionary significant unit: ESU)" とは，進化の歴史において同種の別集団から長期の隔離状態にあるものをいう (Ryder, 1986)．そのようなものとして，ESU は種内の歴史的な

遺伝的多様性の主な供給源となっている (Moritz, 1995). 保全生物学の最終目標は生物多様性の維持であり，遺伝的多様性はその重要な評価基準である (Ehrlich & Wilson, 1991). 保全生物学で広く支持されている考えとして，系統的独自性が弱い生物集団よりも，独自性が強い生物集団に特別な（相対的あるいは絶対的な）価値を与えるべきだというものがある (Vane-Wright et al., 1991; Barrowclough, 1992; Faith, 1992, 1994; 反論として Erwin, 1991 を参照). ESU を用いて生物多様性を系統学的に簡潔に記述するために，さまざまな基準が提案されている (Crozier, 1992, 1997; Krajewski, 1994; Vogler & DeSalle, 1994b; Humphries et al., 1995 らの総説). 同種集団の保全計画を滞りなく進めるには，ESU を把握するとともにその特異な価値を説明するとよいだろう.

系統の独自性は，保全活動における限られた資源を，種レベルもしくはより高次の分類群にどのように割り振るのが最善かについて，優先順位を決める際にしばしば問題となる. また，同様に種内レベルでもこの問題は起こる. たとえば，米国絶滅危惧種保護法（U. S. Endangered Species Act) では，対象種リストに記載された種のみならず，その種内の「亜種」や「独自性の高い分集団 (population segment)」に関しても法の保護がおよぶ. ESU 概念は，どのような集団単位の独自性が最も高いのかを決定するための系統学的上の枠組みとなる.

種内 ESU をどのように認識するかについての基準が，さまざまな範囲で提案されている. 一般的な提言は，ESU は種全体の遺伝的多様性に十分に寄与するべきである，というものである (Waples, 1991). もっと明確な提言としては，ESU は「mtDNAの対立遺伝子で相互に単系統であり，核遺伝子座の対立遺伝子頻度に関しても著しく異なっている」集団グループとして認められるべきであるというものもある (Moritz, 1994a). このような経験に基づく提言はどのようなものでも，ある程度は恣意的なところがある. というのは，集団が示す遺伝的分化の程度や，集団の分離後の時間について，明瞭な境界線で区分することはできないからである.

たとえば，先ほどの基準について考えてみよう. この基準は，ESU の資格には「どの程度の相違があれば充分か？」という問いに答えようとしている. このような方針の下では，常に不確実性が残る：集団が適正な ESU と認定されるために，どれだけの数のどの部分の核遺伝子座において対立遺伝子頻度が有意な差を示せばよいのか？；異なる mtDNA 系列を持ったどのような個体がどのくらい存在すれば集団が ESU ではないと考えられるか？；ESU 認識にはどの程度の塩基配列分化率が mtDNA 系統樹のクレード間に必要か？ ESU であるかどうかを普遍的に定義しようとしてもある程度恣意的な部分が残り，どう定義しても 2 者の中間は決定できない.

ESU の認識に，系譜の一致原理を形式的に適用しても，実際上の困難が生じる. たとえば，様相 I や II の系譜の一致の下で，以下の疑問にどう答えるかには，恣意的で最低限の指針しか存在しない：遺伝子系統樹上の有意な分岐が確定するには，塩基配列形質がいくつ一致しなければならないか？（少なくとも 2, 3 塩基，多いほどよい); 集団レベルにおいて重要な歴史上の分離を記録するには，遺伝子系統樹がいくつ一致しなければならないか？（塩基配列形質と同様); ESU の認識に必要な遺伝子系統樹内の枝間の分岐はどの程度の深さだろうか？（深いほどよい); さらに複数の形質間で完全な系譜の一致からど

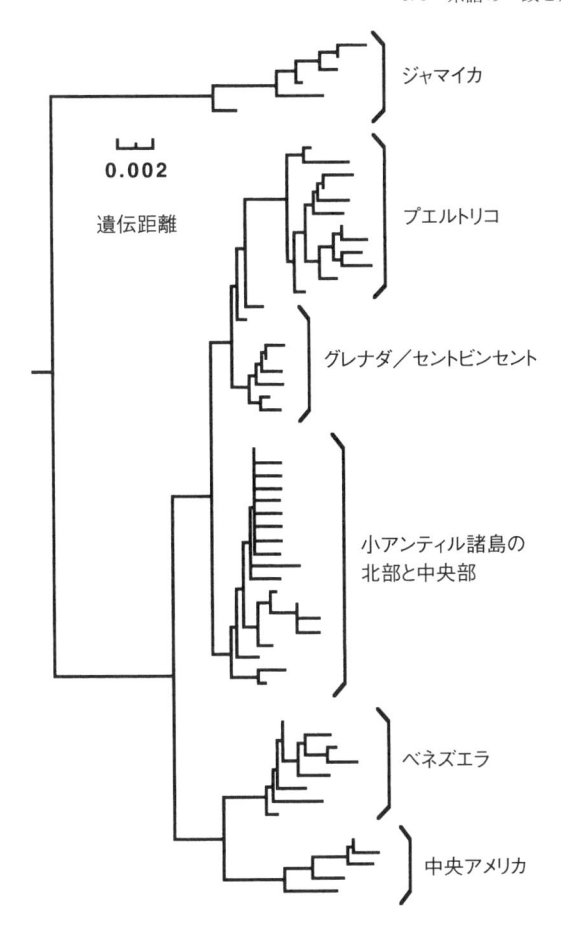

5.8 系譜の一致と系統地理学的な深さ —— 189

```
         ┌─ ジャマイカ
         │
    0.002
    遺伝距離
         ├─ プエルトリコ
         │
         ├─ グレナダ／セントビンセント
         │
         ├─ 小アンティル諸島の
         │    北部と中央部
         │
         ├─ ベネズエラ
         │
         └─ 中央アメリカ
```

図5.22 マミジロミツドリ *Coereba flaveola* のミトコンドリア遺伝子系統樹 (Seutin *et al.*, 1994). 中米，南米およびカリブ地方の170羽のマミジロミツドリから58ハプロタイプが観察された．

の程度の逸脱があるとき，ESUとしての地位がどのようにゆらぐであろうか（軽度であるほどよい）．

このように現実的には難しい問題はあるが，ESUに関する概念は（集団分岐の深さはさまざまであるという認識の必然的結果として），種内系統地理学から派生した考え方のうち最も重要かつ不断に刷新されるべきものの1つであり続けている．ESUの概念は，保全の取り組みの中では，ある1種の問題を取り扱う場合にも，地域特有な生物相を取り扱う場合にも利用されている（Avise, 1989a; Moritz, 1994b; Bernatchez, 1995; Avise & Hamrick, 1996; Smith & Wayne, 1996）．

個々の種における保全の問題点． マミジロミツドリ *Coereba flaveola* に関する例を考えてみよう．この鳥は中南米およびカリブ諸島のいくつかの島々に普通に見られる陸生の鳥である（Seutin *et al.*, 1994）．この鳥で検出された58の異なるmtDNAハプロタイプから遺伝子系統樹が推定された（図5.22）．6つの主なmtDNA系統群（ESUと目される）が見られ，この結果から保全対策についていくつかの提言がされている（Bermingham *et al.*, 1996）．この種の内部に系統的多様性を保つために，小アンティル諸島北部の

各島のマミジロミツドリの小集団の保護に大きな労力を費やすのは賢明ではないと考えられた．これらの島のマミジロミツドリは系統的に近縁で，またグアダルーペ島のようなより大きな島の集団とも近縁である．もし，あるマミジロミツドリ集団が絶滅にしたとき，本来の遺伝的状態を回復するためのさまざまな再導入計画を，この系統学上の知識から立案できるだろう．たとえば，小アンティル諸島の各島には，ジャマイカのマミジロミツドリを再入植させるべきではないだろう．なぜならジャマイカとこれらの島の集団が，系統的に分離してから歴史的に長い時間が経過していると考えられるからである．

この鳥の例は，分布域の諸島の地理的配置と，mtDNA上のある1遺伝子座の系譜推定を組み合わせたものだった．理想的には，どの種内でも，適切なESUの認定には2つ以上の系譜一致の様相によるべきである．様相Iの一致は単にESUの可能性がある候補を挙げるだけである．候補が確定するには，独立した遺伝形質による支持（様相II），分類群間で空間的に一致する系統的区分があること（様相III），独立した生物地理的証拠と空間的パターンの一致（様相IV）が要求される．

第4章に詳述したように，多くの種内でmtDNA遺伝子系統樹上の深い分岐が見られる．このような場合，系譜上の主要な枝は複数のmtDNA塩基配列形質を共有している．この系譜上の枝は，ESUの可能性があり，さらにその検証をする価値がある．第4章で詳しく記したように，遺伝子系統樹のクレードは，しばしば個々の歴史的な形成過程を示す証拠と一致する空間分布を示す．複数の生物地理学上の証拠からそのような一致が得られるとき，その推定上の系統群は確定的なESUとして正当に評価される（または系統的亜種（phylogenetic subspecies）[O'Brien & Mayr, 1991] もしくは系統的種 [Frost & Hillis, 1990] のようなESU以外の用語が示唆される）．

表5.4に，絶滅危惧種やとくに保全に関心が持たれている種内部でESUが見つかった分子による実証的な研究例をまとめた（確定を試みたが失敗した数例を含む）．この系統地理学上の結果は，ある場合は従来の便宜的な分類体系（それに基づいて保全が計画されている）に対して異議を唱え，一方別の場合にはそれをを支持した．Daughertyら（1990）が述べるように，よい分類体系とは「不適切な抽象的概念ではなく，実際の保全活動に不可欠な基礎となる」．差し迫った保全の問題にかかわっていなくても，しっかりと調べられ記述されたESUは，種より下の分類学的な決定に有用である．

地域生物相における保全の問題点． それぞれが系統地理学的に独自な分類群のはずなのに，すでに紹介した比較研究例でも示したように，諸地域の生物相において明瞭な系譜の一致が示される時がある．分子系統地理学を保全生物学に適用しようとする場合に興味をそそる事例は，系統的に異なる集団やESUが複数種で見られる特別な地域が設定される場合である．そのような地域は，保全の優先順位がとくに高い候補地となる．

現在最もよく研究されている地域生物相には，米国南東部の動物相，アマゾン地方の小型哺乳類相，オーストラリア北東部に散在する多雨林の脊椎動物相，米国の太平洋側北西部の（コロンビア河の北側とロッキー山脈の西側に広がる地域）の植物相などがある．しかしこれらにおいても，複数の分類群間の系統地理学的一致を示す事例がどの程度存在するかは依然として知られていない．しかし，地球上の生物多様性の分布が偏っていて，い

表 5.4 絶滅寸前種もしくは絶滅危惧種およびそれらの類縁種の分子系統地理学的評価

分 類 群	mtDNA 遺伝子系統樹からの帰結	一致を支持する証拠	参 考 文 献
ホリネズミ属の1種 Geomys colonus	分類学的混乱のある同属種の普通種と目立った系統上の相違はない	アロザイム，核型，形態形質の多変量解析	Laerm et al., 1982
ハマヒドリ Ammodramus maritimus	亜種の認定と一致しない2つの主要な系統地理単位	共分布する沿岸種内の系統地理区分および歴史生物地理学からの考察	Avise & Nelson, 1989
ピューマ Felis concolor	フロリダ州南部の絶滅寸前集団内に2つの系統単位が共存	核のDNAマーカー，および有効進化単位 ESU (evolutionary significant unit) のマクロな地理的分布域	O'Brien et al., 1990
ケンプヒメウミガメ Lepidochelys kempi	分類学的混乱がある同属種との間に系統上，明瞭な相違がある	形態学および地質学からの生物地理学的シナリオ	Bowen et al., 1991, 1997
アメリカアカオオカミ Canis rufus	ハイイロオオカミおよびコヨーテと緊密な系統上の関係がある	核のマイクロサテライト遺伝子座	Wayne & Jenks, 1991; Roy et al., 1994b
アオウミガメ Chelonia mydas	2つの主な系統地理単位	地理的分布域（大西洋対インド太平洋に限定）	Bowen et al., 1992
リカオン Lycaon pictus	3つの主な系統地理単位	地理的分布域（アフリカの重複のない別地域に限定）	Girman et al., 1993
アナホリゴーファーガメ Gopherus polyphemus	少なくとも2つの主な系統地理単位がある	共分布する2種内の系統地理区分と歴史生物地理からの考察	Osentowski & Lamb, 1995
ミミナガバンディクート Macrotis lagotis	オーストラリア内部においては強固な系統地理構造を持たない	核のマイクロサテライト遺伝子座	Moritz et al., 1997
ヒラタニオイガメ Sternotherus depressus	分類学的混乱がある複数の同属種との間に系統上，明瞭な相違がある	形 態	Walker et al., 1998c
メラノタエニア属の1種 Melanotaenia eachamensis	分類学的混乱のある1同属種との間に系統上，明瞭な相違がある	形態，核のマイクロサテライト	Zhu et al., 1998
カリフォルニアアブラムシクイ Polioptila californica	分類学的混乱のある複数の同属種との間に系統上，明瞭な相違がある	形 態	Zink & Blackwell, 1998
アンデスネコ Oreailurus jacobita	オセロットおよびマーゲイとは系統上，明確に異なる	形 態	Johnson et al., 1998

くつかの歴史的・生物地理的地域に集中しているという予想は，地域や生態系規模での保全活動に明瞭な示唆を与える．

保全対象となる特定地域を認定する基礎として，系譜情報をきちっとした手順に沿って解析する手法が紹介されている．たとえば，Faith (1992, 1994; Faith & Walker, 1996) は複数の分類群の歴史的な情報を用いて，地理的な生物群集の"多様性の特徴"をまとめられる，定量的な系統学的多様性の指標を導入した (Moritz & Faith, 1998)．このようなアプローチは，種数や種分布に基づいて，さまざまな生物地理地方・亜地方を同定する補助となる (Mittermeier et al., 1998; Olson & Dinerstein, 1998)．また彼らは，"ギャップ解析"として知られる保全生物学上の最近の手法で，とくに優先的に生物保護区とすべき地域を決める際に絶滅危惧種の分布域を比較する手法を適用することにも成功した (Scott & Csuti, 1997)．

生物多様性がとくに高いか，例外的に固有種が多い地域は，保全努力を集中させる特別な場所に指定するように推奨されることがある (Scott et al., 1987; Margules et al., 1988; Myers, 1988, 1990; Dinerstein & Wikramanyake, 1993; Pressey et al., 1993; Bibby, 1994; Kerr, 1997)．政府が資金を拠出してつくられる「生物地理保護区 (biogeographic reserves)」や「生物多様性自然公園 (biodiversity park)」は，歴史的に形成された重要な構成要素である地域の生物多様性の大部分を守るよう設計できる．米国自然保護協会のような民間団体やコスタリカのような一部の国は，すでにこのような考えを支持している．現在米国で施行されている国立公園制度は，社会教育にも，北米大陸の美しい独特の地形の保全にも役立っているが，もし生物地理保護区の制度がうまく履行されたならば，一般市民の保全問題に対する自覚を同様に喚起するであろう (Avise, 1996b)．

比較分子系統地理におけるメイデン分析 (Maiden analysis) は，保全の妥当性を支持する結果を示してきた．すなわち，さまざまな種の分布や歴史地形学に基づいて示される生物地理地方・亜地方と種内系統群は，空間的に一致（様相IV）する傾向にある．分子マーカーを用いて地域生物相を包括的に調査するには，費用も高く，労力が必要である．したがって，このような調査は，モデルケースの場合にのみ計画可能である．しかし，今までの系統地理学的研究を参照して一般的な傾向が導ければ，保全活動の推進へとつながる．また伝統的に認められてきた生物地理地方・亜地方や生態区 (ecoregions) という形で，歴史的生物地理の保護区の設計に必要な情報の多くが入手できるだろう（たとえば，Scott et al., 1990; Abell et al., 1998)．したがって，保全生物学者たちが，保護の主導にあたって，地理区の見通しを決定するためには，（伝統的な種を焦点とした努力に加えて）生物界の遺伝学的再調査が完成することを待つ必要はない．

5.8.2　系統群の分岐の絶対年代

系譜の一致の原則は，分岐が深い種内の系統地理学的単位を見い出すための概念枠を提供する．系統群間の分岐に推定される時間とはどのようなものだろうか？　現時点ではその時間推定は不確実であるが，分子時計の時間較正によって暫定的な結論に到達できる．

Avise & Walker (1998) は，鳥類の種内系統群の分岐年代をミトコンドリアを用いて推定した文献をまとめた．63種の鳥で，分布域の大部分にわたりmtDNAによる集団構造の調査が行われていた．そのうち37種

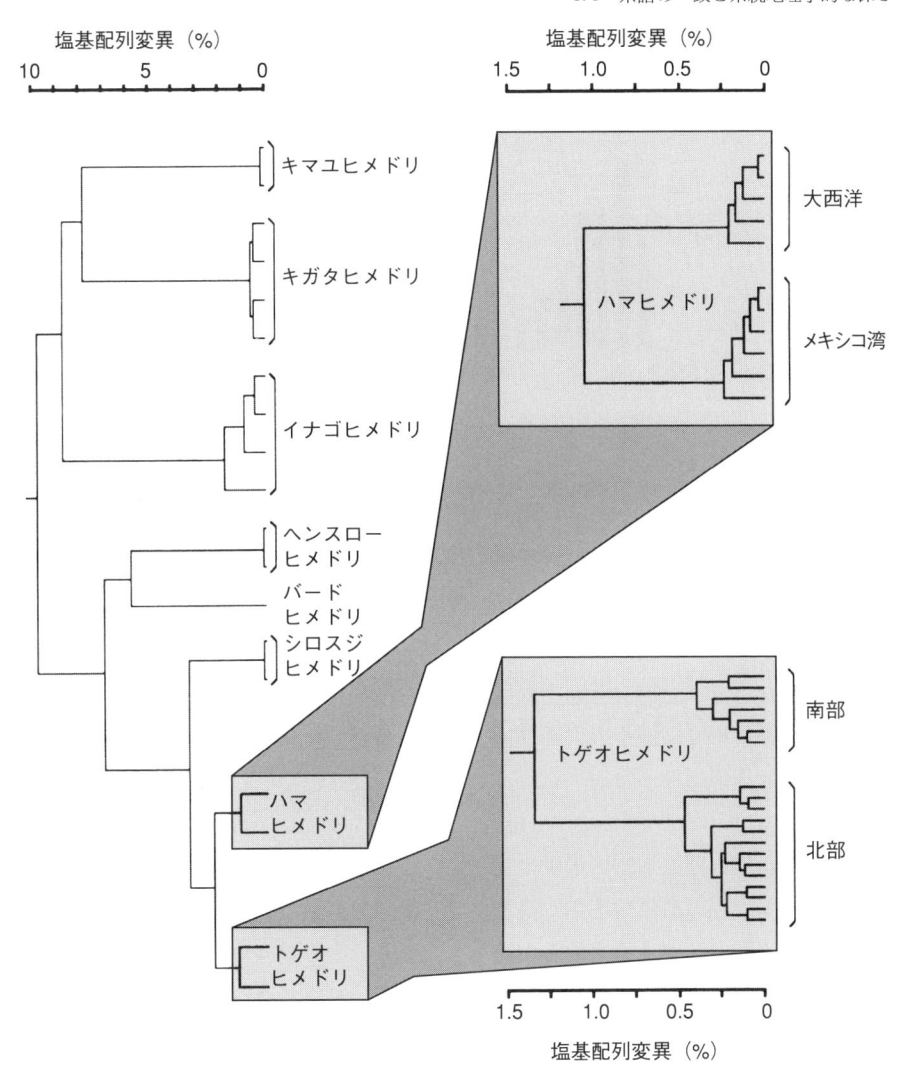

図 5.23 ホオジロ類（*Ammodramus* 属）の mtDNA 系統（Avise & Walker, 1998）．左：同属 8 種の母系系統．Zink & Avise（1990）によって推定された．右：分布の全域で調査された 2 種の種内母系関係の拡大図（*A. maritimus* は Avise & Nelson, 1989 より．*A. caudacutus* は Rising & Avise, 1993 より）．

(59%) が系統地理パターンのカテゴリー I を示した．つまり，それらの鳥は，地理的に強くまとまる傾向にあり，2 つ以上の重要な mtDNA 系統群（ブートストラップで支持される）に有意に分割された．大部分の事例では，調査対象種が系統地理学的カテゴリー I に属することは明らかだった．ホオジロ類（*Ammodramus*）に関する 2 例を図 5.23 に示す．

mtDNA に関してカテゴリー I を示した鳥は，系統地理学的に集団が細分化されている．そして主要な系統群間の純配列分化率（系統群内の塩基配列の差異を補正したもの）が集団の分岐年代の推定値へと変換された．この変換には，一般に使われている鳥類の mtDNA 分子時計，系列間の配列分化率が 100 万年当たり 2%（Klicka & Zink, 1997），が用いられた．系統群間の分岐年代の推定値

種内系統群（鳥類）

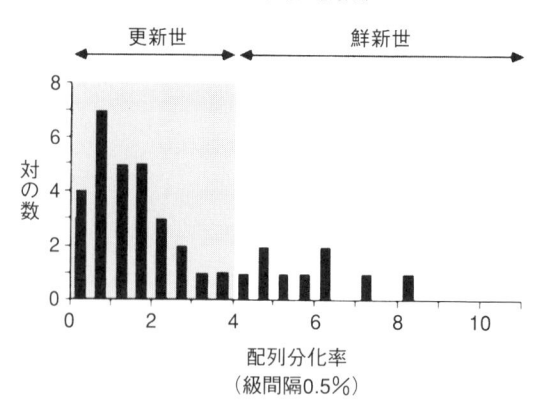

図5.24 鳥類の種の主な種内系統群間のmtDNA塩基配列分化率（および分岐年代の推定値）．Avise & Walker (1998) より．

からヒストグラム（図5.24）を作成した結果，推定の行われた37種のうち76%で系統群分岐年代が更新世にあり，残りの大部分では鮮新世後期にまでさかのぼった．

このように，ミトコンドリアDNAから得られた証拠は，鮮新世後期および更新世に生じたできごとが現生鳥類の系統地理学的構造に著しい影響を与えた，という従来からの知見と一致する．実際，研究論文の著者らは，しばしば種に特有な系統地理学的な帰結を説明するために"更新世のシナリオ"を用いた．たとえば，Rising & Avise (1993) は，mtDNAデータと形態および行動からの証拠を合わせ，トゲオヒメドリ内の2つの主要な系統群の分布域が氷期にはレフュージアに押し込められていたが，氷期が終了した後，現在のように分布域が拡大した，という仮説をたてた．これらの2型は，その後，分類学上の異なる種として認められた（AOU, 1995）．

同様に，その他の脊椎動物に関しても，主要な種内系統群の進化上の分岐年代がまとめられている（Avise et al., 1998）．鳥類以外の脊椎動物で，主な分布域にまたがって，mtDNAによる集団構造が調査されている189種中103種（54%）がカテゴリーIの系統地理パターンを示した（図5.25に例示）．

哺乳類では（図5.26），72種中52種（72%）で推定された系統群の分岐年代が更新世にまでさかのぼり，残りの大部分は鮮新世にまでさかのぼった．この割合は，鳥類で推定された系統群間の分岐年代の割合と類似する．他の脊椎動物に関しては（図5.27），解釈は混迷を深めている．なぜなら，これらの分類群のあるものは，mtDNA分子時計は較正の結果がもっと遅いと推測されているからである（Avise et al., 1992c; Adachi et al., 1993; Martin & Palumbi, 1993; Rand, 1993, 1994; Martin, 1995）．鳥類や哺乳類で採用されたmtDNAの標準的な分子時計を両生類と爬虫類に用いると，47種の系統群間の分岐年代のうち27種（57%）が，更新世にまで遡った．同様に魚類では，26種中19種（73%）が更新世と推定された．しかし，爬虫類と魚類に関するこれらの割合は，mtDNA分子時計の較正の仕方を4倍遅くすると，それぞれ15%と31%に落ちる．

これらの解析に関して，3つ注意点がある．まず，絶対分岐年代の推定は，用いた分子時

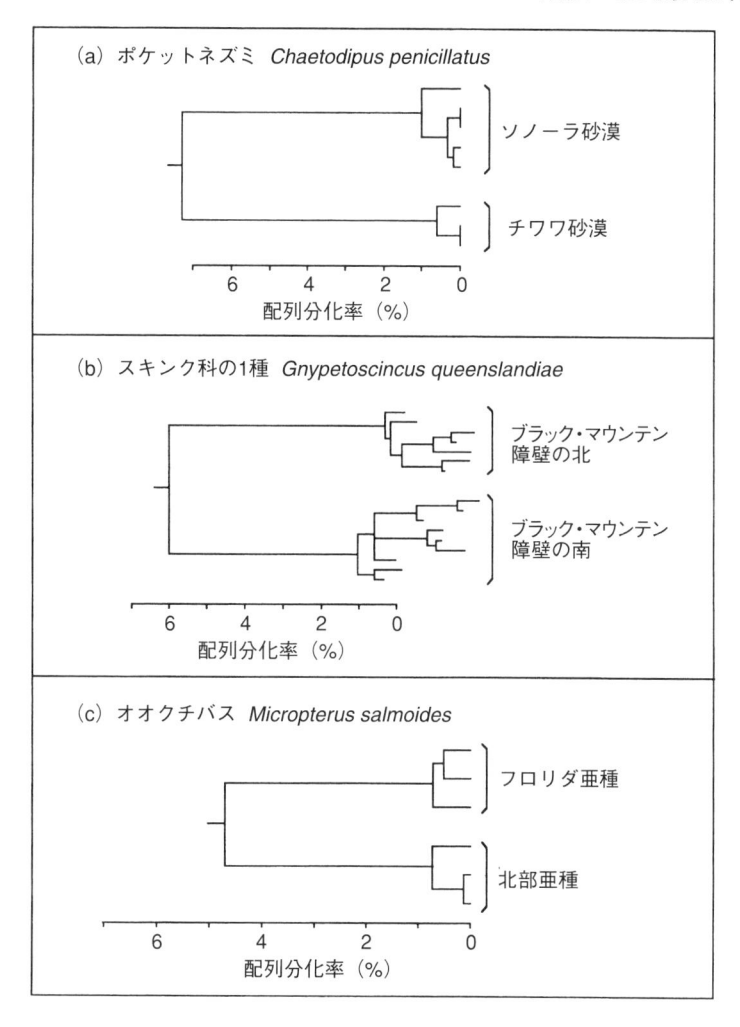

図 5.25 哺乳類，爬虫類，および魚類の mtDNA 調査で得られた系統地理カテゴリー I の典型例 (Avise et al., 1998)．(a)ポケットネズミのクラスター表形図 (Lee et al., 1996)．(b)スキンク科の 1 種の近隣結合樹 (Joseph et al., 1995)．(c)オオクチバスのクラスター表形図 (Nedbal & Phillipp, 1994)．

計の較正方法に非常に影響されやすいということである．厳密には，mtDNA 進化速度は大部分の動物の分類群でほとんど特性が明らかにされておらず，今のところ，いくつかの系列間で数倍は異なると推測されている．第 2 に，系統群間の遺伝距離や推定分岐年代の分散は明らかに大きいという点である．おそらくこの大きな分散は，系統群間の分岐年代に含まれる実際の不均質性を反映しているのだろう．

第 3 に，起源が約 20 万年前より新しいと思われるどの系統群分岐に関しても，年代を推定すると深刻な偏りが生じるという点である．典型的な研究例では，1 個体当たり約 500 bp の mtDNA 塩基配列中の変異が調査される．標準的な mtDNA の分子時計を用いた場合，10 万年前に分岐した 2 つの母系系統を識別するのに期待されるのは，約 500 bp 塩基配列中のわずか 1 塩基の置換である．しかし，系統の再構築では，推定される分岐群が統計的な支持を得るには，数個以上の一致した置換が要求される．このように，手に

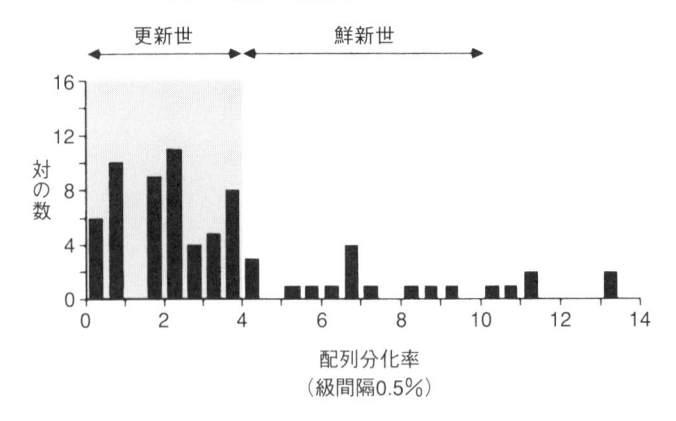

図 5.26　哺乳類の主な種内系統群間の mtDNA 塩基配列分化率と分岐年代の推定値 (Avise *et al.*, 1998).

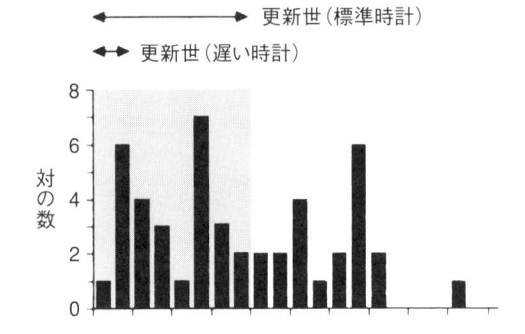

図 5.27　脊椎動物の主な種内系統群間の推定 mtDNA 塩基配列分化率 (および 2 つの mtDNA 時計目盛に基づく推定分岐年代). Avise ら (1998) による.

入る情報からでは，更新世後期以降のできごとが原因で，浅い分岐をもつ多くの系統群間の分離が起きた可能性を除外できない．なぜなら，通常の実験室での作業では，分岐の浅い系統群は充分に区別できないからである．

まとめ

1 系譜の一致は4つの異なる様相を持ち，系統地理学的解釈とかかわっている．これら4つの様相は4つの系統学的パターンの一致と関係している．

様相I：ある遺伝子の塩基配列その他の形質状態における，複数の一致

様相II：連鎖していない複数の遺伝子座による遺伝子系統樹の一致

様相III：分布域を共有し，類似した生態もしくは生活史（natural history）を持つ，2種以上の種間での一致

様相IV：分子遺伝学的な情報と伝統的な研究による生物地理学的証拠との一致

様相Iは，遺伝子系統樹が顕著な系統学上のまとまりを示していることを立証する．様相IIは，遺伝子系統樹の分岐が，集団もしくは種レベルにおける系統の分岐を記録していることを裏付ける．様相IIIおよびIVは，地域生物相に対する，共通した歴史上の生物地理学的影響を示唆する．

2 系統地理学的な広域調査では，分布の重なる複数の分類群について，歴史的系列間の空間的パターンを考察する．系譜の一致の4つの様相すべてが，今日までの地域的な系統地理学的研究で示されている．注目すべき例として，米国南東部の淡水産・海産動物相，新熱帯区の哺乳類，環北極地方の海産無脊椎動物，オーストラリアの断片化した多雨林の脊椎動物，パナマ地峡の隆起で分断された大西洋と太平洋の海産動物の双生種，そして米国太平洋側北西部（米国のコロンビア河北部とロッキー山脈西部に広がる地域）の多様な植物がある．

3 系統学的不一致もまた系統地理学上の解釈に関係する．系統学的不一致には，系統学的な分岐の深さやパターンの不一致が含まれる．

様相I：ある遺伝子における，複数の塩基配列間または他の形質状態間での不一致

様相II：連鎖していない複数の遺伝子間の遺伝子系統樹の不一致

様相III：類似した生態または生活史を持ち，分布をともにする2種以上の種間における不一致

様相IV：分子遺伝学的な情報と伝統的な生物地理学的な証拠間の不一致

様相Iの不一致は，しばしば遺伝子系統樹の情報に含まれるホモプラシーを反映している．様相IIは，有性生殖する生物の世代を通じての確率論的な系列選別に由来するか，塩基配列の進化速度の違い，常染色体上の遺伝子座と細胞内小器官DNA上の遺伝子座（および性染色体遺伝子座 [sex-linked loci]）における対立遺伝子の有効集団サイズの相違，歴史的な分散および遺伝子流動の性差による非対称性，自然淘汰のいくつかの様式，といった他の生物学的な要因にも起因し得る．様相IIIおよびIVは，多くの種特有な生物地理学的要因が地域生物相に作用したことを示唆する．

4 系譜の一致の概念は系統地理学的な分岐の深さの概念と深い関係があり，保全生物学とも特別の関係がある．これらの

概念は，管理上の単位（複数の現存集団で系譜上近縁であるが，個体群統計学的には現在独立しているもの）と，進化的に重要な単位（長期間の進化上の分離をともなう集団）との間の相違を認識させてくれる．系統地理学的に深い分岐と浅い分岐に関する情報とその相違の重要性は，生態学，分類学，および保全生物学において理解が深まりつつある．

5   種内系統群間の分岐の絶対年代は，塩基配列分化率とmtDNAの推定進化速度から推定ができる．哺乳類と鳥類では100種以上が調査されており，顕著な系統地理学的な集団構造が示されている．そのうち75％は恒温動物に対する標準mtDNA時計に基づいて，暫定的に種内の主要系統群の分岐年代が更新世までさかのぼるとされた．同じ較正値を用いたとき，同様の結論が，爬虫類，両生類，および魚類の種内系統群に関しても当てはまった．しかし，これら分類群の多くで推定されたmtDNA分子時計の較正値はもっと遅い場合があり，変温性脊椎動物の分岐年代に関しては数倍古い年代が示されている．

種とは，出会ってもおたがいに混じり合うことはなく，また離れて生息するときは，……交雑によって繁殖力のある子孫ができることもないような品種や地方型のことである．しかし雑種性の判定が困難だったり，たとえできたとしても何の証明にもならないようなときは，種であるかどうかを決めることに疑問が生じる．このことは，しばしば連続的な変異によってつながるような"亜種"と，いわゆる"本当の種"を識別するような方法が存在しないことを証明している．
——*Alfred Russell Wallace*, 1865

6

種分化過程と拡張された系譜

　これまでの章では，遺伝子系統樹自体，あるいは遺伝子系統樹が同種集団の個体数変動や地理的分布とどう関係するか，を検討した．得られた結論の要点は，種以上のレベルに伝統的に適用されてきた系統学的な原理や手法が，適切な修正をすれば種内の系譜学上の問題に対しても妥当である，ということである．この系統学的概念の小進化へというトップダウン的拡張は，主としてmtDNAの研究と合着理論の出現によって促がされ，集団遺伝学と体系学の間に新たな繋がりを生み出した．集団遺伝学と体系学は，進化生物学の2大領域であるが，その起源は異なっており，違った伝統を持っている．本章では，小進化における遺伝子系統樹と合着の概念が，どのようにして種分化過程や高次分類群の系統地理学的解析に情報を与えるかを，ボトムアップ的アプローチによって検討する．

　種の系統とは，ゲノム内の複数遺伝子座それぞれの祖先から子孫への歴史的伝達経路を束ねた場合の"主要な傾向"である．個々の遺伝子系統樹の系統学的なトポロジーは，いくつかの理由（その一部は，すでに検討してきたように，特定できる可能性がある）で，種の系統と異なることがあり得る（図6.1）．生物の系統内で生じる遺伝子系統樹間の不一致は，メンデル遺伝の下での系列選別の過程からある程度は必然的である．その結果，遺伝子間の系統樹のトポロジーが一致していなくても，特定の遺伝子による系統樹が正しくない，ということではない（もっとも，実際の研究で不正確に推定された可能性はあるが）．むしろ，不一致の一部は，有性生殖で繁殖する生物において，連鎖していない遺伝子が，張りめぐらされた系譜の中の異なる伝達経路を渡ってきたという事実を反映しているだろう．

　このように，種分化過程または種の系統を示す伝統的な樹状表示は単なる概略図で，本来ファジーな系列の歴史をうまく表現していない．Maddison (1997) が述べたように，「棒状の枝を持った単純な樹状の系統図は，単に分布の平均値か最頻値 (mode) を表しているだけである．遺伝子系統もまた分散 (variance) をともなうが，それは異なる遺伝子から作られる系統樹の多

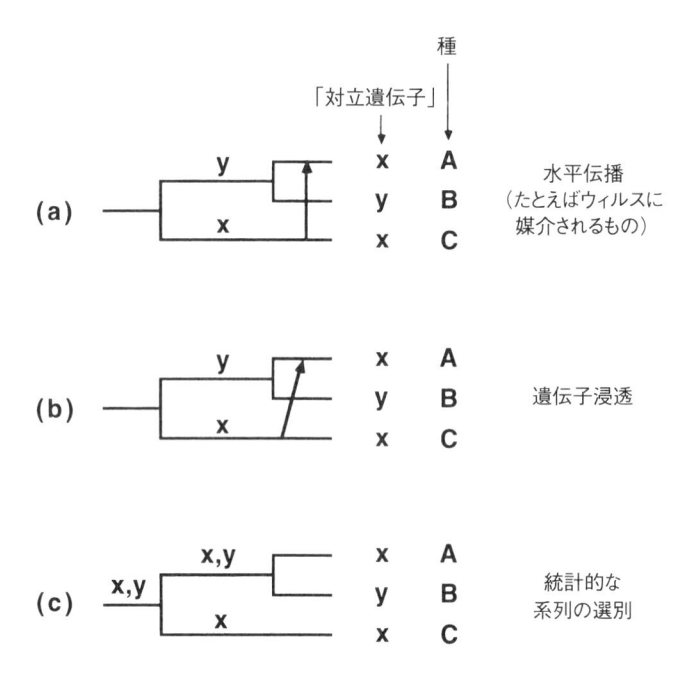

                                         種
                          「対立遺伝子」 ↓
                              ↓
                    y   x   A   水平伝播
(a) ────┬─────────┤   ↑   y   B   （たとえばウィルスに
              └─────x   x   C   媒介されるもの）

                    y   x   A
(b) ────┬─────────┤   ↗   y   B   遺伝子浸透
              └─────x   x   C

              x,y   x,y   x   A
(c) x,y ────┬─────┤   y   B   統計的な
              └─────x   x   C   系列の選別

図6.1 遺伝子と種の系統樹の形に系譜の真の不一致が生じる生物学的要因．A と B は姉妹種であるが，A 種の遺伝子系列（「対立遺伝子」）は B 種の相同遺伝子よりも C 種の相同遺伝子と系譜上近い．Avise（1994）に説明されている他の要因によって，このような不一致に似た虚偽の状態が生じることがある．

様性を表している．進化の多様性を説明するときの遺伝学の果たす中心的な役割を考えれば，遺伝的歴史の曖昧な雲のような本質的複合性に立ち向かう必要がある」．実際，複数の遺伝子を用いる手法は，種分化のモデルを考える上で（たとえば，Gavrilets, 1997），高次分類レベルで系統の再構築（たとえば，Kumar & Hedges, 1998; Pennisi, 1998）をする場合と同様に，ますます注目を受けている．

O'Hara（1993）は，系統学的な"要約"を生物学で試みることを，地理学における地図作成にたとえている．系統樹と地図はどちらも現実を単純化したもので，求められる情報の精度に応じて選択的に事物を消去し，一般化した表現をする．米国の州間道路地図（interstate road map）は，自動車で国内旅行をする際には役立つだろうが，ボストンで"自由の小道（Freedom Trail）"を通り抜けるには何の役にも立たない．この場合，適当な解像度の地元の道路地図が情報を提供してくれるだろう．系統学的な要約もまた，遺伝の流れの大河や小川を，さまざまな解像度でもって表現する．したがって，問題に応じて系統学的要約がなされる必要がある．

6.1 系統地理学と種の起源

6.1.1 種分化の系統学

ほとんどの種分化シナリオにおいて重要な役割を与えられてきたのは，集団の地理的分布と個体数変動である（Mayr, 1942, 1963）．たとえば，異所的種分化モデルでは，環境中の障壁や距離が集団間の遺伝的交流を制限して，地域集団の分化が始まるとされる．典型的な場合，遺伝子流動に対する外的な障壁が，遺伝的分化と内的（遺伝的）な生殖隔離機構（reproductive isolating barrier：RIB）の進化の前提条件として想定されている．生殖隔離機構は，一般によく知られている生物学的種概念（biological species concept：BSC）のいわば証明書である．したがって，生物学的種分化は伝統的に，生物の繁殖集団（遺伝子組換えの場である）が2つ以上の生殖的に隔離された単位へ分割される過程と見なされている．

集団もしくは種レベルの系統

遺伝的な分離は最初，大きな地域集団や（図6.2(a)），元の分布域の外側の小さな創始者集団（図6.2(b)），あるいは微小生息場所（microhabitat）に分断された局地的同所集団（図6.2(c)）に起きるだろう．どの場合も，環境的な障壁が相互交配を妨げることによって，集団遺伝学的な分岐が起きる．この分岐過程は，生息環境間での淘汰圧の差や，集団が小さい場合は創始者効果や遺伝的浮動で促進される（Giddings *et al.*, 1989）．RIBは遺伝的分化の副産物として，適応とは無関係に生じるかもしれない．また，一度は遺伝的に分化した集団がまた同所的になったとき，同型交配が好まれる淘汰で生殖隔離機構が強まるかもしれない（Butlin, 1989）．小集団では，生物学的種分化は，倍数化，染色体の再配列，交配機構の変化などのできごとで突然生じる可能性もある（Avise, 1994, p.258）．

生殖隔離をもとに種を定義すると，多くの場合，地理的分布と個体群動態に基づいて考えられる種分化シナリオの初期には，側系統的な分類群が出現することになる（図6.2）．このような結論は，分断直後の分化した遺伝子プールにとくに当てはまる．時間をさかのぼれば側系統的なパターンを形成していた集団群も時間経過とともに各集団が絶滅していき，現生の二分岐的な姉妹種状態へ変化してしまう（図6.2下部）．

このように，地理的・個体群統計学的な要因を使って生物学的種を説明するモデルは，現生種の大把みの系統関係を論理的に予想する．5つの仮想的な種（A～E）を使って別の事例を考えてみよう．図6.3にこの5種の系統学的な帰結が示されている．この系統樹では，DとEが姉妹種としてクレードを形作り，さらにこのクレードがA～Cの姉妹群である．しかし，広い分布域を持つ種Cから最近に側所性の種Aや同所性の種Bが派生していて，これら3者は現在も側系統的な関係にある．さらに，もし，これら5種のうち3種が絶滅したならば，未来の観察者の視点からは，当時生存していたこれら5種のどの2種を組み合わせても，姉妹群に見えることだろう．

遺伝子の系譜

こういった大把みの種系統樹の中に，それぞれ固有の分岐構造を持つ多くの遺伝子系統樹が含まれている．これらの遺伝子の系譜も，種分化での地理的・個体群統計学的特性から，一般的に予想される形で強く影響を受ける（自然淘汰によるさまざまな作用と同様である；Wang *et al.*, 1997）．そのため，遺伝子

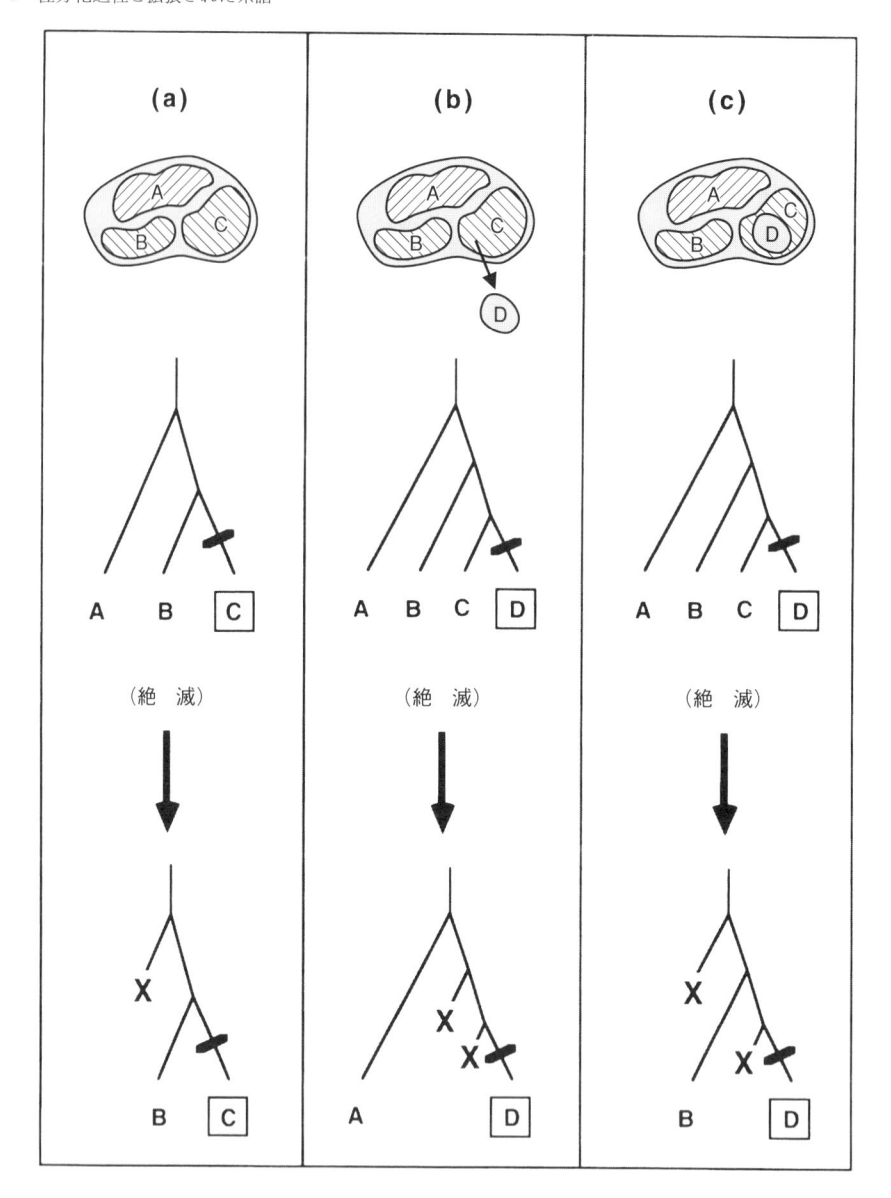

図 6.2 伝統的な生物学的種分化のモデルと対応する集団 A〜D に関する側系統樹．枝をよぎる交線は，固有の生殖隔離機構の進化上の起源を示す．(a)分断による異所的な種分化．(b)創始者効果による分布域の周縁部における（側所的，peripatric）種分化 (Mayr, 1982)．(c)分布域内の局所的な地域内（同所的，sympatric）における種分化 (Bush, 1975, 1994)．どの場合においても，祖先種の初期の側系統状態 (Patton & Smith, 1989) は集団レベルの絶滅（X で示されている）を通じて時間とともに変化し，ただ 2 つの明らかな姉妹種が残るパターンに変わりうる．

系統樹に見られる系統地理学的なパターンは，種分化の様式に関して有用な情報を与える．

たとえば，種分化が 2 つの大きな地理的集団間で生じるとき（図 6.3 の D や E のような），その初期には大半の遺伝子系統樹は，新しく生じた姉妹種に関して多系統である：つまり D 内の遺伝子系列のいくつかは，E 内の遺伝子系列のいくつかとクレードを形成する．そして，時間の経過とともに，系列選別過程が大部分の遺伝子系統樹を側系統な状

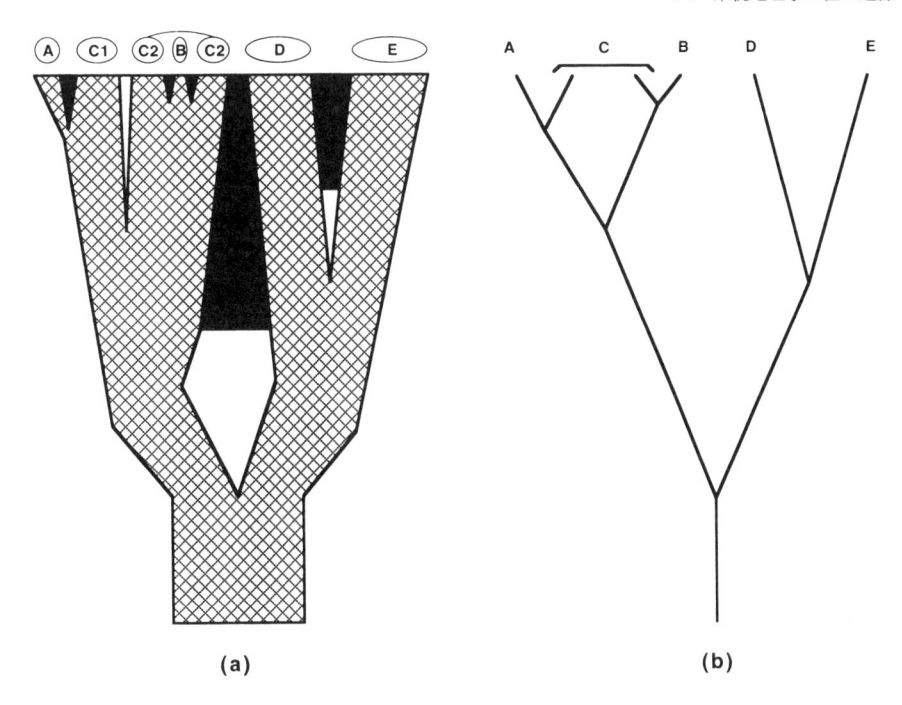

図 6.3 (a)現生生物 5 種（A〜E）と，種 C の 2 つの地理的に分断された集団（C1 および C2）の系統（Avise & Wollenberg, 1997）．枝の太さ（網目をかけた部分）は時間に対応した集団サイズを示し，さらに地理的勾配も表す．したがって，A は C1 からの周縁的隔離種であり，B は C2 分布域内で生じた．集団を分断する要因は，外部的な遺伝子流動を妨げる障壁（枝間の白い領域），内部的な生殖隔離機構（枝間の黒い領域），または時間軸上に順次出現する両方の障壁（白から黒への領域）である．(b)は(a)に示された系統を単純化した模式図．

態から相互に単系統な状態へと変えてしまう（D と E という 2 つの種を"排他的な状態に"; de Queiroz & Donoghue, 1988; Graybeal, 1995）．その速度は（中立遺伝子に関しては）集団の有効サイズに左右される．地理的に隔離された集団の系列選別過程は，第 2 章で述べたものと同じである．ただ，生物学的種に関しては，定義上，生殖隔離機構は地理的側面だけでなく，遺伝的側面がより重要である．分断淘汰（divergent selection）は系列選別速度を加速し，遺伝子系統樹内のどの 2 種に対しても相互に単系統な状態へ向かうように働く．一方，平衡淘汰（balancing selection）は中立性の程度に応じてこの過程を遅延させる．

もし種分化が大きな祖先系統（図 6.3 の C）から隔離された小集団（図 6.3 の A または B）で生じたのであれば，遺伝子系統樹が現代の状態に変化する過程で，通常，多系統的な段階（polyphyletic phase）は生じず，系統関係の状態は時間の経過とともに，側系統な状態から最終的には相互に単系統な状態へと推移する．種分化における他の地理的・個体群統計学的な変動様式と，そこから予期される系統上の帰結を図 6.4 に示す．

最近分岐した種は，遺伝子系統樹上でしばしば側系統的なパターンを見せる（DeSalle et al., 1987; Satta & Takahata, 1990; Brown et al., 1996）．図 6.5 の実例に，側系統的な結果に対するさまざまな解釈を示した．一年草のヒマワリ属の 2 種 *Helianthus petiolaris* と *H. neglectus* は"良質の"生物学的種である．なぜならば，染色体の不捻性による障壁がこれら 2 種間に生殖隔離を確立し

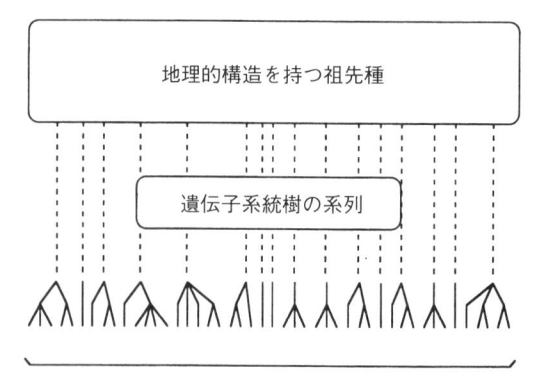

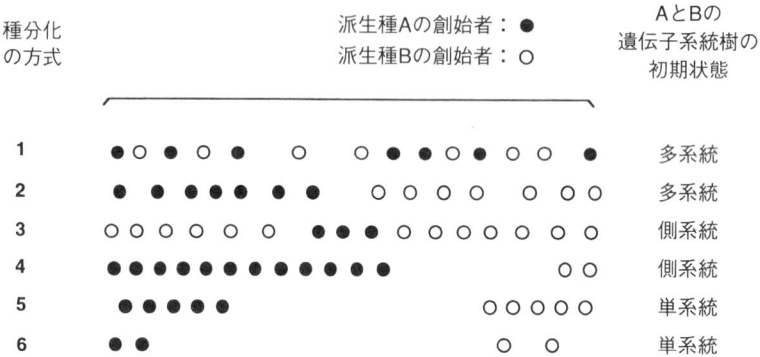

図6.4 生物地理学的・個体群統計学的な種分化と，新生種AとBの遺伝子系統樹に起こりうる系統的結果のパターン．2つの姉妹種（白丸と黒丸）の創始者が，(1)祖先系列から無作為抽出された個体，(2)隣接する異所的集団からの多数個体，(3)祖先種分布域内の少数個体（Aに関して），(4)祖先種分布域周縁部からの少数個体（Bに関して），(5)離れた異所的集団からのある程度の数個体，(6)離れた異所的集団からの少数個体．

ているからである．*H. petiolaris* は北米の大部分の地域に分布している．一方，*H. neglectus* の分布はニューメキシコ南東部とそれに隣接するテキサス州地域に限定されている．この場合（図6.5a），*H. petiolaris* の分子情報にある側系統的な状態は，最近 *H. neglectus* を生み出した不捻の障壁の起源地が限定されていることを考えれば，まったく驚くにあたらない．

2番目の例はヒグマ *Ursus arctos* で，ヒグマはmtDNA系統樹上でホッキョクグマ *U. maritimus* と側系統関係にある（図6.5b）．このパターンは遺伝子浸透が原因と思われ，ヒグマのmtDNA系列がホッキョクグマ集団へ移入したのだろう（これら2種のクマ

は，飼育下では生殖能力を持つ子孫ができる）．また別の可能性として，歴史的な系列選別が考えられる．ホッキョクグマは，最も近縁な沿岸域のヒグマ集団から過去数万年以内に生じたのかもしれない．もしそうならば，ホッキョクグマは最近急速に生じた一連の形態上の派生形質を持つことになる．この考えは化石や他の証拠からある程度支持されている（Talbot & Shields, 1996）．

別の例としては，南米のオオヒキガエル *Bufo marinus* がある．このカエルは同属の *B. paracnemis* とmtDNAの系譜では側系統的な関係にある（図6.5c）．オオヒキガエル集団では，2,700万年前に形成されたアンデス地方のとある隆起地を境にした東西集団が，

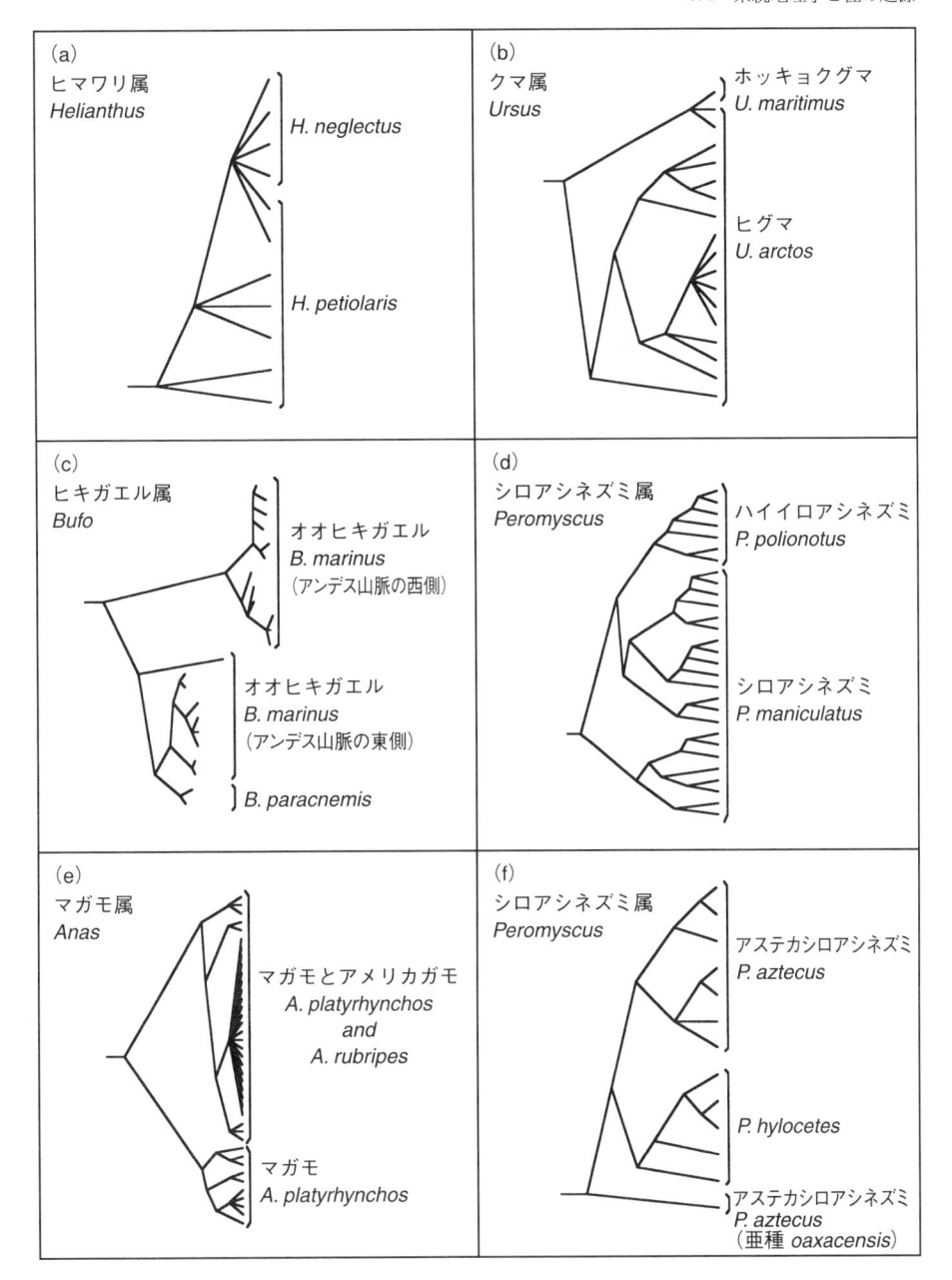

図 6.5 遺伝子系統樹の側系統の例．(a)ヒマワリ属の葉緑体 DNA および核の rDNA の制限部位データによる（Rieseberg & Brouillet, 1994 による．Reiseberg et al., 1990, Rieseberg, 1991 からのデータを用いた）；(b)および(c)クマ属（Talbot & Shields, 1996），およびヒキガエル属（Slade & Moritz, 1998）の mtDNA 塩基配列；(d および e) シロアシネズミ属（Avise et al., 1983），およびマガモ属（Avise et al., 1990）の mtDNA 制限部位；(f)シロアシネズミ属（Sullivan et al., 1997）の別の例で mtDNA 塩基配列による．

mtDNA 遺伝子系統樹上では主要な分岐で区別できる．おそらく，この隆起ができてオオヒキガエルの祖先集団を分割したのであろう．

B. paracnemis は，系統学的にはオオヒキガエルの東部系列と入れ子状になるので，B. paracnemis の種分化はオオヒキガエル集団

が系統地理学的に東西に引き裂かれた後に起きた，と推測される．

　北米の大部分に生息するシロアシネズミ *Peromyscus maniculatus* は，米国南東部に分布が限定されるハイイロシロアシネズミ *P. polionotus* と，mtDNA 系統樹上で側系統な関係にある．同様に，全北区に分布するマガモ *Anas platyrhynchos* は，北米東部にのみ分布するアメリカガモ *Anas rubripes* とmtDNA 系譜上で側系統関係にある（図6.5e）．これらの結果は，2種の地理的分布を考慮すれば予期できたことかもしれない．しかし，生物学的な種の境界は，これらの種複合体ではやや曖昧である．シロアシネズミの地理的集団のいくつかは，複数の遺伝的な証拠から，同胞種として認めることができるだろうし（Hogan et al., 1993），マガモとアメリカガモは，自然界で雑種を形成し，その割合は不明だが遺伝子浸透が生じている（Avise et al., 1990）．このように，これら命名されている種が系譜上は側系統となることについて，生物学的種分化における不完全な系列選別の結果であると厳密に説明できるかどうかは，議論の余地がある．

　シロアシネズミ属の別のグループでは，*P. hylocetes* の mtDNA 系列が *P. aztecus* の多様な系列の一部に含まれることが明らかにされている（図6.5f）．この mtDNA 系列パターンと他の遺伝的および生物地理学的な証拠と合わせて，*P. aztecus oaxacensis*（側系統的となる亜種）は別種とされるべきといわれている．

6.1.2　生物学的種概念と系統学的種概念

　70年以上前のことであるが，Dobzhansky（1937）は著書『遺伝学と種の起源』を，「誰しも多かれ少なかれご存知の観察事実に……生物変異の不連続がある」と書き出した．Dobzhansky は，自然界にある生物の不連続性の起源とその保持機構における生殖隔離の重要性を認識した Lamarck, Darwin, Wallace その他の先達たちの初期の考えを，さらに前へ推し進めた．「かつて実際に，あるいは潜在的に交雑可能だった一連の生物型が，生理的に交雑不可能な2つ以上の系列に分断されたとき」をもって種分化の始まりとする概念（Dobzhansky, 1937）は，生物学的種概念（BSC）として知られるようになった（Mayr, 1940）．Dobzhansky の見解によれば，「生物分類学は観察事象の適切な記録方法として実利目的に考案された人工的な整理棚からなる体系であると同時に，生物の不連続性を認めることでもある」．20世紀を通じて，BSC は種分化過程の研究と議論を方向付ける主要な概念的枠組みだった（Otte & Endler, 1989; Coyne & Orr, 1998）．

　近年，BSC の代替となる種概念がいくつか提案されている（Avise, 1994; Mayden, 1997; Howard & Berlocher, 1998 の議論を参照）．その中で非常によく知れ渡ったものに（Martin, 1996），種分化と生殖隔離の関係に反対しているか，極端な場合，否定しているものがある．系統学的種概念（phylogenetic species concept：PSC）はさまざまな定式化が進められてきたが（Rosen, 1979; Eldredge & Cracraft, 1980; Nelson & Platnick, 1981; Cracraft, 1983, 1987; Donoghue, 1985; Mishler & Brandon, 1987; Nixon & Wheeler, 1990; Hull, 1997 の総説），どの説明も，種の認定規準は系統的な関係（血統）であり，生殖との関係に重きをおくべきではないとすることで一致している（de Queiroz & Donoghye, 1988）．ときには，共有派生形質（共有子孫形質）が1つでもありさえすれば，複数個体からなる単系統的集合体を系統

学的種として，充分に認定できるとさえ見なすこともある (McKitrick & Zink, 1988; Vogler *et al.*, 1993).

PSC と BSC の間の公然たる論争に関しては広く次のように認識されている．PSC の支持者は，しばしば BSC が操作上の分類学的問題をやり過ごしてしまうことに疑念を呈している．その問題とは，生物の示す不連続性への生殖隔離機構の関与に疑いが差しはさまれている点である (McKitrick & Zink, 1988; Cracraft, 1989; Frost & Hilis, 1990; Wheeler & Nixon, 1990). 他方，BSC は有用で，新しい種概念は不要であるとして PSC に反対する立場もある (Coyne *et al.*, 1988; Coyne, 1992). Zink & McKitrick (1995) の最近の総説に記された BSC に対する主な3つの批判を列記し，簡単な論評を加える (Avise & Wollenberg, 1997 による).

1 批判：集団間の生殖的和合性は，共有派生形質というよりもむしろ共有祖先形質である．したがって，単系統な単位や分岐群を同定するためのいかなる規準ともなりえない．BSC の内包する潜在的に重要な問題は，側系統，あるいは歴史を共有しない分類群が出現することにある．

論評：これまで述べたように，多くの場合，生物学的種の分化過程の初期には，集団の系統樹と遺伝子系統樹の双方で，祖先種に対する側系統的な関係が現れる．それでもやはり，側系統種は，BSC によれば機能的な性質を保持している．なぜならば，「適応的な進化が個体や集団中で起きると，自然淘汰によって種内の全構成員に拡がることができるが，異なる種へは伝わらない」からである (Ayala, 1976). さらに，ある生物学的種の側系統的状態は，系列選別が進行する中での一過性の状態とも考えられるし，また，もし系統的に入れ子状に生じた新たな娘種が絶滅すれば，その状態は解消する．ともあれ，種系統樹とそれらの構成成分である遺伝子系統樹が持つ系統学的な情報は，個々の生物学的種分化で生じる歴史的個体数変化に関する情報に富んでいる．この重要な意味において，側系統は「歴史的情報を持たないこと」と同等と見なすことはできない．

2 批判：生殖の親和性と交配様式に焦点を絞ることは，異なった分類群間の雑種形成の意義の軽視をもたらす可能性がある．

論評：さまざまなレベルでの生殖隔離機構の発達が，現在認められている分類上の種を区分している．二語名法によるリンネの体系が，雑種形成や遺伝子浸透の示す中間的段階の事態にうまく対応できないというのは事実である．しかし，集団についても，系統的な分離の中間段階に関して，うまく対応できない．合着理論のもとで系譜を眺めるとき，生物個体間の系図が持つ遺伝子系統樹のモザイク状の歴史（遺伝子浸透による系列を含めて）は，種の資格といった単純化する必要性のある分類体系上の要約のどんなものよりも，大きな実証的意義と概念的重要性を持つ．

3 批判：古くから認識されてきた BSC の短所として，異所的集団を位置付けることが困難だという問題がある．

論評：同所性を欠く場合，推測される内的な生殖隔離機構の有効性を評価することはしばしば困難または不可能で，したがって，生物学的種の資格も査定が困難または不可能となる．しかし，同程度の困難さは，PSC の下で種を認定するときにもある．たとえば，遺伝子流動がわずかしかない生物の異所的集団の多くは，最近生じた若干の形質状態で他集団と異なり，この相違をどうのように評価するのかという難問が残る．遺伝子流動や有効集団サイズのような個体群統計学的な要因

もまた，系統地理パターンに決定的な影響をおよぼす．したがって，PSC の規準を厳密に適用する際には，小さめの集団を種レベルにあると認識する方向へ偏りが生じる．これは，小集団は近縁個体で構成され勝ちなので，大集団よりも単系統と判断されやすいからである．

以前に定式化された PSC では分類可能かどうかの規準が難点だった．急速に進化する遺伝子（mtDNA や核のイントロンなど）の分子解析では，現在の解像力でも，局所的な集団，家族単位，さらには個体をさえ識別するような最近生じた突然変異を発見することがある．さらに，連鎖していない遺伝子座は独立の伝達経路を持っているので，それらの遺伝子座による系統樹上のクレードは，しばしば相互に相容れない．有性生殖する生物の合着理論から見ると，1から2〜3個の共有派生形質に基づいた種の判断基準を公表し広めようとすることは，どのようなものであっても生物学的に無意味である．

BSC と PSC の調和の回復

BSC と改訂版 PSC の間に存在する明らかな哲学的相違のいくつかは，合着理論の枠組みの中で折り合いをつけられる．この項では，種系統樹内の多数の遺伝子系統樹を考慮することで，生物の不連続性についての系統学的説明と生殖隔離に基づく説明との間に根本的な食い違いがあるとする誤った認識を，いかにしたら払拭できるかについて述べようと思う．

原理的には，分離した集団や種に関するいかなる系統学的な棒状表示も，それに内包される無数の系譜の経路を参照することで，より焦点をしぼった検討ができるだろう．このために Avise & Wollenberg (1997) は，伝達経路における性が既知と仮定した抽象的概念を導入した．拡張された生物個体の系図は，対立遺伝子が通り得る歴史的な伝達路の膨大な集積と見なされうる．性が既知と仮定した各経路は，連絡を持たない（non-anastomose）各々独自の合着樹を表す．たとえば，拡張された系図内のある1つの樹は，連続する世代で性（gender）が交代する以下のような伝達史の蓄積からなる：F→M→F→M→……→F→M（ここで F は雌を示し，M は雄を示す）．また別の系譜樹は，別の性に基礎を置く体系の伝達経路の集積によって表される．F→F→M→M→……F→F，などなど．

対立遺伝子のすべてが，性によって特定されたどれか1つの伝達路をたどったと想定される常染色体遺伝子は実在しない．それにもかかわらず，性によって伝達の歴史が規定されるという発想から，ある種の認識論的な優位性が得られる．第1に，そのような経路は mtDNA（雌を通じての）や哺乳類の Y 染色体（雄を通じての）の性に限定された現実の経路によく似ている．第2に，それらはゲノムの有効集団サイズに関する理論的な公約数を提供する．たとえば，細胞内小器官遺伝子系統樹と比べて，常染色体遺伝子系統樹が4倍長い合着時間を持つという予測を排除できる．第3に，これらの性が既知と仮定した経路では，ある個体がその系統内でたどって来た系譜上の経路がいくつ考えられるかを算定可能とし，その数はちょうど $2^{(G+1)}$ である（G は考慮した世代数）．どの個体も1個体ずつの父母を持つので，G と性で規定される系譜数に見られる関係は，集団サイズに関わりなく成立する．最後に，もしある生物の系図が既知もしくは特定できるならば，その系図内で性を規定したどの経路に対しても合着樹が確率論的にというよりは，むしろ明示的に定義付けされる．

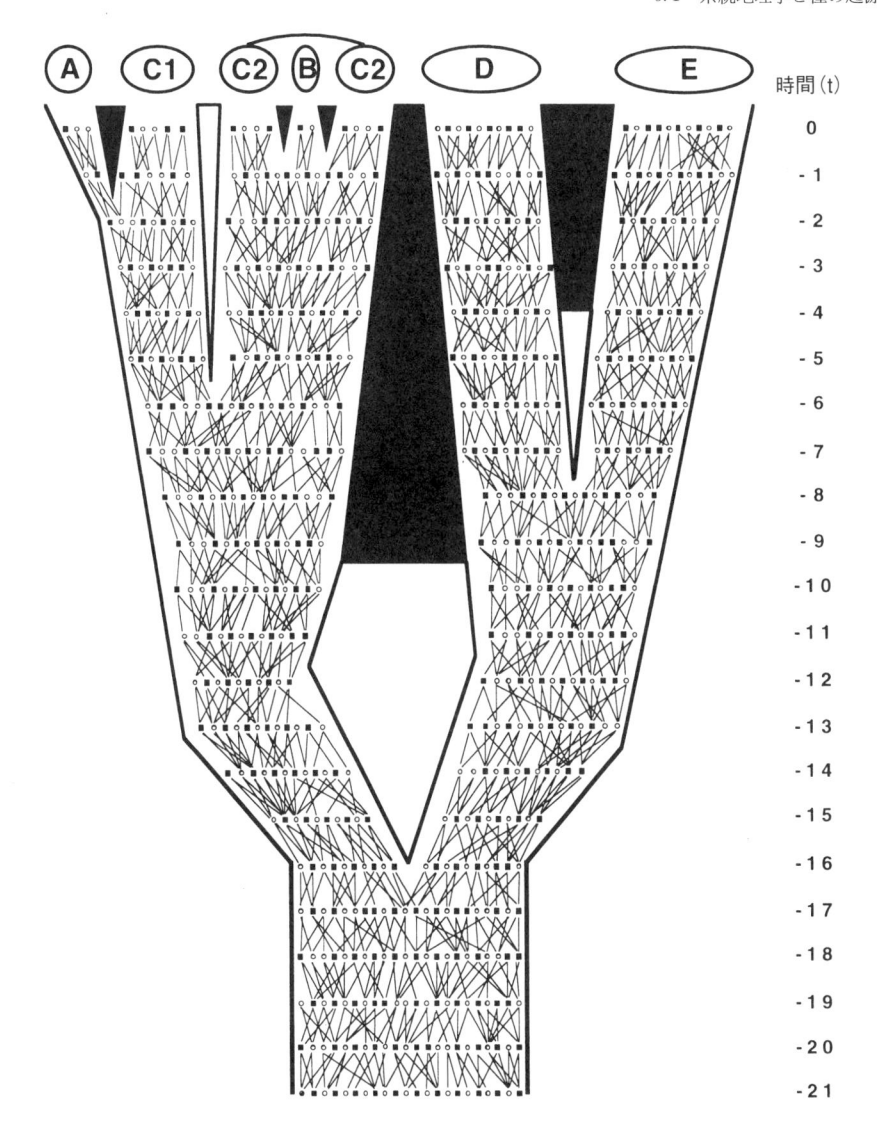

図 6.6 図 6.3 に現在に至る 21 世代を貫く個体に関する完全な系譜を書き込んだもの (Avise & Wollenberg, 1997). 個々の雄（■）および雌（○）から伸びる 2 本の線は, どの世代においてもその個体の親と結ばれている. 図は, 子孫の地理的分散（距離による制限を仮定）と交配をも示している.

性が既知と仮定した系列に関する概念を用いて, 拡張された系図を細かく分析し, 系譜を構成要素に分解できる. 性が既知と仮定した合着樹は, 自然界における生物の不連続性についての, 生殖的隔離と系統に関する概念を融和させながら, 順次, 合成図へと組み立て直される. この方法は図 6.6 に例示されており, 図 6.3b で棒状に示されていた種の系統でのすべての系図が描かれている. このような系図（すなわち, それぞれの世代における交配の相手とその子孫）を考えたとき, それぞれの性に規定される伝達路にかかわる合着樹は自動的に特定される.

たとえば, mtDNA の母系経路（図 6.7, 左上部）について考えてみよう. 分類種 E の現存するすべての雌は, 母系祖先を系統的

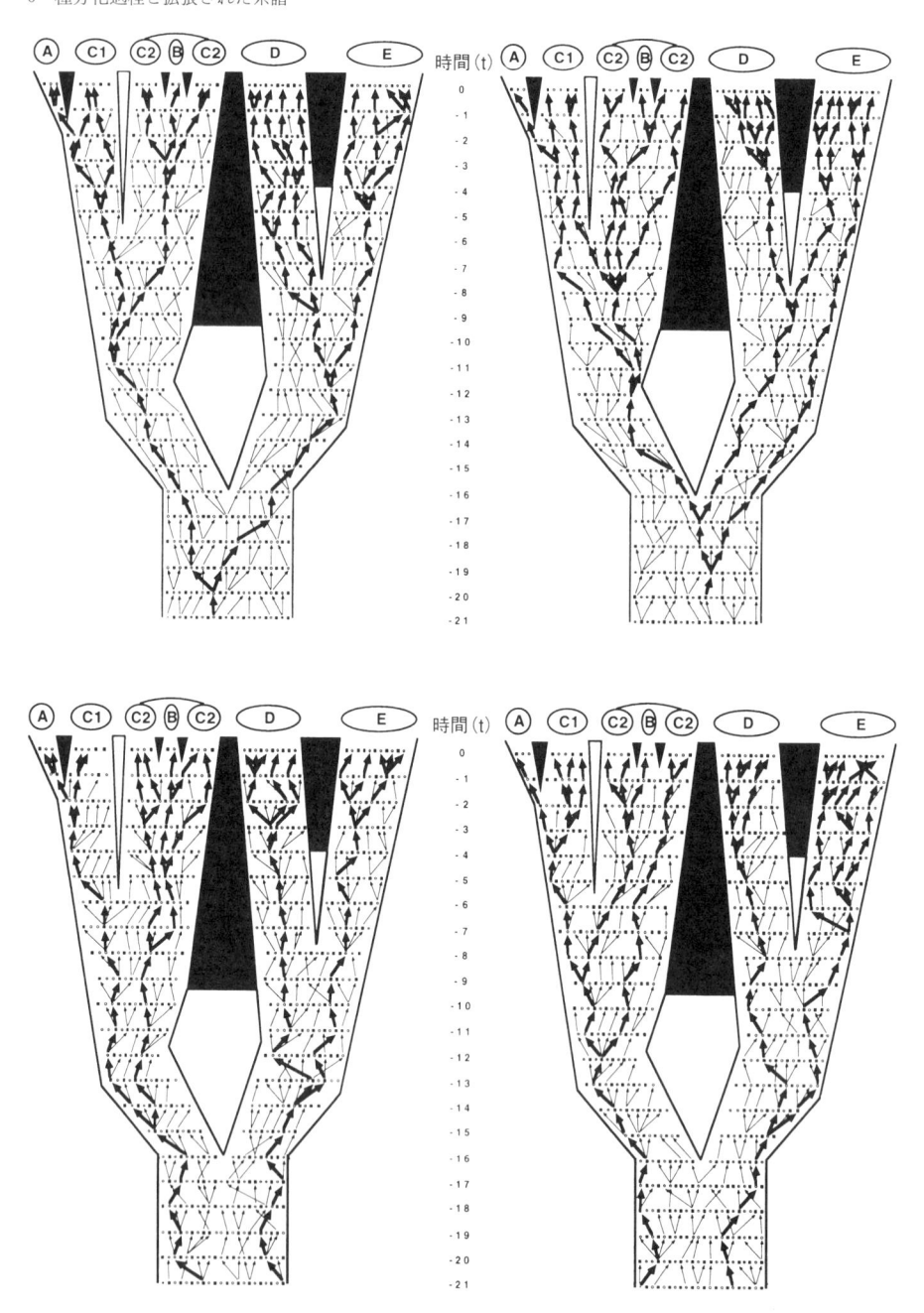

図 6.7 図 6.6 に 4 つの異なる対立遺伝子の伝達経路（それぞれ合着樹を示している）を矢印で示したもの（Avise & Wollenberg, 1997）．左上；mtDNA に代表される母系伝達経路 F → F → F →……：右上；Y 染色体に代表される父系伝達経路 M → M → M →……：左下；性交番伝達経路 M → F → M → F →……：右下；左下と反対の性交番伝達経路 F → M → F → M →……．太い矢印は現生個体へ至る系列の伝達経路（および合着樹）．細い矢印は現在まで到達した伝達経路．

にさかのぼって，t-5 における共通創始者雌にたどり着く．D における現存雌は t-9 において合着し，D+E 集合の雌は t-12 の共通祖先雌から派生する．この系図内の現存個体すべてにとっての曾・曾・曾……曾祖母は，t-20 に存在した．A–C の複合母系統（この

系統は t-11 で合着する）に関して，C1 は A と側系統であり，また C2 は B と側系統である．この合着樹は，分子または他の情報に基づいた実証的な祖先推定とは異なり，遺伝を通じた対立遺伝子レベルでの祖先の実在性を反映している．

図 6.7 には性が既知と仮定した，その他 3 種類の合着樹も示した．これらの比較から，主に 3 つの点が明らかになった．まず，拡張された系図内の無数の合着樹は，たがいに深さやパターンにおいて異なり得るということである．たとえば，種 E の現存個体は父系統の共通祖先を t-19 において持つが（図 6.7 の右上），一方，この種は，性交代樹 (alternating-gender tree) において t-3 に共通祖先を持つ（図 6.7 の左下）．第 2 に，このような伝達の系譜のトポロジーは，歴史上の確率論的な系列選別のため，種あるいは集団レベルの系統で異なるかもしれない点である．たとえば，姉妹種 D と E は，父系系譜において相互に単系統性を示さないし（図 6.7 右上），A〜C 群に対しても父系系統分岐群の姉妹群とならない．第 3 に，異なる対立遺伝子系統樹において共有派生形質で認識される系列分岐群は，有性的に交配する個体をほとんど必然的にある系列 (arrays) にまとめる．その結果，異なる伝達経路（それゆえ，異なる DNA 部分）によって認識される系統単位は，おたがいを排除することもなければ，入れ子状になることもない．たとえば，C1 のすべての現存雄は，図 6.7 の右下に示された対立遺伝子系統樹内で 1 つの分岐群を形成するが，一方，右上では C1 の雄は父系系譜内において A と，もしくは C2 および B と，結び付く．

この 21 世代からなる系図の，性が既知と仮定した合着樹の総数は $2^{22}=4,194,304$ であり，各々が異なる系譜の歴史を表している．しかし，伝達経路を対にして比較したときの合致度，つまり重複の度合いは大きく異なる．たとえば，F → F → F →……F → M 経路は，一番最近の世代の伝達が息子へ行われたことを除けば，母系経路（図 6.7，左上）と等しい．この経路は，現存する雄に見られる mtDNA の伝達史を表している．これと相反する経路（M → M → M →……M → F）は，多くの人類社会で未婚女性が持つ父系的に伝達する家族の姓の歴史を表すだろう．その他の 419 万 4,300 におよぶ系譜の経路すべては，メンデルの遺伝法則にしたがって生物個体の系図に沿ってたどってきた，どの常染色体の DNA 領域についても等しく利用可能だっただろう．

この微小系統 (micro-phylogeny) の系譜の検討から，近縁なさまざまの生物相内あるいは生物相間で，異なる DNA 領域が異なる歴史を持つ理由がよくわかる．この状況は，有性生殖する生物の系図を通じて，遺伝子座内，遺伝子座間に存在する対立遺伝子の伝達経路の準独立性ゆえに必然的に生じる．これらの性が既知とした系譜は，生物系統へと再合成され得るだろうか？　また，この遺伝子系統樹の整理統合体は，既知の種レベルの系統樹と類似点を持っているだろうか？　以下の 2 つのアプローチが示すように，答えはイエスである（Avise & Wollenberg, 1997）．

最初の方法では，合着系統全般のトポロジーを比較する．一般に合意樹は，多数の形質情報を重ね合せることによって，共通な系統パターンを得る．この視点から見ると，図 6.7 の 4 つの合着樹のうち 3 つが，D と E に関して相互に単系統であり，またこれらの種が A-C 複合 (assemblage) とは異なる分岐群を形成することをも示唆している．4 番目の合着樹（右上）は，これらのパターンと矛盾しているが，多数決原理では否決される．

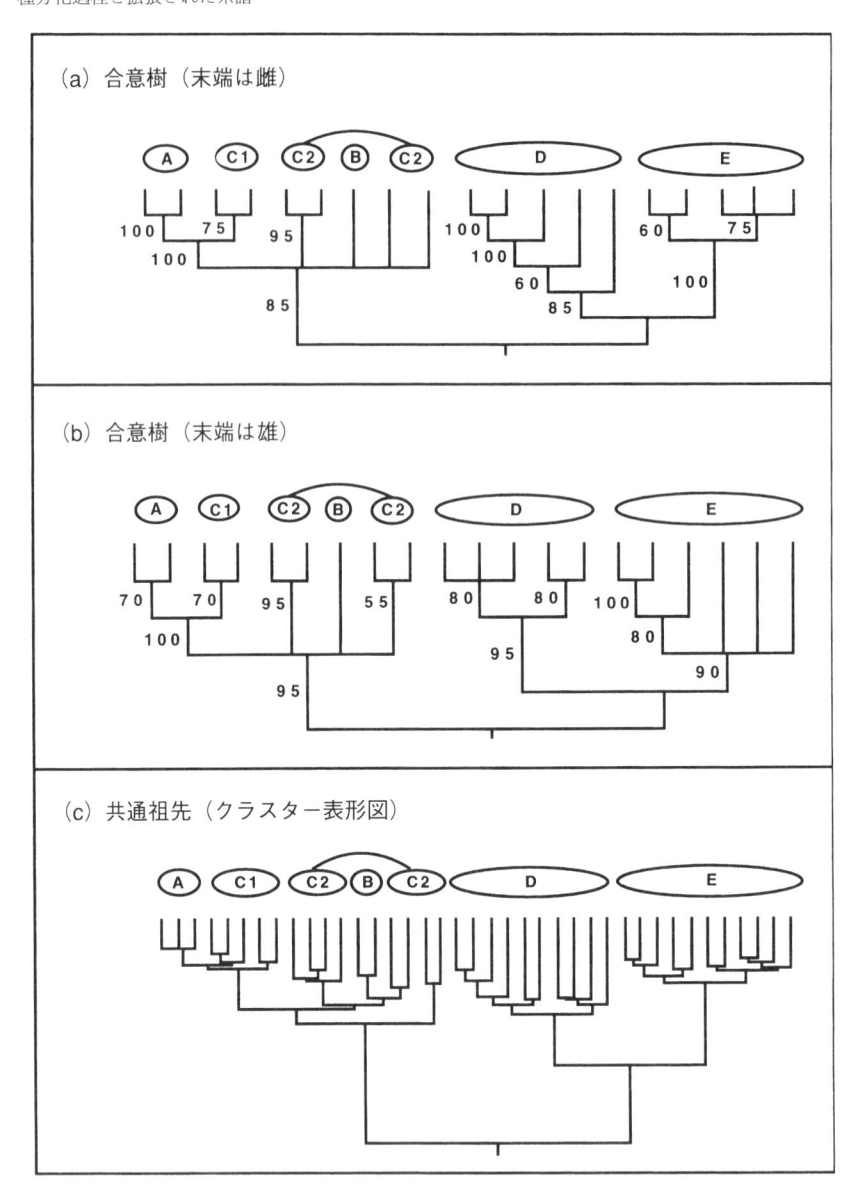

図 6.8 図 6.6 に示した個体の系譜を貫く複数の対立遺伝子伝達経路を要約した複合系統図 (Avise & Wollenberg, 1997). (a)および(b)：端枝が 19 個体の現存する雌か，20 個体の現存する雄となる複数対立遺伝子の系譜に関する合意樹．個々の合意樹は系図から無作為に抽出された，20 の性によって限定された合着樹から作られた．数字は分岐群が確定された対立遺伝子系統樹の百分率である．(c)：系図内の 39 の現存個体の同祖係数のマトリクスに関するクラスター解析 (Sneath & Sokal, 1973) に基づく表形図．集団レベルもしくは種レベルの系統 (図 6.3, 図 6.6) との著しい樹形上の類似に注目．

Avise & Wollenberg (1997) は，図 6.6 の既知の系図を通じて，この手法を多数の「性が既知と仮定した合着樹」へと拡張した．元の系統学的図形（図 6.3）と得られた合意樹（図 6.8）の比較から，驚くような結論が得られた：性を既知と仮定した系譜の合着樹間の著しい差異にもかかわらず，そうした系統樹をたくさん集めて編集すれば，集団または

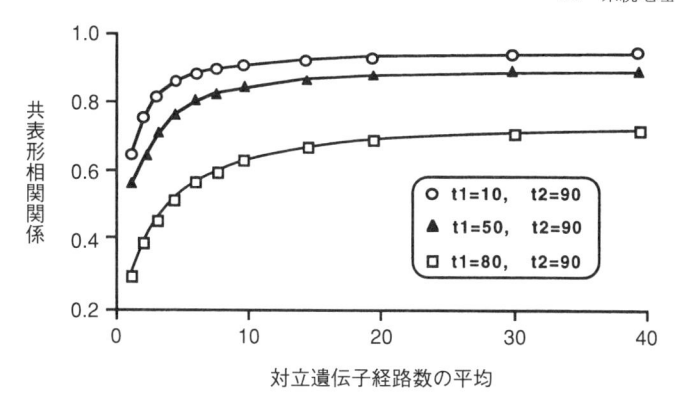

図 6.9 対立遺伝子伝達経路数と真の生物系統の復元との関係 (Wollenberg & Avise, 1998). 時間 0 から現在に至る 100 世代の系図に関わる生物の系統をコンピューター・シミュレーション解析したもの. 系図は, 各世代ごとに 150 個体から成り, 世代時間 t1 および t2 において, 種分化が生じたと仮定している (t1 が古く, t2 は新しい). 対立遺伝子の系譜が追加されるにしたがって, 復元された生物系統 (共表形で計った) は漸近的に真に近付く.

種レベルの系統における主要なトポロジーの様相が正しく復元される.

現存個体間の遺伝的近縁性についての複合的指標を考えることによって, 同じ結論が得られる (Avise & Wollenberg, 1997). 同祖係数 (coancestry coefficient) [または親縁係数 (kinship coefficient)] は, 1 個体から無作為に抽出した 1 つの対立遺伝子が, 別の 1 個体から抽出した対立遺伝子と, 系図内の出自 (descent) において (同祖接合的に) 一致する確率である (Hartl & Clark, 1988). この値は, これらの個体の仮想子孫の近交係数にも等しい. 同祖係数は, 系図内すべての祖先に対して任意に選んだ 2 個体を結びつける系譜の経路数の陽関数 (positive function) であり, 経路長の陰関数 (inverse function) である. 共通祖先マトリクスを図 6.6 のすべての現存個体の対に関して作成し, この値をクラスターにまとめた (図 6.8(c)). 得られた表形図のトポロジーは, この図が最終的な基礎に置いている集団レベルの系統 (図 6.6) と類似している. かくして, D と E はやや深めの分岐点によって分離された姉妹群として現れ, C1 は A と側系統である. また, C2 は B と側系統をなし, A-C 複合は D-E 群と最も深い分岐点において結合する.

生物の系統において主な特徴を推定するために, 系譜の経路がいくつ必要とされるだろうか？ コンピューター・シミュレーションから得られた一般解によれば, それは「予想以上に少ない」だろう (Wollenberg & Avise, 1998). 生殖的に隔離された集団へと人為的に分割された拡張された集団の系図において, 対立遺伝子の伝達経路の抽出特性が調べられている. コンピューター上の各系図に関して, 最終世代の全個体間の真の同祖係数に関するマトリクスを計算し, 対立遺伝子の伝達経路の無作為標本によって推定した, 対となる個体が共通祖先にたどりつくまでの時間の平均値と比較した. 多くの系譜を解析して平均をとるほど, 生物系統の統計的復元率 (statistical recovery) は改善された (図 6.9). 達成度曲線 (performance curves)

は漸近線を描き，単位努力量当たりの見返りは，調べる対立遺伝子系統樹数が5〜20を超えると減少することを示した．いい換えれば，理論的には，連鎖していない核遺伝子座に関するおよそ5〜20の"mtDNAに類似した"（もしくは"Y染色体DNAに類似した"）系譜が，この程度の世代時間と個体数を持つ生物の系図情報の大部分を要約するのに充分であるということである．しかし，この曲線は，集団の個体数変動と種分化が起きた時間間隔にも依存する．たとえば種系統樹内の分岐点同士が有効集団サイズに比べて，より大きく，古く離れている場合は，生物系統の主な特徴を把握するのに，より少ない遺伝子系譜で十分であった（Wollenberg & Avise, 1998）．

既知の系列の経路から集団レベルの系統を再統合するこれらの理論的試行は，推論過程において，いくつかの明らかな循環論が現れる．各種遺伝子の情報からなる生物の系図の系統的情報は，内部の無数の伝達経路を統計的に適切に編集したものと根本的に異ならない．それにもかかわらず，このような合着理論における発見的試行から派生する見解は重要である．なぜならば，これらの見解は，種概念および種分化理論に以下のようなかかわりを持っているからである．

(1) 生物の系統を極端に単純に描写した種概念からは，拡げられた系統図上の複数のDNA断片の系譜の歴史が交錯する豊かで多様な構造を把握できない．重要な課題は，個別の事例における遺伝子系譜の統計的な分布を記述し，それらを形作った個体群統計学的，進化学的過程を適切に解釈することである．

(2) 集団および種レベルの分断の要因として，外在・内在の交配障壁は，系列の構成要素である対立遺伝子レベルの系譜の分岐を促す進化の鍵を握る要因であり続ける．事実，それらの障壁は，合着理論における系列選別の様相を決める拡張された個体群統計学的単位の境界を定めることで機能する．したがって，生殖の障壁は，種概念にとって（厳格な系統的枠組み内においてさえ）重要である．なぜならば，その障壁は，長い時間を通じて，複合DNA伝達経路に，系譜の深さと一致を生じさせ，それらを助長するからである．言い換えれば，生殖隔離機構（BSCの証明書）は，時間軸を通じて，生物界において重要な不連続性を刻印された系列の束を区分けする方向に働くからである．たとえば，生殖に関する規準で定義された生物学的種D, Eが（図6.3），歴史的もしくは系譜的な意味合いでまとまった個体の集合体である（図6.7, 図6.8）のは，単なる偶然の一致ではない．

(3) また一方で，系統学的な考え方は，BSCに関する哲学的な枠組み内においても，重要である．なぜならば，この考え方は，種分化過程における歴史的，個体群統計学的な側面に対して，はっきりした注意を払うように仕向けるからである．たとえば，CとAの系譜上の側系統性（図6.8a, b）と，これら2グループの個体間に認められる高い同祖係数（図6.8c）は，CからのAの分離が，最近，ボトルネックをともなって生じたであろうことを意味している．（図6.3, 図6.6）．

(4) 種分化理論における系統の概念および生殖隔離の概念は，集団遺伝学や個体群統計学の研究と切り離せない．たとえば，複数のDNA伝達経路において，経路間および焦点があまい集団レベルもしくは種レベルの系統との間で，深い分岐の一

致する傾向が見られるのは，生殖的なつながりが途絶えてかなり時間を経てからである．その時間（世代数で計られる）は，集団の有効サイズによるものに比べ，うんと長いことが必要である．実際，厳格な系統学的な枠組みの下での種分化は，浅い遺伝子系統樹のもつれ合う小枝が，分岐が深まり顕著に樹形の一致度を増しながら，秩序立てられ，束ねられた枝へと溶け込んでゆく進化過程と見なし得る．

命名 Nomenclature

BSCやPSCは，いくつかの他の種概念と同様 (Claridge et al., 1997)，ほとんど哲学上の構成概念で，種形成の理想状態について考えるものであり，種レベルの分類学の実用のためのものではない．種であるかどうかについて分類学的な決着を明快につけるのに役立つような種形成過程を指向する理論はない．ある程度の灰色の領域が残ることは避けられない．BSC理論によれば，進化上の分岐の中間段階にある集団間では，生殖隔離機構の発達状況は完全というよりはむしろ部分的だろう．同様に，種形成過程を考慮したPSC理論でも，系統の分岐はその程度が問題で，いかなる生物レベルの分岐図も，実際は分散をともなう系譜の歴史の "雲状図"（"cloudogram"）である (Maddison, 1997)．

分類学的指針に関しては，BSCとPSCの間に歩み寄りが可能である．Avise & Ball (1990) の提案では，カテゴリーとしての種は，原則的に，生殖的に隔離された単位を指す，ということであり続けるべきである．BSCの哲学的な枠組みは，かなりの部分が正当化されるだろう．なぜならば，生殖隔離機構は，遺伝子の系譜および生物系統内の歴史上の境界として認識可能な，生物の示す不連続性（"遺伝子型クラスター"．Mallet, 1995）を生成・保持するからである．残念なことに，異所的集団は，問題として残るだろう．なぜならば，自然界で生物学的種の資格を厳密に吟味できるのは，同所集団間の生殖隔離だからである．一部の生物学的種もまた（とくに突発的種分化事象で生じた種では），あまりにも最近分化したので，大部分の遺伝子では，生殖隔離の原因遺伝子を除いて系統の分岐では認識されないかもしれない．

生物学的種かどうか疑わしい種では，多数の遺伝的形質に統一的で顕著な系統地理上の隔離があるとき，分類学上の亜種を認めるべきである．したがって，亜種は，第5章で述べたように，進化的に重要な単位と一致するべきである．遺伝子の塩基配列のような分子情報は，亜種の認定に利用できる．しかし，実際には，遺伝的基礎のある形態上，行動上，もしくは他の表現型上の属性が一致して相違したとき (Wilson & Brown, 1953)，暫定的な亜種の認定に利用できる，容易に調査可能な分類学上の特徴として今後も重要だろう．しかし，隔離された集団間の系統的分岐のレベルは（生殖隔離機構に関しても同様だが），その程度が重要であり，しばしば時間とともに徐々に蓄積している．移行中の中間的状態に対しては（あるいは雑種の状態でも），種と亜種のレベルにおける経験豊富な命名上の判断が必要とされ続けるだろう．

種の実在性

いくぶん異なる問題として，現在の種レベルの分類は，生物界における実際の不連続性を忠実に反映できているのかという問題がある．この問題に対する伝統的なアプローチの1つに，異なる人間社会が，同様なやり方で生物学的な単位を認知しているかどうかの調査がある．たとえば，Mayr (1963; Dia-

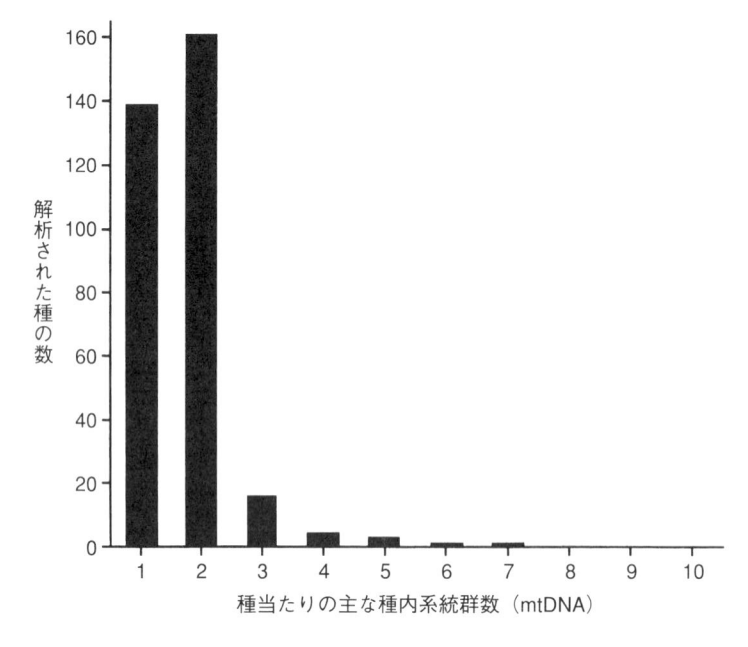

図 6.10 種当たりの系統地理単位数のヒストグラム．325 種の脊椎動物の mtDNA 調査からのもの（Avise & Walker, 1999 より新たに情報を加え，修正した）．

mond, 1996 も参照）は，ニューギニアの文字を持たない人々が，正規の教育を受けた動物学者が別種と認識した在来の鳥類 137 種のうち，136 種に対して，その土地の言語による通称を持っていたことを見い出した．アマゾニアの樹木における西欧の植物学者と現地の人たちの認識に関しても，同様な結論が得られた（Pires et al., 1953）．このような例は，少なくともいくつかの分類群に関しては，明らかに種の認知が文化に依存しないことを示唆している（Coyne, 1994）．

有性生殖分類群．同様な視点から，新たな問が立てられる．分子解析で同定された異なる系統的単位は，伝統的な形態学的査定で分類上の種として登録された生物学的不連続性と細部まで類似しているだろうか？ mtDNA の検証により，多くの動物種（系統地理カテゴリー I の全分類群）が，複数の異なる系統地理単位へ細分される（第 4 章）．一方，主要な（深い）種内単位数は通常わずかである．調査ではよく知られた種で見ると，その数はわずか 2〜7 である（図 6.10）．さらに，姉妹種間でさえ，通常，mtDNA の構成は大きく異なっている（たとえば，Avise & Saunders, 1984; Avise & Zink, 1988; Johns & Avise, 1998a の総説）．これらの観察から示唆されるのは，現在名前が付いている種（どのような操作的規準で認識されていたとしても）が，しばしば数も構成も，おそらく mtDNA 系譜の精査のみでカタログ化された生物学的実在とかなりよく一致することである．このように両者の結果が適合するということは，おそらく，伝統的に種として認められてきた生物学的不連続性の多くが，歴史的実体に基づいていることを反映している．

この結論は，今のところ，分子系統地理学の研究努力が集中している温帯域の脊椎動物に対して非常によく当てはまる．その他の分類群，たとえば，一部の無脊椎動物，あるい

は熱帯域の生物相のような事例では，また違った結果が出るかもしれない．Wake (1997) は，米国東部のいくつかの動物相で多くの分類群に同じような系統地理的分化パターンが見られることは（第5章），「分集団間の境界を鮮明にし，単位内の遺伝的繋がりを強めた」更新世における分布域の制限と集団の絶滅によることを示唆した．また Wake は，このようなパターンは，北米西部地域のようなもっと複雑な地史・気候史を持つ地域ではずっと不明瞭かもしれないことも示唆した．将来的には，さらに多くの分類群や地域に関する系統地理的研究を行い，現在の種レベル（および亜種レベル）で分類されているギャップと分子系譜上の顕著なギャップが一致するのかどうかを，より広範に検証すべきである．

このような検証と最新の証拠の解釈を進めると，相反する傾向が生じる．地理的サンプリングとゲノムのサンプリングには制限があるので，ある分類上の種内の主要な種内系統群数に関して，深刻な過小評価を引き起こす可能性がある．一方，現在までに調査された種の大部分は，広大な地域に分布してきた歴史が特に興味深いため，系統地理学的研究の対象として選ばれてきた．もし，広い分布域を持つ種が，とくに多数の歴史的単位から構成される傾向にあるならば（そう思われるが），文献に見られる分類群あたりの推定系統群数は，より多いほうへ偏るだろう．同様に，いくつかの主要な mtDNA 系統群は（とくに雄に偏った分散をする種では），ゲノム全体にかかわる集団分化の歴史を反映していないかもしれない．この理由からも，mtDNA 情報から推定された顕著な種内単位数が，多くなりすぎることがあるだろう．

無性生殖分類群．体系学の長年の課題は，多くの微生物のような，主にクローンとして増殖する生物の不連続な生物単位（すなわち，分類種）を，いかに評価するかである (Embley & Stackebrandt, 1997; Goodfellow et al., 1997)．もし真正の無性種ならば，定義上，交配による遺伝的な結合はない．問題を複雑にしているのは，そのような生物の多くが遺伝的交換の様式（たとえば，バクテリアにおける接合，形質転換，形質導入）を持っており，この様式が，おそらく強い生態学的な淘汰圧と結びついて，認知されている分類群内の遺伝的単一性，およびこれらの分類群間の差異に寄与している，ということである (Maynard Smith & Szathmáry, 1995; Coyne & Orr, 1998; Cohan, 1999)．それにもかかわらず，高等動物の mtDNA に関する系譜研究に刺激を受けた歴史個体群統計学的な観点は，無性生殖を中心に行う多くの生物における分類学的・生物学的パターンに関する興味深い別の可能性を示している．おそらく，クローン増殖する「種」の単一性は，たとえば，短時間にかなり少数の創始者から，集団が拡張したことによる系統的に緊密な垂直的結び付きから生じたのだろう．また，おそらく，ある種が他のクローン性分類群と明らかに不連続なのは，中間型の絶滅の副産物であろう．

皮肉なことに，この考えは，有性生殖種（もしくは有性生殖種内の進化的に重要な単位）で観察された mtDNA パターンによって導かれた．mtDNA がクローン的母系系列の歴史的系譜としてのみ，おたがいに結びついているにもかかわらず，mtDNA はしばしば遺伝的"結合性 (cohesiveness)"を示す．mtDNA 遺伝子系統樹が，遺伝子流動が激しく個体数が非常に多い（海産のカイアシ類のような）種内においてさえ，個体数の調査から推測される現在の集団サイズから期待されるよりも何桁も浅い合着深度を示すことを思

い起こそう．この結果は，これらの種の進化史に，厳しい集団の縮小（もしくは mtDNA に特異的な選択的一掃）があったことを示唆している．最近生じた集団の拡張の前に，比較的少数となった雌を通じて生き延びた分子系列のみになったのだろう．もう1つの関連した考えは，現生種間（および種内系統群間）で明らかに系譜が隔たっている場合も，個体群統計学的な変動が反映しているのだろう，というものである．

この問題に関する最近の例として，豊富な農作物植物の分子系譜調査がある（Eyre-Walker *et al.*, 1998）．栽培対象のトウモロコシ *Zea mays mays*，その推定祖先の *Z. m. parviglumis*，および系統的に離れた野生の近縁種 *Z. luxurians* の *Adh-1* 遺伝子の特定の部分配列 1,400 bp が解析された．合着理論に基づくこのデータの統計的解析によると，栽培トウモロコシにおける系譜の多様性が，メキシコ南部あるいは中央部で約 7,500 年前の栽培品種化の過程で，約 20 の創始者個体による 10 世代にわたる集団のボトルネックを経験したとすれば矛盾なく説明できる．

同様な分子系譜による評価が，人間の寄生性微生物として重要なマラリア病原虫 *Plasmodium falciparum* について行われた．その結果は，「個体群統計学的な一掃（demographic sweep）」のもう1つの顕著な例である（Rich *et al.*, 1998）．全世界のマラリア病原虫集団から，数個の遺伝子の配列が解析され，ヌクレオチドの同義置換（中立と推定される）が著しく少ないことが明らかにされた．このことから考えて，この寄生性微生物はここ数千年以内に，おそらく熱帯アフリカにいた単一祖先株から世界中に広がったと考えられる．この個体群統計学的な一掃は，ヒトへの媒介生物である蚊との結び付きの深まり，農業の普及，そして最終氷期後の全世界的な気候変化によって，促進されただろう．さらに，最近のマラリア病原虫の世界的な蔓延と，宿主であるヒトとの共進化時間の短さによって，この生物の病原性が例外的に激しいのかもしれない（Rich *et al.*, 1998）．この微生物は生活環に必ず有性期を持つが，同様な個体群統計学的一掃が，多くのクローン性または半クローン性の微生物にも当てはまるかもしれない．

トウモロコシおよびマラリア病原虫で推定された個体群統計学的変動は，例外的に顕著なのかもしれない．しかし，大局的には，多くの多細胞動植物種内の遺伝的凝集力（cohesion）や種間の遺伝的不連続性に認められる明らかなパターンは，現代の生殖的つながり自体と同程度もしくはそれ以上に，系譜に対する歴史上の個体群統計学的な影響で形成されたかもしれない．もしこの解釈が正しければ，類似の歴史上の個体群統計学的な要因が，無性生殖を主に行う多くの分類群に認められる生物的な不連続性の原因として拡張できるだろう．たとえば，多くのウイルスやバクテリアのような病原生物は，しばしば創始者源（founder sources）から爆発的に広がり，非平衡的な集団内の成員数の変動は現生株の遺伝的凝集力を高め，また株間の境界を鮮明にすることで系譜上に痕跡を残しているはずである．

世代時間の短い微生物では，中立的な系列選別で大部分の高等動物と同程度の系譜上の効果をもたらすのに，集団の縮小が絶対数においてそれほど熾烈である必要はない．たとえば，世代時間が 20 分のバクテリアと 10 年の哺乳類を比較してみよう．このバクテリア集団は，哺乳類集団において系列選別が一巡するごとに，ざっと 26 万回の系列選別を経験する．それゆえ，他の条件が等しければ，微生物集団ははるかに大規模になり得るが，

系譜の合着に要する時間は同じである．ここに述べたことは理論的には正しいが，実証研究において得られる分子パターンの説明には，DNA 塩基配列の分岐を絶対時間，世代時間，もしくは他の要因の何と足並みを揃えさせるかという追加的考察が必要だろう．

無性的（および有性的）分類群の系譜パターンにおける個体群統計学的な一掃に関する説明の普遍性は，適当な分子マーカーに対する系統学的査定によってさらに検討されるべき課題である．実際，分子疫学の最新の話題は，特定の生物学的な病因株間の系譜関係を再構築し，潜在的に進化に作用している相対的な影響力を推定することにある．これらの力には，歴史的な集団の個体数変動自体に加えて，生殖様式と自然淘汰の動因が関わってくる（たとえば，Arbeit *et al.*, 1990; Tibayrenc *et al.*, 1990, 1991; Carpenter *et al.*, 1996; Oliveira *et al.*, 1998 : Zhu *et al.*, 1998）．クローンのみの分類群（が存在すれば）に関する系譜学的作業は単純なはずである．なぜならば，無性的な系譜では全遺伝子は，1経路を通じて伝達されるからである．したがって，遺伝子に対するいかなる選択的一掃も，個体群統計学的一掃の1つであるだろう．また何が原因でも，個体群統計学的な一掃は，全遺伝子系統樹に同時に影響するだろう．

BSC/PSC 論争に関する結論

有性生物で，相互に交配する個体の対立遺伝子伝達経路の束が2つに分岐することが，生物学的種分化である．この網目状の関係と分岐していく関係との間の境界は（Hennig, 1966），通常，集団遺伝学と系統生物学の研究領域の境界ともなっている．PSC は体系学の領域に基礎を置くが，これを小進化レベルに適用する際は集団遺伝学の原理を無視してきた（あえて危険を冒して）．一方，BSC はその基礎を集団遺伝学に置くが，今や，小進化的なタイムスケールでの個体群変動や系譜の歴史といった以前は無視していた要素に光を当て，適切な系統学の考え方を取り入れることで，恩恵を被るのではなかろうか．

合着理論によると，種概念から生殖隔離についてのすべての言及を取り除いてしまうと，有性生殖する生物における生物学的不連続性の起源と保持に関して，非常に実りのない認識論的な基盤しか残らないことになる．ある意味で，生殖に関する境界は重要である．なぜなら，生殖の境界は，広範に広がった集団の境界を画すからである．そしてその集団に固有な個体群統計学的歴史が系統的パターンに影響をおよぼす．もし，BSC のような概念が今世紀を通じて存在していなかったら，現在，そのような概念の創出が望まれただろう．反対に，種概念から個体群統計学的・系譜学的歴史に関するすべての言及が取り除かれれば，生物が示す不連続性の系統地理的起源の説明に対して，まったく不毛な骨組みしか残らないだろう（この考えは無性的な分類種にも同様に適用される）．したがって，種分化過程における生殖的，個体群統計学的，系譜学的側面は，それぞれが，からみ合っておたがいを照らし合う関係にある．

6.1.3 種分化に要する時間

mtDNA 関係の文献から得られる確実な結論は，現生種内部にしばしば観察される主要な母系統群が，強い地理的配置を示す傾向があるということである．さらに，種内系統群を分割する系譜の深さ同様，空間的な分布も，第三紀後期や第四紀に働いた歴史的な生物地理学的な力と，通常は矛盾しないように思われる．今ここで検討すべき問題は，現生種の分子系譜学的解析から推定される種分化

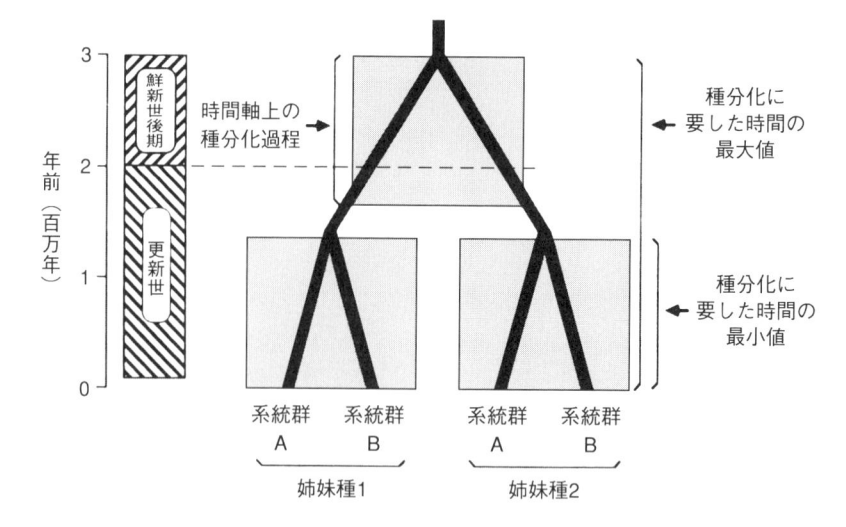

図 6.11 種分化過程の時間的持続の系統地理学的推定法．種内系統群および姉妹種の分岐年代（たとえば mtDNA 塩基配列差から推定される）から，種分化に関する時間の最小および最大推定値が得られる．既報の文献における種内および種間推定値はしばしば異なる種の分子的研究から得られているが，ここでは同種からのデータが用いられている．種分化を特定時点におけるできごとと捉えるのではなく，幅を持つ時間的な過程としてとらえるこの見地に立つと，多くの脊椎動物の種分化は鮮新世に始まり，恐らく第四紀より前には完了していなかったことになる（本文を参照のこと）．

過程に要する時間である．

およそ 200 万年前に始まった更新世は，異常な気候変動の時代であった（Berger, 1984）．10 万年周期を持つ顕著な世界的気候の冷涼化は，大陸性氷河を生じ，この氷河ははるか北ヨーロッパ（52°N まで）と北米（40°N まで）内部にまでその範囲を広げた．現世（過去 1 万年）の気候に似た気候の温暖期は，周期的に氷河期を中断した．それほど顕著ではない気候変動が，大きな周期の中で入れ子状に起こり，おそらく第三紀にも同様な小さな変動が起きていた．このような気候変動が種の地理的分布範囲に与える影響は甚大である（Webb & Bartlein, 1992; Pitelka et al., 1997）．また，更新世の変動が現在認知されている多くの種において，その内部の系統的単位の創生や分布に対しても明らかに影響を与えたと思われる．

もし，種分化が，集団が異なる系統地理単位へと分離する中間的な段階を通って進行するのが一般的であれば，系統群分岐の進化年代は典型的な種分化過程の持続時間の下限になるだろう（図 6.11）．上限は現生の姉妹種対（たがいに最も近縁と考えられる現生）が分化に要した時間から推定できるだろう．したがって，種分化に要する時間をめぐる中心的な問題は，種内系統群および現生姉妹種の進化上の分岐年代である．

鳥 類

一般的知識によれば，更新世の気候の周期的変動は，現生鳥類の姉妹種間における種分化の大半を，とくに中緯度と高緯度地域で促進した（Rand, 1948; Mengel, 1964; Selander, 1971; Gill, 1995）．最近，Klicka & Zink (1997) はこのパラダイムに取り組んだ．彼らは，北米の鳴禽類の間に認められる mtDNA の塩基配列分化率を再検討し，通常よく使われる mtDNA 分子時計で分岐年代が第四紀と推定されたのは，解析した 35 組

6.1 系統地理学と種の起源 — 221

現生姉妹種（鳥類）

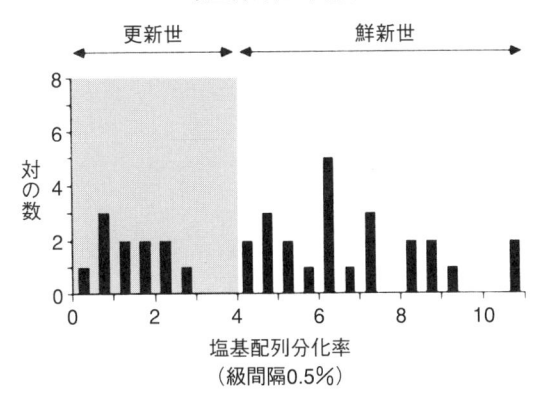

図 6.12 北米の鳴禽の姉妹種間に見られる mtDNA 塩基配列分化率の推定値（および分化時間の推定値）．Klicka & Zink (1997) による．

の姉妹種のうちたった 11 組（31%）であることを発見した（図 6.12）．残りの種は遺伝距離が大きく，この距離は，過去 500 万年という古い時代にまでさかのぼる，種分化に関わるさまざまな歴史を暗示していた．Klicka & Zinkは，「鳴禽類にとっては，最終氷期はごく一部の種しか耐えられないような生態学的な障害だったため，分化の推進力とはならなかったようである．北米の鳴禽類の多くが最終氷河の結果として生じたという確立されたパラダイムは欠点がある」と結論した．

Avise & Walker (1998) は，同様な推定分岐年代を現生鳥類の種内の主な系統群で考慮し，これらの結論を再検討した．そのような鳥類の種内系統群の 76% が，mtDNA の証拠によれば，その起源が更新世にまでさかのぼることを思い出そう（図 5.24）．76% という値は，大部分が鮮新世に分岐した鳥の姉妹種間に比べても顕著に高い（図 6.12）．この相違は，生物学的に意味を持つ．もし，種分化が集団の分離よりも古い傾向にあるならば，鳥類の同種集団の系統地理的構造に対する更新世効果の推測に対応させるために（年代の点において），種レベルの分化は，しばしば，第四紀より前でなければならない．

鳥類の種分化は，おそらく，しばしば系統地理的分化の中間的段階を経由して進行しただろう．したがって種内系統群の推定分岐年代は，姉妹種の推定分岐年代から差し引くべき，平均"補正因子"と見なし得る（図 6.11）．この補正を現生鳥類の mtDNA の推定遺伝距離に適用すると，姉妹種の約 14 組が，図 6.12 で大きく左方向に「はじきだされ」，更新世内に推定分岐年代を持つようになる．そして以前は更新世中期か後期の起源であると推定された他の 11 姉妹種対が，この補正によって，0 年 bp（放射性炭素年代で 0 年，すなわち現時点）と区別できない分岐年代を持つということになった．このことは，種分化の開始がこれらより後の年代からであることを意味するというよりも，種分化の完結がこの年代よりさほど以前ではないことを示唆している．

これらの結果は以下のように説明できる．もし，鮮新世の鳥類集団に起きた分断が更新世の間に作用していた力と同程度の効果があったならば（Klicka & Zink, 1997 が示唆するように），更新世に入った頃には多くの鳥

の種では，現生の鳥類に多くの種が現在いるように，すでに異なる種内系統群が分岐していただろう．そのような単位は，第四紀において引き続く進化的分化をとげる候補となり，最終的に現代分類学における姉妹種の資格を得ただろう．したがって，鳥類の種分化が時間経過の中での点事象ではなく，むしろ漸進的過程であることを認めれば，第四紀の生物地理的な要因は，それ以前に開始していることがある系統地理的変化を促進する重要な力であったとわかる．

これらの情報から，鳥類における種分化に要する時間に関する定量的な推定も可能となる．主な種内系統群間の塩基配列分化率に伴う進化年代の中央値（110万年；図5.24）と，姉妹種間の分岐年代の中央値（280万年；図6.12）は，それぞれ種分化過程の最小と最大持続期間と解釈できる．これらの中間点の約200万年という値は，鳥類では種レベルの分類学的認知が可能となる集団の分離にはしばしば非常に長い進化時間が必要となる，という考えを支持する．

したがって，200万年後の観察者は更新世を姉妹種が多数できた集団分化の活発な時代と見なすだろうが，そうなるかどうかは第1に，今日の鳥類相で多数認められる分離した種内系統群に対して，今後の200万年間の環境条件が各群を存続させたり，さらに進化的分化性を発展させたりするように保たれ続けているかどうかにかかってくるだろう．生物分化の観察範囲を時間的にずらしてゆくこの様な方法は，過去に対しても力を発揮する．現代から見れば，更新世は多くの鳥類種で系統地理的分離がおこり，鮮新世起源の初期の系統地理的変異をさらに絞り込んで現在，姉妹種として知られる生物型の形成上，主要な役割を果たした年代として理解できるだろう．

哺乳類

mtDNAによる種分化に要する時間に関する同様な査定は，哺乳類に関しても実施された（Avise et al., 1998）．標準mtDNA分子時計に基づくと，解析した哺乳類の主要な種内系統群の70％以上で，分岐年代が更新世にまでさかのぼることを思い出そう（図5.26）．この同じ規準によれば，哺乳類ではかなり少なめ（25％）の姉妹種の組み合わせのみで分岐が同様に更新世にまでさかのぼる（図6.13a）．哺乳類の系統群間と姉妹種間の塩基配列分化率から想定される進化年代の中央値は，それぞれ，およそ120万年と320万年である．これら2つの推定値の中間値である220万年は，現生種の調査から判定された哺乳類の種分化に関する典型的な必要時間という意味合いを持つ．この推定値は，鳥類の値（200万年）に近い．

他の脊椎動物

変温性脊椎動物の分類群の多くに関しては，mtDNAの変化速度が不確かにしか知られていないということに留意しつつ，同様な試みがなされてきた（Avise et al., 1998）．もし私たちが，恒温動物の標準的mtDNA分子時計を仮定し，上述と同じ解析手順にしたがえば（図5.27，図6.13bおよび図6.13cにまとめられているデータを用いて），解析した両生・爬虫類や魚類の典型的な種分化時間は，それぞれ，およそ230万年および170万年となる．これらの推定時間は，哺乳類や鳥類の値に近い．

一方，何種かの変温性分類群に関しては，推定されたmtDNA進化速度はもっと遅い（Avise et al., 1992c; Martin et al., 1992b; Martin & Palumbi, 1993; Rand, 1994; Mindell & Thacker, 1996）．この遅い時計の目盛を用いると，種分化に要する時間の推定値

(a) 哺乳類　　姉妹種

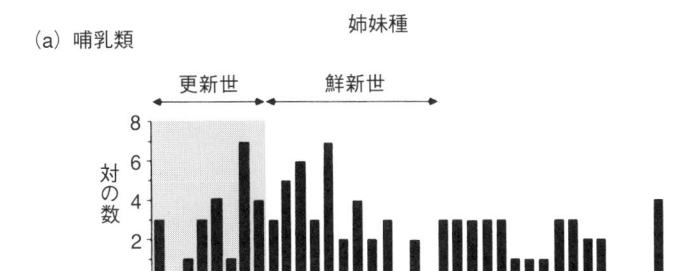

更新世　鮮新世

(b) 両生類と爬虫類

更新世（標準時計）
更新世（遅い時間）

(c) 魚類

更新世（標準時計）
更新世（遅い時間）

塩基配列分化率
（級間隔0.5%）

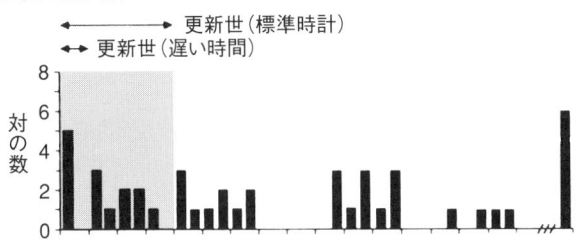

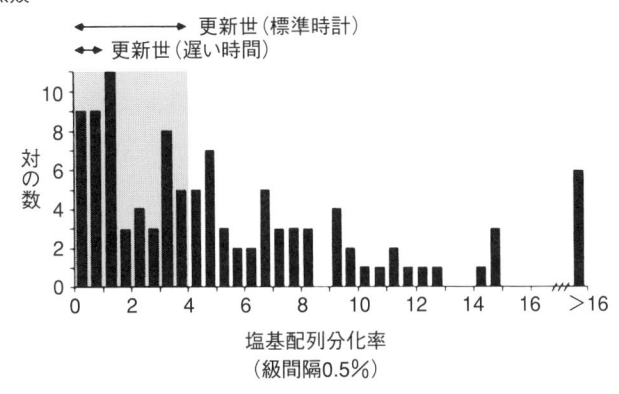

図 6.13　鳥類を除く脊椎動物の姉妹種間の mtDNA 塩基配列分化率の推定値（および分化時間の推定値）．Johns & Avise (1998a) による．

は大きく延長される．たとえば，mtDNA 進化速度が 4 分の 1 のときは，爬虫類と魚類の種分化時間はそれぞれ，約 920 万年と 680 万年となる．種分化時間の推定値の範囲が大きいので，脊椎動物内と脊椎動物間（そして他の分類群）の分子進化速度について，さらなる批判的な研究を行う必要がある．

こういった研究事例の比較を重ねることにより，中心となるすう勢や傾向をさぐり，他の方法では改めにくい意欲的な研究課題を設定しようとしている．ただし，このような比較検討は，特定の分類群の分化年代や種分化時間にとくに焦点をあてた調査に代わるものではない．初期の文献は，脊椎動物の系列全体で進化的分岐や種分化速度と様式がかなり不均質なことを立証した．ここでは，大きな差異を例示するために，脊椎動物の系統地理的な標準から大きくはずれている，よく研究

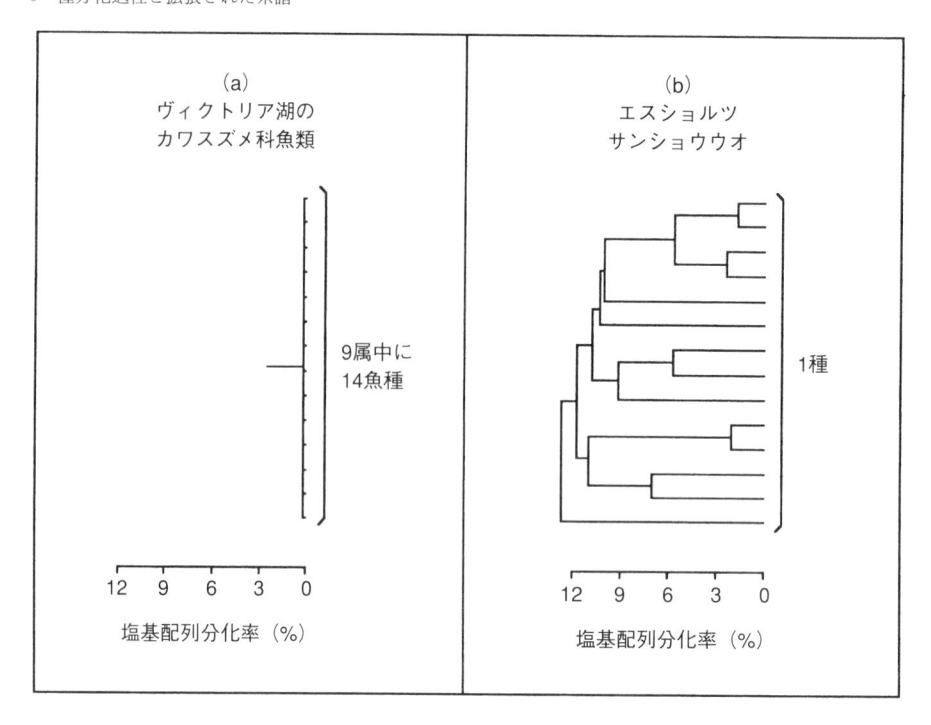

図 6.14 系統地理および種分化における対称的なパターン．(a)カワスズメ科の魚（ヴィクトリア湖）(Meyer *et al.*, 1990 からのデータ)．(b)エスショルツサンショウウオ種複合体（カリフォルニア）(Moritz *et al.*, 1992 に示された膨大なデータからの抜粋)．2 つの研究は，mtDNA の比較分子解析を行っており，ここに示された遺伝距離のスケールは等しい．

された 2 例を示す（図 6.14）．これらの研究はお互いに直接に比較可能で，両者とも mtDNA のチトクローム b 遺伝子と隣接領域の数百塩基対を解析している．

第 1 例は，アフリカのヴィクトリア湖でのカワスズメ科魚類の劇的な放散を，mtDNA 塩基配列で調査したものである（Meyer *et al.*, 1990）．ヴィクトリア湖内には約 200 の固有種が知られ，この湖の水系は 100 万年よりも若い．遺伝的に解析した 14 種（9 属）は，mtDNA 塩基配列がほぼ同一であった．この発見と他の証拠を合わせると，これらの魚種は，おそらく，ここ 2, 3 千年以内という，他の脊椎動物種内の主要系統群分岐に特徴的な時間よりはるかに短い時間で生じたと考えられた．閉鎖的な湖水環境では，いくつかの他の魚種の系列の進化放散でも，種分化に要する時間が 30 万年よりはるかに短いようである（McCune, 1997; McCune & Lavejoy, 1998）．一般に，急速に種を生み出している生物群では（ときどき，同所的な状況下において; Schliewen *et al.*, 1994），平均的な脊椎動物より種分化時間がはるかに短いのかもしれない（Givnish & Sytsma, 1997）．

エスショルツサンショウウオ種複合体の遺伝的相違は，分化期間の幅の反対側の端に位置し，同種集団として隔離され続けている時間が，大部分の脊椎動物の種分化時間よりはるかに長い．この「輪状種 (ring species)」は，カリフォルニアのセントラルヴァレーを取り囲んで分布しており，各集団は種分化過程の多様な段階を示していると考えられてきた．Moritz ら（1992）と Wake（1997）は，アロザイムでと同様に，mtDNA 塩基配列においても非常に大きな遺伝距離が認められることを立証し，これらが示す集団の隔離

と分化の期間は，しばしば500万年を超えると結論した．

このように，ヴィクトリア湖のカワスズメ科魚類とカリフォルニアのエショルツサンショウウオ類の間に見られるほど劇的に対照的な系統地理パターンは，他にはまずない（図6.14）．生物界は系統地理パターンや種分化の様式において，実に多様で豊かなのである．

6.2 深い系統地理

6.2.1 太古の系統の遺伝子系統樹

前述のように，最近分かれた種の遺伝子系統樹では樹形がおたがいに異なっていたり，集団あるいは種レベルの統合系統樹と樹形が異なっていることがあるのは，祖先系列が確率論的に選別されたためである．当初は，そのような不一致は，太古に分かれた種には当てはまらないと考えられていた．なぜならば，子孫分類群が相互に単系統性を示す系列選別が現在までにはきっと完了していると予想されたからである．しかし，極端な問題として，系列の合着が種系統樹に関係する結節点(node) と結節点の間の時間枠内に起きるかどうか．とくに，種系統樹上の結節点が，種分化時の有効集団サイズで表される世代時間と比べて，短期間に集中していた場合，系列の多型が複数の結節点をまたいでしまい，その後系列選別されて特定の系列に固定されていく．このような場合，遺伝子系統樹の樹形は，どの進化の深さでも種系統樹樹形とは異なり得る（有性系列の系統樹が互いに異なるのと同様）．換言すれば，子孫分類群内に固定された祖先遺伝子プールからの系列が，たまたま遺伝子系統樹と種系統樹の間の樹形的不一致を引き起こしたのかもしれない (Takahata, 1989; Tateno et al., 1989; Wu, 1991)．

この概念を図6.15に示した．ここでは，太古の分類群HとIは，種系統樹上でGと系統的に連結している．しかし図示した遺伝子系統樹上では，HとIは系譜的にJと近縁である．この結果は，分岐点間のt_1からt_2にわたる期間，祖先集団Bが系列多型を保持していたこと，その後，図のようにこれら2つの遺伝子系列が子孫G，H，およびIに固定されたことを反映している．もし近縁種（あるいはK，L，Mのような後のあらゆる時代の子孫）が現在生き残っているならば，この不一致のパターンは永遠にその場に残り続けることに注目してほしい．このような隣接する結節点の確率論的な系列選別に由来する遺伝子系統樹の不一致の確率は，$P=2/3e^{-T/2N_e}$ (Nei, 1987) である．ここでeは自然対数の底であり，N_eは有効集団サイズ，また$T=t_1-t_2$である．たとえば，カイアシ類の種複合体において，$t_1=15,000,000$, $t_2=5,000,000$, $N_e=5,000,000$ であると仮定する．ここで，関連する分岐点範囲での種系統と遺伝子系統樹間の樹形が一致しない確率は，およそ$P=0.25$である．Pは，有性生殖する生物の種系統樹と中立遺伝子系統樹の樹形が異なる比率としても説明可能である．通常，$2N_e>T$ のとき，Pは大きな値を示す．

分子体系学 (molecular systematics) では普通の作業として，単一遺伝子のDNA塩基配列から種系統樹を推定することがある．そのような課題にとって，合着理論の観点は，利用可能なデータから遺伝子系統樹をいかに高い信頼性を持って復元するかというこれまでの関心の範囲を超えて，重要な留意点を提示する．種系統内の結節点が年代的に近いときには，完全に正しい遺伝子系統樹でさえも，

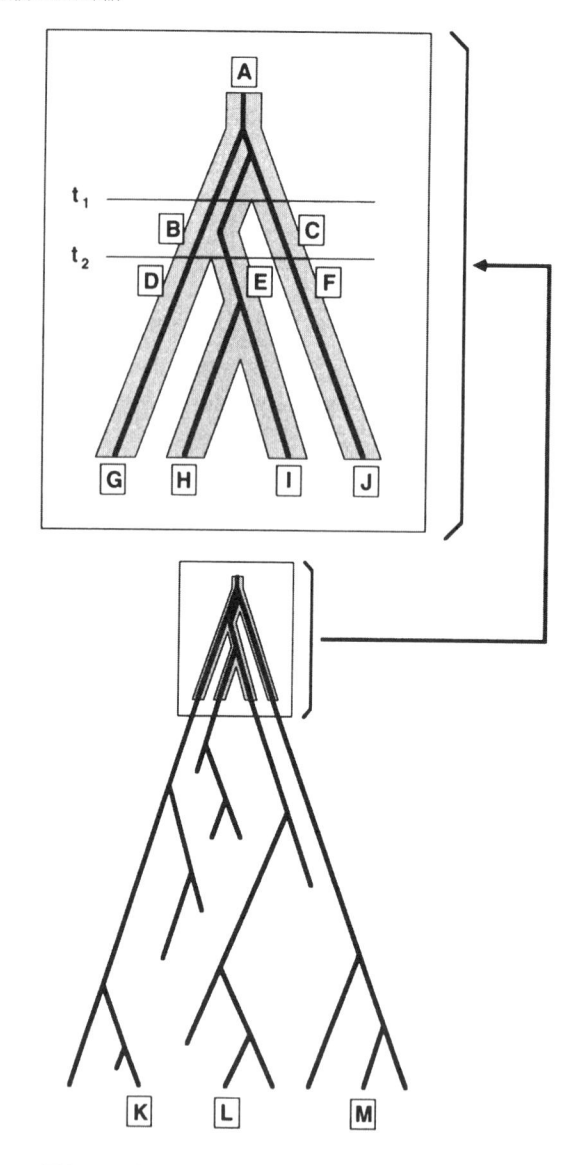

226 —— 6 種分化過程と拡張された系譜

図6.15 遺伝子系統樹と種の系統樹の樹形上の乖離．両系統樹の樹形は浅い系統同様に深い系統においても異なり得る（本文を参照）．

種系統樹と矛盾することがあるのである．

さらに，種系統樹が系譜（または他の）情報を忠実に反映する可能性は，その種の集団の個体数変動の歴史（伝統的な系統学の議論ではほとんど評価されない重要事項）に大きく影響される．通常，分子系統を適切に解析すれば，個々の相同遺伝子の塩基配列は高次レベルの種系統樹を正確に復元すると仮定し

てきた．しかし，それが成立（最もうまくいって）するのは，$2N_e < T$ のときのみである．多くの種の莫大な現存個体数を考えれば（たとえば，海産のカイアシ類），この条件がいつも満たされているとはいいきれない．

こういった問題点は，分類学史上の皮肉な一面を強調する．高次分類群の系統の再構築では，好ましい系統的アルゴリズムの発展に

多大な努力が費やされてきたことと比べれば，歴史上の個体群統計学的な要因は，ほとんど検討されてこなかった．したがって，小進化におけるmtDNA遺伝子系統樹の研究を通じて示唆された個体群統計学と系統学の間の重要な関連性は，実質上，系統生物学の広範な分野において，気付かれないまま経過してきた．

一方，遺伝子系統樹の樹形が，他の証拠から推定された高次レベルの種系統樹の樹形とかなりよく一致するということが，経験的通則である．種内系統地理から派生した観点は，この驚くべき結果を解釈する上で助けとなるだろう．以前強調したように，種や，種内系統群の有効集団サイズは，（とくに，現存個体数の多い種では）しばしば現時点の個体数より大幅に小さい．したがって，集団サイズの大きな変動は，おそらく，最近進化した現生種の大部分にもあっただろう．また，より遠い過去にも，論理的に考えて，ときおり訪れた疾病の勃発，気候その他の環境要因の変動などによって，種の集団サイズはおそらく非常に大きく変動してきた．もしそうであれば，大系統樹 (macro-phylogenetic trees) の枝では，N_e値は，大部分の種分化の結節点間の時間（T）に比して，小さかったと考えてもよさそうである．したがって，おそらく経験的には，適当な進化速度の遺伝子座から得られた遺伝子系統樹は，（結局は）おたがいに，そして真の種の系統樹と，樹形が一致する傾向があるだろう．しかしまだ，この議論は今のところ推測の域を出ていない．なぜなら大部分の種の歴史上の集団の個体数変動と複数遺伝子座の系譜に関して，われわれはまだ著しく無知だからである．

たとえば，生あるものすべての系統樹 (tree of life) の初期の枝に関する現在進行中の論争について考えてみよう．20年以上も前から，rRNA遺伝子の塩基配列差は，3つの主要な系統的グループの存在を示すと解釈されてきた：ユーカリアは，すべての動植物を含み，アーケアとバクテリアは2つの異なる微生物の系列に対応する (Fox et al., 1977; Woese & Fox, 1977; Woese et al., 1990)．しかし，最近の分子生物学の研究は，異なる遺伝子系統樹の樹形がときおりこれらの主要なグループと矛盾することを示唆し，この図式化された単純な見解に異議を唱えてきた (Pennisi, 1998; Ribeiro & Golding, 1998)．

ごく普通に考えられる可能性として，調査対象の遺伝子が異なる速度やパターンで進化したため，いくつかの遺伝子では，太古の歴史に関する系統推定が単に誤まりだったり，欠陥があったり，あるいは不確かだったのかもしれない (Hillis et al., 1994; Schluter, 1995を参照)．別の見方としては，この不一致が，生命樹の枝から枝への初期の遺伝子の水平移動を反映しているというものがある (Doolittle, 1998)．これは，たとえば食物摂取にともなう遺伝的形質転換を通じて起きた，と考えられる．ほとんど考慮されないが，第3の可能性は，他の可能性とも矛盾しないが，合着への個体群統計学的な影響である．遺伝的組換えを行う分類群内では，明らかな系譜の不一致の一部が，太古の結節点における確率論的な系列選別に関係した遺伝子固有の偶然の結果に由来することがあり得るだろうか？　これは，ある微生物集団が極端に大きく，かつ生物系統樹内の結節点間の期間が相対的に短い場合には，可能であるかもしれない．

原理的には，そうした個体群統計学的な可能性は，太古の系統樹では結節点は（長い時間で見た場合）短期間に集中していて正確な樹形を復元するのはもともと難しいので，事

態をさらに複雑にしてしまう．伝統的に考えられてきたカンブリア紀の門レベルの動物の放散は，もう1つの困難な好例である (Bromham et al., 1998)．今までのところ，分子情報は，後生動物の系統樹の基点付近で分離したいくつかの現生分類群では，詳細な系統関係を解明するには，決定的ではなかった (Raff et al., 1994)．このような経験的問題が，なぜこんなに手におえなく見えるのかについて，方法論的な可能性だけでなく生物学的な可能性に関しても，残された研究課題は多い．

6.2.2 種レベルを超えた系統地理学

高次分類群もまた，相互に系統的に結びつきを持っているし，地理的分布も示す．したがって，自明ではあるが，系統地理解析はより深い進化的時間枠にまで拡張できる．高次分類群の分子系統地理学的研究には，有利な面と不利な面がある．有利な面には，結節点の年代が古い場合には，情報に富む遺伝子や適切な分子解析法の選択枝が多いことがある (Avise, 1994)．一方，時間枠が長ければ，固有事例の中で混迷を深める要因が生じる機会が増すことにもなる．たとえば，太古の分断による分離に関する分子その他の証拠が，派生的な分岐群内に二次的分散や種分化が何度も生じたことで不鮮明になっているかもしれない．

長い間，系統学的な視点は，種より高次の分類群での生物地理研究に主に用いられてきた．したがって，高次の分類学に分子を用いた遺伝子系統樹法を導入しても，集団レベルの研究でのような概念的革新はおこらなかった．にもかかわらず，分子解析は，高次分類群の系統地理学的調査に関して，実証的データの宝庫を提供した．歴史生物地理学に関して，多くの情報が利用可能である (Brown & Gibson, 1983; Taylor, 1984; Hengeveld, 1990; Cox & Moore, 1993; Ricklefs, 1993; Tivy, 1993; Morone & Crisci, 1995; Rosenzweig, 1995; Briggs, 1996; Brown & Lomolino, 1998)．この節では，こうした研究の典型的な目標を示し，またこれらの手法の持つ長所と短所についていくらか言及しようと思う．

分断，分散，そして到達の年代

分断 (vicariance) と分散 (dispersal) は，しばしば，生物分布に関する解釈を二分する．しかし，分散に関する障壁は，進化の過程において繰り返し出現しては消失し，また種の生態と自然史によって異なる効果を持つ．分断を仮定した最も単純な事例では，地域分岐図 (地理区の部分分割に関する歴史) からすべての地域固有の分類群の系統が正確に予想できる．実際には，この予想はよくはずれるが，その理由は部分的には，ある地域の生物相はしばしば固有の歴史を持つ多数の構成要素からなるためである．またその構成要素が分岐したり，網状に絡み合うためである (Enghoff, 1995; Ronquist, 1997)．分子情報は，地形上に重ねあわせた系統樹の枝分かれ順や結節点の年代に関する知識に寄与することで，ある生物相における分断と分散の仮説の評価に役立つ．

西インド諸島の脊椎動物相は，1,200種以上からなり，その種の多くは特定の島々にのみ分布する．分類学的近縁種は，他の島の固有種か，南北アメリカまたは中央アメリカなど本土の対応する種である．2つの見解が対立しながら，さまざまな島における生物相の到達の年代，到達方法，および起源地について，多くの議論が集中的にかわされた．分断のシナリオによれば，現生種の多くは，白亜

紀後期の8,000万年前頃，この諸島が大陸本体から分離した直後に移入した初期入植者の子孫である．一方，海を越えた分散が，現在の動物相の分散の主原因かもしれない．分断仮説は，現在の島嶼と本土の分類群間の系列分岐が古いと予想する．一方，分散を主張するシナリオでは，ずっと最近の，おそらくさまざまな年代での系列分岐を予想する．陸生脊椎動物種38組の分子情報の大部分は，分散を主張する説明に一致することが判明した (Hedges et al., 1992b)：(アルブミン分子による) 遺伝距離は，同系の本土型と島嶼型の対の間で大きな分散を示した．また，系列分岐の推定年代は，それぞれの分類群の大部分を隔離したと推測される分断が起きた時よりもはるかに時間的に後だった．

西インド諸島の脊椎動物の起源一般に関して，伝統的な生物地理の情報と分子からの証拠を統合することで3つの洞察が得られた (Hedges, 1996)．第1に，現在これらの島に生息する独立した分類上の系列のほぼすべてが，新生代に分散を通じて到着した．第2に，飛翔性生物以外 (とくに両生類や爬虫類) の系列の大部分の起源地は南米だった．この結果は，おそらく南東から北西にほぼ一方向へ流れる海流が，南米の河口から西インド諸島へ漂流物 (ときには，動物も一緒に) を輸送するためと説明できる．第3に，北米や中米地域とこれらの島が歴史上，近距離にあったことから予想されるように，飛翔性生物 (鳥類やコウモリ類) の系列の大部分の起源地は，北米と中米にあった．

分子データによって検討された深い系統地理の別の事例は，カラシン目魚類 (characiform fishes) に関するものである．カラシン類は，アフリカと南米に分布が限られ，16科に約1,200の現生種がいる．この分類群では，大きさが非常に多様で，また食性に関しても様々に特殊化している．現在これらの種は淡水環境に分布が限定されているにもかかわらず (そのため渡洋分散はなさそうである)，形態学的な証拠から，アフリカと新熱帯区の生物型が相互に単系統ではないことが示唆されている．この推測は，最近mtDNAの塩基配列解析により確認された (Orti & Meyer, 1997)．進化速度の遅いrRNA遺伝子の解析から，大西洋をまたぐ3つの分岐群が示された (図6.16)．そのうちの1群は，待ち伏せ捕食型 (アフリカのカワカマス型の*Hepsetus*と南米のアミア型の*Hoplias*) を含んでいた．それにもかかわらず，rDNAの規準にしたがえば大陸間の遺伝距離はすべて大きく，太古の大陸移動による南米とアフリカの分断期 (9,000万年前) と矛盾しない．このうち総計52種に関する調査から，さらに大きな2つのメッセージも浮かびあがった．まず，適当なDNA塩基配列情報は (形態学的形質以上に)，系統内の分岐論的関係を明らかにするだけでなく，時間的な枠組みも明らかにする．さらに，重複するヌクレオチド多重置換と飽和の効果のため，深い系統における正確な枝分かれの順序の復元は，DNA塩基配列のホモプラシーのため困難となる．

熱帯周辺地域の淡水魚のうち，少なくともう2つの種数の多い分類群に対して，ミトコンドリアrDNA塩基配列による研究が行われた．カワスズメ科魚類 (Farias et al., 1999; Zardoya et al., 1996; Streelman et al., 1998も参照) とカダヤシ目のAplocheiloidei種複合体 (Murphy & Collier, 1997) である．両分類群の分子系統は，太古のゴンドワナ大陸の分割による分断と一致する系統地理的な樹形を示す点で，類似している (図6.17)．したがって，カワスズメ類，カダヤシ類どちらにおいても，インド－マダ

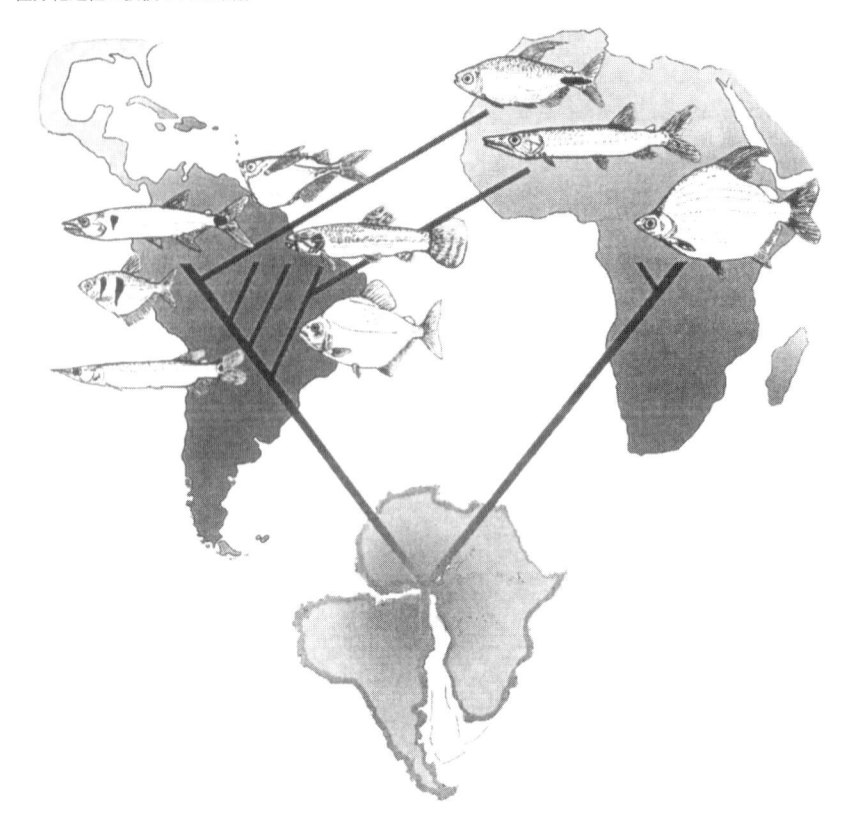

図 6.16 アフリカと南米のカラシン目魚類種に関する系統地理仮説（Ortí & Meyer, 1997）．アフリカのカワカマス型の捕食性魚種および南米のアミア型魚種を含む，大西洋をまたぐ3つの姉妹群関係を示した．mtDNA塩基配列の系統分析から，図に示された分岐順序が支持された．しかしすべての大陸間の系統関係が約9,000万年前の大陸移動による南大西洋の分裂以前である，という考えともまた一致する（本文を参照）．

ガスカル分子系統群が系統樹の基点の位置にくることは，おそらくこの亜大陸がアフリカ―南米大陸から約1億5,000万年前に分離し始めたことの証拠である．アフリカと南米の二分化は，約1億年前に開始した大陸の分離を反映すると解釈された．

他の熱帯周辺の生物群に関する分子生物学的研究も，ゴンドワナの分裂が分断に対して果たした役割と南半球全域に関係した生物相の原因となる二次的分散に目を向けてきた．鳥類のオウム（オウム目）は，オーストラレーシア（オーストラリア，ニュージーランド，およびその付近の南太平洋諸島の総称），南米，アフリカに分布する．DNAハイブリダイゼーション・データとmtDNA塩基配列解析から，この鳥の系列が太古の分断によってこれらの大陸に配分され，その後各大陸で分岐したことが示唆された（Sibley & Ahlquist, 1990; Miyaki *et al*., 1998）．走鳥類では，アフリカのダチョウ *Struthio*，南米のレア *Rhea*，オーストラリア・ニュージーランドのエミュー *Dromaius*，ヒクイドリ *Casuarius*，キーウィ *Apteryx* の間で，ミトコンドリアゲノム（Cooper *et al*., 1992）と核ゲノム（Sibley & Ahlquist, 1990）に見られる大きな遺伝距離が，やはり太古の分断モデルを支持すると解釈された（Cooper, 1997; Lee *et al*., 1997; ただし別見解として

（a）カダヤシ類　　　　　（b）カワスズメ類

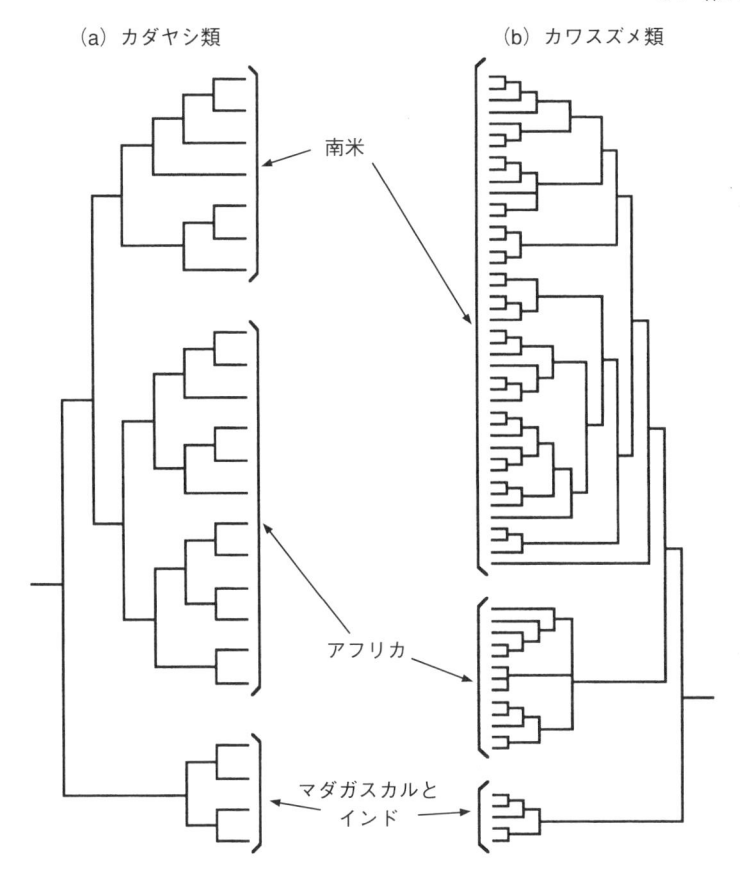

← 南米

← アフリカ

← マダガスカルとインド

図 6.17　mtDNA 遺伝子配列から得られた最節約法による系統樹．(a)カダヤシ目アプロケイルス亜目 (Murphy & Collier, 1997)．(b)スズキ目のカワスズメ類 (Farias et al., 1999)．それぞれ外部の結節は異なる種．どちらの場合も，大陸特異的分岐群は太古におけるプレート・テクトニクスによるゴンドワナ大陸の分裂にさかのぼると説明されている．

Feduccia, 1995; Härlid et al., 1998 を参照)．

　これらの研究は，2つのより広い視野を示している．まず，DNA ハイブリダイゼーション解析は，核遺伝子全般の莫大な数の遺伝的変異に関する複合的な量的指標を提供する．この方法は分解能が低いので，小進化の研究には有用でないことが立証されているが，高次分類群における系統地理学的問題と関連づけることができる（いくつかの他のタイプの分子解析とともに; Avise, 1994)．第2に，分子情報が系列の分岐順序を決定するのに充分でない場合であっても，太古の系統樹の一般的な分岐年代に関しては有益な情報になり得る (Lee et al., 1997)．クレードに関する解像度は，結節点が時間的にかなり接近している場合は低いと予想される．たとえば，ゴンドワナ大陸の分裂で分割された系列に関しては，おそらくそうだろう．

　アメリカネズミ亜科 Sigmodontinae は，南米で主に見られる多数種を含む分類群である．系統関係に関する不確かな知識と有力な化石記録が無いことから，北米に起源を持つこのネズミが南米大陸へ参入した年代についての活発な論争が起こった．早期到達説 (early-arrival hypothesis) は，アメリカネズミ亜科ネズミの南米への到達が中新世

(2000万年前）より後になることはないと断定し，一方，後期到達説（late-arrival hypothesis）は，現生種の多様性は，パナマ地峡の隆起に続く「アメリカ大陸間大交流（Great American Interchange）」の一部として過去300万〜400万年以内にこの大陸に進入した祖先分類群にさかのぼると見なしている．

mtDNA塩基配列の系統解析はこれらの仮説をどちらも支持せず，その代わりに，約900万〜500万年前に当時存在した幅の狭い海峡（ボリヴァル海峡）を渡った漂着分散（waif dispersal）をしたと予想される進入年代を示した（Engel et al., 1998; Smith & Patton, 1993 も参照）．この結論は，暫定的なmtDNA時計較正に基づいて，南北両アメリカのげっ歯類の，2つの主要な系統地理集団の分布に関する新しいモデルを導いた（他の系列として，種数が多く，ほぼ北米内に分布するウッドラット-シロアシネズミクレードがある）．このモデルでは，歴史上の偶然によって，南米のアメリカネズミ亜科の適応がうまく行ったとしている：「……現生の南米産Sigmodontinae亜科のネズミの祖先たちが南北アメリカ大陸間の大交流以前に南米に運良く到達し，その後は，早期に到達することで得た優位性を決して手放すことはなかった」(Engel et al., 1998)．

地図への系統形質の配置

最近人気のある研究に，種の持つ形態，行動その他の特性を分岐図上に配置するものがある．その目的は，通常，特定の適応の系統的な起源の解明である（Brooks & McLennan, 1991; Harvey & Pagel, 1991; Martins, 1996; Sheldon & Whittingham, 1997）．分岐図自体は，しばしばこの樹状図に配置する特性とは機能的に独立とみなされる分子情報から推定される．これ全体を地理的な意味で実施すれば，系統地理形質マッピングを行った，とみなされる．こういった取り組みが，種内レベルで実施することができるのは，とくに，特定の特性が，隔離された集団間で異なる場合（Foster & Cameron, 1996）や，微小生息環境に特化した生態型間で異なる場合（Stanhope et al., 1993）である．しかし，系統地理形質マッピングは，より頻繁には，種や高次分類群の系統に対して行われてきた．

最近の一例にオダマキ属Aquilegia植物の種群（species flock）についての分子解析がある（Hodges & Arnold, 1994）．オダマキ類は，花の形態や生態における広範な変異で有名であるが，核および葉緑体DNAの塩基配列情報は，この種群が最近出現したことを示している．花に複数の蜜距があることは（Heard & Hauser, 1995），進化上の鍵となる革新の1つであるが，この特徴はオダマキ属の系統の基点に位置し，固有の花粉媒介者に対する特殊化を通じて急速な種分化を促進してきたのだろう．島嶼や湖沼のような小規模な地域に限定されている他の種群（Echelle & Kornfield, 1984; Givnish & Sytsma, 1977; ただし，Johns & Avise, 1998b を参照）の大部分とは対照的に，オダマキ類の放散は，ヨーロッパ，アジア，および北米を含む広大な地理的環境で起こった．

もっと微細な地理的スケールでの例に，ジャマイカ固有の陸産カニ9種に関する知見がある．この9種は，すべてのカニの仲間の間でも独特で，親が幼生と幼若体（juveniles）の面倒を見る．しかし，他の点では，ジャマイカのカニ類は系統の再構築を混乱させる生態的，形態的特殊化を示す生物である．ある仮説は，ジャマイカのカニ類は単系統で，年代不明のある時期にただ1度の入植とそれに続く適応放散を経てきたとする．対立する

仮説は，複数の無関係な祖先の独立した入植を仮定する．最近行われたイワガニ科カニ類の世界規模の系統地理調査は，現地での放散仮説を支持する結果を示すように思われる（Schubart et al., 1998）．mtDNA 遺伝子系統樹内で，すべてのジャマイカのカニ類の，分岐の基点の年代は 400 万年前頃にさかのぼり，1 つのクレードを形成した．同様に，分子情報は，ジャマイカの Eleutherodactylus 属のカエル類と Anolis 属のトカゲ類それぞれが単一の入植者から現地で，放散したことを示唆している．これらの入植者は，この島が第三紀中期のカリブ海で冠水（inundation）した後に出現したのに続いて進入した（Hedges, 1989; Hedges & Burnell, 1990）．

地勢図に系統樹を重ねると，収斂進化の事例を検討する上でも，効果的である．たとえば，驚くべき形態上の適応が，アフリカの別々の湖に生息する多様なカワスズメ類の間で共有されている．それらの適応の原因は，祖先が湖水間を移動したからか，あるいは収斂進化のためかは，答えが出ていない問題である．マラウイ湖とタンガニーカ湖から採集された形態的特徴が類似するカワスズメ 6 組（図 6.18）に対して，mtDNA 塩基配列が解析された（Kocher et al., 1993）．得られた分子系統樹は，これらの表現型の特徴（およびそれにともなう行動）は，2 つの湖の魚種で独立に進化したことを示していた．同様な結論は，カリブ地域の Anolis 属のトカゲ類に関しても得られている（Jackman et al., 1997; Losos et al., 1998）．このトカゲ類 55 種の mtDNA 系統樹に形質を配置したときに繰り返し出現する形態的・生態的特徴は，よく似た一連の同所的「生態型（ecomorph）」の組み合わせが，4 島それぞれで独立して進化したことを示していた．

一般に，系統地理形質マッピングには，従来の系統形質マッピングと同様な約束ごとと注意事項がある（Frumhoff & Reeve, 1994; Ryan, 1996）．留意点は以下の通りである．第 1 に，適切なマッピングには，種系統樹に関する知識が必要で，また，どのような系統樹推定法が最良かは（データベースや系統樹を構築するアルゴリズムに関して）論議の的である（Swofford et al., 1996）．しかし，いったん構築された系統樹は，多様な種が持つ特定の 1 形質が独立して何度起源したかを推定する上で，不充分ではあるが必要な枠組となる（Felsenstein, 1985b; Maddison, 1994; Nee et al., 1996b; Martins & Hansen, 1997）．

第 2 に，確実性を実証された種系統樹であっても，進化モデルについての仮定が解釈を変えてしまうことがある．たとえば，3 種からなる系統樹の 1 つの枝の先端付近で，1 つの形質がただ 1 度獲得されたと厳密な最節約法で，示されたとしよう．否定できないもう 1 つの可能性として，その形質はその系統樹の基点で出現し，その後 2 種では独立して失われたかもしれない．ある形質を 1 度獲得して 2 度喪失，するという解釈は，ただ 1 度の獲得よりもずっと複雑だが，進化が最節約的に進行するという保証はどこにもない（Schluter et al., 1997）．

系統形質マッピングについての警告の第 3 は，形質の相同性の問題に関連する．ある形態や行動上の形質は，種系統樹上に正しく配置できるかもしれない．しかし，その形質は，異なる系統枝では異なる遺伝的因果関係を持つだろう（Avise, 1994）．つまり量的形質は定義上，多様な働きをする複数の遺伝子座の支配をうけるので，異なる組み合わせの対立遺伝子が（あるいは，おそらく，遺伝子制御機構が），形質の発現レベルや発現パターンの原因となるだろう（Shubin, 1998）．合着

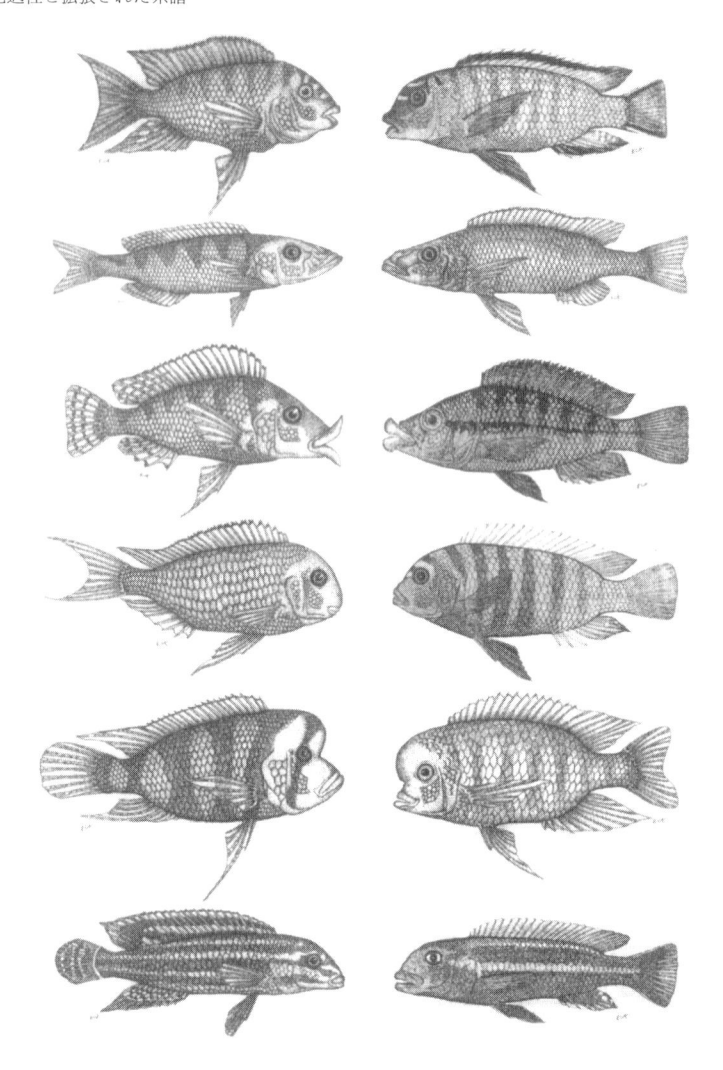

図 6.18 アフリカにおけるカワスズメ科魚類の形態．左はタンガニーカ湖，右はマラウィ湖のもの（Kocher *et al.*, 1993 の原図を R. Craig Albertson が改変）．これらの種の mtDNA に基づく系統から，個々の事例で形態の類似はおそらく収斂進化によると考えられる．

理論の台頭は，形質の系統解析における相同に関する従来の関心に，単に新たな重みを追加しただけであった．有性生物の系譜を拡げて見ると，個々の遺伝子座（および対立遺伝子）は異なる系譜の歴史を持つので，共有された複雑なある形質が相同と非相同な遺伝的要因の混合物かもしれないことは，さらに明白である．この問題の重要性は，研究の目的がどこにあるかに依存する．

まとめ

1 有性生殖する生物では，種の系統は生物の系図を展開したときに見られる多数の系譜上の経路に関する主要な傾向と見なし得る．進化学的，個体群統計学的要因の多くは，種内系統樹における遺伝子系譜間の不一致に影響をおよぼす．また，遺伝子系統樹間の樹形や，遺伝子系統樹と種系統樹間の樹形は，進化上のどの深

さにおいても異なり得る．これはとくに，有効集団サイズに比べて結節点と結節点の間の期間が短いときに起こりやすい．この認識は，種概念，系統形質マッピングなどの，系統地理学における実質上，すべての解釈に重要である．

2 個体群統計学と地理的分布は，多くの種分化の筋書きを考える上で要となる役割を果たしてきた．個々の種分化に対する個体群統計学—地理モデルは，近縁分類群間の系統パターンの時間的推移について論理的な予想を内包する．種系統樹および遺伝子系統樹のレベルにおいては，相互的な単系統性よりむしろ，側系統性が最近分離した多くの生物種に対して予想される（また観察される）帰結である．

3 生物系統を極端に単純に描写した種概念はどれも，複数の遺伝子座の系譜上の歴史が交錯する豊かで多様な構造をうまく表現できない．複数遺伝子座による最新の合着理論に基づく視点は，系統学的種概念と生物学的種概念の間にみられる矛盾を調和させるかもしれない．生殖的な障壁が種概念で重要となる理由は，生物界にある系統的不連続性の成因である系列選別過程において，拡張された個体群統計学的単位の境界を定めているからである．反対に，系統学的思考もまた重要で，歴史と個体群統計学の相関現象にはっきりと注意を喚起する．

4 分子系譜の証拠から判断すると，脊椎動物における現在の種分類は，しばしば生物界に推定される生物学的不連続とよく一致する．この一致は，おそらく伝統的に種として認知されてきた多くの生物単位の背景にある歴史的真実を反映している．動物のmtDNAで実証された系譜パターンから導かれる個体群統計学的な動的過程は（推定される集団の個体数変動，比較的小さな N_e 値，および頻繁に起こる集団の絶滅），無性生殖を主とする分類群における「種の実在性」に関しても，興味深い可能性を示している．おそらく，無性生殖が可能なある種の微生物で推測される遺伝的均質性と独自性は，現在の繁殖に関連するパターン自体を反映する以上に，歴史的な個体群統計学的要因を反映しているだろう．

5 種分化過程に要する時間の概算値は，分子時計を較正することで，現生生物の系譜パターンから推定可能である．種内系統群と姉妹種の分離の推定年代は，種分化時間に関して，それぞれ最小値と最大値となる．公表されているmtDNAデータによると，典型的な脊椎動物の種分化に要する時間は，約200万年である．ただし，研究対象となった分類群におけるこの推定値は大きな分散を持つ．

6 高次分類群もまた，系統的関係で結び付いており，地理的分布を示す．したがって，定義の上では，系統地理解析は古い進化年代の問題にまで拡張することができる．これまでに公表された文献は，種の分布に対する太古の分断と分散の役割の算定，入植した分類群の進入年代の推定，さらに系統地理枠への形態その他の生物学的形質の起源と分布のマッピング，などをする上で，分子を用いた調査が有用であることを立証している．

概要および系統地理学の未来

系統地理学が正規の学問分野として誕生したのは20年少し前である．この学問分野の諸側面の準備期間は1970年代後半であった．この時期にmtDNA解析が集団遺伝学に導

入され，種内レベルの系譜的思考法（後に合着理論として定式化された）へ向けての大変遷が始まっていた．広い意味で，系統地理学の最も重要な概念的，実証的な寄与は3つあり，小進化の歴史的・非平衡的な様相を強調すること，個体群統計学と系譜学との間の緊密な結び付きを明らかにすること，そして集団遺伝学と系統生物学という名目上関連のない分野間に橋渡しをすることにあった．

　この若い学問の未来はどうなるだろうか？この分野は現在勢いよく成長している．ここにはさまざまな生物に関する実証的な研究がさらに付け加えられるだろう．そしてその成果は，生態学，古生物学，個体群統計学，行動学，自然史学とそれらの関連分野からの比較情報をもとに解釈されるだろう．実用的な側面では，とくに環境保全活動がこの新規の学際的な分野から利益を受けるだろう．その他にも，歴史生物学に必要不可欠な非平衡な個体群統計学的状況における系譜情報を解釈する際の合着理論の有益性について，さらなる興味が拡がるだろう．

　とくに，少なくとも3つの主要な領域に向かって，系統地理学が大きく展開していく可能性がある．その各々の領域は，系譜の一致の異なる様相と各々結び付いている．第1に述べるべきことは，核遺伝子座から速やかに系譜情報を得て，それを解釈する上で利用可能な方法を発展させるためにさらに多くの実証的努力が必要であるということである．この取り組みと関連して，遺伝子間の系統地理パターンの平均と分散を，集団の個体群統計学的な変動の歴史の関数として取り扱うことのできる複数遺伝子座の合着理論を，さらに洗練させなければならない．第2に，多様な自然史を持つ種を含めた，分布をともにする複数種を用いた動物地理区規模の比較系統地理学に関して，もっと多くの実証的研究を行う必要がある．そうした解析は進化学に貢献するばかりでなく，各々の種に応じた保全活動や地域レベルの保全活動にも役立つだろう．第3には，分子系譜情報を伝統的な生物地理情報，たとえば種の分布パターンや古生物学的記録と統合することに，もっと注意を払う必要がある．その結果は，系統地理学と生物多様性に関する関連分野の両方を相互に豊かにすることだろう．

　系統地理学は，幸先のよいスタートを切った．この学問は進化学・生態学の諸分野を統合する中心的位置を占めているということから，今後も大きな強みを有し，研究が進み続けるだろう．筆者は，本書がこの発展途上の学問分野に対する読者の認識に寄与し，系統地理学を強固な認識論的基礎の上に据えるのに役立つことを希望している．

参考文献

Abell, R., S. Olson, E. Dinerstein, S. Walters, P. Hurley, W. Wettengel, C. Loucks, and P. Hedao. 1998. *A Conservation Assessment of the Freshwater Ecoregions of North America*, World Wildlife Fund, Washington, D. C.

Adachi, J., Y. Cao, and M. Hasegawa. 1993. Tempo and mode of mitochondrial DNA evolution in vertebrates at the amino acid level: Rapid evolution in warm blooded vertebrates. *J. Mol. Evol*. 36: 270-281.

Adams, C. C. 1901. Baseleveling and its faunal significance, with illustrations from southeastern United States. *Amer. Nat*. 35: 839-852.

Afonso, J. M., A. Volz, M. Hernandez, H. Ruttkay, M. Gonzalez, J. M. Larruga, V. M. Cabrera, and D. Sperlich. 1990. Mitochondrial DNA variation and genetic structure in Old-World populations of *Drosophila subobscura*. *Mol. Biol. Evol*. 7: 123-142.

Agnese, J. F., B. Adepo-Gourene, E. K. Abban, and Y. Fermon. 1997. Genetic differentiation among natural populations of the Nile tilapia *Oreochromis niloticus* (Teleostei, Cichlidae). *Heredity* 79: 88-96.

Aguadé, M. and C. Langley. 1994. Polymorphism and divergence in regions of low recombination in *Drosophila*. In *Non-Neutral Evolution: Theories and Molecular Data*, B. Golding (ed.). New York: Chapman & Hall, pp. 67-76.

Allard, M. W., M. M. Miyamoto, K. A. Bjorndal, A. B. Bolten, and B. W. Bowen. 1994. Support for natal homing in green turtles from mitochondrial DNA sequences. *Copeia* 1994: 34-41.

Amato, G., D. Wharton, Z. Z. Zainuddin, and J. R. Powell. 1995. Assessment of conservation units for the Sumatran rhinoceros (*Dicerorhinus sumatrensis*). *Zoo Biol*. 14: 395-402.

Amos, B., C. Schlotterer, and D. Tautz. 1993. Social structure of pilot whales revealed by analytical DNA fingerprinting. *Science* 30: 670-672.

Anderson, S., A. T. Bankier, B. G. Barrell, M. H. L. De Bruijn, A. R. Coulson, J. Drouin, I. C. Eperon, D. P. Nierlich, B. A. Roe, F. Sanger, P. H. Schreier, A. J. H. Smith, R. Staden, and I. G. Young. 1981. Sequence and organization of the human mitochondrial genome. *Nature* 290: 457-465.

Anderson, S., M. H. L. De Bruijn, A. R. Coulson, I. C. Eperon, F. Sanger, and I. G. Young. 1982. The complete sequence of bovine mitochondrial DNA: Conserved features of the mammalian mitochondrial genome. *J. Mol. Biol*. 156: 683-717.

Anderson, T. J. C., R. Komuniecki, P. R. Komuniecki, and J. Jaenike. 1995. Are mitochondria paternally inherited in *Ascaris* ? *Int. J. Parasitol*. 25: 1001-1004.

Angers, B. and L. Bernatchez. 1998. Combined use of SMM and non-SMM methods to infer fine structure and evolutionary history of closely related brook charr (*Salvelinus fontinalis*, Salmonidae) populations from microsatellites. *Mol. Biol. Evol*. 15: 143-159.

AOU (American Ornithologists' Union). 1995. Fortieth supplement to the American Ornithologists' Union Check-list of North American Birds. *Auk* 112: 819-830.

Apostolidis, A. P., C. Triantaphyllidis, A. Kouvatsi, and P. S. Economidis. 1997. Mitochondrial DNA sequence variation and phylogeography among *Salmo trutta* L. (Greek brown trout) populations. *Mol. Ecol*. 6: 531-542.

Aquadro, C. F. 1992. Why is the genome variable? Insights from *Drosophila*. *Trends Genet*. 8: 355-362.

——— 1993. Molecular population genetics of *Drosophila*. In *Molecular Approaches to Fundamental and Applied Entomology*, J. Oakeshott and M. J. Whitten (eds.). New York: Springer-Verlag, pp. 222-266.

Aquadro, C. F. and J. C. Avise. 1982. An assessment of "hidden" heterogeneity within electromorphs at three enzyme loci in deer mice. *Genetics* 102: 269-284.

Aquadro, C. F. and D. J. Begun. 1993. Evidence for and implications of genetic hitchhiking in the *Drosophila* genome. In *Mechanisms of Molecular Evolution*, N. Takahata and A. Clark (eds.). Sunderland, Mass: Sinauer, pp. 159-178.

Aquadro, C. F., D. J. Begun, and E. C. Kindahl. 1994. Selection, recombination, and DNA polymorphism in *Drosophila*. In *Non-Neutral Evolution:*

Theories and Molecular Data. New York: Chapman & Hall, pp. 46–56.

Aquadro, C. F., S. F. Deese, M. M. Bland, C. H. Langley, and C. C. Laurie-Ahlberg. 1986. Molecular population genetics of the alcohol dehydrogenase gene region of *Drosophila melanogaster. Genetics* 114: 1165–1190.

Aquadro, C. F. and B. D. Greenberg. 1983. Human mitochondrial DNA variation and evolution: Analysis of nucleotide sequences from seven individuals. *Genetics* 103: 287–312.

Arbeit, R. D., M. Arthur, R. Dunn, C. Kim, R. K. Selander, and R. Goldstein. 1990. Resolution of recent evolutionary divergence among *Escherichia coli* from related lineages: The application of pulsed field electrophoresis to molecular epidemiology. *J. Infect. Dis.* 161: 230–235.

Arctander, P., P. W. Kat, R. A. Aman, and H. R. Siegismund. 1996. Extreme genetic differences among populations of *Gazella granti*, Grant's gazelle, in Kenya. *Heredity* 76: 465–475.

Armour, J. A. L., and 9 others. 1996. Minisatellite diversity supports a recent African origin for modern humans. *Nature Genet.* 13: 154–160.

Arnason, E. and S. Pálsson. 1996. Mitochondrial cytochrome *b* DNA sequence variation of Atlantic cod *Gadus morhua* from Norway. *Mol. Ecol.* 5: 715–724.

Arndt, A. and M. J. Smith. 1998. Genetic diversity and population structure in two species of sea cucumber: Differing patterns according to mode of development. *Mol. Ecol.* 7: 1053–1064.

Arnold, J. 1993. Cytonuclear disequilibria in hybrid zones. *Annu. Rev. Ecol. Syst.* 24: 521–554.

Arnold, M. 1997. *Natural Hybridization and Evolution.* New York: Oxford University Press.

Ashley, M. V., D. J. Melnick, and D. Western. 1990. Conservation genetics of the black rhinoceros (*Diceros bicornis*), I: Evidence from the mitochondrial DNA of three populations. *Conserv. Biol.* 4: 71–77.

Attardi, G. 1985. Animal mitochondrial DNA: An extreme example of genetic economy. *Int. Rev. Cytol.* 93: 93–145.

Auffray, J. C., F. Vanlerberghe, and J. Britton-Davidson. 1990. The house mouse progression in Eurasia: A paleontological and archaeozoological approach. *Biol. J. Linn. Soc.* 41: 13–25.

Austin, J. J., R. W. G. White, and J. R. Ovenden. 1994. Population-genetic structure of a philopatric, colonially nesting seabird, the short-tailed shearwater (*Puffinus tenuirostris*). *Auk* 111: 70–79.

Avise, J. C. 1974. Systematic value of electrophoretic data. *Syst. Zool.* 23: 465–481.

——— 1983. Commentary. In *Perspectives in Ornithology*, A. H. Brush and G. A. Clark (eds.). New York: Cambridge University Press, pp. 262–270.

——— 1986. Mitochondrial DNA and the evolutionary genetics of higher animals. *Phil. Trans. Roy. Soc. Lond. B* 312: 325–342.

——— 1987. Identification and interpretation of mitochondrial DNA stocks in marine species. In *Proc. Stock Identification Workshop*, H. Kumpf and E. L. Nakamura (eds.). Panama City, Fla.: Publ. Natl. Oceanographic and Atmospheric Administration, pp. 105–136.

——— 1989a. A role for molecular genetics in the recognition and conservation of endangered species. *Trends Ecol. Evol.* 4: 279–281.

——— 1989b. Gene trees and organismal histories: A phylogenetic approach to population biology. *Evolution* 43: 1192–1208.

——— 1989c. Nature's family archives. *Natur. Hist.* 3: 24–27.

——— 1991. Ten unorthodox perspectives on evolution prompted by comparative population genetic findings on mitochondrial DNA. *Annu. Rev. Genet.* 25: 45–69.

——— 1992. Molecular population structure and the biogeographic history of a regional fauna: A case history with lessons for conservation biology. *Oikos* 63: 62–76.

——— 1993. The evolutionary biology of aging, sexual reproduction, and DNA repair. *Evolution* 47: 1293–1301.

——— 1994. *Molecular Markers, Natural History and Evolution.* New York: Chapman & Hall.

——— 1995. Mitochondrial DNA polymorphism and a connection between genetics and demography of relevance to conservation. *Conserv. Biol.* 9: 686–690.

——— 1996a. Space and time as axes in intraspecific phylogeography. In *Past and Future Rapid Environmental Changes: The Spatial and Evolutionary Responses of Terrestrial Biota*, B. Huntley, W. Cramer, A. V. Morgan, H. C. Prentice, and J. R. M. Allen (eds.). New York: Springer-Verlag, pp. 381–388.

——— 1996b. Toward a regional conservation genetics perspective: Phylogeography of faunas in the southeastern United States. In *Conservation Genetics: Case Histories from Nature*, J. C. Avise and J. L. Hamrick (eds.). New York: Chapman & Hall, pp. 431–470.

——— 1996c. Three fundamental contributions of

molecular genetics to avian ecology and evolution. *Ibis* 138: 16-25.

―― 1998a. The history and purview of phylogeography: A personal reflection. *Mol. Ecol.* 7: 371-379.

―― 1998b. Conservation genetics in the marine realm. *J. Heredity* 89: 377-382.

Avise, J. C., R. T. Alisauskas, W. S. Nelson, and C. D. Ankney. 1992b. Matriarchal population genetic structure in an avian species with female natal philopatry. *Evolution* 46: 1084-1096.

Avise, J. C., C. D. Ankney, and W. S. Nelson. 1990. Mitochondrial gene trees and the evolutionary relationship of mallard and black ducks. *Evolution* 44: 1109-1119.

Avise, J. C., J. Arnold, R. M. Ball, Jr, E. Bermingham, T. Lamb, J. E. Neigel, C. A. Reeb, and N. C. Saunders. 1987a. Intraspecific phylogeography: The mitochondrial DNA bridge between population genetics and systematics. *Annu. Rev. Ecol. Syst.* 18: 489-522.

Avise, J. C. and R. M. Ball, Jr. 1990. Principles of genealogical concordance in species concepts and biological taxonomy. *Oxford Surv. Evol. Biol.* 7: 45-67.

―― 1991. Mitochondrial DNA and avian microevolution. *Proc. Int. Orn. Congr.* 20: 514-524.

Avise, J. C., R. M. Ball, Jr., and J. Arnold 1988. Current versus historical population sizes in vertebrate species with high gene flow: A comparison based on mitochondrial DNA lineages and inbreeding theory for neutral mutations. *Mol. Biol. Evol.* 5: 331-344.

Avise, J. C., E. Bermingham, L. G. Kessler, and N. C. Saunders. 1984b. Characterization of mitochondrial DNA variability in a hybrid swarm between subspecies of bluegill sunfish (*Lepomis macrochirus*). *Evolution* 38: 931-941.

Avise, J. C. and B. W. Bowen. 1994. Investigating sea turtle migration using DNA markers. *Curr. Opin. Genet. Develop.* 4: 882-886.

Avise, J. C., B. W. Bowen, and T. Lamb. 1989. DNA fingerprints from hypervariable mitochondrial genotypes. *Mol. Biol. Evol.* 6: 258-269.

Avise, J. C., B. W. Bowen, T. A. Lamb, A. B. Meylan, and E. Bermingham. 1992c. Mitochondrial DNA evolution at a turtle's pace: Evidence for low genetic variability and reduced microevolutionary rate in the Testudines. *Mol. Biol. Evol.* 9: 457-473.

Avise, J. C., C. Giblin-Davidson, J. Laerm, J. C. Patton, and R. A. Lansman. 1979b. Mitochondrial DNA clones and matriarchal phylogeny within and among geographic populations of the pocket gopher, *Geomys pinetis*. *Proc. Natl. Acad. Sci. USA* 76: 6694-6698.

Avise, J. C. and J. L. Hamrick (eds.). 1996. *Conservation Genetics: Case Histories from Nature*. New York: Chapman & Hall.

Avise, J. C., G. S. Helfman, N. C. Saunders, and L. S. Hales. 1986. Mitochondrial DNA differentiation in North Atlantic eels: Population genetic consequences of an unusual history pattern. *Proc. Natl. Acad. Sci. USA* 83: 4350-4354.

Avise, J. C. and R. A. Lansman. 1983. Polymorphism of mitochondrial DNA in populations of higher animals. In *Evolution of Genes and Proteins*, M. Nei and R. K. Koehn (eds.). Sunderland, Mass.: Sinauer, pp. 147-164.

Avise, J. C., R. A. Lansman, and R. O. Shade. 1979a. The use of restriction endonucleases to measure mitochondrial DNA sequence relatedness in natural populations. I. Population structure and evolution in the genus *Peromyscus*. *Genetics* 92: 279-295.

Avise, J. C., J. E. Neigel, and J. Arnold. 1984a. Demographic influences on mitochondrial DNA lineage survivorship in animal populations. *J. Mol. Evol.* 20: 99-105.

Avise, J. C. and W. S. Nelson. 1989. Molecular genetic relationships of the extinct dusky seaside sparrow. *Science* 243: 646-648.

Avise, J. C., W. S. Nelson, and H. Sugita. 1994. A speciational history of "living fossils": Molecular evolutionary patterns in horseshoe crabs. *Evolution* 48: 1986-2001.

Avise, J. C., P. C. Pierce, M. J. Van Den Avyle, M. H. Smith, W. S. Nelson, and M. A. Asmussen. 1997. Cytonuclear introgressive swamping and species turnover of bass after an introduction. *J. Heredity* 88: 14-20.

Avise, J. C., J. M. Quattro, and R. C. Vrijenhoek. 1992a. Molecular clones within organismal clones: Mitochondrial DNA phylogenies and the evolutionary histories of unisexual vertebrates. *Evol. Biol.* 26: 225-246.

Avise, J. C., C. A. Reeb, and N. C. Saunders. 1987b. Geographic population structure and species differences in mitochondrial DNA of mouthbrooding marine catfishes (Ariidae) and demersal spawning toadfishes (Batrachoididae). *Evolution* 41: 991-1002.

Avise, J. C. and N. C. Saunders. 1984. Hybridization and introgression among species of sunfish (*Lepomis*): Analysis by mitochondrial DNA and allozyme markers. *Genetics* 108: 237-255.

Avise, J. C., J. F. Shapira, S. W. Daniel, C. F. Aquadro, and R. A. Lansman. 1983. Mitochondrial DNA differentiation during the speciation process in *Peromyscus*. *Mol. Biol. Evol.* 1: 38-56.

Avise, J. C. and M. H. Smith. 1974. Biochemical genetics of sunfish: I. Geographic variation and subspecific intergradation in the bluegill, *Lepomis macrochirus*. *Evolution* 28: 42-56.

Avise, J. C., M. H. Smith, and R. K. Selander. 1979c. Biochemical polymorphism and systematics in the genus *Peromyscus*. VII. Geographic differentiation in members of the *truei* and *maniculatus* species groups. *J. Mammal.* 60: 177-192.

Avise, J. C. and R. J. Vrijenhoek. 1987. Mode of inheritance and variation of mitochondrial DNA in hybridgenetic fishes of the genus *Poeciliopsis*. *Mol. Biol. Evol.* 4: 514-525.

Avise, J. C. and D. Walker. 1998. Pleistocene phylogeographic effects on avian populations and the speciation process. *Proc. Roy. Soc. Lond. B* 265: 457-463.

―――― 1999. Species realities and numbers in sexual vertebrates: Perspectives from an asexually transmitted genome. *Proc. Natl. Acad. Sci. USA* 96: 992-995.

Avise, J. C., D. Walker, and G. C. Johns. 1998. Speciation durations and Pleistocene effects on vertebrate phylogeography. *Proc. Roy. Soc. Lond. B* 265: 1707-1712.

Avise, J. C. and K. Wollenberg. 1997. Phylogenetics and the origin of species. *Proc. Natl. Acad. Sci. USA* 94: 7748-7755.

Avise, J. C. and R. M. Zink. 1988. Molecular genetic divergence between avian sibling species: King and clapper rails, long-billed and short-billed dowitchers, boat-tailed and great-tailed grackles, and tufted and black-crested titmice. *Auk* 105: 516-528.

Ayala, F. J. 1976. Molecular genetics and evolution. In *Molecular Evolution*, F. J. Ayala (ed.). Sunderland, Mass.: Sinauer, pp. 1-20.

―――― 1995a. The myth of Eve: Molecular biology and human origins. *Science* 270: 1930-1936.

―――― 1995b. Adam, Eve, and other ancestors: A story of human origins told by genes. *Hist. Phil. Life Sci.* 17: 303-313.

―――― 1996. HLA sequence polymorphism and the origin of humans. *Science* 274: 1554.

Ayala, F. J., A. Escalante, C. O'Huigin, and J. Klein. 1994. Molecular genetics of speciation and human origins. *Proc. Natl. Acad. Sci. USA* 91: 6787-6794.

Ayres, J. M. and T. H. Clutton-Brock. 1992. River boundaries and species range size in Amazonian primates. *Amer. Nat.* 140: 531-537.

Bagley, M. J. and G. A. E. Gall. 1998. Mitochondrial and nuclear DNA sequence variability among populations of rainbow trout (*Oncorhynchus mykiss*). *Mol. Ecol.* 7: 945-961.

Baker, A. J., C. H. Daugherty, R. Colbourne, and J. L. McLennan. 1995. Flightless brown kiwis of New Zealand possess extremely subdivided population structure and cryptic species like small mammals. *Proc. Natl. Acad. Sci. USA* 92: 8254-8258.

Baker, A. J. and H. D. Marshall. 1997. Mitochondrial control region sequences as tools for understanding evolution. In *Avian Molecular Evolution and Systematics*, D. P. Mindell (ed.). New York: Academic Press, pp. 51-82.

Baker, A. J., T. Piersma, and L. Rosenmeier. 1994. Unraveling the intraspecific phylogeography of knots *Calidris canutus*: A progress report on the search for genetic markers. *J. Ornithol.* 135: 599-608.

Baker, C. S. and S. R. Palumbi. 1996. Population structure, molecular systematics, and forensic identification of whales and dolphins. In *Conservation Genetics: Case Histories from Nature*, J. C. Avise and J. L. Hamrick (eds.). New York: Chapman & Hall, pp. 10-49.

Baker, C. S., L. Medrano-Gonzalez, J. Calmabokidis, A. Perry, F. Pichler, H. Rosenbaum, J. M. Straley, J. Urbán-Ramirez, M. Yamaguchi, and O. Von Ziegesar. 1998. Population structure of nuclear and mitochondrial DNA variation among humpback whales in the North Pacific. *Mol. Ecol.* 7: 695-707.

Baker, C. S., S. R. Palumbi, R. H. Lambertsen, M. T. Weinrich, J. Calmabokidis, and S. J. O'Brien. 1990. Influence of seasonal migration on geographic distribution of mitochondrial DNA haplotypes in humpback whales. *Nature* 34: 238-240.

Baker, C. S., A. Perry, J. L. Bannister, M. T. Weinrich, R. B. Abernethy, J. Calmabokidis, J. Lien, R. H. Lambertsen, J. Urbán-Ramírez, O. Vasquez, P. J. Clapham, A. Alling, S. J. O'Brien, and S. R. Palumbi. 1993. Abundant mitochondrial DNA variation and world-wide population structure in humpback whales. *Proc. Natl. Acad. Sci. USA* 90: 8239-8243.

Baker, C. S., A. Perry, G. K. Chambers, and P. J. Smith. 1995. Population variation in the mitochondrial cytochrome *b* gene of the orange roughy *Hoplostethus atlanticus* and the hoki

Macruronus novaezelandiae. Marine Biol. 122: 503-509.

Baker, C. S., R. W. Slade, J. L. Bannister, R. B. Abernethy, M. T. Weinrich, J. Lien, J. Urban, P. Corkeron, J. Calmabokidis, O. Vasquez, and S. R. Palumbi. 1994. Hierarchical structure of mitochondrial DNA gene flow among humpback whales *Megaptera novaeangliae*, worldwide. *Mol. Ecol.* 3: 313-327.

Ball, R. M., Jr. and J. C. Avise. 1992. Mitochondrial DNA phylogeographic differentiation among avian populations and the evolutionary significance of subspecies. *Auk* 109: 626-636.

Ball, R. M., Jr., F. C. James, S. Freeman, E. Bermingham, and J. C. Avise. 1988. Phylogeographic population structure of red-winged blackbirds assessed by mitochondrial DNA. *Proc. Natl. Acad. Sci. USA* 85: 1558-1562.

Ball, R. M., Jr., J. E. Neigel, and J. C. Avise. 1990. Gene genealogies within the organismal pedigrees of random-mating populations. *Evolution* 44: 360-370.

Ballinger, S. W., T. G. Schurr, A. Torroni, Y. Y. Gan, J. A. Hodge, K. Hassan, K.-H. Chen and D. C. Wallace. 1992. Southeast Asian mitochondrial DNA analysis reveals genetic continuity of ancient Mongoloid migrations. *Genetics* 130: 139-152.

Bamshad, M., W. S. Watkins, M. E. Dixon, L. B. Jorde, B. B. Rao, J. M. Naidu, B. V. R. Prasad, A. Rasanayagam, and M. F. Hammer. 1998. Female gene flow stratifies Hindu castes. *Nature* 395: 651-652.

Barber, P. H. 1996. Phylogeography and evolutionary history of the canyon treefrog, *Hyla arenicolor*. *Amer. Zool.* 36: 122 (abstract).

Barbujani, G., G. Bertorelle, and L. Chikhi. 1998. Evidence for Paleolithic and Neolithic gene flow in Europe. *Am. J. Human Genet.* 62: 488-491.

Barraclough, T. G., A. P. Vogler, and P. H. Harvey. 1998. Revealing the factors that promote speciation. *Phil. Trans. Roy. Soc. Lond. B* 353: 241-249.

Barratt, E. M., R. Deaville, T. M. Burland, M. W. Bruford, G. Jones, P. A. Racey, and R. K. Wayne. 1997. DNA answers the call of pipistrelle bat species. *Nature* 387: 138-139.

Barrowclough, G. F. 1983. Biochemical studies of microevolutionary processes. In *Perspectives in Ornithology*, A. H. Brush and G. A. Clark, Jr. (eds.). New York: Cambridge University Press, pp. 223-261.

Barrowclough, G. F. 1992. Systematics, biodiversity, and conservation biology. In *Systematics, Ecology, and the Biodiversity Crisis*, N. Eldredge (ed.). New York: Columbia University Press, pp. 121-143.

Barton, N. H. and G. M. Hewitt. 1985. Analysis of hybrid zones. *Annu. Rev. Ecol. Syst.* 16: 113-148.

Barton, N. H. and M. Slatkin. 1986. A quasi-equilibrium theory of the distribution of rare alleles in a subdivided population. *Heredity* 56: 409-415.

Barton, N. H. and I. Wilson. 1995. Genealogies and geography. *Phil. Trans. Roy. Soc. Lond. B* 349: 49-59.

—— 1996. Genealogies and geography. In *New Uses for New Phylogenies*, P. H. Harvey, A. J. Leigh Brown, J. Maynard Smith, and S. Nee (eds.). New York: Oxford University Press, pp. 23-56.

Bass, A. L., D. A. Good, K. A. Bjorndal, J. I. Richardson, Z.-H. Hillis, J. A. Horrocks, and B. W. Bowen. 1996. Testing models of female reproductive migratory behavior and population structure in the Caribbean hawksbill turtle, *Eretmochelys imbricate*, with mtDNA sequences. *Mol. Ecol.* 5: 321-328.

Baum, D. A. and K. L. Shaw. 1995. Genealogical perspectives on the species problem. In *Experimental and Molecular Approaches to Plant Biosystematics*, P. C. Hoch and A. G. Stephenson (eds.). St. Louis: Missouri Botanical Garden, Monogr. Syst. Bot. Missouri Bot. Gard. 53, pp. 289-303.

Becker, I. I., W. S. Grant, R. Kirby, and F. T. Robb. 1988. Evolutionary divergence between sympatric species of southern African hakes, *Merluccius capensis* and *M. paradoxus*. II. Restriction enzyme analysis of mitochondrial DNA. *Heredity* 61: 21-30.

Begun, D. J. and C. F. Aquadro. 1992. Levels of naturally occurring DNA polymorphisms correlate with recombination rates in *D. melanogaster*. *Nature* 356: 519-520.

Bell, G. 1997. *Selection: The Mechanism of Evolution*. New York: Chapman & Hall.

Bentzen, P., G. C. Brown, and W. C. Leggett. 1989. Mitochondrial DNA polymorphism, population structure, and life history variation in American shad (*Alosa sapidissima*). *Can. J. Fish. Aquat. Sci.* 46: 1446-1454.

Berger, A. 1984. Accuracy and frequency stability of the Earth's orbital elements during the Quaternary. In *Milankovitch and Climate, Part 1*, A. Berger, J. Imbrie, J. Hays, G. Kukla, and

B. Saltzmann (eds.). Dordrecht: Reidel, pp. 527–537.

Bergstrom, D. E., Jr. 1997. The phylogeny and historical biogeography of Missouri's *Amblyopsis rosae* (Ozark cavefish) and *Typhlichthys subterraneus* (southern cavefish). Master's thesis, University of Missouri, Columbia.

Bergström, T. F., A. Josefsson, H. A. Erlich, and U. Gyllensten. 1998. Recent origin of *HLA-DRB1* alleles and implications for human evolution. *Nature Genet*. 18: 237–242.

Bermingham, E. and J. C. Avise. 1986. Molecular zoogeography of freshwater fishes in the southeastern United States. *Genetics* 113: 939–965.

Bermingham, E., T. Lamb, and J. C. Avise. 1986. Size polymorphism and heteroplasmy in the mitochondrial DNA of lower vertebrates. *J. Heredity* 77: 249–252.

Bermingham, E. and H. Lessios. 1993. Rate variation of protein and mtDNA evolution as revealed by sea urchins separated by the Isthmus of Panama. *Proc. Natl. Acad. Sci. USA* 90: 2734–2738.

Bermingham, E. and A. P. Martin. 1998. Comparative mtDNA phylogeography of neotropical freshwater fish: Testing shared history to infer the evolutionary landscape of lower Central America. *Mol. Ecol*. 7: 499–517.

Bermingham, E., S. S. McCafferty, and A. P. Martin. 1997. Fish biogeography and molecular clocks: Perspectives from the Panamanian Isthmus. In *Molecular Systematics of Fishes*, T. D. Kocher and C. A. Stepien (eds.). San Diego, Calif.: Academic Press, pp. 113–128.

Bermingham, E. and C. Moritz. 1998. Comparative phylogeography: Concepts and applications. *Mol. Ecol*. 7: 367–369.

Bermingham, E., S. Rohwer, S. Freeman, and C. Wood. 1992. Vicariance biogeography in the Pleistocene and speciation in North American wood warblers: A test of Mengle's model. *Proc. Natl. Acad. Sci. USA* 89: 6624–6628.

Bermingham, E., G. Seutin, and R. E. Ricklefs. 1996. Regional approaches to conservation biology: RFLPs, DNA sequence and Caribbean birds. In *Molecular Genetic Approaches in Conservation*, T. B. Smith and R. K. Wayne (eds.). New York: Oxford University Press, pp. 104–124.

Bernardi, G., P. Sordino, and D. A. Powers. 1993. Concordant mitochondrial and nuclear DNA phylogenies for populations of the teleost fish *Fundulus heteroclitus*. *Proc. Natl. Acad. Sci. USA* 90: 9271–9274.

Bernatchez, L. 1995. A role for molecular systematics in defining evolutionarily significant units (ESU) in fishes. *Amer. Fish. Soc. Symp*. 17: 114–132.

———— 1997. Mitochondrial DNA analysis confirms the existence of two glacial races of rainbow smelt *Osmerus mordax* and their reproductive isolation in the St. Lawrence River estuary (Québec, Canada). *Mol. Ecol*. 6: 73–83.

Bernatchez, L. and R. G. Danzmann. 1933. Congruence in control-region sequence and restriction-site variation in mitochondrial DNA of brook charr (*Salvelinus fontinalis* Mitchell). *Mol. Biol. Evol*. 10: 1002–1014.

Bernatchez, L. and J. J. Dodson. 1990. Allopatric origin of sympatric populations of lake whitefish (*Coregonus clupeaformis*) as revealed by mitochondrial-DNA restriction analysis. *Evolution* 44: 1263–1271.

———— 1991. Phylogeographic structure in mitochondrial DNA of the lake whitefish (*Coregonus clupeaformis*) and its relation to Pleistocene glaciations. *Evolution* 45: 1016–1035.

———— 1994. Phylogenetic relationships among Palearctic and Nearctic whitefish (*Coregonus* sp.) populations as revealed by mitochondrial DNA variation. *Can. J. Fish. Aquat. Sci*. 51: 240–251.

Bernatchez, L., R. Guyomard, and F. Bonhomme. 1992. DNA sequence variation of the mitochondrial control region among geographically and morphologically remote European brown trout *Salmo trutta* populations. *Mol. Ecol*. 1: 161–173.

Bernatchez, L. and A. Osinov. 1995. Genetic diversity of trout (genus *Salmo*) from its most eastern native range based on mitochondrial DNA and nuclear gene variation. *Mol. Ecol*. 4: 285–297.

Bernatchez, L., J. A. Vuorinen, R. A. Bodaly, and J. J. Dodson. 1996. Genetic evidence for reproductive isolation and multiple origins of sympatric trophic ecotypes of whitefish (*Coregonus*). *Evolution* 50: 624–635.

Bernatchez, L. and C. C. Wilson. 1998. Comparative phylogeography of Nearctic and Palearctic fishes. *Mol. Ecol*. 7: 431–452.

Bert, T. 1986. Speciation in western Atlantic stone crabs (genus *Menippe*): The role of geological processes and climatic events in the formation and distribution of species. *Marine Biol*. 93: 157–170.

Bertorelle, G. and G. Barbujani. 1995. Analysis of DNA diversity by spatial autocorrelation. *Genetics* 140: 811–819.

Bérubé, M., A. Aguilar, D. Dendanto, F. Larsen, G.

Notarbartolo di Sciara, R. Sears, J. Sigurjónsson, J. Urban-R., and P. J. Palsbøll. 1998. Population genetic structure of North Atlantic, Mediterranean Sea and Sea of Cortez fin whales, *Balaenoptera physalus* (Linnaeus 1758): Analysis of mitochondrial and nuclear loci. *Mol. Ecol.* 7: 585-599.

Bibb, M. J., R. A. Van Etten, C. T. Wright, M. W. Walberg, and D. A. Clayton. 1981. Sequence and gene organization of mouse mitochondrial DNA. *Cell* 26: 167-180.

Bibby, C. 1994. A global view of priorities for bird conservation: A summary. *Ibis* 137: S247-S248.

Bickham, J. W., J. C. Patton, and T. R. Loughlin. 1996. High variability for control-region sequences in a marine mammal-implications for conservation and biogeography of Stellar sea lions (*Eumetopias jubatus*). *J. Mammal.* 77: 95-108.

Bickham, J. W., C. C. Wood, and J. C. Patton. 1995. Biogeographic implications of cytochrome *b* sequences and allozymes in sockeye (*Oncorhynchus nerka*). *J. Heredity* 86: 140-144.

Biju-Duval, C., H. Ennafaa, N. Dennebouy, M. Monnerot, F. Mignotte, R. C. Soriguer, A. E. Gaaïed, A. E. Hili, and J.-C. Mounolou. 1991. Mitochondrial DNA evolution in Lagomorphs: Origin of systematic heteroplasmy and organization of diversity in European rabbits. *J. Mol. Evol.* 33: 92-102.

Billington, N. and R. M. Strange. 1995. Mitochondrial DNA analysis confirms the existence of a genetically divergent walleye population in northeastern Mississippi. *Trans. Amer. Fish. Soc.* 124: 770-776.

Bilton, D. T. 1994, Phylogeography and recent historical biogeography of *Hydroporus glabriusculus* Aubé (Coleoptera: Dytiscidae) in the British Isles and Scandinavia. *Biol. J. Linn. Soc.* 51: 293-307.

Birky, C. W., Jr. 1978. Transmission genetics of mitochondria and chloroplasts. *Annu. Rev. Genet.* 12: 471-512.

――― 1983. Relaxed cellular controls and organelle heredity. *Science* 222: 468-475.

――― 1991. Evolution and population genetics of organelle genes: Mechanisms and models. In *Evolution at the Molecular Level*, R. K. Selander, A. G. Clark and T. S. Whittam (eds.). Sunderland, Mass: Sinauer, pp. 112-134.

Birky, C. W., Jr., A. R. Acton, R. Dietrich, and M. Carver. 1982. Mitochondrial transmission genetics: Replication, recombination, and segregation of mitochondrial DNA and its inheritance in crosses. In *Mitochondrial Genes*, P. Slonimski, P. Borst, and G. Attardi (eds.). Cold Spring Harbor, New York: Cold Spring Harbor Laboratory, pp. 333-348.

Birky, C. W., Jr., P. Fuerst, and T. Maruyama. 1989. Organelle gene diversity under migration, mutation and drift: Equilibrium expectations, approach to equilibrium, effects of heteroplasmic cells, and comparison to nuclear genes. *Genetics* 121: 613-627.

Birky, C. W., Jr., T. Maruyama, and P. A. Fuerst. 1983. An approach to population and evolutionary genetic theory for genes in mitochondria and chloroplasts and some results. *Genetics* 103: 513-527.

Birky, C. W., Jr. and R. V. Skavaril. 1976. Maintenance of genetic homogeneity in systems with multiple genomes. *Genet. Res.* 27: 249-265.

Birt, T. P., V. L. Friesen, R. D. Birt, J. M. Green, and W. S. Davidson. 1995. Mitochondrial DNA variation in Atlantic capelin, *Mallotus villosus*: A comparison of restriction and sequence analyses. *Mol. Ecol.* 4: 771-776.

Birt-Friesen, V. L., W. A. Montevecchi, A. J. Gaston, and W. S. Davidson. 1992. Genetic structure of thick-billed murre (*Uria lomvia*) populations examined using direct sequence analysis of amplified DNA. *Evolution* 46: 267-272.

Blair, W. F. 1940. A study of prairie deer-mouse populations in southern Michigan. *Amer. Midland Nat.* 24: 273-305.

Bogenhagen, D. and D. A. Clayton. 1977. Mouse L cell mitochondrial DNA molecules are selected randomly for replication throughout the cell cycle. *Cell* 11: 719-727.

Bohlmeyer, D. A. and J. R. Gold. 1991. Genetic studies of marine fishes: II. A protein electrophoretic analysis of population structure in the red drum *Sciaenops ocellatus*. *Marine Biol.* 108: 197-206.

Boissinot, S. and P. Boursot. 1997. Discordant phylogeographic patterns between the Y chromosome and mitochondrial DNA in the house mouse: Selection on the Y chromosome? *Genetics* 146: 1019-1034.

Bolten, A. B., K. A. Bjorndal, H. R. Martins, T. Dellinger, M. J. Biscoito, S. E. Encalada, and B. W. Bowen. 1998. Transatlantic developmental migrations of loggerhead sea turtles demonstrated by mtDNA sequence analysis. *Ecol. Appl.* 8: 1-7.

Boore, J. L., T. M. Collins, D. Stanton, L. L. Daehler, and W. M. Brown. 1995. Deducing the pattern of arthropod phylogeny from mitochondrial

DNA rearrangements. *Nature* 376: 163–165.
Boskovic, R., K. M. Kovacs, M. O. Hammill, and B. N. White. 1996. Geographic distribution of mitochondrial DNA haplotypes in grey seals (*Halichoerus grypus*). *Can. J. Zool.* 74: 1787–1796.
Bossart, J. L. and D. P. Prowell. 1998. Genetic estimates of population structure and gene flow: Limitations, lessons and new directions. *Trends Ecol. Evol.* 13: 202–206.
Boursot, P., W. Din, R. Anand, D. Darviche, B. Dod, F. Von Deimling, G. P. Talwar, and F. Bonhomme. 1996. Origin and radiation of the house mouse: Mitochondrial DNA phylogeny. *J. Evol. Biol.* 9: 391–415.
Bowcock, A. M., A. Ruiz-Linares, J. Tomfohrde, E. Minch, J. R. Kidd, and L. L. Cavalli-Sforza. 1994. High resolution of human evolutionary trees with polymorphic microsatellites. *Nature* 368: 455–457.
Bowen, B. W. 1995. Tracking marine turtles with genetic markers: Voyages of the ancient mariners. *BioScience* 45: 528–534.
——— 1996a. Literature on marine turtle population structure, molecular evolution, conservation genetics, and related topics. In *Proceedings of the International Symposium on Sea Turtle Conservation Genetics*, B. W. Bowen and W. N. Witzell (eds.). NOAA Tech. Memo. NMFS-SEFSC-396, pp. 9–16.
——— 1996b. Tracking marine turtles with genetic markers. In *Proceedings of the International Symposium on Sea Turtle Conservation Genetics*, B. W. Bowen and W. N. Witzell (eds.). NOAA Tech. Memo. NMFS-SEFSC-396, pp. 109–117.
Bowen, B. W., F. A. Abreu-Grobois, G. H. Balazs, N. Kamezaki, C. J. Limpus, and R. J. Ferl. 1995. Trans-Pacific migrations of the loggerhead sea turtle demonstrated with mitochondrial DNA markers. *Proc. Natl. Acad. Sci. USA* 92: 3731–3734.
Bowen, B. W. and J. C. Avise. 1990. Genetic structure of Atlantic and Gulf of Mexico populations of sea bass, menhaden, and sturgeon: Influence of zoogeographic factors and life-history patterns. *Marine Biol.* 107: 371–381.
——— 1996. Conservation genetics of marine turtles. In *Conservation Genetics: Case Histories from Nature*, J. C. Avise and J. L. Hamrick (eds.). New York: Chapman & Hall, pp. 190–237.
Bowen, B. W., J. C. Avise, J. I. Richardson, A. B. Meylan, D. Margaritoulis, and S. R. Hopkins-Murphy. 1993b. Population structure of loggerhead turtles (*Caretta caretta*) in the northwestern Atlantic Ocean and Mediterranean Sea. *Conserv. Biol.* 7: 834–844.
Bowen, B. W., A. L. Bass, A. Garcia, C. E. Diez, R. van Dam, A. Bolten, K. A. Bjorndal, M. M. Miyamoto, and R. J. Ferl. 1996. The origin of hawksbill turtles in a Caribbean feeding area as indicated by genetic markers. *Ecol. Appl.* 6: 566–572.
Bowen, B. W., A. M. Clark, F. A. Abreu-Grobois, A. Chaves, H. A. Reichart, and R. J. Ferl. 1998. Global phylogeography of the ridley sea turtles (*Lepidochelys* spp.) as inferred from mitochondrial DNA sequences. *Genetica* 101: 179–189.
Bowen, B. W. and W. S. Grant. 1997. Phylogeography of the sardines (*Sardinops* spp.): Assessing biogeographic models and population histories in temperate upwelling zones. *Evolution* 51: 1601–1610.
Bowen, B. W., N. Kamezaki, C. J. Limpus, G. R. Hughes, A. B. Meylan, and J. C. Avise. 1994. Global phylogeography of the loggerhead turtle (*Caretta caretta*) as indicated by mitochondrial DNA genotypes. *Evolution* 48: 1820–1828.
Bowen, B. W. and S. A. Karl. 1997. Population genetics, phylogeography, and molecular evolution. In *The Biology of Sea Turtles*, P. L. Lutz and J. A. Musick (eds.). Boca Raton, Fla: CRC Press, pp. 29–50.
Bowen, B. W., A. B. Meylan, and J. C. Avise. 1989. An odyssey of the green sea turtle: Ascension Island revisited. *Proc. Natl. Acad. Sci. USA* 86: 573–576.
——— 1991. Evolutionary distinctiveness of the endangered Kemp's ridley sea turtle. *Nature* 352: 709–711.
Bowen, B. W., A. B. Meylan J. Perran Ross, C. J. Limpus, G. H. Balazs, and J. C. Avise. 1992. Global population structure and natural history of the green turtle (*Chelonia mydas*) in terms of matriarchal phylogeny. *Evolution* 46: 865–881.
Bowen, B. W., W. S. Nelson, and J. C. Avise. 1993a. A molecular phylogeny for marine turtles: Trait mapping, rate assessment, and conservation relevance. *Proc. Natl. Acad. Sci. USA* 90: 5574–5577.
Bowen, B. W. and W. N. Witzell (eds.). 1996. Proceedings of the International Symposium on Sea Turtle Conservation Genetics. NOAA Tech. Memo. NMFS-SEFSC-396.
Bowers, N., J. R. Stauffer, and T. D. Kocher. 1994. Intra- and interspecific mitochondrial DNA

sequence variation within two species of rock-dwelling cichlids (Teleostei: Cichlidae) from Lake Malawi, Africa. *Mol. Phylogen. Evol.* 3: 75–82.

Boyce, A. J. and C. G. N. Mascie-Taylor (eds.). 1996. *Molecular Biology and Human Diversity*. Cambridge: Cambridge University Press.

Boyce, T. M., M. E. Zwick, and C. F. Aquadro. 1994. Mitochondrial DNA in the bark weevils: Phylogeny and evolution in the *Pissodes strobi* species group (Coleoptera: Curculionidae). *Mol. Biol. Evol.* 11: 183–194.

Bradley, R. D. and D. M. Hillis. 1997. Recombinant DNA sequences generated by PCR amplification. *Mol. Biol. Evol.* 14: 592–593.

Bräuer, G. and F. H. Smith (eds.). 1992. *Continuity or Replacement: Controversies in* Homo sapiens *Evolution*. Rotterdam: Balkema.

Brawn, J. D., T. M. Collins, M. Medina, and E. Bermingham. 1996. Associations between physical isolation and geographical variation within three species of Neotropical birds. *Mol. Ecol.* 5: 33–46.

Bremer, J. R. A., A. J. Baker, and J. Mejuto. 1995. Mitochondrial-DNA control region sequences indicate extensive mixing of swordfish (*Xiphias gladius*) populations in the Atlantic Ocean. *Can. J. Fish. Aquat. Sci.* 52: 1720–1732.

Briggs, J. C. 1958. A list of Florida fishes and their distributions. *Bull. Fla. State Mus. Biol. Sci.* 2: 223–318.

——— 1974. *Marine Zoogeography*. New York: McGraw-Hill.

——— 1996. *Global Biogeography*. Amsterdam: Elsevier.

Britten, R. J. 1986. Rates of DNA sequence evolution differ between taxonomic groups. *Science* 231: 1393–1398.

Broderick, D. and C. Moritz. 1996. Hawksbill breeding and foraging populations in the Indo-Pacific region. In *Proceedings of the International Symposium on Sea Turtle Conservation Genetics*, B. W. Bowen and W. N. Witzell (eds.). NOAA Tech. Memo. NMFS-SEFSC-396, pp. 119–128.

Broderick, D., C. Moritz, J. D. Miller, M. Guinea, R. J. Prince, and C. J. Limpus. 1994. Genetic studies of the hawksbill turtle: Evidence for multiple stocks and mixed feeding grounds in Australian waters. *Pacific Conserv. Biol.* 1: 123–131.

Bromham, L., A. Rambaut, R. Fortey, A. Cooper, and D. Penny. 1998. Testing the Cambrian explosion hypothesis by using a molecular dating technique. *Proc. Natl. Acad. Sci. USA* 95: 12386–12389.

Brooks, D. R. 1985. Historical ecology: A new approach to studying the evolution of ecological associations. *Ann. Missouri Bot. Gard.* 72: 660–680.

——— 1990. Parsimony analysis and historical biogeography: Methodological and theoretical update. *Syst. Zool.* 39: 14–30.

Brooks, D. R. and D. A. McLennen. 1991. *Phylogeny, Ecology, and Behavior*. Chicago: University of Chicago Press.

Brower, A. V. Z. 1994. Rapid morphological radiation and convergence among races of the butterfly *Heliconius erato* inferred from patterns of mitochondrial DNA evolution. *Proc. Natl. Acad. Sci. USA* 91: 6491–6495.

Brower, A. V. Z. and T. M. Boyce. 1991. Mitochondrial DNA variation in monarch butterflies. *Evolution* 45: 1281–1286.

Brown, J. H. and A. C. Gibson. 1983. *Biogeography*. St. Louis: Mosby.

Brown, J. H. and M. V. Lomolino. 1998. *Biogeography*, 2d ed. Sunderland, Mass.: Sinauer.

Brown, J. M., W. G. Abrahamson, and P. A. Way. 1996. Mitochondrial DNA phylogeography of host races of the goldenrod ball gallmaker, *Eurosta solidaginis* (Diptera: Tephritidae). *Evolution* 50: 777–786.

Brown, J. M., J. H. Leebens-Mack, J. N. Thompson, O. Pellmyr, and R. G. Harrison. 1997. Phylogeography and host association in a pollinating seed parasite *Greya politella* (Lepidoptera: Prodoxidae). *Mol. Ecol.* 6: 215–224.

Brown, J. R., A. T. Beckenbach, and M. J. Smith. 1993. Intraspecific DNA sequence variation of the mitochondrial control region of white sturgeon (*Acipenser transmontanus*). *Mol. Biol. Evol.* 10: 326–341.

Brown, R. P. and J. Pestano. 1998. Phylogeography of skinks (*Chalcides*) in the Canary Islands inferred from mitochondrial DNA sequences. *Mol. Ecol.* 7: 1183–1191.

Brown, W. M. 1980. Polymorphism in mitochondrial DNA of humans as revealed by restriction endonuclease analysis. *Proc. Natl. Acad. Sci. USA* 77: 3605–3609.

——— 1981. Mechanisms of evolution in animal mitochondrial DNA. *Ann. N. Y. Acad. Sci.* 361: 119–134.

——— 1983. Evolution of animal mitochondrial DNA. In *Evolution of Genes and Proteins*, M. Nei and R. K. Koehn (eds.). Sunderland, Mass.: Sinauer, pp. 62–88.

Brown, W. M., M. George, Jr., and A. C. Wilson. 1979. Rapid evolution of animal mitochondrial DNA. *Proc. Natl. Acad. Sci. USA* 76: 1967-1971.

Brown, W. M. and M. H. Goodman. 1979. Quantitation of intrapopulation variation by restriction endonuclease analysis of human mitochondrial DNA. In *Extrachromosomal DNA*, D. J. Cummings, P. Borst, I. B. Dawid, S. M. Weissman, and C. F. Fox (eds.). New York: Academic Press, pp. 485-499.

Brown, W. M., E. M. Prager, A. Wang, and A. C. Wilson. 1982. Mitochondrial DNA sequences of primates: Tempo and mode of evolution. *J. Mol. Evol.* 18: 225-239.

Brown, W. M. and J. Vinograd. 1974. Restriction endonuclease cleavage maps of animal mitochondrial DNAs. *Proc. Natl. Acad. Sci. USA* 71: 4617-4621.

Brown, W. M. and J. W. Wright. 1975. Mitochondrial DNA and the origin of parthenogenesis in whiptail lizards (*Cnemidophorus*). *Herpetol. Rev.* 6: 70-71.

―――― 1979. Mitochondrial DNA analysis and the origin and relative age of parthenogenetic lizards (genus *Cnemidophorus*). *Science* 203: 1247-1249.

Brown Gladden, J. G., M. M. Ferguson, and J. W. Clayton. 1997. Matriarchal genetic population structure of North American beluga whales *Delphinapterus leucas* (Cetacea: Monodontidae). *Mol. Ecol.* 6: 1033-1046.

Bucklin, A., C. Caudill, and M. Guarnieri. 1998. Population genetics and phylogeny of marine planktonic copepods. In *Molecular Approaches to the Study of the Ocean*, K. Cooksey (ed.). London: Chapman & Hall, pp. 303-317.

Bucklin, A. and T. D. Kocher. 1996. Source regions for recruitment of *Calanus finmarchicus* to Georges Bank: Evidence from molecular population genetic analysis of mtDNA. *Deep-Sea Res.* 43: 1665-1681.

Bucklin, A., T. C. LaJeunesse, E. Curry, J. Wallinga, and K. Garrison. 1996a. Molecular diversity of the copepod, *Nannocalanus minor*: Genetic evidence of species and population structure in the North Atlantic Ocean. *J. Marine Res.* 54: 285-310.

Bucklin, A., S. B. Smolenack, and A. M. Bentley. 1997. Gene flow patterns of the euphausiid, *Meganyctiphanes norvegica*, in the NW Atlantic based on mtDNA sequences for cytochrome *b* and cytochrome oxidase I. *J. Plankton Res.* 19: 1763-1781.

Bucklin, A., R. C. Sundt, and G. Dahle. 1996b. The population genetics of *Calanus finmarchicus* in the North Atlantic. *Ophelia* 44: 29-45.

Bucklin, A. and P. H. Wiebe. 1998. Low mitochondrial diversity and small effective population sizes of the copepods *Calanus finmarchicus* and *Nannocalanus minor*: Possible impact of climatic variation during recent glaciation. *J. Heredity* 89: 383-392.

Bull, J. J., J. P. Huelsenbeck, C. W. Cunningham, D. L. Swofford, and P. J. Waddell. 1993. Partitioning and combining data in phylogenetic analysis. *Syst. Biol.* 42: 384-397.

Buroker, N. E. 1983. Population genetics of the American oyster *Crassostrea virginica* along the Atlantic coast and the Gulf of Mexico. *Marine Biol.* 75: 99-112.

Burrows, P. M. and C. C. Cockerham. 1974. Distributions of time to fixation of neutral genes. *Theor. Pop. Biol.* 5: 192-207.

Burrows, W. and O. A. Ryder. 1997. Y-chromosome variation in great apes. *Nature* 385: 125-126.

Burton, R. S. 1983. Protein polymorphisms and genetic differentiation of marine invertebrate populations. *Marine Biol. Letters* 4: 193-206.

―― 1998. Intraspecific phylogeography across the Point Conception biogeographic boundary. *Evolution* 52: 734-745.

Burton, R. S. and B.-N. Lee. 1994. Nuclear and mitochondrial gene genealogies and allozyme polymorphism across a major phylogeographic break in the copepod *Tigriopus californicus*. *Proc. Natl. Acad. Sci. USA* 91: 5197-5201.

Bush, G. L. 1975. Modes of Animal Speciation. *Annu. Rev. Ecol. Syst.* 6: 339-364.

―――― 1994. Sympatric speciation in animals: New wine in old bottles. *Trends Ecol. Evol.* 9: 285-288.

Bush, M. B. 1994. Amazonian speciation: A necessarily complex model. *J. Biogeogr.* 21: 5-17.

Butlin, R. K. 1989. Reinforcement of premating isolation. In *Speciation and Its Consequences*, D. Otte and J. A. Endler (eds.). Sunderland, Mass.: Sinauer, pp. 158-179.

Butlin, R. K. and G. M. Hewitt. 1985. A hybrid zone between *Chorthippus parallelus parallelus* and *Chorthippus parallelus erythropus* (Orthoptera: Acrididae). I. Morphological and electrophoretic characters. *Biol. J. Linn. Soc.* 26: 269-285.

Byun, S. A., B. F. Koop, and T. E. Reimchen. 1997. North American black bear mtDNA phylogeography: Implications for morphology and the Haida Gwaii glacial refugium controversy. *Evolution* 51: 1647-1653.

Caccone, A., M. C. Milinkovitch, V. Sbordoni, and J.

R. Powell. 1997. Mitochondrial DNA rates and biogeography of European newts (genus *Euproctus*). *Syst. Biol.* 46: 126-144.

Camper, J. D., R. C. Barber, L. R. Richardson, and J. R. Gold. 1993. Mitochondrial DNA variation among red snapper (*Lutjanus campechanus*) from the Gulf of Mexico. *Mol. Mar. Biol. Biotech.* 2: 154-161.

Canatore, R., M. Roberti, G. Pesole, A. Ludovico, F. Milella, M. N. Gadaleta, and C. Saccone. 1994. Evolutionary analysis of cytochrome *b* sequences in some Perciformes: Evidence for a slower rate of evolution than in mammals. *J. Mol. Evol.* 39: 589-597.

Cann, R. L., W. M. Brown, and A. C. Wilson. 1982. Evolution of human mitochondrial DNA: molecular, genetic, and anthropological implications. In *Proc. 6th Intl. Congr. Human Genetics. Part A*, B. Bonné-Tamir (ed.). New York: Alan R. Liss, pp. 157-165.

——— 1984. Polymorphic sites and the mechanism of evolution in human mitochondrial DNA. *Genetics* 106: 479-499.

Cann, R. L. and A. C. Wilson. 1983. Length mutations in human mitochondrial DNA. *Genetics* 104: 699-711.

Cann, R. L., M. Stoneking, and A. C. Wilson. 1987. Mitochondrial DNA and human evolution. *Nature* 325: 31-36.

Carlton, J. T. and J. B. Geller. 1993. Ecological roulette: The global transport of non-indigenous marine organisms. *Science* 261: 78-82.

Carpenter, M. A., E. W. Brown, M. Culver, W. E. Johnson, J. Pecon-Slattery, D. Brousset, and S. J. O'Brien. 1996. Genetic and phylogenetic divergence of feline immunodeficiency virus in the puma (*Puma concolor*). *J. Virol.* 70: 6682-6693.

Carr, A. and P. J. Coleman. 1974. Seafloor spreading theory and the odyssey of the green turtle from Brazil to Ascension Island, Central Atlantic. *Nature* 249: 128-130.

Carr, S. M., S. W. Ballinger, J. N. Derr, L. H. Blackenship, and J. W. Bickham. 1986. Mitochondrial DNA analysis of hybridization between sympatric white-tailed deer and mule deer in west Texas. *Proc. Natl. Acad. Sci. USA* 83: 9576-9580.

Carr, S. M. and H. D. Marshall. 1991. Detection of intraspecific DNA sequence variation in the mitochondrial cytochrome *b* gene of Atlantic cod (*Gadus morhua*) by the polymerase chain reaction. *Can. J. Fish. Aquat. Sci.* 48: 48-52.

Castelloe, J. and A. R. Templeton. 1994. Root probabilities for intraspecific gene trees under neutral coalescent theory. *Mol. Phylogen. Evol.* 3: 102-113.

Cavalli-Sforza, L. L. 1997. Genes, peoples, and langauges. *Proc. Natl. Acad. Sci. USA* 94: 7719-7724.

Cavalli-Sforza, L. L., P. Menozzi, and A. Piazza. 1994. *The History and Geography of Human Genes*. Princeton, N. J.: Princeton University Press.

Chapco, W., R. A. Kelln, and D. A. McFayden. 1992. Intraspecific mitochondrial DNA variation in the migratory grasshopper, *Melanoplus sanguinipes*. *Heredity* 69: 547-557.

——— 1994. Mitochondrial DNA variation in North American melanopline grasshoppers. *Heredity* 72: 1-9.

Chapman, R. W., J. C. Stephens, R. A. Lansman, and J. C. Avise. 1982. Models of mitochondrial DNA transmission genetics and evolution in higher eukaryotes. *Genet. Res.* 40: 41-57.

Charlesworth, B., M. T. Morgan, and D. Charlesworth. 1933. The effect of deleterious mutations on neutral molecular variation. *Genetics* 134: 1289-1303.

Chenoweth, S. F. and J. M. Hughes. 1997. Genetic population structure of the catadromous perciform: *Macquaria novemaculeata* (Percichthyidae). *J. Fish Biol.* 50: 721-733.

Chow, S. and S. Inoue. 1993. Intra- and interspecific restriction fragment length polymorphism in mitochondrial genes of *Thunnus* tuna species. *Bull. Nat. Res. Inst. Far Seas Fish.* 30: 207-225.

Chow, S. and S. Ushiama. 1995. Global population structure of albacore (*Thunnus alalunga*) inferred by RFLP analysis of the mitochondrial ATPase gene. *Marine Biol.* 123: 39-45.

Chu, J. Y. and 13 others. 1998. Genetic relationships of populations in China. *Proc. Natl. Acad. Sci. USA* 95: 11763-11768.

Chubb, A. L., R. M. Zink, and J. M. Fitzsimons. 1998. Patterns of mtDNA variation in Hawaiian freshwater fishes: the phylogeographic consequences of amphidromy. *J. Heredity* 89: 8-16.

Claridge, M. F., H. A. Dawah, and M. R. Wilson (eds.). 1997. *Species: The Units of Biodiversity*. New York: Chapman & Hall.

Clark, A. G. 1993. Evolutionary inferences from molecular characterization of self-incompatibility alleles. In *Mechanisms of Molecular Evolution*, N. Takahata and A. G. Clark (eds.). Sunderland, Mass.: Sinauer, pp. 79-108.

——— 1997. Neutral behavior of shared polymor-

phism. *Proc. Natl. Acad. Sci. USA* 94: 7730–7734.
Clegg, S. M., P. Hale. and C. Moritz. 1998. Molecular population genetics of the red kangaroo (*Macropus rufus*): mtDNA variation. *Mol. Ecol.* 7: 679–686.
Cockerham, C. C. and B. S. Weir. 1993. Estimation of gene flow from *F*-statistics. *Evolution* 47: 855–863.
Cohan, F. M. 1999. Genetic structure of bacterial populations. In *Evolutionary Genetics from Molecules to Morphology*, R. Singh and C. Krimbas (eds.). Cambridge: Cambridge University Press.
Collins, T. M., K. Frazer, A. R. Palmer, G. J. Vermeij, and W. M. Brown. 1996. Evolutionary history of Northern Hemisphere *Nucella* (Gastropoda, Muricidae): Molecular, morphological, ecological, and paleontological evidence. *Evolution* 50: 2287–2304.
Comas, D., S. Pääbo, and J. Bertranpetit. 1995. Heteroplasmy in the control region of human mitochondrial DNA. *Genome Res.* 5: 89–90.
Cooke, F., C. D. MacInnes, and J. P. Prevett. 1975. Gene flow between breeding populations of lesser snow geese. *Auk* 92: 493–510.
Cooper, A. 1997. Studies of a avian ancient DNA: From Jurassic Park to modern island extinctions. In *Avian Molecular Evolution and Systematics*, D. P. Mindell (ed.). New York: Academic Press, pp. 345–373.
Cooper, A., C. Mourer-Chauviré, G. K. Chambers, A. von Haeseler, A. C. Wilson, and S. Pääbo. 1992. Independent origins of the New Zealand moas and kiwis. *Proc. Natl. Acad. Sci. USA* 89: 8741–8744.
Cooper, A., H. N. Poinar, S. Pääbo, J. Radovcic, A. Debénath, M. Caparros, C. Barroso-Ruiz, J. Bertranpetit, C. Nielsen-Marsh, R. E. M. Hedges, and B. Sykes. 1997. Neandertal genetics. *Science* 277: 1021–1024.
Cooper, S. J. B. and G. M. Hewitt. 1993. Nuclear DNA sequence divergence between parapatric subspecies of the grasshopper *Chorthippus parallelus*. *Insect Mol. Biol.* 2: 1–10.
Cooper, S. J. B., K. M. Ibrahim, and G. M. Hewitt. 1995. Postglacial expansion and genome subdivision in the European grasshopper *Chorthippus parallelus*. *Mol. Ecol.* 4: 49–60.
Cornuet, J. M. and L. Garnery. 1991. Mitochondrial DNA variability in honeybees and its phylogeographic implications. *Apidologie* 22: 627–642.
Cox, C. B. and P. D. Moore. 1993. *Biogeography: An Ecological and Evolutionary Approach*, 5th ed. Oxford: Blackwell.
Coyne, J. A. 1992. Much ado about species. *Nature* 357: 289–290.
——— 1994. Ernst Mayr and the origin of species. *Evolution* 48: 19–30.
Coyne, J. A. and H. A. Orr. 1998. The evolutionary genetics of speciation. *Phil. Trans. Roy. Soc. Lond. B* 353: 287–305.
Coyne, J. A., H. A. Orr, and D. J. Futuyma. 1988. Do we need a new species concept? *Syst. Zool.* 37: 190–200.
Cracraft, J. 1983. Species concepts and speciation analysis. *Curr. Ornithol.* 1: 159–187.
——— 1987. Species concepts and the ontology of evolution. *Biol. Philos.* 2: 397–414.
——— 1988. Deep-history biogeography: retrieving the historical pattern of evolving continental biotas. *Syst. Zool.* 37: 221–236.
——— 1989. Speciation and its ontology: The empirical consequences of alternative species concepts for understanding patterns and processes of differentiation. In *Speciation and Its Consequences*, D. Otte and J. A. Endler (eds.). Sunderland, Mass.: Sinauer, pp. 28–59.
Cracraft, J. and R. O. Prum. 1988. Patterns and processes of diversification: Speciation and historical congruence in some neotropical birds. *Evolution* 42: 603–620.
Craddock, C., W. R. Hoeh, R. A. Lutz, and R. C. Vrijenhoek. 1995. Extensive gene flow among mytilid (*Bathymodiolus thermophilus*) populations from hydrothermal vents of the eastern Pacific. *Marine Biol.* 124: 137–146.
Crandall, K. A. and A. R. Templeton. 1993. Empirical tests of some predictions from coalescent theory with applications to intraspecific phylogeny reconstruction. *Genetics* 134: 959–969.
——— 1996. Applications of intraspecific phylogenetics. In *New Uses for New Phylogenies*, P. H. Harvey, A. J. Leigh Brown, J. Maynard Smith, and S. Nee (eds.). New York: Oxford University Press, pp. 81–99.
Crandall, K. A., A. R. Templeton, and C. F. Sing. 1994. Intraspecific phylogenetics: Problems and solutions. In *Phylogeny Reconstruction*, R. W. Scotland, D. J. Siebert, and D. M. Williams (eds.). Oxford: Clarendon Press, pp. 273–297.
Crews, S., D. Ojala, J. Posakony, J. Nishiguchi, and G. Attardi. 1979. Nucleotide sequence of a region of human mitochondrial DNA containing the precisely defined origin of replication. *Nature* 277: 192–198.
Croizat, L., G. Nelson, and D. E. Rosen. 1974. Cen-

Cronin, M. A. 1992. Intraspecific variation in mitochondrial DNA of North American cervids. *J. Mammal.* 73: 70–82.

——— 1993. Mitochondrial DNA in wildlife taxonomy and conservation biology: cautionary notes. *Wildl. Soc. Bull.* 21: 339–348.

Cronin, M. A., S. C. Amstrup, G. W. Garner, and E. R. Vyse. 1991b. Interspecific and intraspecific mitochondrial DNA variation in North American bears (*Ursus*). *Can. J. Zool.* 69: 2985–2992.

Cronin, M. A., J. Bodkin, B. Ballachey, J. Estes, and J. C. Patton. 1996a. Mitochondrial-DNA variation among subspecies and populations of sea otters (*Enhydra lutris*). *J. Mammal.* 77: 546–557.

Cronin, M. A., J. B. Grand, D. Esler, D. V. Derksen, and K. T. Scribner. 1996b. Breeding populations of northern pintails have similar mitochondrial DNA. *Can. J. Zool.* 74: 992–999.

Cronin, M. A., M. E. Nelson, and D. F. Pac. 1991a. Spatial heterogeneity of mitochondrial DNA and allozymes among populations of white-tailed deer and mule deer. *J. Heredity* 82: 118–127.

Cronin, T. M. 1988. Evolution of marine climates of the U. S. Atlantic coast during the last four million years. In *The Past Three Million Years: Evolution of Climatic Variability in the North Atlantic Region*, N. J. Shackleton, R. G. West, and D. Q. Bowen (eds.). London: The Royal Society, pp. 327–356.

Crosetti, D., W. S. Nelson, and J. C. Avise. 1993. Pronounced genetic structure of mitochondrial DNA among populations of the circumglobally distributed grey mullet (*Mugil cephalus*). *J. Fish Biol.* 44: 47–58.

Crow, J. F. and K. Aoki. 1984. Group selection for a polygenic behavioral trait: Estimating the degree of population subdivision. *Proc. Natl. Acad. Sci. USA* 81: 6073–6077.

Crow, J. F. and M. Kimura. 1970. *An Introduction to Population Genetics Theory*. New York: Harper & Row.

Crozier, R. 1992. Genetic diversity and the agony of choice. *Biol. Cons.* 61: 11–15.

——— 1997. Preserving the information content of species: Genetic diversity, phylogeny, and conservation worth. *Annu. Rev. Ecol. Syst.* 28: 243–268.

Cummings, D. J., P. Borst, I. B. Dawid, S. M. Weissman, and C. F. Fox (eds.). 1979. *Extrachromosomal DNA*. New York: Academic Press.

Cunningham, C. W., N. W. Blackstone, and L. W. Buss. 1992. Evolution of king crabs from hermit crab ancestors. *Nature* 355: 539–542.

Cunningham, C. W., L. W. Buss, and C. Anderson. 1991. Molecular and geologic evidence of shared history between hermit crabs and the symbiotic genus *Hydractinia*. *Evolution* 45: 1301–1316.

Cunningham, C. W. and T. M. Collins. 1998. Beyond area relationships: Extinction and recolonization in molecular marine biogeography. In *Molecular Approaches to Ecology and Evolution*, R. DeSalle and B. Schierwater (eds.). Basel: Birkhäuser, pp. 297–321.

Cunningham, M. and C. Moritz. 1998. Genetic effects of forest fragmentation on a rainforest restricted lizard (Scincidae: *Gnypetoscincus queenslandiae*). *Biol. Cons.* 83: 19–30.

da Silva, M. N. F. and J. L. Patton. 1993. Amazonian phylogeography: mtDNA sequence variation in arboreal echimyid rodents (Caviomorpha). *Mol. Phylogen. Evol.* 2: 243–255.

——— 1998. Molecular phylogeography and the evolution and conservation of Amazonian mammals. *Mol. Ecol.* 7: 475–486.

Daugherty, C. H., A. Cree, J. M. Hay, and M. B. Thompson. 1990. Neglected taxonomy and continuing extinctions of tuatara (*Sphenodon*). *Nature* 347: 177–179.

Dawid, I. B. and A. W. Blackler. 1972. Maternal and cytoplasmic inheritance of mtDNA in *Xenopus*. *Develop. Biol.* 29: 152–161.

Dawkins, R. 1995. *River Out of Eden*. New York: Basic Books.

Dawley, R. M. and J. P. Bogart (eds.). 1989. *Evolution and Ecology of Unisexual Vertebrates*. Albany: New York State Museum.

Day, W. H. 1983. Properties of the nearest neighbor interchange metric for trees of small size. *J. Theor. Biol.* 101: 275–288.

DeBry, R. W. 1992. The consistency of several phylogeny-inference methods under varying evolutionary rates. *Mol. Biol. Evol.* 9: 537–551.

Degnan, S. M. 1993. The perils of single gene trees — mitochondrial versus single-copy nuclear DNA variation in white-eyes (Aves: Zosteropidae). *Mol. Ecol.* 2: 219–225.

Degnan, S, M. and C. Moritz. 1992. Phylogeography of mitochondrial DNA in two species of white-eyes in Australia. *Auk* 109: 800–811.

Demastes, J. W., M. S. Hafner, and D. J. Hafner. 1996. Phylogeographic variation in two central American pocket gophers (*Orthogeomys*). *J. Mammal.* 77: 917–927.

Demesure, B., B. Comps, and R. J. Petit. 1996. Chloroplast DNA phylogeography of the common beech (*Fagus sylvatica* L.) in Europe. *Evolution* 50: 2515–2520.

Denaro, M., H. Blanc, M. J. Johnson, K. H. Chen, E. Wilmsen, L. L. Cavalli-Sforza, and D. C. Wallace. 1981. Ethnic variation in *Hpa*I endonuclease cleavage patterns of human mitochondrial DNA. *Proc. Natl. Acad. Sci. USA* 78: 5768–5772.

Densmore, L. D., III, C. C. Moritz, J. W. Wright, and W. M. Brown. 1989. Mitochondrial DNA analyses and the origin and relative age of parthenogenetic lizards (genus *Cnemidophorus*). IV. Nine *sexlineatus*-group unisexuals. *Evolution* 43: 969–983.

Densmore, L. D., J. W. Wright, and W. M. Brown. 1985. Length variation and heteroplasmy are frequent in mitochondrial DNA from parthenogenetic and bisexual lizards (genus *Cnemidophorus*). *Genetics* 110: 689–707.

de Queiroz, K. and M. J. Donoghue. 1988. Phylogenetic systematics and the species problem. *Cladistics* 4: 317–338.

DeSalle, R., A. V. Z. Brower, R. Baker, and J. Remsen. 1997. A hierarchical view of the Hawaiian Drosophilidae. *Pacific Sci.* 51: 462–474.

DeSalle, R., T. Freedman, E. M. Prager, and A. C. Wilson. 1987. Tempo and mode of evolution in mitochondrial DNA of Hawaiian *Drosophila*. *J. Mol. Evol.* 26: 157–164.

DeSalle, R. and L. V. Giddings. 1986. Discordance of nuclear and mitochondrial DNA phylogenies in Hawaiian *Drosophila*. *Proc. Natl. Acad. Sci. USA* 83: 6902–6906.

de Stordeur, E. 1997. Nonrandom partition of mitochondria in heteroplasmic *Drosophila*. *Heredity* 79: 615–623.

Diamond, J. D. 1966. Zoological classification system of a primitive people. *Science* 151: 1102–1104.

Dice, L. R. and W. E. Howard. 1951. Distances of dispersal by prairie deer mice from birthplaces to breeding sites. *Cont. Lab. Vert. Biol. Univ. Mich.* 50: 1–15.

Din, W., R. Anand, P. Boursot, D. Darviche, B. Dod, E. Jouvinmarche, A. Orth. G. P. Talwar, P. A. Cazenave, and F. Bonhomme. 1996. Origin and radiation of the house mouse—clues from nuclear genes. *J. Evol. Biol.* 9: 519–539.

Dinerstein, E. and E. Wikramanyake. 1993. Beyond "hot spots": How to prioritize investments in biodiversity in the Indo-Pacific region. *Conserv. Biol.* 7: 53–65.

Di Rienzo, A. and A. C. Wilson. 1991. Branching pattern in the evolutionary tree for human mitochondrial DNA. *Proc. Natl. Acad. Sci. USA* 88: 1597–1601.

Dizon, A. E., C. Lockyer, W. F. Perrin, D. P. Demaster, and J. Sisson. 1992. Rethinking the stock concept: A phylogeographic approach. *Conserv. Biol.* 6: 24–36.

Dizon, A. E., S. O. Southern, and W. F. Perrin. 1991. Molecular analysis of mtDNA types in exploited populations of spinner dolphins (*Stenella longirostris*). *Rep. Int. Whaling Comm.* (special issue) 13: 183–202.

Dobzhansky, T. 1937. *Genetics and the Origin of Species*. New York: Colombia University Press.

Dodson, J. J., J. E. Carscadden, L. Bernatchez, and F. Colombani. 1991. Relationship between spawning mode and phylogeographic structure in mitochondrial DNA of North Atlantic capelin *Mallotus villosus*. *Mar. Ecol. Progr. Ser.* 76: 103–113.

Dodson, J. J., F. Colombani, and P. K. L. Ng. 1995. Phylogeographic structure in mitochodrial DNA of a South-east Asian freshwater fish, *Hemibagrus nemurus* (Siluroidei: Bagridae) and Pleistocene sea-level changes on the Sunda shelf. *Mol. Ecol.* 4: 331–346.

Dong, J. and D. B. Wagner. 1994. Paternally inherited chloroplast polymorphism in *Pinus*: Estimation of diversity and population subdivision, and tests of disequilibrium with a maternally inherited mitochondrial polymorphism. *Genetics* 136: 1187–1194.

Donnelly, P. and S. Tavaré. 1986. The ages of alleles and a coalescent. *Adv. Appl. Prob.* 18: 1–19.

———. 1995. Coalescents and genealogical structure under neutrality. *Annu. Rev. Genet.* 29: 401–421.

Donnelly, P. and S. Tavaré (eds.). 1997. *Progress in Population Genetics and Human Evolution*. New York: Springer-Verlag.

Donnelly, P., S. Tavaré, D. J. Balding, and R. C. Griffiths. 1996. Estimating the age of the common ancestor of men from the *ZFY* intron. *Science* 272: 1357–1359.

Donoghue, M. J. 1985. A critique of the biological species concept and recommendations for a phylogenetic alternative. *Bryologist* 88: 172–181.

Doolittle, W. F. 1998. You are what you eat: A gene transfer ratchet could account for bacterial genes in eukaryotic nuclear genomes. *Trends in Genet.* 14: 307–311.

Dopazo, H., L. Boto, and P. Alberch. 1998. Mitochondrial DNA variability in viviparous and ovoviparous populations of the urodele *Salamandra salamandra*. *J. Evol Biol*. 11: 365-378.

Dorit, R. L., H. Akashi, and W. Gilbert. 1995. Absence of polymorphism at the *ZFY* locus on the human Y chromosome. *Science* 268: 1183-1185.

———— 1996 Estimating the age of the common ancestor of men from the *ZFY* intron. *Science* 272: 1361-1362.

Douris, V., R. A. D. Cameron, G. C. Rodakis, and R. Lecanidou. 1998. Mitochondrial phylogeography of the land snail *Albinaria* in Crete: Long-term geological and short-term vicariance effects. *Evolution* 52: 116-125.

Dowling, T. E., R. E. Broughton, and B. D. DeMarais. 1997. Significant role for historical effects in the evolution of reproductive isolation: Evidence from patterns of introgression between the cyprinid fishes, *Luxilus cornutus* and *Luxilus chrysocephalus*. *Evolution* 51: 1574-1583.

Dowling, T. E. and W. B. Brown. 1993. Population structure of the bottlenose dolphin (*Tursiops truncatus*) as determined by restriction endonuclease analysis of mitochondrial DNA. *Marine Mammal Sci*. 9: 138-155.

Dowling, T. E. and B. D. DeMarais. 1993. Evolutionary significance of introgressive hybridization in cyprinid fishes. *Nature* 362: 444-446.

Dowling, T. E. and A. L. Secor. 1997. The role of hybridization and introgression in the diversification of animals. *Annu. Rev. Ecol. Syst*. 28: 593-619.

Doyle, J. J. 1997. Trees within trees: Genes and species, molecules and morphology. *Syst. Biol*. 46: 537-553.

Doyle, J. J., J. L. Doyle, and A. H. D. Brown. 1990. Chloroplast DNA polymorphism and phylogeny in the B genome of *Glycine* subgenus *Glycine* (Leguminosae). *Amer. J. Bot*. 77: 772-782.

Duggins, C. F., Jr., A. A. Karlin, T. A. Mousseau, and K. G. Relyea. 1995. Analysis of a hybrid zone in *Fundulus majalis* in a northeastern Florida ecotone. *Heredity* 74: 117-128.

Dumolin-Lapegue, S., B. Demesure, S. Fineschi, V. Le Corre, and R. J. Petit. 1997. Phylogeographic structure of white oaks throughout the European continent. *Genetics* 146: 1475-1487.

Echelle, A. A. and T. E. Dowling. 1992. Mitochondrial DNA variation and evolution of the Death Valley pupfishes (*Cyprinodon*, Cyprinodontidae). *Evolution* 46: 193-206.

Echelle, A. A., T. E. Dowling, C. C. Moritz, and W. M. Brown. 1989. Mitochondrial-DNA diversity and the origin of the *Menidia clarkhubbsi* complex of unisexual fishes (Atherinidae). *Evolution* 43: 984-993.

Echelle, A. A. and I. Kornfield (eds.). 1984. *Evolution of Fish Species Flocks*. Orono: University of Maine Press.

Edmands, S., P. E. Moberg, and R. S. Burton. 1996. Allozyme and mitochondrial DNA evidence of population subdivision in the purple sea urchin *Strongylocentrotus purpuratus*. *Marine Biol*. 126: 443-450.

Edwards, S. V. 1993a. Long-distance gene flow in a cooperative breeder suggested by genealogies of mitochondrial DNA sequences. *Proc. Roy. Soc. Lond. B* 252: 177-185.

———— 1993b. Mitochondrial gene genealogy and gene flow among island and mainland populations of a sedentary songbird, the grey-crowned babbler. *Evolution* 47: 1118-1137.

———— 1997. Relevance of microevolutionary processes to higher level molecular systematics. In *Avian Molecular Evolution and Systematics,* D. P. Mindell (ed.). New York: Academic Press, pp. 251-278.

Edwards, S. V. and A. C. Wilson. 1990. Phylogenetically informative length polymorphism and sequence variability in mitochondrial DNA of Australian songbirds (*Pomatostomus*). *Genetics* 126: 695-711.

Ehrlich, P. R. and E. O. Wilson. 1991. Biodiversity studies: Science and policy. *Science* 253: 758-761.

Eizirik, E., S. L. Bonatto, W. E. Johnson, P. G. Crawshaw, Jr., J. C. Vié, D. M. Brousset, S. J. O'Brien, and F. M. Salzano. 1998. Phylogeographic patterns and evolution of the mitochondrial DNA control region in two neotropical cats (Mammalia, Felidae). *J. Mol. Evol*. 47: 613-624.

Eldredge, N. and J. Cracraft. 1980. *Phylogenetic Patterns and the Evolutionary Process*. New York: Columbia University Press.

Eller, E. and H. C. Harpending. 1996. Simulations show that neither population expansion nor population stationarity in a West African population can be rejected. *Mol. Biol. Evol*. 13: 1155-1157.

Ellsworth, D. L., R. L. Honeycutt. N. J. Silvy, J. H. Bickham, and W. D. Klimstra. 1994a. Historical biogeography and contemporary patterns of mitochondrial DNA variation in white-tailed deer from the southeastern United States. *Evolution* 48: 122-136.

Ellsworth, D. L., R. L. Honeycutt, N. J. Silvy, K. D. Rittenhouse, and M. H. Smith. 1994b. Mitochondrial-DNA and nuclear-gene differentiation in North American prairie grouse (genus *Tympanuchus*). *Auk* 111: 661-671.

El Mousadik, A. and R. J. Petit. 1996. Chloroplast DNA phylogeography of the argan tree of Morocco. *Mol. Ecol*. 5: 547-555.

Embley, T. M. and E. Stackebrandt. 1997. Species in practice: Exploring uncultured prokaryote diversity in natural samples. In *Species: The Units of Biodiversity*, M. F. Claridge, H. A. Dawah, and M. R. Wilson (eds.). New York: Chapman & Hall, pp. 61-81.

Encalada, S. E. 1996. Conservation genetics of Atlantic and Mediterranean green turtles: Inferences from mtDNA sequences. In *Proceedings of the International Symposium on Sea Turtle Conservation Genetics*, B. W. Bowen and W. N. Witzell (eds.). NOAA Tech. Memo. NMFS-SEFSC-396, pp. 33-40.

Encalada, S. E., K. A. Bjorndal, A. B. Bolten, J. C. Zurita, B. Schroeder, E. Possardt, C. J. Sears, and B. W. Bowen. 1997. Population structure of loggerhead turtle (*Caretta caretta*) nesting colonies in the Atlantic and Mediterranean as inferred from mitochondrial DNA control region sequences. *Marine Biol*. 130: 567-575.

Encalada, S. E., P. N. Lahanas, K. A. Bjorndal, A. B. Bolten. M. M. Miyamoto, and B. W. Bowen. 1996. Phylogeography and population structure of the Atlantic and Mediterranean green turtle *Chelonia mydas*: A mitochondrial DNA control region sequence assessment. *Mol. Ecol*. 5: 473-483.

Endler, J. A. 1977. *Geographic Variation, Speciation, and Clines*. Princeton, N. J.: Princeton University Press.

―――― 1982. Pleistocene forest refuges: Fact or fancy? In *Biological Diversification in the Tropics*, G. T. Prince (ed.). New York: Columbia University Press, pp. 641-657.

―――― 1986. *Natural Selection in the Wild*. Princeton, N. J.: Princeton University Press.

Engel, S. R., K. M. Hogan, J. F. Taylor, and S. K. Davis. 1998. Molecular systematics and paleobiogeography of the South American sigmodontine rodents. *Mol. Biol. Evol*. 15: 35-49.

Engels, W. R. 1981. Estimating genetic divergence and genetic variability with restriction endonucleases. *Proc. Natl. Acad. Sci. USA* 78: 6329-6333.

Enghoff, H. 1995. historical biogeography of the Holarctic: Area relationships, ancestral areas, and dispersal of non-marine animals. *Cladistics* 11: 223-263.

Epifanio, J. M., J. B. Koppelman, M. A. Nedbal, and D. P. Philipp. 1996. Geographic variation of paddlefish allozymes and mitochondrial DNA. *Trans. Amer. Fish. Soc*. 125: 546-561.

Epifanio, J. M., P. E. Smouse, C. J. Kobak, and B. L. Brown. 1995. Mitochondrial DNA divergence among populations of American shad (*Alosa sapidissima*): How much variation is enough for mixed-stock analysis? *Can. J. Fish. Aquat. Sci*. 52: 1688-1702.

Epperson, B. K. 1993. Recent advances in correlation studies of spatial patterns of genetic variation. *Evol. Biol*. 27: 95-155.

Erlich, H. A. (ed.). 1989. *PCR Technology: Principles and Applications for DNA Amplification*. New York: Stockton Press.

Erlich, H. A., T. F. Bergström, M. Stoneking, and U. Gyllensten. 1996. HLA sequence polymorphism and the origin of humans. *Science* 274: 1552-1554.

Erwin, T. L. 1991. An evolutionary basis for conservation strategies. *Science* 253: 750-752.

Esposti, M., S. DeVries, M. Crimi, A. Ghelli, T. Paternello, and A. Meyer. 1993. Mitochondrial cytochrome *b*: Evolution and structure of the protein. *Biochem. Biophys. Acta* 1143: 243-271.

Estoup, A., M. Solignac, J.-M. Cornuet, J. Goudet, and A. School. 1996. Genetic differentiation of continental and island populations of *Bombus terrestris* (Hymenoptera: Apidae) in Europe. *Mol. Eco*. 5: 19-31.

Evans, B. J., J. C. Morales, M. D. Picker, D. B. Kelley, and D. J. Melnick, 1997. Comparative molecular phylogeography of two *Xenopus* species, *X. gilli* and *X. laevis*, in the southwestern Cape Province, South Africa. *Mol. Ecol*. 6: 333-343.

Excoffier, L. 1990. Evolution of human mitochondrial DNA: Evidence for departure from a pure neutral model of populations at equilibrium. *J. Mol. Evol*. 30: 125-139.

Excoffier, L. and P. E. Smouse. 1994. Using allele frequencies and geographic subdivision to reconstruct gene trees within a species: Molecular variance parsimony. *Genetics* 136: 343-359.

Exoffier, L., P. E. Smouse, and J. M. Quattro. 1992. Analysis of molecular variance inferred from metric distances among DNA haplotypes: Applications to human mitochondrial DNA restriction data. *Genetics* 131: 479-491.

Eyre-Walker, A., R. L. Gaut, H. Hilton, D. L. Feldman, and B. S. Gaut. 1998. Investigation of the bottleneck leading to the domestication of maize. *Proc. Natl. Acad. Sci. USA* 95: 4441-4446.

Faber, J. E. and C. A. Stepien. 1997. The utility of mitochondrial DNA control region sequences for analyzing phylogenetic relationships among populations, species, and genera of the Percidae. In *Molecular Systematics of Fishes,* T. D. Kocher and C. A. Stepien (eds.). San Diego, Calif.: Academic Press, pp. 129-143.

Faith, D. P. 1992. Conservation evaluation and phylogenetic diversity. *Biol. Cons.* 61: 1-10.

—— 1994. Genetic diversity and taxonomic priorities for conservation. *Biol. Cons.* 68: 69-74.

Faith, D. P. and P. A. Walker. 1996. How do indicator groups provide information about the relative biodiversity of different sets of areas? On hotspots, complementarity and pattern-based approaches. *Biodiversity Letters* 3: 18-25.

Fajen, A. and F. Breden. 1992. Mitochondrial DNA sequence variation among natural populations of the Trindidad guppy, *Poecilia reticulata*. *Evolution* 46: 1457-1465.

Farias, I. P., G. Ortí, I. Sampaio, H. Schneider, and A. Meyer. 1999. Mitochondrial DNA phylogeny of the family Cichlidae: Monophyly and high genetic divergence of the neotropical assemblage. *J. Mol. Evol.* 48(6): 703-711.

Farris, J. S., M. Källersjö, A. G. Kluge, and C. Bult. 1994. Testing significance of incongruence. *Cladistics* 10: 315-319.

Faulkes, C. G., D. H. Abbott, H. P. O'Brien, L. Lau, M. R. Roy, R. K. Wayne, and M. W. Bruford. 1997. Micro- and macrogeographical genetic structure of colonies of naked mole-rats *Heterocephalus glaber*. *Mol. Ecol.* 6: 615-628.

Fauron, C. M.-R. and D. R. Wolstenholme. 1980a. Extensive diversity among *Drosophila* species with respect to nucleotide sequences within the adenine + thymine-rich region of mitochondrial DNA molecules. *Nucleic Acids Res.* 8: 2439-2452.

—— 1980b. Intraspecific diversity of nucleotide sequences within the adenine + thymine-rich region of mitochondrial DNA molecules of *Drosophila mauritiana, Drosophila melanogaster,* and *Drosophila simulans*. *Nucleic Acids Res.* 8: 5391-5410.

Federov, V., M. Jaarola, and K. Fredga. 1996. Low mitochondrial DNA variation and recent colonization of Scandinavia by the wood lemming *Myopus schisticolor*. *Mol. Ecol.* 5: 577-581.

Feduccia, A. 1995. Explosive evolution in Tertiary birds and mammals. *Science* 267: 637-638.

Felder, D. L. and J. L. Staton. 1994. Genetic differentiation in trans-Floridian species complexes of *Sesarma* and *Uca* (Decapoda: Brachyura). *J. Crust. Biol.* 14: 191-209.

Felsenstein, J. 1971. The rate of loss of multiple alleles in finite haploid populations. *Theor. Pop. Biol.* 2: 391-403.

—— 1982. How can we infer geography and history from gene frequencies? *J. Theor. Biol.* 96: 9-20.

—— 1985a. Confidence limits on phylogenies: An approach using the bootstrap. *Evolution* 39: 783-791.

—— 1985b. Phylogenies and the comparative method. *Amer. Nat.* 125: 1-15.

—— 1988. Phylogenies from molecular sequences: Inference and reliability. *Annu. Rev. Genet.* 22: 521-565.

—— 1992a. Estimating effective population size from samples of sequences: Inefficiency of pairwise and segregating sites as compared to phylogenetic estimates. *Genet. Res.* 59: 139-147.

—— 1992b. Estimating effective population size from samples of sequences: A bootstrap Monte Carlo integration method. *Genet. Res.* 60: 209-220.

—— 1993. PHYLIP (Phylogeny Inference package), version 3.5c. Seattle: Department of Genetics, University of Washington.

Ferraris, J. D. and S. R. Palumbi (eds.). 1996. *Molecular Zoology*. New York: Wiley-Liss.

Ferris, S. D., W. M. Brown, W. S. Davidson, and A. C. Wilson. 1981a. Extensive polymorphism in the mitochondrial DNA of apes. *Proc. Natl. Acad. Sci. USA* 78: 6319-6323.

Ferris, S. D., R. D. Sage, C.-M. Huang, J. T. Nielsen, U. Ritte, and A. C. Wilson. 1983a. Flow of mitochondrial DNA across a species boundary. *Proc. Natl. Acad. Sci. USA* 80: 2290-2294.

Ferris, S. D., R. D. Sage, E. M. Prager, U. Ritte, and A. C. Wilson. 1983b. Mitochondrial DNA evolution in mice. *Genetics* 105: 681-721.

Ferris, S. D, A. C. Wilson, and W. M. Brown. 1981b. Evolutionary tree for apes and humans based on cleavage maps of mitochondrial DNA. *Proc. Natl. Acad. Sci. USA* 78: 2432-2436.

Figueroa, F., E. Günther, and J. Klein. 1988. MHC polymorphisms pre-dating speciation. *Nature* 335: 265-271.

Finnerty, J. R. and B. A. Block. 1992. Direct sequencing of mitochondrial DNA detects highly divergent haplotypes in blue marlin (*Makaira nigricans*). *Mol. Mar. Biol. Biotech.* 1: 206-214.

Fisher, R. A. 1930. *The Genetical Theory of Natural Selection*. Oxford: Clarendon Press.

FitzSimmons, N. N., C. J. Limpus, J. A. Norman, A. R. Goldizen, J. D. Miller, and C. Moritz. 1997a. Philopatry of male marine turtles inferred from mitochondrial DNA markers. *Proc. Natl. Acad. Sci. USA* 94: 8912–8917.

FitzSimmons, N. N., C. Moritz, C. J. Limpus, L. Pope, and R. Prince. 1997b. Geographic structure of mitochondrial and nuclear gene polymorphisms in Australian green turtle populations and male-biased gene flow. *Genetics* 147: 1843–1854.

Fleischer, R. C., C. E. McIntosh, and C. L. Tarr. 1998. Evolution on a volcanic conveyor belt: Using phylogeographic reconstructions and K-Ar-based ages of the Hawaiian Islands to estimate molecular evolutionary rates. *Mol. Ecol.* 7: 533–545.

Foster, S. A. and S. A. Cameron. 1996. Geographic variation in behavior: A Phylogenetic framework for comparative studies. In *Phylogenies and the Comparative Method in Animal Behavior,* E. P. Martins (ed.). New York: Oxford University Press, pp. 138–165.

Fox, G. E., L. J. Magrum, W. E. Balch, R. S. Wolfe, and C. R. Woese. 1977. Classification of methanogenic bacteria by 16S ribosomal RNA characterization. *Proc. Natl. Acad. Sci. USA* 74: 4537–4541.

Francisco, J. F., G. G. Brown, and M. V. Simpson. 1979. Further studies on types A and B rat mtDNA's: Cleavage maps and evidence for cytoplasmic inheritance in mammals. *Plasmid* 2: 426–436.

Freitag, S. and T. J. Robinson. 1993. Phylogeographic patterns in mitochondrial DNA of the ostrich (*Struthio camelus*). *Auk* 110: 614–622.

Friesen, V. L., B. C. Congdon, H. E. Walsh, and T. P. Birt. 1997. Intron variation in marbled murrelets detected using analyses of single-stranded conformational polymorphisms. *Mol. Ecol.* 6: 1047–1058.

Friesen, V. L., W. A. Montevecchi, A. J. Baker, R. T. Barrett, and W. S. Davidson. 1996. Population differentiation and evolution in the common guillemot *Uria aalge*. *Mol. Eco.* 5: 793–805.

Frost, D. R. and D. M. Hillis. 1990. Species in concept and practice: Herpetological applications. *Herpetologica* 46: 87–104.

Frumhoff, P. C. and H. K. Reeve. 1994. Using phylogenies to test hypotheses of adaptation: A critique of some current proposals. *Evolution* 48: 172–180.

Fu, Y.-X. 1994a. A phylogenetic estimator of effective population size or mutation rate. *Genetics* 136: 685–692.

—— 1994b. Estimating effective population size or mutation rate using the frequencies of mutations of various classes in a sample of DNA sequences. *Genetics* 138: 1375–1386.

Fu, Y.-X. and W.-H. Li. 1993. Statistical tests of neutrality of mutations. *Genetics* 133: 693–709.

—— 1996. Estimating the age of the common ancestor of men from the ZFY intron. *Science* 272: 1356–1357.

Fujii, N. 1997. Phylogeographic studies in Japanese alpine plants based on intraspecific chloroplast DNA variations. *Bull. Biogeog. Soc. Japan* 52: 59–69.

Fullerton, S. M., R. M. Harding, A. J. Boyce, and J. B. Clegg. 1994. Molecular and population genetic analysis of allelic sequence diversity at the human β-globin locus. *Proc. Natl. Acad. Sci. USA* 91: 1805–1809.

Funderburg, J. B., Jr. and T. L. Quay. 1983. In *The Seaside Sparrow, Its Biology and Management,* T. L. Quay, J. B. Funderburg, Jr., D. S. Lee, E. F. Potter, and C. S. Robbins (eds.). Raleigh: North Carolina State Museum, pp. 19–27.

Futuyma, D. J. 1998. *Evolutionary Biology,* 3d ed. Sunderland, Mass.: Sinauer.

Gach, M. H. 1996. Geographic variation in mitochondrial DNA and biogeography of *Culaea inconstans* (Gasterosteidae). *Copeia* 1996: 563–575.

Galis, F. and J. A. J. Metz. 1998. Why are there so many cichlid species? *Trends Ecol. Evol.* 13: 1–2.

García-París, M., M. Alcobendas, and P. Alberch. 1998. Influence of the Guadalquivir River Basin on mitochondrial DNA evolution of *Salamandra salamandra* (Caudata: Salamandridae) from southern Spain. *Copeia* 1998: 173–176.

Garcia-Rodriguez, A. I., B. W. Bowen, D. Domning, A. A. Mignucci-Giannoni, M. Marmontel, R. A. Montoya-Ospina, B. Morales-Vela, M. Rudin, R. K. Bonde, and P. M. McGuire. 1998. Phylogeography of the West Indian manatee (*Trichechus manatus*): How many populations and how many taxa? *Mol. Ecol.* 7: 1137–1149.

Garner, K. J. and O. A. Ryder. 1996. Mitochondrial DNA diversity in gorillas. *Mol. Phylogen. Evol.* 6: 39–48.

Garnery, L., J.-M. Cornuet, and M. Solignac. 1992. Evolutionary history of the honey bee *Apis mellifera* inferred from mitochondrial DNA analysis. *Mol. Ecol.* 1: 145–154.

Gavrilets, S. 1997. Evolution and speciation on holey adaptive landscapes. *Trends Ecol. Evol.* 12: 307–312.

Geller, J. B., E. D. Walton, E. D. Grosholz, and G. M. Ruiz. 1997. Cryptic invasions of the crab *Carcinus* detected by molecular phylogeography. *Mol. Ecol.* 6: 901–906.

George, M., Jr. and O. A. Ryder. 1986. Mitochondrial DNA evolution in the genus *Equus*. *Mol. Biol. Evol.* 3: 535–546.

Georgiadis, N., L. Bischof, A. Templeton, J. Patton, W. Karesh, and D. Western. 1994. Structure and history of African elephant populations: I. Eastern and Southern Africa. *J. Heredity* 85: 100–104.

Gibbons, A. 1996. The peopling of the Americas. *Science* 274: 31–34.

——— 1998. Calibrating the mitochondrial clock. *Science* 279: 28–29.

Giddings, L. V., K. Y. Kaneshiro, and W. W. Anderson (eds.). 1989. *Genetics, Speciation and the Founder Principle*. New York: Oxford University Press.

Giles, R. E., H. Blanc, H. C. Cann, and D. C. Wallace. 1980. Maternal inheritance of human mitochondrial DNA. *Proc. Natl. Acad. Sci. USA* 77: 6715–6719.

Gill, F. B. 1995. *Ornithology,* 2d ed. New York: freeman.

Gill, F. B., A. M. Mostrom, and A. L. Mack. 1993. Speciation in North American chickadees. I. Patterns of mtDNA genetic divergence. *Evolution* 47: 195–212.

Gill, F. B. and B. Slikas. 1992. Patterns of mitochondrial divergence in North American crested titmice. *Condor* 94: 20–28.

Gillespie, J. H. 1986. Variability of evolutionary rates of DNA. *Genetics* 113: 1077–1091.

Gillham, N. W. (ed.). 1978. *Organelle Heredity*. New York: Raven Press.

Girman, D. J., P. W. Kat, M. G. L. Mills, J. R. Ginsberg, M. Borner, V. Wilson, J. H. Fanshawe, C. Fitzgibbon, L. M. Lau, and R. K. Wayne. 1993. Molecular genetic and morphological analyses of the African wild dog (*Lycaon pictus*). *J. Heredity* 84: 450–459.

Giuffra, E., L. Bernatchez, and R. Guyomard. 1994. Mitochondrial control region and protein coding genes sequence variation among phenotypic forms of brown trout *Salmo trutta* from northern Italy. *Mol. Ecol.* 3: 161–171.

Giuffra, E., R. Guyomard, and G. Forneris. 1996. Phylogenetic relationships and introgression patterns between incipient parapatric species of Italian brown trout (*Salmo trutta* L. complex). *Mol. Ecol.* 5: 207–220.

Givnish, T. J. and K. J. Sytsma (eds.). 1997. *Molecular Evolution and Adaptive Radiation*. Cambridge: Cambridge University Press.

Gold, J. R. and L. R. Richardson. 1994. Mitochondrial DNA variation among "red fishes" from the Gulf of Mexco. *Fish. Res.* 20: 137–150.

——— 1998. Mitochondrial DNA diversification and population structure in fishes from the Gulf of Mexico and western Atlantic. *J. Heredity* 89: 404–414.

Gold, J. R., L. R. Richardson, C. Furman, and T. L. King. 1993. Mitochondrial DNA differentiation and population structure in red drum (*Sciaenops ocellatus*) from the Gulf of Mexico and Atlantic Ocean. *Marine Biol.* 116: 175–185.

Gold, J. R., L. R. Richardson, C. Furman, and F. Sun. 1994. Mitochondrial DNA diversity and population structure in marine fish species from the Gulf of Mexico. *Can. J. Fish. Aquat. Sci.* 51 (supplement 1): 205–214.

Goldberg, T. L. and M. Ruvolo. 1997. Molecular phylogenetics and historical biogeography of east African chimpanzees. *Biol. J. Linn. Soc.* 61: 301–324.

Golding, G. B. 1997. The effect of purifying selection on genealogies. In *Progress in Population Genetics and Human Evolution,* P. Donnelly and S. Tavaré (eds.). New York: Springer-Verlag, pp. 271–285.

Goldman, N. and N. H. Barton. 1992. Genetics and geography. *Nature* 357: 440–441.

Goldstein, D. B., A. R. Linares, L. L. Cavalli-Sforza and M. W. Feldman. 1995. Genetic absolute dating based on microsatellites and the origin of modern humans. *Proc. Natl. Acad. Sci. USA* 92: 6723–6727.

Goldstein, P. Z. 1997. Phyloconservation. *Conserv. Biol.* 11: 582–583.

Gonder, M. K., J. F. Oates, T. R. Disotell, M. R. J. Forstner, J. C. Morales, and D. J. Melnick, 1997. A new west African chimpanzee subspecies? *Nature* 388: 337.

González, S., J. E. Maldonado, J. A. Leonard, C. Vila, J. M. Barbanti Duarte, M. Merino, N. Brum-Zorrilla, and R. K. Wayne. 1998. Conservation genetics of the endangered Pampas deer (*Ozotoceros bezoarticus*). *Mol, Ecol.* 7: 47–56.

González-Villaseñor, L. I. and D. A. Powers. 1990. Mitochondrial-DNA restriction-site polymorphisms in the teleost *Fundulus heteroclitus* support secondary intergradation. *Evolution* 44: 27–37.

Good, S. V., D. F. Williams, K. Ralls, and R. C. Fleischer. 1997. Population structure of *Dipodomys ingens* (Heteromyidae): The role of spatial heterogeneity in maintaining genetic diversity. *Evolution* 51: 1296-1310.

Goodbred, C. O. and J. E. Graves. 1996. Genetic relationships among geographically isolated populations of bluefish (*Pomatomus saltatrix*). *Mar. Freshwater Res.* 47: 347-355.

Goodfellow, M., G. P. Manfio, and J. Chun. 1997. Towards a practical species concept for cultivable bacteria. In *Species: The Units of Biodiversity*, M. F. Claridge, H. A. Dawah, and M. R. Wilson (eds.). New York: Chapman & Hall, pp. 25-59.

Gotoh, O., J.-I. Hayashi, H. Yonekawa, and Y. Tagashira. 1979. An improved method for estimating sequence divergence between related DNAs from changes in restriction endonuclease cleavage sites. *J. Mol. Evol.* 14: 301-310.

Grandjean, F., C. Souty-Grosset, R. Raimond, and D. M. Holdich. 1997. Geographical variation of mitochondrial DNA between populations of the white-clawed crayfish *Austropotamobius pallipes*. *Freshwater Biol.* 37: 493-501.

Grant, W. S. 1987. Genetic divergence between congeneric Atlantic and Pacific Ocean fishes. In *Population Genetics and Fisheries Management*, N. Ryman and F. Utter (eds.). Seattle: University of Washington Press, pp. 225-246.

Grant, W. S. and B. W. Bowen. 1998. Shallow population histories in deep evolutionary lineages of marine fishes: Insights from sardines and anchovies and lessons for conservation. *J. Heredity*, 89: 415-426.

Grant, W. S., A.-M. Clark, and B. W. Bowen. 1998. Why RFLP analysis of mitochondrial DNA failed to resolve sardine (*Sardinops*) biogeography: Insights from mitochondrial DNA cytochrome *b* sequences. *Can. J. Fish. Aquat. Sci.*, 55: 2539-2547.

Grant, W. S. and R. W. Leslie. 1996. Late Pleistocene dispersal of Indian-Pacific sardine populations in an ancient lineage of the genus *Sardinops*. *Marine Biol.* 126: 133-142.

Graves, J. E. 1996. Conservation genetics of fishes in the pelagic marine realm. In *Conservation Genetics: Case Histories from Nature*, J. C. Avise and J. L. Hamrick (eds.). New York: Chapman & Hall, pp. 335-366.

——— 1998. Molecular insights into the population structures of cosmopolitan marine fishes. *J. Heredity* 89: 427-437.

Graves, J. E. and A. E. Dizon. 1989. Mitochondrial DNA sequence similarity of Atlantic and Pacific albacore tuna. *Can. J. Fish. Aquat. Sci.* 46: 870-873.

Graves, J. E., S. D. Ferris, and A. E. Dizon. 1984. High genetic similarity of Atlantic and Pacific skipjack tuna demonstrated with restriction endonuclease analysis of mitochondrial DNA. *Marine Biol.* 79: 315-319.

Graves, J. E. and J. R. McDowell. 1994. Genetic analysis of striped marlin *Tetrapturus audax* population structure in the Pacific Ocean. *Can. J. Fish. Aquat. Sci.* 51: 1762-1768.

——— 1995. Inter-ocean genetic differentiation of istiophorid billfishes. *Marine Biol.* 122: 193-203.

Graves, J. E., J. R. McDowell, and M. L. Jones. 1992. A genetic analysis of weakfish *Cynoscion regalis* stock structure along the mid-Atlantic coast. *Fish. Bull.* 90: 469-475.

Graybeal, A. 1995. Naming species. *Syst. Biol.* 44: 237-250.

Greenberg, B. D., J. E. Newbold, and A. Sugino. 1983. Intraspecific nucleotide sequence variability surrounding the origin of replication in human mitochondrial DNA. *Gene* 21: 33-49.

Greenberg, J. H., G. G. Turner III, and S. L. Zegura. 1986. The settlement of the Americas: A comparison of linguistic, dental and genetic evidence. *Curr. Anthrop.* 27: 477-497.

Greenberg, R., P. J. Cordero, S. Droege, and R. C. Fleischer. 1998. Morphological adaptation with no mitochondrial DNA differentiation in the coastal plain swamp sparrow. *Auk* 115: 706-712.

Greenlaw, J. S. 1993. Behavioral and morphological diversification in Atlantic coastal sharp-tailed sparrows (*Ammodramus caudacutus*). *Auk* 110: 286-303.

Greenwood, P. J. 1980. Mating systems, philopatry and dispersal in birds and mammals. *Anim. Behav.* 28: 1140-1162.

Greenwood, P. J. and P. H. Harvey. 1982. The natal and breeding dispersal of birds. *Annu. Rev. Ecol. Syst.* 13: 1-21.

Griffiths, R. C. 1980. Lines of descent in the diffusion approximation of neutral Wright-Fisher models. *Theor. Pop. Biol.* 17: 40-50.

Griffiths, R. C. and S. Tavaré. 1997. Computational methods for the coalescent. In *Progress in Population Genetics and Human Evolution*, P. Donnelly and S. Tavaré (eds.). New York: Springer-Verlag, pp. 165-182.

Grijalva-Chon, J. M., K. Numachi, O. Sosa-Nishizaki, and J. de la Rosa-Velez. 1994. Mitochondrial DNA analysis of north Pacific swordfish (*Xiphias gladius*) population structure. *Mar. Ecol. Progr. Ser*. 115: 15–19.

Groves, P. 1997. Intraspecific variation in mitochondrial DNA of muskoxen, based on control-region sequences. *Can J. Zool*. 75: 568–575.

Gutierrez, P. C. 1994. Mitochondrial-DNA polymorphism in the oilbird (*Steatornis caripensis*, Steatornithidae) in Venezuela. *Auk* 111: 573–578.

Gyllensten, U. 1985. The genetic structure of fish: Differences in the intraspecific distribution of biochemical genetic variation between marine, anadromous, and freshwater species. *J. Fish. Biol*. 26: 691–699.

Gyllensten, U. and H. A. Erlich. 1989. Ancient roots for polymorphism of the HLA-DQα locus in primates. *Proc. Natl. Acad. Sci. USA* 86: 9986–9990.

Gyllensten, U., M. Sundvall, and H. A. Erlich. 1991b. Allelic diversity is generated by intraexon sequence exchange at the *DRB1* locus of primates. *Proc. Natl. Acad. Sci. USA* 88: 3686–3690.

Gyllensten, U., D. Wharton, A. Joseffson, and A. C. Wilson. 1991a. Paternal inheritance of mitochondrial DNA in mice. *Nature* 352: 255–257.

Gyllensten, U., D. Wharton, and A. C. Wilson. 1985. Maternal inheritance of mitochondrial DNA during backcrossing of two species of mice. *J. Heredity* 76: 321–324.

Gyllensten, U. and A. C. Wilson. 1987. Interspecific mitochondrial DNA transfer and the colonization of Scandinavia by mice. *Genet. Res*. 49: 25–29.

Haffer, J. 1969. Speciation in Amazonian forest birds. *Science* 165: 131–137.

Haglund, T. R., D. G. Buth, and R. Lawson. 1992. Allozyme variation and phylogenetic relationships of Asian, North American, and European populations of the threespine stickleback, *Gasterosteus aculeatus*. *Copeia* 1992: 432–443.

Haldane, J. B. S. 1932. *The Causes of Evolution*. London: Longmans and Green.

Hale, L. R. and R. S. Singh. 1987. Mitochondrial DNA variation and genetic structure in populations of *Drosophila melanogaster*. *Mol. Biol. Evol*. 4: 622–637.

Hall, H. G. and K. Muralidharan. 1989. Evidence from mitochondrial DNA that African honey bees spread as continuous maternal lineages. *Nature* 339: 211–213.

Hall, H. G. and D. R. Smith. 1991. Distinguishing African and European honeybee matrilines using amplified mitochondrial DNA. *Proc. Natl. Acad. Sci. USA* 88: 4548–4552.

Hammer, M. F. 1995. A recent common ancestry for human Y chromosomes. *Nature* 378: 376–378.

Hammer, M. F., A. B. Spurdle, T. Karafet, M. R. Bonner, E. T. Wood, A. Novelletto, P. Malaspina, R. J. Mitchell, S. Horai, T. Jenkins, and S. L. Zegura. 1997. The geographic distribution of human *Y* chromosome variation. *Genetics* 145: 787–805.

Hanni, C., V. Laudet, D. Stehelin, and P. Taberlet. 1994. Tracking the origins of the cave bear (*Ursus spelaeus*) by mitochondrial DNA sequencing. *Proc. Natl. Acad. Sci. USA* 91: 12336–12340.

Hanski, I. and M. E. Gilpin. 1997. *Metapopulation Biology: Ecology, Genetics, and Evolution*. San Diego: Academic Press.

Harding, R. M. 1996. New phylogenies: An introductory look at the coalescent. In *New Uses for New Phylogenies*, P. H. Harvey, A. J. Leigh Brown, J. Maynard Smith, and S. Nee (eds.). New York: Oxford University Press, pp. 15–22.

——— 1997. Lines of descent from mitochondrial Eve: An evolutionary look at the coalescence. In *Progress in Population Genetics and Human Evolution*, P. Donnelly and S. Tavaré (eds.). New York: Springer-Verlag, pp. 15–31.

Harding, R. M., S. M. Fullerton, R. C. Griffiths, J. Bond, M. J. Cox. J. A. Schneider, D. S. Moulin, and J. B. Clegg. 1997a. Archaic African and Asian lineages in the genetic ancestry of modern humans. *Amer. J. Hum. Genet*. 60: 772–789.

Harding, R. M., S. M. Fullerton, R. C. Griffiths, and J. B. Clegg. 1997b. A gene tree for β-globin sequences from Melanesia. *J. Mol. Evol*. 44 (Suppl. 1): S133–S138.

Hare, M. P. 1998. Using mitochondrial DNA gene trees and nuclear RFLPs to predict genealogical patterns at nuclear loci: Examples from the American oyster. In *Proceedings of the Trinational Workshop on Molecular Evolution*, M. K. Uyenoyama and A. von Haeseler (eds.). Durham, N. C.: Duke Publ. Group, pp. 125–130.

Hare, M. P. and J. C. Avise. 1996. Molecular genetic analysis of a stepped multilocus cline in the American oyster (*Crassostrea virginica*). *Evolution* 50: 2305–2315.

——— 1998. Population structure in the American oyster as inferred by nuclear gene genealogies. *Mol. Biol. Evol*. 15: 119–128.

Härlid, A., A. Janke, and U. Arnason. 1998. The complete mitochondrial genome of *Rhea americana* and early avian divergences. *J. Mol. Evol*.

46: 669-679.

Harpending, H. C., M. A. Batzer, M. Gurven, L. B. Jorde, A. R. Rogers, and S. T. Sherry. 1998. Genetic traces of ancient demography. *Proc. Natl. Acad. Sci. USA* 95: 1961-1967.

Harpending, H. C., S. T. Sherry, A. R. Rogers, and M. Stoneking. 1993. The genetic structure of ancient human population. *Curr. Anthrop.* 34: 483-496.

Harris, H. 1966. Enzyme polymorphism in man. *Proc. Roy. Soc. Lond. B* 164: 298-310.

Harrison, R. G. 1989. Animal mitochondrial DNA as a genetic marker in population and evolutionary biology. *Trends Ecol. Evol.* 4: 6-11.

——— 1990. Hybrid zones: Windows on evolutionary process. *Oxford Surv. Evol. Biol.* 7: 69-128.

——— 1991. Molecular changes at speciation. *Annu. Rev. Ecol. Syst.* 22: 281-308.

———(ed.). 1993. *Hybrid Zones and the Evolutionary Process*. New York: Oxford University Press.

Harrison, R. G., D. M. Rand, and W. C. Wheeler. 1985. Mitochondrial DNA size variation within individual crickets. *Science* 228: 1446-1448.

——— 1987. Mitochondrial DNA variation in field crickets across a narrow hybrid zone. *Mol. Biol. Evol.* 4: 144-158.

Hartl, D. L. and A. G. Clark. 1988. *Principles of Population Genetics*, 2d ed. Sunderland, Mass.: Sinauer.

Hartl, G. B., F. Kurt, R. Tiedemann, C. Gmeiner, K. Nadlinger, K. Mar, and A. Rübel. 1996. Population genetics and systematics of Asian elephant (*Elephas maximus*): A study based on sequence variation at the $cyt\ b$ gene of PCR-amplified mitochondrial DNA from hair bulbs. *Int. J. Mammal. Biol.* 61: 285-294.

Harvey, P. H. and M. D. Pagel. 1991. *The Comparative Method in Evolutionary Biology*. New York: Oxford University Press.

Hasegawa, M. and S. Horai. 1991. Time of the deepest root for polymorphism in human mitochondrial DNA. *J. Mol. Evol.* 32: 37-42.

Hasegawa, M., A. Di Rienzo, T. D. Kocher, and A. C. Wilson. 1993. Toward a more accurate time scale for the human mitochondrial DNA tree. *J. Mol. Evol.* 37: 347-354.

Hauswirth, W. W. and P. J. Laipis. 1982. Mitochondrial DNA polymorphism in a maternal lineage of Holstein cows. *Proc. Natl. Acad. Sci. USA* 79: 4686-4690.

Hauswirth, W. W., M. J. Van de Walle, P. J. Laipis, and P. D. Olivo. 1984. Heterogeneous mitochondrial DNA D-loop sequences in bovine tissue. *Cell* 37: 1001-1007.

Hayashi, J. I., H. Yonekawa, O. Gotoh, J. Watanabe, and Y. Tagashira. 1978. Strictly maternal inheritance of rat mitochondrial DNA. *Biochem. Biophys. Res. Comm.* 83: 1032-1038.

Hayes, J. P. and R. G. Harrison. 1992. Variation in mitochondrial DNA and the biogeographic history of woodrats (*Neotoma*) of the eastern United States. *Syst. Biol.* 41: 331-344.

Heard, S. B. and D. L. Hauser. 1995. Key evolutionary innovations and their ecological mechanisms. *Hist. Biol*, 10: 151-173.

Hedgecock, D. 1986. Is gene flow from pelagic larval dispersal important in the adaptation and evolution of marine invertebrates? *Bull. Marine Sci*. 39: 550-564.

Hedgecock, D., V. Chow, and W. E. Waples. 1992. Effective population numbers of shellfish broodstocks estimated from temporal variance in allelic frequencies. *Aquaculture* 108: 215-232.

Hedgecock, D. and F. Sly. 1990. Genetic drift and effective population sizes of hatchery-propagated stocks of the Pacific oyster, *Crassostrea gigas*. *Aquaculture* 88: 21-38.

Hedgecock, D., M. L. Tracey, and K. Nelson. 1982. Genetics. In *The Biology of Crustacea*, vol. 2, L. G. Abele (ed.). New York: Academic Press, pp. 297-403.

Hedges, S. B. 1989. An island radiation: Allozyme evolution in Jamaican frogs of the genus *Eleutherodactylus* (Leptodactylidae). *Carib. J. Sci.* 25: 123-147.

——— 1996. Historical biogeography of West Indian vertebrates. *Annu. Rev. Ecol. Syst.* 27: 163-196.

Hedges, S. B. and K. L. Burnell. 1990. The Jamaican radiation of *Anolis* (Sauria: Iguanidae): An analysis of relationships and biogeography using sequential electrophoresi. *Calib. J. Sci*. 26: 31-44.

Hedges, S. B., C. A. Hass, and L. R. Maxon. 1992b. Caribbean biogeography: Molecular evidence for dispersal in West Indian terrestrial vertebrates. *Proc. Natl. Acad. Sci. USA* 89: 1909-1913.

Hedges, S. B., S. Kumar, K. Tamura, and M. Stoneking. 1992a. Human origins and the analysis of mitochondrial DNA sequences. *Science* 255: 737-739.

Hedin, M. C. 1997. Molecular phylogenetics at the population/species interface in cave spiders of the southern Appalachians (Araneae: Nesticidae: *Nesticus*). *Mol. Biol. Evol.* 14: 309-324.

Hein, J. 1990. Reconstructing evolution of sequences subject to recombination using parsimony. *Mathemat. Biosci.* 98: 185-200.

―――― 1993. A heuristic method to reconstruct the history of sequences subject to recombination. *J. Mol. Evol.* 36: 396-405.

Heist, E. J., J. E. Graves, and J. A. Musick. 1995. Population genetics of the sandbar shark (*Carcharhinus plumbeus*) in the Gulf of Mexico and Mid-Atlantic Bight. *Copeia* 1995: 555-562.

Heist, E. J., J. A. Musick, and J. E. Graves. 1996a. Mitochondrial DNA diversity and divergence among sharpnose sharks, *Phizoprionodon terraenovae*, from the Gulf of Mexico and Mid-Atlantic Bight. *Fish. Bull.* 94: 664-668.

―――― 1996b. Genetic population structure of the shortfin mako (*Isurus oxyrinchus*) inferred from restriction fragment length polymorphism analysis of mitochondria DNA. *Can J. Fish. Aquat. Sci.* 53: 583-588.

Helbig, A. J., I. Seibold, J. Martens, and M. Wink. 1995. Genetic differentiation and phylogenetic relationships of Bonelli's warbler *Phylloscopus bonelli* and green warbler *P. nitidus*. *J. Avian Biol.* 26: 138-153.

Henderson, R. W. and S. B. Hedges. 1995. Origin of West Indian populations of the geographically widespread boa *Corallus enydris* inferred from mitochondrial DNA sequences. *Mol. Phylogen. Evol.* 4: 88-92.

Hengeveld, R. 1990. *Dynamic Biogeography*. Cambridge: Cambridge University Press.

Hennig, W. 1966. *Phylogenetic Systematics*. Urbana: University of Illinois Press.

Herbots, H. M. 1997. The structured coalescent. In *Progress in Population Genetics and Human Evolution,* P. Donnelly and S. Tavaré (eds.). New York: Springer-Verlag, pp. 231-255

Hertzberg, M., N. P. Mickelson, S. W. Serjeantson, J. F Prior, and J. Trent. 1989. An Asian-specific 9-bp deletion of mitochondrial DNA is frequently found in Polynesians. *Amer. J. Hum. Genet.* 44: 504-510.

Hewitt, G. M. 1993. After the ice: *parallelus* meets *erythropus* in the Pyrenees. In *Hybrid Zones and the Evolutionary Process*, R. G. Harrison (ed.). New York: Oxford University Press, pp. 140-146.

―――― 1996. Some genetic consequences of ice ages, and their role in divergence and speciation. *Biol. J. Linn. Soc.* 58: 247-276.

Hey, J. 1994. Bridging phylogenetics and population genetics with gene tree models. In *Molecular Ecology and Evolution: Approaches and Applications*, B. Schierwater, B. Streit, G. P. Wagner, and R. DeSalle (eds.). Basel: Birkhäuser Verlag, pp. 435-449.

Hey, J. and R. M. Klinman. 1993. Population genetics and phylogenetics of DNA sequence variation at multiple loci within the *Drosophila melanogaster* species complex. *Mol. Biol. Evol.* 10: 804-822.

Hickson, R. E. and R. L. Cann. 1997. *Mhc* allelic diversity and modern human origins. *J. Mol. Evol.* 45: 589-598.

Hill, A. V. S., C. E. M. Allsopp, D. Kwiatkowski, T. E. Taylor, S. N. R. Yates, N. M. Anstey, J. J. Wirima, D. R. Brewster, A. J. McMichael, M. E. Molyneux, and B. M. Greenwood. 1992. Extensive genetic diversity in the HLA class II region of Africans, with a focally predominant allele, *DRB*1304*. *Proc. Natl. Acad. Sci. USA* 89: 2277-2281.

Hillis, D. M. 1987. Molecular versus morphological approaches to systematics. *Annu. Rev. Ecol. Syst.* 18: 23-42.

Hillis, D. M., M. W. Allard, and M. M. Miyamoto. 1993. Analysis of DNA sequence data: Phylogenetic inference. *Meth. Enzymol.* 242: 456-487.

Hillis, D. M. and P. Huelsenbeck. 1995. Assessing molecular phylogenies. *Science* 267: 255-256.

Hillis, D. M., J. P. Huelsenbeck, and C. W. Cunningham. 1994. Application and accuracy of molecular phylogenies. *Science* 264: 671-677.

Hillis, D. M., C. Moritz, and B. K. Mable (eds.). 1996. *Molecular Systematics,* 2d ed. Sunderland, Mass.: Sinauer.

Hodges, S. A. and M. L. Arnold. 1994. Columbines: A geographically widespread species flock. *Proc. Natl. Acad. Sci. USA* 91: 5129-5232.

Hoeh, W. R., K. H. Blakley, and W. M. Brown. 1991. Heteroplasmy suggests limited biparental inheritance of *Mytilus* mitochondrial DNA. *Science* 251: 1488-1490.

Hoelzel, A. R. 1994. Genetics and ecology of whales and dolphins. *Annu. Rev. Ecol. Syst.* 25: 377-399.

Hoelzel, A. R., M. Dahlheim, and S. J. Stern. 1998a. Low genetic variation among killer whales (*Orcinus orca*) in the eastern North Pacific and genetic differentiation between foraging specialists. *J. Heredity* 89: 121-128.

Hoelzel, A. R. and G. A. Dover. 1991. Genetic differentiation between sympatric killer whale populations. *Heredity* 66: 191-195.

Hoelzel, A. R., C. W. Potter, and P. B. Best. 1998b.

Genetic differentiation between parapatric "nearshore" and "offshore" populations of the bottlenose dolphin. *Proc. Roy. Soc. Lond. B* 265: 1177-1183.

Hoelzer, G. A., 1997. Inferring phylogenies from mtDNA varation: Mitochondrial-gene trees versus nuclear-gene trees revisited. *Evolution* 51: 622-626.

Hoelzer, G. A., W. P. J. Dittus, M. V. Ashley, and D. J. Melnick. 1994. The local distribution of highly devergent mitochondrial DNA haplotrypes in toque macaques *Macaca sinica* at Polonnaruwa, Sri Lanka. *Mol. Ecol.* 3: 451-458.

Hoelzer, G. A., J Wallman, and D. J. Melnick 1998. The effects of social structure, geographical structure, and population size on the evolution of mitochondrial DNA: II. Molecular clocks and the lineage sorting period. *J. Mol. Evol.* 47: 21-31.

Hoffecker, J. F., W. R. Powers, and T. Goebel. 1993. The colonization of Beringia and the peopling of the New World. *Science* 259: 46-53.

Hoffmann, A. A., M. Turelli, and G. M. Simmons. 1986. Unidirectional incompatibility between populations of *Drosophila simulans*. *Evolution* 40: 692-701.

Hogan, K. M., M. C. Hedin, H. S. Koh, S. K. Davis, and I. F. Greenbaum. 1993. Systematic and taxonomic implications of karyotypic, electrophoretic, and mitochondrial-DNA variation in *Peromyscus* from the Pacific Northwest. *J. Mammal.* 74: 819-831.

Hongyo, T., G. S. Buzard, R. J. Calvert, and C. M. Weghorst. 1993. 'Cold SSCP': A simple, rapid and non-radioactive method for optimizing single-strand conformational polymorphism analyses. *Nucleic Acids Res.* 21: 3637-3642.

Horai, S. and K. Hayasaka. 1990. Intraspecific nucleotide sequence differences in the major noncoding region of the human mitochondrial DNA. *Amer. J. Hum. Genet.* 46: 828-842.

Horai, S., K. Hayasaka, K. Hirayama, S. Takenaka, and I. H. Pan. 1987. Evolutionary implications of mitochondrial DNA polymorphism in human populations. In *Human Genetics: Proceeding of the 7th International Congress,* F. Vogel and K. Sperling (eds.). Heidelberg: Springer-Verlag, pp. 177-181.

Horai, S., K. Hayasaka, R. Kondo, K. Tsugane, and N. Takahata. 1995. Recent African origin of modern humans revealed by complete sequences of hominoid mitochondrial DNAs. *Proc. Natl. Acad. Sci. USA* 92: 532-536.

Horai, S., R. Kondo, Y. Nakagawa-Hattori, S. Hayashi, S. Sonoda, and K. Tajima. 1993. Peopling of the Americas founded by four major lineages of mitochondrial DNA. *Mol. Biol. Evol.* 10: 23-47.

Hosaka, K. and R. E. Hanneman, Jr. 1988. Origin of chloroplast DNA diversity in the Andean potatoes. *Theoret. Appl. Genet.* 76: 333-340.

Howard, D. J. and S. H. Berlocher (eds.). 1998. *Endless Forms: Species and Speciation*. New York: Oxford University Press.

Howell, N., S. Halvorson, I. Kubacka, D. A. McCullough, L. A. Bindoff, and D. M. Turnbull. 1992. Mitochondrial gene segregation in mammals: Is the bottleneck always narrow? *Human Genet.* 90: 117-120.

Huang, W., Y-X. Fu, B. H.-J. Chang, X. Gu, L. B. Jorde, and W.-H. Li. 1998. Sequence variation in ZFX introns in human populations. *Mol. Biol. Evol.* 15: 138-142.

Hudson, R. R. 1982. Estimating genetic variability with restriction endonucleases. *Genetics* 100: 711-719.

——— 1983. Testing the constant-rate neutral allele model with protein sequence data. *Evolution* 37: 203-217.

——— 1987. Estimating the recombination parameter of finite population model without selection. *Genet. Res.* 50: 245-250.

——— 1990. Gene genealogies and the coalescent process. *Oxford Surv. Evol. Biol.* 7: 1-44.

——— 1998. Island models and the coalescent process. *Mol. Ecol.* 7: 413-418.

Hudson, R. R. and N. L. Kaplan. 1985. Statistical properties of the number of recombination events in the history of a sample of DNA sequences. *Genetics* 111: 147-164.

——— 1996. The coalescent process and background selection. In *New Uses for New Phylogenies,* P. H. Harvey, A. J. Leigh Brown, J. Maynard Smith, and S. Nee (eds.). New York: Oxford University Press, pp. 57-65.

Hudson, R. R., M. Slatkin, and W. P. Maddison. 1992. Estimation of leaves of gene flow from DNA sequence data. *Genetics* 132: 583-589.

Huelsenbeck, J. P. and D. Hillis. 1993. Success of phylogenetic methods in the four-taxon case. *Syst. Biol.* 42: 247-264.

Hull, D. L. 1997. The ideal species concept—and why we can't get it. In *Species: The Units of Biodiversity,* M. F. Claridge, H. A. Dawah, and M. R. Wilson (eds.). New York: Chapman & Hall, pp. 357-380.

Humphries, C. J. and L. R. Parenti. 1986. *Cladistic Biogeography*. Oxford: Clarendon Press.

Humphries, C. J., P. H. Williams, and R. I. Vane-Wright. 1995. Measuring biodiversity value for conservation. *Annu. Rev. Ecol. Syst*. 26: 93–111.

Hunt, W. G. and R. K. Selander. 1973. Biochemical genetics of hybridization in European house mice. *Heredity* 31: 11–33.

Hurwood, D. A. and J. M. Hughes. 1998. Phylogeography of the freshwater fish, *Mogurnda adspersa*, in streams of northeastern Queensland, Australia: Evidence for altered drainage patterns. *Mol. Ecol*. 7: 1507–1517.

Hutchinson, C. A., III, J. E. Newbold, S. S. Potter, and M. H. Edgell. 1974. Maternal inheritance of mammalian mitochondrial DNA. *Nature* 251: 536–538.

Ibrahim, K. M., R. A. Nichols, and G. M. Hewitt. 1996. Spatial patterns of genetic variation generated by different forms of dispersal during range expansion. *Heredity* 77: 282–291.

Ioerger, T. R., A. G. Clark, and T.-H. Kao. 1990. Polymorphism at the self-incompatibility locus in Solanaceae predates speciation. *Proc. Natl. Acad. Sci. USA* 87: 9732–9735.

Irwin, D. M., T. D. Kocher, and A. C. Wilson. 1991. Evolution of the cytochrome *b* gene of mammals. *J. Mol. Evol*. 32: 128–144.

Ishibashi, Y., T. Saitoh, S. Abe, and M. C. Yoshida. 1997. Sex-related spatial kin structure in a spring population of grey-sided voles *Clethrionomys rufocanus* as revealed by mitochondrial and microsatellite DNA analyses. *Mol. Ecol*. 6: 63–71.

Jaarola, M. and H. Tegelström. 1995. Colonization history of north European field voles (*Microtus agrestis*) revealed by mitochondrial DNA. *Mol. Ecol* 4: 299–310.

——— 1996. Mitochondrial DNA variation in the field vole (*Microtus agrestis*): Regional population structure and colonization history. *Evolution* 50: 2073–2085.

Jabbour-Zahab, R., J. P. Pointier, J. Jourdane, P. Jarne, J. A. Oviedo, M. D. Bargues, S. Mas-Coma, R. Anglés, G. Perera, C. Balzan, K. Khallayoune, and F. Renaud. 1997. Phylogeography and genetic divergence of some lymnaeid snails, intermediate hosts of human and animal fascioliasis with special reference to lymnæids from the Bolivian Altiplano. *Acta Tropica* 64: 191–203.

Jackman, T., J. B. Losos, A. Larson, and K. de Queiroz. 1997. Phylogenetic studies of convergent adaptive radiations in Caribbean *Anolis* lizards. In *Molecular Evolution and Adaptive Radiation*, T. J. Givnish and K. Systma (eds.). Cambridge: Cambridge University Press, pp. 535–557.

James, F. C. 1983. Environmental component of morphological differentiation in birds. *Science* 221: 184–186.

Jenuth, J. P., A. C. Peterson, K. Fu, and E. A. Shoubridge. 1996. Random genetic drift in the female germline explains the rapid segregation of mammalian mitochondrial DNA. *Nature Genet*. 14: 146–151.

Jerry, D. R. and P. R. Baverstock. 1998. Consequences of a catadromous life-strategy for levels of mitochondrial DNA differentiation among populations of the Australian bass, *Macquaria novemaculeata*. *Mol. Ecol*. 7: 1003–1013.

Johns, G. and J. C. Avise. 1998a. A comparative summary of genetic distances in the vertebrates from the mitochondrial cytochrome *b* gene. *Mol. Biol. Evol*. 15: 1481–1490.

——— 1998b. Tests for ancient species flocks based on molecular phylogenetic appraisals of *Sebastes* rockfishes and other marine fishes. *Evolution* 52: 1135–1146.

Johnson, M. S., D. C. Wallace, S. D. Ferris, M. C. Rattazzi, and L. L. Cavalli-Sforza. 1983. Radiation of human mitochondrial DNA types analyzed by restriction endonuclease cleavage patterns. *J. Mol. Evol*. 19: 255–271.

Johnson, W. E., M. Culver, J. A. Iriarte, E. Eizirik, K. L. Seymour, and S. J. O'Brien. 1998. Tracking the evolution of the elusive Andean mountain cat (*Oreailurus jacobita*) from mitochondrial DNA. *J. Heredity* 89: 227–232.

Johnstone, R. A. and G. D. D. Hurst. 1996. Maternally inherited male-killing microorganisms may confound interpretation of mitochondrial DNA variability. *Biol. J. Linn. Soc*. 58: 453–470.

Jordan, D. S. 1908. The law of geminate species. *Amer. Nat*. 42: 73–80.

Jorde, L. B., M. Bamshad, and A. R. Rogers. 1998. Using mitochondrial and nuclear DNA markers to reconstruct human evolution. *Bio Essays* 20: 126–136.

Joseph, L. and C. Moritz. 1994. Mitochondrial DNA phylogeography of birds in eastern Australian rainforests: First fragments. *Aust. J. Zool*. 42: 385–403.

Joseph, L., C. Moritz, and A. Hugall. 1995. Molecular support for vicariance as a source of diversity in rainforest. *Proc. Roy. Soc. Lond. B* 260: 177–182.

Juan, C., K. M. Ibrahim, P. Oromí, and G. M. Hewitt. 1996. Mitochondrial DNA sequence variation and phylogeography of *Pimelia* darkling beetles on the Island of Tenerife (Canary Islands). *Heredity* 77: 589-598.

Juan, C., P. Oromí, and G. M. Hewitt. 1997. Molecular phylogeny of darkling beetles from the Canary Islands: Comparison of inter island colonization patterns in two genera. *Biochem. Syst. Ecol.* 25: 121-130.

Kambhampati, S., P. Luykx, and C. A. Nalepa. 1996. Evidence for sibling species in *Cryptocercus punctulatus*, the wood roach, from variation in mitochondrial DNA and karyotype. *Heredity* 76: 485-496.

Kambysellis, M. P., K.-F. Ho, E. M. Craddock, F. Piano, M Parisi, and J. Cohen. 1995. Patterns of ecological shifts in the diversification of Hawaiian *Drosophila* inferred from a molecular phylogeny. *Curr. Biol.* 5: 1129-1139.

Kaneda, H., J.-I. Hayashi, S. Takahama, C. Taya, K. F. Lindahl, and H. Yonekawa. 1995. Elimination of paternal mitochondrial DNA in interspecific crosses during early mouse embryogenesis. *Proc. Natl. Acad. Sci. USA* 92: 4542-4546.

Kann, L. M. and K. Wishner. 1996. Genetic population structure of the copepod *Calanus finmarchicus* in the Gulf of Maine—Allozyme and amplified mitochondrial DNA variation. *Marine Biol.* 125: 65-75.

Kaplan, N., R. R. Hudson, and M. Ilzuka. 1991. The coalescent process in models with selection, recombination and geographic subdivision. *Genet. Res.* 57: 83-91.

Kaplan, N. and C. H. Langley. 1979. A new estimate of sequence divergence of mitochondrial DNA using restriction endonuclease mappings. *J. Mol. Evol.* 13: 295-304.

Kaplan, N. and K. Risko. 1981. An improved method for estimating sequence divergence of DNA using restriction endonuclease mappings. *J. Mol. Evol.* 17: 156-172.

Karl, S. A. and J. C. Avise. 1992. Balancing selection at allozyme loci in oysters: Implications from nuclear RFLPs. *Science* 256: 100-102.

Karl, S. A., B. W. Bowen, and J. C. Avise. 1992. Global population genetic structure and male-mediated gene flow in the green turtle (*Chelonia mydas*): RFLP analyses of anonymous nuclear loci. *Genetics* 131: 163-173.

Keohavong, P. and W. G. Thilly. 1989. Fidelity of DNA polymerases in DNA amplification. *Proc. Natl. Acad. Sci. USA* 86: 9253-9257.

Kerr, J. T. 1997. Species richness, endemism, and the choice of areas for conservation. *Conserve. Biol.* 11: 1094-1100.

Kessler, L. G. and J. C. Avise. 1985. Microgeographic lineage analysis by mitochondrial genotype: Variation in the cotton rat (*Sigmodon hispidus*). *Evolution* 39: 831-837.

Kim, I., C. J. Phillips, J. A. Monjeau, E. C. Birney, K. Noack, E. Pumo, S. Sikes, and J. A. Dole. 1998. Habitat islands, genetic diversity, and gene flow in a Patagonian rodent. *Mol. Ecol.* 7: 667-678.

Kimura, M. 1953. "Stepping-stone" model of population. *Annu. Rep. Natl. Inst. Genet. Japan* 3: 62-63.

———. 1980. A simple method for estimating evolutionary rate of base substitutions through comparative studies of nucleotide sequence. *J. Mol. Evol.* 16: 111-120.

Kimura, M. and T. Ohta. 1969. The average number of generations until fixation of a mutant gene in a finite population. *Genetics* 61: 763-771.

King, R. A. and C. Ferris. 1998. Chloroplast DNA phylogeography of *Alnus glutinosa* (L.) Gaertn. *Mol. Ecol.* 7: 1151-1161.

Kingman, J. F. C. 1982a. The coalescent. *Stoch. Process. Appl.* 13: 235-248.

———. 1982b. On the genealogy of large populations. J. Appl. Plob. 19A: 27-43.

Kirkpatrick, M. and R. K. Selander. 1979. Genetics of speciation in lake whitefishes in the Allegash basin. *Evolution* 33: 478-485.

Klein, J. 1986. *Natural History of the Major Histocompatibility Complex*. New York: John Wiley.

Klein, J., N. Takahata, and F. J. Ayala. 1993. MHC polymorphism and human origins. *Sci. Amer.* 269: 78-83.

Klein, N. K. and W. M. Brown. 1995. Intraspecific molecular phylogeny in the yellow warbler (*Dendroica petechia*), and implications for avian biogeography in the West Indies. *Evolution* 48: 1914-1932.

Klicka, J. and R. M. Zink. 1997. The importance of recent Ice Ages in speciation: A failed paradigm. *Science* 277: 1666-1669.

Klinman, R. M. and J. Hey. 1993. Reduced natural selection associated with low recombination in *Drosophila melanogaster*. *Mol. Biol. Evol.* 10: 1239-1258.

Knowlton, N. 1993. Sibling species in the sea. *Annu. Rev. Ecol. Syst.* 24: 189-216.

Knowlton, N., L. A. Weight, L. A. Solórzano, D. K. Mills, and E. Bermingham. 1993. Divergence of proteins, mitochondrial DNA, and reproductive compatibility across the Isthmus of Panama.

Science 260: 1629-1632.

Kocher, T. D., J. A. Conroy, K. R. McKaye, and J. R. Stauffer. 1993. Similar morphologies of cichlid fish in Lakes Tanganyika and Malawi are due to convergence. *Mol. Phylogen. Evol.* 2: 158-165.

Kocher, T. D., W. K. Thomas, A. Meyer, S. V. Edwards, S. Pääbo, F. X. Villablanca, and A. C. Wilson. 1989. Dynamics of mitochondrial DNA evolution in animals: Amplification and sequencing with conserved primers. *Proc. Natl. Acad. Sci. USA* 86: 6196-6200.

Kocher, T. D. and A. C. Wilson. 1991. Sequence evolution of mitochondrial DNA in humans and chimpanzees: control region and a protein-coding region. In *Evolution of Life: Fossils, Molecules, and Culture,* S. Osawa and T. Honjo (eds.). New York: Springer-Verlag, pp. 391-413.

Koehn, R. K. and G. C. Williams. 1978. Genetic differentiation without isolation in the American eel, *Anguilla rostrata*. II. Temporal stability of geographic patterns. *Evolution* 32: 624-637.

Kolman, C. J., E. Bermingham, R. Cooke, R. H. Ward, T. D. Arias, and F. Guionneau-Sinclair. 1995. Reduced mtDNA diversity in the Ngöbe Amerinds of Panamá. *Genetics* 140: 275-283.

Kolman, C. J., N. Sambuughin, and E. Bermingham. 1996. Mitochondrial DNA analysis of Mongolian populations and implications for the origin of New World founders. *Genetics* 142: 1321-1334.

Kondo, R., E. T. Matsuura, H. Ishima, N. Takahata, and S. I. Chigusa. 1990. Incomplete maternal transmission of mitochondrial DNA in *Drosophila*. *Genetics* 126: 657-663.

Kornfield, I. and S. M. Bogdanowicz. 1987. Differentiation of mitochondrial DNA in Atlantic herring, *Clupea harengus*. *Fish. Bull.* 85: 561-568.

Kotoulas, G., A. Magoulas, N. Tsimenides, and E. Zouros. 1995. Marked mitochondrial DNA differences between Mediterranean and Atlantic populations of the swordfish, *Xiphias gladius*. *Mol. Ecol.* 4: 473-481.

Koufopanou, V., A. Burt, and J. W. Taylor. 1997. Concordance of gene genealogies reveals reproductive isolation in the pathogenic fungus *Cocoidioides immitis*. *Proc. Natl. Acad. Sci. USA* 94: 5478-5482.

Krajewski, C. 1994. Phylogenetic measures of biodiversity: A comparison and critique. *Biol. Cons.* 69: 33-39.

Krings, M., A. Stone, R. W. Schmitz, H. Krainitzki, M. Stoneking, and S. Pääbo. 1997. Neanderthal DNA sequence and the origin of modern humans. *Cell* 90: 19-30.

Kristmundsdóttir, A. Y. and J. R. Gold. 1996. Systematics of the blacktail shiner (*Cyprinella venusta*) inferred from analysis of mitochondrial DNA. *Copeia* 1996: 773-783.

Kroon, A. M. and C. Saccone (eds.). 1974. *The Biogenesis of Mitochondria.* New York: Academic Press.

Kuhner, M. K. and J. Felsenstein. 1994. A simulation comparison of phylogeny algorithms under equal and unequal evolutionary rates. *Mol. Biol. Evol.* 11: 459-468.

Kuhner, M. K., J. Yamato, and J. Felsentein. 1995. Estimating effective population size and mutation rate from sequence data using Metropolis-Hastings sampling. *Genetics* 140: 1421-1430.

——— 1997. Applications of Metropolis-Hastings genealogy sampling. In *Progress in Population Genetics and Human Evolution,* P. Donnelly and S. Tavaré (eds.). New York: Springer-Verlag, pp. 183-192.

——— 1998. Maximum likelihood estimation of population growth rates based on the coalescent. *Genetics* 149: 429-434.

Kumar, S. and S. B. Hedges. 1998. A molecular timescale for vertebrate evolution. *Nature* 392: 917-920.

Laerm, J., J. C. Avise, J. C. Patton, and R. A. Lansman. 1982. Genetic determination of the status of an endangered species of pocket gopher in Georgia. *J. Wildl. Manage.* 46: 513-518.

Lahanas, P. N., K. A. Bjorndal, A. B. Bolten, S. E. Encalada, M. M. Miyamoto, R. A. Valverde, and B. W. Bowen. 1998. Genetic composition of a green turtle (*Chelonia mydas*) feeding ground population: Evidence for multiple origins. *Marine Biol.* 130: 345-352.

Lamb, T. and J. C. Avise. 1986. Directional introgression of mitochondrial DNA in a hybrid population of tree frogs: the influence of mating behavior. *Proc. Natl. Acad. Sci. USA* 83: 2526-2530.

——— 1992. Molecular and population genetic aspects of mitochondrial DNA variability in the diamondback terrapin, *Malaclemys terrapin*. *J. Heredity* 83: 262-269.

Lamb, T., J. C. Avise, and J. W. Gibbons. 1989. Phylogeographic patterns in mitochondrial DNA of the desert tortoise (*Xerobates agassizi*), and evolutionary relationships among the North American gopher tortoises. *Evolution* 43: 76-87.

Lamb, T., T. R. Jones, and J. C. Avise. 1992. Phylogeographic histories of representative herpetofauna of the southwestern U. S.: mitochondrial DNA variation in the desert iguana (*Dipsosaurus dorsalis*) and the chuckwalla (*Sauromalus obesus*). *J. Evol. Biol*. 5: 465-480.

Lamb, T., T. R. Jones, and P. J. Wettstein. 1997. Evolutionary genetics and phylogeography of tassel-eared squirrels (*Sciurus aberti*). *J. Mammal*. 78: 117-133.

Lamb, T., C. Lydeard, R. B. Walker, and J. W. Gibbons. 1994. Molecular systematics of map turtles (*Graptemys*): A Comparison of mitochondrial restriction site versus sequence data. *Syst. Biol*. 43: 543-559.

Lansman, R. A., J. C. Avise, C. F. Aquadro, J. F. Shapira, and S. W. Daniel. 1983a. Extensive genetic variation in mitochondrial DNA's among geographic populations of the deer mouse, *Peromyscus maniculatus*. *Evolution* 37: 1-16.

Lansman, R. A., J. C. Avise, and M. D. Huettel. 1983b. Critical experimental test of the possibility of "paternal leakage" of mitochondrial DNA. *Proc. Natl. Acad. Sci. USA* 80: 1969-1971.

Lansman, R. A., R. O. Shade, J. F. Shapira, and J. C. Avise. 1981. The use of restriction endonucleases to measure mitochondrial DNA sequence relatedness in natural populations. III. Techniques and potential applications. *J. Mol. Evol*. 17: 214-226.

Lansman, R. A., J. F. Shapira, C. Aquadro, S. W. Daniel, and J. C. Avise. 1982. Mitochondrial DNA and evolution in *Peromyscus*: A preliminary report. In *Mitochondrial Genes*, Cold Spring Harbor, N. Y.: Cold Spring Harbor Publ., pp. 133-136.

Larsen, A. H., J. Sigurjónsson, N. Øien, G. Vikingsson, and P. Palsbøll. 1996. Population genetic analysis of nuclear and mitochondrial loci in skin biopsies collected from central and northeastern North Atlantic humpback whales (*Megaptera novaeangliae*): Population identitiy and migratory destinations. *Proc. Roy. Soc. Lond. B* 263: 1611-1618.

Latorre, A., A. Moya, and F. J. Ayala. 1986. Evolution of mitochondrial DNA in *Drosophila subobscura*. *Proc. Natl. Acad. Sci. USA* 83: 8649-8653.

Latta, R. G. and J. B. Mitton. 1997. A comparison of population differentiation across four classes of gene marker in limber pine (*Pinus flexilis* James). *Genetics* 146: 1153-1163.

Laurent, L., J. Lescure, L. Excoffier, B. Bowen, M. Domingo, M. Hadjichristophorou, L. Kornaraky, and G. Trabuchet. 1993. Genetic studies of relationships between Mediterranean and Atlantic populations of loggerhead *Caretta caretta* with a mitochondrial marker. *Comptes Rendus del'Académie des Sciences, Paris* 316: 1233-1239.

Laurent, L. and 17 others. 1998. Molecular resolution of marine turtle stock composition in fishery bycatch: A case study in the Mediterranean. *Mol. Ecol*. 7: 1529-1542.

Lavery, S., C. Moritz, and D. R. Fielder. 1996 Indo-Pacific population structure and evolutionary history of the coconut crab *Birgus latro*. *Mol. Ecol*. 5: 557-570.

Lavin, M., S. Mathews, and C. Hughes. 1992. Chloroplast DNA variation in *Gliri-cidia sepium* (Leguminosae): Intraspecific phylogeny and tokogeny. *Amer. J. Bot*. 78: 1576-1585.

Lawlor, D. A., J. Zenmour, P. P. Ennis, and P. Parham. 1988. HLA-A and B polymorphisms predated the divergence of humans and chimpanzees. *Nature* 335: 268-271.

Lee, K., J. Feinstein, and J. Cracraft. 1997. The phylogeny of ratite birds: Resolving conflicts between molecular and morphological data sets. In *Avian Molecular Evolution and Systematics,* D. P. Mindell (ed.). New York: Academic Press, pp. 173-195.

Lee, T. E., Jr., B. R. Riddle, and P. L. Lee. 1996. Speciation in the desert pocket mouse (*Chaetodipus penicillatus* Woodhouse). *J. Mammal*. 77: 58-68.

Lehman, N., A. Eisenhawer, K. Hansen, L. D. Mech, R. O. Peterson, P. J. P. Gogan, and R. K. Wayne. 1991. Introgression of coyote mitochondrial DNA into sympatric North American gray wolf populations. *Evolution* 45: 104-119.

Lehman, N. and R. K. Wayne. 1991. Analysis of coyote mitochondrial DNA genotype frequencies: Estimation of effective number of alleles. *Genetics* 128: 405-416.

Lento, G. M., R. H. Mattlin, G. K. Chambers, and C. S. Baker. 1994. Geographic distribution of mitochondrial cytochrome *b* DNA haplotypes in New Zealand fur seals (*Arctocephalus forsteri*). *Can. J. Zool*. 72: 293-299.

Lessa, E. P. 1990. Multidimensional analysis of geographic genetics structure. *Syst. Zool*. 39: 242-252.

——— 1992. Rapid surveying of DNA sequence variation in natural populations. *Mol. Biol. Evol*. 9: 323-330.

Lessa, E. P. and G. Applebaum. 1993. Screening techniques for detecting allelic variation in DNA sequences. *Mol. Ecol*. 2: 119-129.

Lessios, H. A. 1979. Use of Panamanian sea urchins to test the molecular clock. *Nature* 280: 599-601.

———— 1981. Divergence in allopatry: Molecular and morphological differentitation between sea urchins separated by the Isthmus of Panama. *Evolution* 35: 618-634.

Lessios, H. A., B. D. Kessing, and D. R. Robinson. 1998. Massive gene flow across the world's most potent marine biogeographic barrier. *Proc. Roy. Soc. Lond. B* 265: 583-588.

Lewin, R. 1993. *Human Evolution: An Illustrated Introduction,* 3d ed. Oxford: Blackwell.

Lewontin, R. C. 1972. The apportionment of human diversity. *Evol. Biol.* 6: 381-398.

Lewontin, R. C. and J. L. Hubby. 1966. A molecular approach to the study of genic heterozygosity in natural populations. II. Amount of variation and degree of heterozygosity in natural populations of *Drosophila pseudoobscura*. *Genetics* 54: 595-609.

Lewontin, R. C. and J. Krakauer. 1973. Distribution of gene frequency as a test of the theory of the selective neutrality of polymorphisms. *Genetics* 74: 175-195.

Li, C. C. 1955. *Population Genetics*. Chicago: University of Chicago Press.

Li, G. and D. Hedgecock. 1998. Genetic heterogeneity, detected by PCR-SSCP, among samples of larval Pacific oysters (*Crassostrea gigas*) supports the hypothesis of large variance in reproductive success. *Can. J. Fish. Aquat. Sci.* 55: 1025-1033.

Li, W.-H. 1981. A simulation study of Nei and Li's model for estimating DNA divergence from restriction enzyme maps. *J. Mol. Evol.* 17: 251-255.

———— 1997. *Molecular Evolution*. Sunderland, Mass.: Sinauer.

Li, W.-H. and L. A. Sadler. 1992. DNA variation in humans and its implications for human evolution. *Oxford Surv. Evol. Biol.* 8: 111-134.

Lightowlers, R. N., P. F. Chinnery, D. M. Turnbull, and N. Howell. 1997. Mammalian mitochondrial genetics: heredity, heteroplasmy and disease. *Trends Genet.* 13: 450-455.

Linn, S. and W. Arber. 1968. Host specificity of DNA produced by *Escherichia coli*. X. In vitro restriction of phage fd replicative form. *Proc. Natl. Acad. Sci. USA* 59: 1300-1306.

Linnaeus, C. 1758. *Systema Naturae*. Stockholm: Laurentius Galvius.

Liu, H.-P, J. B. Mitton, and S.-K. Wu. 1996. Paternal mitochondrial DNA differentiation far exceeds maternal mitochondrial DNA and allozyme differentiation in the freshwater mussel, *Anodonta grandis grandis*. *Evolution* 50: 952-957.

Lodge, D. M. 1993. Biological invasions: Lessons for ecology. *Trends Ecol. Evol.* 8: 133-137.

Losos, J. B., T. R. Jackman, A. Larson, K. de Queiroz, and L. Rodriguez-Schettino. 1998. Contingency and determinism in replicated adaptive radiations of island lizards. *Science* 279: 2115-2118.

Lotka, A. J. 1931a. Population analysis—the extinction of families—I. *J. Wash. Acad. Sci.* 21: 377-380.

———— 1931b. Population analysis—the extinction of families—II. *J. Wash. Acad. Sci.* 21: 453-459.

Lovette, I. J., E. Bermingham, G. Seutin, and R. E. Ricklefs. 1998. Evolutionary differentiation in three endemic West Indian warblers. *Auk* 115: 890-903.

Lu, G., S. Li, and L. Bernatchez. 1997. Mitochondrial DNA diversity, population structure, and conservation genetics of four native carps within the Yangtze River, China. *Can. J. Fish. Aquat. Sci.* 54: 47-58.

Luikart, G. and F. W. Allendorf. 1996. Mitochondrial-DNA variation and genetic-population structure in Rocky Mountain bighorn sheep (*Ovis canadensis canadensis*). *J. Mammal* 77: 109-123.

Lunt, D. H. and B. C. Hyman. 1997. Animal mitochondrial DNA recombination. *Nature* 387: 247.

Lunt, D. H., L. E. Whipple, and B. C. Hymann. 1998. Mitochondrial DNA variable number tandem repeats (VNTRs): Utility and problems in molecular ecology. *Mol. Ecol.* 7: 1441-1455.

Lynch, M. and T. J. Crease. 1990. The analysis of population survey data on DNA sequence variation. *Mol. Biol. Evol.* 7: 377-394.

Lyons-Weiler, J. and M. C. Milinkovitch. 1997. A phylogenetic approach to the problem of differential lineage sorting. *Mol. Biol. Evol.* 14: 968-975.

Lyrholm, T. and U. Gyllensten. 1998. Global matrilineal population structure in sperm whales as indicated by mitochondrial DNA sequence. *Proc. Roy. Soc. Lond. B* 265: 1679-1684.

Lyrholm, T., O. Leimer, and U. Gyllensten. 1996. Low diversity and biased substitution patterns in the mitochondrial DNA control region of sperm whales: Implications for estimates of time since common ancestry. *Mol. Biol. Evol.* 13: 1318-1326.

MacNeil, D. and C. Strobeck. 1987. Evolutionary relationships among colonies of Columbian ground squirrels as shown by mitochondrial DNA. *Evolution* 41: 873–881.

Maddison, D. R. 1991. African origin of human mitochondrial DNA reexamined. *Syst. Zool.* 40: 355–363.

——— 1994. Phylogenetic methods for inferring the evolutionary history and processes of change in discretely valued characters. *Annu. Rev. Entomol.* 39: 267–292.

Maddison, D. R., M. Ruvolo, and D. L. Swofford. 1992. Geographic origins of human mitochondrial DNA: Phylogenetic evidence from control region sequences. *Syst. Biol.* 41: 111–124.

Maddison, W. P. 1995. Phylogenetic histories within and among species. In *Experimental and Molecular Approaches to Plant Biosystematics,* P. C. Hoch and A. G. Stephenson (eds.). Monogr. Syst. Missouri Bot. Gard. 53, pp. 273–287.

——— 1996. Molecular approaches and the growth of phylogenetic biology. In *Molecular Zoology,* J. D. Ferraris and S. R. Palumbi (eds.). New York: Wiley-Liss, pp. 47–63.

——— 1997. Gene trees in species trees. *Syst. Biol.* 46: 523–536.

Maddison, W. P. and D. R. Maddison. 1992. MacClade, version 3.0. Sunderland, Mass.: Sinauer.

Magoulas, A., N. Tsimenides, and E. Zouros. 1996. Mitochondrial DNA phylogeny and the reconstruction of the population history of a species: The case of the European anchovy (*Engraulis encrasicolus*). *Mol. Biol. Evol.* 13: 178–190.

Magoulas, A. and E. Zouros. 1993. Restriction-site heteroplasmy in anchovy (*Engraulis encrasicolus*) indicates incidental biparental inheritance of mitochondrial DNA. *Mol. Biol. Evol.* 10: 319–325.

Magurran, A. E. 1998. Population differentiation without speciation. *Phil. Trans. Roy. Soc. Lond. B* 353: 275–286.

Maldonado, J. E., F. O. Davila, B. S. Stewart, E. Geffen, and R. K. Wayne. 1995. Intraspecific genetic differentiation in California sea lions (*Zalophus californianus*) from southern California and the Gulf of California. *Marine Mammal Sci.* 11: 46–58.

Malecot, G. 1948. *Les mathématiques de l'hérédité.* Paris: Masson et Cie.

Mallet, J. 1995. A species definition for the Modern Synthesis. *Trends Ecol. Evol.* 10: 294–299.

Marchant, A. D., M. L. Arnold, and P. Wilkinson. 1988. Gene flow across a chromosomal tension zone. I. Relicts of ancient hybridization. *Heredity* 61: 321–328.

Marchington, D. R., G. M. Hartshorne, D. Barlow, and J. Poulton. 1997. Homopolymeric tract heteroplasmy in mtDNA from tissues and single oocytes: Support for a genetic bottleneck. *Amer. J. Human Genet.* 60: 408–416.

Margules, C. R., A. O. Nicholls, and R. L. Pressey. 1988. Selecting networks of reserves to maximise biological diversity. *Biol. Cons* 43: 63–76.

Marjoram, P. and P. Dnnelly. 1994. Pairwise comparisons of mitochondrial DNA sequences in subdivided populations and implications for early human evolution. *Genetics* 136: 673–683.

——— 1997. Human demography and the time since mitochondrial Eve. In *Progress in Population Genetics and Human Evolution,* P. Dnnelly and S. Tavaré (eds.). New York: Springer-Verlag, pp. 107–131.

Marshall, H. D. and A. J. Baker. 1997. Structural conservation and variation in the mitochondrial control region of Fringilline finches (*Fringilla* spp.) and the greenfinch (*Carduelis chloris*). *Mol. Biol. Evol.* 14: 173–184.

Martel, R. K. B. and W. Chapco. 1995. Mitochondrial DNA variation in North American Oedipodinae. *Biochem. Genet.* 33: 1–11.

Martin, A. P. 1995. Metabolic rate and directional nucleotide substitution in animal mitochondrial DNA. *Mol. Biol. Evol.* 12: 1124–1131.

Martin, A. P., R. Humphreys, and S. R. Palumbi. 1992a. Population genetic structure of the armorhead, *Pseudopentaceros whheleri,* in the North Pacific Ocean: Application of the polymerase chain reaction to fisheries problems. *Can. J. Fish. Aquat. Sci.* 49: 2386–2391.

Martin, A. P., G. J. P. Naylor, and S. R. Palumbi. 1992b. Rates of mitochondrial DNA evolution in sharks are slow compared with mammals. *Nature* 357: 153–155.

Martin, A. P. and S. R. Palumbi. 1993. Body size, metabolic rate, generation time, and the molecular clock. *Proc. Natl. Acad. Sci. USA* 90: 4087–4091.

Martin, G. 1996. Birds in double trouble. *Nature* 380: 666–667.

Martins, E. P. (ed.). 1996. *Phylogenies and the Comparative Method in Animal Behavior.* New York: Oxford University Press.

Martins, E. P. and T. F. Hansen. 1997. Phylogenies and the comparative method: A general approach to incorporating phylogenetic information into the analysis of interspecific data. *Amer. Nat.* 149: 534–557

Maruyama, T. and M. Kimura. 1974. Geographical

uniformity of selectively neutral polymorphisms. *Nature* 249: 30-32.

Matthee, C. A. and T. J. Robinson. 1996. Mitochondrial DNA differentiation among geographical populations of *Pronolagus rupestris,* Smith's red rock rabbit (Mammalia, Lagomorpha). *Heredity* 76: 514-523.

——— 1997. Mitochondrial DNA phylogeography and comparative cytogenetics of the springhare *Pedetes capensis* (Mammalia: Rodentia). *J. Mammal. Evol.* 4: 53-73.

Maxam, A. M. and W. Gilbert. 1977. A new method for sequencing DNA. *Proc. Natl. Acad. Sci. USA* 74: 560-564.

Mayden, R. L. 1988. Vicariance biogeography, parsimony, and evolution of North American freshwater fishes. *Syst. Zool.* 37: 329-355.

——— 1997. A hierarchy of species concepts: The denouement in the saga of the species problem. In *Species: The Units of Biodiversity,* M. F. Claridge, H. A. Dawah, and M. R. Wilson (eds.). New York: Chapman & Hall, pp. 381-424.

Maynard Smith, J. 1992. Analyzing the mosaic nature of genes. *J. Mol. Evol.* 34: 126-129.

Maynard Smith, J. and N. H. Smith. 1998. Detecting recombination from gene trees. *Mol. Biol. Evol.* 15: 590-599.

Maynard Smith, J. and E. Szathmáry. 1995. *The Major Transitions in Evolution.* New York: Freeman.

Mayr, E. 1940. Speciation phenomena in birds. *Amer. Nat.* 74: 249-278.

——— 1942. *Systematics and the Origin of Species.* New York: Columbia University Press.

——— 1963. *Animal Species and Evolution.* Cambridge, Mass.: Harvard University Press.

——— 1982. Processes of speciation in animals. In *Mechanisms of Speciation,* C. Barigozzi (ed.). New York: Alan R. Liss, pp. 1-19.

McCauley, D. E. 1991. Genetic consequences of local population extinction and recolonization. *Trends Ecol. Evol.* 6: 5-8.

——— 1994. Contrasting the distribution of chloroplast DNA and allozyme polymorphism among local populations of *Silene alba*: Implications for studies of gene flow in plants. *Proc. Natl. Acad. Sci. USA* 91: 8127-8131.

McCauley, D. E., J. E. Stevens, P. A. Peroni, and J. A. Raveill. 1996. The spatial distribution of chloroplast DNA and allozyme polymorphisms within a population of *Silene alba* (Caryophyllaceae). *Am. J. Bot.* 83: 727-731.

McCune, A. R. 1997. How fast is speciation? Molecular, geological, and phylogenetic evidence from adaptive radiations of fishes. In *Molecular Evolution and Adaptive Radiation,* T. J. Givnish and K. J. Sytsma (eds.). Cambridge: Cambridge University Press, pp. 585-610.

McCune, A. R. and N. J. Lovejoy. 1998. The relative rate of sympatric and allopatric speciation in fishes: Tests using DNA sequence divergence between sister species and among clades. In *Endless Forms: Species and Speciation,* D. Howard and S. Berlocher (eds.). New York: Oxford University Press, pp. 172-185.

McDonald, J. H., R. Seed, and R. K. Koehn. 1991. Allozymes and morphometric characters of three species of *Mytilus* in the Northern and Southern Hemispheres. *Marine Biol.* 111: 323-333.

McDonald, J. H., B. C. Verrelli, and L. B. Geyer. 1996. Lack of geographic variation in anonymous nuclear polymorphisms in the American oyster, *Crassostrea virginica. Mol. Biol. Evol.* 13: 1114-1118.

McGuigan, K., K. McDonald, K. Parris, and C. Moritz. 1998. Mitochondrial DNA diversity and historical biogeography of a wet forest-restricted frog (*Litoria pearsoniana*) from mid-east Australia. *Mol. Evol.* 7: 175-186.

McGuire, G., F. Wright, and M. J. Prentice. 1997. A graphical method for detecting recombination in phylogenetic data sets. *Mol. Biol. Evol.* 14: 1125-1131.

McKitrick, M. C. and R. M. Zink. 1988. Species concepts in ornithology. *Condor* 90: 1-4.

McKnight, M. L. 1995. Mitochondrial DNA phylogeography of *Perognathus amplus* and *Perognathus longimembris* (Rodentia: Heteromyidae): A possible mammalian ring species. *Evolution* 49: 816-826.

McKnight, M. L. and H. B. Shaffer. 1997. Large, rapidly evolving intergenic spacers in the mitochondrial DNA of the salamander family Ambystomatidae (Amphibia: Caudata). *Mol. Biol. Evol.* 14: 1167-1176.

McMichael, M. and H. G. Hall. 1996. DNA RFLPs at a highly polymorphic locus distinguish European and African subspecies of the honey bee *Apis mellifera* L. and suggest geographical origins of New World honey bees. *Mol. Ecol.* 5: 403-416.

McMillan, W. O. and E. Bermingham. 1996. The phylogeographic pattern of mitochondrial DNA variation in the Dall's porpoise *Phocoenoides dalli. Mol. Ecol.* 5: 47-61.

McMillan, W. O. and S. R. Palumbi. 1995. Concordant evolutionary patterns among Indo-west Pacific butterflyfishes. *Proc. Roy. Soc. Lond. B* 260: 229–236.

―――― 1997. Rapid rate of control-region evolution in Pacific butterflyfishes (Chaetodontidae). *J. Mol. Evol.* 45: 473–484.

McMillan, W. O., R. A. Raff, and S. R. Palumbi. 1992. Population genetic consequences of developmental evolution in sea urchins (genus *Heliocidaris*). *Evolution* 46: 1299–1312.

McNab, B. K. 1971. On the ecological significance of Bergmann's rule. *Ecology* 52: 845–854.

Meehan, B. W. 1985. Genetic comparison of *Macoma balthica* (Bivalvia, Telinidae) from the eastern and western North Atlantic Ocean. *Mar. Ecol. Progr. Ser.* 22: 69–76.

Meehan, B. W., J. T. Carlton, and R. Wenne. 1989. Genetic affinities of the bivalve *Macoma balthica* from the Pacific coast of North America: Evidence for recent introduction and historical distribution. *Marine Biol.* 102: 235–241.

Melnick, D. J. and G. A. Hoelzer. 1992. Differences in male and female macaque dispersal lead to contrasting distributions of nuclear and mitochondrial DNA variation. *Int. J. Primatol.* 13: 379–393.

Mengel. R. N. 1964. The probable history of species formation in some northern wood warblers (Parulidae). *Living Bird* 3: 9–43.

Mercure, A., K. Ralls, K. P. Koepfli, and R. K. Wayne. 1993. Genetic subdivisions among small canids: Mitochondrial DNA differentiation of swift, kit, and Arctic foxes. *Evolution* 47: 1313–1328.

Merilä, J., M. Björkland, and A. J. Baker. 1997. Historical demography and present day population structure of the greenfinch, *Carduelis chloris*—an analysis of mtDNA control-region sequences. *Evolution* 51: 946–956.

Merriweather, D. A., A, G. Clark, S. W. Ballinger, T. G. Schurr, H. Soodyall, T. Jenkins, S. T. Sherry, and D. W. Wallace. 1991. The structure of human mitochondrial DNA variation. *J. Mol. Evol.* 33: 543–555.

Merriweather, D. A., F. Rothhammer, and R. E. Ferrell. 1995. Distribution of the four founding lineage haplotypes in native Americans suggests a single wave of migration for the New World. *Amer. J. Phys. Anthropol.* 98: 411–430.

Meselson, M. and R. Yuan. 1968. DNA restriction enzyme from *E. coli*. *Nature* 217: 1110–1114.

Meusel, M. S. and R. F. A. Moritz. 1993. Transfer of paternal mitochondrial DNA during fertilization of honeybee (*Apis mellifera* L.) eggs. *Curr. Genet.* 24: 539–543.

Meyer, A. 1994. Shortcomings of the cytochrome *b* gane as a molecular marker. *Trends Ecol. Evol.* 9: 278–280.

Meyer, A., L. L. Knowles, and E. Verheyen. 1996. Widespread geographical distribution of mitochondrial haplotypes in rock-dwelling cichlid fishes from Lake Tanganyika. *Mol. Ecol.* 5: 341–350.

Meyer, A., T. D. Kocher, P. Basasibwaki, and A. C. Wilson. 1990. Monophyletic origin of Lake Victoria cichlid fishes suggested by mitochondrial DNA sequences. *Nature* 347: 550–553.

Meylan, A. B., B. W. Bowen, and J. C. Avise. 1990. A genetic test of the natal homing versus social facilitation models for green turtle migration. *Science* 248: 724–727.

Michaux, J. R., M.-G. Filippucci, R. M. Libois, R. Fons, and R. F. Matagne. 1996. Biogeography and taxonomy of *Apodemus sylvaticus* (the woodmouse) in the Tyrrhenian region: Enzymatic variations and mitochondrial DNA restriction pattern analysis. *Heredity* 76: 267–277.

Milligan, B. G., J. Leebens-Mack, and A. E. Strand. 1994. Conservation genetics: Beyond the maintenance of marker diversity. *Mol. Ecol.* 3: 423–435.

Mindell, D. P. and C. E. Thacker. 1996. Rates of molecular evolution: Phylogenetic issues and applications. *Annu. Rev. Ecol. Syst.* 27: 279–303.

Mishler, B. D. and R. N. Brandon. 1987. Individuality, pluralism, and the phylo-genetic species concept. *Biol. Philos.* 2: 397–414.

Miththapala, S., J. Seidensticker, and S. J. O'Brien. 1996. Phylogeographic subspecies recognition in leopards (*Panthera pardus*): Molecular genetic variation. *Conserv. Biol.* 10: 1115–1132.

Mittermeier, R. A., N. Myers, J. B. Thomsen, G. A. B. da Fonseca, and S. Olivieri. 1998. Biodiversity hotspots and major tropical wilderness areas: Approaches to setting conservation priorities. *Conserv. Biol* 12: 516–520.

Mitton, J. B. 1997. *Selection in Natural Populations*. Oxford: Oxford University Press.

Miya, M. and M. Nishida. 1997. Speciation in the open ocean. *Nature* 389: 803–804.

Miyaki, C. M., S. R. Matioli, T. Burke, and A. Wajntal. 1998. Parrot evolution and paleogeographical events: mitochondrial DNA evidence. *Mol. Biol. Evol.* 15: 544–551.

Monehan, T. M. 1994. Molecular genetic analysis of Adélie penguin populations, Ross Island, Antarctica. Master's thesis, University of Auckland, Auckland, New Zealand.

Monnerot, M., J.-C. Mounolou, and M. Solignac. 1984. Intra-individual length heterogeneity of *Rana esculenta* mitochondrial DNA. *Biol. Cell* 52: 213-218.

Montagna, W. 1942. The sharp-tailed sparrows of the Atlantic coast. *Wilson, Bull*. 54: 107-120.

Moore, W. S. 1995. Inferring phylogenies from mtDNA variation: Mitochondrial-gene trees versus nuclear-gene trees. *Evolution* 49: 718-726.

―――― 1997. Mitochondrial-gene trees versus nuclear-gene trees, a reply to Hoelzer. *Evolution* 51: 627-629.

Moore, W. S., J. H. Graham, and J. T. Price. 1991. Mitochondrial DNA variation in the northern flicker (*Colaptes auratus,* Aves). *Mol. Biol. Evol*. 8: 327-344.

Morales, J. C., P. M. Andau, J. Supriatna, Z.-Z. Zainuddin, and D. J. Melnick. 1997. Mitochondrial DNA variability and conservation genetics of the Sumatran rhinoceros. *Conserv. Biol*. 11: 539-543.

Morell, V. 1998. Genes may link ancient Eurasians, Native Americans. *Science* 280: 520.

Morin, P. A., J. J. Moore, R. Chakraborty, L. Jin, J. Goodall, and D. S. Woodruff. 1994. Kin selection, social structure, gene flow, and the evolution of chimpanzees. *Science* 265: 1193-1201.

Morin, P. A., J. Wallis J. J. Moore, R. Chakraborty, and D. S. Woodruff. 1993. Non-invasive sampling and DNA amplification for paternity exclusion, community structure, and phylogeography in wild chimpanzees. *Primates* 34: 347-356.

Moritz, C. C. 1991. The origin and evolution of parthenogenesis in *Heteronotia binoei* (Gekkonidae): Evidence for recent and localized origins of widespread clones. *Genetics* 129: 211-219.

―――― 1994a. Defining "evolutionarily significant units" for conservation. *Trends Ecol. Evol*. 9: 373-375.

―――― 1994b. Applications of mitochondrial DNA analysis in conservation: A critical review. *Mol. Ecol*. 3: 401-411.

―――― 1995. Uses of molecular phylogenies for conservation. *Phil. Trans. Roy. Soc. Lond. B* 349: 113-118.

Moritz, C. C., T. J. Case, D. T. Bolger, and S. Donnellan. 1993a. Genetic diversity and the history of pacific island house geckos (*Hemidactylus* and *Lepidodactylus*). *Biol. J. Linn. Soc*. 48: 113-133.

Moritz, C. C., T. E. Dowling, and W. M. Brown. 1987. Evolution of animal mitochondrial DNA: Relevance for population biology and systematics. *Annu. Rev. Ecol. Syst*. 18: 269-292.

Moritz, C. C. and D. P. Faith. 1998. Comparative Phylogeography and the identification of genetically divergent areas for conservation. *Mol. Ecol*. 7: 419-429.

Moritz, C. C. and A. Heideman. 1993. The origin and evolution of parthenogenesis in *Heteronotia binoei* (Gekkonidae): Reciprocal origins and diverse mitochondrial DNA in western populations. *Syst. Biol*. 129: 211-219.

Moritz, C. C., A. Heideman, E. Geffen, and P. McRae. 1997. Genetic population structure of the greater bilby *Macrotis lagotis,* a marsupial in decline. *Mol. Ecol*. 6: 925-936.

Moritz, C. C., L. Joseph, and M. Adams. 1993b. Cryptic diversity in an endemic rainforest skink *Gnypetoscincus queenslandiae. Biodiv. Conserv*. 2: 412-425.

Moritz, C. C., C. J. Schneider, and D. B. Wake. 1992. Evolutionary relationships within the *Ensatina eschscholtzii* complex confirm the ring species interpretation. *Syst. Biol*. 41: 273-291.

Moriyama, E. N. and J. R. Powell. 1997. Synonymous substitution rates in *Drosophila*: Mitochondrial versus nuclear genes. *J. Mol. Evol*. 45: 378-391.

Morone, J. J. and J. V. Crisci. 1995. Historical biogeography: Introduction to methods. *Annu. Rev. Ecol. Syst*. 26: 373-401.

Mountain, J. L. and L. L. Cavalli-Sforza. 1994. Inferences of human evolution through cladistic analysis of nuclear DNA restriction polymorphisms. *Proc. Natl. Acad. Sci. USA* 91: 6515-6519.

Muir, C. C., B. M. F. Galdikas, and A. T. Beckenbach. 1998. Is there sufficient evidence to elevate the orangutan of Borneo and Sumatra to separate species? *J. Mol. Evol*. 46: 378-381.

Mukai, T., K. Naruse, T. Sato, A. Shima, and M. Morisawa. 1997. Multiregional introgressions inferred from the mitochondrial DNA phylogeny of a hybridizing species complex of gobiid fishes, genus *Tridentiger. Mol. Biol. Evol*. 14: 1258-1265.

Mulligan, T. J., R. W. Chapman, and B. L. Brown. 1992. Mitochondrial DNA analysis of walleye pollock, *Theragra chalcogramma,* from the eastern Bering Sea and Shelikof Strait, Gulf of Alaska. *Can. J. Fish. Aquat. Sci*. 49: 319-326.

Mullis, K. and F. Faloona. 1987. Specific synthesis of DNA in vitro via a polymerase catalyzed chain reaction. *Meth. Enzymol*. 155: 335–350.

Mullis, K., F. Faloona, S. Scharf, R. Saiki, G. Horn, and H. Erlich. 1986. Specific enzymatic amplification of DNA in vitoro: The polymerase chain reaction. *Cold Spring Harb. Symp. Quant. Biol*. 51: 263–273.

Murphy, W. J. and G. E. Collier. 1997. A molecular phylogeny for Aplocheiloid fishes (Atherinomorpha, Cyprinodontifomes): The role of vicariance and the origins of annualism. *Mol. Biol. Evol*. 14: 790–799.

Murray-McIntosh, R. P., B. J. Scrimshaw, P. J. Harfield, and D. Penny. 1998. Testing migration patterns and estimating founding population size in Polynesia by using human mtDNA sequences. *Proc. Natl. Acad. Sci. USA* 95: 9047–9052.

Myers, A. A. and P. S. Giller (eds.). 1988. *Analytical Biogeography*. London: Chapman & Hall.

Myers, N. 1988. Threatened biotas: 'Hot-spots' in tropical forests. *Environmentalist* 8: 187–208.

——— 1990. The biodiversity challenge: Expanded hot-spots analysis. *Environmentalist* 10: 243–256.

Myers, R. M., T. Maniatis, and L. S. Lerman. 1986. Detection and localization of single base changes by denaturing gradient gel electrophoresis. *Methods Enzymol*. 155: 501–527.

Myers, R. M., V. C. Sheffield, and D. R. Cox. 1989a. Mutation detection, GC-clamps, and denaturing gradient gel electrophoresis. In *PCR Technology: Principles and Applications for DNA Amplification,* H. A. Erlich (ed.). New York: Stockton Press, pp. 71–88.

——— 1989b. Polymerase chain reaction and denaturing gradient gel electrophoresis. In *Polymerase Chain Reaction,* H. A. Erlich, R. Gibbs, and H. H. Kazazian (eds.). Cold Spring Harbor, N. Y.: Cold Spring Harbor Laboratory, pp. 177–181.

Nedbal, M. A. and J. J. Flynn. 1998. Do the combined effects of the asymmetric process of replication and DNA damage from oxygen radicals produce a mutation-rate signature in the mitochondrial genome? *Mol. Biol. Evol*. 15: 219–223.

Nedbal, M. A. and D. P. Philipp. 1994. Differentiation of mitochondrial DNA in largemouth bass. *Trans. Amer. Fish. Soc*. 123: 460–468.

Nee, S., E. C. Holmes, and P. H. Harvey. 1995. Inferring population history from molecular phylogenies. *Phil. Trans. Roy. Soc. Lond. B* 349: 25–31.

Nee, S., E. C. Holmes, A. Rambaut, and P. H. Harvey. 1996a. Inferring population history from molecular phylogenies. In *New Uses for New Phylogenies,* P. H. Harvey, A. J. Leigh Brown, J. Maynard Smith, and S. Nee (eds.). New York: Oxford University Press, pp. 66–80.

Nee, S., A. F. Read, and P. H. Havey. 1996b. Why phylogenies are necessary for comparative analysis. In *Phylogenies and the Comparative Method in Animal Behavior,* E. P. Martins (ed.). New York: Oxford University Press, pp. 399–411.

Nei, M. 1987. *Molecular Evolution Genetics*. New York: Columbia University Press.

——— 1995. Genetic support for the out-of-Africa theory of human evolution. *Proc. Natl. Acad. Sci. USA* 92: 6720–6722.

——— 1996. Phylogenetic analysis in molecular evolutionary genetics. *Annu. Rev. Genet*. 30: 371–403.

Nei, M. and R. K. Chesser. 1983. Estimation of fixation indices and gene divirsities. *Ann. Hum. Gent*. 47: 253–259.

Nei, M. and D. Graur. 1984. Extent of protein polymorphism and the neutral mutation theory. *Evol. Biol*. 17: 73–118.

Nei, M. and A. L. Hughes. 1991. Polymorphism and evolution of the major histo-compatibility complex loci in mammals. In *Evolution at the Molecular Level,* R. K. Selander, A. G. Clark, and T. S. Whittam (eds.). Sunderland, Mass.: Sinauer, pp. 222–247.

Nei, M. and W.-H. Li. 1979. Mathematical model for studying genetics variation in terms of restriction endonucleases. *Proc. Natl. Acad. Sci. USA* 76: 5269–5273.

Nei, M., T. Maruyama, and R. Chakraborty. 1975. The bottleneck effect and genetic variability in populations. *Evolution* 29: 1–10.

Nei, M. and A. K. Roychoudhury. 1982. Genetic relationship and evolution of human races. *Evol. Biol*. 14: 1–59.

Nei, M. and F. Tajima. 1981. DNA polymorphism detectable by restriction endonucleases. *Genetics* 97: 145–163.

Nei, M. and N. Takahata. 1993. Effective population size, genetic diversity, and coalescence time in subdivided populations. *J. Mol. Evol*. 37: 240–244.

Nei, M. and N. Takezaki. 1996. The root of the phylogenetic tree of human populations. *Mol. Biol. Evol*. 13: 170–177.

Neigel, J. E. 1997. A comparison of alternative strategies for estimating gene flow from genetic markers. *Annu. Rev. Ecol. Syst*. 28: 105–

Neigel, J. E. and J. C. Avise. 1986. Phylogenetic relationships of mitochondrial DNA under various demographic models of speciation. In *Evolutionary Processes and Theory*, E. Nevo and S. Karlin (eds.). New York: Academic Press, pp. 515–534.

——— 1993. Application of a random-walk model to geographic distributions of animal mitochondrial DNA variation. *Genetics* 135: 1209–1220.

Neigel, J. E., R. M. Ball, Jr. and J. C. Avise. 1991. Estimation of single generation migration distances from geographic variation in animal mitochondrial DNA. *Evolution* 45: 423–432.

Nelson, G. J. and N. I. Platnick. 1981. *Systematics and Biogeography: Cladistics and Vicariance*. New York: Colombia University Press.

Nelson, G. J. and D. E. Rosen (eds.). 1981. *Vicariance Biogeography: A Critique*. New York: Columbia University Press.

Neuhauser, C., S. M. Krone, and H.-C. Kang. 1997. A note on the stepping stone model with extinction and recolonization. In *Progress in Population Genetics and Human Evolution,* P. Donnelly and S. Tavaré (eds.). New York: Springer-Verlag, pp. 299–307.

Nielsen, J. L., C. A. Gan, J. M. Wright, D. B. Morris, and W. K. Thomas. 1994. Biogeographic distributions of mitochondrial and nuclear markers for southern steelhead. *Mol. Mar. Biol. Biotech.* 3: 281–293.

Nielsen, J. L., M. C. Fountain, and J. M. Wright. 1997. Biogeographic analysis of Pacific trout (*Oncorhynchus mykiss*) in California and Mexico based on mitochondrial DNA and nuclear microsatellites. In *Molecular Systematics of Fishes,* T. D. Kocher and C. A. Stepien (eds.). San Diego: Academic Press, pp. 53–69.

Nixon, K. C. and Q. D. Wheeler. 1990. An amplification of the phylogenetic species concept. *Cladistics* 6: 211–223.

Norman, J. A., C. Moritz, and C. J. Limpus. 1994. Mitochondrial DNA control region polymorphisms: Genetic markers for ecological studies of marine turtles. *Mol. Ecol.* 3: 363–373.

Norrgard, J. W. and J. E. Graves. 1996. Determination of the natal origin of a juvenile loggerhead turtle (*Caretta caretta*) population in Chesapeake Bay using mitochondrial DNA analysis. In *Proceedings of the International Symposium on Sea Turtle Conservation Genetics*, B. W. Bowen and W. N. Witzell (eds.). NOAA Tech. Memo. NMFS-SEFSC-396, pp. 129–136.

O'Brien, S. J. and J. F. Evermans. 1988. Interactive influence of infectious disease and genetic diversity in natural populations. *Trends Ecol. Evol.* 3: 254–259.

O'Brien, S. J. and E. Mayr. 1991. Bureaucratic mischief: Recognizing endangered species and subspecies. *Science* 251: 1187–1188.

O'Brien, S. J., M. E. Roelke, N. Yuhki, K. W. Richards, W. E. Johnson, W. L. Franklin, A. E. Anderson, O. L. Bass, Jr., R. C. Belden, and J. S. Martenson. 1990. Genetic introgression within the Florida panther *Felis concolor coryi*. *Natl. Geog. Res.* 6: 485–494.

O'Corry-Crowe, G. M., R. S. Suydam, A. Rosenberg, K. J. Frost, and A. E. Dizon. 1997. Phylogeography, population structure and dispersal patterns of the beluga whale *Delphinapterus leucas* in the western Nearctic revealed by mitochondrial DNA. *Mol. Ecol.* 6: 955–970.

O'Foighil, D. and M. J. Smith. 1996. Phylogeography of an asexual marine clam complex, *Lasaea,* in the northeastern Pacific based on cytochrome oxidase III sequence variation. *Mol. Phylogen. Evol.* 6: 134–142.

O'Hara, R. J. 1993. Systematic generalization, historical fate, and the species problem. *Syst. Biol.* 42: 231–246.

Ohta, T. 1980. Two-locus problems in transmission genetics of mitochondria and chloroplasts. *Genetics* 96: 543–555.

Okazaki, T., T. Kobayashi, and Y. Uozumi. 1996. Genetic relationships of pilchards (genus: *Sardinops*) with anti-tropical distributions. *Marine Biol.* 126: 585–590.

Okumura, N. and A. Goto. 1996. Genetic variation and differentiation of the two river sculpins, *Cottus nozawae* and *C. amblystomopsis,* deduced from allozyme and restriction enzyme-digested mtDNA fragment length polymorphism analysis *Ichthyol. Res.* 43: 399–416.

Oliveira, R. P., N. E. Broude, A. M. Macedo, C. R. Cantor, C. L. Smith, and S. D. J. Pena. 1998. Probing the genetic population structure of *Trypanosoma cruzi* with polymorphic microsatellites. *Proc. Natl. Acad. Sci. USA* 95: 3776–3780.

Olivo, P. D., M. J. Van de Walle, P. J. Laipis, and W. W. Hauswirth. 1983. Nucleotide sequence evidence for rapid genotypic shifts in the bovine mitochondrial D-loop. *Nature* 306: 400–402.

Olson, D. M. and E. Dinerstein. 1998. The Global 200: A representation approach to conserving the Earth's most biologically valuable ecoregions. *Conserv. Biol.* 12: 502–515.

O'Reilly, P., T. E. Reimchen, R. Beech, and C. Strobeck. 1993. Mitochondrial DNA in *Gasterosteus* and Pleistocene glacial refugium on the Queen Charlotte Islands, British Columbia. *Evolution* 47: 678-684.

Orita, M., H. Iwahana, H. Kanazawa, K. Hayashi, and T. Sekiya. 1989a. Detection of polymorphisms of human DNA by gel electrophoresis as single-strand conformation polymorphisms. *Proc. Natl. Acad. Sci. USA* 86: 2766-2770.

Orita, M., Y. Suzuki, T. Sekiya, and K. Hayashi. 1989b. Rapid and sensitive detection of point mutations and DNA polymorphism using the polymerase chain reaction. *Genomics* 5: 874-879.

Ortí, G., M. A. Bell, T. E. Reimchen, and A. Meyer. 1994. Global survey of mitochondrial DNA sequences in the threespine stickleback: Evidence for recent migrations. *Evolution* 48: 608-622.

Ortí, G, M. P. Hare, and J. C. Avise. 1997. Detection and isolation of nuclear haplotypes by PCR-SSCP. *Mol. Ecol.* 6: 575-580.

Ortí, G. and A. Meyer. 1997. The radiation of characiform fishes and the limits of resolution of mitochondrial ribosomal DNA sequences. *Syst. Biol.* 46: 75-100.

Osentoski, M. F. and T. Lamb. 1995. Intraspecific phylogeography of the gopher tortoise, *Gopherus polyphemus*: RFLP analysis of amplified mtDNA segments. *Mol. Ecol.* 4: 709-718.

Otte, D. and J. A. Endler (eds.). 1989. *Speciation and Its Consequences*. Sunderland, Mass.: Sinauer.

Ovenden, J. R. 1990. Mitochondrial DNA and marine stock assessment: A review. *Aust. J. Marine Freshwater Res.* 41: 835-853.

Ovenden, J. R., D. J. Brasher, and R. W. G. White. 1992. Mitochondrial DNA analyses of the red rock lobster *Jasus edwardsii* supports an apparent absence of population subdivision throughout Australia. *Marine Biol.* 112: 319-326.

Ovenden, J. R., A. J. Smolenski, and R. W. G. White. 1989. Mitochondrial DNA restriction site variation in Tasmanian populations of orange roughy (*Hoplostethus atlanticus*), a deep-water marine teleost. *Aust. J. Marine Freshwater Res.* 40: 1-9.

Paetkau, D. and C. Strobeck. 1996. Mitochondrial DNA and the phylogeography of Newfoundland black bears. *Can. J. Zool.* 74: 192-196.

Page, R. D. M. 1990. Temporal congruence and cladistic analysis of biogeography and cospeciation. *Syst. Zool.* 39: 205-226.

———— 1994. Maps between trees and cladistic analysis of historical associations among genes, organisms, and areas. *Syst. Biol.* 43: 58-77.

Page, R. D. M. and E. C. Holmes. 1998. *Molecular Evolution: A Phylogenetic Approach*. Oxford: Blackwell.

Palmer, J. D. 1985. Evolution of chloroplast and mitochondrial DNA in plants and algae. In *Molecular Evolutionary Genetics,* R. J. MacIntyre (ed). New York: Plenum Press, pp. 131-240.

———— 1990. Contrasting modes and tempos of genome evolution in land plant organelles. *Trends Genet.* 6: 115-120.

———— 1992. Mitochondrial DNA in plant systematics: Applications and limitations. In *Molecular Systematics of Plants,* P. S. Soltis, J. E. Soltis, and J. J. Doyle (eds.). New York: Chapman & Hall, pp. 36-48.

Palmer, J. D. and L. A. Herbon. 1988. Plant mitochondrial DNA evolves rapidly in structure, but slowly in sequence. *J. Mol. Evol.* 28: 87-97.

Palsbøll, P. J., P. J. Chapham, D. K. Mattila, F. Larsen, R. Sears, H. R. Siegismund, J. Sigurjónsson, O. Vasquez, and P. Arctander. 1995. Distribution of mtDNA haplotypes in North Atlantic humpback whales: The influence of behaviour on population structure. *Mar. Ecol. Progr. Ser.* 116: 1-10.

Palsbøll, P. J., M. P. Heide-Jørgensen, and R. Dietz. 1997. Population structure and seasonal movements of narwhals, *Monodon monoceros*, determined from mtDNA analysis. *Heredity* 78: 284-292.

Palumbi, S. R. 1994. Genetic divergence, reproductive isolation, and marine speciation. *Annu. Rev. Ecol. Syst.* 25: 547-572.

———— 1995. Using genetics as indirect estimator of larval dispersal. In *Ecology of Marine Invertebrate Larvae,* L. McEdward (ed.). Boca Raton, Fla.: CRC Press, pp. 369-387.

———— 1996a. Nucleic acids II: the polymerase chain reaction. In *Molecular Systematics,* D. M. Hillis, C. Moritz, and B. K. Mable (eds.). Sunderland, Mass.: Sinauer, pp. 205-247.

———— 1996b. Macrospatial genetic structure and speciation in marine taxa with high dispersal abilities. In *Molecular Zoology,* J. D. Ferraris and S. R. Palumbi (eds.). New York: Wiley-Liss, pp. 101-117.

Palumbi, S. R. and C. S. Baker. 1994. Contrasting population structure from nuclear intron sequences and mtDNA of humpback whales.

Mol. Biol. Evol. 11: 426-435.

———— 1996. Nuclear genetic analysis of population structure and genetic variation using intron primers. In *Molecular Genetic Approaches in Conservation,* T. B. Smith and R. K. Wayne (eds.). New York: Oxford University Press, pp. 25-37.

Palumbi, S. R. and F. Cipriano. 1998. Species identification using genetic tools: The value of nuclear and mitochondrial gene sequences in whale conservation. *J. Heredity* 89: 459-464.

Palumbi, S. R., G. Grabowsky, T. Duda, L. Geyer, and N. T. Tachino. 1997. Speciation and population genetic structure in tropical Pacific sea urchins. *Evolution* 51: 1506-1517.

Palumbi, S. R. and B. D. Kessing. 1991. Population biology of the trans-Arctic exchange: MtDNA sequence similarity between Pacific and Atlantic sea urchins. *Evolution* 45: 1790-1805.

Palumbi, S. R. and E. C. Metz. 1991. Strong reproductive isolation between closely rerated tropical sea urchins (genus *Echinometra*). *Mol. Biol. Evol.* 8: 227-239.

Palumbi, S. R. and A. C. Wilson. 1990. Mitochondrial DNA diversity in the sea urchins *Strongylocentrotus purpuratus* and *S. droebachiensis*. *Evolution* 44: 403-415.

Park, L. K., M. A. Brainard, D. A. Dightman, and G. A. Winans. 1993. Low levels of intraspecific variation in the mitochondrial DNA of chum salmon (*Oncorhynchus keta*). *Mol. Mar. Biol. Biotech.* 2: 362-370.

Patarnello, T., L. Bargelloni, F. Caldara, and L. Colombo. 1993. Mitochondrial DNA sequence variation in the European sea bass, *Dicentrarchus labrax* L. (Serranidae): Evidence of differential haplotype distribution in natural and farmed populations. *Mol. Marine Biol. Biotech.* 2: 333-337.

Patton, J. L. and M. N. F. da Silva. 1997. Definition of species of pouched four-eyed opossums (Didelphidae, *Philander*). *J. Mammal.* 78: 90-102.

Patton, J. L., M. N. F. da Silva, M. C. Lara, and M. A. Mustrangi. 1997. Diversity, differentiation, and the historical biogeography of non-volant small mammals of the neotropical forests. In *Tropical Forest Remnants: Ecology, Management, and Conservation of Fragmented Communities,* W. F. Laurance and R. O. Bierregaard, Jr. (eds.). Chicago: University of Chicago Press, pp. 455-465.

Patton, J. L., M. N. F. da Silva, and J. R. Malcolm. 1994. Gene genelogy and differentiation among arboreal spiny rats (Rodentia: Echimyidae) of the Amazon basin: A test of the riverine barrier hypothesis. *Evolution* 48: 1314-1323.

———— 1996. Hierarchical genetics structure and gene flow in three sympatric species of Amazonian rodents. *Mol. Ecol.* 5: 229-238.

Patton, J. L. and M. F. Smith. 1989. Population structure and the genetic and morphological divergence among pocket gophers (genus *Thomomys*). In *Speciation and its Consequences,* D. Otte and J. A. Endler (eds.). Sunderland, Mass.: Sinauer, pp. 284-304.

———— 1992. MtDNA phylogeny of Andan mice: A test of diversification across ecological gradients. *Evolution* 46: 174-183.

———— 1994. Paraphyly, polyphyly, and the nature of species boundaries in pocket gophers (genus *Thomomys*). *Syst. Biol.* 43: 11-26.

Pena, S., F. Santos, N. Bianchi, C. Bravi, F. Carnese, F. Rothhammer, T. Gerelsaikhan, B. Munkhtuja, and T. Oyusuren. 1995. A major founder Y-chromosome haplotype in Amerindians. *Nature Genet.* 11: 15-16.

Pennisi, E. 1998. Genome data shake tree of life. *Science* 280: 672-674.

Penny, D., M. Steel, P. J. Waddell, and M. D. Hendy. 1995. Improved analyses of human mtDNA sequences support a recent African origin for *Homo sapiens. Mol. Biol. Evol.* 12: 863-882.

Peres, C. A., J. L. Patton, and M. N. F. da Silva. 1996. Riverine barriers and gene flow in Amazonian saddle-back tamarins. *Folia Primatologica* 67: 113-124.

Pesole, G., E. Sbisa, G. Preparata, and C. Saccone. 1992. The evolution of the mitochondrial D-loop region and the origin od modern man. *Mol. Biol. Evol.* 9: 587-598.

Petren, K. and T. J. Case. 1997. A phylogenetic analysis of body size evolution and biogeography in chuckwallas (*Sauromalus*) and other iguanines. *Evolution* 51: 206-219.

Petri, B., S. Pääbo, A. von Haeseler, and D. Tautz. 1997. Paternity assessment and population subdivision in a natural population of the larger mouse-eared bat *Myotis myotis. Mol. Ecol.* 6: 235-242.

Petri, B., A. von Haeseler, and S. Pääbo. 1996. Extreme sequence heteroplasmy in bat mitochondrial DNA. *Biol. Chem.* 377: 661-667.

Philipp, D. P., W. F. Childers, and G. S. Whitt. 1983. A biochemical genetics evaluation of the northern and Florida subspecies of largemouth bass. *Trans. Amer. Fish. Soc.* 112: 1-20.

Phillips, C. A. 1994. Geographic distribution of

mitochondrial DNA variants and the historical biogeography of the spotted salamander, *Ambystoma maculatum. Evolution* 48: 597-607.

Phillips, C. A., W. W. Dimmick, and J. L. Carr. 1996. Conservation genetics of the common snapping turtle (*Chelydra serpentina*). *Conserv. Biol.* 10: 397-405.

Pichler, F. B., S, M. Dawson, E. Slooten, and C. S. Baker. 1998. Geographic isolation of Hector's dolphin populations as described by mitochondrial DNA sequences. *Conserv. Biol.* 12: 676-682.

Pielou, E. C. 1991. *After the Ice Age: The Return of Life to Glaciated North America.* Chicago: University of Chicago Press.

Pigeon, D., A. Chouinard, and L. Bernatchez. 1997. Multiple modes of speciation involved in the parallel evolution of sympatric morphotypes of lake whitefish (*Coregonus clupeaformis,* Salmonidae). *Evolution* 51: 196-205.

Pires, J. M., T. Dobzhansky, and G. A. Black. 1953. An estimate of the number of species of trees in an Amazonian forest community. *Bot. Gazette* 114: 467-477.

Pitelka, L. F. and 22 others. 1997. Plant migration and climate change. *Amer. Sci.* 85: 464-473.

Plante, Y., P. T. Boag, and B. N. White. 1989. Microgeographic variation in mitochondrial DNA of meadow voles (*Microtus pennsylvanicus*) in relation to population density. *Evolution* 43: 1522-1537.

Platnick, N. I. and G. Nelson. 1978. A method for analysis of historical biogeographiy. *Syst. Zool.* 27: 1-16.

Pope, L. C., A. Sharp, and C. Moritz. 1996. Population structure of the yellow-footed rock-wallaby *Petrogale xanthopus* (Gray, 1854) inferred from mtDNA sequences and microsatellite loci. *Mol. Ecol.* 5: 629-640.

Potts, W. K. 1996. PCR-based cloning across large taxonomic distances and polymorphism detection: MHC as a case study. In *Molecular Zoology,* J. D. Ferraris and S. R. Palumbi (eds.). New York: Wiley-Liss, pp. 181-194.

Powers, D. A., T. Lauerman, D. Crawford, and L. DiMichele. 1991. Genetic mechanisms for adapting to a changing environment. *Annu. Rev. Genet.* 25: 629-659.

Prance, G. T. (ed.). 1982. *Biological Diversification in the Tropics.* New York: Colombia University Press.

Pressey, R. L., C. J. Humphries, C. R. Margules, R. I. Vane-Wright, and P. H. Williams. 1993. Beyond opportunism: Key principles for systematic reserve selection. *Trends Ecol. Evol.* 8: 124-128.

Price, T. 1998. Sexual selection and natural selection in bird speciation. *Phil. Trans. Roy. Soc. Lond. B* 353: 251-260.

Prinsloo, P. and T. J. Robinson. 1992. Geographic mitochondrial DNA variation in the rock hyrax, *Procavia capensis. Mol. Biol. Evol.* 9: 447-456.

Pritchard, P. C. H. 1969. Studies of the systematics and reproductive cycles of the genus *Lepidochelys.* Ph. D. diss., University of Florida, Gainesville.

Prychitko, T. M. and W. S. Moore. 1997. The utility of DNA sequences of an intron from the beta-fibrinogen gene in phylogenetic analysis of woodpeckers (Aves: Picidae). *Mol. Phylogen. Evol.* 8: 193-204.

Ptacek, M. B., H. C. Gerhardt, and R. D. Sage. 1994. Speciation by polyploidy in treefrogs: Multiple origins of the tetraploid, *Hyla versicolor. Evolution* 48: 898-908.

Pullium, H. R. 1988. Sources, sinks, and population regulation. *Amer. Nat.* 132: 652-661.

Pumo, D. E., E. Z. Goldin, B. Elliot, C. J. Phillips, and H. H. Genoways. 1988. Mitochondrial DNA polymorphism in three Antillean island populations of the fruit bat, *Artibeus jamaicensis. Mol. Biol. Evol.* 5: 79-89.

Quesada, H., C. M. Beynon, and D. O. F. Skibinski. 1995. A mitochondrial DNA discontinuity in the mussel *Mytilus galloprovincialis* Lmk: Pleistocene vicariance biogeography and secondary intergradation. *Mol. Biol. Evol.* 12: 521-524.

Quesada, H., C. Gallagher, D. A. G. Skibinski, and D. O. F. Skibinski. 1998. Patterns of polymorphism and gene flow of gender-associated mitochondrial DNA lineages in European mussel populations. *Mol. Ecol.* 7: 1041-1051.

Questiau, S., M.-C. Eybert, A. R. Gaginskaya, L. Gielly, and P. Taberlet. 1998. Recent divergence between two morphologically differentiated subspecies of blue-throat (Aves: Muscicapidae: *Luscinia svecica*) inferred from mitochondrial DNA sequence variation. *Mol. Ecol.* 7: 239-245.

Quinn, T. W. 1992. The genetic legacy of mother goose—phylogeographic patterns of lesser snow goose *Chen caerulescens caerulescens* maternal lineages. *Mol. Ecol.* 1: 105-117.

Quinn, T. W., G. F. Shields, and A. C. Wilson. 1991. Affinities of the Hawaiian goose based on two types of mitochondrial DNA data. *Auk* 108: 585-593.

Radtkey, R. R., S. M. Fallon, and T. J. Case. 1997.

Character displacement in some *Cnemidophorus* lizards revisited: A phylogenetic analysis. *Proc. Natl. Acad. Sci. USA* 94: 9740-9745.

Raff, R. A., C. R. Marshall, and J. M. Turbeville. 1994. Using DNA sequences to unravel the Cambrian radiation of the animal phyla. *Annu. Rev. Ecol. Syst.* 25: 351-375.

Rand, A. L. 1948. Glaciation, an isolating factor in speciation. *Evolution* 2: 314-321.

Rand, D. M. 1993. Endotherms, ectotherms, and mitochondrial genome-size variation. *J. Mol. Evol.* 37: 281-295.

———— 1994. Thermal habit, metabolic rate and the evolution of mitochondrial DNA. *Trends Ecol. Evol.* 9: 125-131.

Rand, D. M. and R. G. Harrison. 1986. Mitochondrial DNA transmission genetics in crickets. *Genetics* 114: 955-970.

Randazzo, A. F. and D. S. Jones (eds.). 1997. *The Geology of Florida*. Gainesville: University Press of Florida.

Randi, E. 1993. Effects of fragmentation and isolation on genetic variability of the Italian populations of the wolf *Canis lupus* and brown bear *Ursus arctos*. *Acta Theor.* 38: 113-120.

Randi, E., L. Gentile, G. Boscagli, D. Huber, and H. U. Roth. 1994. Mitochondrial DNA sequence divergence among some west European brown bear (*Ursus arctos* L.) populations: Lessons for conservation. *Heredity* 73: 480-489.

Rapacz, L., L. Chen, E. Butler-Brunner, M.-J. Wu, J. O. Hasler-Rapacz, R. Butler, and V. N. Schumaker. 1991. Identification of the ancestral haplotype for apolipoprotein B suggests an African origin of *Homo sapiens sapiens* and traces their subsequent migration to Europe and the Pacific. *Proc. Natl. Acad. Sci. USA* 88: 1403-1406.

Rassmann, K., D. Tautz, F. Trillmich, and C. Gliddon. 1997. The microevolution of the Galápagos marine iguana *Amblyrhynchus cristatus* assessed by nuclear and mitochondrial genetic analysis. *Mol. Ecol.* 6: 437-452.

Rawson, P. D. and T. J. Hilbish. 1995. Evolutionary relationships among the male and female mitochondrial DNA lineages in the *Mytilus edulis* species complex. *Mol. Biol. Evol.* 12: 893-901.

———— 1998. Asymmetric introgression of mitochondrial DNA among European populations of blue mussels (*Mytilus* spp.). *Evolution* 52: 100-108.

Redd, A. J., N. Takezaki, S. T. Sherry, S. T. McGarvey, A. S. M. Sofro, and M. Stoneking. 1995. Evolutionary history of the COII/tRNA^{Lys} intergenic 9 base pair deletion in human mitochondrial DNAs from the Pacific. *Mol. Biol. Evol.* 12: 604-615.

Reeb, C. A. and J. C. Avise. 1990. A genetic discontinuity in a continuously distributed species: Mitochondrial DNA in the American oyster, *Crassostrea virginica*. *Genetics* 124: 397-406.

Reich, D. E. and D. B. Goldstein. 1998. Genetic evidence for a Paleolithic human population expansion in Africa. *Proc. Natl. Acad. Sci. USA* 95: 8119-8123.

Reid, D. G., E. Rumbak, and R. H. Thomas. 1996. DNA, morphology and fossils: Phylogeny and evolutionary rates of the gastropod genus *Littorina*. *Phil. Trans. Roy. Soc. Lond. B* 351: 877-895.

Remington, C. L. 1968. Suture-zones of hybrid interaction between recently joined biotas. *Evol. Biol.* 2: 321-428.

Ribeiro, S. and G. B. Golding. 1998. The mosaic nature of the eukaryotic nucleus. *Mol. Biol. Evol.* 15: 779-788.

Rich, S. M., D. A. Caporale, S. R. Telford III, T. D. Kocher, D. L. Hartl, and A. Spielman. 1995. Distribution of *Ixodes ricinus*-like ticks of eastern North America. *Proc. Natl. Acad. Sci. USA* 92: 6284-6288.

Rich, S. M., M. C. Licht, R. R. Hudson, and F. J. Ayala. 1998. Malaria's Eve: Evidence of a recent population bottleneck throughout the world populations of *Plasmodium falciparum*. *Proc. Natl. Acad. Sci. USA* 95: 4425-4430.

Richardson, L. R. and J. R. Gold. 1993. Mitochondrial DNA variation in red grouper (*Epinephelus morio*) and greater amberjack (*Seriola dumerili*) from the Gulf of Mexico. *ICES J. Marine Sci.* 50: 53-62.

———— 1995. Evolution of the *Cyprinella lutrensis* species group. III. Geographic variation in the mitochondrial DNA of *Cyprinella lutrensis*—the influence of Pleistocene glaciation on population dispersal and vicariance. *Mol. Ecol.* 4: 163-171.

Richter, C. 1992. Reactive oxygen and DNA damage in mitochondria. *Mutat. Res.* 275: 249-255.

Ricklefs, R. E. (ed.). 1993. *Species Diversity in Ecological Communities: Historical and Geographical Perspectives*. Chicago: University of Chicago Press.

Riddle, B. R. 1995. Molecular biogeography in the pocket mice (*Perognathus* and *Chaetodipus*) and grasshopper mice (*Onychomys*): The late Cenozoic development of a North American aridlands rodent guild. *J. Mammal.* 76: 283-301.

───── 1996. The molecular phylogeographic bridge between deep and shallow history in continental biotas. *Trends Ecol. Evol.* 11: 207-211.

Riddle, B. R. and R. L. Honeycutt. 1990. Historical biogeography in North American arid regions: An approach using mitochondrial-DNA phylogeny in grasshopper mice (genus *Onychomys*). *Evolution* 44: 1-15.

Riddle, B. R., R. L. Honeycutt, and P. L. Lee. 1993. Mitochondrial DNA phylogeography in northern grasshopper mice (*Onychomys leucogaster*)—the influence of Quaternary climatic oscillations on population dispersion and divergence. *Mol. Ecol.* 2: 183-193.

Rieseberg, L. H. 1991. Homoploid reticulate evolution in *Helianthus* (Asteraceae): Evidence from ribosomal genes. *Amer. J. Bot.* 78: 1218-1237.

───── 1997. Hybrid origins of plant species. *Annu. Rev. Ecol. Syst.* 28: 359-389.

Rieseberg, L. H. and L. Brouillet. 1994. Are many plant species paraphyletic? *Taxon* 43: 21-32.

Rieseberg, L. H., R. Carter, and S. Zona. 1990. Molecular tests of the hypothesized hybrid origin of two diploid *Helianthus* species (Asteraceae). *Evolution* 44: 1498-1511.

Rieseberg, L. H., J. Whitton, and C. R. Linder. 1996. Molecular marker incongruence in plant hybrid zones and phylogenetic trees. *Acta Bot. Neerl.* 45: 243-262.

Rising, J. D. and J. C. Avise. 1993. An application of genealogical concordance principles to the taxonomy and evolutionary history of the sharp-tailed sparrow (*Ammodramus caudacutus*). *Auk* 110: 844-856.

Ritchie, M. G., R. K. Butlin, and G. M. Hewitt. 1989. Assortative mating across a hybrid zone in *Chorthippus parallelus* (Orthoptera: Acrididae). *J. Evol. Biol.* 2: 339-352.

Robinson, N. A. 1995. Implications from mitochondrial DNA for management to conserve the eastern barred bandicoot (*Perameles gunnii*). *Conserv. Biol.* 9: 114-125.

Roderick, G. K. 1996. Geographic structure of insect populations: Gene flow, phylogeography, and their uses. *Annu. Rev. Entomol.* 41: 325-362.

Roderick, G. K. and R. G. Gillespie. 1998. Speciation and phylogeography of Hawaiian terrestrial arthropods. *Mol. Ecol.* 7: 519-531.

Roehrdanz, R. L. and D. A. Johnson. 1988. Mitochondrial DNA variation among geographical populations of the screwworm fly, *Cochliomyia hominivorax*. *J. Med. Entomol.* 25: 136-141.

Rogers, A. R. 1997. Population structure and modern human origins. In *Progress in Population Genetics and Human Evolution*, P. Donnelly and S. Tavaré (eds.). NewYork: Springer-Verlag, pp. 55-79.

Rogers, A. R. and H. Harpending. 1992. Population growth makes waves in the distribution of pairwise genetic differences. *Mol. Biol. Evol.* 9: 552-569.

Rogers, A. R. and L. B. Jorde. 1995. Genetic evidence on the origin of modern humans. *Hum. Biol.* 67: 1-36.

Rogers, J., P. B. Samallow, and A. G. Comuzzie. 1996. Estimating the age of the common ancestor of men from the ZFY intron. *Sciencs* 272: 1360-1361.

Roman, J., S. Santhuff, P. Moler, and B. W. Bowen. 1999. Cryptic evolution and population structure in the alligator snapping turtle (*Macroclemys temminckii*). *Conserv. Biol.* 13: 1-9.

Ronquist, R. 1997. Dispersal-vicariance analysis: A new approach to the quantification of historical biogeography. *Syst. Biol.* 46: 195-203.

Rosel, P. E. 1992. Genetic population structure and systematics of some small cetaceans inferred from mitochondrial DNA sequence variation. Ph. D. diss., University of California, San Diego.

Rosel, P. E. and B. A. Block. 1996. Mitochondrial control region variability and global population structure in the swordfish, *Xiphias gladius*. *Marine Biol.* 125: 11-22.

Rosel, P. E., A. E. Dizon, and M. G. Haygood. 1995. Variability of the mitochondrial control region in populations of the harbour porpoise, *Phocoena phocoena*, on interoceanic and regional scales. *Can. J. Fish. Aquat. Sci* 52: 1210-1219

Rosel, P. E., A. E. Dizon, and J. E. Heyning. 1994. Genetic analysis of sympatric morphotypes of common dolphins (genus *Delphinus*). *Marine Biol.* 119: 159-167.

Rosen, D. E. 1975. A vicariance model for Caribbean biogeography. *Syst. Zool.* 24: 431-464.

───── 1979. Fishes from the uplands and intermontane basins of Guatemala: Revisionary studies and comparative geography. *Bull. Amer. Mus. Natur. Hist.* 162: 267-376.

Rosenblum, L. L., J. Supriatna, and D. J. Melnick. 1997. Phylogeographic analysis of pigtail macaque populations (*Macaca nemestrina*) inferred from mitochondrial DNA. *Amer. J. Phys. Anthropol.* 104: 35-45.

Rosenzweig, M. L. 1995. *Species Diversity in Space*

and Time. Cambridge: Cambridge University Press.

Ross, K. G., M. J. B. Krieger, D. D. Shoemaker, E. L. Vargo, and L. Keller. 1997. Hierarchical analysis of genetic structure in native fire ant populations: Results from three classes of molecular markers. *Genetics* 147: 643-655.

Rossi, M., E. Barrio, A. Latorre, J. E. Quezada-Díaz, E. Hasson, A. Moya, and A. Fontdevila. 1996. The evolutionary history of *Drosophila buzzatti*. XXX. Mitochondrial DNA polymorphism in original and colonizing populations. *Mol. Biol. Evol*. 13: 314-323.

Routman, E. 1993. Mitochondrial DNA variation in *Cryptobranchus alleganiensis,* a salamander with extremely low allozyme diversity. *Copeia* 1993: 407-416.

Routman, E., R. Wu, and A. R. Templeton. 1994. Parsimony, molecular evolution, and biogeography: The case of the North American giant salamander. *Evolution* 48: 1799-1809.

Rowan, R. G. and J. A. Hunt. 1991. Rates of DNA change and phylogeny from the DNA sequences of the alcohol dehydrogenase gene for five closely related species of Hawaiian *Drosophila Mol. Biol. Evol*. 8: 49-70.

Roy, M. S., E. Geffen, D. Smith, E. Ostrander, and R. K. Wayne. 1994b. Patterns of differentiation and hybridization in North American wolf-like canids revealed by analysis of microsatellite loci. *Mol. Biol. Evol*. 11: 553-570.

Roy, M. S., D. J. Girman, and R. K. Wayne. 1994a. The use of museum specimens to reconstruct the genetic variability and relationships of extinct populations. *Experientia* 50: 551-557.

Rozas, A., J. M. Hernandez, V. M. Cabrera, and A. Prerosti. 1990. Colonization in America by *Drosophila subobscura*: Effect of the founder event on mitochondrial DNA polymorphism. *Mol. Biol. Evol*. 7: 103-109.

Rubinoff, I. and E. G. Leigh. 1990. Dealing with diversity: The Smithsonian Tropical Research Institute and tropical biology. *Trends Ecol. Evol*. 5: 115-118.

Ruedi, M., M. F. Smith, and J. L. Patton. 1997. Phylogenetic evidence of mitochondrial DNA introgression among pocket gophers in New Mexico (family Geomyidae). *Mol. Ecol*. 6: 453-462.

Ruttner, F. 1988. *Biogeography and Taxonomy of Honeybees*. New York: Springer-Verlag.

Ruvolo, M., D. Pan, S. Zehr, T. Goldberg, T. R. Disotell, and M. von Dornum. 1994. Gene trees and hominoid phylogeny. *Proc. Natl. Acad. Sci. USA* 91: 8900-8904.

Ruvolo, M., S. Zehr, M. von Dornum, D. Pan, B. Chang, and J. Lin. 1993. Mitochondrial COII sequences and modern human origins. *Mol. Biol. Evol*. 10: 1115-1135.

Ryan, M. J. 1996. Phylogenetics in behavior: some cautions and expectations. In *Phylogenies and the Comparative Method in Animal Behavior,* E. P. Martins (ed.). New York: Oxford University Press, pp. 1-21.

Ryder, O. A. 1986. Species conservation and the dilemma of subspecies. *Trends Ecol. Evol*. 1: 9-10.

Ryder, O. A. and L. G. Chemnick. 1993. Chromosomal and mitochondrial-DNA variation in orangutans. *J. Heredity* 84: 405-409.

Ryman, N. and F. Utter (eds.). 1987. *Population Genetics and Fishery Management*. Seattle: University of Washington Press.

Saccone, C. and A. M. Kroon (eds.). 1976. *The Genetic Function of Mitochondrial DNA*. Amsterdam: North-Holland.

Salem, A.-H., F. M. Badr, M. F. Gaballah, and S. Pääbo. 1996. The genetics of traditional living: Y-chromosomal and mitochondrial lineages in the Sinai Peninsula. *Amer. J. Hum. Genet*. 59: 741-743.

Saltonstall, K., G. Amato, and J. Powell. 1998. Mitochondrial DNA variability in Grauer's gorillas of Kahuzi-Biega National Park. *J. Heredity* 8: 129-135.

Sambuughin, N., Y. G. Rychkov, and V. N. Petrishchev. 1992. Genetic differentiation of Mongolian population: The geographical distribution of mtDNA RFLPs, mitotypes and population estimation of mutation rate for mitochondrial genome. *Genetika* 28: 136-153.

Sanger, F., S. Nicklen, and A. R. Coulson. 1977. DNA sequencing with chain-terminating inhibitors. *Proc. Natl. Acad. Sci. USA* 74: 5463-5467.

Santos, M., R. H. Ward, and R. Barrantes. 1994. MtDNA variation in the Chibcha Amerindian Heutar from Costa Rica. *Hum. Biol*. 66: 963-977.

Santucci, F., B. C. Emerson, and G. M. Hewitt. 1998. Mitochondrial DNA phylogeography of European hedgehogs. *Mol. Ecol*. 7: 1163-1172.

Sarver, S. K., M. C. Landrum, and D. W. Foltz. 1992. Genetics and taxonomy of ribbed mussels (*Geukensia* spp.). *Marine Biol*. 113: 385-390.

Satta, Y. and N. Takahata. 1990. Evolution of *Drosophila* mitochondrial DNA and the history of the *melanogaster* subgroup. *Proc. Natl. Acad.*

Sci. USA 87: 9558-9562.

Satta, Y., N. Toyohara, C. Ohtaka, Y. Tatsuno, T. K. Watanabe, E. T. Matsura, S. I. Chigusa, and N. Takahata. 1988. Dubious maternal inheritance of mitochondrial DNA in *D. simulans* and evolution of *D. mauritiana*. *Genet. Res.* 52: 1-6.

Saunders, N. C., L. G. Kessler, and J. C. Avise. 1986. Genetic variation and geogrphic differentiation in mitochondrial DNA of the horseshoe crab, *Limulus polyphemus*. *Genetics* 112: 613-627.

Saville, B. J., Y. Kohli, and J. B. Anderson. 1998. mtDNA recombination in a natural population. *Proc. Natl. Acad. Sci. USA* 95: 1331-1335.

Sawyer, S. 1989. Statistical tests for detecting gene conversion. *Mol. Biol. Evol.* 6: 526-538.

Schaal, B. A., D. A. Hayworth, K. M. Olsen, J. T. Rauscher, and W. A. Smith. 1998. Phylogeographic studies in plants: problems and prospects. *Mol. Ecol.* 7: 465-474.

Schaffer, H. 1970. The fate of neutral mutants as a branching process. In *Mathematical Topics in Population Genetics,* K. Kojima (ed.). New York: Springer-Verlag, pp. 317-336.

Scharf, S. J., G. T. Horn, and H. A. Erlich. 1986. Direct cloning and sequence analysis of enzymatically amplified genomic sequences. *Science* 233: 1076-1078.

Schliewen, U. K., D. Tautz, and S. Pääbo. 1994. Sympatric speciation suggested by monophyly of crater lake cichlids. *Nature* 368: 629-632.

Schluter, D. 1995. Uncertainty in ancient phylogenies. *Nature* 377: 108-109.

Schluter, D., T. Price, A. O. Mooers, and D. Ludwig. 1997. Likelihood of ancestor states in adaptive radiation. *Evolution* 51: 1699-1711.

Schneider, C. J., M. Cunningham, and C. Moritz. 1998. Comparative phylogeography and the history of endemic vertebrates in the Wet Tropics rainforests of Australia. *Mol. Ecol.* 7: 487-498.

Schubart, C. D., R. Diesel, and S. B. Hedges. 1998. Rapid evolution to terrestrial life in Jamaican crabs. *Nature* 393: 363-364.

Schurr, T. G., S. W. Ballinger, Y. Y. Gan, J. A. Hodge, D. A. Merriwether, D. N. Lawrence, W. C. Knowler, K. M. Weiss, and D. C. Wallace. 1990. Amerindian mitochondrial DNAs have rare Asian mutations at high frequencies, suggesting they derived from four primary maternal lineages. *Amer. J. Hum. Genet.* 46: 613-623.

Schweigert, J. F. and R. E. Withler. 1990. Genetic differentiation of Pacific herring based on enzyme electrophoresis and mitochondrial DNA analysis. *Amer. Fish. Soc. Symp.* 7: 459-469.

Scoles, D. R. and J. E. Graves. 1993. Genetic analysis of the population structure of yellowfin tuna *Thunnus albacares* in the Pacific Ocean. *Fish. Bull.* 91: 690-698.

Scott, J. M. and B. Csuti. 1997. Gap analysis for biodiversity surveys and maintenance. In *Biodiversity II: Understanding and Protecting Our Biological Resources,* M. L. Reaka-Kudla et al. (eds.). Washington, D. C.: Joseph Henry Press, pp. 321-340.

Scott, J. M., B. Csuti, J. D. Jacobi, and S. Caicco. 1990. Gap analysis: Assessing protection needs. In *Landscape Linkages and Biodiversity,* W. E. Hudson (ed.). Washington, D. C.: Island Press, pp. 15-26.

Scott, J. M., B. Csuti, J. D. Jacobi, and J. E. Estes. 1987. Species richness: A geographic approach to protecting future biological diversity. *BioScience* 37: 782-788.

Scribner, K. T. and J. C. Avise. 1993. Cytonuclear genetic architecture in mosquitofish populations and the possible roles of introgressive hybridization. *Mol. Ecol.* 2: 139-149.

Scribner, K. T., J. Bodkin, B. Ballachey, S. R. Fain, M. A. Cronin, and M. Sanchez. 1997. Population genetic studies of the sea otter (*Enhydra lutris*): A review and interpretation of available data. In *Molecular Genetics of Marine Mammals,* A. E. Dizon, S. J. Chivers, and W. F. Perrin (eds.). Special Publ. 3, Society for Marine Mammalogy, pp. 197-208.

Sears, C. J., B. W. Bowen, R. W. Chapman, S. B. Galloway, S. R. Hopkins-Murphy, and C. M. Woodley. 1995. Demographic composition of the feeding population of juvenile loggerhead sea turtles (*Caretta caretta*) off Charleston, South Carolina: Evidence from mitochondrial DNA markers. *Marine Biol.* 123: 869-874.

Sedberry, G. R., J. L. Carlin, R. W. Chapman, and B. Eleby. 1996. Population structure in the panoceanic wreckfish, *Polyprion americanus* (Teleostei: Polyprionidae), as indicated by mtDNA variation. *J. Fish. Biol.* 49 (supplement A): 318-329.

Seddon, J. M., P. R. Baverstock, and A. Georges. 1998. The rate of mitochondrial 12S rRNA evolution is similar in freshwater turtles and marsupials. *J. Mol. Evol.* 46: 460-464.

Seehausen, O., J. J. M. van Alphen, and F. Witte. 1997. Cichlid fish diversity threatened by eutrophication that curbs sexual selection. *Science* 277: 1808-1811.

Seielstad, M. T., E. Minch, and L. L. Cavalli-Sforza. 1998. Genetic evidence for a higher female migration rate in humans. *Nature Genet.* 20: 278–280.

Selander, R. K. 1971. Systematics and speciation in birds. In *Avian Biology,* vol. 1, D. S. Farmer and J. R. King (eds.). New York: Academic Press, pp. 57–147.

Seutin, G., J. Brawn, R. E, Ricklefs, and E. Bermingham. 1993. Genetic divergence among populations of a tropical passerine, the streaked saltator (*Saltator albicollis*). *Auk* 110: 117–126.

Seutin, G., N. K. Klein, R. E. Ricklefs, and E. Bermingham. 1994. Historical biogeography of the bananaquit (*Coereba flaveola*) in the Caribbean region: A mitochondrial DNA assessment. *Evolution* 48: 1041–1061.

Seutin, G., L. M. Ratcliffe, and P. T. Boag. 1995. Mitochondrial DNA homogeneity in the phenotypically diverse redpoll finch complex (Aves: Carduelinae: *Carduelis flammea-hornemanni*). *Evolution* 49: 962–973.

Shaffer, H. B. and M. L. McKnight. 1996. The polytypic species revisited: genetic differentiation and molecular phylogenetics of the tiger salamander *Ambystoma tigrinum* (Amphibia: Caudate) complex. *Evolution* 50: 417–433.

Shaw, D. M. and C. H. Langley. 1979. Inter- and intraspecific variation in restriction maps of *Drosophila* mitochondrial DNAs. *Nature* 281: 696–699.

Shedlock, A. M., J. D. Parker, D. A. Crispin, T. W. Pietsch, and G. C. Burmer. 1992. Evolution of the salmonid mitochondrial control region. *Mol. Phylogen Evol.* 1: 179–192.

Sheldon, F. H. and L. A. Whittingham. 1997. Phylogeny in studies of bird ecology, behavior, and morphology. In *Avian Molecular Evolution and Systematics,* D. P. Mindell (ed.). New York: Academic Press, pp. 279–299.

Sherry, S. T., A. R. Rogers, H. Harpending, H. Soodyall, T. Jenkins, and M. Stoneking. 1994. Mismatch distributions of mtDNA reveal recent human population expansions. *Hum. Biol.* 66: 761–775.

Shields, G. F. and J. R. Gust. 1995. Lack of geographic structure in mitochondrial DNA sequences of Bering Sea walleye pollock, *Theragra chalcogramma*. *Mol. Mar. Biol. Biotech.* 4: 69–82.

Shields, G. F. and T. D. Kocher. 1991. Phylogenetic relationships of North American ursids based on analysis of mitochondrial DNA. *Evolution* 45: 218–221.

Shields, G. F., A. M. Schmiechen, B. L. Frazier, A. Redd., M. I. Voevoda, J. K. Reed, and R. H. Ward. 1993. Mitochondrial DNA sequences suggest a recent evolutionary divergence for Beringian and northern North American populations. *Amer. J. Hum. Genet.* 53: 549–562.

Shields, G. F. and A. C. Wilson. 1987. Calibration of mitochondrial DNA evolution in geese. *J. Mol. Evol.* 24: 212–217.

Shitara, H., J.-I. Hayashi, S. Takahama, H. Kaneda, and H. Yonekawa. 1998. Maternal inheritance of mouse mtDNA in interspecific hybrids: Segregation of the leaked paternal mtDNA followed by the prevention of subsequent paternal leakage. *Genetics* 148: 851–857.

Shubin, N. 1998. Evolutionary cut and paste. *Nature* 394: 12–13.

Shulman, M. J. and E. Bermingham. 1995. Early life histories, ocean currents, and the population genetics of Caribbean reef fishes. *Evolution* 49: 897–910.

Sibley, C. G. 1991. Phylogeny and classification of birds from DNA comparisons. *Acta XX Congressus Internationalis Ornithologici* I: 111–126.

Sibley, C. G. and J. E. Ahlquist. 1986. Reconstructing bird phylogeny by comparing DNAs. *Sci. Amer.* 254(2): 82–93.

———— 1990. *Phylogeny and Classification of Birds—A Study in Molecular Evolution*. New Haven, Conn.: Yale University Press.

Silberman, J. D., S. K. Sarver, and P. J. Walsh. 1994. Mitochondrial DNA variation and population structure in the spiny lobster *Panulirus argus* Marine Biol. 120: 601–608.

Simon, C., F. Frati, A. Beckenbach, B. Crespi, H. Liu, and P. Flook. 1994. Evolution, weighting, and phylogenetic utility of mitochondrial gene sequences and a compilation of conserved polymerase chain reaction primers. *Ann. Ent. Soc. Amer.* 87: 651–701.

Simonsen, B. T., H. R. Siegismund, and P. Arctander. 1998. Population structure of African buffalo inferred from mtDNA sequences and microsatellite loci: High variation but low differentiation. *Mol. Ecol.* 7: 225–237.

Simpson, B. B. and J. Haffer. 1978. Speciation patterns in the Amazonian forest biota. *Annu. Rev. Ecol. Syst.* 9: 497–518.

Simpson, G. G. 1945. The principles of classification and a classification of mammals. *Bull. Amer. Mus. Natur. Hist.* 85: 1–350.

Skibinski, D. O. F., C. Gallagher, and C. M. Beynon. 1994. Mitochondrial DNA inheritance. *Nature*

368: 817-818.

Slade, R. W. and C. Moritz. 1998. Phylogeography of *Bufo marinus* from its natural and introduced range. *Proc. Roy. Soc. Lond. B*. 265: 769-777.

Slade, R. W., C. Moritz, and A. Heideman. 1994. Multiple nuclear-gene phylogenies: Application to pinnipeds and comparison with a mitochondrial DNA gene phylogeny. *Mol. Biol. Evol*. 11: 341-356.

Slade, R. W., C. Moritz, A. Heideman, and P. T. Hale. 1993. Rapid assessment of single-copy nuclear DNA variation in diverse species. *Mol. Ecol*. 2: 359-373.

Slatkin, M. 1977. Gene flow and genetic drift in a species subject to frequent local extinctions. *Theor. Pop. Biol*. 12: 253-262.

——— 1985a. Gene flow in natural populations. *Annu. Rev. Ecol. Syst*. 16: 393-430.

——— 1985b. Rare alleles as indicators of gene flow. *Evolution* 39: 53-65.

——— 1987. Gene flow and the geographic structure of natural populations. *Science* 236: 787-792.

——— 1989. Detecting small amounts of gene flow from phylogenies of alleles. *Genetics* 121: 609-612.

——— 1991. Inbreeding coefficients and coalescence times. *Genet. Res*. 58: 167-175.

Slatkin, M. and H. E. Arter. 1991. Spatial autocorrelation methods in population genetics. *Amer. Nat*. 138: 499-517.

Slatkin, M. and N. H. Barton. 1989. A comparison of three indirect methods for estimating average levels of gene flow. *Evolution* 43: 1349-1368.

Slatkin, M. and R. R. Hudson. 1991. Pairwise comparisons of mitochondrial DNA sequences in stable and exponentially growing populations. *Genetics* 129: 555-562.

Slatkin, M. and W. P. Maddison. 1989. A cladistic measure of gene flow inferred from the phylogenies of alleles. *Genetics* 123: 603-613.

Smith, D. R. 1991. African bees in the Americas: insights from biogeography and genetics. *Trends Ecol. Evol*. 6: 17-21.

Smith, D. R. and W. M. Brown. 1990. Restriction endonuclease cleavage site and length polymorphisms in mitochondrial DNA of *Apis mellifera mellifera* and *A. m. carnica* (Hymenoptera: Apidae). *Ann. Entomol. Soc. Amer*. 83: 81-88.

Smith, D. R., O. R. Taylor and W. M. Brown. 1989. Neotropical Africanized honey bees have African mitochondrial DNA. *Nature* 339: 213-215.

Smith, M. F. 1998. Phylogenetic relationships and geographic structure in pocket gophers in the genus *Thomomys*. *Mol. Phylogen. Evol*. 9: 1-14.

Smith, M. F. and J. L. Patton. 1993. The diversification of South American murid rodents: Evidence from mitochondrial DNA sequence data for the akodontine tribe. *Biol. J. Linn. Soc*. 50: 149-177.

Smith, M. J., A. Arndt, S. Gorski, and E. Fajber. 1993. The phylogeny of echinoderm classes based on mitochondrial gene arrangements. *J. Mol. Evol*. 36: 545-554.

Smith, M. W., R. W. Chapman, and D. A. Powers. 1998. Mitochondrial DNA analysis of Atlantic Coast, Chesapeake Bay, and Delaware Bay populations of the teleost *Fundulus heteroclitus* indicates temporally unstable distributions over geologic time. *Mol. Marine Biol. Biotech*. 7: 79-87.

Smith, T. B. and R. K. Wayne (eds.). 1996. *Molecular Genetic Approaches in Conservation*. New York: Oxford University Press.

Smolenski, A. J., J. R. Ovenden, and R. W. G. White. 1993. Evidence of stock separation in southern hemisphere orange roughy (*Hoplostethus atlanticus*, Trachichthyidae) from restriction-enzyme analysis of mitochondrial DNA. *Marine Biol*. 116: 219-230.

Smouse, P. E. 1998. To tree or not to tree. *Mol. Ecol*. 7: 399-412.

Smouse, P. E., T. E. Dowling, J. A. Tworek, W. R. Hoeh, and W. M. Brown. 1991. Effects of intraspecific variation on phylogenetic inference: A likelihood analysis of mtDNA restriction site data in cyprinid fishes. *Syst. Zool*. 40: 393-409.

Sneath, P. H. A. and R. R. Sokal. 1973. *Numerical Taxonomy*. San Francisco: Freeman.

Sokal, R. R., R. M. Harding, and N. L. Oden. 1989a. Spatial patterns of human gene frequencies in Europe. *Amer. J. Phys. Anthropol*. 80: 267-294.

Sokal, R. R., G. M. Jacquez, and M. C. Wooten. 1989b. Spatial autocorrelation analysis of migration and selection. *Genetics* 121: 845-855.

Solignac, M., J. Genermont, M. Monnerot, and J.-C. Mounolou. 1984. Genetics of mitochondria in *Drosophila*: Inheritance in heteroplasmic strains of *D. mauritiana*. *Mol. Gen. Genet*. 197: 183-188.

Solignac, M., M. Monnerot, and J.-C. Mounolou. 1983. Mitochondrial DNA heteroplasmy in *Drosophila mauritiana*. *Proc. Natl. Acad. Sci. USA* 80: 6942-6946.

Soltis, D. E., M. A. Gitzendanner, D. D. Strenge, and

P. S. Soltis. 1997. Chloroplast DNA intraspecific phylogeography of plants from the Pacific Northwest of North America. *Plant Syst. Evol.* 206: 353-373.

Soltis, D. E., M. S. Mayer, P. S. Soltis, and M. Edgerton. 1991. Chloroplast DNA variation in *Tellima grandiflora* (Saxifragaceae). *Amer. J. Bot.* 78: 1379-1390.

Soltis, D. E., P. S. Soltis, R. K. Kuzoff, and T. L. Tucker. 1992b. Geographic structuring of chloroplast DNA genotypes in *Tiarella trifoliata* (Saxifragaceae). *Plant Syst. Evol.* 181: 203-216.

Soltis, D. E., P. S. Soltis, and B. G. Milligan. 1992a. Intraspecific chloroplast DNA variation: Systematic and phylogenetic implications. In *Molecular Systematics of Plants,* P. S. Soltis, D. E. Soltis, and J. J. Doyle (eds.). New York: Chapman & Hall, pp. 117-150.

Soltis, D. E., P. S. Soltis, T. A. Ranker, and B. D. Ness. 1989. Chloroplast DNA variation in a wild plant *Tolmiea menziesii*. *Genetics* 121: 819-826.

Sperling, F. A. H. and R. G. Harrison. 1994. Mitochondrial DNA variation within and between species of the *Papilio machaon* group of swallowtail butterflies. *Evolution* 48: 408-422.

Sperling, F. A. H. and D. A. Hickey. 1994. Mitochondrial DNA sequence variation in the spruce budworm species complex (*Choristoneura*: Lepidoptera). *Mol. Biol. Evol.* 11: 656-665.

Spiess, E. B. 1977. *Genes in Populations*. New York: John Wiley & Sons.

Stanhope, M. J., B. Hartwick, and D. Baillie. 1993. Molecular phylogeographic evidence for multiple shifts in habitat preference in the diversification of an amphipod species. *Mol. Ecol.* 2: 99-112.

Stanley, H. F., S. Casey, J. M. Carnahan, S. Goodman, J. Harwood, and R. K. Wayne. 1996. Worldwide patterns of mitochondrial DNA differentiation in the harbor seal (*Phoca vitulina*). *Mol. Biol. Evol.* 13: 368-382.

Staton, J. L., L. L. Daehler, and W. M. Brown, 1997. Mitochondrial gene arrangement of the horseshoe crab *Limulus polyphemus* L.: Conservation of major features among arthropod classes. *Mol. Biol. Evol.* 14: 867-874.

Stenico, M., L. Nigro, and G. Barbujani. 1998. Mitochondrial lineages in Ladin-speaking communities of the eastern Alps. *Proc. Roy. Soc. Lond. B* 265: 555-561.

Stephens, J. C. 1985. Statistical methods of DNA sequence analysis: Detection of intragenic recombination or gene conversion. *Mol. Biol. Evol.* 2: 539-556.

Stepien, C. A. 1995. Population genetic divergence and geographic patterns from DNA sequences: Examples from marine and freshwater fishes. *Amer. Fish. Soc. Symp.* 17: 263-287.

Stewart, D. T. and A. J. Baker. 1994. Patterns of sequence variation in the mitochondrial D-loop region of shrews. *Mol. Biol. Evol.* 11: 9-21.

Stoneking, M. 1997. Recent African origin of human mitochondrial DNA: Review of the evidence and current status of the hypothesis. In *Progress in Population Genetics and Human Evolution,* P. Donnelly and S. Tavaré (eds.). New York: Springer-Verlag, pp. 1-13.

———— 1998. Women on the move. *Nature Genet.* 20: 219-220.

Stoneking, M., K. Bhatia, and A. C. Wilson. 1986. Mitochondrial DNA variation in eastern highlanders of Papua New Guinea. In *Genetic Variation and Its Maintenance,* D. F. Roberts and G. F. DeStefano (eds.). Cambridge: Cambridge University Press, pp. 87-100.

Stoneking, M., L. B. Jorde, K. Bhatia, and A. C. Willson. 1990. Geographic variation in human mitochondrial DNA from Papua New Guinea. *Genetics* 124: 717-733.

Stoneking, M. and A. C. Wilson. 1989. Mitochondrial DNA. In *The Colonization of the Pacific: A Genetic Trail,* A. V. S. Hill and S. W. Serjeantson (eds.). New York: Oxford University Press, pp. 215-245.

Strange, R. M. and B. M. Burr. 1997. Intraspecific phylogeography of North American highland fishes: A test of the Pleistocene vicariance hypothesis. *Evolution* 51: 885-897.

Streelman, J. T., R. Zardoya, A. Meyer, and S. A. Karl. 1998. Multilocus phylogeny of cichlid fishes (Pisces: Perciformes): evolutionary comparison of microsatellite and single-copy nuclear loci. *Mol. Biol. Evol.* 15: 798-808.

Strenge, D. 1994. The intraspecific phylogeography of *Polystichum munitum* and *Alnus rubra*. Master's thesis, Washington State University, Pullman.

Stringer, C. B. and P. Andrews. 1988. Genetic and fossil evidence for the origin of modern humans. *Science* 239: 1263-1268.

Sturmbauer, C., E. Verheyen, L. Rüber, and A. Meyer. 1997. Phylogeographic patterns in populations of cichlid fishes from rocky habitats in Lake Tanganyika. In *Molecular Systematics of Fishes,* T. D. Kocher and C. A. Stepien (eds.), San Diego: Academic Press, pp. 97-111.

Sullivan, J., J. A. Markert, and C. W. Kilpatrick.

1997. Phylogeography and molecular systematics of the *Peromyscus aztecus* species group (Rodentia: Muridae) inferred using parsimony and likelihood. *Syst. Biol.* 46: 426–440.

Suzuki, H., S. Minato, S. Sakurai, K. Tsuchiya, and I. M. Fokin. 1997. Phylogenetic position and geographic differentiation of the Japanese dormouse, *Glirulus japonicus* revealed by variations among rDNA, mtDNA and the SRY gene. *Zool Sci.* 14: 167–173.

Suzuki, H., S. Wakana, H. Yonekawa, K. Moriwaki, S. Sakurai, and E. Nevo. 1996. Variations in ribosomal DNA and mitochondrial DNA among chromosomal species of subterranean mole rats. *Mol. Biol. Evol.* 13: 85–92.

Swift, C. C., C. R. Gilbert, S. A. Bortone, G. H. Burgess, and R. W. Yerger. 1985. Zoogeography of the southeastern United States: Savannah River to Lake Ponchartrain. In *Zoogeography of North American Freshwater Fishes,* C. H. Hocutt and E. O. Wiley (eds.). New York: Wiley, pp. 213–265.

Swofford, D. L. 1996. PAUP*: Phylogenetic Analysis Using Parsimony (and Other Methods), version 4.0. Sunderland, Mass.: Sinauer.

Swofford, D. L., G. J. Olsen, P. J. Waddell, and D. M. Hillis. 1996. Phylogenetic inference. In *Molecular Systematics*, 2d. ed., D. M. Hillis, C. Moritz, and B. K. Mable (eds.). Sunderland, Mass.: Sinauer, pp. 407–514.

Taberlet, P. 1996. The use of mitochondrial DNA control region sequencing in conservation genetics. In *Molecular Genetic Approaches in Conservation,* T. B. Smith and R. K. Wayne (eds.). New York: Oxford University Press, pp. 125–142.

Taberlet, P. and J. Bouvet. 1994. Mitochondrial DNA polymorphism, phylogeography, and conservation genetics of the brown bear *Ursus arctos* in Europe. *Proc. Roy. Soc. Lond. B* 255: 195–200.

Taberlet, P., L. Fumagalli, and J. Hausser. 1994. Chromosomal versus mitochondrial DNA evolution: Tracking the evolutionary history of the southwestern European populations of the *Sorex araneus* group (Mammalia, Insectivora). *Evolution* 48: 623–636.

Taberlet, P., L. Fumagalli, A.-G. Wust-Saucy, and J.-F. Cosson. 1998. Comparative phylogeography and postglacial colonization routes in Europe. *Mol. Ecol.* 7: 453–464.

Taberlet, P., A. Meyer, and J. Bouvet. 1992. Unusual mitochondrial DNA polymorphism in two local populations of blue tit *Parus caeruleus*. *Mol. Ecol.* 1: 27–36.

Taberlet, P., J. E. Swenson, F. Sandegren, and A. Bjarvall. 1995. Localization of a contact zone between two highly divergent mitochondrial DNA lineages of the brown bear *Ursus arctos* in Scandinavia. *Conserv. Biol.* 9: 1255–1261.

Taib, Z. 1997. Branching processes and evolution. In *Progress in Population Genetics and Human Evolution*, P. Donnelly and S. Tavaré (eds.). New York: Springer-Verlag, pp. 321–329.

Tajima, F. 1983. Evolutionary relationship of DNA sequences in finite populations. *Genetics* 105: 437–460.

———1989. The effect of change in population size on DNA polymorphism. *Genetics* 123: 597–601.

Takahata, N. 1988. The coalescent in two partially isolated diffusion populations. *Genet. Res.* 52: 213–222.

———1989. Gene genealogy in three related populations: Consistency probability between gene and population trees. *Genetics* 122: 957–966.

———1990. A simple genealogical structure of strongly balanced allelic lines and trans-species evolution of a polymorphism. *Proc. Natl. Acad. Sci. USA* 87: 2419–2423.

———1991. Genealogy of neutral genes and spreading of selected mutations in a geographically structured population. *Genetics* 129: 585–595.

———1993. Allelic genealogy and human evolution. *Mol. Biol. Evol.* 10: 2–22.

———1995. A genetic perspective on the origin and history of humans. *Annu. Rev. Ecol. Syst.* 26: 343–372.

Takahata, N. and T. Maruyama. 1981. A mathematical model of extranuclear genes and the genetic variability maintained in a finite population. *Genet. Res.* 37: 291–302.

Takahata, N. and M. Nei. 1990. Allelic genealogy under overdominant and frequency-dependent selection and polymorphism of major histocompatibility complex loci. *Genetics* 124: 967–978.

Takahata, N. and S. R. Palumbi. 1985. Extranuclear differentiation and gene flow in the finite island model. *Genetics* 109: 441–457.

Takahata, N., Y. Satta, and J. Klein. 1995. Divergence time and population size in the lineage leading to modern humans. *Theor. Pop. Biol.* 48: 198–221.

Takahata, N. and M. Slatkin. 1990. Genealogy of neutral genes in two partially isolated populations. *Theor. Pop. Biol.* 38: 331–350.

Talbot, S. L. and G. F. Shields. 1996. Phylogeography of brown bears (*Ursos arctos*) of Alaska and paraphyly within the Ursidae. *Mol. Phylogen. Evol.* 5: 477-494.

Tan, A.-M. and D. B. Wake. 1995. MtDNA phylogeography of the California newt, *Taricha torosa* (Caudata, Salamandridae). *Mol. Phylogen. Evol.* 4: 383-394.

Tarr, C. L. and R. C. Fleischer. 1993. Mitochondrial DNA variation and evolutionary relationships in the amakihi complex. *Auk* 110: 825-831.

Tashian, R. and G. Lasker (eds.). 1996. Molecular anthropology: Toward a new evolutionary paradigm. *Mol. Phylogen. Evol.* 5: 1-285.

Tateno, Y., M. Nei, and F. Tajima. 1989. Accuracy of estimated phylogenetic trees from molecular data. I. Distantly related species. *J. Mol. Evol.* 18: 387-404.

Tavaré, S. 1984. Line-of-descent and genealogical processes, and their applications in population genetic models. *Theor. Pop. Biol.* 26: 119-164.

Taylor, D. J., P. D. N. Hebert, and J. K. Colbourne. 1996. Phylogenetics and evolution of the *Daphnia longispina* group (Crustacea) based on 12S rDNA sequence and allozyme variation. *Mol. Pylogen. Evol.* 5: 495-510.

Taylor, E. B. and J. J. Dodson. 1994. A molecular analysis of relationships and biogeography within a species complex of Holarctic fish (genus *Osmerus*). *Mol. Ecol.* 3: 235-248.

Taylor, J. A. (ed.). 1984. *Themes in Biogeography*. London: Croom Helm.

Tegelström, H. 1987. Transfer of mitochondrial DNA from the northern red-backed vole (*Clethrionomys rutilus*) to the bank vole (*C. glareolus*). *J. Mol. Evol.* 24: 218-227.

Templeton, A. R. 1992. Human origins and analysis of mitochondrial DNA sequences. *Science* 255: 737.

—— 1993. The "Eve" hypothesis: a genetic critique and reanalysis. *Amer. Anthropol.* 95: 51-72.

—— 1994. The role of molecular genetics in speciation studies. In *Molecular Approaches to Ecology and Evolution,* B. Schierwater, B. Streit, G. P. Wagner, and R. DeSalle (eds.). Basel: Birkhäuser Verlag, pp. 455-477.

—— 1996. Gene lineages and human evolution. *Science* 272: 1363.

—— 1998. Nested clade analyses of phylogeographic data: Testing hypotheses about gene flow and population history. *Mol. Ecol.* 7: 381-397.

Templeton, A. R., E. Boerwinkle, and C. F. Sing. 1987. A cladistic analysis of phenotypic associations with haplotypes inferred from restriction endonuclease mapping. I. Basic theory and an analysis of alcohol dehydrogenase activity in *Drosophila*. *Genetics* 117: 343-351.

Templeton, A. R., K. A. Crandall, and C. F. Sing. 1992. A cladistic analysis of phenotypic associations with haplotypes inferred from restriction endonuclease mapping and DNA sequence data. III. Cladogram estimation. *Genetics* 132: 619-633.

Templeton, A. R. and N. J. Georgiadis. 1996. A landscape approach to conservation genetics: Conserving evolutionary processes in the African Bovidae. In *Conservation Genetics: Case Histories from Nature,* J. C. Avise and J. L. Hamrick (eds.). New York: Chapman & Hall, pp. 398-430.

Templeton, A. R., E. Routman, and C. A. Phillips. 1995. Separating population structure from population history: A cladistic analysis of the geographical distribution of mitochondrial DNA haplotypes in the tiger salamander, *Ambystoma tigrinum*. *Genetics* 140: 767-782.

Templeton, A. R. and C. F. Sing. 1993. A cladistic analysis of phenotypic associations with haplotypes inferred from restriction endonuclease mapping. IV. Nested analyses with cladogram uncertainty and recombination. *Genetics* 134: 659-669.

Theimer, T. C. and P. Keim. 1994. Geographic patterns of mitochondrial-DNA variation in collared peccaries. *J. Mammal.* 75: 121-128.

Thomas, W. K., S. Pääbo, F. X. Villablanca, and A. C. Wilson. 1990. Spatial and temporal continuity of kangaroo rat populations shown by sequencing mitochondrial DNA from museum specimens. *J. Mol. Evol.* 31: 101-112.

Thomas, W. K., R. E. Withler, and A. T. Beckenbach. 1986. Mitochondrial DNA analysis of Pacific salmonid evolution. *Can. J. Zool.* 64: 1059-1064.

Thomaz, D., A. Guillar, and B. Clarke. 1996. Extreme divergence of mitochondrial DNA within species of pulmonate land snails. *Proc. Roy. Soc. Lond. B* 263: 363-368.

Thompson, C. E., E. B. Taylor, and J. D. McPhail. 1997. Parallel evolution of lake-stream pairs of threespine sticklebacks (*Gasterosteus*) inferred from mitochondrial DNA variation. *Evolution* 51: 1955-1965.

Thorpe, R. S. 1996. The use of DNA divergence to help determine the correlates of evolution of morphological characters. *Evolution* 50: 524-

531.

Thorpe, R. S., H. Black, and A. Malhotra. 1996. Matrix correspondence tests on the DNA phylogeny of the Tenerife lacertid elucidate both historical causes and morphological adaptation. *Syst. Biol.* 45: 335–343.

Thorpe, R. S., A. Malhotra, H. Black, J. C. Daltry, and W. Wüster. 1995. Relating geographic pattern to phylogenetic process. *Phil. Trans. Roy. Soc. Lond. B* 349: 61–68.

Thorpe, R. S., D. P. McGregor, and A. M. Cumming. 1993. Population evolution of western Canary Island lizards (*Gallotia galloti*): 4-base endonuclease restriction fragment length polymorphisms of mitochondrial DNA. *Biol. J. Linn. Soc.* 49: 219–227.

Thorpe, R. S., D. P. McGregor, A. M. Cumming, and W. C. Jordan. 1994. DNA evolution and colonization sequence of island lizards in relation to geological history: mtDNA RFLP, cytochrome *b*, cytochrome oxidase, 12S rRNA sequence, and nuclear RAPD analysis. *Evolution* 48: 230–240.

Thrailkill, K. M., C. W. Birky, G. Luckermann, and K. Wolf. 1980. Intracellular population genetics: Evidence for random drift of mitochondrial allele frequencies in *Saccharomyces cerevisiae* and *Saccharomyces pombe*. *Genetics* 96: 237–262.

Tibayrenc, M., F. Kjellberg, and F. J. Ayala. 1990. A clonal theory of parasitic protozoa: The population structures of *Entamoeba*, *Giardia*, *Leishmania*, *Naegleria*, *Plasmodium*, *Trichomonas*, and *Trypanosoma* and their medical and taxonomical consequences. *Proc. Natl. Acad. Sci. USA* 87: 2414–2418.

——— 1991. The clonal theory of parasitic protozoa. *Bio. Science* 41: 767–774.

Tibbets, C. A. and T. E. Dowling. 1996. Effects of intrinsic and extrinsic factors on population fragmentation in three species of North American minnows (Teleostei: Cyprinidae), *Evolution* 50: 1280–1292.

Tishkoff, S. A. and 14 others. 1996. Global patterns of linkage disequilibrium at the CD4 locus and modern human origins. *Science* 271: 1380–1387.

Tivy, J. 1993. *Biogeography: A Study of Plants in the Ecosphere*, 3d. ed. Essex, England: Longman.

Todaro, M. A., J. W. Fleeger, Y. P. Hu, A. W. Hrincevich, and D. W. Foltz. 1996. Are meiofaunal species cosmopolitan? Morphological and molecular analysis of *Xenotrichula intermedia* (Gastrotricha: Chaetonotida). *Marine Biol.* 125: 735–742.

Toline, C. A. and A. J. Baker. 1995. Mitochondrial DNA variation and population genetic structure of the northern redbelly dace (*Phoxinus eos*). *Mol. Ecol.* 4: 745–753.

Torroni, A., Y.-S. Chen, O. Semino, A. S. Santachiara-Beneceretti, C. R. Scott, M. T. Lott, M. Winter, and D. C. Wallace. 1994a. mtDNA and Y-chromosome polymorphisms in four native American populations from southern Mexico. *Amer. J. Hum. Genet* 54: 303–318.

Torroni, A., J. A, Miller, L. G. Moore, S. Zamudio, J. Zhuang, T. Droma, and D. C. Wallace. 1994b. Mitochondrial DNA analysis in Tibet: Implications for the origin of the Tibetan population and its adaptation to high altitude. *Amer. J. Phys. Anthropol.* 93: 189–199.

Torroni, A., T. G. Schurr, M. F. Cabell, M. D. Brown, J. V Neel, M. Larsen, D. G. Smith, C. M. Vullo, and D. C. Wallace. 1993a. Asian affinities and continental radiation of the four founding native American mtDNAs. *Amer. J. Hum. Genet.* 53: 563–590.

Torroni, A., T. G. Schurr, C.-C. Yang, E. J. E. Szathmary, R. C. Williams, M. S. Schanfield, G. A. Troup, W. C. Knowler, D. N. Lawrence, K. M. Weiss, and D. C. Wallace. 1992. Native American mitochondrial DNA analysis indicates that the Amerind and the Nadene populations were founded by two independent migrations. *Genetics* 130: 153–162.

Torroni, A., R. I. Sukernik, T. G. Schurr, Y. B. Starikovshaya, M. F. Cabell, M. H. Crawford, A. G. Comuzzie, and D. C. Wallace. 1993b. mtDNA variation of aboriginal Siberians reveals distinct genetic affinities with Native Americans. *Amer. J. Hum. Genet.* 53: 591–608.

Tuomisto, H., K. Ruokolainen, R. Kalliola, A. Linna, W. Danjoy, and Z. Rodriguea. 1995. Dissecting Amazonian biodiversity. *Science* 269: 63–66.

Turelli, M. and A. A. Hoffmann. 1991. Rapid spread of an inherited incompatibility factor in California *Drosophila*. *Nature* 353: 440–442.

——— 1995. Cytoplasmic incompatibility in *Drosophila simulans*: Dynamics and parameter estimates from natural populations. *Genetics* 140: 1319–1338.

Turnbull, D. M. and R. N. Lightowlers. 1998. An essential guide to mtDNA maintenance. *Nature Genet.* 18: 199–200.

Turner, T. F., J. C. Trexler, D. N. Kuhn, and H. W. Robison. 1996. Life-history variation and comparative phylogeography of darters (Pisces: Percidae) from the North American central

highlands. *Evolution* 50: 2023-2036.
Upholt, W. B. 1977. Estimation of DNA sequence divergence from comparison of restriction endonuclease digests. *Nucleic Acids Res.* 4: 1257-1265.
Upholt, W. B. and I. B. Dawid. 1977. Mapping of mitochondrial DNA of individual sheep and goats: Rapid evolution in the D loop region. *Cell* 11: 571-583.
van Oppen, M. J. H., O. E. Diekmann, C. Wiencke, W. T. Stam, and J. L. Olsen. 1994. Tracking dispersal routes: Phylogeography of the Arctic-Antarctic disjunct seaweed *Acrosiphonia arcta* (Chlorophyta). *J. Phycol.* 30: 67-80.
van Oppen, M. J. H., S. G. A. Draisma. J. L. Olsen, and W. T. Stam. 1995. Multiple trans-Arctic passages in the red alga *Phycodrys rubens*: Evidence from nuclear rDNA ITS sequences. *Marine Biol.* 123: 179-188.
Van Syoc, R. J. 1994. Genetic divergence between subpopulations of the eastern Pacific goose barnacle *Pollicipes elegans*: Mitochondrial cytochrome *c* subunit 1 nucleotide sequences. *Mol. Mar. Biol. Biotech.* 3: 338-346.
Van Vuuren, B. J. and T. J. Robinson. 1997. Genetic population structure in the yellow mongoose, *Cynictis penicillate*. *Mol. Ecol.* 6: 1147-1153.
Van Wagner, C. E. and A. J. Baker. 1990. Association between mitochondrial DNA and morphological evolution in Canada geese. *J. Mol. Evol.* 31: 373-382.
Vandijk, P. and T. Bakzschotman. 1997. Chloroplast DNA phylogeography and cytotype geography in autopolyploid *Plantago media*. *Mol. Ecol.* 6: 345-352.
Vane-Wright, R. I., C. J. Humphries, and P. H. Williams. 1991. What to protect—systematics and the agony of choice. *Biol. Cons.* 55: 235-254.
Vanlerberghe, F., P. Boursot, J. T. Nielsen, and F. Bonhomme. 1988. A steep cline for mitochondrial DNA in Danish mice. *Genet. Res.* 52: 185-193.
Varvio, S.-L., R. K. Koehn, and R. Väinölä. 1988. Evolutionary genetics of the *Mytilus edulis* complex in the North Atlantic region. *Marine Biol.* 98: 51-60.
Vasquez, P., S. J. B. Cooper, J. Gosalvez, and G. M. Hewitt. 1994. Nuclear DNA introgression across a Pyrenean hybrid zone between parapatric sub-species of the grasshopper *Chorthippus perallelus*. *Heredity* 73: 436-443.
Vawter, A. T., R. Rosenblatt, and G. C. Gorman. 1980. Genetic divergence among fishes of the eastern Pacific and the Caribbean: Support for the molecular clock. *Evolution* 34: 705-711.
Verheyen, E., L. Ruber, J. Snoeks, and A. Meyer. 1996. Mitochondrial phylogeography of rock-dwelling cichlid fishes reveals evolutionary influence of historical lake level fluctuations of Lake Tanganyika, Africa. *Proc. Roy. Soc. Lond. B* 351: 797-805.
Vermeij, G. J. 1978. *Biogeography and Adaptation*. Cambridge, Mass.: Harvard University Press.
——— 1991a. Anatomy of an invasion: The trans-Arctic interchange. *Paleobiology* 17: 281-307.
——— 1991b. When biotas meet: Understanding biotic interchange. *Science* 253: 1099-1104.
Vigilant, L., R. Pennington, H. Harpending, T. D. Kocher, and A. C. Wilson. 1989. Mitochondrial DNA sequences in single hairs from a southern African population. *Proc. Natl. Acad. Sci. USA* 86: 9350-9354.
Vigilant, L., M. Stoneking, H. Harpending, K. Hawkes, and A. C. Wilson. 1991. African populations and the evolution of human mitochondrial DNA. *Science* 253: 1503-1507.
Vila, C., P. Savolainen, J. E. Maldonado, I. R. Amorim, J. E. Rice, R. L. Honeycutt, K. A. Crandall, J. Lundeberg, and R. K. Wayne. 1997. Multiple and ancient origins of the domestic dog. *Science* 276: 1687-1689.
Villablanca, F. X., G. K. Roderick, and S. R. Palumbi. 1998. Invasion genetics of the Mediterranean fruit fly: Variation in multiple nuclear introns. *Mol. Ecol.* 7: 547-560.
Vogler, A. P. and R. DeSalle. 1993. Phylogeographic patterns in coastal North American tiger beetles (*Cicindela dorsalis* Say) inferred from mitochondrial DNA sequences. *Evolution* 47: 1192-1202.
——— 1994a. Evolution and phylogenetic information content of the ITS-1 region in the tiger beetle *Cicindela dorsalis*. *Mol. Biol. Evol.* 11: 393-405.
——— 1994b. Diagnosing units of conservation management. *Conserv. Biol.* 8: 354-363.
Vogler, A. P., C. B. Knisley, S. B. Glueck, J. M. Hill, and R. DeSalle. 1993. Using molecular and ecological data to diagnose endangered populations of the puritan tiger beetle *Cicindela puritana*. *Mol. Ecol.* 2: 375-383.
Wade, M. J. and D. E. McCauley. 1984. Group selection: The interaction of local deme size and migration in the differentiation of small populations. *Evolution* 38: 1047-1058.
——— 1988. Extinction and recolonization: Their effects on the genetic differentiation of local populations. *Evolution* 42: 995-1005.

Wagner, W. L. and V. A. Funk (eds.). 1995. *Hawaiian Biogeograpohy: Evolution on a Hot Spot Archipelago*. Washington, D. C.: Smithsonian Institution Press.

Waits, L. P., S. L. Talbot, R. H. Ward, and G. F. Shields. 1998. Mitochondrial DNA phylogeography of the North American brown bear and implications for conservation. *Conserv. Biol.* 12: 408–417.

Wake, D. B. 1997. Incipient species formation in salamanders of the *Ensatina* complex. *Proc. Natl. Acad. Sci. USA* 94: 7761–7767.

Walker, D. and J. C. Avise. 1998. Principles of phylogeography as illustrated by freshwater and terrestrial turtles in the southeastern United States. *Annu. Rev. Ecol. Syst.* 29: 23–58.

Walker, D., V. J. Burke, I. Barák, and J. C. Avise. 1995. A comparison of mtDNA restriction sites vs. control region sequences in phylogeographic assessment of the musk turtle (*Sternotherus minor*). *Mol. Ecol.* 4: 365–373.

Walker, D., P. E. Moler, K. A. Buhlmann, and J. C. Avise. 1998a. Phylogeographic patterns in *Kinosternon subrubrum* and *K. baurii* based on mitochondrial DNA restriction analyses. *Herpetologica* 54: 174–184.

——— 1998b. Phylogeographic uniformity in mitochondrial DNA of the snapping turtle (*Chelydra serpentina*). *Anim. Conserv.* 1: 55–60.

Walker, D., W. S. Nelson, K. A. Buhlmann, and J. C. Avise. 1997. Mitochondrial DNA phylogeography and subspecies issues in the monotypic freshwater turtle *Sternotherus odoratus*. *Copeia* 1997: 16–21.

Walker, D., G. Ortí, and J. C. Avise. 1998c. Phylogenetic distinctiveness of a threatened aquatic turtle (*Sternotherus depressus*). *Conserv. Biol.* 12: 639–645.

Wallace, A. R. 1849. On the monkeys of the Amazon. *Proc. Roy. Soc. Lond.* 20: 107–110.

——— 1865. On the phenomenon of variation and geographic distribution as illustrated by the Papilionidae of the Malayan region. *Trans. Linn. Soc. Lond.* 25: 1–71.

Wallace, D. C. 1986. Mitochondrial genes and disease. *Hospital Practice* 21: 77–92.

——— 1992. Mitochondrial genetics: A paradigm for aging and degenerative diseases? *Science* 256: 628–632.

Wallis, G. P. and J. W. Arntzen. 1989. Mitochondrial-DNA variation in the crested newt superspecies: Limited cytoplasmic gene flow among species. *Evolution* 43: 88–104.

Walpole, D. K., S. K. Davis. and I. F. Greenbaum. 1997. Variation of mitochondrial DNA in populations of *Peromyscus eremicus* from the Chihuahuan and Sonoran desert. *J. Mammal* 78: 397–404.

Wang, J. Y.-C. 1993. Mitochondrial DNA analysis of the harbour porpoise. Master's thesis, University of Guelph, Guelph, Ontario.

Wang, R. L., J. Wakeley, and J. Hey. 1997. Gene flow and natural selection in the origin of *Drosophila pseudoobscura* and close relatives. *Genetics* 147: 1091–1106.

Waples, R. S. 1991. Pacific salmon, *Oncorhynchus* spp., and the definition of a "species" under the Endangered Species Act. *Mar. Fish. Rev.* 53: 11–22.

——— 1998. Separating the wheat from the chaff: Patterns of genetic differentiation in high gene flow species. *J. Heredity* 89: 438–450.

Ward, R. D., N. G. Elliott, P. M. Grewe, and A. J. Smolenski. 1994b. Allozyme and mitochondrial DNA variation in yellowfin tuna (*Thunnus albacares*) from the Pacific Ocean. *Marine Biol.* 118: 531–539.

Ward, R. D., D. O. F. Skibinski, and M. Woodwark. 1992. Protein heterozygosity, protein structure, and taxonomic differentiation. *Evol. Biol.* 26: 73–159.

Ward, R. D., M. Woodward, and D. O. F. Skibinski. 1994a. A comparison of genetic diversity levels in marine, freshwater, and anadromous fishes. *J. Fish Biol.* 44: 213–227.

Ward, R. H. 1997. Phylogeography of human mtDNA: An Amerindian perspective. In *Progress in Population Genetics and Human Evolution*, P. Donnelly and S. Tavaré (eds.). New York: Springer-Verlag, pp, 33–53.

Ward, R. H., B. L. Frazier, K. Dew-Jaeger, and S. Pääbo. 1991. Extensive mitochondrial diversity within a single Amerindian tribe. *Proc. Natl. Acad. Sci. USA* 88: 8720–8724.

Ward, R. H., A. Redd, D. Valencia, B. Frazier, and S. Pääbo. 1993. Genetic and linguistic differentiation in the Americas. *Proc. Natl. Acad. Sci. USA* 90: 10663–10667.

Ward, R. H. and C. Stringer. 1997. A molecular handle on the Neanderthals. *Nature* 388: 225–226.

Waters, J. M. and J. A. Cambray. 1997. Intraspecific phylogeography of the Cape galaxias from South Africa: Evidence from mitochondrial DNA sequences. *J. Fish Biol.* 50: 1329–1338.

Watterson, G. A. 1975. On the number of segregating sites in genetical models without recombination. *Theor. Pop. Biol.* 7: 256–276.

——— 1984. Lines of descent and the coalescent. *Theor. Pop. Biol.* 26: 77-92.

Wayne, R. K. 1996. Conservation genetics in the Canidae. In *Conservation Genetics: Case Histories from Nature,* J. C. Avise and J. L. Hamrick (eds.). New York: Chapman & Hall, pp. 75-118.

Wayne, R. K. and S. M. Jenks. 1991. Mitochondrial DNA analysis supports extensive hybridization of the endangered red wolf (*Canis rufus*). *Nature* 351: 565-568.

Wayne, R. K., N. Lehman, M. W. Allard, and R. L. Honeycutt. 1992. Mitochondrial DNA variability in the gray wolf—genetic consequences of population decline and habitat fragmentation. *Conserv. Biol.* 6: 559-569.

Wayne, R. K., A. Meyer, N. Lehman, B. Van Valkenburgh, P. W. Kat, T. K. Fuller, D. Girman, and S. J. O'Brien. 1990. Large sequence divergence among mitochondrial DNA genotypes within populations of eastern African black-backed jackals. *Proc. Natl. Acad. Sci. USA* 87: 1772-1776.

Webb, S. D. 1990. Historical biogeography. In *Ecosystems of Florida,* R. I. Myers and J. J. Ewel (eds.). Orlando: University of Central Florida Press, pp. 70-100.

Webb, T., III and P. J. Bartlein. 1992. Global changes during the last 3 million years: Climatic controls and biotic responses. *Annu. Rev. Ecol. Syst.* 23: 141-173.

Weider, L. J. and A. Hobaek. 1997. Postglacial dispersal, glacial refugia, and clonal structure in Russian/Siberian populations of the Arctic *Daphnia pulex* complex. *Heredity* 78: 363-372.

Weider, L. J., A. Hobaek, T. J. Crease, and H. Stibor. 1996. Molecular characterization of clonal population structure and biogeography of arctic apomictic *Daphnia* from Greenland and Iceland. *Mol. Ecol.* 5: 107-118.

Weiller, G. 1998. Phylogenetic profiles: A graphical method for detecting genetic recombinations in homologous sequences. *Mol. Biol. Evol.* 15: 326-335.

Weir, B. S. 1996. *Genetic Date Analysis II*. Sunderland, Mass.: Sinauer.

Weir, B. S. and C. C. Cockerham. 1984. Estimating F-statistics for the analysis of population structure. *Evolution* 38: 1358-1370.

Weiss, G. and A. von Haeseler. 1996. Estimating the age of the common ancestor of men from the ZFY intron. *Science* 272: 1359-1360.

Wenink, P. W. and A. J. Baker. 1996. Mitochondrial DNA lineages in composite flocks of migratory and wintering dunlins (*Calidris alpina*). *Auk* 113: 744-756.

Wenink, P W., A. J. Baker, H-U. Rösner, and M. G. J. Tilanus. 1996. Global mitochondrial DNA phylogeography of holarctic breeding dunlins (*Calidris alpina*). *Evolution* 50: 318-330.

Wenink, P. W., A. J. Baker, and M. G. J. Tilanus. 1993. Hypervariable-control-region sequences reveal global population structuring in a long-distance migrant shorebird, the dunlin (*Calidris alpina*). *Proc. Natl. Acad. Sci. USA* 90: 94-98.

Wheeler, Q. D. and K. C. Nixon. 1990. Another way of looking at the species problem: A reply to de Queiroz and Donoghue. *Cladistics* 6: 77-81.

Whitfield, L. S., J. E. Suiston, and P. N. Goodfellow. 1995. Sequence variation of the human Y chromosome. *Nature* 378: 379-380.

Whitlock, M. C. and N. H. Barton. 1997. The effective size of a subdivided population. *Genetics* 146: 427-441.

Whitlock, M. C. and D. E. McCauley. 1990. Some population genetic consequences of colony formation and extinction: genetic correlations within founding groups. *Evolution* 44: 1717-1724.

Whitmore, T. C. and G. T. Prance (eds.). 1987. *Biogeography and Quaternary History of Tropical America*. Oxford: Clarendon Press.

Whittam, T. S., A. G. Clark, M. Stoneking, R. L. Cann, and A. C. Willson. 1986. Allelic variation in human mitochondrial genes based on patterns of restriction site polymorphism. *Proc. Natl. Acad. Sci. USA* 83: 9611-9615.

Wilcox, T. P., L. Hugg, J. A. Zeh, and D. W. Zeh. 1997. Mitochondrial DNA sequencing reveals extreme genetic differentiation in a cryptic species complex of neotropical pseudoscorpions. *Mol. Phylogen. Evol.* 7: 208-216.

Wiley, E. O. 1988. Parsimony analysis and vicariance biogeography. *Syst. Zool.* 37: 271-290.

Wiley, E. O. and R. H. Hagen. 1997. Mitochondrial DNA sequence variation among the sand darters (Percidae: Teleostei), In *Molecular Systematics of Fishes,* T. D. Kocher and C. A. Stepien (eds.). San Diego: Academic Press, pp. 75-96.

Williams, G. C. and R. K. Koehn. 1984. Population genetics of North Atlantic catadromous eels (*Anguilla*). In *Evolutionary Genetics of Fishes,* B. J. Turner (ed.). New York: Plenum Press, pp. 529-560.

Williams, G. C., R. K. Koehn, and J. B. Mitton. 1973. Genetic differentiation without isolation in the

American eel, *Anguilla rostrata*. *Evolution* 27: 192-204.

Williams, S. T. and J. A. H. Benzie. 1998. Evidence of a biogeographic break between populations of a high dispersal starfish: Congruent regions within the Indo-West Pacific defined by color morphs, mtDNA, and allozyme data. *Evolution* 52: 87-99.

Wills, C. 1995. When did Eve live? An evolutionary detective story. *Evolution* 49: 593-607.

Wilmer, J. W., C. Moritz, L. Hall, and J. Toop. 1994. Extreme population structuring in the threatened ghost bat, *Macroderma gigas*: Evidence from mitochondrial DNA. *Proc. Roy. Soc. Lond. B* 257: 193-198.

Wilson, A. C., R. L. Cann, S. M. Carr, M. George, Jr., U. B. Gyllensten, K. M. Helm-Bychowski, R. G. Higuchi, S. R. Palumbi. E. M. Prager, R. D. Sage, and M. Stoneking. 1985. Mitochondrial DNA and two perspectives on evolutionary genetics. *Biol. J. Linn. Soc.* 26: 375-400.

Wilson, C. C. and L. Bernatchez. 1998. The ghost of hybrids past: Fixation of arctic charr (*Salvelinus alpinus*) mitochondrial DNA in an introgressed population of lake trout (*S. namaycush*). *Mol. Ecol.* 7: 127-132.

Wilson, C. C. and P. D. N. Hebert. 1996. Phylogeographic origins of lake trout (*Salvelinus namaycush*) in eastern North America. *Can. J. Fish. Aquat. Sci.* 53: 2764-2775.

Wilson, C. C., P. D. N. Hebert, J. D. Reist, and J. B. Dempson. 1996. Phylogeography and postglacial dispersal of arctic charr *Salvelinus alpinus* in North America. *Mol. Ecol.* 5: 187-197.

Wilson, E. O. (ed.). 1988. *Biodiversity*. Washington, D. C.: National Academy Press.

Wilson, E. O. and W. L. Brown, Jr. 1953. The subspecies concept and its taxonomic application. *Syst. Zool.* 2: 97-111.

Wilson, G. M., W. K. Thomas, and A. T. Beckenbach. 1985. Intra- and inter-specific mitochondrial DNA sequence divergence in *Salmo*: Rainbow, steelhead, and cutthroat trouts. *Can. J. Zool.* 63: 2088-2094.

Wittmann, U., P. Heidrich, M. Wink, and E. Gwinner. 1995. Speciation in the stonechat (*Saxicola torquata*) inferred from nucleotide sequences of the cytochrome B gene. *J. Zool. Syst. Evol. Res.* 33: 116-122.

Woese, C. R. and G. E. Fox. 1977. Phylogenetic structure of the prokaryotic domain: The primary kingdoms. *Proc. Natl. Acad. Sci. USA* 74: 5088-5090.

Woese, C. R., O. Kandler, and M. L. Wheelis. 1990. Towards a natural system of organisms: Proposal for the domains of Archaea, Bacteria, and Eukarya. *Proc. Natl. Acad. Sci. USA* 87: 4576-4579.

Wolfe, K. H., W.-H. Li, and P. M. Sharp. 1987. Rates of nucleotide substitution vary greatly among plant mitochondrial, chloroplast, and nuclear DNAs. *Proc. Natl. Acad. Sci. USA* 84: 9054-9058.

Wollenberg, K. and J. C. Avise. 1998. Sampling properties of genealogical pathways underlying population pedigrees. *Evolution* 52: 957-966.

Wolpoff, M. H. 1989. Multiregional evolution: The fossil alternative to Eden. In *The Human Revolution: Behavioural and Biological Perspectives on the Origins of Modern Humans,* P. Mellars and C. Stringer (eds.). Edinburgh: Edinburgh University Press, pp. 62-108.

───── 1992. Theories of modern human origins. In *Continuity or Replacement: Controversies in* Homo sapiens *Evolition,* G. Bräuer and F. H. Smith (eds.). Rotterdam: Balkema, pp. 25-63.

Wooding, S. and R. Ward. 1997. Phylogeography and Pleistocene evolution in the North American black bear. *Mol. Biol. Evol.* 14: 1096-1105.

Wooten, M. C. and C. Lydeard. 1990. Allozyme variation in a natural contact zone between *Gambusia affinis* and *Gambusia holbrooki*. *Biochem. Syst. Ecol.* 18: 169-173.

Wright, H. E. (ed.). 1965. *The Quaternary of the United States*. Princeton, N. J.: Princeton University Press.

Wright, J. W., C. Spolsky, and W. M. Brown. 1983. The origin of the parthenogenetic lizard *Cnemidophorus laredoensis* inferred from mitochondrial DNA analysis. *Herpetologica* 39: 410-416.

Wright, S. 1931. Evolution in Mendelian populations. *Genetics* 16: 97-159.

───── 1943. Isolation by distance. *Genetics* 28: 114-138.

───── 1946. Isolation by distance under diverse systems of mating. *Genetics* 31: 39-59.

───── 1951. The genetical structure of populations. *Ann. Eugen.* 15: 323-354.

Wrischnik, L. A., R. G. Higuchi, M. Stoneking, H. A. Erlich, N. Arnheim, and A. C. Wilson. 1987. Length mutations in human mitochondrial DNA: direct sequencing of enzymatically amplified DNA. *Nucleic Acids. Res.* 15: 529-542.

Wu, C.-I. 1991. Inferences of species phylogeny in relation to segregation of ancient polymorphisms. *Genetics* 127: 429–435.

Wu, C.-I. and W.-H. Li. 1985. Evidence for higher rates of nucleotide substitution in rodents than in man. *Proc. Natl. Acad. Sci. USA* 82: 1741–1745.

Xiong, W., W.-H. Li, I. Posner, T. Yamamura, A. Yamamoto, A. M. Gotto, Jr., and L. Chan. 1991. No severe bottleneck during human evolution: Evidence from two apolipoprotein C-II deficiency alleles. *Amer. J. Hum. Genet.* 48: 383–389.

Xu, J., R. W. Kerrigan, A. S. Sonnenberg, P. Callac, P. A. Horgen, and J. B. Anderson. 1998. Mitochondrial DNA variation in natural populations of the mushroom *Agaricus bisporus Mol. Ecol.* 7: 19–33.

Xu, X. and U. Arnason. 1996. The mitochondrial DNA molecule of Sumatran orangutan and a molecular proposal for two (Bornean and Sumatran) species of orangutan. *J. Mol. Evol.* 43: 431–437.

Yamagata, T., K. Ohishi, M. O. Faruque, J. S. Masangkay, C. Baloc, D. Vubinh, S. S. Mansjoer, H. Ikeda, and T. Namikawa. 1995. Genetic variation and geographic distribution on the mitochondrial DNA in local populations of the musk shrew, *Suncus murinus. Japan. J. Genet.* 70: 321–337.

Yang, Y.-J., R.-S. Lin, J.-L. Wu, and C.-F. Hui. 1994. Variation in mitochondrial DNA and population structure of the Taipei treefrog *Rhacophorus taipeianus* in Taiwan. *Mol. Ecol.* 3: 219–228.

Zamudio, K. R. and H. W. Greene. 1997. Phylogeography of the bushmaster (*Lachesis muta*: Viperidae): Implications for neotropical biogeography, systematics, and conservation. *Biol. J. Linn. Soc.* 62: 421–442.

Zamudio, K. R., K. B. Jones, and R. H. Ward. 1997. Molecular systematics of short-horned lizards: Biogeography and taxonomy of a widespread species complex. *Syst. Biol.* 46: 284–305.

Zardoya, R., D. M. Vollmer, C. Craddock, J. T. Streelman, S. A. Karl, and A. Meyer, 1996. Evolutionary conservation of microsatellite flanking regions and their use in resolving the phylogeny of cichlid fishes (Pisces: Perciformes). *Proc. Roy. Soc. Lond. B* 263: 1589–1598.

Zaslavskaya, N. I., S. O. Sergievsky, and A. N. Tatarenkov. 1992. Allozyme similarity of Atlantic and Pacific species of *Littorina* (Gastropoda: Littorinidae). *J. Mollusc. Stud.* 58: 377–384.

Zehnder, G. W., L. Sandall, A. M. Tisler, and T. O. Powers. 1992. Mitochondrial DNA diversity among 17 geographic populations of *Leptinotarsa decemlineata* (Coleoptera: Chrysomelidae). *Ann. Ent. Soc. Amer.* 85: 234-240.

Zhang, D.-X. and G. M. Hewit. 1996. An effective method for allele-specific sequencing using restriction enzyme and biotinylation (ASSURE B). *Mol. Ecol.* 5: 591-594.

——— 1997. Insect mitochondrial control region: A review of its structure, evolution, and usefulness in evolutionary studies. *Biochem. Syst. Ecol.* 25: 99-120.

Zhang, D.-X., J. M. Szymura, and G. M. Hewitt. 1995. Evolution and structural conservation of the control region of insect mitochondrial DNA. *J. Mol. Evol.* 40: 382-391.

Zhang, Y. and O. A. Ryder. 1995. Different rates of mitochondrial DNA sequence evolution in Kirk's dik-dik (*Madoqua kirkii*) populations. *Mol. Phylogen. Evol.* 4: 291-297.

Zhi, L., W. B. Karesh, D. N. Janczewski, H. Frazier-Taylor, D. Sajuthi, F. Gombek, M. Andau, J. S. Martenson, and S. J. O'Brien. 1996. Genomic differentiation among natural populations of orang-utan (*Pongo pygmaeus*). *Curr. Biol.* 6: 1326-1336.

Zhu, D., S. Degnan, and C. Moritz. 1998. Evolutionary distinctiveness and status of the endangered Lake Eacham rainbowfish (*Melanotaenia eachamensis*). *Conserv. Biol.* 12: 80-93.

Zhu, T., B. T. Korbe, A. J. Nahmias, E. Hooper, P. M. Sharp, and D. D. Ho. 1998. An African HIV-1 sequence from 1959 and implications for the origin of the epidemic. *Nature* 391: 594-597.

Zink, R. M. 1994. The geography of mitochondrial DNA variation, population structure, hybridization, and species limits in the fox sparrow (*Passerella iliaca*). *Evolution* 48: 96-111.

——— 1996. Comparative phylogeography in North American birds. *Evolution* 50: 308-317.

——— 1997. Phylogeographic studies of North American birds. In *Avian Molecular Evolution and Systematics,* D. P. Mindell (ed.). New York: Academic Press, pp. 301-324.

Zink, R. M. and J. C. Avise. 1990. Patterns of mitochondrial DNA and allozyme evolution in the avian genus *Ammodramus. Syst. Zool.* 39: 148-161.

Zink, R. M. and R. C. Blackwell. 1998. Molecular systematics and biogeography of aridland gnatcatchers (genus *Polioptila*) and evidence supporting species status of the California gnatcatcher (*Polioptila californica*). *Mol. Phylogen. Evol.* 9: 26-32.

Zink, R. M., R. C. Blackwell, and O. Rojassoto. 1997. Species limits in the Le Conte's thrasher. *Condor* 99: 132-138.

Zink, R. M. and D. L. Dittmann. 1993a. Gene flow, refugia, and evolution of geographic variation in the song sparrow (*Melospiza melodia*). *Evolution* 47: 717-729.

─── 1993b. Population structure and gene flow in the chipping sparrow and a hypothesis for evolution in the genus *Spizella*. *Wilson Bull.* 105: 399-413.

Zink, R. M., J. M. Fitzsimons, D. L. Dittmann, D. R. Reynolds, and R. T. Nishimoto. 1996. Evolutionary genetics of Hawaiian freshwater fish. *Copeia* 1996: 330-335.

Zink, R. M. and M. C. McKitrick. 1995. The debate over species concepts and its implications for ornithology. *Auk*. 112: 701-719.

Zink, R. M. and J. V. Remsen, Jr. 1986. Evolutionary processes and patterns of geographic variation in birds. In *Current Ornithology,* vol. 4, R. F. Johnston (ed.). New York: Plenum Press, pp. 1-69.

Zink, R. M., S. Rohwer, A. V. Andreev, and D. L. Dittmann. 1995. Trans-Beringia comparisons of mitochondrial DNA differentiation in birds. *Condor* 97: 639-649.

Zink, R. M., W. L. Rootes, and D. L. Dittmann. 1991. Mitochondrial DNA variation, population structure, and evolution of the common grackle (*Quiscalus quiscula*). *Condor* 93: 318-329.

Zischler, M., H. Geisert, A. von Haeseler, and S. Pääbo. 1995. A nuclear 'fossil' of the mitochondrial D-loop and the origin of modern humans. *Nature* 378: 489-492.

Zouros, E., A. O. Ball, C. Saavedra, and K. R. Freeman. 1994a. Mitochondrial DNA inheritance. *Nature* 368: 818.

─── 1994b. An unusual type of mitochondrial DNA inheritance in the blue mussel *Mytilus Proc. Natl. Acad. Sci. USA* 91: 7463-7467.

Zouros, E., R. K. Freeman, A. O. Ball, and G. H. Pogson. 1992. Direct evidence for extensive paternal mitochondrial DNA inheritance in the marine mussel *Mytilus*. *Nature* 359: 412-414.

Zouros, E. and D. M. Rand. 1999. Population genetics and evolution of animal mitochondrial DNA. In *Evolutionary Genetics from Molecules to Morphology,* R. Singh and C. Krimbas (eds.). Cambridge, Cambridge University Press.

Zwanenburg, K. C. T., P. Bentzen, and J. M. Wright. 1992. Mitochondrial DNA differentiation in western North Atlantic populations of haddock (*Melanogrammus aeglefinus*). *Can. J. Fish. Aquat. Sci.* 49: 2527-2537.

監訳者あとがき

　本書の訳出は第1章・第2章を馬渕，第3章・第4章を向井，第5章・第6章を野原が担当した．武藤は全体の調整や各章間の表現の統一を行い，西田が訳の調整と全体の統括を担当している．

　原著の *Phylogeography : The History and Formation of Species* は20世紀最後の年に出版されたが，それより以前，我々は，米国科学アカデミー紀要や Evolution 誌に発表される Avise 氏の諸論文を，ほぼリアルタイムで読み（ときにはただコピーを集め），このような研究をやりたい，と夢想したものだった（ここでの「我々」とは，訳者3名と武藤である）．そして西田は，ときを同じくしてこの分野の研究を進めており，やがて，上記の4名全員が西田研究室（通称「西田研」）に博士研究員として集まることとなる．

　本書の原著は出版直後より注目を集め，西田研では輪読が行なわれた．またそれと並行して訳出も開始された．その頃，武藤は西田研に籍を置きつつも外部にも所属しており，その輪読にも訳出にも参加できない状況であった．やがて本書は各章の訳という部品が形をそろえ，組み立てと調整を待つ段階に進んだが，向井と野原はすでに研究室を離れ，西田は超多忙となり，翻訳出版作業は最終段階で停滞していた．そこで武藤はこの作業に参加し，多忙な西田を助けて全体の調整をはかることとなった．これは名誉なことであったが，容易ならざる事態であると気が付くにはやや時間が必要だった．

　英米等の研究者と異なり，我々日本の研究者は英語を第二言語として論文や研究書を読みかつ書いている．とくに必要のない場合，個々の英単語に対応する日本語には無関心である．一方，原著は英語の読者を対象に，北米等の世界各地の生物を題材に書かれているので，標準的な日本語の名称のない地域や生物が多出してくる．我々は単に論文を読むときとは頭を切り換えて，今回の訳出では多くの読者に極力わかりやすく，しかも全体で統一的な日本語の名称を用いるように心がけた．また学術用語については，対応する日本語が複数ある場合は生物学辞典第4版を参照したが，研究者間の会話でもっとも使われる形式に改めたものもある．これら名称・用語に理由のない不統一のある場合は，その責任は監訳者に帰する．

　本書は黎明期からのミトコンドリアDNA研究による分子生物地理学について，多彩な内容を含むものの，原著の章立てではそれは必ずしもわかりやすいものではなかった．この点については当初から訳出に関わっていただいた東京大学出版会の光明義文氏の発案により，本書では日本語読者のために節などの項目立てを全面的に整理・改定し，それを目次にも反映させた．これによって，全体を通読した後に，個々人が興味を持たれた各章に立ち返ることもできるし，あるいは興味を覚える章から読み始めることもできる．さらに各章に現れた多様な研究が，どのように現在の研究に展開したのかを知るのにも便利であり，また，「生物学的種」問題のように，未解

決の分野があり，それがどこに論じられているかを知ることも容易にできよう．

　本書訳出に当たり，遠藤圭子氏をはじめとする東京大学海洋研究所分子海洋科学分野の諸氏には，さまざまなご協力・ご助言をいただいた．監訳者の西田と武藤は現在，別の書籍の翻訳にも携わっているが，その本の出版社と担当者にもいろいろご配慮いただいた．最後になるが，東京大学出版会の薄志保氏は，本書出版の担当者として，我々を叱咤し，出版にまでこぎ着けていただいた．ここに，これらの方々に心から謝意を表したい．

（武藤文人）

事項索引

A・B

Allen 則　5
Bergmann 則　5
β-グロビン遺伝子　84, 86, 87
BSC　201, 206, 215

C・D

cpDNA　172, 173
DGGE　68
DNA
　──塩基配列　23
　──修復　16
葉緑体（cp）──　11

F・G・H

Fst　52
　──値　52
γ　29
Gloger 則　5
HLA　83

M

mtDNA（ミトコンドリア DNA）
　8
　──塩基配列　10
　──ゲノム全塩基配列　16
　──多型　12
　──調節領域　19, 172
　──ハプロタイプ　12
　植物の──　11
　父親由来の──　18
　動物の──　10
Neigel の方法　56
Nm 値　53

O・S・T・Y

OTU　14
PSC　206, 215
σ_F　56, 59
σ_G^2　56, 58
SSCP　68
Templeton
　──アルゴリズム　109
　──の方法　59
Y 染色体　63

ア　行

アーケア　227
アジア　78, 105, 117
　──沿岸域　89
　──中央　89, 110
　──東　110
アセンション島　124
アパラチア　143
アフリカ　109, 110, 111, 138, 139, 229
　──起源説　77, 84, 85, 87
　──人　77, 186
　──アフリカ先住民　78
　──大陸　124
　──中央部　110
　──東部　109, 126
　──南部　105
　──北　138
　──中央　105
　──南　104, 106, 121, 136, 144
　──熱帯　138
　──東　111
アマゾニア　216
アマゾン河　171
アメリカ
　──大陸　36, 139
　──中央　104
　──南北　88, 89
アラスカ　115, 130
　──州　113, 130
　──湾　113
アラバマ州　115, 118, 162, 122
アリゾナ州　109
アリューシャン　113
アルゼンチン　109, 143
アレガシュ流域　131
アロザイム　115, 162
　──解析　9
アンデス
　──山脈　122, 140
　──地方　204
異型接合体　67
移住率　36, 52
イタリア　141
1 本鎖配列多型　68
遺伝
　──距離　35, 156, 172
　──的組換え　8
　──的構造　168
　──的交流のレベル　52
　──的接触　179
　──的多様性　33
　──的浮動　201
遺伝子　225
　──型　9
　──系統樹　39, 184
　──系譜　3, 23
　──系列　162
　──浸透　107, 126, 142, 161, 185, 200, 204, 206
　──の配置変動　10
　──ファミリー　67
　──変換　154
　──流動　3, 9, 48, 52, 167, 168, 170, 173, 175, 180, 185, 200, 207
　──流動の推定　52
核の──　62
中立──　3
超──　153
非中立──　3
イヴ　77
　──の神話　80
イベリア　141
　──諸島　139
　──半島　105, 122, 142
入れ子状クレード　59
　──距離 Dn　59
インド　110
　──亜大陸　106
　──洋　124, 145
インドネシア　90, 105
イントロン領域　25
隠蔽種　112, 143, 144
ヴィクトリア湖　224
ウィスコンシン氷河　115
英国　143
枝付燭台説　84
エデンの園　77, 80
エリー湖　126
エル・ニーニョ現象　144
塩基置換　15
塩基配列分化率　163, 167, 193
オザーク山地　122
オーストラリア　78, 105, 111, 113, 120, 122, 123, 136, 156, 177, 230
　──北部　112
オーストラレーシア　230
オレゴン州　113, 172

カ　行

外温動物　19
核遺伝子座　9
隔離集団　43
確率分布　34
カースト　90, 91
火星　111
河川
　──障壁モデル　170
　──争奪　157

カナダ 98, 104, 130, 145
　——西部 111
カナリア諸島 142
カナリー諸島 120, 139
ガラパゴス諸島 120
カリフォルニア 114, 136, 144, 145, 224
　——湾 113, 120
　南—— 57, 113
カリブ海 132, 133
　——域 112
カリブ諸島 117
加齢 16
カロライナ州 160
環境勾配 3
幾何分布 29
帰巣本能 124
北大西洋 112–114
機能的制約 11
旧世界 110, 141
旧北区 111, 130
共通祖先 34
　——までの世代時間 33
　最も近い—— 81
共有派生形質 206, 211
距離による隔離モデル 58
ギリシア 141
近交係数 213
近親交配理論 33
空間的自己相関解析 55
組換え 184, 227
　——率 69
クラスター解析 212
クレード 24, 153, 184
　——距離 D_c 59
グレートブリテン島 142, 143
クローニング 68
形質
　——開放 121
　——状態 207
　——状態法 55
　——進化プロセス 131
　——転換 217
　——導入 217
　——マッピング 232, 233, 235
形態型 131
系統
　——学的種概念 206, 235
　——生物学 236
　——体系学 23
　——マーカー 18
系統地理
　——学 3
　——学的カテゴリー 153
　——統計学 55
系譜
　——の一致 151, 187

　——の不一致 184
系列 34
　——間の空間的距離の分散 58
　——の時系列 41
系列選別 23, 154, 184, 199, 214, 218, 227, 235
　——過程 28
　——の不完全 48
　——理論 44
結節点（node） 80
ゲノムサイズの変化 15
ケベック州 130, 145
広域分布種 132
合意樹 211
高緯度海域 114
降河回遊
　——魚 137
　——性 36, 167
交雑帯 185
更新世 157, 194, 217, 221
較正 18, 182
合着（合祖） 22, 34, 225, 227
　——過程 21
　——時間 34, 35
　——樹 208
　——年代 30
　——理論 21, 27, 80, 199, 207, 208, 214, 218, 219, 225, 233, 235, 236
コスタリカ 105
古生物学 236
個体群
　——統計学 3, 187, 214, 235
　——動態 71
個体数変動 35, 199
個別移住モデル（separate-waves-of-migration model） 89
コロラド
　——川 119
　——高原 122
　——州 109
コロンビア河 197
　——北西部 182
ゴンドワナ 230
　——大陸 230, 231

サ 行

最終氷期 218
最小移動数 s 53
再節約
　——合意樹 88
　——的 234
　——法 24
再入植 163, 165, 176
細胞
　——系譜 16
　——質ゲノム 173

　——内小器官遺伝子 184, 208
雑種 206, 215
サハラ砂漠 138
サルガッソ海 101
3倍 ($3x$) 則 153
自家不和合性遺伝子 66
自然地理学 156, 163
自然淘汰 3, 9, 140, 185, 201, 207
シナイ半島 90
シベリア 89, 141
姉妹
　——種 179, 220, 221
　——集団 162
島モデル 52
ジャワ 110
集団
　——構造 149, 170, 178, 184–186, 190, 198
　——の大きさ 30
　——の空間構造 43
　——の断片化 55
　——の分岐年代 44
　——の膨張 35
　——の有効サイズ 203
　——分化 173
集団遺伝学 3, 199, 235
　——的構造 170
集団サイズ 227
　——の拡大 32
　——の減少 32
　——の変動 40
収斂 184
　——進化 233
種概念 207, 215, 219, 235
樹形 225
主成分分析 55
種の実在性 215
種複合体 206
種分化 14, 149, 199–201, 220, 222, 235
主要組織適合遺伝子複合体 66
純遺伝距離 44
純塩基置換数 113
小アンティル諸島 189
小進化 3, 199
常染色体 16
ジョージア州 126, 157, 160
親縁係数 213
深海底 144
進化
　——速度 10, 19, 162, 227, 229
　——的に重要な単位（ESU） 24, 129, 187, 215, 217
　——的有効集団サイズ 35
　——時計 179, 182
新世界 110, 117, 140
新熱帯区 143

新北区　111
スウェーデン　106
スカンジナビア　105, 129
　　――北部　107
スペイン　142
スマトラ島　109
スリランカ　99, 110
制限酵素　10
　　――断片長多型（RFLP）　10
制限サイト地図　10
制限部位　165, 170, 172
　　――解析　77
星状系統　102
　　――樹　41
　　――ネットワーク　101
生殖隔離　206, 214, 219
　　――機構　201
生殖細胞　16
生成関数　29
生態
　　――型　131, 233
　　――地理学　3, 96
　　――的可塑性　119
正の淘汰　66
生物学的種　143, 203, 215
　　――概念　201, 206, 235
　　――分化　219
生物多様性　5, 236
生物地理地方　151, 152
世代
　　――時間　34, 36
　　――数　36
接合　217
　　――体　16
接触帯　158
絶滅　163, 165, 176, 217
　　――危惧種　124, 125
節約原理　184
節約法　234
鮮新世　157, 194, 221
選択的一掃　39
セント・ルシア島　117
全北区　144
相互的単系統　44
創始者　45
　　――効果　201
双生種　179
相同性　234
遡河回遊魚　137
側系統　44, 175, 201-203, 206, 207
　　――性　235
側所的　202
ソース・シンク（蛇口・流し）生態
　　モデル　50
祖先　22, 31, 33, 203, 211
　　――系列　43
　　――集団　162, 163

ソノラ砂漠　122

タ　行

体細胞　16
第三紀　157
大進化　3
大西洋　36, 43, 112-114, 124, 125,
　　129, 132, 144, 145, 160, 165
　　――中央海岸　124
退避モデル　170
太平洋　90, 112, 113, 114, 124, 125,
　　132, 137, 144, 145, 155, 175
　　――の島嶼　123
大陸移動　229
対立遺伝子　9, 31
　　――頻度　52, 156, 162, 188
　　特異的――　52
台湾　122
多型　225
多系統　44, 203
多次元尺度構成法　55
多重置換　229
タスマニア　144
　　――島　105
多地域起源説　85, 87
多様化淘汰　119, 185
単一世代の標準分散距離　56, 59
単一ヌクレオチド多型（single-
　　nucleotide polymorphisms;
　　SNPs）　91
単為発生　10
タンガニーカ湖　233
単系統　39, 203, 206
単性　10
　　――生殖種　123
タンパク質電気泳動　8
地中海　124, 145
　　――沿岸　138
　　――地域　105
チトクロームb遺伝子　23
チベット　89
中国中央部　89
中東　105, 138
中米　120, 124, 143
中立　186, 203
　　――説　52
超可変な領域　19
超優性淘汰（overdominant
　　selection）　84
低緯度海域　114
ディーム　142
ティララン火山脈　105
適応
　　――のクライン　3
　　――放散　233
テキサス州　204
テネリフェ島　139, 142

テロメア　69
デンマーク　106
同義置換　19
　　非――　19
動原体　69
同所的　202
同祖
　　――係数　213
　　――接合　213
同胞種　206
通し回遊魚　137
突然変異　9
　　――率　11
　　並行――　103
　　有害――　66
飛石モデル　52
トランスファーRNA　16
トルコ　141

ナ　行

内温動物　19
内部クレード　59
ナイルデルタ　90
南極　99
南米　120, 124, 140
　　――大陸　124
二項分布　29
西インド諸島　113
二次的の雑帯　185
二次的接触帯　158
二倍体　14
日本　105, 144
ニューギニア　78, 216
入植　182, 190
ニュージーランド　89, 113, 116, 230
ニューメキシコ
　　――州　109
　　――南東部　204
ニューヨーク　115
ヌクレオチド多様度　42
熱水噴出孔　144
ノアの箱船　77

ハ　行

配偶子　16
配偶システム　63
背景淘汰　66
配列分化率　10, 154, 162, 165
　　純――　165, 193
バクテリア　227
派生形質　204
発生中心　50
パッチ状分布　33
パナマ地峡　124, 232
バハカルフォルニア　113, 120, 145
バーブーダ島　117
ハプロタイプ　12, 153

――多様度　42
バラスト水　144
バルカン半島　142
ハワイ　122
　――諸島　138, 180
繁殖成功度　28, 32
一腹卵数増加の法則　5
標本抽出分散　54
ヒンズー教　90
頻度分布　28, 35
プエルトリコ島　117
ブートストラップ　88, 193
　――法　153
不捻性　203
負の二項分布　29
夫方居住性（patrilocality）　91
ブラジル　124, 139
　――中部　109
フランス　129, 142, 143
ブリスベン川　122
プレートテクトニクス　231
ピレネー山脈　142
プレーリー　140
フロリダ
　――州　103
　――中東部　168
　――半島　48, 110, 157-159
　――半島西部地域　126
分岐
　――過程　23, 27
　――過程モデル　80
　――時間　31
　――図　184, 232
　――年代　19
　――論　55
分散　6, 228, 235
　――距離の絶対値　56
　――能力　176, 185
　――様式　176
分子系統学　8, 226
分子進化　10
　――速度　36, 180
分子時計　10, 192, 194, 235
分集団　217
分断　6, 176, 179, 228, 235
　――淘汰　203
平行現象　184
平衡淘汰　66, 83, 98, 185
米国
　――西部　107
　――中西部　104, 182
　――東部　104
　――南西部　108, 119

　――南東部　43, 95, 99, 100, 103-105, 110, 120, 126, 132, 136, 143, 206
　――南部　115
ヘテロプラズミー　16, 18
ベーリング海　112, 117, 174, 175
ベーリング地方　130
ベーリング陸橋　88
ペンシルバニア州　122
縫合帯　158
飽和　229
北米　99, 108, 110, 140, 143, 155
　――西部　104, 120
　――大陸　120
　――中央部　100
　――東部　121, 143
母系
　――遺伝　8, 10
　――系列　12
　――経路　209
保全　172, 187
　――生物学　24
ホット・スポット　180
ボトルネック　39
ホモプラシー　70, 153, 184, 229
ホモプラズミー　18
ポリメラーゼ連鎖反応法（PCR法）　23
ボルネオ島　109
ポワソン分布　29
　非――　32

マ 行

マイクロサテライト　87, 200
マッケンジーデルタ　130
末端クレード　59
マラウイ湖　233
マルコ・ポーロ＝ジンギス・カーン説　91
マレー半島　109
ミシシッピー　129, 161
ミスマッチ分布　35, 80, 98, 99
ミズーリ州　122
ミトコンドリア DNA → mtDNA
ミトコンドリア・イヴ　80, 86, 91
南ババリア　112
ミューラー型擬態　140
無作為化検定　59, 60
無性生殖　217
メイデン分析　192
メイン州　100, 131
メキシコ　109
　――湾　43, 48, 103, 125, 132, 157,

159, 165
メタ個体群モデル　51
メンデル遺伝　9, 151
メンデルの遺伝法則　211
モンゴル　89

ヤ 行

有効集団
　――サイズ（N_e）　35, 40, 153, 173, 207, 225, 227, 235
有性生殖　14, 16, 216
ユーカリア　227
ユーコン　131
　――川　131
　――準州　129, 130
ユタ州　109
ユニバーサルプライマー　23
ユーラシア　105
　――北部　130, 144
様相
　――I　153
　――II　153
　――III　156, 178, 186
　――IV　156, 186
ヨーロッパ　78, 105, 122, 129, 138, 139, 141, 143
　――大陸　142
　北――　105, 220
　中央――　105
　西――　106
　東――　107
4倍効果　65

ラ 行・ワ 行

ラブラドル半島　130
ランダムウォーク　56
リベリア　124
リボソームRNA　16
　――遺伝子　23
両側回遊魚　138
輪状種　224
ルイジアナ州　100, 157
歴史生物地理学　96
レフュージア　105, 113, 122, 129, 130, 142, 157, 172, 194
連鎖　66
　――不平衡　69
ロッキー山脈　110, 111, 197
ロシア　98, 113, 139, 141
ロングブランチ・アトラクション（長枝誘引）　55
ワシントン州　172

生物名索引 （人類集団名を含む）

ア行

アオウオ　128
アオウミガメ　124, 185
アオカワラヒワ　101, 115
アオザメ　132, 134, 135
アオヒトデ　145
アカウミガメ　125, 191
アカカンガルー　111
アカミミガメ　120, 167, 168
アジア人　83, 87-89
アジアゾウ　110
アデリーペンギン　99, 118
アナウサギ　105
アナホリゴーファーガメ　120, 167, 168, 191
アブラヨタカ　115
アフリカ人　83, 85
アフリカスイギュウ　109
アフリカゾウ　111
アフリカツメガエル　121
アプロケイルス亜目　231
アーベルトリス　108
アマガエル科　122
アマガエル属　122
アミア　103, 127, 132, 135, 136, 159, 160-162
アミア型　229
アミメガメ　167, 168
アメリカアカオオカミ　191
アメリカアカシカ　111
アメリカ・インディアン諸語話者　89, 90
アメリカウナギ　36, 59, 100, 101, 133, 167
アメリカオオサンショウウオ　122
アメリカオビキンバエ　140
アメリカガキ　145, 165, 185
アメリカカブトガニ　145, 165
アメリカガモ　206
アメリカキアゲハ　140
アメリカクロクマ　110
アメリカコガラ　115
アメリカ先住民　88, 89
アメリカチョウザメ　128
アメリカナメタガレイ　134
アメリカネズミ亜科　231, 232
アメリカハタネズミ　107
アメリカマナティー　113
アメリカムラサキウニ　145
アメリカンシャッド　128
アラゲモリトゲネズミ　171

アラスカキチジ　134
アラブ部族　90
アルゼンチンオオハタ　133
アンチルムナフィカル　116
アンデスネコ　191
イシイルカ　112
イセエビ属　144
イッカク　114
イトヒキハマギギ属　133
イトヨ　127, 132, 172, 177
イナゴヒメドリ　193
イヌ　111
イノデ属　172, 174
イリエガメ属　165
イワガニ科　166, 233
イワシクジラ　112
イワシ類　37
インパラ　109
ウイルス　218
ウォーマウス　127, 160, 161
ウォールアイ　126, 127
ウシ　15
ウタスズメ（ウタヒメドリ）　115, 119, 183
ウッドラット　232
ウマ　19
ウミイグアナ　120
ウミガメ類　123
ウミガラス　116
エスキモー・アリュート語話者　89
エスショルツサンショウウオ　123, 224
エミュー　230
エラードドクチョウ　140, 141
オウム（オウム目）　230
大型類人猿　15, 83
オオカバマダラ　140
オオカミ　19
オオクチバス　126, 127, 160, 195
オオクロムクドリモドキ　59, 115, 118
オオツノヒツジ　111
オオバフンウニ属　144
オオヒキガエル　122, 204, 205
オオホオヒゲコウモリ　112
オオマルハナバチ　140
オオモンハゼ属　134
オガサワラヤモリ　123
オガワコマドリ　116
オキスズキ（アミキリ）　133
オグロヌー　109
オジロジカ　110

オーストラリアオオコウモリ　112
オーストラリア先住民　90
オーストラリアマルハシ　116
オーストラリアムラサキウニ属　144
オーストラリアンバス　134, 137
オセロット　172, 173
オダマキ属　232
オダマキ類　232
オナガガモ　115
オビタイガーサラマンダー　62
オヤビッチャ属　134
オヤビッチャ類　136
オランウータン　88, 110
オレゴンハンノキ　172, 174
オレンジラフィー　134, 137

カ行

カイアシ類　37, 144, 155
海産魚　42, 59
海産甲殻類　33
海産種　71
カエル類　233
カキ　32
カジキ類　135
化石人類　85
カタクチイワシ類　37
カタグルマ　172, 174
カダヤシ　126, 127
カダヤシ種複合体　160
カダヤシ目　229, 231
カダヤシ類　160, 161, 229, 231
カツオ　132, 133
カツオ・マグロ類　132
カナダガラ　115
カナダガン　116, 118, 182
カナヘビ科　142
カナリアカナヘビ　120
カニムシ科　143
カニ類　232
カブトガニ　15
ガマアンコウ科　133, 165
カミアリ　140
カミツキガメ　103, 168
カメ　19
カメノテ属　145
カモ類　205
カラカネトカゲ類　120
カラシン目　229
カラシン類　229
カラフトシシャモ　133
カリフォルニアアシカ　113

カリフォルニアイモリ 121
カリフォルニアシオダマリミジンコ 145, 155
カリフォルニアブユムシクイ 191
カロライナコガラ 115, 116, 118
カワアナゴ科 128
カワカマス型 229
カワスズメ科 126, 128, 186, 224, 229, 234
カワスズメ類 229, 231
カワトゲウオ 127
カワマス 127
ガン 19
ガンガゼモドキ 144
カンガルーネズミ 107
カンパチ 137
キイロアメリカムシクイ 116, 117
キイロショウジョウバエ 69, 140
キイロマングース 104
キーウィ 116-118, 230
キガタヒメドリ 193
ギギ科 128
キゴキブリ 143
キタトゲコメネズミ 171
キタハタネズミ 105
キタバッタマウス 104
キタムラサキウニ類 177
キットギツネ／スウィフトギツネ種複合体 110
キヌゲネズミ科 12
キノドヤブムシクイ 178
キハダ 132, 134-136
キバラアメリカムシクイ 116, 117
キボシゾウムシ類 142
キマユヒメドリ 193
キュウセン属 134
キュウリウオ 127, 177
キンコ属 145
菌類 16
クサカリツボダイ 133
クシイモリ類 122
グッピー 127
クビワペッカリー 110
クマ 19
クマ類 205
グランドガゼル 109
クロカジキ 133
クロサイ 111
クロソラスズメダイ 134
クロマグロ 132-134
げっ歯類 19, 205
ケープガラクシアス 127
ケープツメガエル 121
ケープハイラックス 105
現生人類 85, 93
現代人 85, 93
ケンプヒメウミガメ 125

硬骨魚類 19
後生動物 228
紅藻 177
高等霊長類 10
コウモリ類 229
コオバシギ 115, 118
コオロギ 143
コクレン 128
コケギンポ科 134
コダラ 137
コットンラット 107
コープハイイロアマガエル 121
ゴマフスズメ 116-118, 183
ゴミムシダマシ科 142
コメネズミ属 171
コヨーテ 111
ゴリラ 88, 110
コレゴヌス 127, 129-131, 136
コロラドハムシ 140
昆虫 19, 20

サ 行
魚 48, 54
サケ 128, 137
ザトウクジラ 41, 114, 185
サバクイグアナ 119
サバクキアゲハ 140
サバクゴーファーガメ 119
サボテンマウス 104
サボテンムジツグミモドキ 116, 117
サメ 19
ザリガニ科 143
サンショウウオ類 224
サンフィッシュ科 159, 160
シオマネキ属 166
シカネズミ 185
シクリッド 186
シダ 172
シマオイワワラビー 105
ジャコウウシ 111
ジャコウネズミ 105
シャチ 114
ジャマイカフルーツコウモリ 112
ショウジョウサギ 186
ショウジョウバエ 15, 68, 140
ショウジョウバエ属 139, 182
植物 11, 172
シラトリガイ類 177
ジリス 104
シロアシネズミ（シロアシマウス） 56, 99, 100, 104, 206, 232
シロイルカ 114
シロスジヒメドリ 193
シロチョウザメ 128
シンカイヒバリガイ 144
人種 77

人類 77, 80, 87, 91
ズアオアトリ 116
水生生物 6
スキンク科 120, 178, 195
スグリ属 172, 174
スケトウダラ 133
スズキ目 231
スズメ類 193
ズダヤクシュ 172, 174
スポッテッドサラマンダー 122
スポッテッドサンドバス 133
スポッテッドサンフィッシュ 127, 160-162
スマトラサイ 109
スミスアカウサギ 106
スレンダーヘッドダーター 127
セイブホリネズミ 104, 105
セイヨウオオマルハナバチ 139
セイヨウミツバチ 138
脊椎動物 19, 78, 177
セグロジャッカル 111
セジロコゲラ 36, 115, 118
ゼニガタアザラシ 113
ソウギョ 128
ソウゲンライチョウ類 115, 118
藻類 177

タ 行
タイガーサラマンダー 62, 122
タイセイヨウイサキ属 134
タイセイヨウタラ 134, 137
タイセイヨウニシン 137
タイマイ 125
ダイヤモンドガメ 165
タイワントビアオガエル 122
ダーター 128
ダチョウ 116, 117, 230
タマキビガイ科 175
チェリーホリネズミ 104, 105
チズガメ属 168
チヂミボラ類 175, 177
チチュウカイミドリガニ 144
チャガシラヒメドリ 115, 118, 183
チャクワラ 119
チョウチョウウオ属 182
鳥類 19
チリハギガイ属 145
チンパンジー 84, 88, 91, 93, 109, 110
ツノトカゲ属 120, 121
ツマグロハタ 134
ドウクツギョ 131
ドウクツギョ科 131
トウブタイガーサラマンダー 62
トウブドロガメ 120, 167, 168
トウモロコシ 218
トカゲ 10, 178, 195

生物名索引 —— 299

トカゲ類　233
トガリネズミ　107
トガリネズミ属　105
トクモンキー　99
トゲオヒメドリ　43, 44, 116, 118, 193
トド　113
トビウサギ　105
トビネズミ　105
鳥　41, 181

ナ　行

ナイルティラピア　127
ナガウニ属　144
ナガスクジラ　112
ナガニベ属　133
ナキヤモリ属　123
ナ・デネ語話者　89
ナマズの仲間　36
ニシキベラ　134
ニシノビタキ　116
ニシマカジキ　132, 134
ニジマス　128
ニシン　137, 167
ニベ科　166
ニュージーランドオットセイ　113
ニューファウンドランドヒラガシラ　134
ヌマウタスズメ　115
ネアンデルタール人　91-93
ネコ科　172
ネズミイルカ　112, 113
ノドグロアメリカムシクイ　116
ノボリエビス　134

ハ　行

ハイイロアザラシ　113
ハイイロアマガエル　121
ハイイロオオカミ　111
ハイイロシロアシネズミ（ハイイロシロアシマウス）　59, 99, 100, 104, 206
ハイエボシガラ　116
ハイガシラヤブヒタキ　177, 178
ハイムネメジロ　116
ハクガン　98, 115, 118
バクテリア　218
ハクレン　128
ハゴロモガラス　36, 41, 59, 101, 115, 118, 119, 183
ハシナガイルカ　112
ハシナガヤブムシクイ　178
ハシブトウミガラス　115
ハシボソミツツキ　115
ハシボソミズナキドリ　115
バショウカジキ　133
ハシリトカゲ属　123

ハシリトカゲ類　120
ハダカデバネズミ　105
ハタネズミ　105
パーチ　128
ハツカネズミ　15, 105, 106
バッタ科　142
バードヒメドリ　193
ハードヘッド・キャットフィッシュ　36, 59, 133, 166
バトラコイデス科　165
ハナカジカ　127
パプアニューギニア高地人　90
パプフィッシュ　127
バベシア病原虫　143
ハマキガ科　143
ハマシギ　116, 118
ハマヒメドリ　43, 116, 118, 164, 191, 193
ハリネズミ　105
ハワイミツスイ　182
ハワイミツスイ類　181
バンドウイルカ　113
パンパスジカ　109
ハンミョウ　165
非アフリカ人　87
ヒガシシマバンディクート　105
ヒクイドリ　230
ヒグマ　110, 172, 204
ピグミーチンパンジー　88
ヒト　15, 40, 77, 78, 81-85, 88, 91, 93
ヒト属　85
ヒドロ虫　166
ヒナバッタ　140
ヒバリガイ　165
ヒマワリ類　203, 205
ヒメウミガメ　125
ヒメドリ類　116
ヒメニオイガメ　120, 167, 168
ピューマ　191
ヒョウ　110
ヒラタニオイガメ　191
病原性菌類　69
ピンナガ　132, 133
ファイアーサラマンダー　122
フィン人　90
フエダイ属　134
フキバッタ亜科　140
フクロテナガザル　88
腹毛類　145
フサカサリ　172, 174
フジツボ　177
ブタザル　110
プチグリ　142
ブッシュマスター　120
ブラウントラウト　127, 129, 136
ブラックシーバス　132, 133, 165
ブラックテールシャイナー　127

ブラックドラム　134
ブルーギル　126, 127, 160, 161
フロリダウッドラット　104
ヘクタールイルカ　113
ベニザケ　127
ベニヒワ類　115, 119
ヘラジカ　111
ヘラチョウザメ　128
ヘンスローヒメドリ　193
ボア　120
ホオジロ類　193
ポケットネズミ（ポケットマウス）　104, 195
ホッキョクイワナ　127
ホッキョクグマ　204
ホモ・エレクトス　85
ボラ　133
ホラアナグマ　110
ホラヒメグモ属　143
ホリネズミ属　191
ホリネズミ科　12
ホリネズミ類　107
ホンヤドカリ属　166
ホンヤドカリ類　177

マ　行

マイルカ　114
マイワシ　136
マイワシ類　133, 136
マカジキ　132, 134
マガモ　206
マーゲイ　172, 173
マダニ属　143
マッコウクジラ　114
マミジロコガラ　116
マミジロミツドリ　116, 189
マミジロヤブムシクイ　178
マミチョグ（ウミメダカ）　132, 133, 154
マラリア病原虫　218
ミシシッピニオイガメ　120, 167, 168
ミジンコ属　144
ミスジドロガメ　120, 167, 168
ミドリガニ　144
ミドリガニ属　144
ミナミイセエビ属　144
ミナミホリネズミ　12, 13, 59, 105
ミミナガバンディクート　191
ミュールジカ　110
無脊椎動物　19
ムラサキイガイ　145, 176, 177
メカジキ　134
メクラネズミ属　105
メグロヤブムシクイ　178
メジロザメ　134
メジロハシリチメドリ　177, 178

メラノタエニア属　191
メルルーサ類　137
メンハーデン　48, 50, 128, 167
モリアカネズミ　105
モリノオウシュマイマイ　142
モリレミング　105

ヤ 行

ヤシガニ　145
ヤチネズミ　107
ヤチネズミ類　107
ヤマネ　105
ヤモリ科　123
ユキオニハダカ　132, 133

ヨーロッパアブラコウモリ　112
ヨーロッパカタクチイワシ　102, 133
ヨーロッパスズキ　134
ヨーロッパ人　83

ラ 行

ライム病スピロヘータ　143
ラッコ　113
リカオン　110, 191
陸生生物　6
陸生有肺類　142
両生類　19
類人猿　83

レア　230
レイクトラウト　126, 127, 129
霊長類　19, 86
レッドイヤーサンフィッシュ　127, 160, 161
レッドドラム　134, 166
レッドベリーデース　128
レッドホースミノー　127
ログパーチ　127
ロングフィンデース　127

ワ 行

ワキアカトウヒチョウ属　117
ワニガメ　167, 168

学名索引

A

Abudefduf saxatilis 134, 136
Acipenser oxyrhynchus 128
A. transmontanus 128
Acrosiphonia arcta 177
Aepyceros melampus 109
Agelaius phoeniceus 36, 59, 182, 183
Agosia chrysogaster 127
Alces alces 111
Alnus rubra 172, 174
Alosa sapidissima 128
Amblyopsidae 131
Amblyopsis-Typhlichthys 種複合体 131
Amblyrhynchus cristatus 120
Ambystoma maculatum 122
A. tigrinum 62, 122
Amia calva 103, 127, 136, 159–161
Ammodramus 属 193
A. caudacutus 43, 193
A. maritimus 43, 164, 166, 191, 193
Anas acuta 115
A. platyrhynchos 205, 206
A. rubripes 205, 206
Anguilla rostrata 36, 59, 100, 133, 167
Anolis 属 233
Apis mellifera 138
Aplocheilodei 種 229
Apodemus sylvaticus 105
Apteryx 230
A. australis 116
Aquilegia 232
Arctocephalus forsteri 113
Ardipithecus ramidus 84
Aristichthys nobilis 128
Arius felis 36, 59, 133, 167
Artibeus jamaicensis 112
Australopithecus afarensis 84
A. africanus 84
A. anamensis 84
Austropotamobius pallipes 143

B

Babesia microti 143
Bagre marinus 133
Balaenoptera borealis 112
B. physalus 112
Bathymodiolus thermophilus 144
Birgus latro 145
Bombus terrestris 139
Borrelia burgdorferi 143
Branta canadensis 116, 183
Brevoortia 属 167
B. patronus 48
B. tyrannus 48, 128
Bubulcus ibis 186
Bufo 205
B. marinus 122, 204, 205
B. paracnemis 204, 205

C

Calanus finmarchicus 37, 145
Caledia captiva 142
Calidris alpina 116
C. canutus 115
Canis familiaris 111
C. latrans 111
C. lupus 111
C. mesomelas 111
C. rufus 191
Carcharhinus plumbeus 134
Carcinus 144
C. aestuarii 144
C. maenus 144
Carduelis 115
C. chloris 116
Caretta caretta 125
Casuarius 230
Centropristis striata 132, 133, 165, 166
Cepaea nemoralis 142
Cephalorhynchus hectori 113
Cervus elaphus 111
Chaetodipus 属 104
C. penicillatus 195
Chaetodon 182
Chalcides 120
Chelonia mydas 124, 191
Chelydra serpentina 103
Chen caerulescens 98
Choristoneura biennis 143
C. occidentalis 143
C. orae 143
Chorthippus parallelus 141
Cicindela dorsalis 165, 166
Clethrionomys glareolus 107
C. rufocanus 107
C. rutilus 107
Clupea harengus 137
C. pallasii 137
Cnemidophorus inornatus 123
C. arizonae 123
C. sexlineatus 123
C. tigris 120
Coccidioides immitis 69
Cochliomyia hominivorax 140
Coereba flaveola 116, 189
Colaptes auratus 115
Connochaetes taurinus 109
Corallus enydris 120
Cordylochernes scorpioides 143
Coregonus 129
C. clupeaformis 129, 136
C. species complex 127
Cottus nozawae 127
Crassostrea virginica 145, 165, 166
Cryptobranchus alleganiensis 122
Cryptocercus punctulatus 143
Ctenopharyngodon idella 128
C. piceus 128
Cucumaria pseudocurata 145
Culaea inconstans 127
Cyclothone alba 132, 133
Cynictis penicillata 104
Cynoscion regalis 133
Cyprinella lutrensis 127
C. venusta 127
Cyprinodon nevadensis complex 127

D

Danaus plexippus 140
Daphnia 144
Deirochelys reticularia 167
Delphinapterus leucas 114
Delphinus delphis 114
Dendroica adelaidae 116
D. nigrescens 116
D. petechia 116
Diaptomis leptopus 145
Dicentrarchus labrax 134
Dicerorhinus sumatrensis 109
Diceros bicornis 111
Dipodomys panamintinus 107
Dipsosaurus dorsalis 119
domesticus 107
Drepanidinae 亜科 182
Dromaius 230
Drosophila 68, 182
D. buzzatii 139
D. melanogaster 69, 140
D. subobscura 139, 140

E・F

Echinometra 144
Echinothrix diadema 144
Elephas maximus 110
Eleutherodactylus 属 233
Engraulis 37
E. encrasicolus 102, 133
Enhydra lutris 113
Ensatina 属 224, 225
E. eschscholtzii 123, 224
Epinephelus morio 134
Eretmochelys imbricata 125
Erinaceus 105
Etheostoma beanii-bifascia 126, 128
Eumetopias jubatus 113
Felis concolor 191
Fringilla coelebs 116
Fundulus heteroclitus 132, 133, 154, 155
F. majalis 165, 166
F. similis 165, 166

G

Gadus morhua 134, 137
Galaxias zebratus 127
Gallotia galloti 120, 142
Gambusia affinis-holbrooki 126, 127, 160, 161
G. species complex 160
Gasterosteus aculeatus 127, 132, 177
Gazella granti 109
Geomys 属 12
G. colonus 191
G. pinetis 12, 59
Geukensia demissa 166
Glirulus japonicus 105
Gnatholepis thompsoni 134
Gnypetoscincus queenslandiae 120, 178, 195
Gopherus polyphemus 120, 167, 191
Gorilla gorilla 110, 142
Gryllus 属 143

H

Haemulon flavolineatum 134
Halichoeres bivittatus 134
Halichoerus grypus 113
Helianthus 205
H. neglectus 203, 204
H. petiolaris 203, 204
Heliconius erato 140, 141
Heliocidaris 144
Helix aspersa 142

Hemibagrus nemurus 128
Hemidactylus garnotii 123
Hepsetus 229
Heterocephalus glaber 105
Heteronotia binoei 123
Holocentrus ascensionis 134
Homo erectus 84, 85
H. habilis 84
H. sapiens 77, 84, 85
H. sapiens neanderthalensis 92
H. sapiens sapiens 92
Hoplias 229
Hoplostethus atlanticus 134, 137
Hydractinia 属 166
Hyla arenicolor 122
H. chrysoscelis 121
H. versicolor 121
Hypophthalmichthys molitrix 128

I・J・K・L

Istiophorus platypterus 133
Isurus oxyrinchus 132, 134
Ixodes ricinus 143
I. scapularis 143
I. dammini 143
Jasus 144
Katsuwonus pelamis 132, 133
Kinosternon baurii 120, 167
K. subrubrum 120
Lachesis muta 120
Lasaea 145
Lepidochelys kempi 125, 191
L. olivacea 125
Lepidodactylus lugubris 123
Lepomis gulosus 127, 159, 160, 161
L. macrochirus 126, 127, 160, 161
L. microphus 127, 159–161
L. punctatus 127, 159–162
Leptinotarsa decemlineata 140
Limulus polyphemus 145, 165, 166
Linckia laevigata 145
Litoria pearsoniana 122
Littorina 属 175
Loxodonta africana 111
Luscinia svecica 116
Lutjanus campechanus 134
Lycaon pictus 110, 191

M

Macaca nemestrina 110
M. sinica 99
Macoma balthica 177
Macquaria novemaculeata 134, 137
Macroderma gigas 112
Macropus rufus 111

Macrotis lagotis 191
Makaira nigricans 133
Malaclemys terrapin 165, 166
Mallotus villosus 133
Megaptera novaeangliae 114
Melanochromis auratus 128
M. heterochromis 128
Melanogrammus aeglefinus 137
Melanoplus sanguinipes 140
Melanotaenia eachamensis 191
Melospiza georgiana 115
M. melodia 115, 183
Merluccius capensis 137
M. paradoxus 137
Mesomys hispidus 171
Micropterus salmoides 126, 127, 160, 161
Microstomus pacificus 134
Microtus agrestis 105
M. pennsylvanicus 107
Mogurnda adspersa 128
Monodon monoceros 114
Mugil cephalus 133
musculus 107
Mus musculus 105
Mus musculus domesticus 106
M. musculus musculus 106
Mylopharyngodon piceus 128
Myopus schisticolor 105
Myotis myotis 112
Mytilus edulis 種複合体 177
M. galloprovincialis 145

N・O

Nannocalanus minor 37
Neacomys tennipes 171
Neotoma floridana 104
Nesticus tennesseensis 143
Nucella 属 175, 177
Odocoileus hemionus 110
O. virginianus 110
Oncorhynchus keta 128, 137
O. mykiss 128
O. nerka 127
Onychomys leucogaster 104
Ophioblennius atlanticus 134
Opsanus beta 133, 165, 166
O. tau 133, 165, 166
Opsanus 種複合体 165
Orcinus orca 114
Oreailurus jacobita 191
Oreochromis niloticus 127
Orthogeomys cherriei 104
Orthonyx spaldingii 177, 178
Oryctolagus cuniculus 105
Osmerus 177
O. species complex 127

Ovibos moschatus 111
Ovis canadensis 111
Ozotoceros bezoarticus 109

P

Pagurus 166, 177
Pan troglodytes schweinfurthii 109
P. troglodytes troglodytes 109
P. troglodytes verus 109
Panthera pardus 110
Panulirus 144
Papilio polyxenes 140
P. zelicaon 140
Paralabrax maculatofasciatus 133
Paranthropus aethiopicus 84
P. boisei 84
P. robustus 84
Parus atricapillus 115
P. carolinensis 115
P. gambeli 116
P. hudsonicus 115
P. inornatus 116
Passerella iliaca 116, 183
Pedetes capensis 105
Perameles gunnii 105
Percina caprodes 127
P. nasuta 128
P. phoxocephala 127
Perognathus 属 104
Peromyscus 属 12
P. aztecus oaxacensis 205, 206
P. aztecus 104, 205, 206
P. eremicus 104
P. hylocetes 205, 206
P. maniculatus 56, 99, 185, 205, 206
P. polionotus 59, 99, 104, 206
Petrogale xanthopus 105
Phoca vitulina 113
Phocoena phocoena 112
Phocoenoides dalli 112
Phoxinus eos 128
Phrynosoma douglasi 120
Phycodrys 177
Physeter macrocephalus 114
Picoides pubescens 36
Pimelia radula 142
Pipilo 117
Pipistrellus pipistrellus 112
Pissodes 142
Plasmodium falciparum 218
Poecilia reticulata 127
Poecilodryas albispecilaris 177, 178
Pogonias cromis 134
Polioptila californica 191
Pollicipes elegans 145
Polyodon spathula 128
Polyprion americanus 133
Polystichum munitum 172, 174
Pomatomus saltatrix 133
Pomatostomus temporalis 116
Pongo pygmaeus 110
Procavia capensis 105
Pronolagus rupestris 106
Pseudopentaceros wheeleri 133
Puffinus tenuirostris 115
Pygoscelis adeliae 99

Q・R・S

Quiscalus quiscala 59, 115
Rhacophorus taipeianus 122
Rhea 230
Rhizoprionodon terraenovae 134
Ribes braeteosum 172, 174
Salamandra salamandra 122
Salmo gairdneri (*Oncorhynchus mykiss*) 128
S. trutta 127, 129, 136
Saltator albicollis 116
Salvelinus alpinus 127
S. fontinalis 127
S. namaycush 126, 127
Sardina 37, 137
S. pilchardus 136
Sardinops 37, 133, 137
S. caeruleus 136
S. melanostictus 136
S. neopilchardus 136
S. ocellatus 136
S. pilchardus 136
S. sagax 136
S. spp. 133
Sauromalus obesus 120
Saxicola torquata 116
Sciaenops ocellatus 134, 166
Sciurus aberti 108
Sebastolobus alascanus 134
Semibalanus 177
Sericornis citreogularis 177
S. frontalis 178
S. keri 178
S. magnirostris 177
Seriola dumerili 137
Sesarma 166
Sigmodon hispidus 107
Simochromis babaulti 128
S. diagramma 128
Solenopsis invicta 140
Sorex 105
S. araneus 107
Spalax 105
Spermophilus columbianus 104
Spizella passerina 115, 182, 183
Steatornis caripensis 115
Stegastes leucostictus 134
Stenella longirostris 112
Sternotherus depressus 191
S. minor 120, 167
S. odoratus 120, 167
Stizostedion vitreum 126, 127
Strongylocentrotus 144, 177
S. purpuratus 145
Struthio 230
S. camelus 116
Suncus murinus 105
Syncerus caffer 109

T・U・X・Z

Taricha torosa 121
Tayassu tajacu 110
Tellima grandiflora 172, 174
Tetrapturus albidus 132, 134
T. audax 132, 134
Thalassoma bifasciatum 134
Theragra chalcogramma 133
Thomomys 107
T. bottae 104
Thunnus alalunga 132, 133
T. albacares 132, 134, 136
T. orientalis 134
T. thynnus 132–134
Tiarella trifoliata 172, 174
Tigriopus californicus 145, 155
Tolmiea menziesii 172, 174
Toxostoma lecontei 116
Trachemys scripta 120
Trichechus manatus 113
Triturus cristatus 122
Tursiops truncatus 113
Tympanuchus 115
Uca 166
Uria aalge 116
U. lomvia 115
Ursus 205
U. americanus 111
U. arctos 110, 204
U. maritimus 204
U. spelaeus 110
Xenopus gilli 121
X. laevis 121
Xenotrichula intermedia 145
Xerobates agassizi 119
Xiphias gladius 134
Zalophus californianus 113
Zea luxurians 218
Z. mays mays 218
Z. mays parviglumis 218
Zosterops lateralis 116

著者略歴

John C. Avise（ジョン・C・エイビス）

1948年　米国ミシガン州に生まれる．
1975年　カリフォルニア大学デービス校で博士号取得．
現　在　カリフォルニア大学アーバイン校教授（Distinguished Professor）．
著　書　*The Genetic Gods : Evolution and Belief in Human Affairs* (Harvard University Press, 1998), *Genetics in the Wild* (Smithsonian Institution Press, 2002；邦訳は『遺伝学でわかった生き物のふしぎ』，屋代通子訳，築地書館，2004), *Molecular Markers, Natural History and Evolution* Second Edition (Sinauer Associates Inc., 2004), *The Hope, Hype, and Reality of Genetic Engineering* (Oxford University Press, 2004), *Evolutionary Pathways in Nature : A Phylogenetic Approach* (Cambridge University Press, 2006) など．

監訳者略歴

西田 睦（にしだ・むつみ）

1947年　京都市に生まれる．
1977年　京都大学大学院農学研究科博士課程　単位取得退学．
現　在　琉球大学学長，東京大学名誉教授，農学博士．
著訳書　『琉球列島の陸水生物』（共編著，東海大学出版会，2003），『生態系へのまなざし』（共著，東京大学出版会，2005），『生と死の自然史―進化を統べる酸素』（監訳，東海大学出版会，2006），『保全遺伝学入門』（監訳，文一総合出版，2007）など．

武藤文人（むとう・ふみひと）

1965年　神奈川県に生まれる．
1997年　北海道大学大学院水産学研究科博士後期課程　単位取得退学．
現　在　東海大学海洋学部教授，博士（水産学）．
著　書　『水族館の仕事』（共著，東海大学出版会，2007），「ナチュラルヒストリーの時間」（共著，大学出版部協会，2007），『世界産チョウザメ類』（共著，水産資源保護協会，2003）．

訳者紹介

馬渕浩司（まぶち・こうじ）…第1章・第2章

国立環境研究所琵琶湖分室分室長．専門は魚類系統学・分類学．博士（農学）．

向井貴彦（むかい・たかひこ）…第3章・第4章

岐阜大学地域科学部教授．専門は分子生態学・生物地理学．博士（理学）．

野原正広（のはら・まさひろ）…第5章・第6章

元東京大学海洋研究所研究機関研究員．専門は海洋生物学．博士（学術）．

生物系統地理学　種の進化を探る

```
2008 年 12 月 26 日    初　版
2023 年 2 月 10 日    第 4 刷
```
［検印廃止］

著　者　ジョン・C・エイビス

監訳者　西田　睦・武藤文人

発行所　一般財団法人　東京大学出版会

代表者　吉見俊哉

153-0041　東京都目黒区駒場 4-5-29
電話 03-6407-1069　FAX 03-6407-1991
振替 00160-6-59964

印刷所　株式会社三秀舎
製本所　誠製本印刷株式会社

Ⓒ 2008　Mutsumi Nishida and Fumihito Muto *et al*.
ISBN 978-4-13-060219-8　Printed in Japan

JCOPY　〈出版者著作権管理機構　委託出版物〉

本書の無断複製は著作権法上での例外を除き禁じられています．複製される場合は，そのつど事前に，出版者著作権管理機構（電話 03-5244-5088, FAX 03-5244-5089, e-mail: info@jcopy.or.jp）の許諾を得てください．

保全生物学	樋口広芳 編	A 5 判・264 頁・3200 円
保全遺伝学	小池裕子・松井正文 編	A 5 判・328 頁・3400 円
昆虫の保全生態学	渡辺 守 著	A 5 判・200 頁・3000 円
動物生理学 環境への適応［原書第5版］	K. シュミット=ニールセン 著／沼田英治・中嶋康裕 監訳	B 5 判・600 頁・14000 円
日本のサル 哺乳類学としてのニホンザル研究	辻 大和・中川尚史 編	A 5 判・336 頁・4800 円
ニカメイガ 日本の応用昆虫学	桐谷圭治・田村貞洋 編	A 5 判・296 頁・7000 円

[Natural History Series]

生物系統学	三中信宏 著	A 5 判・480 頁・6200 円
哺乳類の進化	遠藤秀紀 著	A 5 判・400 頁・6400 円
哺乳類の生物地理学	増田隆一 著	A 5 判・200 頁・3800 円
ニホンヤマネ 野生動物の保全と環境教育	湊 秋作 著	A 5 判・272 頁・4600 円

［哺乳類の生物学〈新装版〉 全5巻］ 高槻成紀・粕谷俊雄 編

①分類	金子之史 著	A 5 判・160 頁・3700 円
②形態	大泰司紀之 著	A 5 判・176 頁・3700 円
③生理	坪田敏男 著	A 5 判・144 頁・3700 円
④社会	三浦慎悟 著	A 5 判・168 頁・3700 円
⑤生態	高槻成紀 著	A 5 判・160 頁・3700 円

ここに表記された価格は本体価格です．ご購入の際には消費税が加算されますのでご了承ください．